WEUSTER · SCHEER

Arbeitszeugnisse in Textbausteinen

Arbeitszeugnisse in Textbausteinen

Inhalte, Formulierung, Analyse, Recht

Prof. Dr. Arnulf Weuster
Brigitte Scheer, Dipl.-Betriebswirtin (FH)

14., aktualisierte und überarbeitete Auflage, 2019

BOORBERG

Bibliografische Information der Deutschen Nationalbibliothek | Die Deutsche Nationalbibliothek verzeichnet diese Publikation in der Deutschen Nationalbibliografie; detaillierte bibliografische Daten sind im Internet über www.dnb.de abrufbar.

14. Auflage, 2019
ISBN 978-3-415-06474-4

Titelfoto: steyleuneed-stock.adobe.com | Satz: GreenTomato GmbH, Forststraße 131, 70193 Stuttgart | Druck und Bindung: Beltz Grafische Betriebe GmbH, Am Fliegerhorst 8, 99947 Bad Langensalza

Richard Boorberg Verlag GmbH & Co KG | Scharrstraße 2 | 70563 Stuttgart
Stuttgart | München | Hannover | Berlin | Weimar | Dresden
www.boorberg.de

Inhaltsverzeichnis

Die Autoren

Prof. Dr. Arnulf Weuster lehrte an der Hochschule Offenburg die Gebiete Personalwirtschaft, Personalführung und Organisation.

Diplom-Betriebswirtin (FH) Brigitte Scheer war nach ihrem Studium an der Hochschule Offenburg mehrere Jahre in der Industrie im Bereich Controlling tätig.

Die Verfasser sind sehr am Gedankenaustausch mit den Lesern und Nutzern des Buches interessiert. Sollten Sie Anregungen, Kritik oder Fragen zum Thema „Arbeitszeugnis" haben, so wenden Sie sich bitte an Herrn Prof. Dr. Arnulf Weuster, Nachtwaide 17a, 77654 Offenburg, Tel. 0781 / 9480420 bzw. per E-Mail an aweuster@t-online.de oder an Frau Brigitte Scheer, Alte Gärtnerei 4, 77955 Ettenheim.

Die Verfasser führen seit vielen Jahren Tagesseminare zum Thema „Arbeitszeugnisse" durch. Sie sind außerdem bereit, Arbeitgeber und Arbeitnehmer in konkreten Fällen bei der Formulierung oder Analyse von Zeugnissen zu unterstützen.

Bei rechtlichen Fragen zum Arbeitszeugnis wenden Sie sich bitte an einen Fachanwalt für Arbeitsrecht.

Das ergänzend zu diesem Buch vom Boorberg-Verlag angebotene Programm Zeugnis-Manager zur IT-gestützten Zeugniserstellung wurde entwickelt von Herrn Viktor Geiger, Bachelor Wirschaftsingenieurwesen.

Vorwort zur 14. Auflage

Zeugnisse müssen wahr sein, sollen aber das berufliche Fortkommen des Beurteilten auf dem Arbeitsmarkt nicht ungerechtfertigt erschweren. Der hier mögliche Zielkonflikt zwischen der Wahrheitspflicht und der Wohlwollenspflicht hat im Laufe der Zeit zu einer Zeugnistechnik und Zeugnissprache geführt, bei der die Aussagen und Wertungen der Aussteller nicht immer in Klartext, sondern verdeckt ausgedrückt werden. Vielen Zeugnisausstellern und vielen Arbeitnehmern ist diese Zeugnissprache nicht ausreichend bekannt. Mit alltäglichem Sprachverständnis aber können Zeugnisse kaum richtig ausgestellt und verstanden werden. So kommt es vor, dass wider besseres Wollen weniger gute Zeugnisse ausgestellt werden. Arbeitnehmer wiederum nehmen Zeugnisse entgegen und setzen sie bei Bewerbungen ein, ohne die in ihnen enthaltene Beurteilung einschätzen zu können.

Das vorliegende Buch stellt in Auswertung der einschlägigen Rechtsprechung, Praxis, Literatur und Forschung ein Textbaustein-System und Beurteilungsbogen für Arbeitnehmer, Auszubildende und Praktikanten bereit. So wird es möglich, in rationeller Weise die gewünschten Aussagen für ein wahres und wohlwollendes Zeugnis zusammenzustellen. Das Buch und das darauf aufbauende Programm ZEUGNIS-MANAGER 4.0 (nähere Informationen finden Sie auf der **Rückseite** des Buches und auf Seite 15) unterstützen die Zeugniserstellung. Weiterhin können die Textbausteine zur Zeugnisanalyse dienen und so Fehlentscheidungen bei der Bewerberauswahl in beiderseitigem Interesse vermeiden helfen. Arbeitnehmer können mit Hilfe der Bausteine die Aussagen in ihren Zeugnissen prüfen oder selbst Formulierungsvorschläge machen.

Für die 14. Auflage wurde Teil I überarbeitet und um neuere Erfahrungen der Verfasser aus der Analyse von Originalzeugnissen und aus Zeugnis-Seminaren erweitert. Weiterhin wurden neue gerichtliche Entscheidungen eingearbeitet. Auch das Textbausteinsystem wurde überarbeitet. Vorhandene Bausteine sind modifiziert und neue Bausteine aufgenommen worden. In die Verhaltensbeurteilung von Tarifangestellten gegenüber Klienten (Bausteingruppe 4320) wurden Bausteine speziell für soziale und pädagogische Berufe aufgenommen.

Im Januar 2019 Arnulf Weuster Brigitte Scheer

Abkürzungsverzeichnis

aA	= anderer Ansicht
AGG	= Allgemeines Gleichbehandlungsgesetz
AiB	= Arbeitsrecht im Betrieb (Zeitschrift)
Anm.	= Anmerkung
AP	= Arbeitsrechtliche Praxis
ArbG	= Arbeitsgericht
ARST	= Arbeitsrecht in Stichworten (Zeitschrift)
Art.	= Artikel
AT	= außertariflich
AuA	= Arbeit und Arbeitsrecht (Zeitschrift)
AuR	= Arbeit und Recht (Zeitschrift)
BAG	= Bundesarbeitsgericht
BAGE	= Bundesarbeitsgerichts-Entscheidungen
BAVBVO	= Berufsausbildungsvorbereitungs-Bescheinigungsverordnung
BB	= Betriebs-Berater (Zeitschrift)
BB	= Berlin-Brandenburg (LAG)
BBG	= Bundesbeamtengesetz
BBiG	= Berufsbildungsgesetz
BeckOK	= Beck Online-Kommentar
BeckRS	= Beck-Rechtsprechung (beck-online, Datenbank)
BErzGG	= Bundeserziehungsgeldgesetz
BetrVG	= Betriebsverfassungsgesetz
BGB	= Bürgerliches Gesetzbuch
BGE	= Entscheidungen des Schweizerischen Bundesgerichts
BGH	= Bundesgerichtshof
B + P	= Zeitschrift für Betrieb und Personal
BPersVG	= Bundespersonalvertretungsgesetz
BuW	= Betrieb und Wirtschaft (Zeitschrift)
BVerwG	= Bundesverwaltungsgericht
BW	= Baden-Württemberg
BZRG	= Bundeszentralregistergesetz
DB	= Der Betrieb (Zeitschrift)
DGB	= Deutscher Gewerkschaftsbund
DGVZ	= Deutsche Gerichtsvollzieherzeitung
DSGVO	= Datenschutz-Grundverordnung
EWiR	= Entscheidungen zum Wirtschaftsrecht
ErfK	= Erfurter Kommentar zum Arbeitsrecht, hgg. von Müller-Glöge u. a.
erw.	= erweiterte (Auflage)
evtl.	= eventuell
EzA	= Entscheidungssammlung zum Arbeitsrecht

EzA-SD	= EzA-Schnelldienst. Arbeitsrechtliche Sofortinformationen der EzA
EzBAT	= Entscheidungssammlung zum Bundesangestelltentarif und den ergänzenden Tarifverträgen
FA	= Fachanwalt Arbeitsrecht (Zeitschrift)
GewO	= Gewerbeordnung
GG	= Grundgesetz
HH	= Hamburg
idR	= in der Regel
i. e. S.	= in engerem Sinne
IHK	= Industrie- und Handelskammer
insb.	= insbesondere
InsO	= Insolvenzordnung
Jg.	= Jahrgang
juris	= Datenbank Juris
jurisPR-ArbR	= jurisPR Arbeitsrecht, Online-Zeitschrift des Beck-Verlages
JZ	= Juristenzeitung (Zeitschrift)
KG	= Kammergericht
KSchG	= Kündigungsschutzgesetz
LAG	= Landesarbeitsgericht
LAGE	= Entscheidungen der Landesarbeitsgerichte (Loseblattsammlung)
LG	= Landgericht
LS	= Leitsatz
LSK	= Leitsatzkartei (beck-online)
MDR	= Monatsschrift für Deutsches Recht
n. rkr.	= nicht rechtskräftig
n. v.	= nicht veröffentlicht
NachwG	= Nachweisgesetz
NJW	= Neue Juristische Wochenschrift
NPP	= Die Neue Personal-Praxis von A–Z (Loseblattsammlung)
Nr. / No.	= Nummer, Number
NRW	= Nordrhein-Westfalen
NZA	= Neue Zeitschrift für Arbeitsrecht
NZA-RR	= NZA-Rechtsprechungs-Report
NVwZ-RR	= Neue Zeitschrift für Verwaltungsrecht. Rechtsprechungs-Report
OVG	= Oberverwaltungsgericht
RHPF	= Rheinland-Pfalz
RiA	= Das Recht im Amt (Zeitschrift)
Rn. / Rz.	= Randnummer / Randziffer
SH	= Schleswig-Holstein
SG	= Sozialgericht

SGB	= Sozialgesetzbuch
SH	= Schleswig-Holstein
SprAuG	= Sprecherausschussgesetz
TVG	= Tarifvertragsgesetz
TVöD	= Tarifvertrag für den öffentlichen Dienst
u.a.	= und andere; unter anderem
u.E.	= unseres Erachtens
unv.	= unveröffentlicht
Vol.	= Volume (Band)
VG	= Verwaltungsgericht
VGH	= Verwaltungsgerichtshof
ZfPR	= Zeitschrift für Personalvertretungsrecht
ZIP	= Zeitschrift für Wirtschaftsrecht und Insolvenzpraxis
ZPO	= Zivilprozessordnung
ZTR	= Zeitschrift für Tarifrecht

Der Zeugnis-Manager

Quelle: © RBV / MEV-Verlag, Germany

Der Boorberg-Verlag liefert zur Erstellung von Arbeitszeugnissen das unter Windows laufende Programm „ZEUGNIS-MANAGER 4.0“. Mit Hilfe des Programms können aussagekräftige und rechtlich einwandfreie Zeugnisse zeit- und kostensparend erstellt werden. Das Programm umfasst sämtliche in diesem Buch enthaltenen Bausteine, und zwar in männlicher und weiblicher Fassung sowie für Zwischenzeugnisse, soweit erforderlich, zusätzlich in der Gegenwartsform. Darüber hinaus enthält das Programm alle Bausteine zusätzlich auch in englischer Sprache.

Jeder Nutzer kann das Programm um selbst formulierte Bausteine erweitern. Mit dem Programm können alle vorkommenden Zeugnisarten, nämlich Arbeitszeugnisse, Ausbildungszeugnisse und Praktikantenzeugnisse, jeweils als qualifizierte oder als einfache Zeugnisse erstellt werden.

Der Nutzer gibt an, welcher Arbeitnehmergruppe (z.B. Tarifangestellter) der Zeugnisempfänger angehört. Er wird dann vom Programm schrittweise durch die entsprechenden Zeugniskomponenten geführt. Bei jeder wertenden Aussage kann erneut die Beurteilungsnote gewählt werden. Das Programm präsentiert sodann die passenden Bausteine, aus denen der Aussteller den gewünschten Baustein auswählt.

Der Nutzer kann sich während der Erstellung jeden beliebigen Zwischenstand am Bildschirm ansehen. Gewählte Bausteine können jederzeit nachträglich wieder entfernt oder durch andere ersetzt werden. Die mit dem ZEUGNIS-MANAGER 4.0 komponierten Zeugnisse werden anschließend vom Aussteller mit seinem üblichen Textverarbeitungsprogramm in die gewünschte endgültige Fassung gebracht.

Mit Hilfe von ZEUGNIS-MANAGER 4.0 können für häufig wiederkehrende Fälle auch allgemeine Musterzeugnisse entwickelt und gespeichert werden. Diese können für neue Fälle geöffnet, mit den individuellen Angaben versehen und dann sofort ausgedruckt werden.

Voraussetzungen: Handelsüblicher Rechner, Access ab 2010 oder Runtimeversion von Access ab 2010 in der 32-Bit-Version (x86) sowie Windows 7, 8 oder 10

Ein Demo-Programm lässt sich kostenfrei unter http://www.zeugnis-manager.de anfordern (ca. 10 MB). Um dieses Demo-Programm aus dem Internet ablaufen zu lassen, wird Access oder eine Runtimeversion von Access ab 2010 in der 32-Bit-Version (x86) benötigt.

Kontakte zum Verlag über
RICHARD BOORBERG VERLAG – Zeugnis – 70551 Stuttgart
Tel.: 07 11/73 85-0
Fax: 0711/7 38 51 00
E-Mail: bestellung@boorberg.de oder
www.boorberg.de

I. Formulierung und Analyse von Zeugnissen

1. Gesetzliche und tarifliche Zeugnisansprüche

1.1 Der Anspruch auf ein Endzeugnis

Arbeitnehmer haben gemäß § 109 GewO bei Beendigung ihres Arbeitsverhältnisses Anspruch auf ein schriftliches Zeugnis. Es muss mindestens Angaben zu Art und Dauer der Tätigkeit (einfaches Arbeitszeugnis) enthalten. Arbeitnehmer können verlangen, dass sich die Angaben darüber hinaus auf Leistung und Verhalten im Arbeitsverhältnis (qualifiziertes Zeugnis) erstrecken. Die Erteilung des Zeugnisses in elektronischer Form ist ausgeschlossen. Andere Dienstleister, z. B. freie Mitarbeiter mit dauerhaften Dienstverträgen bzw. arbeitnehmerähnliche Personen, können gemäß § 630 BGB bei Beendigung eines dauernden Dienstverhältnisses einen Zeugnisanspruch haben.[1] Einen internationalen Überblick über Regelungen sowie Praxis von Zeugnissen und vergleichbaren Texten liefern Grau und Watzka.[2] Einen Überblick über den Zeugnisanspruch in Österreich, der Schweiz, Frankreich, Italien, Spanien, Großbritannien, Irland und Polen sowie den USA liefern die unten angegebenen Autoren.[3]

In Deutschland werden pro Jahr schätzungsweise 2,58 Mio. Endzeugnisse ausgestellt.[4] Für die Schweiz wurden 900.000 End- und Zwischenzeugnisse jährlich hochgerechnet.[5] Rund die Hälfte der deutschen Unternehmen stellt unaufgefordert Zeugnisse aus.[6] Der Anspruchsberechtigte hat ein Wahlrecht, ob er ein einfaches oder ein qualifiziertes Zeugnis will.[7] Die Bitte eines Arbeitnehmers um ein Zeugnis dürfte in der Regel als Verlangen nach einem qualifizierten Zeugnis zu verstehen sein.[8] Eine Arbeitsbescheinigung nach § 312 SGB III ersetzt kein Zeugnis, auch nicht ein einfaches Zeugnis.[9]

---

1 LAG Köln 21.11.2007 – 7 Sa 647/07, juris; ErfK 2018/MÜLLER-GLÖGE, § 630 BGB Rn. 2; SCHLEßMANN 2018, Rn. 86 ff.; LINCK 2017, Rn. 1; SCHULZ u. a. 2015, S. 9 ff.; MAURITZ/WISCHNATH 2011, S. 222; SCHULZ 2006, S. 22 ff.; ENZLER 2012, S. 23 (Schweiz)

2 GRAU/WATZKA 2016, S. 28 ff.

3 MEISLOCH 2017, S. 119 ff.; MÜLLER/THALMANN 2016, S. 4 ff.; FREY/WÖRL 2009, S. 118 ff.; BĄK 2017, S. 52 ff. (Polen)

4 HUESMANN 2008, S. 138 und 142; auch GRAU/WATZKA 2016, S. 8

5 GEISER/MÜLLER 2007, S. 344 f.

6 WEUSTER 1994, S. 22; auch BÄHRLE 1998, S. 839

7 LAG Hamburg 06.12.2007 – 8 Sa 51/07, juris = BeckRS 2008 56543; ErfK 2018/MÜLLER-GLÖGE, § 109 GewO Rn. 5

8 FUHLROTT/FABRITIUS 2011, S. 651

9 WESSEL 2017, S. 1702; HUBER/MÜLLER 2016, S. 39; LÖW 2008, S. 561

In der Praxis werden ohne Aufforderung durch den Arbeitnehmer ganz überwiegend qualifizierte Zeugnisse ausgestellt.[10]

Es besteht ein Zeugnisanspruch[11] auch bei einem mündlichen Arbeitsvertrag, bei Teilzeitbeschäftigten und ausländischen Arbeitnehmern, bei Job-Sharing, bei einer geringfügigen Beschäftigung, bei einem Probearbeitsverhältnis, einem befristeten Arbeitsverhältnis, einem zweiten Arbeitsverhältnis (Nebentätigkeit), bei einer Arbeitsbeschaffungsmaßnahme (ABM) und bei Heimarbeit[12]. Es besteht auch ein Anspruch, wenn ein Arbeitsverhältnis nach einer Anfechtung für nichtig erklärt wird, sofern es tatsächlich bestanden hat (faktisches Arbeitsverhältnis).[13] Schließlich können Arbeitnehmer auch bei ihrer Pensionierung[14] sowie nach einer außerordentlichen (fristlosen) Kündigung[15] ein Zeugnis verlangen.

Bei Leiharbeitnehmern, integriertem Fremdpersonal und Arbeitnehmern im Rahmen von Inhouse-Outsourcing kann je nach den Umständen eine Auskunftspflicht des Beschäftigungsbetriebes bestehen, damit der rechtliche Arbeitgeber, z. B. der Verleiher, das Zeugnis erstellen kann.[16] Teilnehmer einer Eingliederungsmaßnahme nach § 45 SGB III haben keinen Anspruch, da kein Arbeitsverhältnis vorliegt[17]; eine freiwillige Ausstellung durch die beschäftigende Organisation kann aber gerade für diese Personen hilfreich zur Erlangung eines Arbeitsverhältnisses sein.

Insolvenz:[18] Ein Arbeitnehmer, der schon *vor* Insolvenzeröffnung aus dem Arbeitsverhältnis ausgeschieden ist und Klage auf Zeugniserteilung erhoben hat, muss seinen Rechtsstreit nach der Insolvenzeröffnung gegen den

---

10 GRAU / WATZKA 2016, S. 76; WEUSTER 1994, S. 20 f.

11 SCHLEßMANN 2018, Rn. 124 ff.; WESSEL 2017, S. 1697 f.; ECKLEBE 2015, S. 923; SCHULZ u. a. 2015, S. 11 ff.; ECKERT 2010, S. 1468 f.; SCHULZ 2006, S. 27 ff.; ROTH 2006, S. 9; KRUMMEL 1983, S. 52 und 72

12 SCHLEßMANN 2018, Rn. 89; HUBER / MÜLLER 2016, S. 18 f.; SCHULZ u. a. 2015, S. 14

13 ErfK2018 / MÜLLER-GLÖGE, BGB § 630 Rn. 2; SCHLEßMANN 2018, Rn. 129 f.; GÄNTGEN 2016a, S. 2127, Rn. 15 und S. 2129, Rn. 24; SCHULZ 2006, S. 17 und 31 f.; KRUMMEL 1983, S. 54 und 56

14 LAG Hamm 12.07.1994 – 4 Sa 192 / 94, LAGE § 630 BGB Nr. 27, Punkt 1

15 ArbG Kiel 07.01.2014 – 2 Ca 1793 a / 13, juris; ArbG Hagen 18.01.2011 – 5 Ca 1324 / 10, juris = BeckRS 2011, 69180

16 GÄNTGEN 2016a, S. 2126, Rn. 13; MÜLLER / THALMANN 2016, S. 33; SCHULZ u. a. 2015, S. 14 f.; KAUFMANN-JIRSA 2013, S. 12; FUHLROTT / FABRITIUS 2011, S. 650; BOEMKE / MÜLLER 2003, § 109 GewO Rz. 15

17 BAG 19.03.2008, NZA 2008, S. 760; GÄNTGEN 2016a, S. 2124, Rn. 3

18 WESSEL 2017, S. 1698; GÄNTGEN 2016a, S. 2125 f., Rn. 9 und 10

Gemeinschuldner (früherer Arbeitgeber) fortsetzen.[19] Ebenso kann ein Anspruch (Urteil) auf Erteilung eines Zwischenzeugnisses auch nach Eröffnung des Insolvenzverfahrens gegen den Schuldner zwangsvollstreckt werden.[20] Ein Arbeitnehmer, dessen Arbeitsverhältnis erst *nach* der Insolvenzeröffnung endet, hat einen Anspruch auf ein qualifiziertes Zeugnis gegenüber dem Insolvenzverwalter, und zwar auch für die Zeit vor der Insolvenzeröffnung, sofern dieser sich die erforderlichen Kenntnisse verschaffen kann.[21] Das Gleiche gilt für Ausbildungszeugnisse.[22] Dies gilt selbst dann, wenn der Arbeitnehmer bei rechtlich fortbestehendem Arbeitsverhältnis nach der Eröffnung des Insolvenzverfahrens nicht real weiterbeschäftigt wurde.[23] Das Vorstehende gilt für einen *vorläufigen* Insolvenzverwalter, wenn dieser in vollem Umfang die Verfügungsbefugnis über die Arbeitsverhältnisse erlangt hat. Zur Erfüllung dieser Verpflichtung hat der Insolvenzverwalter einen Auskunftsanspruch nach § 97 InsO gegenüber dem Schuldner. Die Verpflichtung zur Zeugniserteilung gilt aber nicht für einen vorläufigen Insolvenzverwalter, auf den die Verwaltungs- und Verfügungsbefugnis weder gemäß § 22 Abs. 1 InsO noch aufgrund einer Einzelermächtigung gemäß § 22 Abs. 2 InsO in Bezug auf die Arbeitsverhältnisse übergegangen ist.[24]

Betriebsübergang: Verlangt ein Arbeitnehmer längere Zeit nach Beendigung des Arbeitsverhältnisses ein Zeugnis nach einem inzwischen erfolgten Betriebsübergang (§ 613a BGB), so richtet sich sein Anspruch gegen den ursprünglichen Betriebsinhaber.[25]

Tod: Verstirbt der Arbeitgeber, so haben die Erben den Zeugnisanspruch zu erfüllen, sofern sie die erforderlichen Informationen besitzen oder beschaffen können.[26]

---

19 BAG 23.06.2004, DB 2004, S. 2428 = BB 2004, S. 2526; BAG 30.01.1991, DB 1991, S. 1626 = NZA 1991, S. 599; LAG Düsseldorf 07.11.2003, EWiR 2004, S. 863, LS = ZIP 2004, S. 631 = MDR 2004, S. 651; LAG Nürnberg 05.12.2002, NZA-RR 2003, S. 463; ErfK 2018 / MÜLLER-GLÖGE, § 109 GewO Rn. 4; LINCK 2017, Rn. 5; JOHLKE / SCHRÖDER 2004, S. 863 f.

20 LAG Köln 19.05.2008 – 11 Ta 119 / 08, juris = BeckRS 2008 54084 = EzA-SD 2008, Nr. 22, 16 LS

21 BAG 23.06.2004, DB 2004, S. 2428 = BB 2004, S. 2526; BAG 30.01.1991, AP § 630 BGB Nr. 18 = DB 1991, S. 1626 = NZA 1991, S. 599; LAG Nürnberg 05.12.2002, NZA-RR 2003, S. 463; LAG Köln 30.7.2001, DB 2002, S. 433 = NZA-RR 2002, S. 181; ArbG Halle 07.03.2013 – 2 Ca 1430 / 12, BeckRS 2013, 72855 = juris; ErfK 2018 / MÜLLER-GLÖGE, § 109 GewO Rn. 4; LINCK 2017, Rz. 5; SCHULZ u. a. 2015, S. 25; ECKERT 2010, S. 1466; SCHULZ 2006, S. 42 f.

22 LEINEMANN / TAUBERT 2008, S. 242

23 BERKOWSKY 2008, S. 224; STILLER 2005, S. 333 ff.; RIEGER / PHILIPP 2004, S. 191

24 BAG 23.06.2004, DB 2004, S. 2428 = BB 2004, S. 2526; STILLER 2005, S. 330 ff.; RIEGER / PHILIPP 2004, S. 192

25 LAG Bayern 28.07.1972, ARST 9 / 1973, S. 144

26 BAG 30.01.1991, NZA 1991, S. 599; ErfK 2018 / MÜLLER-GLÖGE, § 109 GewO Rn. 4a; GÄNTGEN 2016a, S. 2126, Rn. 12; SCHULZ 2006, S. 47 f.; LÖW 2005, S. 3605

Selbstständige Handelsvertreter nach § 84 Abs. 1 HGB haben keinen Zeugnisanspruch[27], eine Ausnahme besteht für Einfirmenvertreter[28] und für „kleine" Handelsvertreter[29] (§ 84 Abs. 2 HGB). GmbH-Geschäftsführer, die nicht (mit Mehrheitsanteil) Gesellschafter sind (Fremd-Geschäftsführer), haben einen Zeugnisanspruch nach § 630 BGB.[30] Das Gleiche kann für Fremd-Vorstände von Aktiengesellschaften gelten.[31]

Beamten wird nach § 85 BBG auf Antrag ein Dienstzeugnis über Art und Dauer der von ihnen wahrgenommenen Ämter erteilt, wenn sie daran ein berechtigtes Interesse haben oder das Beamtenverhältnis beendet ist. Das Dienstzeugnis muss auf Verlangen auch über die ausgeübte Tätigkeit und die erbrachten Leistungen Auskunft geben. Weitere Regelungen enthalten die Landesbeamtengesetze.

Auszubildenden ist gemäß § 16 BBiG bei Beendigung oder bei Abbruch der Berufsausbildung unaufgefordert ein Zeugnis auszustellen, das Angaben über Art, Dauer und Ziel der Ausbildung sowie über die erworbenen Fertigkeiten und Kenntnisse enthalten muss.[32] Auf Verlangen sind im Ausbildungszeugnis auch Angaben über Verhalten und Leistung aufzunehmen. Wurden im Rahmen einer *Ausbildungspartnerschaft* Teile der Ausbildung per Auftragsausbildung in anderen Betrieben durchgeführt, so haben die Partner eine Mitwirkungspflicht. Im Falle einer *Verbundausbildung* nach § 10 Abs. 5 BBiG bestehen hintereinander mehrere Ausbildungsverhältnisse; hier hat der letzte Ausbildende ein Gesamtzeugnis zu erstellen, wobei die vorhergehenden Ausbildenden eine Mitwirkungspflicht haben.[33]

Lernbeeinträchtigte oder sozial benachteiligte Personen, die eine *Berufsausbildungsvorbereitung* absolviert haben, erhalten nach § 69 Abs. 2 BBiG in Verbindung mit § 7 BAVBVO ein Zeugnis über das Ergebnis einer Leistungsfeststellung oder – bei Nichterreichen des Qualifizierungszieles – eine Teilnahmebescheinigung über die vermittelten Grundlagen für den Erwerb beruflicher Handlungsfähigkeit.[34]

---

27 OLG Celle 23.05.1967, BB 1967, S. 775

28 ErfK 2018 / MÜLLER-GLÖGE, § 630 BGB Rn. 2; SCHLEßMANN 2018, Rn. 89

29 ErfK 2018 / MÜLLER-GLÖGE, § 630 BGB Rn. 2; LINCK 2017, Rn. 1

30 BGH 09.11.1967, DB 1967, S. 2214; KG Berlin 06.11.1978, BB 1979, S. 988; ErfK 2018 / MÜLLER-GLÖGE, § 630 BGB Rn. 2; SCHLEßMANN 2018, Rn. 77 ff.; WESSEL 2017, S. 1697; SCHULZ u. a. 2015, S. 16 f.; SCHULZ 2006, S. 21 f.; ECKERT 2000, S. 134 f.; GÖLDNER 1989, S. 23 f.

31 SCHULZ u. a. 2015, S. 16; MAURITZ / WISCHNATH 2011, S. 222; ROTH 2006, S. 10 f.

32 SCHLEßMANN 2018, Rn. 80 ff.; BENECKE / HERGENRÖDER 2009, S. 107; LEINEMANN / TAUBERT 2008, S. 242

33 STÜCK 2008, S. 75

34 Siehe Bundesgesetzblatt I 2003, S. 1474 ff. (Muster)

Auf Umschulungsverhältnisse im Sinne von § 1 Abs. 5 BBiG und §§ 58 ff. BBiG ist § 16 BBiG weder unmittelbar noch über § 26 BBiG anwendbar. Der Zeugnisanspruch eines Umschülers mit Qualifizierungsvertrag richtet sich deshalb entweder nach § 630 BGB oder, falls ein Arbeitsverhältnis besteht, nach § 109 GewO.[35]

Auch Volontäre, Praktikanten und andere Personen, die eingestellt (im Sinne von § 99 BetrVG in den Betrieb integriert) wurden, um berufliche Fertigkeiten, Kenntnisse, Fähigkeiten oder berufliche Erfahrungen zu erwerben, haben, sofern kein Arbeitsverhältnis besteht, gemäß § 26 BBiG in Verbindung mit § 16 BBiG Anspruch auf ein Zeugnis.[36] Beispiele liefern Redaktionsvolontäre ohne Journalistikstudium sowie Vorpraktika für spätere Masseure, Krankengymnasten, Sozialarbeiter oder Ingenieure.

Studierende an Dualen Hochschulen (Vorläufer: Berufsakademien) und Studierende, die im Rahmen ihres Studiums ein Pflichtpraktikum absolvieren, sind nach § 22 Abs. 1 Mindestlohngesetz keine Arbeitnehmer im Sinne dieses Gesetzes[37], keine Praktikanten im Sinne der Empfehlungen des Rates der Europäischen Kommission für einen Qualitätsrahmen für Praktika (§ 29 COM [2013] 857 final)[38], keine arbeitnehmerähnlichen Personen nach § 12 TVG und auch keine Auszubildenden nach dem BBiG, da dieses Gesetz nach § 3 Abs. 2 Nr. 1 nicht gilt für die Berufsausbildung, die in berufsqualifizierenden oder vergleichbaren Studiengängen an Hochschulen durchgeführt wird.[39] Es handelt sich um ein Vertragsverhältnis sui generis.[40] Das BAG entschied, dass bei einem Volontärspraktikum bei Tageszeitungen im Rahmen eines Journalistikstudiums kein Zeugnisanspruch nach dem BBiG oder nach § 630 BGB bestehe (allerdings im gegebenen Fall aufgrund einer Vereinbarung zwischen der Universität Dortmund und dem Zeitungsverlegerverband).[41] Das BAG entschied außerdem bezogen auf eine tarifliche Ausbildungszulage, dass Studenten an Berufsakademien weder Angestellte noch Auszubildende im Sinne des Manteltarifvertrages der Bayerischen Metall- und Elektroindustrie seien. Die Berufsakademien sei-

35 BAG 12.02.2013 – 3 AZR 120/11, DB 2013, S. 1307 = DB0592457 = NZA 2014, S. 31 = juris = BeckRS 2013, 68103; BAG 12.02.2013 – 3 AZR 121/11, BeckRS 2013, 68125 = juris; LINCK 2017, Rn. 1; GÄNTGEN 2016a, S. 2124, Rn. 3; ErfK 2018/MÜLLER-GLÖGE BGB § 630 Rn. 2; ARCHUT 2014, S. 33; HÖSER 2012, S. 282

36 LAG Hamm 11.7.1996, LAGE § 630 BGB Nr. 29, S. 2; FAULHABER 2008, S. 213

37 GREINER 2016, S. 597; KOCH-RUST u. a. 2015, S. 406

38 VIELMEIER 2014, S. 2486

39 LEINEMANN/TAUBERT 2008, S. 374 ff.; aA SCHADE 2013, S. 1039 ff.

40 NATZEL 2011, S. 1591 f.; NATZEL 2008, S. 569; FAULHABER 2008, S. 12 f.

41 BAG 03.09.1998 – 8 AZR 14/97, juris

en berufsbildende Schulen, die vom Berufsbildungsgesetz ausgenommen seien.[42] Dies ist eine rechtlich und praktisch unbefriedigende Lage.

Praktikumszeugnisse sind sehr wichtig beim Einfädeln ins Berufsleben, da für viele Arbeitgeber die nachgewiesene Bewährung in Praktika eine Standardanforderung bei der Einstellung von Hochschulabsolventen ist und da die Hochschulzeugnisse keine inhaltlichen Informationen zu den studienintegrierten Praxissemestern enthalten. Studierende sollten sich daher den Anspruch auf ein Praktikumszeugnis vertraglich sichern. Auch kann man die studentischen Praktikanten nicht vollkommen losgelöst von jeglichen arbeits- bzw. ausbildungsrechtlichen Standards behandeln. Den Zeugnisanspruch der studentischen Praktikanten kann man demnach aus der Fürsorgepflicht herleiten, die auch für dieses Ausbildungsverhältnis sui generis gilt. Auch Roßbruch leitet den Zeugnisanspruch von Schülern und Schülerinnen in der Gesundheits- und Krankenpflege sowie in der Altenpflege, die ebenfalls nicht von BBiG erfasst werden, aus der Fürsorgepflicht des Ausbildenden her.[43] Nach Schade besteht bei *allen* Arten von Praktikumsverhältnissen aufgrund der Fürsorgepflicht ein Anspruch auf ein schriftliches Zeugnis.[44] Man kann in der Zeugnisausstellung auch eine Nebenpflicht des ausbildenden Unternehmens sehen, auf welche die §§ 630 BGB bzw. 109 GewO entsprechend anzuwenden sind. Die skizzierte rechtliche Lage wird praktisch dadurch entschärft, dass es verbreitete Praxis ist, allen Praktikanten ein Zeugnis auszustellen. Anzumerken ist auch, dass nur dann ein Praktikantenverhältnis vorliegt, wenn der Ausbildungszweck deutlich die für den Betrieb erbrachten Leistungen und Arbeitsergebnisse überwiegt; andernfalls besteht ein Arbeitsverhältnis.[45] Hier kann es bei Bacheloranden und Masteranden, die integriert in den Betrieb ein betriebliches Problem lösen und darüber zugleich ihre Abschlussarbeit anfertigen sowie in dieser Zeit oft zusätzliche Aufgaben übernehmen, Grenzfälle geben. Das LAG Hamm entschied, dass Hochschulpraktikanten je nach Ausgestaltung des privatrechtlichen Praktikantenvertrages (Verwendung des Begriffes Arbeitgeber, umfangreiche Regelungen der Rechte und Pflichten bezüglich Arbeitszeit, Vergütung, Entgeltfortzahlung, Anzeigepflicht für Nebentätigkeiten, Verfallsfristen) zu ihrer Berufsausbildung Beschäftigte im Sinne des § 5 Abs. 1 S. 1 ArbGG sein können.[46]

Praktikantenzeugnisse werden nach dem Eindruck der Verfasser oft lieblos, teils nur formularmäßig mit Ankreuzungen erstellt. Dies ist sehr kurzsich-

42 BAG 16.10.2002, BB 2003, S. 906

43 ROßBRUCH 2004, S. 251 f.

44 SCHADE 2012, S. 657

45 LAG BW 08.02.2008, NZA 2008, S. 768 = DB 2008, S. 1574

46 LAG Hamm 02.09.2013 – 2 Ta 18/13, juris

tig gehandelt, da die Praktika doch oft Bestandteil eines längerfristig angelegten Personalmarketings zur Gewinnung sehr guter Absolventen (High Potentials) sind. Der Erhalt eines qualifizierten Praktikumszeugnisses oder eines Zeugnisses über ein Praktikum zur Erstellung der Abschlussarbeit wird von den Studierenden als sehr wichtige Praktikumsanforderungen gesehen.[47]

Bei Schüler-Praktikanten, die nur eine kurzzeitige informatorische Besichtigung bzw. Schnupperlehre durchführen und nicht unter die §§ 16 und 26 BBiG fallen[48], genügt eine einfache Bescheinigung ohne Beurteilung.

Erstellungszeitpunkt: Die Formulierung „bei der Beendigung" in § 109 GewO und in § 630 BGB wird im Sinne von „aus Anlass der Beendigung" interpretiert.[49] Demnach entsteht der Zeugnisanspruch zum Kündigungszeitpunkt bzw. bei Abschluss eines Aufhebungsvertrages.[50] Das Zeugnis soll den Arbeitnehmer, der vielleicht noch keine neue Arbeitsstelle hat, bei der Arbeitsplatzsuche unterstützen. Der Arbeitgeber hat das Recht, ein zum Kündigungszeitpunkt erstelltes Zeugnis als „Zwischenzeugnis" oder als „Vorläufiges Zeugnis" (unüblich) zu bezeichnen.[51] Immer dann, wenn ein Arbeitnehmer erklärt, er benötige das Zeugnis oder Zwischenzeugnis dringend für eine Bewerbung, sollte zur Vermeidung von Schadensersatzansprüchen alles getan werden, um den Anspruch schnellstmöglich zu erfüllen. Es ist ferner zu bedenken, dass viele Arbeitgeber erwarten, dass der neu eingetretene Mitarbeiter sein Zeugnis über das vorangegangene Arbeitsverhältnis in der Probezeit vorlegt. Insofern bringt man den ausgeschiedenen Mitarbeiter in Verlegenheit, wenn er das Zeugnis nicht bald vorlegen kann.

Der Zeugnisanspruch ist ein sog. verhaltener Anspruch.[52] Die Erfüllung des Anspruches setzt voraus, dass der Arbeitnehmer dem Arbeitgeber mitteilt, ob er ein einfaches oder ein qualifiziertes Zeugnis wünscht.[53] Das Zeugnis ist dann ohne schuldhaftes Zögern auszustellen. Im Öffentlichen Dienst schreibt § 35 Abs. 4 TVöD eine unverzügliche Ausstellung vor. Eine Regelfrist existiert nicht. Ein einfaches Zeugnis ist in wenigen Tagen zu erstellen. Bei einem qualifizierten Zeugnis können nach Ausübung des Wahlrechts zwei bis drei Wochen angemessen sein.[54] Verlangt ein scheidender Arbeit-

---

47 WÖHR 2002, S. 236 f., 240, 402 und 406

48 LEINEMANN / TAUBERT 2008, S. 381

49 LINCK 2017, Rn. 7; KRUMMEL 1983, S. 79

50 ErfK 2018 / MÜLLER-GLÖGE, § 109 GewO Rn. 7 ff.; SCHULZ 2006, S. 48 ff.; BOEMKE / MÜLLER 2003, § 109 GewO Rz. 4; KÜCHLE / BOPP 1997, S. 171

51 ErfK 2018 / MÜLLER-GLÖGE, § 109 GewO Rn. 8

52 LINCK 2017, Rn. 7; HORCHER 2016, S. 317

53 ErfK 2018 / MÜLLER-GLÖGE, § 109 GewO Rn. 7; SCHULZ 2006, S. 63

54 LAG SH 01.04.2009 – 1 Sa 370 / 08, juris; SCHLEßMANN 2018, Rn. 143 ff; ECKLEBE 2015, S. 924; ARCHUT 2014, S. 39; SCHULZ 2006, S. 60 f.

nehmer drei oder mehr Wochen vor dem Vertragsende ein Zeugnis, so ist es in der Regel so rechtzeitig auszustellen, dass er es zum Ende des Arbeitsverhältnisses erhalten kann. Sind für die Erstellung wichtige oder unverzichtbare Personen abwesend (Geschäftsreisen, Urlaub, Krankheit) und existieren keine ausreichenden schriftlichen Beurteilungen, ist je nach den Umständen die Rückkehr dieser Personen abzuwarten. Eine etwas längere Erstellungszeit wird man dem Arbeitgeber auch im Falle eines massenhaften Zeugnisverlangens (Massenentlassung, Betriebsübergang) einräumen müssen. In der Praxis werden Zeugnisse ganz überwiegend innerhalb eines Monats erstellt.[55] Eine Befragung ergab auf der Basis der Antworten aus 95 Unternehmen folgende Übergabezeitpunkte: vor Austritt = 4,2 %, am Tag des Austritts = 30,5 %, nach Austritt = 64,2 % (Ø nach 16,4 Tagen) und unterschiedlich = 1,1 %.[56]

Bei längeren *befristeten* Arbeitsverhältnissen ist das Zeugnis schon angemessene Zeit (etwa zwei bis drei Monate) vor dem Vertragsende auszustellen[57], spätestens aber bei Beginn der fiktiven Kündigungsfrist.[58] Bei fristloser Kündigung, gleich von welcher Seite, kann das Zeugnis sofort verlangt werden; es ist dann innerhalb weniger Tage auszustellen.[59] Ein Anspruch auf ein Endzeugnis und nicht nur auf ein Zwischenzeugnis besteht, wenn der Arbeitnehmer Kündigungsschutzklage erhoben hat.[60] Dies gilt auch, wenn wegen des Kündigungsrechtsstreits der Zeitpunkt der rechtlichen Beendigung des Arbeitsverhältnisses noch offen ist.[61] Das Zeugnis kann u. a. dazu dienen, eine Zwischenbeschäftigung zu finden.[62] Das LAG Hamm entschied, der Arbeitnehmer habe nach der Kündigung des Arbeitsverhältnisses während des Laufs des Kündigungsschutzprozesses ein Wahlrecht, ob er schon ein Endzeugnis oder erst ein Zwischenzeugnis verlange. Habe er auf seinen Wunsch ein Endzeugnis erhalten, könne er nicht zusätzlich noch ein Zwischenzeugnis beanspruchen.[63] Ein Anspruch auf ein Zwischenzeugnis ist gegeben, wenn der Arbeitnehmer während des Kündigungsrechtsstreits vorläufig weiterbeschäftigt wird.[64] Im Übrigen muss ein Arbeitnehmer selbst abwägen, ob ihm in der Kündigungs- und Bewerbungssituation bes-

---

55 HUESMANN 2008, S. 168

56 GRAU / WATZKA 2016, S. 81

57 KRUMMEL 1983, S. 85

58 ErfK 2018 / MÜLLER-GLÖGE, § 109 GewO Rn. 9; LINCK 2017, Rn. 7; EISBRECHER 1994, S. 25

59 ErfK 2018 / MÜLLER-GLÖGE, § 109 GewO Rn. 9; SCHULZ 2006, S. 55; KRUMMEL 1983, S. 85

60 BAG 27.02.1987, AP § 630 BGB Nr. 16 = DB 1987, S. 1845 = NZA 1987, S. 628; ArbG Kiel 07.01.2014 – 2 Ca 1793 a / 13, juris; ErfK 2018 / MÜLLER-GLÖGE, § 109 GewO Rn. 7; KORINTH 2004, S. 322

61 LAG Nürnberg 20.09.1985, ARST 12 / 1986, S. 187

62 LAG Thüringen 11.11.2008 – 7 Sa 4 / 08, juris

63 LAG Hamm 13.02.2007, NZA-RR 2007, S. 486

64 KORINTH 2004, S. 321 f.

ser mit einem Endzeugnis oder einem Zwischenzeugnis gedient ist. Kehrt ein Arbeitnehmer nach einer Kündigungsschutzklage zum Arbeitgeber zurück, so muss er diesem das Zeugnis über ein zwischenzeitlich bei einem anderen Arbeitgeber durchgeführtes Arbeitsverhältnis nicht vorlegen.[65]

Verzicht: Der Arbeitnehmer kann nicht *vor* Beendigung des Arbeitsverhältnisses auf den Zeugnisanspruch verzichten. Es wird strittig diskutiert, ob und unter welchen Umständen ein Arbeitnehmer anlässlich oder nach Beendigung des Arbeitsverhältnisses rechtswirksam auf den Zeugnisanspruch verzichten kann.[66] Eine allgemein formulierte Ausgleichsquittung (Abgeltungsklausel) ohne ausdrückliche Nennung des Zeugnisses, die zum Beispiel im Rahmen eines gerichtlichen Vergleichs oder in einem Aufhebungsvertrag vereinbart wird, beinhaltet dagegen nicht ohne Weiteres einen Verzicht, da viele Arbeitnehmer die Tragweite von Formulierungen wie *„Damit sind sämtliche gegenseitigen Ansprüche erledigt“* nicht erkennen und nur auf finanzielle Ansprüche beziehen.[67] Der Anspruch auf ein leistungsgerechtes Zeugnis wird auch dann nicht durch eine allgemeine Ausgleichsquittung ausgeschlossen, wenn das Zeugnis am Tage vor deren Unterzeichnung dem Arbeitnehmer bereits erteilt worden ist und es wesentliche formale Mängel enthält.[68] Das LAG Berlin-Brandenburg hat entschieden, dass *nach* Entstehen des Zeugnisanspruches eine *generelle* Klausel *(„sind sämtliche gegenseitigen Ansprüche der Parteien … ausgeglichen“)* in einem Prozessvergleich zur Erledigung eines Kündigungsrechtsstreits grundsätzlich auch den Anspruch des Arbeitnehmers auf Erteilung eines qualifizierten Zeugnisses erfasse.[69] Der Anspruch auf ein Ausbildungszeugnis kann nach § 25 BBiG nicht vertraglich abbedungen werden.

Holschuld und Schickschuld: Der Zeugnisanspruch ist grundsätzlich eine Holschuld.[70] Dabei ist der Arbeitgeber gehalten, den Arbeitnehmer darüber zu informieren, dass das Zeugnis zur Abholung bereitliegt.[71] Im Einzelfall

---

65 BAG 21.05.1981, DB 1981, S. 2496

66 BAG 16.09.1974, DB 1974, S. 155 = EzA § 630 BGB Nr. 5; LAG Köln 17.06.2010 – 7 Ta 352/09, juris = BeckRS 2010, 71321; ErfK 2018/MÜLLER-GLÖGE, § 109 GewO Rn. 52; SCHLEẞMANN 2018, Rn. 155 ff.; GÄNTGEN 2016a, S. 2128, Rn. 18; SCHULZ 2006, S. 91 ff.; ROTH 2006, S. 21

67 BAG 16.09.1974, DB 1975, S. 155 = EzA § 630 BGB Nr. 5; LAG Nürnberg 17.06.1994, LAGE § 630 BGB Nr. 22; SCHLEẞMANN 2018, Rn. 161 ff.; LINCK 2017, Rn. 14; SCHULZ u. a. 2015, S. 39 f.; SCHULZ 2006, S. 94; KRUMMEL 1983, S. 98 f.

68 LAG Düsseldorf 23.05.1995, LAGE § 630 BGB Nr. 24 = NZA-RR 1996, S. 42

69 LAG BB 06.12.2011 – 3 Sa 1300/11, DB 2012, S. 412 = DB0465248 = juris = BeckRS 2012, 65741; ArbG Berlin 03.12.1968, DB 1969, S. 91

70 BAG 08.03.1995, BB 1995, S. 1355 = DB 1995, S. 1518 = NZA 1995, S. 671; LAG BB 13.03.2014 – 10 Ta 414/14, BeckRS 2014, 68418 = juris; GÄNTGEN 2016a, S. 2128, Rn. 17; POPP 2016, S. 1078

71 LAG Hessen 19.06.2017 – 10 Ta 172/17, juris

wandelt sich die Holschuld in eine Schickschuld, wenn das Abholen für den Arbeitnehmer mit unzumutbaren Belastungen[72] oder unverhältnismäßigen Aufwand[73] verbunden ist, wenn der Arbeitnehmer verzogen ist[74], wenn der Aussteller in Verzug ist[75] oder wenn der Arbeitgeber dem Arbeitnehmer nach einer fristlosen Kündigung Hausverbot erteilt hat.[76] Wer ohne Abholversuch ein Zeugnis einklagt, hat in aller Regel die Kosten zu tragen.[77] Im Falle der Schickschuld ist das Zeugnis auf Kosten und Gefahr (Risiko des Zugangs) des Arbeitgebers zu versenden.[78] Wird das Zeugnis dem Arbeitnehmer zugeschickt, so muss der Arbeitgeber bei Bestreiten beweisen, dass dem Arbeitnehmer das Zeugnis zugegangen ist.[79] Ein Konflikt in dieser Frage ist aber irrational. Beide Seiten sollten vernünftig handeln. So kann der Arbeitnehmer, wenn er das Zeugnis nicht persönlich abholen möchte, dem Arbeitgeber einen Freiumschlag übermitteln.

Zurückbehaltung: Ein Zurückbehaltungsrecht, z. B. wegen noch nicht zurückgezahlter Lohnvorschüsse, wegen Arbeitgebereigentum im Besitz des Arbeitnehmers, wegen eines Vertragsbruchs oder wegen eines vom Arbeitnehmer zurückbehaltenen Zwischenzeugnisses, hat der Arbeitgeber nicht, da das Zeugnis zu den Arbeitspapieren gehört, an denen unter anderem wegen ihres persönlichkeitsbezogenen Charakters keine Gegenrechte ausgeübt werden können.[80] Der Arbeitgeber kann die Zeugniserteilung auch nicht per Vergleich von der Räumung einer Wohnung abhängig machen.[81] Allerdings muss der Arbeitgeber ein berichtigtes oder überarbeitetes Zeugnis nur Zug

---

72 LAG BB 06.02.2013 – 10 Ta 31/13, juris = BeckRS 2013, 66712

73 BAG 08.03.1995, BB 1995, S. 1355 = DB 1995, S. 1518 = NZA 1995, S. 671; LAG Frankfurt 01.03.1984, DB 1984, S. 220; ErfK 2018/MÜLLER-GLÖGE, § 109 GewO Rn. 47; WESSEL 2017, S. 1709; ECKLEBE 2015, S. 924; SCHULZ u. a. 2015, S. 44 f.; SCHULZ 2006, S. 81 ff.; ROTH 2006, S. 18 f.

74 ArbG Wetzlar 21.07.1971, AuR 1972, S. 219; ROTH 2006, S. 18; HAUPT 1996, S. 594

75 LAG Frankfurt 01.03.1984, DB 1984, S. 220; ArbG Celle 13.07.1972, ARST 7/1973, S. 110; SCHLEẞMANN 2018, Rn. 225; LINCK 2017, Rn. 15; SCHULZ u. a. 2015, S. 45

76 SCHULZ u. a. 2015, S. 44; ROTH 2006, S. 19; HAUPT 1996, S. 594

77 LAG BB 06.02.2013 – 10 Ta 31/13, juris = BeckRS 2013, 66712

78 LAG Köln 26.04.2010 – 2 Ta 24/10, juris

79 LAG RHPF 30.07.2009 – 7 Ta 161/09, juris

80 LAG Nürnberg 18.01.1994, LAGE § 630 BGB Nr. 20, S. 3; ArbG Passau 15.10.1973, ARST 4/1974, S. 62; ArbG Oberhausen 27.01.1971, AuR 1972, S. 26; ArbG Wilhelmshaven 07.03.1960, DB 1960, S.627; ErfK 2018/ MÜLLER-GLÖGE, § 109 GewO Rn. 48; LINCK 2017, Rn. 13; GÄNTGEN 2016a, S. 2129, Rn. 22; SCHLEẞMANN 2018, Rn. 211 ff.; WESSEL 2017, S. 1709; MÜLLER/ THALMANN 2016, S. 104; HUBER/ MÜLLER 2016, S. 20; SCHULZ u. a. 2015, S. 48 ff.; ECKLEBE 2015, S. 926; ENZLER 2012, S. 16

81 LAG Köln 17.06.2010 – 7 Ta 352/09, juris = BeckRS 2010, 71321

um Zug gegen Rückgabe des zuvor erstellten unrichtigen Zeugnisses aushändigen.[82]

Der Arbeitgeber ist auch dann zur Ausstellung eines Zeugnisses verpflichtet, wenn der Arbeitnehmer nicht von seinem in einem Vergleich vereinbarten Vorschlagsrecht bezüglich der Formulierung Gebrauch macht. Der Arbeitgeber kann in diesem Falle die Zeugniserteilung nicht von der Übersendung eines Zeugnisvorschlags abhängig machen.[83] Er hat ferner keinen Anspruch darauf, dass ihm vor der Erteilung das Zeugnis des vorherigen Arbeitgebers übermittelt wird.[84]

Verjährung: Der Arbeitnehmer kann den Zeugnisanspruch gemäß der regelmäßigen Verjährungsfrist nach § 195 BGB drei Jahre lang erheben. Diese dreijährige Frist beginnt nach § 199 BGB mit dem Schluss des Jahres, in dem der Anspruch entstanden ist. Ein Arbeitnehmer, der unter einvernehmlicher Aufhebung des bisherigen Arbeitsverhältnisses zum GmbH-Geschäftsführer berufen wird, muss zu diesem Zeitpunkt ein Arbeitszeugnis über die Arbeitnehmerzeit verlangen. Bei einer späteren Beendigung des Geschäftsführer-Dienstverhältnisses hat er zwar einen Anspruch auf ein Dienstzeugnis nach § 630 BGB, der Anspruch auf ein Arbeitszeugnis über das frühere Arbeitsverhältnis kann aber verjährt sein.[85]

Ausschlussfrist: Die Verjährungsfrist kann durch Rechtsgeschäft verkürzt werden. Oft bestehen *tarifvertragliche* Ausschlussfristen, z. B. im Öffentlichen Dienst gemäß § 37 TVöD sechs Monate.[86] Die Berufung auf die Ausschlussfrist setzt in der Regel voraus, dass der Arbeitnehmer eine Niederschrift der wesentlichen Arbeitsbedingungen gemäß Nachweisgesetz oder einen schriftlichen Arbeitsvertrag erhalten hat, worin explizit die Ausschlussfrist[87] oder ein Hinweis auf die anzuwendenden Tarifverträge[88] aufgenommen wurde. In manchen Tarifverträgen ist zudem festgelegt, dass die Ausschlussfristen nur gelten, wenn der Tarifvertrag dem Arbeitnehmer ausgehändigt wurde oder wenn er im Betrieb ausliegt oder aushängt. Ob der Zeugnisanspruch von tariflichen Ausschlussfristen erfasst wird, hängt von

---

82 LAG Hamm 01.12.1994, LAGE § 630 BGB Nr. 28, LAG Hamm 13.02.1992, LAGE § 630 BGB Nr. 16; LAG Hamm 27.02.1997, NZA-RR 1998, S. 151; Punkt 4; ErfK 2018 / MÜLLER-GLÖGE, § 109 GewO Rn. 67; HORCHER 2016, S. 318

83 LAG Hamm 04.08.2010 – 1 Ta 270 / 10, juris = BeckRS 2010, 71922

84 LAG Hamm 04.08.2010 – 1 Ta 270 / 10, juris = BeckRS 2010, 71922

85 LAG Köln 31.08.2016 – 11 Sa 1025 / 15, juris = BeckRS 2016, 74762

86 BAG 23.02.1983, BB 1983, S. 1859; ArbG Mainz 26.02.2004, EzBAT § 70 BAT Nr. 58; ErfK 2018 / MÜLLER-GLÖGE, § 109 GewO Rz. 54; SCHLEßMANN 2018, Rn. 164; LINCK 2017, Rn. 12 ROTH 2006, S. 23; LÖW 2005, S. 3608

87 LAG SH 08.02.2000, BB 2000, S. 777 = DB 2000, S. 724

88 ArbG Frankfurt 25.08.1999, DB 1999, S. 2316

deren Inhalt ab.[89] Erfasst eine umfassende tarifliche Verfallsklausel *„alle anderen/sonstigen Ansprüche“*, so gilt sie auch für den Zeugnisanspruch.[90] Das ArbG Hamburg hat dagegen entschieden, dass Zeugnisansprüche von tariflichen Ausschlussfristen nicht erfasst werden.[91] Langer appelliert an die Tarifvertragsparteien, den Zeugnisanspruch deutlich von den Ausschlussfristen auszunehmen.[92]

Ausschlussfristen können grundsätzlich auch *einzelvertraglich* vereinbart werden.[93] Das LAG Hamm entschied, eine einzelvertragliche Ausschlussklausel, die *„alle Ansprüche, die sich aus dem Arbeitsverhältnis ergeben“* betrifft, erfasse auch den Anspruch auf Berichtigung eines qualifizierten Zeugnisses.[94] Eine einzelvertragliche Ausschlussfrist, die die schriftliche Geltendmachung aller Ansprüche aus dem Arbeitsverhältnis innerhalb einer Frist von weniger als drei Monaten ab Fälligkeit verlangt, ist unwirksam.[95]

Im Falle der Berichtigung beginnt die tarifliche oder einzelvertragliche Ausschlussfrist mit dem Zeitpunkt, an dem der Arbeitnehmer das Zeugnis erhalten hat, da der Arbeitnehmer erst ab diesem Zeitpunkt das Zeugnis prüfen kann.[96] Hat ein Arbeitgeber nach Ablauf der Ausschlussfrist kulanterweise doch noch ein Zeugnis ausgestellt, so lebt ein Berichtigungsanspruch ggf. wieder auf.[97] Wird ein Zeugnis allerdings erst (fünf) Jahre nach Beendigung des Arbeitsverhältnisses inhaltlich erstellt und soll es dann korrigiert werden, ist nicht mehr gewährleistet, dass es noch inhaltlich zutreffend ist, weil das menschliche Erinnerungsvermögen und damit auch das Beurteilungsvermögen im Laufe der Jahre nachlassen. Dann spricht nach Auffassung des LAG Schleswig-Holstein viel dafür, dass es dem Arbeitgeber im Hinblick auf den Wahrheitsgehalt des Zeugnisses nicht mehr zuzumuten ist, das Zeugnis zu berichtigen.[98]

Verwirkung: Der Anspruch auf Erteilung oder Berichtigung eines Zeugnisses kann auch ohne Ausschlussfristen unter engen Voraussetzungen

---

89 ErfK 2018/MÜLLER-GLÖGE, § 109 GewO Rn. 54; GÖLDNER 1989, S. 46 f.

90 BAG 23.02.1983, BB 1983, S. 1859; LAG Hamm 24.08.1977, BB 1977, S. 1704; ArbG Wilhelmshaven 26.02.1971, AuR 1972, S. 25; siehe auch BAG 04.12.1997, BB 1998, S. 588

91 ArbG Hamburg 05.03.1997, BB 1997, S. 1212; ebenso ArbG Siegen 30.05.1980, EzA § 4 TVG Nr. 43

92 LANGER 1993, S. 72 f.

93 BAG 24.03.1988, BB 1989, S. 75 und 223; ErfK 2018/MÜLLER-GLÖGE, § 109 GewO Rn. 54; SCHULZ u. a. 2015, S. 38 f.; BECKER-SCHAFFNER 2004, S. 502

94 LAG Hamm 10.04.2002, NZA-RR 2003, S. 463

95 BAG 28.09.2005, BB 2006, S. 327 = DB 2006, S. 1959 = NZA 2006, S. 150 = NJW 2006, S. 795

96 LAG Sachsen 30.01.1996, AiB 1996, S. 506

97 SCHLEẞMANN 2018, Rn. 624

98 LAG SH 30.09.2009 – 3 Ta 162/09, juris

schon vor Ablauf der Verjährungsfrist verwirkt sein.[99] Nach der Rechtsprechung des BAG ist der Zeugnisanspruch verwirkt, (1) wenn der Arbeitnehmer ihn längere Zeit nicht geltend gemacht hat *(Zeitmoment)*, (2) wenn er beim Arbeitgeber die Überzeugung hervorgerufen hat, er werde sein Recht nicht mehr geltend machen und sich der Arbeitgeber darauf eingerichtet hat *(Umstandsmoment)* und (3) dem Arbeitgeber die Erfüllung des Zeugnisanspruches nach Treu und Glauben unter Berücksichtigung aller Umstände des Einzelfalles nicht mehr zumutbar ist.[100] Die Verwirkung des Berichtigungsanspruchs bei Erfüllung des Zeitmoments und des Umstandsmoments gilt auch für Zwischenzeugnisse.[101]

Zeitmoment: Das BAG hat einen Erfüllungsanspruch auf Ergänzung und Berichtigung nach zehnmonatigem Zuwarten verneint.[102] In einer früheren Entscheidung hat das BAG einen Berichtigungsanspruch und einen Schadensersatzanspruch anlässlich eines eindeutig nicht ordnungsgemäßen Zeugnisses sogar schon nach fünfmonatigem Zuwarten des Arbeitnehmers abgelehnt.[103] Das LAG Düsseldorf hat einen Erfüllungsanspruch (Berichtigung) als verwirkt angesehen, weil der Arbeitnehmer seinen Anspruch elf Monate lang trotz anwaltlicher Fristsetzung mit Klageandrohung nicht mehr verfolgt hat.[104] Ebenso entschieden die Landesarbeitsgerichte Hessen, München, Hamm und Köln, dass Untätigkeitszeiträume von 32, 21, 15 bzw. 12 Monaten grundsätzlich ausreichen, um das Zeitmoment für eine Verwirkung zu erfüllen.[105] Das Hessische LAG entschied, für eine Verwirkung müsse deutlich mehr als die doppelte Zeit verstrichen sein, auf die ein Arbeitgeber zulässigerweise die Geltendmachung von Ansprüchen in Formulararbeitsverträgen verkürzen dürfe (drei Monate); ein Zeitraum von 5–7 Monaten könne demnach das Zeitmoment der Verwirkung bei einem Zeugnisanspruch nicht erfüllen.[106] Schleßmann sieht eine Verwirkung des Anspruches auf ein qualifiziertes Zeugnis nach etwa sechs Monaten.[107]

---

99 ErfK 2018/MÜLLER-GLÖGE, § 109 GewO Rn. 53 und 55; SCHLEẞMANN 2018, Rn. 170 ff.; WESSEL 2017, 1716; LINCK 2017, Rn. 11; GÄNTGEN 2016a, S. 2129, Rn. 20; ECKLEBE 2015, S. 926; SCHULZ u. a. 2015, S. 34 ff.; KAUFMANN-JIRSA 2013, S. 32 ff.; ROTH 2006, S. 22

100 BAG 17.02.1988, DB 1988, S. 1071 = BB 1988, S. 978; HAUPT 1996, S. 595

101 LAG Berlin 14.11.2002, NZA 2003, S. 1206 = NZA-RR 2003, S. 523; LAG Köln 8.2.2000, NZA-RR 2001, S. 130

102 BAG 17.02.1988, DB 1988, S. 1071 = BB 1988, S. 978 = NZA 1988, S. 427

103 BAG 17.10.1972, AP § 630 BGB Nr. 8 = EzA § 630 BGB Nr. 4

104 LAG Düsseldorf 11.11.1994, DB 1995, S. 1135

105 LAG Hessen 16.01.2013 – 18 Sa 602/13, juris = BeckRS 2013, 67508; LAG München 11.02.2008 – 6 Sa 539/07, juris; LAG Hamm 03.07.2002, NZA-RR 2003, S. 73; LAG Köln 08.02.2000, NZA-RR 2001, S. 130

106 LAG Hessen 22.01.2007 – 19/5 Sa 384/06, juris

107 SCHLEẞMANN 2018, Rn. 177

Umstandsmoment: Ein Zeugnisanspruch ist zum Beispiel verwirkt, wenn der Kläger zuvor vor den Zivilgerichten eine Subunternehmervergütung erstritten hat, plötzlich aber den Standpunkt vertritt, nicht Subunternehmer, sondern Arbeitnehmer gewesen zu sein.[108] Das Umstandsmoment ist nicht erfüllt, wenn der Arbeitgeber selbst in Gesprächen oder Schreiben den Arbeitnehmer auffordert, seine Änderungs- oder Ergänzungswünsche zu nennen.[109]

Ein Ersterfüllungsanspruch ist nicht so schnell verwirkt wie ein Erfüllungsanspruch wegen Schlechterfüllung (Berichtigung).[110] Dabei lässt sich ein einfaches Zeugnis meist noch längere Zeit nach Vertragsende mit Hilfe der Personalakte oder anderer Aufzeichnungen erstellen. Daher ist beim einfachen Zeugnis eine Verwirkung nahezu ausgeschlossen.[111] Allerdings bereitet in einer dynamischen Arbeitswelt auch die Rekonstruktion einer in der alten Form nicht mehr existierenden Stelle, die auch im einfachen Zeugnis zu beschreiben ist, Schwierigkeiten. Noch schwieriger ist die Lage bei einem qualifizierten Zeugnis. Hier hängt die Möglichkeit der Erstellung unter anderem von der Dauer des Arbeitsverhältnisses, von der Position des Arbeitnehmers, von der Existenz schriftlicher Beurteilungen oder davon ab, ob frühere Vorgesetzte noch im Unternehmen tätig oder noch erreichbar sind. Der Anspruch auf ein qualifiziertes Zeugnis ist also in der Regel schneller als der Anspruch auf ein einfaches Zeugnis verwirkt.[112]

Was ein relativ spätes erstmaliges Zeugnisverlangen anbelangt, so kann man die folgenden Überlegungen anstellen. Auch wenn ein Zeugnis zum Zeitpunkt der Beendigung des Arbeitsverhältnisses ausgestellt wird, muss es oft aus der Erinnerung erstellt werden. So müssen vielleicht frühere Aufgaben des Arbeitnehmers, die es so im Unternehmen nicht mehr gibt, beschrieben werden. Oder die Beurteilungen müssen von einem Vorgesetzten vorgenommen werden, der den langjährigen Mitarbeiter erst wenige Monate führt und kennt, wobei Personalbeurteilungen und Zwischenzeugnisse, die ihm helfen könnten, nicht existieren. Schließlich muss in den Fällen, in denen das Arbeitsverhältnis zum Ende der Elternzeit ausgefertigt wird, u. U. das Zeugnis erst mehrere Jahre nach dem realen Ausscheiden der Zeugnisperson erstellt werden. In all diesen in der Praxis gar nicht so seltenen Fällen werden ganz selbstverständlich Zeugnisse erstellt. Selbst Insolvenzverwalter müssen die Arbeitnehmer auch für die Zeit vor der

---

108 LAG Hamm 09.09.1999, NZA-RR 2000, S. 575

109 LAG Saarland 28.02.1990, LAGE §630 BGB Nr. 9, S. 2f.

110 LAG Saarland 28.02.1990, LAGE §630 BGB Nr. 9

111 SCHULZ 2006, S. 87

112 LAG Hamm 27.02.1997, NZA-RR 1998, S. 156; WILCKEN 2006, S. 115f.; ECKERT 2000, S. 48f.

Insolvenzeröffnung beurteilen. Für die beschriebene Praxis gibt es gute Gründe. Man kann dem Arbeitnehmer kein Zeugnis zumuten, in dem der Verfasser erklärt, er kenne den langjährigen Mitarbeiter erst kurze Zeit. Bedenkt man diese Umstände bei der unverzüglichen Zeugnisausstellung, so erscheint eine Verwirkung des Anspruches auf ein qualifiziertes Zeugnis schon nach wenigen Monaten zumindest in den Fällen inakzeptabel, in denen das Zeugnisverlangen erstmals erhoben wird, im Unternehmen Stellenbeschreibungen sowie vielleicht sogar schriftliche Personalbeurteilungen über den Mitarbeiter vorliegen und der ehemalige Vorgesetzte des Mitarbeiters noch im Unternehmen tätig ist.

Keine Verwirkung kann geltend gemacht werden, wenn der Aussteller durch ein Zeugnis mit verdeckt negativen Aussagen (Geheimfloskeln nach § 109 Abs. 2 GewO) das späte Berichtigungsverlangen verursacht hat.[113] Hier ist das für eine Verwirkung notwendige Umstandsmoment nicht erfüllt. Dabei ist zu bedenken, dass ein Zeugnis häufig nicht dem nächsten Arbeitgeber, sondern bei einem späteren erneuten Arbeitgeberwechsel erst dem übernächsten Arbeitgeber vorgelegt wird. Ein Arbeitnehmer wird daher unter Umständen erst einige Jahre nach der Ausstellung durch kritische Fragen auf verdeckte Urteile aufmerksam.[114] Schließlich ist Folgendes zu bedenken: Beruft sich ein Arbeitgeber gegenüber dem Arbeitnehmer auf den Ablauf einer Ausschlussfrist oder auf eine Verwirkung des Anspruches, so sollte der Arbeitnehmer klären, ob der Arbeitgeber in anderen vergleichbaren Fällen doch Zeugnisse ausgestellt hat. In diesem Falle sollte er Gleichbehandlung verlangen.

Ersatzausstellung: Bei Verlust oder Beschädigung des Originalzeugnisses ist der Arbeitgeber aufgrund seiner nachvertraglichen Fürsorgepflicht im Rahmen des Möglichen und Zumutbaren verpflichtet, dem Arbeitnehmer eine neue Ausfertigung zu überlassen. Es kommt dabei nicht darauf an, ob der Arbeitnehmer den Anlass zu vertreten hat.[115] Das Zeugnis ist bei einer erneuten Erstellung möglichst als Original zu erstellen und nicht mit Zusätzen wie *„Zweitausfertigung“* zu versehen. Dies ist im Einzelfall schwierig, wenn sich bei der Firmierung, bei Briefbögen oder bei den Verantwortlichen Änderungen ergeben haben. Als Beschädigung gilt z. B., wenn der Aussteller das Zeugnis an den Prozessbevollmächtigten des Arbeitnehmers (hier: Gewerkschaft) schickt und das Zeugnis dort mit einem Eingangsstempel

113 HUBER/MÜLLER 2016, S. 27; MÖLLER 1990, S. 221 f.

114 HUBER/MÜLLER 2016, S. 28; WILCKEN 2006, S. 116; WEUSTER 1994, S. 116

115 LAG Hessen 07.02.2011 – 16 Sa 1195/10, LAGE § 109 GewO 2003 Nr. 8 = BeckRS 2011, 68914; SCHLEßMANN 2018, Rn. 238 ff.; WESSEL 2017, S. 1710; LINCK 2017, Rn. 8; GÄNTGEN 2016a, S. 2128, Rn. 16; SCHULZ u. a. 2015, S. 45 ff.; MARECK 2014, S. 142, KAUFMANN-JIRSA 2013, S. 41; ENZLER 2012, S. 102 (Schweiz)

der Gewerkschaft versehen wird.[116] Allerdings geht es bei der Neuerteilung nicht um eine Neuformulierung. Es genügt eine Abschrift der vorhandenen Zeugniskopie oder eine Rekonstruktion aus dem Gedächtnis. Eine Kopie des alten Zeugnisses mit Beglaubigungsvermerk reicht nicht.[117] Sind, da es keine explizite Aufbewahrungsnorm und Aufbewahrungsfrist für Arbeitszeugnisse gibt, keine Unterlagen mehr vorhanden, so muss der Arbeitgeber keine Nachforschungen anstellen. Zeugnisunterlagen (Beurteilungsbogen, Entwürfe) und Zeugniskopien sollten allerdings entsprechend der Verjährungs- oder Ausschlussfrist oder wenigstens so lange aufbewahrt werden, wie noch mit Änderungs- und Berichtigungsforderungen des Arbeitnehmers zu rechnen ist.[118] Der Arbeitgeber ist aber rechtlich nicht verpflichtet, über das einem Arbeitnehmer erteilte Zeugnis hinaus einen bloßen (vorhergehenden) Entwurf zur Personalakte zu nehmen.[119]

1.2 Der Anspruch auf ein Zwischenzeugnis

Der Anspruch auf ein Zwischenzeugnis ist gesetzlich nicht geregelt. Vielfach enthalten Tarifverträge einen Anspruch auf ein Zwischenzeugnis bzw. auf ein Vorläufiges Zeugnis nach Kündigung, z. B. § 35 TVöD.[120] Bei Beamten enthalten die Beamtengesetzte einiger Länder einen Anspruch auf ein Zwischenzeugnis. Auch ohne Vorliegen einer tariflichen Bestimmung besteht aufgrund der Fürsorgepflicht des Arbeitgebers bzw. als vertragliche Nebenpflicht nach § 242 BGB ein Anspruch, wenn der Arbeitnehmer einen triftigen und anzuerkennenden Grund hat.[121] Als triftig ist ein Grund anzusehen, wenn dieser bei verständiger Betrachtungsweise den Wunsch des Arbeitnehmers aufgrund von (voraussehbaren) tatsächlichen oder rechtlichen Änderungen als berechtigt erscheinen lässt. Das ist der Fall, wenn das Zwischenzeugnis geeignet ist, den mit ihm angestrebten Erfolg zu fördern. Widerstände von Arbeitgebern gegen die Ausstellung von Zwischenzeugnissen sind zum Teil durch die Befürchtung motiviert, einem guten Zwischenzeugnis folge der Wunsch nach einer Einkommenserhöhung.

---

116 LAG Hamm 15.07.1986, LAGE § 630 BGB Nr. 5; SCHLEẞMANN 2018, Rn. 621; KRUMMEL 1983, S. 88 ff.

117 ErfK 2018 / MÜLLER-GLÖGE, § 109 GewO Rn. 58; SCHULZ 2006, S. 79

118 SCHLEẞMANN 2018, Rn. 185 ff.

119 LAG RHPF 11.03.2009 – 8 Sa 727 / 08, BeckRS 2009 72243; MÜLLER 2011, S. 2604 f.

120 SCHUSTEREIT / WELSCHER 2012, S. 16; BECKER-SCHAFFNER 2004, S. 497; RING 2001a, S. 209 f.

121 BAG 21.01.1993, DB 1993, S. 2134 = BB 1993, S. 2309 = NZA 1993, S. 1031; LAG Hessen 28.03.2003, LAGReport 2004, S. 215; LAG Köln 02.02.2000, NZA-RR 2000, S. 419; ErfK 2018 / MÜLLER-GLÖGE, § 109 GewO Rn. 50; GÄNTGEN 2016a, S. 2137, Rn. 34; SCHULZ 2006, S. 64 ff.; GÖLDNER 1989, S. 15 f.; KRUMMEL 1983, S. 100

Triftige Gründe für ein Zwischenzeugnis

- rechtliche und tatsächliche Änderungen des Arbeitsverhältnisses
- Abkehrwille oder Bewerbung[122]
- beabsichtigte Aufnahme eines zweiten Arbeitsverhältnisses, insb. bei Teilzeitmitarbeitern
- Arbeitnehmer benötigt ein aktuelles Zeugnis, damit ein öffentlicher Arbeitgeber die nach Artikel 33 Abs. 2 GG gebotene Bestenauslese fundiert vornehmen kann[123]
- feststehendes Vertragsende nach Kündigung[124] oder nach Auflösungsvertrag bei Auszubildenden: Abbruch der Ausbildung, Wechsel des Ausbildungsberufes (§ 22 Abs. 2 Nr. 2 BBiG) oder unsichere Übernahme bzw. feststehende Nichtübernahme in ein Arbeitsverhältnis[125]
- bei Auszubildenden: nach Ablegen der Zwischenprüfung nach § 48 BBiG[126]
- Trennungswille des Arbeitgebers bzw. wahrscheinliches oder mögliches Ende des Arbeitsverhältnisses (laufender Kündigungsschutzprozess[127], arbeitgeberseitiger Beschluss über Betriebsänderungen, Aufnahme von Sozialplan-Verhandlungen, Angebot eines Auflösungsvertrags[128], Erhalt einer Änderungskündigung sowie häufige bzw. lange währende Kurzarbeit[129])
- rechtskräftige Feststellung, dass das Arbeitsverhältnis durch Kündigung nicht beendet wurde[130]
- Freistellung / Suspendierung vom Dienst
- bei Befristung: Nichtverlängerung oder angekündigte Nichtübernahme in ein unbefristetes Arbeitsverhältnis sowie bei Umwandlung in ein unbefristetes Arbeitsverhältnis
- erhebliche Änderungen im Aufgabengebiet (auch bei schleichenden Änderungen über einen längeren Zeitraum, wenn diese das Aufgabengebiet deutlich verändert haben)[131]
- wesentliche Änderung im Aufgabengebiet durch Einführung einer neuen Technologie
- Tätigkeitsänderung mit Verlust einer Führungsfunktion (nur noch Fachexperte)[132]
- Beendigung der Organstellung als Geschäftsführer
- längere Abordnung in andere Organisationsteile oder Entsendung in überbetriebliche Arbeitsgemeinschaften (siehe auch § 95 Abs. 3 BetrVG)
- Auslandsentsendung, insb. bei unsicherer Anschlussverwendung oder Repatriierung
- Aufstieg, Abstieg oder Statusänderungen (Arbeiter – Angestellter – leitender Angestellter)

---

122 BAG 21.01.1993, DB 1993, S. 2134 = BB 1993, S. 2309 = NZA 1993, S. 1031

123 OVG Lüneburg 26.10.2012 – 5 ME 220 / 12, Der Öffentliche Dienst 2013, S. 11 = Zeitschrift für Beamtenrecht 2013, S. 88 = juris = BeckRS 2012, 58658 (aus diesem Urteil ergibt sich indirekt der Anspruch auf ein Zwischenzeugnis)

124 LAG Hamm 01.12.1994, LAGE § 630 BGB Nr. 25, Punkt 2

125 HÖSER 2012, S. 282; BENECKE / HERGENRÖDER 2009, S. 110; LEINEMANN / TAUBERT 2008, S. 242

126 BENECKE / HERGENRÖDER 2009, S. 110

127 LAG HH 30.07.2014 – 5 Sa 22 / 14, BeckRS 2014, 71869; LAG Hamm 13.02.2007, NZA-RR 2007, S. 486; ArbG Berlin 06.06.2014 – 28 Ca 5695 / 14, BeckRS 2014, 72364; ArbG Magdeburg 15.07.2013 – 3 Ca 713 / 13 HBS Rn. 37, juris; ArbG Halle 07.03.2013 – 2 Ca 1430 / 12, BeckRS 2013 = juris, 72855; ErfK 2018/ MÜLLER-GLÖGE, § 109 GewO Rn. 7 und 50

128 STÜCK 2006, S. 792

129 aA SCHLEẞMANN 2018, Rn. 598 (nicht bei Beginn der Kurzarbeit)

130 LAG München 20.11.2013 – 11 Sa 567 / 13, Rn. 74, juris

131 LINCK 2017, Rn. 9; SCHULD 2010, S. 143

132 LAG RHPF 22.08.2018 – 7 Sa 71 / 18, BeckRS 2018, 30396

- Berufung zum GmbH-Geschäftsführer, wenn das Arbeitsverhältnis bestehen bleibt
- wesentliche Änderungen beim Umfang der Arbeitszeit, insb. bei gleichzeitiger Änderung des Aufgabenspektrums
- Ablauf des Probearbeitsverhältnisses bzw. einer (längeren oder verlängerten) Probezeit[133] oder Ablauf der (befristeten) Traineezeit
- Wechsel oder Ausscheiden des direkten und evtl. des nächsthöheren Vorgesetzten bzw. von Fachvorgesetzten und Dienstvorgesetzten (Disziplinarvorgesetzten)[134]
- bei Auszubildenden: Wechsel oder Ausscheiden des zuständigen Ausbilders[135]
- strukturelle Änderung des Betriebsgefüges[136], insb. bei Führungskräften (Abbau von Hierarchiestufen, Divisionalisierung, Zentralisierung und Dezentralisierung)
- Betriebsübergang nach § 613a BGB, da Wechsel des Vertragspartners[137]
- Umwandlung einer Personengesellschaft in eine Kapitalgesellschaft
- Insolvenz (Konkurs)[138]
- bedeutsame Fort- und Weiterbildung (manchmal Voraussetzung für Teilnahme)[139]
- längeres Ruhen des Arbeitsverhältnisses
- längere Unterbrechung:[140] Elternzeit[141], längeres Sabbatical, Langzeiterkrankung
- Wehrdienst oder Zivildienst[142] (zurzeit irrelevant)
- Beginn der Altersteilzeit (bei geblockter Altersteilzeit, insb. bei 0 % Arbeit)
- umfangreiche Sonderaufgaben, z. B. Leitung eines gewichtigen Projektes
- Vollzeit-Delegation in ein längeres Projekt mit Besetzung des bisherigen Arbeitsplatzes durch einen anderen Mitarbeiter und somit unklarer späterer Anschlussverwendung
- Vorlage bei Handwerkskammern zur Erlangung einer Ausübungsberechtigung nach § 7b Handwerksordnung
- Vorlage bei Behörden und Gerichten[143]
- Kreditantrag[144] (hier dürfte ein einfaches Zeugnis genügen)
- Wahl als Arbeitnehmervertreter sowie Freistellung für Betriebsratsarbeit
- Wahl in ein politisches Amt (z. B. Stadtrat)[145]
- mehrjährige Dauer des Arbeitsverhältnisses, wenn kein internes Beurteilungssystem besteht und wenn nicht zuvor aus einem anderen Grund ein Zwischenzeugnis ausgestellt wurde

---

133 SCHULZ u. a. 2015, S. 30; MODEREGGER 2006, S. 241; aA SCHLEßMANN 2018, Rn. 432
134 BAG 01.10.1998, BB 1999, S. 903 = DB 1999, S. 1120 = NZA 1999, S. 894; BAG 28.3.1979, DB 1979, S. 1703
135 BENECKE / HERGENRÖDER 2009, S. 110
136 BAG 21.01.1993, DB 1993, S. 2134 = BB 1993, S. 2309 = NZA 1993, S. 1031
137 BAG 21.01.1993, DB 1993, S. 2134 = BB 1993, S. 2309 = NZA 1993, S. 1031; ErfK 2018 / MÜLLER-GLÖGE, § 109 GewO Rn. 50; SCHULZ u. a. 2015, S. 26; JÜCHSER 2012, S. 246
138 BAG 21.01.1993, DB 1993, S. 2134; BAG 30.1.1991, DB 1991, S. 1626
139 BAG 21.01.1993, DB 1993, S. 2134 = BB 1993, S. 2309 = NZA 1993, S. 1031; ErfK 2018 / Müller-Glöge, § 109 GewO Rn. 50
140 BAG 21.01.1993, DB 1993, S. 2134 = BB 1993, S. 2309 = NZA 1993, S. 1031
141 LAG Kiel 05.06.1991 – 3 Sa 71 / 91; SCHULZ u. a. 2015, S. 31
142 BAG 21.01.1993, DB 1993, S. 2134 = BB 1993, S. 2309 = NZA 1993, S. 1031
143 BAG 21.01.1993, DB 1993, S. 2134 = BB 1993, S. 2309 = NZA 1993, S. 1031; HUESMANN 2008, S. 173
144 BAG 21.01.1993, DB 1993, S. 2134; LAG Hamm 2.5.1991 – 4 Sa 156 / 91
145 SCHULZ u. a. 2015, S. 31

Keine triftigen Gründe für ein Zwischenzeugnis

- Wechsel eines Vorstandsmitgliedes, das nicht direkter Vorgesetzter ist[146]
- Klage auf Aufstockung der Arbeitszeit bei einer Teilzeitkraft[147]
- Höhergruppierungsklage[148]
- Wunsch nach Beurteilung der Leistung

Betriebsübergang: Ein wichtiger Grund für ein Zwischenzeugnis ist der Übergang eines Betriebes oder eines Betriebsteiles nach § 613a BGB auf einen anderen Inhaber. Verlangt ein Arbeitnehmer das Zwischenzeugnis *vor* dem Betriebsübergang, so richtet sich der Anspruch gegen den alten Inhaber. Verlangt er es *nach* dem Betriebsübergang, so ist das Zeugnis vom neuen Inhaber zu erstellen; es muss aber auch die Zeit vor dem Betriebsübergang umfassen.[149] Mit einem Betriebsübergang bzw. Teilbetriebsübergang sind oft Änderungen der Vorgesetztenverhältnisse oder die Zuständigkeit einer neuen Personalabteilung verbunden, sodass einige Zeit nach dem Betriebsübergang für die Zeit vor dem Übergang kaum sachgerecht ein Zeugnis erstellt werden kann. Es ist also aus Arbeitnehmersicht wie aus Arbeitgebersicht ratsam, bei einem Betriebsübergang durch ein Zwischenzeugnis sicherzustellen, dass später ein korrektes Endzeugnis erstellt werden kann. Im Einzelfall, insbesondere bei Leitenden Angestellten und bei Mitarbeitern in besonderen Vertrauensstellungen, hat der Betriebserwerber einen Auskunftsanspruch gegen den Betriebsveräußerer, um das geforderte Zwischenzeugnis oder Endzeugnis erstellen zu können.[150] Der Wechsel in ein anderes Unternehmen desselben Konzerns ist idR ein Arbeitgeberwechsel. Somit besteht ein Anspruch auf ein Endzeugnis.

Nach Beendigung des Arbeitsverhältnisses entfällt der Anspruch auf ein Zwischenzeugnis, da zu diesem Zeitpunkt der Anspruch auf ein Abschlusszeugnis entsteht.[151] Ein Arbeitnehmer muss also nach einer erfolglosen Entfristungsklage auf Erteilung eines Endzeugnisses und nicht auf Erteilung eines Zwischenzeugnisses klagen.[152] Schließlich sei erwähnt, dass mit dem Ablauf der Kündigungsfrist einer arbeitgeberseitigen Kündigung der Arbeitnehmer die Erteilung eines Zwischenzeugnisses lediglich im Falle der Stattgabe der Kündigungsschutzklage einklagen kann.[153]

146 LAG RHPF 23.05.2017 – 8 Sa 483 / 17, juris

147 LAG RHPF 23.05.2017 – 8 Sa 483 / 17, juris

148 BAG 21.01.1993, DB 1993, S. 2134 = BB 1993, S. 2309 = NZA 1993, S. 1031

149 LINCK 2017, Rn. 6

150 BAG 16.10.2007, DB 2008, S. 245; GÄNTGEN 2016a, S. 2125, Rn. 8; JÜCHSER 2012, S. 245 f.

151 LAG Hamm 15.05.2012 – 19 Sa 1079/11, juris; ArbG Düsseldorf 20.01.2017 – 11 Ca 4097/16, BeckRS 2017, 104232, Rz. 97 – 98 = juris, Rz. 192

152 LAG RHPF 26.10.2007 – 9 Sa 307 / 07, juris = BeckRS 2008 51513

153 LAG Hessen 28.03.2003, LAGReport 2004, S. 215 = ZTR 2004, S. 379

Es sei angemerkt, dass einige Autoren unter Hinweis auf das Grundrecht der freien Arbeitsplatzwahl (Art. 12 GG) dem Arbeitnehmer bis zur Grenze des Rechtsmissbrauchs auch ohne triftigen Grund einen Zwischenzeugnisanspruch zubilligen.[154]

Der Anspruch auf ein Zwischenzeugnis besteht je nach Sachlage (z. B. bei Elternzeit) schon vor, während und nach dem Abschluss des Grundes. Außerdem kann der Anspruch auch noch während der folgenden dreijährigen Verjährungsfrist nach § 195 BGB erhoben werden, soweit diese nicht durch tarifliche oder einzelvertragliche Ausschlussfristen verkürzt wurde. Im Einzelfall kann der Anspruch auch schon vor dem Ablauf der Verjährungsfrist verwirkt sein.

Liegt ein triftiger Grund für ein Zwischenzeugnis vor, so kann der Arbeitgeber nicht auf das Vorliegen oder die Anfertigung einer internen Beurteilung verweisen.[155] Ein Zeugnis unterliegt anderen Regeln und Kriterien als eine interne Beurteilung.[156] Der Arbeitnehmer hat bei triftigem Grund Anspruch auf ein ordentliches Zwischenzeugnis mit Aufgabenbeschreibung und wahrer und wohlwollender Beurteilung. Das Zwischenzeugnis ist dem Arbeitnehmer auszuhändigen. Der Anspruch auf ein Zwischenzeugnis kann auch nicht per Betriebsvereinbarung eingeschränkt werden.

In der Praxis wird der Wunsch nach einem Zwischenzeugnis oft auch ohne Vorliegen eines Rechtsanspruches erfüllt. Manche Arbeitgeber verzichten darauf, den Arbeitnehmer in Rechtfertigungszwang zu versetzen. In einer Unternehmensbefragung gaben 67 % von 385 Unternehmen an, in nahezu allen Fällen dem Wunsch des Mitarbeiters nach einem Zwischenzeugnis zu entsprechen.[157] Schließlich ist ein Zwischenzeugnis aus Arbeitgebersicht eine gute Vorlage für ein späteres Endzeugnis. Zumindest sollte bei einer Versetzung, einem Vorgesetztenwechsel, einem Teilbetriebsübergang oder einer längeren praktischen Unterbrechung eine zeugnistaugliche schriftliche Beurteilung als Basis für ein späteres Zeugnis angefertigt werden.

Zeitraum des Zwischenzeugnisses: Besteht ein Anspruch auf ein Zwischenzeugnis, so ist in diesem in der Regel das gesamte bisherige Arbeitsverhältnis darzustellen. Dies leuchtet unmittelbar ein bei Zwischenzeugnissen, die anlässlich eines möglichen oder sicheren Vertragsendes oder bei einer längeren Unterbrechung der Arbeit mit ungewisser Fortsetzung (z. B. Elternzeit) gefordert und erstellt werden. Bei einem Zeugnis, das beim Wechsel oder Ausscheiden des Vorgesetzten verlangt wird, kann man die

---

154 ECKERT 2000, S. 26; WENDELING-SCHRÖDER 1998, S. 571; HAUPT/WELSLAU 1993, S. 52

155 BAG 01.10.1998, BB 1999, S. 903 = NZA 1999, S. 894

156 Hess. VGH 27.01.1994, DB 1994, S. 2140; STÜCK 2006, S. 791

157 WEUSTER 1994, S. 33

Frage stellen, ob der Arbeitgeber dieses Zwischenzeugnis auf die Dauer der Zusammenarbeit mit dem Vorgesetzten beschränken kann. Die Verfasser verneinen diese Frage, da sich der Zeugnisanspruch nicht gegen den Vorgesetzten, sondern gegen den Arbeitgeber richtet. Ist der wechselnde oder scheidende Vorgesetzte nicht in der Lage, frühere Abschnitte des Arbeitsverhältnisses zu beschreiben und zu beurteilen, so muss der Arbeitgeber andere Informationsquellen erschließen. Gerade wenn schon beim Erstellen eines Zwischenzeugnisses die Schwierigkeit auftritt, dass frühere Abschnitte des Arbeitsverhältnisses nur schwer rekonstruiert werden können, muss dieses Problem bald gelöst werden, da das spätere Endzeugnis das gesamte Arbeitsverhältnis abdecken muss und da die Rekonstruktion früherer Abschnitte des Arbeitsverhältnisses dann noch schwieriger werden dürfte. Verlangt ein Arbeitnehmer allerdings wiederholt ein Zwischenzeugnis, so kann im Einzelfall vielleicht auf ein früheres Zwischenzeugnis verwiesen und nur der darauf folgende Zeitabschnitt im neuen Zwischenzeugnis dargestellt und beurteilt werden.

Die Vorlage eines End- oder eines Zwischenzeugnisses, in dem auf frühere Zwischenzeugnisse verwiesen wird, dürfte aber bei Bewerbungen oft nicht werbewirksam sein. In einem Endzeugnis kann also nicht ohne Weiteres auf ein früheres Zwischenzeugnis verwiesen werden. Hier ist bei Verlangen des Arbeitnehmers das gesamte Arbeitsverhältnis noch einmal als Einheit darzustellen, wobei weit zurückliegende Abschnitte knapper behandelt werden können.

Zwischenzeugnis oder Endzeugnis: Das LAG Hamm vertritt die Auffassung, dass der Arbeitnehmer während der Kündigungsfrist statt eines Zwischenzeugnisses wahlweise schon das Schlusszeugnis verlangen könne, denn der Zeitpunkt der Beendigung des Arbeitsverhältnisse stehe bereits fest.[158] Das Gleiche müsste dann im Falle eines Aufhebungsvertrages gelten. Dieser Auffassung kann aber zumindest in beiden Fällen dann widersprochen werden, wenn die Kündigungsfrist bzw. Restlaufzeit noch längere Zeit dauert und der Arbeitnehmer in dieser Zeit weiterhin arbeitet. Anders ist die Lage, wenn der Arbeitnehmer freigestellt wird und sich daher die Beurteilung durch neue Ereignisse nicht mehr ändern kann.[159] Außerdem entsteht bei einer Ausstellung des Endzeugnisses (lange) vor Vertragsende die Frage des Ausstellungsdatums. Ein Ausstellungsdatum weit vor dem Vertragsende kann ein Indiz für eine Freistellung sein[160], was von manchen Lesern negativ interpretiert wird. Ein Vordatieren des Zeugnisses auf das

158 LAG Hamm 01.12.1994 – 4 Sa 1540/94, LAGE § 630 BGB Nr. 25, Punkt 2

159 ArbG Kiel 07.01.2014 – 2 Ca 1793/ a/13, Rn. 55, juris; ErfK 2018/MÜLLER-GLÖGE, § 109 GewO Rn. 8

160 POPP 1998, S. 581 f.

Vertragsende kann dem Ruf des Ausstellers schaden, wenn dieses Zeugnis schon vor dem Vertragsende zu Bewerbungszwecken eingesetzt wird. Die beste Lösung für beide Parteien dürfte also in der Regel doch sein, zu Beginn der Restlaufzeit zunächst ein Zwischenzeugnis und bei Vertragsende das Endzeugnis auszustellen.

Erhält ein Arbeitnehmer eine Änderungskündigung und nimmt er diese nicht vorbehaltlich (§ 2 KSchG) an, so hat er im Falle einer Klage gegen die Änderungskündigung nach Auffassung des LAG Baden-Württemberg nur Anspruch auf ein qualifiziertes Endzeugnis, nicht hingegen auf Erteilung eines qualifizierten Zwischenzeugnisses.[161]

Formulierungsunterschiede: Der Arbeitnehmer hat keinen Anspruch darauf, dass der Arbeitgeber beim Ausstellen des späteren Endzeugnisses exakt die gleichen Formulierungen wie im Zwischenzeugnis verwendet.[162] Dies gilt grundsätzlich auch für ein Zwischenzeugnis, das zum Zeitpunkt der Kündigung ausgestellt wurde. Der Arbeitgeber kann also die gleiche Bewertung mit anderen Worten ausdrücken, was allerdings eine eher unrationelle Vorgehensweise wäre.

Bindungswirkung: Zwischenzeugnisse entfalten wie Endzeugnisse eine gewisse Bindungswirkung.[163] Wird ein Zwischenzeugnis in großer zeitlicher Nähe zum Vertragsende ausgestellt oder betrifft es den weitaus größten Teil des Arbeitsverhältnisses, so kann nur ein wirklich triftiger Grund zu einer deutlichen Revision der Beurteilung im Endzeugnis führen.[164] So spricht nach Auffassung des LAG Köln bei einem fünfjährigen Arbeitsverhältnis eine Vermutung dafür, dass die Beurteilungsgrundlage die gleiche geblieben ist, wenn bei Abfassung des Endzeugnisses nur zehn Monate seit dem Erstellen des Zwischenzeugnisses vergangen sind.[165] Eine Bindungswirkung entsteht auch, wenn sich der Arbeitgeber in einem Aufhebungsvertrag verpflichtet hat, den Text des Endzeugnisses auf Basis des Zwischenzeugnisses zu erstellen; in diesem Falle ist der Arbeitgeber auch nicht berechtigt, den

161 LAG BW 08.07.2011 – 7 Sa 38/11, juris

162 LAG Düsseldorf 02.07.1976, DB 1976, S. 2310 = BB 1976, S. 1562; KRUMMEL 1983, S. 101

163 LAG Hamm 23.06.2010 – 6 Sa 391/09, juris = BeckRS 2010, 73275; SCHLEẞMANN 2018, Rn. 602ff.; SCHULZ u.a. 2015, S. 32f.; KAUFMANN-JIRSA 2013, S. 22f., HÖSER 2012, S. 283ff.

164 LAG BW 29.01.2014 – 2 Sa 39/13, BeckRS 2014, 67627; LAG SH 23.10.2007, LAGE § 109 GewO 2003 Nr. 5 = EzA-SD 2008, Nr. 2, S. 12 LS; LAG Hamm 28.08.1997, NZA-RR 1998, S. 490; LAG Köln 08.07.1993, LAGE § 630 BGB Nr. 18; LAG München 14.09.1976, ARST 10/1977, S. 160; LINCK 2017, Rn. 9 und 29; SCHULZ u.a. 2015, S. 32f.; SCHULD 2010, S. 143f.; SCHUSTEREIT/WELSCHER 2012, S. 23; SCHULZ 2006, S. 70ff.; POLEDNA 2003, S. 171

165 LAG Köln 22.08.1997, LAGE § 630 BGB Nr. 30 = NZA 1999, S. 771

Widerruf der Prokura in das Endzeugnis aufzunehmen.[166] Die Bindungswirkung gilt ggf. auch für einen Betriebsbewerber bezüglich eines Zwischenzeugnisses, welches der Betriebsveräußerer vor dem Betriebsübergang erteilt hat.[167] Der Arbeitgeber kann sich auch nicht darauf berufen, der Autor des Zwischenzeugnisses stehe nicht mehr zur Verfügung, sofern dieser im Rahmen seiner Befugnisse gehandelt hat und den Arbeitgeber vertreten konnte.[168] Geringfügige Bewertungsänderungen sind aber möglich.[169] Eine erhebliche Änderung der Bewertung wäre zum Beispiel möglich, wenn ein Außendienstmitarbeiter zur Konkurrenz wechselt und schon während der Kündigungsfrist Kunden und Aufträge zum künftigen Arbeitgeber umleitet.[170] Außerdem tritt keine Bindungswirkung ein, wenn der Arbeitgeber das Zwischenzeugnis widerrufen kann.[171]

Kurz sei ergänzend angemerkt, dass von der Tätigkeitsbezeichnung oder von der Aufgabenbeschreibung in einem Zwischenzeugnis auch eine Bindungswirkung des Arbeitgebers bezüglich einer tariflichen Eingruppierung ausgehen kann.[172] Das Gleiche kann für andere Aussagen im Zwischenzeugnis gelten, z. B. für die Bestätigung einer selbstständigen Arbeitsweise. Bei der Rückkehr aus der Elternzeit kann ein gutes Zwischenzeugnis einen gewissen Schutz gegen eine Diskriminierung durch Versetzung auf einen niedrigerwertigen Arbeitsplatz bieten.

Auch für den Arbeitnehmer tritt bei der Leistungsbeurteilung eine Bindung an ein Zwischenzeugnis ein. Akzeptiert ein Arbeitnehmer anlässlich eines Betriebsüberganges nach einer Tätigkeit von 10,5 Jahren in einem Zwischenzeugnis des Betriebsveräußerers die Formulierung *„zu unserer vollen Zufriedenheit“* (befriedigend) und verlangt er anderthalb Jahre später ein Endzeugnis mit der Bewertung *„stets zu unserer vollen Zufriedenheit“* (gut), so muss er im Einzelnen darlegen, in welchen Punkten und auf welche Weise sich seine Leistungen verbessert haben. Eine erneute (bessere) Bewertung der Leistungen beim Betriebsveräußerer kann vom Betriebsübernehmer nicht verlangt werden.[173]

---

166 LAG Niedersachsen 13.03.2007 – 9 Sa 1835/06, juris

167 BAG 16.10.2007, BB 2008, S. 507 = DB 2008, S. 245 = NZA 2008, S. 298 = NJW 2008, S. 1175

168 LAG Köln 22.08.1997, LAGE § 630 BGB Nr. 30 = NZA 1999, S. 771

169 LAG Frankfurt 06.09.1991, LAGE § 630 BGB Nr. 14, S. 2

170 ECKERT 2000, S. 30 f.

171 LAG Hamm 28.08.1997, NZA-RR 1998, S. 490; LAG Hamm 01.12.1994, LAGE § 630 BGB Nr. 25, Punkt 3; HÖSER 2012, S. 288 f.; SCHULZ 2006, S. 73 ff.

172 LAG Hamm 28.08.1997, NZA-RR 1998, S. 490; LAG Hamm 04.11.1999 – 4 Sa 960/97; HÖSER 2012, S. 287

173 LAG Bremen 09.11.2000, NZA-RR 2001, S. 287

Je nach den Umständen keine oder nur eine begrenzte Bindungswirkung entfaltet im Unterschied zum Zwischenzeugnis ein Ausbildungszeugnis für die Leistungsbeurteilung in einem anschließenden Arbeitsverhältnis. Das Ende einer Aus- und Fortbildung (hier: Ausbildung zur Einzelhandelskauffrau und darauf aufbauend zur Handelsassistentin) stellt eine Zäsur dar. Es kann nicht davon ausgegangen werden, dass die hier erbrachten Leistungen in derselben Qualität und Leistungsstufe auch sofort im anschließenden Arbeitsverhältnis erreicht werden. Die Darlegungs- und Beweislast für eine bessere Leistungsbeurteilung verbleibt daher beim Arbeitnehmer; er muss substantiiert Gründe darlegen, die für eine bessere Leistung im Arbeitsverhältnis sprechen.[174]

Rückgabe: Ein Zwischenzeugnis wird wie ein Endzeugnis mit seiner Aushändigung Eigentum des Arbeitnehmers. Es muss daher bei Erhalt des Endzeugnisses grundsätzlich nicht zurückgegeben werden.[175] Insofern ist auch der vereinzelt zu findende Satz *„Dieses Zwischenzeugnis verliert bei Ausstellung eines Endzeugnisses seine Gültigkeit“* unüberlegt und überflüssig. Anderer Ansicht ist das LAG Hamm, welches den Standpunkt vertritt, der Arbeitgeber könne ein Zwischenzeugnis schon dann widerrufen und zurückverlangen, wenn durch das Verhalten des Arbeitnehmers nach Ausstellung des Zeugnisses die Verhaltensbeurteilung nicht mehr den Tatsachen entspreche oder sich die Leistungsbeurteilung wegen nachhaltiger Mängel geändert habe.[176] Dem kann entgegengehalten werden, dass ein Zwischenzeugnis auch bei einer späteren Leistungs- und Verhaltensänderung für seinen Bezugszeitraum seine Gültigkeit behält. Insofern können u.E. nur nachträgliche Sachverhalte von erheblichem Gewicht, z.B. ein späterer Diebstahl, zu einem Widerrufsrecht und einem Rückgaberecht bezüglich des Zwischenzeugnisses führen.

---

174 LAG Hamm 14.01.2011 – 7 Sa 1615/10, juris = BeckRS 2011, 71491

175 SCHULZ u.a. 2015, S. 49; SABEL 1998, S. 25; KÜCHLE/BOPP 1997, S. 197; KRUMMEL 1983, S. 83 und 102 f.; aA LINCK 2017, Rn. 37

176 LAG Hamm 01.12.1994, LAGE § 630 BGB Nr. 25, Punkt 3

2. Grundlagen der Zeugniserstellung

2.1 Untersuchungen zu Zeugnissen

Es ist empfehlenswert, nicht nur die einschlägige Rechtsprechung, sondern auch die Praxis der Zeugniserstellung und der Zeugnisanalyse zu beachten. An verschiedenen Stellen dieses Buches wird daher auf empirischen Untersuchungen hingewiesen.

Preibisch stützt ihre Forschungsergebnisse auf die Analyse von 652 Arbeitszeugnissen.[1] Der linguistischen Studie von Möller liegen 802 Zeugnisse zugrunde.[2] Schwarb befragte 14 mittlere und größere Unternehmen in der Schweiz nach ihrer Praxis bei der Zeugniserstellung und der Zeugnisanalyse.[3] Blum befragte 74 deutsche Unternehmen unterschiedlicher Branchen nach ihrer Praxis der Zeugniserstellung und nach ihrer Einstellung zu Zeugnissen.[4] Kauffmann analysierte den Inhalt von 163 Bank-Arbeitszeugnissen.[5] Jahn ermittelte mittels einer E-Mail-Befragung bei 47 deutschen Unternehmen unterschiedlicher Größe die Bedeutung von Zeugnissen bei der Bewerbung und der Personalauswahl.[6] Huesmann präsentiert in ihrer Dissertation verschiedene Teilstudien, darunter Befragungen von Fachleuten und Laien sowie Inhaltsanalysen von Zeugnissen.[7] Weiterhin ist auf die Auswertung von 1.100 Zeugnisse aus den Jahren 2006–2010[8] sowie auf die Auswertung von 802 Zeugnissen (davon 85 % aus den letzten fünf Jahren vor Veröffentlichung der Studie)[9] hinzuweisen. Schließlich sei die Auswertung von 105 Zeugnissen aus dem Öffentlichen Dienst in Baden-Württemberg durch Kessler erwähnt.[10] Grau und Watzka ermittelten Informationen zur Praxis der Zeugniserstellung und der Zeugnisanalyse bei insgesamt 98 deutschen Unternehmen.[11]

Die eigenen Untersuchungen[12] umfassen eine Unternehmens-Befragung zur Zeugniserstellung. Es liegen die Antworten von 390 Unternehmen vor. Sie umfassen weiterhin eine Inhaltsanalyse von 1000 Originalzeugnissen aus den Jahren 1971 bis 1991. Sie umfassen außerdem eine Befragung von

1 PREIBISCH 1982, S. 4
2 MÖLLER 1990, S. 229f.
3 SCHWARB 1991, S. 20
4 BLUM 1998, S. 1
5 KAUFFMANN 2004
6 JAHN 2005
7 HUESMANN 2008, S. 17 und 135ff.
8 PMS-Personalstudie 01/2010
9 SENDE 2016, S. 41 und 60; SENDE u.a. 2011
10 KESSLER 2015, S. 42
11 GRAU/WATZKA 2016, S. 72
12 WEUSTER 1994

Personalberatern über die Praxis ihrer Zeugnisanalyse. Es liegen die Antworten von 256 Personalberatern vor. Im Jahre 2009 führte der Verfasser erneut eine Personalberater-Befragung zur Zeugnisanalyse durch, an der 99 Personalberater teilnahmen. Die eigenen Untersuchungen beinhalten schließlich eine Analyse von 68 arbeitsgerichtlichen Zeugnisprozessen.[13] Eine Auswertung von 209 Zeugnisklagen nahm auch Grotmann-Höfling vor.[14]

2.2 Informationsquellen für die Zeugniserstellung

Der Arbeitgeber kann die Zeugniserstellung an Bevollmächtige (z.B. Prokuristen, Vorgesetzte, Personalleiter) delegieren. In großen Organisationen ist der Arbeitgeber mangels Kontakt mit dem Arbeitnehmer oft nicht in der Lage, ein eigenes Urteil abzugeben.[15] Bei der Delegation ist darauf zu achten, dass eine möglichst objektive Beurteilung des scheidenden Mitarbeiters gesichert bleibt. So sollte zum Beispiel bei einem Revisor die Zeugniserstellung nicht an eine Person vergeben werden, deren Arbeit zuvor von diesem Revisor geprüft wurde.

In einer Befragung von 55 Personalleitern und 50 Betriebsräten Ende 1993 und Anfang 1994 gaben 87,3 % der Personalleiter und 83 % der Betriebsräte an, der Zeugnisinhalt werde gemeinsam vom Fachressort und vom Personalressort bestimmt.[16] Das Arbeitszeugnis sollte möglichst von der fachkundigen Personalabteilung formuliert werden. Die dazu nötigen Informationen werden in erster Linie von den Vorgesetzten geliefert. Dies gilt insbesondere für die fachmännische Aufgabenbeschreibung und die Leistungs- und die Verhaltensbeurteilung.[17] Dabei schwankt die Differenziertheit der Beurteilungen aber erheblich. Nach den Informationen, welche die Verfasser von Personalmitarbeitern erhalten, besteht die Beurteilung der Vorgesetzten nicht selten nur in einem Stichwort, zum Beispiel in der Angabe, der Mitarbeiter solle ein gutes Zeugnis erhalten.

Es ist empfehlenswert, die Informationen vom Vorgesetzten mit Hilfe eines Zeugnis-Fragebogens einzuholen. Wir plädieren aber nicht dafür, dass die Linienvorgesetzten die Zeugnisse allein schreiben. Sie kennen oft die Zeugnistechnik und die Zeugnissprache zu wenig, um fachkundig ein Zeugnis erstellen zu können.

---

13 WEUSTER 1995

14 GROTMANN-HÖFLING 2003

15 ErfK 2018/MÜLLER-GLÖGE, § 109 GewO Rn. 3; SCHULZ 2006, S. 34 ff.; KRUMMEL 1983, S. 68

16 FEMPPEL 2000, S. 219

17 GRAU/WATZKA 2016, S. 92 f.; BLUM 1998, S. 10; WEUSTER 1994, S. 26

Als Quelle für die Zeugniserstellung kann, insbesondere für die Aufgabenbeschreibung, auch der Mitarbeiter selbst genannt werden.[18] Die Zeugniserstellung ohne Beteiligung des Mitarbeiters kann, insbesondere bei Verärgerung über die Kündigung durch den Mitarbeiter, auch als Machtritual interpretiert werden.[19] Eine vorherige Besprechung des Zeugnisinhalts mit dem Mitarbeiter erscheint empfehlenswerter, als ihn durch kommentarloses Übergeben oder Übersenden des Zeugnisses zu überraschen.[20] In einer Befragung gaben allerdings nur 17 (= 18,1 %) von 94 Unternehmen an, eine vorherige Besprechung zu praktizieren.[21] Diese scheint auch nicht die Zahl der Beanstandungen durch die Mitarbeiter zu senken.[22]

Eine weitere wichtige Quelle ist die Personalakte, die Informationen über die Betriebsbiographie des Mitarbeiters und über Ereignisse während des Arbeitsverhältnisses enthalten kann. Es ist empfehlenswert, bei Versetzungen eine Aufgabenbeschreibung und eine Beurteilung in die Personalakte aufzunehmen, um eine spätere Zeugniserstellung zu vereinfachen.

2.3 Grundsätze der Zeugniserstellung

2.3.1. Die Wahrheitspflicht

Wer ein Zeugnis ausstellt, muss sich bewusst sein, dass er mit diesem Dokument mit Langzeitwirkung in gewissem Maße über das Grundrecht der freien Wahl des Arbeitsplatzes (Art. 12 GG) und somit über die berufliche und soziale Mobilität und Zukunft eines Menschen mitentscheidet. Oberster Grundsatz der Zeugniserstellung ist die Wahrheitspflicht.[23] Ohne Wahrheitsgehalt wären Arbeitszeugnisse für Arbeitgeber wie für Arbeitnehmer wertlos.[24] Dieser Grundsatz dient der Informationsfunktion von Zeugnissen. Künftige Arbeitgeber und auch der Arbeitnehmer selbst sollen aus dem Zeugnis einen richtigen Eindruck von den Aufgaben, von der arbeitgeberseitigen Beurteilung sowie von weiteren Umständen des Arbeitsverhältnisses gewinnen können. Ein Aussteller übernimmt also eine gewisse Mindestgewähr für den Zeugnisinhalt.[25]

---

18 HUESMANN 2008, S. 179; TSCHUMI 2003, S. 26 f. und 59 ff.; KNOBBE/LEIS/UMNUSS 2003, S. 24 ff.; BLUM 1998, S. 9; WEUSTER 1994, S. 24

19 SCHWARB 1991, S. 32 f.

20 SCHUSTEREIT/WELSCHER 2012, S. 32

21 GRAU/WATZKA 2016, S. 111

22 GRAU/WATZKA 2016, S. 117

23 BAG 23.06.1960, DB 1960, S. 1042 = BB 1960, S. 983; ErfK 2018/MÜLLER-GLÖGE, § 109 GewO Rn. 22 – 26a; MEISLOCH 2017, S. 119 ff.; GÄNTGEN 2016a, S. 2124, Rn. 4; WESSEL 2017, S. 1696; MÜLLER/ THALMANN 2016, S. 60 f.; ARCHUT 2014, S. 45 f.

24 HARSHMAN/CHACHERE 2000, S. 33 f.

25 ErfK 2018/MÜLLER-GLÖGE, § 109 GewO Rn. 1 und 71; GÄNTGEN 2016a, S. 2124, Rn. 2; LARKIN/MARCO 2001, S. 71 f.

Man kann ein Zeugnis als wahr bezeichnen, wenn es *drei* Bedingungen erfüllt. Erste Wahrheitsbedingung: Das Zeugnis ist unter Beteiligung einer Person, die den Arbeitnehmer wirklich beurteilen kann, sorgfältig zu erstellen. Es muss die Fakten des Arbeitsverhältnisses und reale Unterschiede zwischen den beurteilten Arbeitnehmern korrekt wiedergeben. Aus dieser Wahrheitsbedingung kann man den Grundsatz der Individualität und damit ein Differenzierungsgebot ableiten.[26] So vermag ein bis auf den Namen inhaltsgleiches Pauschalzeugnis den Zeugnisanspruch eines hochqualifizierten und promovierten Rechtsanwalts nicht zu erfüllen.[27] Wird gegen das Gebot einer objektiven, individuellen und reliablen (trennscharfen) Beurteilung durch Fortloben verstoßen (Potemkinsche Zeugnisse), so ist dies für einen Leser zunächst nicht zu erkennen. Erwähnt sei, dass nicht nur ein zu gutes, sondern auch ein objektiv zu schlechtes Zeugnis gegen die Wahrheitspflicht verstößt. Außerdem kann es zu einer erheblichen Kränkung des Arbeitnehmers führen.[28]

Zweite Wahrheitsbedingung: Das Zeugnis muss so formuliert sein, dass seine Aussagen für den beurteilten Arbeitnehmer erkenntlich sind. Zeugnisse haben für den Arbeitnehmer auch die Bedeutung, dass sie für ihn Maßstab dafür sind, wie der Arbeitgeber seine Leistung und sein Verhalten beurteilt.[29] Es wäre grotesk, ein Zeugnis als wahr zu bezeichnen, dessen Botschaft vom Zeugnisinhaber nicht erkannt wird. Spätestens wenn sich der Arbeitnehmer beim Aussteller nach dem Aussagegehalt bestimmter Formulierungen erkundigt, ist ihm wahrheitsgemäß zu antworten.

Dritte Wahrheitsbedingung: Das Zeugnis muss so formuliert sein, dass seine Aussagen für Dritte, insbesondere für Entscheidungsträger der Personalauswahl, klar erkenntlich sind (Transparenzgebot). Der Aussteller muss also die übliche Zeugnissprache beachten. Die Wahrheitsbedingungen 2 und 3 setzen für viele Zeugnisleser eine klare Formulierung der Beurteilung voraus. Insofern ist Zeugnisklarheit Voraussetzung für Zeugniswahrheit.[30] Eine Bemerkung: Geht man vom Teilnehmerkreis der Zeugnis-Seminare

---

26 LAG BW 06.02.1968, BB 1968, S. 381 = DB 1968, S. 534; ENZLER 2012, S. 62 f. (Schweiz); WRIGHT/ ZIEGELSTEIN 2004, S. 588 ff.; POLEDNA 2003, S. 173; RUNGGALDIER 1992, Sp. 473 f.; SCHMID 1988, S. 2253; SCHMID 1986, S. 1335

27 ArbG Berlin 04.11.2003, NZA-RR 2004, S. 297

28 WENDELING-SCHRÖDER 1998, S. 570

29 BAG 08.02.1972, BB 1972, S. 618 = DB 1972, S. 931 = AP § 630 BGB Nr. 7 = EzA § 630 BGB Nr. 3

30 BAG 15.11.2011 – 9 AZR 386/10, NZA 2012, S. 448 = NJW 2012, S. 1754 = DB 2012, S. 636 = DB0469192 = BeckRS 2012, 67197 = juris; LAG BB 21.03.2013 – 18 Sa 2133/12, BeckRS 2013, 70587; LAG München 31.07.2007 – 6 Sa 1238/05, juris; GÄNTGEN 2016a, S. 2124, Rn. 4; SCHLEßMANN 2018, Rn. 256; VERDE 2010, S. 150; HUESMANN 2008, S. 46 f.; HUNOLD 2001, S. 116 f.

aus, welche die Verfasser durchführen, so werden Zeugnisse, selbst in Hightech-Unternehmen, in hohem Maße von Personalsachbearbeiterinnen formuliert, die auf Zuruf ein „gutes Zeugnis" ausstellen sollen. Wir sehen in der Erstellung von Zeugnissen für hochqualifizierte Arbeitnehmer eine Aufgabe für Personalleiter und Personalreferenten.

Die Begriffe „wahr" oder „Wahrheit" werden beim Zeugnis in zweifacher Hinsicht gebraucht. Sie beziehen sich zum einen auf den Beurteilungsvorgang. Die Beurteilung ist wahr, wenn sie zwischen den zu Beurteilenden objektiv (nachvollziehbar) und mit stets gleichem Maßstab (reliabel) differenziert. Zum anderen beziehen sich die Begriffe „wahr" oder „Wahrheit" auf den Kommunikationsvorgang zwischen Aussteller und Leser. Hierbei kann man von Wahrheit sprechen, wenn beim Empfänger der Botschaft ein richtiges (wahres) Bild von den Aufgaben, der Leistung und dem Verhalten des Beurteilten und den sonstigen Umständen des Arbeitsverhältnisses entsteht.[31]

Relativ unproblematisch zu realisieren ist der Wahrheitsgrundsatz, soweit im Zeugnis Fakten wie die Dauer des Arbeitsverhältnisses genannt oder die Aufgaben beschrieben werden. Schwieriger zu erfüllen ist die Wahrheitspflicht, wo es um die Beurteilung der Leistung und des Verhaltens geht. Bei den Wertungen in Arbeitszeugnissen handelt es sich nicht um grundlegende ethische oder moralische Werturteile, sondern um sekundäre Werturteile, deren Richtigkeit durch Würdigung von Urteilsquellen, verwendeten Beurteilungskriterien, sachgemäßen Erwägungen, üblichen Maßstäben und Methoden (gerichtlich) überprüft werden kann.[32] Der Aussteller ist gehalten, nicht seine vielleicht extreme subjektive Überzeugung auszudrücken, sondern sich als verständig, sachlich und gerecht denkender und handelnder Beurteiler um größtmögliche Objektivität zu bemühen. Er darf nicht überzogene oder gar willkürliche Maßstäbe zugrunde legen, sondern muss sich an den Leistungen eines durchschnittlich befähigten Arbeitnehmers orientieren.[33] Die Erfahrung zeigt, dass das Anspruchsniveau und die Urteilsstrenge von Vorgesetzten unterschiedlich sind. Hier kann die Personalabteilung auf eine Gleichbehandlung der Mitarbeiter hinwirken.[34]

---

31 BAG 23.06.1960, DB 1960, S. 1042 = BB 1960, S. 983; LAG Düsseldorf 23.05.1995, LAGE §630 BGB Nr. 24, S. 7 f. = NZA-RR 1996, S. 44 f.; FAESCH 1984, S. 47 und 103

32 LAG Hamm 13.02.1992, LAGE §630 BGB Nr. 16, Punkt 1.5; LAG Hamm 16.03.1989, BB 1989, S. 1486; ErfK 2018/MÜLLER-GLÖGE, §109 GewO Rn. 24; GÄNTGEN 2016a, S. 2125, Rn. 5; SCHULZ 2006, S. 159

33 ErfK 2018/MÜLLER-GLÖGE, §109 GewO Rn. 30; SCHULZ 2006, S. 160; GÖLDNER 1989, S. 69 und 71 ff.; KRUMMEL 1983, S. 136 ff.; BERNOLD 1983, S. 62 ff.

34 SCHWARB 1991, S. 34, 39 und 50

Von den zahlreichen Fehlern, die es bei Beurteilungen geben kann, erwähnen wir kurz:[35] Von einem Überstrahlungseffekt (Halo-Effekt) spricht man, wenn die Beurteilung eines einzelnen Aspektes auf andere Beurteilungssachverhalte übertragen wird. Dies ist z. B. der Fall, wenn aus einer guten Leistung auch auf ein gutes Sozialverhalten geschlossen wird. Ein zweiter Fehler ist der Hierarchie-Effekt, wobei Mitarbeiter umso ausführlicher und besser beurteilt werden, je höher sie in der betrieblichen Hierarchie stehen.[36] Von einem Milde- oder einem Strengefehler spricht man, wenn der Beurteiler nur milde oder nur strenge Wertungen vornimmt. Beim Nivellierungsfehler schließlich wählt der Beurteiler nur mittlere Bewertungen. Die Wahrscheinlichkeit solcher Fehler ist bei Arbeitszeugnissen deshalb hoch, weil diese oft auf dem Wege der freien Eindrucksschilderung bzw. mit Hilfe einfacher Einstufungsverfahren entstehen.[37]

Aus der Wahrheitspflicht und der Informationsfunktion kann man den Grundsatz der Vollständigkeit ableiten.[38] Weder Wortwahl noch Auslassungen dürfen beim Leser falsche Vorstellungen entstehen lassen.[39] Ein qualifiziertes Zeugnis muss sich auf Leistung und Verhalten des Arbeitnehmers im Arbeitsverhältnis erstrecken. Es ist nicht ausreichend, nur die Leistung oder nur das Verhalten zu beurteilen, da das Zeugnis ein Gesamtbild ergeben soll.[40] Ein qualifiziertes Zeugnis darf dort keine Auslassungen enthalten, wo der Leser eine positive Hervorhebung erwartet.[41] Der Grundsatz der Vollständigkeit liegt im Interesse Dritter, aber auch im Interesse des Arbeitnehmers, soweit im Zeugnis Fakten genannt werden und er positiv beurteilt wird. Bei negativer Beurteilung kann ein Arbeitnehmer im Hinblick auf Bewerbungen an Leerstellen interessiert sein. Allerdings kann die Unvollständigkeit Rückfragen beim Aussteller anregen.

---

35 SCHLEßMANN 2018, Rn. 348 ff.; DACHRODT / ENGELBERT 2013, S. 25 ff.; WEUSTER 2003c, S. 20; WEUSTER 1994, S. 7 ff.; SCHWARB 1991, S. 9 f. und 43

36 WEUSTER 1994, S. 252; SCHWARB 1991, S. 17 f.

37 WEUSTER 1994, S. 27; WEUSTER 1991a, S. 179

38 LAG Frankfurt 23.01.1968, DB 1969, S. 887; ErfK 2018 / MÜLLER-GLÖGE, § 109 GewO Rn. 19–20; GÄNTGEN 2016a, S. 215, Rn. 6; ENZLER 2012, S. 61 f.; MAURITZ / WISCHNATH 2011, S. 228; VERDE 2010, S. 147 f.; SCHULZ 2006, S. 161 f.; SCHWIRTZEK 2005, S. 715; WANK 2004, Sp. 456; POLEDNA 2003, S. 173; KAUFMANN / JORNS 2002, S. 37 f.; CLASS / BISCHOFBERGER 1994, S. 28 ff.; MÖLLER 1990, S. 108, 110 und 150; SCHMID 1988, S. 2253

39 BAG 15.11.2011 – 9 AZR 386 / 10, NZA 2012, S. 448 = NJW 2012, S. 1754 = DB 2012, S. 636 = DB0469192 = juris = BeckRS 2012, 67197

40 LAG SH 10.01.2012 – 6 Ta 3 / 12, juris

41 BAG 29.07.1971, DB 1971, S. 1923 = BB 1971, S. 1280 = EzA § 630 BGB Nr. 1

2.3.2. Die Wohlwollenspflicht

Zeugnisse erfüllen eine Doppelfunktion. Sie sind Werbemittel und sie sind Informations- und Beurteilungsmittel.[42] Doch erzwingt die Informationsfunktion keine schonungslose und vernichtende Offenheit. Die Würde des Arbeitnehmers muss gewahrt bleiben. Der Arbeitgeber ist wegen seiner Fürsorgepflicht gehalten, das Zeugnis mit verständigem Wohlwollen auszustellen, um die freie Entfaltung der Persönlichkeit des Arbeitnehmers nach Art. 2 GG und dessen Grundrecht auf freie Wahl des Berufs und des Arbeitsplatzes nach Art. 12 GG nicht ungerechtfertigt dauerhaft zu erschweren.[43] Das schweizerische und das österreichische Zeugnisrecht kennen die Grundsätze des Wohlwollens, des Erschwerungsverbots und der Fortkommensförderung.[44]

Der Grundsatz des verständigen Wohlwollens dient der Unterstützungsfunktion (Förderfunktion) des Zeugnisses. Die meisten Arbeitnehmer können nicht mit Arbeitsproben für sich werben, müssen also ihre Zeugnisse als Werbemittel einsetzen. Außerdem „beglaubigen" sie in gewissem Maße die Angaben im Lebenslauf und im Vorstellungsgespräch. Auch hat das verständige Wohlwollen aus der Sicht des Ausstellers eine Akzeptanzfunktion, da wohlwollend formulierte Zeugnisse eher als Zeugnisse mit offener Kritik von den Arbeitnehmern akzeptiert werden.[45]

Ein Zeugnis kann aber nur im Rahmen der Wahrheit wohlwollend sein.[46] Einem Arbeitnehmer, der objektiv eine unterdurchschnittliche Beurteilung seiner Leistung und/oder seines Verhaltens verdient, hat keinen Anspruch auf eine überdurchschnittliche Leistungs- und Verhaltensbeurteilung. Die Wohlwollenspflicht ändert nicht die Beurteilungsnote, sondern sie beeinflusst nur die Formulierung des Zeugnisses. Negative Urteile und Kritik werden verbrämt. Sie klingen besser, als sie gemeint sind. In diesem speziellen Sinne muss ein Zeugnis auch bei einer nicht guten Beurteilung der Leistung und des Verhaltens wohlwollend formuliert werden und darf

---

42 BAG 23.06.1960, DB 1960, S. 1042 = AP §73 HGB Nr. 1; SENDE/MOSER 2017, S. 1; ARCHUT 2014, S. 25; ECKERT 2010, S. 1461 und 1463

43 BGH 26.11.1963, DB 1964, S. 517; ErfK 2018/MÜLLER-GLÖGE, §109 GewO Rn. 27; WESSEL 2017, S. 1696; GÄNTGEN 2016a, S. 2124, Rn. 5; ENZLER 2012, S. f. (Schweiz); KEILICH 2004, 54 und 73

44 MEISLOCH 2017, S. 119ff.; VERDE 2010, S. 150; CERWINKA u.a. 2009, S. 25; FREY/WÖRL 2009, S. 118ff.; KÄLIN 2007, S. 113f.; POLEDNA 2003, S. 172; RUNGGALDIER/EICHINGER 1989, S. 79ff.

45 WEUSTER 1992a, S. 64f.; SCHWARB 1991, S. 36

46 BGH 26.11.1963, DB 1964, S. 517; LAG BB 07.11.2013 – 10 Sa 1440/13, BeckRS 2013, 74543 = juris; LAG München 31.07.2007 – 6 Sa 1238/05, juris; ErfK 2018/MÜLLER-GLÖGE, §109 GewO Rn. 27; SCHLEẞMANN 2018, Rn. 247ff.; LINCK 2017, Rn. 28; SCHULZ 2006, S. 170; POLEDNA 2003, S. 171

zum Beispiel keine Herabwürdigungen und Beleidigungen enthalten.[47] Ein Zeugnis, welches polemisch und in grob unsachlichem und ironischem Stil verfasst ist und bei dessen Vorlage sich der Arbeitnehmer der Lächerlichkeit preisgeben würde, erfüllt nicht die Mindestanforderungen an die Erteilung eines qualifizierten Arbeitszeugnisses.[48]

2.3.3. Verschiedene Zeugnistechniken

Das verständige Wohlwollen äußert sich in der Konzentration auf den Gesamteindruck. So sollen einmalige Fehlhandlungen, kleine Schwächen und kurze Zeiten labiler Leistung, aber auch nur ausnahmsweise erzielte Erfolge, insbesondere, wenn diese Sachverhalte lange zurückliegen, nicht im Zeugnis verewigt werden (Ausgewogenheit, Verhältnismäßigkeit).[49] Das Wohlwollen zeigt sich darin, dass Urteile in abgestuft positive Formulierungsvarianten gebracht werden.[50] Übrigens sind auch in den freiwilligen Referenzschreiben (letter of reference, letter of recommendation) in den USA negative Statements nur selten zu finden (letter inflation).[51] Das bekannteste Beispiel für diese Positiv-Skala-Technik ist die Zufriedenheitsformel, bei der auch bei einer mangelhaften Leistung noch Zufriedenheit ausgedrückt wird. Solche scheinbar positiven Formulierungen helfen dem Arbeitnehmer nur, wenn sie bei Bewerbungen überlesen werden. Entscheidend ist aber, dass vielen Arbeitnehmern die verdeckten Urteile selbst nicht auffallen. Sie mindern die Möglichkeit zur Gegenwehr.[52]

Weiterhin wird das Wohlwollen dadurch praktiziert, dass offen negative Urteile oder negativ wirkende Tatsachen, soweit vertretbar, durch eine Auslassung übergangen werden (Leerstellen-Technik). Solche Leerstellen reichen vom Auslassen einzelner Worte in wichtigen Aussagen über das Fehlen von einzelnen Aussagen bis hin zum Verzicht auf eine ganze Zeugniskomponente.[53] Beispiel: Bei einem Filialleiter wird wohlwollend nicht

---

47 LAG BB 07.11.2013 – 10 Sa 1440/13, BeckRS 2013, 74543 = juris

48 LAG Köln 14.02.2017 – 12 Ta 17/17, BeckRS 2017, 104733 = juris; LAG SH 15.12.2003 – 1 Ta 232/03, juris

49 BAG 23.06.1960, DB 1960, S. 1042 = BB 1960, S. 983 = AP §73 HGB Nr. 1; ErfK 2018/MÜLLER-GLÖGE, §109 GewO Rn. 19; VERDE 2010, S. 150f.; POLEDNA 2003, S. 172

50 SENDE 2016, S. 55 und 68; PROLLIUS 2002, S. 29; WEUSTER 1992a, S. 58; MÖLLER 1990, S. 3

51 NICKLIN/ROCH 2009, S. 78f., 84f. und 88; NICKLIN/ROCH 2008, S. 3056; AAMODT 2006, S. 4; COLARELLI u.a. 2002, S. 331; BALLAM 2002, S. 445ff.; GROTE u.a. 2001, S. 658f.; JUDGE/HIGGINS 1998, S. 215; RANGE u.a. 1991, S. 390; REILLY/CHAO 1982, S. 34

52 WEUSTER 1992a, S. 65f.; GÖLDNER 1991, S. 237

53 SENDE 2016, S. 55 und 68; GRAU/WATZKA 2016, S. 126; ENZLER 2012, S. 47f.; ROTH 2006, S. 82; TRIX/PSENKA 2003, S. 199f.; BRAUN 2001, S. 111; WEUSTER 1994, S. 154ff.; WEUSTER 1992a, S. 59

erwähnt, dass er nur eine Halbtagskraft führte.[54] Auslassungen wirken allerdings negativ, wenn bestimmte Aussagen erwartet werden. Beispiele: Ein Ausbildungszeugnis enthält keine Aussage über das Bestehen der Abschlussprüfung, was ein Nichtbestehen vermuten lässt.[55] Oder: Bei einem Tageszeitungsredakteur wird die Belastbarkeit in Stresssituationen nicht erwähnt.[56] Oder: Bei einem Softwareentwickler wird nichts zur Verwendbarkeit der Lösungen und insbesondere nichts zur Fehlerfreiheit und Vollständigkeit der Aufgabenerfüllung gesagt.[57] Oder: Auf das negative Verhalten zum Vorgesetzten wird nicht eingegangen: *„Sein Verhalten gegenüber den Kollegen war stets einwandfrei."* In diesen Fällen spricht man von beredtem Schweigen.[58] Vor einer überzogenen Leerstellen-Auslegung ist aber zu warnen.[59] Oft liegt keine bewusste, sondern nur eine aus Unachtsamkeit oder Unkenntnis entstandene Leerstelle vor.

Ein Arbeitnehmer hat, wenn er ein qualifiziertes Zeugnis verlangt, keinen Anspruch auf das Verschweigen wesentlicher negativer Tatbestände oder auf das Auslassen einer Zeugniskomponente. Im Übrigen dürfte das Fehlen ganzer Zeugniskomponenten oft bei der Zeugnisanalyse auffallen. Als problematische Reaktion bleibt ihm nur, lediglich ein einfaches Zeugnis zu fordern oder ein negatives Zeugnis bei Bewerbungen unaufgefordert nicht vorzulegen. Zu bedenken ist aber, dass einfache Zeugnisse meist als klarer Hinweis auf Schlechtleistung gedeutet werden.[60] Auch nehmen Personalleiter in der Regel an, dass „vergessene" Zeugnisse nicht die besten sein werden.

In Reaktion auf die Pflicht zu verständigem Wohlwollen haben sich verschiedene Codierungstechniken entwickelt, welche die Funktion haben, durch taktischen Sprachgebrauch bzw. durch „gezielt initiierte Mehrfachinterpretierbarkeit"[61] die Informationsfunktion des Zeugnisses in verdeckter Form zu wahren.[62] Diese Techniken verstoßen zum Teil gegen das Verbot von Geheimmerkmalen und Kryptoformulierungen nach § 109 Abs. 2 GewO.[63]

---

54 LAG Saarland 28.02.1990, LAGE § 630 BGB Nr. 9, S. 5
55 SCHLEẞMANN 2018, Rn. 422; BRAUN 2001, S. 111
56 BAG – 9 AZR 632/07, DB 2008, S. 2546 = NZA 2008, S. 1349 = BeckRS 2008, 57445
57 BAG 14.10.2003, DB 2004, S. 1270 = BB 2004, S. 1500 = NZA 2004, S. 842
58 LAG Köln 18.05.1995, LAGE § 630 BGB Nr. 13, S. 2 = NZA-RR 1996, S. 42
59 TSCHUMI 2003, S. 70; GÖLDNER 1991, S. 233
60 BACKER 2004, S. 20; FISCHER 2004, S. 10
61 MÖLLER 1990, S. 141
62 BLUM 1998, S. 3 und 11; WEUSTER 1992a, S. 60 ff. mit vielen Beispielen
63 LAG Hamm 17.12.1998, BB 2000, S. 1090 = MDR 1999, S. 1073 = LAGE § 630 BGB Nr. 32; ENZLER 2012, S. 51 f. (Schweiz); FREY / WÖRL 2009, S. 72 ff.; GÖLDNER 1991, S. 234

Reihenfolge-Technik (Satzstellungs-Technik, Klimax-Technik): Hier wird Unwichtiges oder weniger Wichtiges *vor* Wichtigem genannt. Diese Technik kann z. B. bei der Auflistung der Aufgaben praktiziert werden, wodurch die Bedeutung der Stelle abgewertet wird. Oder: Es kann negativ wirken, wenn bei der Leistungsbeurteilung zuerst auf die (umfangreiche) Weiterbildung und erst danach auf die internen Leistungen eingegangen wird. Ausweich-Technik: Auch die besondere Hervorhebung von weniger Wichtigem oder von Selbstverständlichem *anstatt* Wichtigem wertet ab, so z. B., wenn bei einem Außendienstler von gepflegtem Auftreten und geordneten Produktprospekten, nicht aber vom erreichten Umsatz die Rede ist. Einschränkungs-Technik: Hier werden die Beurteilungsbasis, die räumliche oder zeitliche Geltung oder die Häufigkeit von Aussagen eingeschränkt. Beispiele: *„Herr X gilt im Verband* (= nicht bei uns) *als Fachmann."* Oder: *„Er erledigte alle Hauptaufgaben* (= nicht die Nebenaufgaben) *seiner Position stets zu unserer vollen Zufriedenheit."* Oder: *„Er erreichte meist* (= nicht immer) *praktikable Lösungen."*[64]

Andeutungs-Technik (Orakel-Technik, Signalsprache): Dem Leser werden durch auslegbare Leerformeln oder durch Signalworte, die oft schon in der Alltagssprache mehrdeutig gebraucht werden, negative Schlüsse nahegelegt. Beispiele: *„Er hat sich im Rahmen seiner Fähigkeiten eingesetzt"* (= geringen Fähigkeiten). Oder: *„Sie erledigte ihre Aufgaben immer ordnungsgemäß"* (= langsame und ineffiziente Arbeitsweise).[65] Ein berühmtes Beispiel ist die Formel *„bemühte sich"*, die fast immer als Scheitern zu interpretieren ist.[66] Eine Variante der Andeutungs-Technik ist die Übertreibungs-Technik.[67] Hier wird in den Wertungen in maßloser und völlig unglaubwürdiger Weise überzogen (Häufung von Superlativen: „hervorragend / ausgezeichnet / exzellent / weit überdurchschnittlich / unüberbietbar / äußerst / höchst / absolut), sodass das Zeugnis einen ironischen, lächerlich machenden, unglaubwürdigen Charakter erhält. Beispiele: *„Wenn es eine bessere Note als ‚sehr gut' geben würde, würden wir ihn damit beurteilen."*[68] Oder: *„Herr X bewies während seiner zweimonatigen Tätigkeit bei uns, dass er ein exzellenter Produktmanager ist."* Eine weitere Sonderform der Andeutungs-Technik ist die Negations-Technik. Im Gegensatz zum allgemeinen Sprachgebrauch, bei dem Verneinungen des Gegenteiles (Litotes) der Verstärkung dienen können (*„nicht unvermögend"* = sehr reich), erfolgt hier in der Zeugnissprache die Abwertung durch die Verneinung des Gegenteils oder

64 BĄK 2017, S. 48

65 ErfK 2018 / MÜLLER-GLÖGE, § 109 GewO Rn. 37; BRAUN 2001, S. 112

66 ArbG Neubrandenburg 12.02.2003, NZA-RR 2003, S. 465

67 LASKAWY / LOMB 2014, S. 101; SCHULZ 2006, S. 166 f.; ECKERT 2000, S. 98

68 LAG Hamm 14.11.2016 – 12 Ta 475 / 16, juris = BeckRS 2016, 74518

die Verneinung negativ besetzter Begriffe. Beispiele: Das Verhalten *„gab zu keinem Zeitpunkt Anlass zu Beanstandungen“*[69] (= aber auch nicht zum Lob) oder *„nicht unbedeutender Umsatz“* (= auch nicht bedeutender Umsatz).

Als subtiles Mittel der Andeutung kann auch die gehäufte Passivierung dienen. Durch wiederholte Aussagen wie *„wurde er eingestellt“, „wurde ihm übertragen“, „wurde einbezogen“* und *„wurde er versetzt“* wird der Mitarbeiter durchgängig als initiativlos präsentiert. Auch die Betonung von Zuständigkeiten (*„in sein Aufgabengebiet fiel auch …“*) anstelle von Realisierungsaussagen wird manchmal so gedeutet. Eine einzelne Passivformulierung in einem im Übrigen positiven Zeugnis darf aber nicht überinterpretiert werden.[70]

Bei der Knappheits-Technik erfolgt die Abwertung durch ein betont kurzes Zeugnis oder durch die Verwendung von Schulnoten (hier Ausnahme vielleicht: Praktikantenzeugnisse). Die Kürze von Zeugnissen korreliert mit negativen Beurteilungen.[71] Besteht z. B. die Leistungsbeurteilung ausschließlich in einer sehr guten Zufriedenheitsformel, so entsteht dennoch kein sehr guter Eindruck. Die lakonischen Aussagen sollen negative Rückschlüsse und Rückfragen auslösen.[72] Sie wirken distanzierend und kalt.[73] Ein wenig länger als *„er kam, sah und siegte“* müssen die Erfolgsaussagen im Zeugnis schon sein. Amerikanische Studien ergaben, dass die Länge von Referenzschreiben (≈ Arbeitszeugnissen) und ihre Vorteilhaftigkeit positiv korrelieren.[74] Auch werden für beliebte Personen längere Empfehlungen als für unbeliebte Personen geschrieben.[75] Längere Referenzen führen auch zu besseren Bewertungen und zu einer höheren Akzeptanz.[76]

Eckert erwähnt als Gegenstück die Ausführlichkeits-Technik. Hier werde ein Arbeitnehmer mit einfacher Tätigkeit oder mit kurzem Arbeitsverhältnis durch ein überlanges Zeugnis (etwa mehr als zwei DIN-A4-Seiten) abgewertet. Diese Technik dürfte aber selten praktiziert werden, da sich

---

69 aA LAG Köln 05.02.2015 – 7 Sa 884/14, juris = BeckRS 2015, 71390 (Das LAG Köln beachtet nicht die in der Praxis im Unterschied zu „einwandfrei“ negative Konnotation von „Beanstandung“ und hält die Formulierung für gleichwertig mit „stets einwandfrei“.)

70 LAG SH 07.11.2017 – 1 Sa 29/17, juris

71 SENDE 2016, S. 70 f. und 77; ROTH 2006, S. 66

72 LAG BW 06.02.1968, BB 1968, S. 381 = DB 1968, S. 534; LAG Bremen 16.09.1953, AP 54 Nr. 152; SENDE 2016, S. 56; HAAG/AMANN 2003, S. 539; SCHWARB 1991, S. 28; MÖLLER 1990, S. 204

73 FERGUSON 2012, S. 958

74 TRIX/PSENKA 2003, S. 198 ff.; JUDGE/HIGGINS 1998, S. 210 und 216; GREENBURG u. a. 1994, S. 195

75 COLARELLI u. a. 2002, S. 326, 331 und 333; WIENS u. a. 1969, S. 265

76 LOHER u. a. 1997, S. 349 und 352; GREENBURG u. a. 1994, S. 195; WEUSTER 2012a, S. 184

unzufriedene Arbeitgeber bei der Zeugnisausstellung kaum besonders viel Arbeit machen. Denkbar ist aber, dass ein Arbeitgeber ein von Arbeitnehmer selbst verfasstes überlanges Zeugnis ohne Kommentar akzeptiert und unterschreibt.[77]

Bei der Globalformulierungs-Technik werden überwiegend Floskeln der Zeugnissprache und allgemeine Aussagen verwendet, die in nahezu jedes Zeugnis passen.[78] Die Verfasser haben das Zeugnis eines Arztes gesehen, dessen Leistungs- und Verhaltensbeurteilung auch im Zeugnis eines Buchhalters gepasst hätte. Positiv-floskelhafte Referenzschreiben (≈ Zeugnisse) haben für Leser weniger Informationswert als lebendig formulierte Schreiben und auch weniger als negativ-floskelhafte Schreiben, die immerhin eine Warnung liefern.[79] Allgemein formulierte Zeugnisse entstehen nach dem Eindruck der Verfasser in letzter Zeit durch vermehrt eingesetzte Zeugnis-Programme mit begrenzter Bausteinbasis.

Schließlich ist die Widerspruch-Technik zu nennen.[80] Hierbei sind Aussagen in sich widersprüchlich formuliert, stehen Aussagen im Widerspruch zu ihrem Kontext, wird die gute oder sehr gute Zufriedenheitsformel durch deutliche negative Wertungen zu einzelnen Leistungskomponenten relativiert[81] oder enthält das Zeugnis Widersprüche (Brüche) zwischen den Zeugniskomponenten. Beispiele: *„Herr X hat im Großen und Ganzen zur Zufriedenheit unserer Kunden gearbeitet* (= mangelhaft), *sodass wir mit seiner Leistung stets höchst zufrieden* (= sehr gut) *waren“* (= negative Gesamtwirkung). Oder: *„Er arbeitete nach Vorgaben selbstständig.“* Der Widerspruch hebt die positive Aussage auf. Widersprüche, Brüche oder Distanzierungen im Zeugnis sind oft das Ergebnis von Verhandlungen über das Zeugnis, bei denen der Arbeitnehmer verdeckte Kritik aus Unkenntnis übersehen hat oder bei denen er nur einige Änderungen durchsetzen konnte. Widersprüchliche, verschlüsselte bzw. doppelbödige Formulierungen sind nach Auffassung des LAG Hamm ersatzlos zu streichen.[82]

Es ist klar, dass zwischen der Wahrheitspflicht und der Wohlwollenspflicht ein Spannungsverhältnis und ein Zielkonflikt bestehen. Vom Aussteller wird verlangt, sowohl die Interessen des Arbeitnehmers als auch die Interessen künftiger Arbeitgeber zu berücksichtigen, was beim Formulieren

---

77 ECKERT 2010, S. 1476
78 SENDE 2016, S. 71; HÖFERS / HINRICHS 2009, S. 703; LARKIN / MARCO 2001, S. 71
79 RALSTON / THAMELING 1988, S. 869
80 MESSMER 2012, S. 19; MÖLLER 1990, S. 152
81 PMS-Personalstudie 01 / 2010, S. 6 und 8
82 LAG Hamm 17.12.1998, BB 2000, S. 1090 = MDR 1999, S. 1073 = LAGE § 630 BGB Nr. 32

eine Gratwanderung nötig macht.[83] Dabei kann man nicht jede verhüllende Formulierung gleich als Geheimcode denunzieren.[84] Das verständige Wohlwollen findet seine Grenze beim Interesse an einer zuverlässigen Beurteilungsgrundlage.[85] Kein Arbeitnehmer hat einen Anspruch darauf, besser beurteilt zu werden, als es den Tatsachen entspricht. Gravierende Vorfälle und charakteristische Fehlverhaltensweisen sind also in angemessen wohlwollender Formulierung im Zeugnis zu vermerken. Ein Verbot negativer Aussagen und damit erkennbarer Kritik besteht, zumindest bei schwerwiegenden Mängeln, nicht.[86] Ein Beispiel ist der Besitz kinderpornografischer Schriften und Dateien in der Dienstwohnung eines Schulhausmeisters.[87] Auch die Aussage *„ihre Führung im Dienst gab mehrfach zu Beanstandungen Anlass"* war möglich.[88] Im Jahre 1958 entschied allerdings das LAG Düsseldorf, der Satz *„Seine Arbeitsleistung war mäßig, und der Verkehr mit Vorgesetzten und Kollegen gab laufend Anlass zu Beanstandungen"* sei offensichtlich dazu bestimmt, dem Arbeitnehmer weitere Schwierigkeiten zu bereiten. Dieser Satz widerspreche selbst dann, wenn ihm ein tatsächlicher Kern zugrunde liegen sollte, der obliegenden Wohlwollenspflicht.[89]

2.3.4. Der Gleichbehandlungsgrundsatz

Ziel des Allgemeinen Gleichbehandlungsgesetzes (AGG) ist es nach § 1, Benachteiligungen aus Gründen der Rasse oder wegen der ethnischen Herkunft, des Geschlechts, der Religion oder Weltanschauung, einer Behinderung, des Alters oder der sexuellen Identität zu verhindern oder zu beseitigen. Nach § 2 Abs. 1 Nr. 1 AGG sind Benachteiligungen aus den genannten Gründen unzulässig im Zusammenhang mit Personalauswahl- und Einstellungsverfahren sowie beim beruflichen Aufstieg. Dies berührt den Hauptzweck von Arbeitszeugnissen, nämlich Informations- und Werbemittel im Arbeitsmarkt zu sein. Hier ist zu beachten, dass nach § 12 Abs. 1 AGG zu den Pflichten des Arbeitgebers auch vorbeugende Maßnahmen gegen Benachteiligungen gehören. Anzumerken ist allerdings, dass Benachteiligungen aufgrund von Zeugnisinformationen bei Endzeugnissen nicht beim Aussteller, sondern ggf. bei künftigen eignungsdiagnostischen Entschei-

---

83 MEISLOCH 2017, S. 267 ff.; GÄNTGEN 2016a, S. 2124, Rn. 5; WATZKA 2013, S. 18; ENZLER 2012, S. 46 f.; PREIS / BENDER 2005, S. 1326 ff.; KAUFMANN / JORNS 2002, S. 38

84 SENDE / MOSER 2017, S. 2; ErfK 2018 / MÜLLER-GLÖGE, § 109 GewO Rn. 36–38

85 BGH 26.11.1963, DB 1964, S. 517

86 LAG Bremen 09.11.2000, NZA-RR 2001, S. 287; LINCK 2017, R. 28; MÜLLER / THALMANN 2016, S. 61 f.; HUBER / MÜLLER 2016, S. 55; COELIUS 2008, S. 22; RING 2001a, S. 214; ROTH 2006, S. 56 ff.; PARRY 1999, S. 361 ff.; BÄHRLE 1998, S. 840; HAUPT 1996, S. 599; GÖLDNER 1989, S. 5 und 67

87 LAG Düsseldorf 07.01.2009 – 7 Sa 1258 / 08, BeckRS 2009 54461

88 LAG Düsseldorf, Kammer Köln 21.08.1956, BB 1956, S. 1196; SABEL 1998, S. 44

89 LAG Düsseldorf 08.01.1958, AP § 888 ZPO Nr. 1

dungsträgern stattfinden würden, also vom Zeugnisaussteller nicht zu vertreten wären. Ob die Rechtsprechung künftig entscheidet, den Zeugnisaussteller treffe in bestimmten Fällen eine Mitverantwortung dafür, dass dem Arbeitnehmer eine konkrete Beschäftigungschance entgangen sei, bleibt abzuwarten. Bei Zwischenzeugnissen könnten Benachteiligungen auch bei internen Bewerbungen auftreten, allerdings nur in sehr großen Unternehmen mit mehreren Standorten, wo die Entscheidungsträger nicht alle Unternehmensangehörige persönlich kennen. In überschaubaren kleinen und mittleren Unternehmen sind die interessierenden Informationen ohnehin bekannt. Welche Empfehlungen kann man nun zwecks Gleichbehandlung bzw. zwecks Vorbeugung gegen Diskriminierungen hinsichtlich der Zeugniserstellung geben?

Um denkbare Benachteiligungen wegen der Rasse oder wegen der ethnischen Herkunft zu verhindern, sollte auf die Angabe des Geburtsorts verzichtet werden, da es bezogen auf ausländische und zum Teil auch auf inländische Geburtsorte manchmal internationale bzw. regionale Herkunftsvorurteile gibt und da der Geburtsort kaum zum Zeugniszweck beiträgt. Soweit vom Vornamen oder vom Nachnamen evtl. nachteilig wirkende ethnische Herkunftssignale ausgehen, kann dies nicht verhindert werden. Hierzu sei angemerkt, dass die Forschung per Correspondence-Testing (gemessen wird die signifikant unterschiedliche Reaktionshäufigkeit in Form von Rückrufen oder Einladungen von Arbeitgebern auf Bewerbungen in Abhängigkeit von Herkunft, Alter, Geschlecht u. a.) zeigt, dass weltweit Bewerber mit ausländischem Namen benachteiligt werden.[90] Bei ausländischen Familiennamen kann daher die Angabe eines Geburtsortes in Deutschland hilfreich sein, da er vermuten lässt, dass der Zeugnisinhaber in Deutschland aufgewachsen und hier ausgebildet worden ist. Allerdings kann man als Zeugnisaussteller auch dem Arbeitnehmer selbst überlassen, diese Angabe in den Lebenslauf aufzunehmen.

Bei Frauen ist die zusätzliche Angabe des Mädchennamens nicht üblich. Die Angabe könnte angesichts der Forschungsergebnisse zum Correspondence-Testing aber hilfreich sein, wenn ein deutscher Mädchenname durch einen ausländischen Namen ersetzt wurde. Auch wenn Männer den Nachnamen ihrer Frau angenommen haben, kann es zur Vermeidung von Unklarheiten zweckmäßig sein, dass der ursprüngliche Nachname ebenfalls im Zeugnis aufgeführt wird; dies insbesondere, wenn in anderen beigefügten Unterlagen, z. B. Schulzeugnissen, noch der bisherige Name steht. Allerdings können Bewerberinnen und Bewerber diese Klarstellung auch selbst im Lebenslauf vornehmen.

---

90 DEROUS/RYAN 2012, S. 464 ff.; BLOMMAERT u. a. 2012, S. 61 ff.; WEUSTER 2012a, S. 146 f.; MYORS 2008, S. 206 ff.; KING u. a. 2006, S. 1145 ff.

Wollte man jegliche denkbare Benachteiligung wegen des Geschlechts durch das Zeugnis ausschließen, so müssten der Vorname sowie Hinweise wie „Herr“, „Frau“, „er“ und „sie“ und viele andere (z.B. die Funktionsbezeichnung Sekretärin) vermieden werden. Derart kastrierte Zeugnisse würden wohl komisch wirken. Auch bisher waren schon geschlechtsbezogene Benachteiligungen bei der Begründung von Arbeitsverhältnissen oder beim beruflichen Aufstieg nach § 611a BGB unzulässig, ohne dass dies dazu führte, dass Arbeitnehmer im Zeugnis als Neutrum vorgestellt werden mussten. Das Geschlecht kann also weiterhin aus dem Zeugnis hervorgehen. Eine Inhaltsanalyse von Originalzeugnissen durch Huesmann fand übrigens keine Bestätigung der Hypothese, dass Frauen in Zeugnissen tendenziell schlechter als Männer beurteilt werden.[91] Ein kleines amerikanisches Experiment, bei dem textgleiche Empfehlungsschreiben (≈ Arbeitszeugnisse) für männliche und weibliche Bewerber für eine Managementtraineestelle von insgesamt 75 männlichen Personalverantwortlichen bewertet wurden, ergab statistisch eine Bevorzugung der Bewerberinnen bezüglich der Einladung zu einem Vorstellungsgespräch (umgekehrte Diskriminierung).[92] Allerdings liefert die Forschung „mixed results“. Andere Einzelstudien zeigen, dass Bewerberinnen mit höherer Wahrscheinlichkeit Empfehlungsschreiben (letter of recommendation) mit Andeutungen (doubt raisers) erhalten[93] bzw. dass Bewerberinnen mehr als Bewerber mit sozialen Adjektiven (z.B. freundlich, helfend, taktvoll) oder „femininen“ Adjektiven (z.B. lovely) und weniger als Bewerber mit aktionsbezogenen Adjektiven (z.B. zielstrebig, ambitioniert) beschrieben wurden, was im Experiment zu schlechteren Einstellempfehlungen führte.[94]

Angaben zur Religion oder zur Weltanschauung fanden sich schon bisher nicht in Zeugnissen. Soweit der Name der Zeugnisperson (z.B. bei türkischen oder arabischen Namen) bzw. der Name des Zeugnisausstellers (Religionsgemeinschaften und ihre Einrichtungen, Arbeitgeberverbände, Gewerkschaften, Tendenzbetriebe) diesbezügliche Vermutungen auslösen können, kann dies nicht verhindert werden. Die Angabe einer Funktion als Arbeitnehmervertreter, z.B. als Betriebsrat oder Gewerkschafter, war schon bisher in der Regel unzulässig (siehe Gliederungspunkt 3.3.2). Nun kommt als weiterer denkbarer Grund für eine Nichterwähnung hinzu, dass die Angabe einer Funktion als Arbeitnehmervertreter als (vages) Signal einer weltanschaulichen Ausrichtung gedeutet werden könnte. Angaben zur Konfession oder zur Weltanschauung können ins Zeugnis aufgenommen werden, wenn der Arbeitnehmer dies zwecks Bewerbung bei bestimmten

---

91 HUESMANN 2008, S. 217 ff.

92 KRYGER / SHIKIAR 1978, S. 309 ff.

93 MADERA u.a. 2018, Studie 1

94 MADERA / HEBL / MARTIN 2009, S. 1591 ff.; WATSON 1987, S. 28

Arbeitgebern wünscht.[95] Allerdings kann ein Arbeitnehmer diese Informationen auch durch eine separate Bescheinigung oder durch Angaben im Lebenslauf liefern, sodass wir von der Aufnahme ins Zeugnis abraten.

Die Angabe einer Behinderung oder einer Funktion als Vertrauensperson der behinderten Menschen war schon bisher im Zeugnis nicht üblich. Sie muss künftig auf jeden Fall unterbleiben, es sei denn, der behinderte Arbeitnehmer wünscht ausdrücklich die Angabe. Eine Nichterwähnung überlässt es dem Arbeitnehmer, ob und in welcher Phase einer Bewerbung er seine Behinderung angibt. Selbstverständlich darf eine Behinderung auch im Falle einer Leistungsminderung keinen Einfluss auf die Leistungs- und Verhaltensbeurteilung haben.[96]

Auch nach Verabschiedung des AGG enthalten die meisten Zeugnisse das Geburtsdatum, in einer Auswertung von 802 Zeugnissen 94 %.[97] Das Geburtsdatum sollte nicht ins Zeugnis aufgenommen bzw. entfernt werden, wenn der Arbeitnehmer dies wünscht.[98] Das Geburtsdatum bzw. das daraus ableitbare Alter können bei Bewerbungen schon bei der Vorauswahl zu Zurückweisungen führen. Allerdings dürfte der Verzicht auf das Geburtsdatum im Zeugnis diesen Sachverhalt kaum verhindern, da es bei Bewerbungen fast immer im Lebenslauf angegeben wird bzw. das ungefähre Alter aus dem Werdegang, z. B. dem Jahr des Schulabschlusses, erschlossen werden kann. Erst wenn man im Lebenslauf und im Zeugnis sämtliche Jahreszahlen und Verweildauern fortließe, könnte das Alter tendenziell verschleiert werden. Mit dem damit verbundenen Informationsverlust würde aber auch ein Verlust der Werbefunktion des Lebenslaufes einhergehen. Es sei ergänzend noch bemerkt, dass eine Inhaltsanalyse von Originalzeugnissen durch Huesmann keine Bestätigung der Hypothese fand, dass ältere Arbeitnehmer in Zeugnissen tendenziell schlechter als jüngere Arbeitnehmer beurteilt werden.[99]

Angaben zur sexuellen Identität waren schon bisher in Zeugnissen nicht üblich. In Publikationen zur Zeugnissprache werden gelegentlich die Synonyme *„Einfühlungsvermögen“* = Sexualkontakt und *„umfassendes Einfühlungsvermögen“* = Homosexualität vorgestellt[100], welche die Verfasser aber noch nie in Zeugnissen gefunden haben. Ein Hinweis auf die Homosexua-

95 SCHULZ 2006, S. 118

96 SCHULZ u. a. 2015, S. 102 f.

97 SENDE u. a. 2011, S. 35

98 HUBER/MÜLLER 2016, S. 51; SCHULZ u. a. 2015, S. 67

99 HUESMANN 2008, S. 221 ff.

100 HUBER/MÜLLER 2016, S. 75; ENZLER 2012, S. 47; DÜWELL/DAHL 2011, S. 960; COELIUS 2008, S. 23; LÖW 2005, S. 3607; BRAUN 2001, S. 112 f.; LUCAS 2001, S. 181; SCHMID 1988, S. 2253

lität eines Arbeitnehmers wäre eindeutig ein Verstoß gegen das Benachteiligungsverbot.

Ob und mit welcher Formulierung man eine gravierende sexuelle Belästigung durch einen Arbeitnehmer, die zur Beendigung des Arbeitsverhältnisses führt, ins Zeugnis aufnimmt, muss im Einzelfall entschieden werden. Nach Einschätzung der Verfasser wird dieser Fall nur selten erkennbar ausgedrückt. Die Aussteller beschränken sich fast immer auf allgemeine Signale zum Fehlverhalten, z. B. auf die Andeutung einer fristlosen Kündigung durch ein krummes Beendigungsdatum.

Direkte oder indirekte Angaben zum Alter (Geburtsdatum) und zur ethnischen Herkunft (in Abhängigkeit vom Geburtsort) waren in der Vergangenheit allgemein üblich. Einen Anspruch der Arbeitnehmer, alte Zeugnisse ohne diese Angaben neu auszustellen, gibt es nicht. Insofern werden diese Angaben oder Signale noch einige Jahrzehnte aus Bewerbungsunterlagen hervorgehen, zumal diese Angaben auch heute noch oft gemacht werden. Selbstverständlich bewirken Angaben oder Signale zu den Kriterien des § 1 AGG in Zeugnissen nicht zwangsläufig Benachteiligungen. Im Einzelfall können diese Angaben bei Bewerbungen einem Arbeitnehmer sogar helfen, wenn im Rahmen einer Diversitätspolitik durch positive Maßnahmen (affirmative action) im Sinne von § 5 AGG bestehende Nachteile verhindert oder ausgeglichen werden sollen. Schließlich empfiehlt es sich im Einzelfall aus rechtlichen und pragmatischen Gründen, einen möglichen AGG-Verstoß durch Abstimmung mit dem Mitarbeiter zu vermeiden bzw. Änderungswünschen nachzukommen.

2.4 Motive bei der Zeugniserstellung

Motive und Gründe, ein besonders wohlwollendes Zeugnis auszustellen, können sein:

(1) Leistung und Verhalten des Mitarbeiters sind sehr gut. Man ist mit dem Arbeitnehmer wirklich sehr zufrieden. Er ist dem Aussteller sympathisch.

(2) Der Arbeitnehmer steht dem Zeugnissausteller näher als die späteren unbekannten Zeugnisleser. Eine amerikanische Untersuchung von 532 Empfehlungsschreiben (≈ Zeugnissen) ergab, dass die Intensität der Zusammenarbeit von Beurteiler und Beurteiltem positiv korreliert mit der Vorteilhaftigkeit und der Länge der Schreiben.[101]

(3) Wegloben: Man ist mit dem Arbeitnehmer unzufrieden und möchte sich von ihm trennen. Bei der Verhandlung über eine einvernehmliche Trennung mit Abfindungsregelung fordert der Arbeitnehmer ein positives

101 COLARELLI u. a. 2002, S. 316, 326, 333 und 337

Arbeitszeugnis. An diesem kostenfreien Zugeständnis möchte man den Beendigungskompromiss nicht scheitern lassen.[102] Manchmal gibt es auch das Motiv, dem Arbeitnehmer woanders eine neue Chance zu eröffnen.

In dieser Situation verlangen Arbeitnehmer manchmal auch ein positives Zwischenzeugnis, um leichter ein neues Arbeitsverhältnis zu finden. Ein positives Zwischenzeugnis kann aber zum Bumerang für den Arbeitgeber werden. Gibt der Arbeitnehmer seine Abkehrbereitschaft nach einiger Zeit wieder auf und will der Arbeitgeber ihm nun kündigen, so muss er sich in einem eventuellen Kündigungsschutzprozess sein „Vorschusszeugnis" entgegenhalten lassen.[103]

(4) Der Aussteller scheut Kosten und Konflikte, da die Zeugniserstellung nicht „wertschöpfend" ist. Er will Zeugnisse mit wenig Aufwand erstellen und möchte, dass sie ohne langwierige Diskussion akzeptiert werden. So will er Streit und Kosten vermeiden, die ihm kaum Nutzen bringen.[104]

(5) Der Arbeitnehmer ist mit dem ausgehändigten Zeugnis nicht einverstanden und droht mit einer Klage. Der Arbeitgeber ändert das Zeugnis, weil er Leistungsmängel nicht beweisen kann oder für einen Gerichtsstreit weder Zeit noch Kosten aufwenden will. Es ist im Einzelfall auch denkbar, dass ein positives Zeugnis durch den Hinweis erreicht wird, in einem eventuellen Gerichtsstreit bestimmte Interna publik zu machen.[105] Nach Popp kommt es in der Praxis nicht selten vor, dass Arbeitnehmer versuchen, in einem Zeugnisstreit die Trennungsumstände zu thematisieren und die Zeugnisklage zu einem „kleinen Kündigungsschutzverfahren" auszuweiten.[106] Kündigungsrechtsstreite wiederum enden oft mit einem Vergleich, der auch Regelungen zum Zeugnis enthält, z. B., dass der Arbeitnehmer einen Zeugnisentwurf erstellen darf, von dem der Arbeitgeber nur aus wichtigem Grund abweichen darf.

(6) Dem Arbeitnehmer muss wegen Auftragsmangel oder zwecks Rationalisierung betriebsbedingt gekündigt werden. Man ist der Ansicht, dass bei dieser Sachlage ein Gefälligkeitszeugnis das Mindeste sei, was man für den Arbeitnehmer tun könne. Auch Auszubildenden, die nach Ausbildungsende nicht übernommen werden können, wird manchmal ein (zu) gutes Zeug-

---

102 ARCHUT 2014, S. 85; FISCHER 2004, S. 8

103 LAG Bremen 22.11.1983, BB 1984, S. 473 f.; STÜCK 2006, S. 797; MAURITZ/ WISCHNATH 2006, S. 223

104 GRAU / WAZKA 2016, S. 51; JESGARZEWSKI 2015, S. 1216; RIEMER 2015, S. 61; WATZKA 2013, S. 18; NICKLIN / ROCH 2009, S. 77 und 84 f.; HUESMANN 2008, S. 107 und 175 f.; BALLAM 2002, S. 447 und 455; BRAUN 2001, S. 105; FINKIN 1999, S. 269 und 275; SCHWARB 1991, S. 12 und 36

105 VAN VENROOY 1984, S. 25

106 POPP 1997, S. 590

nis ausgestellt, um ihnen anderweitig den Einstieg in ein Arbeitsverhältnis zu erleichtern.

(7) Der Arbeitgeber überbewertet die Wohlwollenspflicht. Diese scheint in der Praxis bekannter und gewichtiger zu sein als der Wahrheitsgrundsatz. Sie wird als eine Pflicht zur Milde angesehen. Eine Befragung von 99 Personalberatern im Jahre 2009 ergab folgende Einschätzung der Beurteilung der Arbeitnehmer in Zeugnissen: viel zu gut = 4 %, zu gut = 73 %, gerade richtig = 19 %, zu schlecht = 2 % und keine Antwort = 2 %.[107]

(8) Der Aussteller versucht, durch ein positives Zeugnis das Exzellenz-Image seiner Organisation oder seiner Abteilung zu polieren. Man glaubt, negative Zeugnisse schadeten dem eigenen Ruf.

Motive und Gründe für ein weniger wohlwollendes oder für ein bewusst realistisches Zeugnis können sein:

(1) Der Aussteller erstrebt aus Gerechtigkeitsüberlegungen Arbeitszeugnisse, die hinreichend zwischen den einzelnen Arbeitnehmern differenzieren. Es erzeugt vielleicht auch bei den Arbeitnehmern Unzufriedenheit, wenn hohe und niedrige Leistungen unterschiedslos beurteilt werden.

(2) Der Aussteller möchte durch die explizite Praxis, möglichst nur wahre Zeugnisse auszufertigen, die Arbeitnehmer zu guten Leistungen und zu positivem Verhalten motivieren.[108]

(3) Der Aussteller bemüht sich um differenzierte, wahre und informative Zeugnisse, da er anderen Arbeitgebern eine zuverlässige Beurteilungsgrundlage liefern möchte. Dies ist entgegen dem Vorurteil, alle Zeugnisse seien Lobeshymnen, die Haltung vieler Aussteller. In der Untersuchung von Blum gaben von 66 Unternehmen 23 Unternehmen das Notenspektrum 1–4 und 19 Unternehmen das Notenspektrum 1–5 als grundsätzliche Bandbreite für ihre Zeugnisausstellung an.[109]

(4) Der Aussteller fürchtet, unrealistische Arbeitszeugnisse könnten dem Ruf der Organisation oder dem persönlichen Ruf schaden. Allerdings dürfte diese Furcht selten sein.[110] Sie kann eine Rolle spielen, wenn in einer Region Arbeitgeber bzw. Personalleiter persönlich miteinander bekannt sind.

(5) Der Aussteller stellt ein realistisches Zeugnis aus, um einen Widerspruch zu seinen anderen Erklärungen oder Verhaltensweisen zu vermeiden. So kann ein aktuelles gutes Zwischenzeugnis im Widerspruch zu ver-

---

107 Befragung WEUSTER 2009; auch HUESMANN 2008, S. 170; ROTH 2001, S. 301; JAHN 2005, S. 71

108 HARSHMAN/CHACHERE 2000, S. 34

109 BLUM 1998, S. 10

110 FERGUSON 2012, S. 956

haltens- oder personenbedingten Kündigungen stehen.[111] Oder: Nach einer Entscheidung des BAG können wechselnde oder in sich widersprüchliche Begründungen für die Nicht-Übernahme einer türkischen Arbeitnehmerin in ein unbefristetes Arbeitsverhältnis eine Indizwirkung im Sinne von § 22 AGG haben. Hier hatte der Arbeitgeber im Rahmen einer Benachteiligungsklage wegen der ethnischen Herkunft zunächst betriebsbedingte Gründe (Fusion) und später Leistungsmängel als Grund für die Nicht-Übernahme genannt. Er hatte der Arbeitnehmerin aber bei Auslauf der Befristung ein Zeugnis mit der Leistungsbeurteilung *„Frau B. erledigte die ihr übertragenen Aufgaben selbstständig, sicher, termingerecht und zu unserer vollsten Zufriedenheit“* ausgestellt.[112]

(6) Zur Realistik von Zeugnissen trägt ferner bei, dass man Schadensersatzansprüche von Folgearbeitgebern vermeiden möchte.[113] Allerdings sind Schadensersatzstreitigkeiten zwischen Arbeitgebern wegen unwahrer Zeugnisse extrem selten.[114]

(7) Der Aussteller nimmt die Beurteilungen nach seinen individuellen hohen Maßstäben und weniger nach objektiven Maßstäben vor.

(8) Auch bei Differenzen zwischen Aussteller und Arbeitnehmer sind weniger wohlwollend formulierte Zeugnisse zu erwarten. Es scheint Arbeitgeber und Vorgesetzte zu geben, die allein schon in der Kündigung durch den Arbeitnehmer einen Affront oder Undankbarkeit sehen (z. B. bei Kündigung nach aufwendiger Weiterbildung, nach einer Beförderung[115] oder während wichtiger Projekte oder Verhandlungen sowie bei Wechsel zur Konkurrenz) und darauf im Zeugnis reagieren. Außerdem scheint es Aussteller zu geben, welche den Grad ihres Wohlwollens davon abhängig machen, ob der Arbeitnehmer Kündigungsschutzklage erhebt oder nicht[116] oder ob er einem Aufhebungsvertrag zustimmt.[117] Das Zeugnis wird hier bewusst zum Bestandteil einer Gesamteinigung gemacht.[118] Hierzu einige Urteile: Die in einem Abwicklungsvertrag vom Arbeitgeber übernommene Verpflichtung, ein Zeugnis mit überdurchschnittlicher Leistungs- und Verhaltensbeurteilung zu erteilen, stellt keinen Vorteil dar, der geeignet wäre, die mit dem Verzicht auf die Erhebung einer Kündigungsschutzklage verbundene unangemessene

---

111 LAG Bremen 22.11.1983, BB 1984, S. 473; MAURITZ / WISCHNATH 2011, S. 223; ECKERT 2000, S. 31 f.

112 BAG 21.06.2012 – 8 AZR 364 / 11, juris = NZA 2012, S. 1345 ff. Nr. 49

113 ErfK 2018 / MÜLLER-GLÖGE, § 109 GewO Rn. 68 – 72

114 KÄLIN 2007, S. 115; ROTH 2002, S. 10

115 LAG Saarland 28.02.1990, LAGE § 630 BGB Nr. 9, S. 6

116 BAG 12.08.1976, EzA § 630 BGB Nr. 7; FISCHER 2005, S. 425; SCHWIRTZEK 2005, S. 714

117 LAG Hamburg 03.07.1991, LAGE § 611 BGB Nr. 6

118 MÜLLER / THALMANN 2016, S. 103; FISCHER 2004, S. 8; ROTH 2001, S. 299

Benachteiligung des Arbeitnehmers auszugleichen.[119] Nach einer Entscheidung des LAG Brandenburg stellt die bei Verhandlungen über einen Aufhebungsvertrag gefallene Äußerung, der Arbeitnehmer erhalte ein „gutes" Zeugnis sowie eine Abfindung nur, wenn er die Auflösung akzeptiere, keine zur Anfechtung des Vertrages geeignete widerrechtliche Drohung im Sinne von § 123 Abs. 1 BGB dar. Da der Arbeitnehmer ein gutes Zeugnis nicht ohne Weiteres, sondern nur bei entsprechenden Leistungen verlangen könne, weise die Äußerung nur auf eine zusätzlich zu vereinbarende Vertragskomponente hin und könne nicht als Drohung mit einem Übel aufgefasst werden.[120] Eine Ankündigung, im Zeugnis die Trennungsgründe anzugeben, sofern die Arbeitnehmerin nicht zum Abschluss eines Aufhebungsvertrages bereit sei, kann nach Auffassung des ArbG Berlin ein Anfechtungsgrund sein und ggf. zur Nichtigkeit eines Aufhebungsvertrages gemäß § 142 Abs. 2 BGB führen.[121] Schließlich entstehen Differenzen manchmal auch erst durch ein unkluges Verhalten des Arbeitnehmers während der Kündigungsfrist. Hier hat das Zeugnis manchmal die (unzulässige) Funktion eines Disziplinierungsmittels für die Restlaufzeit des Arbeitsverhältnisses.[122]

(9) Widersprüchliche und weniger gute Zeugnisse werden auch erstellt, weil der übliche Zeugnisaufbau und die subtile Zeugnissprache nicht allen Zeugnisausstellern bekannt sind.[123]

Die Formulierungssouveränität liegt beim Arbeitgeber.[124] Baunscheidt stützt sie auf das Grundrecht der freien Meinungsäußerung nach Art. 5 GG.[125] Ein Arbeitnehmer hat keinen Anspruch auf (vermeintliche) stilistische Verbesserungen.[126] Es kommt aber in der betrieblichen Praxis fallweise vor, dass man den scheidenden Mitarbeiter sein Zeugnis selbst entwerfen lässt, um

---

119 BAG 24.09.2015 – 2 AZR 347/14, NZA 2016, S. 351 = juris

120 LAG Brandenburg 16.10.1997, DB 1998, S. 2376

121 ArbG Berlin 30.01.2015 – 28 Ca 12971/14, Rz. 219, juris

122 SCHULD 2010, S. 142; HUESMANN 2008, S. 27 f. und 95; FISCHER 2005, S. 425; DITTRICH 2003, S. 10

123 SENDE 2016, S. 21; HUESMANN 2008, S. 171; JAHN 2005, S. 66; BRAUN 2001, S. 105 und 113 f.

124 BAG 15.11.2011 – 9 AZR 386/10, NZA 2012, S. 448 = NJW 2012, S. 1754 = DB 2012, S. 636 = DB0469192 = BeckRS 2012, 67197 = juris; BAG 29.07.1971, DB 1971, S. 1923 = BB 1971, S. 1280 = EzA § 630 BGB Nr. 1; LAG RHPF 17.11.2016 – 5 Sa 264/16, Rn. 28; juris = BeckRS 2016, 111141; LAG Thüringen 17.05.2016 – 1 Sa 327/15, juris = BeckRS 2016, 73746; LAG RHPF 26.03.2013 – 10 Sa 546/12, juris = BeckRS 2013, 68046; LAG BW 05.07.2011 – 22 Sa 11/11, BeckRS 2012, 65547; LAG SH 30.09.2009 – 3 Ta 162/09, juris; LAG Berlin 10.12.1998, BB 1999, S. 851; ErfK 2018/MÜLLER-GLÖGE, § 109 GewO Rn. 17 und 25; LINCK 2017, Rn. 20; GÄNTGEN 2016a, S. 2133, Rn. 29; CERWINKA u. a. 2009, S. 20;

125 BAUNSCHEIDT 1989, S. 68 f.

126 LAG BW 05.07.2011 – 22 Sa 11/11, BeckRS 2012, 65547; ArbG Frankfurt 08.08.2001, NZA-RR 2002, S. 182

so Auseinandersetzungen und Nachbesserungen aus dem Wege zu gehen.[127] Auch wenn die Zeugniserteilung allein den Fachvorgesetzten übertragen wird, greifen diese wegen ihrer Unkenntnis der Zeugnistechnik und der Zeugnissprache nicht selten zu der Verlegenheitslösung, den betroffenen Arbeitnehmer das Zeugnis selbst entwerfen zu lassen.

Das BAG hat, allerdings in anderem Zusammenhang, erklärt, dass Zeugnisse unmittelbar vom Arbeitgeber erteilt werden müssten, bei der Zeugniserteilung eine Stellvertretung nur bedingt möglich sei und die Zeugniserteilung eine unvertretbare Handlung im Sinne von § 888 ZPO darstelle.[128] Der eignungsdiagnostische Wert des Zeugnisses basiert auf der Annahme und dem Vertrauen, es handele sich dabei um eine Fremdbeurteilung. Die Selbstausstellung sowie Inhaltsvereinbarungen in oder parallel zu Aufhebungsverträgen sind also nur dann hinnehmbar, wenn der Arbeitgeber das Zeugnis ohne ernsthafte Bedenken hinsichtlich des gesamten Inhalts durch seine Unterschrift zu „seinem" Zeugnis machen kann.[129] Aus diesem Grunde halten wir die Auffassung des LAG Hamm, der Arbeitgeber könne das von einem beauftragten Anwalt entworfene Zeugnis wortwörtlich übernehmen[130], nur dann für akzeptabel, wenn dieses Zeugnis der Wahrheitspflicht und dem daraus ableitbaren Grundsatz der Individualität entspricht. Dies setzt praktisch voraus, dass dem Anwalt zuvor eine differenzierte Beurteilung des Arbeitnehmers gegeben wurde, sodass dessen Hilfestellung allein in der Formulierung dieser vorgegebenen Beurteilung besteht.

Man kann Arbeitnehmern den Rat geben, dass sie ihrem Arbeitgeber nach vorheriger Abklärung einen Zeugnisvorschlag unterbreiten. Oft wird diese Arbeitserleichterung dankbar aufgegriffen. Einen Anspruch auf das Vorformulieren des Zeugnisses oder auf die Übernahme vorgeschlagener Formulierungen[131] hat der Arbeitnehmer ohne eine entsprechende Vereinbarung aber nicht. Er hat auch keinen Anspruch auf bestimmte Formulierungen, wenn der Arbeitgeber die gleiche Aussage nur mit anderen Worten schon gemacht hat. So hat das LAG Düsseldorf das Verlangen eines Arbeitnehmers, im Zeugnis als *„versierter Fachmann auf dem Gebiet der Elektrotechnik"* bezeichnet zu werden, abgelehnt, da im Zeugnis bereits ein zehnjähri-

---

127 GRAU/WATZKA 2016, S. 108; SCHULZ u.a. 2015, S. 10; ARCHUT 2014, S. 85; HUESMANN 2008, S. 179; SCHUSTEREIT/WELSCHER 2012, S. 22 f.; SCHWIRTZEK 2005, S. 717; TSCHUMI 2003, S. 26; KNOBBE/LEIS/UMNUSS 2003, S. 51; SCHMIDT 2002, S. 41 ff.; BLUM 1998, S. 3 und 14; WEUSTER 1994, S. 38 und 164

128 BAG 29.01.1986, DB 1986, S. 1341

129 ErfK 2018/MÜLLER-GLÖGE, § 109 GewO Rn. 24; LINCK 2017, Rn. 9; POPP 2016, S. 1075; KNOBBE/LEIS/UMNUSS 2011, 16 f.; BRAUN 2002, S. 107

130 LAG Hamm 17.06.1999, MDR 2000, S. 590

131 LAG Frankfurt 30.03.1998 – 10 Sa 1156/97; MESSMER 2012, S. 13 f.; FRIEDRICH 1998, S. 36

ger *„fach- und sachgerechter sowie äußerst umsichtiger Arbeitseinsatz als Betriebselektriker“* bescheinigt worden war.[132]

Es ist ratsam, ein (teilweise) selbst formuliertes Zeugnis mit einem Fachmann durchzusprechen. So wird vermieden, dass in Unkenntnis der Zeugnissprache ein nachteiliges Zeugnis erstellt wird. Es ist oft nur ein scheinbares Entgegenkommen, wenn ein vom Arbeitnehmer formuliertes Zeugnis ohne fachkundiges Redigieren unterschrieben wird. Die Mitwirkung des Arbeitnehmers an der Zeugniserstellung führt nicht zum Ausschluss seines Erfüllungsanspruches auf ein leistungsgerechtes Zeugnis.[133]

Der in einem Vergleich titulierte Anspruch auf ein wohlwollendes und qualifiziertes Arbeitszeugnis ist erfüllt, wenn das Zeugnis den formellen und inhaltlichen Anforderungen an Arbeitszeugnisse genügt. Wird darüber hinaus ein konkreter Inhalt gewünscht, ist dieser entweder im Vergleich im Wortlaut zu vereinbaren oder erneut auf dem Klagewege durchzusetzen.[134] Verpflichtet sich ein Arbeitgeber in einem gerichtlichen Vergleich, ein Zeugnis nach dem Formulierungsvorschlag des Arbeitnehmers zu erteilen, von dem er nur aus wichtigem Grund abweichen darf, dann sind Abweichungen nur gestattet, soweit der Vorschlag unrichtige Tatsachen (z. B. falsch quantifizierte Umsatzzuwächse oder falsche Beendigungsangaben) sowie Schreibfehler oder grammatikalische Fehler enthält.[135] Hat sich der Arbeitgeber in einem gerichtlichen Vergleich verpflichtet, bei der Erteilung des Zeugnisses nur dann von einem Entwurf des Arbeitnehmers abzuweichen, wenn dieser grob unrichtig ist, ist er insoweit gänzlich an den Wortlaut des Zeugnisentwurfs gebunden.[136] Die Verpflichtung des Arbeitgebers in einem gerichtlichen Vergleich, dem Arbeitnehmer „gemäß dessen Vorlage“ ein gutes qualifiziertes Zeugnis zu erteilen, stellt ein Schuldanerkenntnis dar. Der Arbeitgeber ist dann verpflichtet, ein Zeugnis entsprechend dem vorgelegten Entwurf zu erteilen. Dies gilt bis zur Grenze offenkundigen Rechtsmissbrauchs.[137]

Es ist zu beachten, dass idR nicht eine einzelne Formulierung zu einem positiven oder negativen Arbeitszeugnis führt, sondern dass ein Zeugnis

132 LAG Düsseldorf 02.07.1976, DB 1976, S. 2310

133 LAG Düsseldorf 23.05.1995, LAGE § 630 BGB Nr. 24, S. 4 = NZA-RR 1996, S. 43

134 LAG Hessen 22.10.2008 – 12 Ta 325/08, juris = BeckRS 2008 58098

135 LAG Hamm 18.02.2016 – 18 Sa 1577/15, BeckRS 2016, 68959 = juris; LAG Köln 29.10.2014 – 3 Sa 459/14, juris; LAG Köln 02.01.2009 – 9 Ta 530/08, juris = BeckRS 2009 51883 = EzA-SD 2009, Nr. 5, 16 LS

136 LAG Hamm 04.08.2010 – 1 Ta 196/10, juris = BeckRS 2010, 72055

137 ArbG Berlin 02.04.2008 – 29 Ca 13850/07, juris = DB 2008, S. 1580 LS

als einheitliches Ganzes bewertet werden muss.[138] Weiterhin sind beim Interpretieren von Aussagen die Umstände des Arbeitsverhältnisses sowie der Stand der beruflichen Entwicklung des Arbeitnehmers zu bedenken. So hat eine gute Leistungsbeurteilung nur wenig Gewicht, wenn das Arbeitsverhältnis nur kurze Zeit dauerte. Oder: Bei einem jungen Arbeitnehmer, der das Unternehmen kurze Zeit nach der Ausbildung verlässt, beschreibt die Aussage *„Er verlässt unser Unternehmen auf eigenen Wunsch, um seine Berufserfahrung zu erweitern“* in der Regel einen normalen Wechsel. Der gleiche Satz würde bei einem Abteilungsleiter eher als Kritik an seiner Berufserfahrung ausgelegt werden.

138 BAG 15.11.2011 – 9 AZR 386 / 10, NZA 2012, S. 448 = NJW 2012, S. 1754 = DB 2012, S. 636 = DB0469192 = BeckRS 2012, 67197 = juris; BAG 23.06.1960, DB 1960, S. 1042 = BB 1960, S. 983 = AP § 73 HGB Nr. 1; MÖLLER 1990, S. 46

3. Der Inhalt des Arbeitszeugnisses

3.1 Die Anordnung der Zeugniskomponenten

Bei der Ausstellung eines Zeugnisses hat der Arbeitgeber die gebräuchliche, inzwischen weitgehend standardisierte Gliederung mit ihren Grundelementen zu beachten.[1] So gehört zum Beispiel die Beendigungsformel (z.B. *„auf eigenen Wunsch"*) in den Schlussabsatz und nicht in den Einleitungsabsatz.[2] Die nachfolgend vorgestellte Ordnung der Zeugniskomponenten sollte eingehalten werden. Sie erleichtert die vergleichende Zeugnisanalyse. Man kann von den Prinzipien der Vollständigkeit, der Geordnetheit (Reihenfolge), der Ausgewogenheit des Umfanges der Komponenten und der Wohlgeschiedenheit (= keine Vermengung der Komponenten) sprechen.[3] Eine deutliche Verletzung des üblichen Aufbaus lässt auf ein mit wenig Fachkunde erstelltes Zeugnis („Dilettanten-Zeugnis") schließen.

3.2 Überschrift und Einleitung

Überschrift: Ein Zeugnis ist in der Überschrift als solches zu bezeichnen (z.B. *„Arbeitszeugnis"*).[4] Die Bezeichnungen *„Arbeitsbescheinigung"* oder *„Zwischenbeurteilung"* genügen nicht. Die Überschrift wird gelegentlich in Großbuchstaben geschrieben, fett gedruckt oder unterstrichen. Dies soll die Bedeutung des Zeugnisses betonen. Es handelt sich nicht um ein Geheimmerkmal.

Einleitung: Eine übliche Einleitung lautet: *„Herr/Frau … war vom … bis zum … in unserer Abteilung … als … tätig."* Vorname und Nachname sind richtig zu schreiben (Probleme bei Transkriptionen).[5] Die ausnahmsweise Erwähnung des Geburtsnamens kann manchmal bei der Identitätsklärung helfen, z.B., wenn im Endzeugnis auf ein Zwischenzeugnis verwiesen wird, in dem noch der frühere Namen steht. Dem Namen ist ggf. der Doktorgrad beizufügen. Bei der ersten Namensnennung sind nach verbreiteter Auffassung auch andere akademische Grade (Diplom-, Bachelor- und Mastergrad) in korrekter Form beizufügen, weil dieser Umstand für einen künftigen Ar-

---

1 LAG Hamm 27.02.1997, NZA-RR 1998, S. 151; LAG Hamm 01.12.1994; LAGE §630 BGB Nr. 28; GÄNTGEN 2016a, S. 2136, Rn. 33

2 LAG Hessen 20.03.2013 – 6 Sa 975/12, BeckRS 2013, 72676 = juris

3 SCHUSTEREIT/WELSCHER 2012, S. 43; MÖLLER 1990, S. 108, 110 und 150ff.

4 LAG Düsseldorf 23.05.1995, NZA-RR 1996, S. 42 = LAGE §630 BGB Nr. 24; WESSEL 2017, S. 1703; aA ErfK 2018/MÜLLER-GLÖGE, §109 GewO Rn. 13; ENZLER 2012, S. 38 (Schweiz)

5 LAG Hessen 23.09.2008 – 12 Ta 250/08, juris = BeckRS 2008 57217

beitgeber von Interesse sein kann.[6] Bei den Bachelor- bzw. Masterabschlüssen empfiehlt sich eine Nachstellung, z. B. *„Frau Petra Schulze, Master der Betriebswirtschaft, …“* Die Auffassung von Mauritz[7], die fehlende Angabe eines vorhandenen akademischen Grades könne eine Unzufriedenheit mit dem Arbeitnehmer andeuten, teilen die Verfasser nicht. Auch die Aufnahme betrieblicher Titel kann zweckmäßig sein. In manchen Unternehmen, z. B. in Banken und Versicherungen, bestehen Titelhierarchien, sodass ein kundiger Leser aus dem Titel auf Vollmachten und Vergütungshöhe schließen kann. Aus dem Fehlen betrieblicher Titel kann allerdings nichts Negatives gefolgert werden, da viele Unternehmen bewusst darauf verzichten.

<table>
<tr><th colspan="15">Aufbau und Bestandteile eines vollständigen und wohlgeordneten Zeugnisses</th></tr>
<tr><th colspan="15">Einleitungsteil</th></tr>
<tr><td colspan="15">Titel, Vorname, Name, (Geburtsname), (Geburtsdatum), (Geburtsort), Abteilung(en), Tätigkeitsbezeichnung(en), Dauer des Arbeitsverhältnisses, Befristung, Teilzeitumfang, längere Unterbrechungen</td></tr>
<tr><td colspan="15">Vorstellung des Arbeitgebers (Unternehmen, Organisation, Behörde)</td></tr>
<tr><th colspan="15">Positions- und Aufgabenbeschreibung</th></tr>
<tr><td colspan="5">Hierarchische Position
Einordnung, Berichtspflicht
Stellvertretung</td><td colspan="5">Haupt- und Sonderaufgaben
Projekte, Ausschüsse
Versetzungen</td><td colspan="5">Verantwortungsumfang und Kompetenzen: Umsatz, Budget, Investitionen, Kapital, Prokura, Handlungsvollmacht, Limits</td></tr>
<tr><th colspan="15">Beurteilung der Leistung und des Erfolges</th></tr>
<tr><td colspan="3">Arbeitsbereitschaft
Motivation
Wollen</td><td colspan="3">Arbeitsbefähigung
Können</td><td colspan="3">Fachwissen
Weiterbildung</td><td colspan="3">Arbeitsweise
Arbeitsstil</td><td colspan="3">Arbeitserfolg
Ergebnisse</td></tr>
</table>

6 LAG Hessen 20.03.2013 – 6 Sa 975/12, BeckRS 2013, 72676 = juris; LAG Hamm 11.07.1996 – 4 Sa 1285/95, juris; LAG Hamm 01.12.1994, LAGE § 630 BGB Nr. 28, S. 6; ArbG Siegburg 27.06.1990 – 2 Ca 1676/89; 2018/MÜLLER-GLÖGE, § 109 GewO Rn. 13; SCHLEẞMANN 2018, Rn. 529; WESSEL 2017, S. 1703; LINCK 2017, Rn. 18; HUBER/MÜLLER 2016, S. 51; ErfK MÜLLER/THALMANN 2016, S. 52; ECKLEBE 2015, S. 924; SCHULZ u. a. 2015, S. 64; BURKARD-PÖTTER 2013, S. 50; MAURTIZ/ WISCHNATH 2011, S. 225; STÜCK 2006, S. 793; ROTH 2006, S. 44 f.; LÖW 2005, S. 3606; BRAUN 2002, S. 108

7 MAURITZ 2005, S. 13

Identifikation Engagement Initiative Dynamik, Elan Pflichtbewusst- sein Zielstrebigkeit Energie, Fleiß Interesse Einsatzwille Mehrarbeit	Ausdauer Belastbarkeit Flexibilität Stressstabilität Auffassungsgabe Denkvermögen Urteilsvermögen Konzentration Organisations- talent Kreativität	Fachwissen Inhalt Aktualität Umfang, Tiefe Anwendung Nutzen Weiterbildung Eigeninitiative Bildungserfolg Zertifikate	Selbstständigkeit Eigenverant- wortung Zuverlässigkeit Sorgfalt Gewissenhaftig- keit Planung Systematik Methodik Sicherheit Sauberkeit, Hygiene	Qualität Verwertbarkeit Quantität Tempo

Persönliche Erfolgsbilanz: Konkrete herausragende Erfolge / Spitzenleistungen
Führungsumstände und Führungsleistung (bei Vorgesetzten)

Zahl und Qualifikation der Mitarbeiter	Gruppenleistung Bereichserfolg	Betriebsklima Mitarbeiter- zufriedenheit	weitere Führungserfolge

Beurteilung des Sozialverhaltens		
Verhalten zu Internen (Vorgesetzte und Kollegen)	Verhalten zu Externen (insbesondere Kunden)	Soziale Kompetenz
Vorbildliches Verhalten Einwandfreies Verhalten Teamfähigkeit, Hilfsbereit- schaft Wertschätzung Anerkennung Beliebtheit	Auftreten, Seriosität, Souveränität Kontaktfähigkeit Gesprächsverhalten Verhandlungsstärke Akquisitionsfähigkeit Kundenzufriedenheit	Vertrauenswürdigkeit Ehrlichkeit, Integrität Loyalität, Diskretion Kompromissbereitschaft Durchsetzungsfähigkeit Überzeugungsvermögen Interkulturelle Kompetenz

Schlussabsatz		
Kündigungsformel Beendigungsformel (Beendigungsinitiative evtl. mit Begründung)	Dankes-Bedauern-Formel Empfehlung Verständnis für Fortgang Wiederbewerbungsbitte	Zukunftswünsche Erfolgswünsche

Ausstellungsdatum	Unterschriften

Das Geburtsdatum und der Geburtsort dürfen nur im Einverständnis mit dem Arbeitnehmer ins Zeugnis aufgenommen werden.[8] Eine Auswertung von 802 Zeugnissen ergab, dass das Geburtsdatum in 95,1 % und der Geburtsort in 41,6 % der Fälle genannt wurden.[9] Eine Auswertung von 84 Angestellten- und Führungskräftezeugnissen aus dem Öffentlichen Dienst in Baden-Württemberg ergab, dass 96,4 % das Geburtsdatum und 29,8 % den

8 SCHULZ u.a. 2015, S. 67; MÜLLER 1999, S. 29

9 SENDE 2016, S. 66

Geburtsort enthielten.[10] Die Beschäftigungsdauer und die Art der Beschäftigung werden in nahezu allen Zeugnissen genannt.

Die Wohnanschrift sollte nur mit Einverständnis des Arbeitnehmers aufgenommen werden.[11] Die Angabe dieser veränderlichen Größe trägt nicht zum Zeugniszweck bei. Sie ist insbesondere überflüssig, wenn im Schlussabsatz ein Wohnortwechsel als Beendigungsgrund genannt wird. Die Angabe der Anschrift ist für den Arbeitnehmer möglicherweise schädlich, wenn auf viele Wohnungswechsel oder auf „schlechte Adressen" geschlossen werden kann.[12] Eckert sieht in der Anschrift ein Identifizierungsmerkmal sowie eine Erschwerung für Zeugnisfälschungen.[13] Letztere Einschätzung teilen die Verfasser nicht.

Das Zeugnis hat sich auf die gesamte Rechtsdauer des Arbeitsverhältnisses und nicht auf die im Einzelfall kürzere Dauer der tatsächlichen Beschäftigung zu beziehen.[14] Auch bei einer Kombination aus Angestelltentätigkeit und anschließender Zeit als GmbH-Geschäftsführerin muss ein qualifiziertes Zeugnis die gesamte Zeit der Zusammenarbeit abdecken.[15] Eintrittstermin und Austrittstermin sind vertragsgerecht (z. B. korrekt 31.10.2007 und nicht 30.10.2007)[16] anzugeben; die Nennung nur der Dauer *(„für achtzehn Monate")* genügt nicht.[17] Angerechnete Vordienstzeiten aus einem früheren Arbeitsverhältnis mit dem Arbeitgeber werden bei Rückkehrern nicht einbezogen. Eine unmittelbar vorausgegangene Beschäftigung im Betrieb (z. B. als Leiharbeitnehmer oder Auszubildender) oder im Konzern (z. B. in einem Schwesterunternehmen) wird aber oft einleitend erwähnt. Eine Freistellungszeit am Ende des Arbeitsverhältnisses wird nicht erwähnt. Ein Arbeitnehmer, der während einer längeren Freistellung schon beim nächsten Arbeitgeber tätig ist, hat keinen Anspruch auf die Angabe eines fiktiven früheren Vertragsendes.

---

10 KESSLER 2015, S. 44

11 Zustimmend ArbG Koblenz 24.04.2014 – 2 Ca 3399/13, juris; aA LAG RHPF 17.11.2016 – 5 Sa 264/16, juris = BeckRS 2016, 111141; LAG SH 06.03.1997 – 4 Ta 124/96; ArbG Köln 03.04.2014 – 6 Ca 8751/12, BeckRS 2015, 65340 = juris

12 KILIAN 2015, S. 56 f.; WANZKE 2008, S. 52; GÜNTHER 2000, S. 274; SCHWARB 1991, S. 7 und 36; JANSSEN 1996, S. 124; zulässig im Text = ErfK 2018/MÜLLER-GLÖGE, § 109 GewO, Rn. 13

13 ECKERT 2000, S. 103

14 BGH 09.11.1967, DB 1967, S. 2214; LAG Köln 04.03.2009, juris = BeckRS 2009 58804; LAG Hamm 27.02.1997, NZA-RR 1998, S. 155; LAG Frankfurt 14.09.1984, DB 1985, S. 820 = NZA 1985, S. 27

15 LAG Hessen 16.07.2015 – 12 Ta 510/14, juris = BeckRS 2016, 65644

16 LAG Hessen 23.09.2008 – 12 Ta 250/08, juris = BeckRS 2008 57217

17 LAG Hamm 27.02.1997, NZA-RR 1998, S. 155

Werden bei längeren Arbeitsverhältnissen im Einleitungssatz Vertragsbeginn und Vertragsende angegeben, so kann der Leser sofort die Länge des Arbeitsverhältnisses und damit den Wert des Zeugnisses erkennen. Der Arbeitnehmer hat nach Auffassung des LAG SH aber keinen Anspruch auf Aufnahme des Austrittsdatums in den Einleitungssatz.[18] Bei sehr kurzen Arbeitsverhältnissen kann es aus Arbeitnehmersicht hilfreich sein, wenn das Beendigungsdatum erst im Schlussabsatz erscheint. Auch in Ausbildungszeugnissen kann es für die ausgelernte Person besser sein, wenn bei einer überlangen Ausbildung das Ausbildungsende erst im Schlussabsatz genannt wird.

Zeigt der Einleitungssatz ein „krummes" Austrittsdatum, so kann dies eine fristlose Kündigung oder einen gerichtlichen Vergleich signalisieren. Es empfiehlt sich, bei der Personalvorauswahl stichprobenweise die Angaben im Lebenslauf mit den entsprechenden Daten im Zeugnis zu vergleichen.

Liegt dem Zeugnis ein befristetes Arbeitsverhältnis zugrunde, kann dies schon im Eingangssatz erwähnt werden. Beispiel: *„Frau X war bei uns ... im Rahmen eines befristeten Arbeitsverhältnisses tätig."* Der Arbeitnehmer hat Anspruch auf die Angabe, dass es sich bei der Beschäftigung um eine Arbeitsbeschaffungsmaßnahme (ABM) handelte.[19] Allerdings dürften Formulierungen wie *„Herr NAME war ... in einem geförderten Beschäftigungsverhältnis (nach § 16 Abs. 3 SGB II) bei der X Gesellschaft für Arbeits- und Berufsförderung tätig"* wenig werbewirksam sein. Diesen Punkt sollte der Aussteller mit dem Arbeitnehmer besprechen und entsprechend den Wünschen des Arbeitnehmers verfahren.

Enthält ein Zeugnis keine Angaben zum Arbeitszeitumfang, so wird von einem Vollzeitarbeitsverhältnis ausgegangen. Bei Teilzeit-Mitarbeitern, deren Arbeitszeitvolumen erheblich unter der Vollzeit liegt, ist der Teilzeitstatus zu erwähnen, da nur so ein richtiges Bild vom Umfang des Einsatzes entsteht.[20] Beispiel: *„Frau X war bei uns im Umfange von 19 Stunden wöchentlich tätig."* In Branchen wie dem Reinigungsgewerbe, in dem viele Arbeitnehmer nur als geringfügig Beschäftigte tätig sind, ist die Angabe des konkreten hohen Arbeitszeitumfanges (hier: 35 Stunden) als Heraushebungsmerkmal wichtig; allerdings besteht kein Anspruch auf die Angabe „Vollzeitarbeitsverhältnis", wenn die volle tarifliche Wochenarbeitszeit (hier) 39 Stunden beträgt.[21]

Der Eingangssatz im Ausbildungszeugnis informiert über Ziel und Dauer der Ausbildung. Man kann sehen, ob die Ausbildung in verkürzter, norma-

---

18 LAG SH 07.11.2017 – 1 Sa 29/17, juris

19 ErfK 2018/MÜLLER-GLÖGE, § 109 GewO, Rn. 28a

20 ErfK 2018/MÜLLER-GLÖGE, § 109 GewO, Rn. 20

21 ArbG Köln 05.03.2013 – 13 Ca 2497/12, juris

ler oder in verlängerter Dauer absolviert wurde. Der Vergleich von Geburtsdatum und Ausbildungsbeginn zeigt, in welchem Alter die Ausbildung begonnen wurde. In Arbeitszeugnissen wird auf eine zuvor im Unternehmen durchgeführte Berufsausbildung oder auf ein unmittelbar vorangegangenes Praktikum hingewiesen. Wurde ein Ausbildungszeugnis ausgestellt, so genügt ein kurzer Hinweis.[22]

Das Wort *„tätig"* zeigt schon im Eingangssatz einen aktiven Mitarbeiter. Weniger gut sind Formeln wie *„wurde beschäftigt"* oder *„hatte zu erledigen"*, die auf ein mehr passives Verhalten hindeuten können.[23] Wird im Eingangssatz nur die rechtliche Existenz eines Arbeitsverhältnisses betont *(„Das Arbeitsverhältnis dauerte von/bis")*, so kann dies andeuten, dass der Mitarbeiter, evtl. aufgrund langer Fehlzeiten, nur wenig leistete.

Die Dauer des Arbeitsverhältnisses erlaubt unter Berücksichtigung des jeweiligen Berufes eine Einschätzung der Mobilität bzw. Immobilität des Arbeitnehmers[24] und eine erste Beurteilung des Informationswertes eines Zeugnisses. Je kürzer das Arbeitsverhältnis dauerte, umso geringer ist die zeitliche Beurteilungsbasis des Ausstellers. Ein sehr kurzes Arbeitsverhältnis, insbesondere die Beendigung schon in der Probezeit, wirkt oft negativ. Gelegentlich heben Aussteller die Kürze des Beurteilungszeitraumes hervor. Beispiel bei einem Werkstatt-Techniker: *„Da Herr X bereits am … zur Bundeswehr einberufen wurde, ist uns eine Beurteilung seiner Leistung leider nicht möglich. Wir bescheinigen ihm jedoch, dass er die ihm übertragenen Arbeiten ohne Beanstandungen und bei einwandfreiem persönlichem Verhalten erledigt hat. … Er hat noch während seines Wehrdienstes sein Arbeitsverhältnis fristgerecht gekündigt."* Hier ist anzumerken, dass das Unternehmen sehr wohl ein Zeugnis mit Leistungsbeurteilung hätte ausstellen müssen. Bedenkt man, dass oftmals die Probezeit nur drei oder sechs Monate beträgt, so genügen in Abhängigkeit von der Tätigkeit meist wenige Wochen tatsächlicher Tätigkeit, um einen Anspruch auf ein qualifiziertes Zeugnis zu begründen.[25] Das LAG Köln hat einen Anspruch auf ein qualifiziertes Zeugnis nach rund sechswöchiger tatsächlicher Tätigkeit bejaht.[26] Das LAG BW entschied allerdings, der Arbeitgeber sei bei einer tatsächlichen Tätigkeit (Radladerfahrer in einem Entsorgungsunternehmen) von rund sieben Wochen angesichts der kurzen Dauer berechtigt, keine Angaben zur Leistungsbewertung zu machen. Es vermutete, dass es auch an

---

22 LAG Hamm 27.02.1997, NZA-RR 1998, S. 155; LAG Düsseldorf 23.05.1995, LAGE § 630 BGB Nr. 24, S. 6 = NZA-RR 1996, S. 44

23 HUBER/MÜLLER 2016, S. 52; MESSMER 2012, S. 37; PÜTTJER/SCHNIERDA 2010, S. 12

24 MÖLLER 1990, S. 63 und 186

25 ErfK 2018/MÜLLER-GLÖGE, § 109 GewO Rn. 2; SCHULZ 2006, S. 15 ff.

26 LAG Köln 30.03.2001, BB 2001, S. 1959; kritisch GEYER 2002, S. 334 ff., zustimmend SCHULZ 2006, S. 18

der Kürze der tatsächlichen Arbeit liege, dass es dem Arbeitnehmer selbst nicht gelinge, für seinen Berichtigungsanspruch ausreichend Tatsachen vorzutragen.[27] Schließlich dürfte den Lesern bei einer sehr kurzen Vertragsdauer klar sein, dass die Aussteller kaum zu einer umfassenden und fundierten Beurteilung in der Lage waren. Folglich haben solche Zeugnisse nur einen sehr geringen Informationswert und Werbewert.

Abwesenheitszeiten: Kurzzeitige Freistellungen, z.B. vor Beendigung des Arbeitsverhältnisses, werden im Zeugnis nicht angegeben.[28] Wird das Arbeitsverhältnis aber noch zum Zeitpunkt der Zeugniserstellung durch eine längere Abwesenheit mitgeprägt (Elternzeit, Freistellung für ein Studium, unbezahlter Sonderurlaub, Freiheitsstrafe), so können diese Fehlzeiten nach Auffassung verschiedener Autoren unter bestimmten Umständen erwähnt werden.[29] So darf eine Unterbrechung der Arbeitsleistung durch Elternzeit im Zeugnis erwähnt werden, sofern die Ausfallzeit nach *Lage* und *Dauer* eine wesentliche tatsächliche Unterbrechung der Beschäftigung darstellt. Es stellt eine erhebliche Ausfallzeit dar, wenn ein Koch während des 50 Monate bestehenden Arbeitsverhältnisses 33,5 Monate in der Elternzeit war und in diesem Zusammenhang in den letzten 38 Monaten des Arbeitsverhältnisses tatsächlich nur 4,5 Monate gearbeitet hat.[30] Das LAG Köln betont die Wichtigkeit, dass Arbeitnehmer bzw. Bewerber auf dem neuesten beruflichen Stand sein müssen, und hält daher die Erwähnung der Elternzeit im Zwischenzeugnis eines Werkzeugmachers für zulässig, wenn dieser in den letzten drei Jahren vor der Ausstellung zwei Jahre nicht in seinem Beruf gearbeitet hat.[31] Im gleichen Sinne entschied das LAG Köln, dass der Arbeitgeber eine mehr als einjährige Elternzeit zum Ende eines 5,5-jährigen Arbeitsverhältnisses in der Softwarebranche erwähnen dürfe, da es sich um eine Branche mit dynamischer Entwicklung handele und ein potenzieller Arbeitgeber wissen müsse, ob eine Bewerberin auf dem neuesten Stand des ausgeübten Berufes sei.[32] Das ArbG Köln hat die Angabe einer relativ langen und grundsätzlich erwähnenswerten Ausfallzeit wegen Mutterschutz und Elternzeit abgelehnt, da die Angabe mit Hinweis auf eine falsche Rechtsgrundlage im Mutterschutzgesetz erfolgte

---

27 LAG BW 05.07.2011 – 22 Sa 11/11, BeckRS 2012, 65547

28 MÜHLHAUSEN 2006, S. 338f.; WANK 2004, Sp. 457; JANSSEN 1996, S. 134

29 ErfK 2018/MÜLLER-GLÖGE, §109 GewO Rn. 28a; SCHULTE 2016, S. 153f.; ADAM 2005, S. 555; WANK 2004, Sp. 457; BEDEN/JANßEN 2002, S. 61; DIETZ 1995, S. 19; HAUPT/WELSLAU 1992, S. 38; FAESCH 1984, S. 65

30 BAG 10.05.2005, DB 2005, S. 2474 = BB 2005, S. 2755 = NZA 2005, S. 1237 = BeckRS 2005, 43104

31 LAG Köln 30.08.2007 – 10 Sa 482/07, juris

32 LAG Köln 04.05.2012 – 4 Sa 114/12, juris = BeckRS 2012, 73392; SCHULTE 2016, S. 154

und da sie direkt zu Beginn des Zeugnisses im zweiten Absatz erfolgte.[33] Die Verfasser haben aus der Praxis das Argument gehört, dass die Angabe einer längere Zeit zurückliegenden Elternzeit die Einstellchancen erhöhen könne, weil dies signalisiere, die Zeit einer Familienpause im Rahmen der Lebensplanung sei vorbei. Falls die Dauer einer Elternzeit im Zeugnis angegeben wird, so sind davor liegende Zeiten des Mutterschutzes oder eines individuellen oder generellen Beschäftigungsverbotes nach den §§ 3 und 4 Mutterschutzgesetz bzw. nach der Verordnung zum Schutz der Mütter am Arbeitsplatz nicht einzubeziehen.

Es gibt die Faustregel, dass eine Unterbrechung zu erwähnen ist, wenn sie mehr als die Hälfte des Arbeitsverhältnisses ausmacht.[34] Abwesenheitszeiten müssen nicht zwangsläufig negativ wirken. Allerdings ist auch klar, dass in diesen Zeiten keine Berufserfahrung erworben wurde. Schulz u. a. betonen, es käme im Zeugnis allein auf die rechtliche Dauer des Arbeitsverhältnisses an. Sie wenden sich daher gegen die Erwähnung auch längerer Fehlzeiten im Zeugnis.[35] Ähnlich argumentiert Göldner, welche längere Fehlzeitangaben nur in einem qualifizierten Zeugnis bei der Leistungsbeurteilung zulassen will.[36] Mühlhausen fragt, ob eine längere Fehlzeit noch Auswirkungen auf die Beurteilbarkeit der Leistung und des Verhaltens des Arbeitnehmers hat, und plädiert für eine Nichterwähnung, wenn der Arbeitnehmer seit dem Ende der Fehlzeit mindestens zwei störungsfreie Jahre lang eine qualitativ und quantitativ gleichwertige Tätigkeit ausgeübt hat.[37] Bezüglich Krankheitsfehlzeiten verweisen wir auf den Gliederungspunkt 3.4.6.

Strittig ist, ob eine Weiterbeschäftigungszeit (Prozessbeschäftigung) während einer *erfolglosen* Kündigungsschutzklage ins Zeugnis aufzunehmen ist.[38] Das BAG hat diese Frage im Falle einer dem Arbeitgeber *aufgezwungenen* Weiterbeschäftigung verneint.[39] Der Arbeitnehmer hat aber nach Auffassung der Vorinstanz Anspruch auf ein ergänzendes Zeugnis über die Zeit der erzwungenen tatsächlichen Beschäftigung.[40] Freilich ist diese Lösung keine Hilfe bei Bewerbungen.[41] Eine andere Konstellation liegt im Falle einer *einvernehmlichen* Prozessbeschäftigung vor; hier wird als Been-

---

33 ArbG Köln 03.04.2014 – 6 Ca 8751/12, BeckRS 2015, 65340 = juris

34 SCHLEßMANN 2018, Rn. 311; MAURITZ/WISCHNATH 2011, S. 224; BECKER-SCHAFFNER 2004, S. 490; kritisch MÜHLHAUSEN 2006, S. 339 f.

35 SCHULZ u. a. 2015, S. 77 ff. und 97; SCHULZ 2006, S. 128 ff.

36 GÖLDNER 1989, S. 58 f. und 84 ff.

37 MÜHLHAUSEN 2006, S. 340 ff.

38 ErfK 2018/MÜLLER-GLÖGE, § 109 GewO Rn. 28 (verneinend); SCHULZ 2006, S. 133 ff. (bejahend)

39 BAG 14.06.2016 – 9 AZR 8/15, juris = BeckRS 2016, 73357

40 LAG Hessen 17.11.2014 – 17 Sa 406/14, juris, Rn. 28

41 HERBERGER 2017, S. 1334; KLOSTERMANN-SCHNEIDER, jurisPR-ArbR 46/2016, Anm. 3

digungsdatum der letzte Tag der Weiterbeschäftigung genommen. Nimmt man die Weiterbeschäftigungszeit ins Zeugnis auf, so kann dies das Problem eines „krummen" Vertragsendes erzeugen. Hierzu wird eine wahrheitsnahe, wohlwollende Abrundung des Vertragsendes und des Ausstellungsdatums auf den nächstliegenden unverdächtigen Termin vorgeschlagen.[42]

Skizzierung des Arbeitgebers: Nach der Vorstellung des Arbeitnehmers (und nicht davor!) kann sich der ausstellende Arbeitgeber kurz vorstellen. Bei sehr großen Organisationen kann auch nur eine Teileinheit (Division, Funktionsbereich, Dezernat, Niederlassung, Zweigwerk) skizziert werden. Mögliche Angaben: Branche, Betriebszweck, Mitarbeiterzahl, Umsatz, Bilanzsumme, Beitragsvolumen, Organisationsform, Konzernzugehörigkeit, Internationalität und die Stellung und Entwicklung im Absatzmarkt und manchmal im Beschaffungs- und im Arbeitsmarkt. Dies gilt insbesondere, wenn die Firma (z. B. Fritz KG, Systems A10 GmbH) den Betriebszweck nicht erkennen lässt und auch der Briefkopf keine entsprechenden Angaben enthält. Auch wenn in einem diversifizierten Konzern bzw. Großunternehmen der Betriebszweck einer Untereinheit vom in der Öffentlichkeit bekannten Haupt-Betriebszweck abweicht, kann eine kurze klarstellende Vorstellung hilfreich sein. In einer Auswertung von 802 Zeugnissen enthielten 48,1 % eine Arbeitgeberbeschreibung.[43]

Die Vorstellung des Arbeitgebers kann generell dem Image und speziell dem Employer-Branding dienen. Eine Unternehmensskizze ist z. B. wichtig in Zeugnissen von GmbH-Geschäftsführern. Viele Aussteller entwickeln einen Standardtext, den sie unverändert in alle Zeugnisse aufnehmen. Es ist aber erwägenswert, in Abhängigkeit vom Bereich oder von der Hierarchiehöhe Varianten der Unternehmensvorstellung zu entwickeln bzw. diese fallweise individuell zu ergänzen. Im Zeugnis eines Personalleiters wäre die Angabe der Mitarbeiterzahl, der Personalstruktur und vielleicht auch der Lohn- und Gehaltssumme wichtig. Im Zeugnis eines Vertriebsleiters können Angaben über die Branchenbedeutung (weltweiter Anbieter, Spezialanbieter, Marktführer, Exportanteil), über die Art der Kunden, die Absatzwege sowie über den Umsatz informativ sein. Im Zeugnis eines Außendienst-Mitarbeiters sind die Produkte oder Produktgruppen zu nennen, wenn der Betriebszweck oder die Branche aus dem Zeugnisbogen nicht hervorgehen. Bei einem Konstrukteur oder einem Produktionsingenieur kann auf den technischen Stand (z. B. Innovationsführer) des Unternehmens, auf die Kapitalgüter und die Produktionsverfahren eingegangen werden. Hauptzweck der Arbeitgebervorstellung ist es, die nachfolgende Darstellung der Aufgaben des Arbeitnehmers besser verstehen und einordnen zu können. Es ist also

42 SCHLEßMANN 2018, Rn. 306
43 SENDE 2016, S. 66

in der Regel das Arbeitgeber-Unternehmen oder ein Unternehmensteil und nicht der Konzern auf Weltniveau darzustellen. So ist es unzweckmäßig, sämtliche Geschäftsfelder eines globalen Konzerns aufzuführen, wenn das relevante Unternehmen nur ein Geschäftsfeld betreut. Eine Vorstellung des Konzerns kann in Frage kommen bei Mitarbeitern in der Konzernholding bzw. in einer Shared Services-Gesellschaft, die konzernweite Betreuungsaufgaben wahrnehmen. Da das Zeugnis den Arbeitnehmer betrifft, sollte die Vorstellung des Arbeitsgebers nicht umfangreicher als die nachfolgende Aufgabenbeschreibung sein.

Betriebsübergang: Bloße Änderungen der Rechtsform oder der Firma werden in Zeugnissen in der Regel nicht genannt. Es wird der bei Zeugnisausstellung gültige Firmenname verwendet. Bei Betriebsübergängen werden das Eintrittsunternehmen, der Zeitpunkt des Betriebsüberganges und der neue Arbeitgeber, auf dessen Briefbogen das Zeugnis ausgestellt wird, genannt. Insbesondere Arbeitnehmer, die längere Zeit bei einem bekannten Unternehmen tätig waren, legen Wert auf die Erwähnung des Eintrittsunternehmens. Bei mehrfachen Betriebsübergängen durch Fusionswellen genügt eine zusammenfassende Darstellung. Zum Beispiel: *„Herr NAME trat am DATUM als ... bei der X-GmbH ein. Das Arbeitsverhältnis ging durch mehrere Betriebsübergänge im MONAT/JAHR auf die Y-AG über."* Oder: *„Frau NAME war ... bei uns bzw. in Vorgängerunternehmen tätig."* Lang zurückliegende Betriebsübergänge können auch unerwähnt bleiben. Erfolgte während einer Berufsausbildung ein Betriebsübergang, so hat der neue Ausbildende bei Beendigung der Ausbildung ein Ausbildungszeugnis über die gesamte Ausbildungszeit auszustellen.[44]

3.3 Die Positions- und Aufgabenbeschreibung

3.3.1. Informationen zur Berufserfahrung

Bedeutung: Die Position bezeichnet die hierarchische Einordnung des Mitarbeiters im Unternehmen. Es ist für Führungskräfte wichtig, dass die hierarchische Einordnung, insbesondere ggf. die direkte Unterstellung unter das Leitungsorgan, klar zum Ausdruck kommt.[45] Auch eine partielle Unterstellung unter die Unternehmensleitung kann erwähnt werden: *„Hinsichtlich dieser Aufgaben berichtete er direkt dem Vorstand."* Aufwertend wirkt auch die Angabe, dass eine obere Führungskraft Mitglied des *erweiterten* Leitungsorgans (Geschäftsführung, Vorstand, Konzernvorstand) oder eines hervorgehobenen Führungskreises *(„Top 50")* war. Die Bedeutung einer hierarchischen Position variiert mit der Unternehmensgröße. Im Allgemei-

---

44 LEINEMANN/TAUBERT 2008, S. 241

45 STÜCK 2006, S. 792 f.; WEUSTER 1994, S. 124

nen steigt bei gleicher Positionsbezeichnung die Verantwortung mit zunehmender Unternehmensgröße.

Bei der Zeugnisanalyse ist gegenüber Leitungsbezeichnungen Skepsis geboten.[46] Abteilungsleiter oder Filialleiter können sehr großen Einheiten vorstehen, es kann sich aber auch um Ein-Personen-Einheiten handeln. Oder: Bei vergleichbaren Positionen wird in einem Unternehmen von Gruppenleitung, in einem anderen Unternehmen von Abteilungsleitung gesprochen. Es gibt in der Praxis Gruppen- bzw. Teamleiter, die mehr Mitarbeiter führen und eine bedeutsamere Verantwortung für Sachwerte tragen, als in anderen Organisationen Abteilungsleiter.

Die Beschreibung der Position und der tatsächlich ausgeübten[47] Aufgaben ist eine wichtige Zeugniskomponente, da sie über die Berufserfahrung der Zeugnisperson informiert.[48] Sie wird beim Zeugnislesen am häufigsten beachtet wird.[49] Beim nächsten Arbeitgeber dient sie manchmal als Basis für die tarifliche Eingruppierung. Der Leser muss sich, auch bei einem einfachen Zeugnis, ein klares Bild von der Tätigkeit machen können.[50] Besonders wichtig wird die Darstellung für die Eignungsdiagnose, wenn die beschriebene Position der Zielposition sehr ähnelt. Die Bedeutung der Position und der Aufgaben darf im Zeugnis nicht abgewertet, aber auch nicht aufgebauscht werden. So kann ein Arbeitnehmer nicht verlangen, dass bei einer Aufgabe eine eigenständige Erledigung suggeriert wird, wenn unstreitig lediglich eine Unterstützungsfunktion gegeben ist.[51] Kurz sei noch erwähnt, dass die Aufgabenbeschreibung und die Bewertungen aus Zeugnissen bei Eingruppierungsstreitigkeiten zu Beweiszwecken herangezogen werden können.[52] Aus Arbeitnehmersicht empfiehlt es sich, die Positions- und Aufgabenbeschreibung durch einen Funktions- und Branchenfremden auf Verständlichkeit prüfen zu lassen. Von der Verständlichkeit der Aufgabenbeschreibung kann es abhängen, ob ein Bewerber bei der Personalvorauswahl als potenziell geeignet eingestuft und eingeladen wird. Zur Ver-

---

46 SCHULZ 2006, S. 117

47 LAG Hessen 20.03.2013 – 6 Sa 975/12, juris, Rn. 52; LAG RHPF 15.02.2013 – 6 Sa 468/12, juris = BeckRS 2013, 67662; LAG Hamm 27.02.1997, NZA-RR 1998, S. 151; PORTMANN/HOLENSTEIN 2015, S. 257 f.; VERDE 2010, S. 148

48 WATZKA 2013, S. 18; PÜTTJER/SCHNIERDA 2010, S. 13 und 149 f.; WEUSTER 2003a, S. 53 ff.; WEUSTER 1994, S. 60 und 120

49 GRAU/WATZKA 2016, S. 140 und 144

50 BAG 12.08.1976, EzA § 630 BGB Nr. 7; ErfK 2018/MÜLLER-GLÖGE, § 109 GewO Rn. 29; MAURITZ/ WISCHNATZ 2011, S. 224; CERWINKA u.a. 2009, S. 22 f. und 29; SCHULZ 2006, S. 123

51 LAG Köln 26.01.2018 – 4 Sa 489/17, juris = BeckRS 2018, 1689

52 LAG Hamm 04.11.1999 – 4 Sa 960/97, NPP 6/2000, Gruppe 1, S. 122

ständlichkeit gehört es auch, keine (unerklärten) internen Abkürzungen zu Positionen und Aufgaben oder zu speziellen Fachbegriffen zu verwenden.

Bei der Tätigkeitsbezeichnung und -beschreibung müssen die branchen- und funktionsüblichen bzw. verkehrsüblichen Bezeichnungen verwendet werden.[53] So ist ggf. die Bezeichnung *„Altenpflegerin“* und nicht die unzutreffende Bezeichnung *„Krankenschwester“* zu verwenden.[54] Worte wie *„Hilfskraft“*, die möglicherweise abwertend wirken, sind zu vermeiden.[55] Auch wahre Tatsachen, die für einen potenziellen Arbeitgeber nicht interessant sind, dürfen nicht dazu verwandt werden, den Arbeitnehmer negativ darzustellen (hier: „führte in seiner Funktion als Ergotherapeut *ohne Berufsurkunde* die Befundung der ihm zugewiesenen Patienten selbstständig durch“).[56] In diesem Falle verfügte der Arbeitnehmer zudem inzwischen über diese Berufsurkunde. Ähnliche Fälle können auftreten, wenn Arbeitnehmer ohne abgeschlossene Berufsausbildung weiterbeschäftigt werden oder wenn Arbeitnehmer ohne Meisterbrief in einer Meisterfunktion beschäftigt werden.

Interne Abteilungsbezeichnungen wie *„Einkauf Unproduktiv“* für die Beschaffung des Verwaltungsbedarfs, die Assoziationen von einer ineffizienten Tätigkeit erzeugen können, sollten im Zeugnis geändert werden. Als Abteilungsnamen werden in der Regel die Bezeichnungen verwendet, die zum Zeitpunkt der Zeugnisausstellung gelten. Je nach den Umständen können frühere Bezeichnungen (ergänzend) verwendet werden, wenn sie informativer sind.

In den Zeugnissen findet man zunehmend Positions- und Aufgabenbezeichnungen, Bereichsbezeichnungen und andere Begriffe in englischer Sprache. Beispiel: *„Herr X war bei uns als Technical Support Engineer für den Second Level Support im Bereich Internetworking tätig.“* Auch wird zum Beispiel statt von *„Einheit“* manchmal von *„Unit“* und statt von *„Leistung“* von *„Performance“* gesprochen. Solche Formulierungen können die Verständlichkeit des Zeugnisses mildern, wenn sie außerhalb des Kreises der jeweiligen Funktionsangehörigen bzw. außerhalb der jeweiligen Branche nicht verständlich sind.[57] Aussteller sollten sich daher zumindest bemühen, erklärende und präzisierende Zusätze in deutscher Sprache zu machen.

---

53 LAG Hamm 27.02.1997, NZA-RR 1998, S. 156; LAG Bremen 16.09.1953, DB 1954, S. 352 = AP 54 Nr. 152

54 ArbG Koblenz 24.04.2014 – 2 Ca 3399/13, juris

55 CERWINKA u. a. 2009, S. 27

56 ArbG Kiel 18.04.2013 – 5 Ca 80 b/13, BeckRS 2013, 71590 = juris

57 MESSMER 2012, S. 32 ff.

Umfang: Eine bloße Bezeichnung von hierarchischer Position oder Zuordnung (Meister, Vorstandssekretärin), Berufsbezeichnung[58] (Industriekaufmann), akademischem Abschluss (Diplom-Ingenieur), Funktion (Einkäufer, kaufmännischer Angestellter) oder Abteilung[59] (in der Kostenrechnung) sowie in Ausbildungszeugnissen des erlernten Berufes genügt nicht, da sich in der Praxis hinter gleichen Begriffen sehr unterschiedliche Aufgaben und Kompetenzen verbergen können.[60] So gibt es z. B. Disponenten in diversen Funktionen und Branchen. Oder: Der Begriff *„Projektleiter"* kennzeichnet nicht immer eine Führungskraft, sondern es kann sich im Rahmen des Stabs-Projektmanagements um eine rein sachliche Koordinierungsfunktion handeln. Auch ist *„im Sekretariat des Divisionsleiters tätig"* nicht unbedingt mit *„Sekretärin des Divisionsleiters"* identisch. Ferner kommt es vor, dass gleiche Aufgaben unterschiedlich bezeichnet werden. So können sich z. B. die Tätigkeiten eines Leiters des Controllings und eines Leiters der Betriebswirtschaft inhaltlich entsprechen. Schließlich gibt es inhaltlich unklare Positionsbezeichnungen wie *„Leiter Vertriebskoordination"*.

Ein nur zwei Sätze beinhaltendes Schreiben mit der Überschrift Zeugnis, welches keinerlei Angaben zu den Tätigkeiten enthält, erfüllt nicht die Anforderungen an ein Arbeitszeugnis.[61] Unzureichend sind Angaben wie *„für das Aufgabengebiet Personalangelegenheiten tätig"*[62] oder *„Angestellte im Schulsekretariat"* [63] oder die bloße Bezeichnung *„Reinigungskraft"*[64]. Sammelbezeichnungen von Aufgabengebieten reichen insbesondere dann nicht aus, wenn der Arbeitnehmer innerhalb eines allgemeinen Aufgabengebietes eine besondere, als solche in den einschlägigen Berufskreisen anerkannte Spezialaufgabe erledigt hat.[65] In einem qualifizierten Zeugnis muss die Art der Tätigkeit möglichst genau und in der branchenüblichen Weise dargestellt werden. Die dem einschlägigen Berufsbild entsprechenden, charakteristischen Tätigkeiten sind, sofern sie anfielen, zu erwähnen. Branchentypische Tätigkeiten, die normalerweise zu einer Stelle gehören, aber im Einzelfall nicht anfielen, sind als solche zu kennzeichnen. Die Aufgabenbeschreibung muss auf diese Weise eine gewisse Spiegelbildlichkeit des Aufgabengebietes zur berufsgemäß auszuführenden Arbeit erkennen

---

58 LAG Hamm 28.08.1997, NZA-RR 1998, S. 490; SCHLEßMANN 2018, Rn. 276; VERDE 2010, S. 148

59 RIEMER 2015, S. 64

60 SCHULZ u. a. 2015, S. 74 f.; CERWINKA u. a. 2009, S. 23 f.; ECKERT 2000, S. 109; GÖLDNER 1991, S. 228

61 LAG RHPF 13.09.2007 – 8 Ta 216/07, juris

62 LAG Hamm 03.01.01969, BB 1969, S. 834

63 ArbG Wilhelmshaven 26.09.1971, DB 1972, S. 241 f.

64 LAG SH 10.01.2012 – 6 Ta 3/12, juris = BeckRS 2012, 66137

65 LAG Hamm 27.02.1997, NZA-RR 1998, S. 156; FRIEDRICH 1998, S. 9 f.

lassen.[66] Anzumerken zu dieser Entscheidung des LAG Rheinland-Pfalz ist allerdings, dass *nicht* ausgeübte Tätigkeiten eines Berufsbildes in der Praxis in Zeugnissen nicht als solche gekennzeichnet, sondern wohlwollend nicht erwähnt werden (Leerstellen-Technik).

Eine knappe Aufgabenbeschreibung wird zum Teil dahingehend ausgelegt, der Arbeitnehmer habe nicht zufriedenstellend gearbeitet.[67] Hat ein Arbeitnehmer in *einer* seiner Aufgaben nicht viel geleistet, dann ist dies aber keine Frage der Tätigkeitsbeschreibung, sondern der Leistungsbeurteilung. Der Arbeitgeber kann in einem solchen Fall nicht die noch im Zwischenzeugnis bescheinigte Ausübung dieser Tätigkeit im Endzeugnis streichen, sondern er muss die Leistungsbewertung gegenüber dem Zwischenzeugnis ändern.[68]

Die notwendige Ausführlichkeit der Beschreibung hängt von der Position, von der Zahl und der Qualität der Aufgaben und von der Dauer der Aufgabenerfüllung ab. Bei einer tatsächlichen Beschäftigungszeit von vier Monaten im Versicherungsaußendienst (darin neben Lehrgängen nur ein Monat praktische Tätigkeit) genügte dem ArbG Frankfurt eine Aufgabendarstellung von zwei Zeilen.[69] Eine Anlerntätigkeit oder eine kurzzeitige Tätigkeit wird man oft schon mit wenigen Punkten vollständig und zutreffend beschreiben können. Das Aufgabengebiet eines leitenden Angestellten, eines Spezialisten oder eines qualifizierten Facharbeiters verlangt dagegen eine ausführliche Darstellung. Bei Geschäftsführern ist anzugeben, für welche Ressorts sie nach dem Geschäftsverteilungsplan speziell verantwortlich waren.

Um die Bedeutung der beschriebenen Aufgaben deutlich zu machen, sind in die Aufgabenbeschreibung auch informative Angaben zum Schwierigkeitsgrad und Komplexitätsgrad *(„Entwicklung von Hightech-Produkten", „Herstellung komplizierter Einzelteile", „schrieb und redigierte laufend schwierige technisch-wissenschaftliche Texte", „leitete das komplexe Großprojekt")* sowie zum Arbeitsumfeld aufzunehmen.

Viele Arbeitnehmer üben eine Doppelfunktion oder eine gemischte Tätigkeit aus. So haben zum Beispiel Ingenieure und Meister oft eine technisch-administrative Mischfunktion inne. Auch kombinierte Beratungs-, Verkaufs- und Verwaltungsstellen bzw. Außendienst-Innendienst-Stellen kommen oft vor. In diesen Fällen ist nur ein einziges Zeugnis auszustellen, in dem auf alle Funktionen einzugehen und ein zutreffender Gesamtein-

---

66 LAG RHPF 15.02.2013 – 6 Sa 468/12, juris = BeckRS 67662
67 MAURITZ/WISCHNATH 2011, S. 225f.; SCHWARB 1991, S. 33
68 LAG Hamm 01.12.1994, LAGE § 630 BGB Nr. 25, Punkt 4
69 ArbG Frankfurt 08.08.2001, NZA-RR 2002, S. 182

druck zu vermitteln ist (Grundsatz der Einheitlichkeit).[70] Eine Aussage zu einer erwerbsmäßigen oder ehrenamtlichen Nebentätigkeit, die mit dem Arbeitsverhältnis nichts zu tun hat, gehört nicht ins Zeugnis.[71]

Aufzunehmen sind alle Aufgaben, die im Rahmen der weiteren beruflichen Entwicklung des Arbeitnehmers Bedeutung erlangen können. Es sind alle Tätigkeiten aufzuführen, die für eine Einstellentscheidung relevant sein können.[72] Dazu gehört auch eine permanente Stellvertreterfunktion. Nur für eine Bewertung Unwesentliches darf ausgelassen werden.[73] Unzureichend sind zum Beispiel folgende Aussagen über den Leiter eines kleineren Unternehmens mit acht Mitarbeitern: *„Herrn X oblag im Rahmen seiner Tätigkeit sowohl die kaufmännische als auch die technische Leitung und Führung des Unternehmens. Im Hinblick auf die Betriebsgröße musste er sich mit sämtlichen anfallenden Tätigkeiten und Problemen befassen. ... Eine Einzelaufstellung der Tätigkeiten kann unterbleiben, da er, wie erwähnt, zwangsläufig mit allen Aufgaben innerhalb des Unternehmens konfrontiert wurde.“* Andererseits empfiehlt es sich nicht, umfangreiche Stellenbeschreibungen komplett in ein Zeugnis zu übernehmen.

Die Aufgabenbeschreibung ist in der Regel wahrheitsgerecht, da man sich über Fakten meist nicht streitet.[74] Der Zeugnisaussteller hat bei dieser überwiegend deskriptiven Zeugniskomponente einen geringeren Gestaltungsspielraum als zum Beispiel bei der Leistungsbeurteilung.[75] Der Wahrheit der Aufgabenbeschreibung dienen gelegentlich auch Zusätze, die angeben, ab wann oder bis wann eine einzelne Aufgabe vom Arbeitnehmer erledigt wurde. Auseinandersetzungen gibt es immer wieder über die Ausführlichkeit der Beschreibung. Ein Arbeitnehmer hat keinen Anspruch darauf, dass das Zeugnis um Detailtätigkeiten (einzelne Vorträge, Redebeiträge, Bildungsreisen, Häufigkeit von Berichten) ergänzt wird, wenn das zweiseitige Zeugnis bereits derart umfassend ist, dass es einen hinreichenden Überblick über die Aufgaben gewährt.[76] Ein Zeugnis muss nicht jeden einzelnen Handgriff wiedergeben.[77] Insbesondere jüngere Arbeitnehmer wünschen

---

70 LAG Frankfurt 23.01.1968, DB 1969, S. 887; ErfK 2018/MÜLLER-GLÖGE, § 109 GewO Rn. 18; GÄNTGEN 2016a, S. 2125, Rn. 7; ENZLER 2012, S. 63 f. (Schweiz); SCHULZ 2006, S. 126; GÖLDNER 1991, S. 227

71 BVerwG 02.05.1988 – 2 CB 48/87 (Dienstzeugnis); SCHLEßMANN 2018, Rn. 284; SCHULZ u. a. 2015, S. 100; LÖW 2005, S. 3607

72 GÄNTGEN 2016a, S. 219, Rn. 24; KÜCHLE/BOPP 1997, S. 178; GÖLDNER 1991, S. 227

73 BAG 12.08.1976, EzA § 630 BGB Nr. 7; BB 1976, S. 1516 = DB 1976, S. 2211; MAURITZ/WISCHNATH 2011, S. 225

74 WEUSTER 1994, S. 127

75 BAG 12.08.1976, DB 1976, S. 2212 = EzA § 630 BGB Nr. 7

76 LAG SH 30.09.2009 – 3 Ta 162/09, juris

77 LAG Köln 27.07.2015 – 2 Sa 284/15, BeckRS 2015, 72537 = juris

manchmal sehr detaillierte Zeugnisse. Dieser Wunsch liegt wohl darin begründet, dass man am Anfang der beruflichen Entwicklung nicht voraussehen kann, welche Berufserfahrungen bei nachfolgenden Arbeitgebern wichtig sein werden. Dennoch sollte eine ermüdende Schilderung kleinster Einzelheiten vermieden werden. Banalitäten wie *„termingerechte Erstellung von Geburtstags- und Weihnachtsgrüßen“*[78] oder die Auflistung selbstverständlicher Nebenpflichten ohne Tätigkeit wie z. B. *„Aufbewahren von Personalakten“* können eine Position auch abwerten, wenn dadurch die Hauptaufgaben weniger hervortreten oder nachrangig genannt werden. So dürfte es im Zeugnis eines Laboringenieurs genügen, wenn erwähnt wird, zu seinen Aufgaben habe die selbstständige Beschaffung der Laborgeräte gehört. Eine detaillierte Schilderung des Beschaffungsvorganges erübrigt sich wohl. Schließlich spielt auch die Dauer des Arbeitsverhältnisses eine Rolle. So irritiert es, wenn im Zeugnis über ein 15-monatiges Arbeitsverhältnis 21, teils mehrzeilig formulierte Aufgaben aufgelistet sind.

Werden nur einfachere Aufgaben, zum Beispiel bei einer Sekretärin das Sortieren der Post sowie Korrespondenz nach Diktat, erwähnt, so ist dies eine Abwertung, welche die Berufsbezeichnung „Sekretärin“ in Frage stellen kann. Werden Routineaufgaben besonders betont oder werden wichtige Tätigkeiten mit dem Wort „neben“ eingeführt, so kann dies abwertend wirken. Beispiel bei einem Einkäufer: *„Neben den üblichen Einkaufsaufgaben kümmerte sich Herr X insbesondere um die Einkaufsregistratur.“* Oder bei einer Sekretärin: *„Frau X erledigte alle in einem Sekretariat vorkommenden Arbeiten, insbesondere bearbeitete sie die Routinepost sowie verschiedene Statistiken.“* In sich widersprüchlich und daher wenig glaubwürdig wirken Beschreibungen, in denen neben sehr bedeutsamen und verantwortungsvollen Aufgaben eher einfache Arbeiten aufgeführt werden, so z. B., wenn im Zeugnis eines Vertriebsplaners zunächst von *„Verzahnung und Optimierung von Produktion, Absatz und Bestand“* und danach von *„laufende Eingabe und Pflege der Einzeldaten in verschiedene IT-Systeme“* die Rede ist.

Nach den Daueraufgaben sollten im Zeugnis auch Zusatzfunktionen und temporäre Sonderaufgaben (Profilierungsaufgaben) sowie Auslandsaufenthalte und wiederholte Vertretungsfunktionen, insbesondere von übergeordneten Funktionen, beschrieben werden.[79] Auch die Mitwirkung in internen Arbeitskreisen sowie die Vertretung des Unternehmens in internationalen Komitees des Konzerns oder in externen Ausschüssen, z. B. im Branchenverband, können genannt werden.

---

78 LAG RHPF 17.11.2016 – 5 Sa 264/16, Rn. 20, juris = BeckRS 2016, 111141

79 MÜLLER/THALMANN 2016, S. 57; BeckOK/Fuchs BGB § 630 Rn. 3; VERDE 2010, S. 148; GÖLDNER 1991, S. 230; FAESCH 1984, S. 61

In Ausbildungszeugnissen ist der Ausbildungsberuf korrekt entsprechend der aktuellen Ausbildungsverordnung anzugeben.[80] Weiterhin genügt eine Angabe nur des erlernten Berufes oder ein Verweis auf das Berufsbild oder die Ausbildungsordnung nicht den Anforderungen von § 16 BBiG. Es sind die konkrete sachliche und zeitliche Gliederung der Ausbildung in Form der internen und externen (bei Ausbildungspartnerschaft bzw. bei Verbundausbildung) Einsatzstationen und die dort erworbenen Fertigkeiten und Kenntnisse sowie spezieller Firmenunterricht zu beschreiben. Ein Hilfsmittel zur Formulierung der Beschreibung der Ausbildung sind die einschlägigen Ausbildungsordnungen.

Verantwortung und Kompetenzen: Wichtig sind auch Angaben zum Verantwortungsumfang und zu Vollmachten und Kompetenzen.[81] Man kann als Einkäufer für ein kleines oder ein großes Einkaufsvolumen (Zentraleinkäufer) zuständig sein. Man kann ein hohes oder ein niedriges Bestelllimit haben. Ein Elektromonteur kann eine Freischaltungsbefugnis für eine niedrige oder eine hohe Kilovoltzahl haben. Ein Produktmanager kann die Produktbetreuung lediglich in einer Stabsfunktion ohne Entscheidungsbefugnis durchführen, er kann aber auch den Hauptumsatzträger umsatz- und gewinnverantwortlich steuern. Einige Beispiele: *„Er war in seiner Position für ein Budget von X € verantwortlich.“* Oder: *„Er konnte selbstständig Mitarbeiter einstellen und entlassen.“* Oder: *„Ihr Schadenslimit bei der Unfallschadenregulierung betrug X €.“* Oder: *„Die Kreditkompetenz von Frau X wurde schrittweise auf X € erhöht.“* Oder: *„Am DATUM wurde Herrn X Prokura / Handlungsvollmacht erteilt.“* Oder: *„Alle Bestandsänderungen durften ausschließlich von Herrn X gebucht werden.“* Oder: *„Für die Bereinigung von Reklamationsfällen mit Hauptkunden war ausschließlich Frau X zuständig.“*

Im Zeugnis einer angestellten Rechtsanwältin ist es erwähnenswert, dass sie Gerichtstermine nicht nur in erster Instanz, sondern auch in der zweiten Instanz wahrgenommen hat.[82] Im Zeugnis eines Außendienst-Mitarbeiters muss deutlich werden, ob er lediglich als Stadtreisender oder ob er in einem größeren Bezirk als Handlungsreisender beschäftigt war und welche Vollmachten er hatte.[83] Um die Bedeutung und Wertigkeit einer Stelle klarzumachen, kann im Einzelfall auch die Tarifgruppe[84] ins Zeugnis aufgenommen werden, was in der Praxis aber fast nie geschieht.

---

80 LAG Hessen 19.07.2017 – 8 Ta 133 / 17, juris

81 LAG Hamm 04.12.1997 – 4 Sa 2376 / 96; BECKER-SCHAFFNER 2004, S. 492; WANK 2004, Sp. 457; ECKERT 2000, S. 131 f.; WEUSTER 1994, S. 124 und 166

82 LAG Hessen 20.03.2013 – 6 Sa 975 / 12, juris = BeckRS 2013, 72676

83 LAG Bremen 16.09.1953, DB 1954, S. 352 = AP 54 Nr. 152

84 ErfK 2018 / MÜLLER-GLÖGE, § 109 GewO Rn. 29; SCHULZ u. a. 2015, S. 96 f.; SCHLEßMANN 2018, Rn. 277

Eine verliehene Prokura ist auch in einem einfachen Zeugnis zu erwähnen.[85] Hat eine Prokura nicht während der gesamten Dauer des Arbeitsverhältnisses bestanden, so hat der Arbeitnehmer nur Anspruch auf die Nennung der Prokura unter exakter Zeitangabe.[86] Hat sich der Arbeitgeber allerdings in einer Aufhebungsvereinbarung hinsichtlich des Zeugnistextes an den Text eines vorliegenden Zwischenzeugnisses gebunden, dann ist der Widerruf der Prokura im Endzeugnis nicht aufzuführen.[87] Es wirkt je nach den Umständen negativ, wenn die Prokura schon vor dem Ausscheiden entzogen wird.[88] Der Widerruf der Prokura anlässlich der Beendigung des Arbeitsverhältnisses ist nicht zu erwähnen.[89] Dies gilt auch dann, wenn die Prokura schon mit Beginn einer Freistellung entzogen wird. Beschränkungen der Prokura in Form von Gesamtprokura (§ 48 Abs. 1 HGB) oder Filialprokura (§ 50 Abs. 3 HGB) sind anzugeben.[90] Sie wirken unseres Erachtens nicht negativ. GmbH-Geschäftsführer können ggf. die Aussage verlangen, dass sie in ihrer Position volle Entscheidungsfreiheit besaßen, da dies zeigt, unter welchen Bedingungen sie sich bewähren mussten und was ihnen zukünftig zuzutrauen ist.[91]

Die Beschreibung wird oft mit einem Hinweis auf den Grad der Selbstständigkeit oder Eigenverantwortlichkeit bei der Aufgabenerfüllung verbunden. Bei einem Projektmitarbeiter klingt es besser, wenn es heißt, er habe die genannten komplexen Projektteile selbstständig oder zumindest maßgeblich betreut und gelöst, als wenn nur seine Beteiligung am Projekt erwähnt wird. Beim Zeugnis eines Bilanzbuchhalters kann es möglicherweise als Einschränkung seiner Qualifikation und Selbstständigkeit interpretiert werden, wenn ausgeführt wird, dass wichtige Arbeiten seines Aufgabengebietes von einem speziell engagierten Steuerberater durchgeführt wurden.[92]

Die Passage „übertragene Aufgaben" deutet keine unselbstständige Arbeitsweise an.[93] Wenn ein Arbeitnehmer in einer Tarifgruppe tätig ist, die eine selbstständige Aufgabenerledigung erfordert, kann der Begriff „selbstständig" ins Zeugnis aufgenommen werden. Manchmal nehmen Aussteller diesen Begriff nicht ins Zeugnis auf, weil sie Höhergruppierungsforderungen

---

85 ErfK 2018/MÜLLER-GLÖGE, § 109 GewO Rn. 29

86 LAG Hamm 17.06.1999, Zeitschrift für Personalvertretungsrecht 2000, S. 179, LS; LAG BW 19.06.1992, DB 1993, S. 1040 = NZA 1993, S. 127 = LAGE § 630 BGB Nr. 17; ErfK 2018/MÜLLER-GLÖGE, § 109 GewO Rn. 29

87 LAG Niedersachsen 13.03.2007 – 9 Sa 1835/06, juris

88 SCHLEẞMANN 2018, Rn. 280; SCHULZ 2006, S. 127; HAUPT/WELSLAU 1993, S. 53 f.

89 BAG 26.06.2001, NZA 2002, S. 34

90 LAG Hamm 07.06.1999, ZfPR 2000, S. 179 LS; LAG Hamm 04.12.1997 – 4 Sa 2376/86

91 KG Berlin 06.11.1978, BB 1979, S. 989

92 RUNGGALDIER/EICHINGER 1989, S. 89

93 LAG SH 07.11.2017 – 1 Sa 29/17, juris

vermeiden wollen. Dass man wichtige Fragen und Entscheidungen mit seinem Vorgesetzten abstimmt, ist selbstverständlich. Wird dies in einer Aufgabenaufzählung aber mehrmals erwähnt, so nimmt dies der Position den Charakter der Selbstständigkeit. Der Passus *„selbstständig im Rahmen vorgegebener Richtlinien"* entspricht wohl meist der betrieblichen Realität, kann aber bei der Zeugnisinterpretation als Einschränkung der Selbstständigkeit missverstanden werden. Wer *„nach Vorgaben / unter Anleitung / mit Unterstützung selbstständig"* arbeitet, arbeitet wohl unselbstständig. Es ist aus Arbeitnehmersicht empfehlenswert, entweder die Begriffe *„selbstständig"* oder *„eigenverantwortlich"* uneingeschränkt zu verwenden, oder aber auf sie zu verzichten. Bei den Formulierungen *„ganz weitgehend selbstständig"* oder *„weitestgehend selbstständig"* kann man fragen, ob diese feine Abschwächung von einer uneingeschränkten Selbstständigkeit wirklich notwendig ist. Wichtig ist auch, bei welchen Aufgaben Selbstständigkeit oder eine eingeschränkte Selbstständigkeit testiert wird.

Meist sind Arbeitnehmer daran interessiert, dass ihre Aufgaben als anspruchsvoll und ihre Kompetenzen als umfangreich herausgestellt werden. Im Einzelfall kann es aber zweckmäßig sein, eine Position weniger gewichtig darzustellen, nämlich dann, wenn der Arbeitnehmer in realistischer Einschätzung seiner Möglichkeiten auf dem Arbeitsmarkt bewusst zu einem Rückschritt bereit ist und Ablehnungen wegen Überqualifizierung vermeiden will. Bei Organmitgliedern, die erwägen, künftig ein kleineres Unternehmen zu leiten, kann es zweckmäßig sein, im Zeugnis die Größe des bisher geführten Unternehmens im Unklaren zu lassen.

Entwicklung im Unternehmen: Das Zeugnis soll Angaben über die berufliche Entwicklung des Arbeitnehmers enthalten. Ist der Arbeitnehmer im Unternehmen versetzt oder befördert worden, so ist seine Betriebsbiographie chronologisch mit ihren Daten, Arbeitsinhalten und eventuell den Wechselgründen (z. B. eigene Bewerbung auf eine interne Ausschreibung) darzustellen.[94] Eine retrograde Darstellung der Positionen, beginnend mit der letzten, ist in Zeugnissen im Unterschied zu Lebensläufen nicht üblich. Die Grundsätze der Einheitlichkeit und der Vollständigkeit schließen eine zeitliche und sachliche Einschränkung der Aufgabenbeschreibung oder unterschiedliche Zeugnisse nach Zeitabschnitten aus.[95] Das gilt auch, wenn zuvor bei einer Versetzung ein Zwischenzeugnis ausgestellt wurde.[96] Eine sachliche Einschränkung ist auch kaum im Arbeitnehmerinteresse. Man

94 LAG Hamm 27.02.1997, NZA-RR 1998, S. 151; SCHLEßMANN 2018, Rn. 268; SCHULZ u. a. 2015, S. 95; STÜCK 2006, S. 792 f.

95 LAG Frankfurt 14.09.1984, DB 1985, S. 820 = NZA 1985, S. 27; ErfK 2018 / MÜLLER-GLÖGE, § 109 GewO Rn. 18; SCHLEßMANN 2018, Rn. 255; SCHULZ 2006, S. 155

96 LAG BW 06.02.1968, BB 1968, S. 381

kann nicht ausschließen, dass ein Arbeitnehmer später einmal wieder in einem früheren Aufgabenbereich tätig sein will. Allerdings wird bei Versetzungen die letzte Tätigkeit meist ausführlicher als frühere Tätigkeiten oder frühere Stadien der beruflichen Entwicklung beschrieben. Wichtiger als eine „Rekapitulation der Historie"[97] ist für die Werbefunktion des Zeugnisses eine Darstellung der aktuellen Berufserfahrung und damit des künftigen Leistungsvermögens.

In der betrieblichen Praxis kommt es nicht selten vor, dass in einem Endzeugnis auf ein früheres Zwischenzeugnis verwiesen und nur die nachfolgende Zeit beschrieben und bewertet wird. Dies erleichtert die Zeugniserstellung. In der Regel sollte ein Arbeitnehmer aber auf einem einheitlichen Zeugnis bestehen, da potenzielle Arbeitgeber über ein Arbeitsverhältnis meist nur *ein* Zeugnis lesen wollen. Bei einem langjährigen Arbeitsverhältnis mit mehreren Versetzungen bzw. mit einem Aufstieg des Arbeitnehmers, kann es aber im Einzelfall erwägenswert sein, das Endzeugnis auf die letzten Jahre bzw. die letzte Position zu konzentrieren und für die weiter zurückliegende Zeit auf ein Zwischenzeugnis (möglichst nicht auf mehrere) zu verweisen.[98] Dabei sollte das Endzeugnis aber doch den größeren und nicht etwa nur einen unverhältnismäßig kleinen Teil des Arbeitsverhältnisses abdecken. Liegt beim Ende eines langjährigen Arbeitsverhältnisses kein Zwischenzeugnis vor, so ist das gesamte Arbeitsverhältnis darzustellen. Dabei werden aber weit zurückliegende Positionen und Aufgaben meist nur knapp behandelt, zumal die Rekonstruktion des Werdeganges oft Schwierigkeiten bereitet.[99]

Nicht erklärte Versetzungen können zu Fehlinterpretationen führen.[100] Bei einem Stellenwechsel sollte, falls zutreffend, der hierarchische Aufstieg oder die Übernahme einer anspruchsvolleren Aufgabe klar herausgestellt werden. So wird man zum Beispiel gegenüber den künftigen Lesern ggf. explizit deutlich machen müssen, dass es sich bei der Versetzung vom *„Einkaufsleiter Materialeinkauf"* zum *„Referenten für Projekt- und Sonderaufgaben"* um einen Wechsel auf eine gleichwertige Position handelt. Es kann bei einer Versetzung auch betont werden, dass der Mitarbeiter die Stelle aufgrund eigener Bewerbung übernahm. Die Logik des Karriereschrittes und das Eigeninteresse müssen deutlich werden.

Eine zügige innerbetriebliche Karriere spricht für einen Arbeitnehmer. Eine langjährige unveränderte Beschäftigung auf ein und demselben Arbeitsplatz dagegen spricht nicht für einen Bewerber, von dem man aufgrund

97 FISCHER 2004, S. 9
98 SCHUSTEREIT / WELSCHER 2012, S. 24
99 GRAU / WATZKA 2016, S. 102
100 SCHWARB 1991, S. 37

seiner Eintrittsqualifikation eine gewisse Karriere erwarten durfte.[101] Die Beschreibung des Erfolges in Bewährungs-Positionen oder einer fachlichen Spezialisierung im Unternehmen beinhaltet implizit eine Leistungsbeurteilung („*im Rahmen seiner weiteren beruflichen Entwicklung und Förderung übertrugen wir ihm*" oder „*konnten wir ihr im Laufe der Zeit immer größere Aufgaben übertragen*").[102] Man kann sehen, ob eine Aufgabenerweiterung, ein Kompetenzzuwachs und ein Laufbahnfortschritt oder gar ein Aufstieg stattfanden oder ob man für den Mitarbeiter in absteigender Linie immer neue Verwendungen finden musste. Dabei empfiehlt sich eine kritische Zeugnisanalyse. Ist eine angebliche Beförderung vom „*Leiter Versand, Import und Export*" zum „*Leiter Versand und Verpackung*" wirklich ein Aufstieg? Wie deutlich wird, ist die Positions- und Aufgabenbeschreibung keine rein beschreibende Faktendokumentation, sondern auch eine wertende Zeugniskomponente.

Rückschritte: Ein schwieriger Sachverhalt sind berufliche Rückschritte. Manchmal kommt es zu Rückschritten, die der Arbeitnehmer nicht zu vertreten hat, zum Beispiel, wenn er nach einer Rationalisierung oder wegen einer Allergie nur auf einem geringerwertigen Arbeitsplatz weiterbeschäftigt werden kann. In diesen Fällen kann es für den Arbeitnehmer im Einzelfall förderlich sein, den Versetzungsgrund im Zeugnis zu nennen.

Das LAG Baden-Württemberg entschied: 1. Beschäftigt ein Krankenhaus eine Hebamme nach schwerer Erkrankung und Wiederherstellung der Arbeitsfähigkeit gegen ihren Willen nur noch mit (niedrigerwertigen) administrativen Hilfs- und Pflegeaufgaben, darf es dies im Zeugnis *nicht* unter Angabe von Daten (von ... bis ...) erwähnen, falls *nicht* feststeht, dass aus gesundheitlichen Gründen im eigenen Hause oder anderswo eine Tätigkeit als Hebamme nicht mehr möglich ist. 2. Wenn feststeht, dass eine Hebammentätigkeit nicht mehr möglich ist, weil die Arbeitnehmerin gesundheitlich dazu nicht mehr in der Lage ist, und muss sie deshalb geringerwertig eingesetzt werden, ist der Grund der Umsetzung anzugeben, um nicht den Anschein einer Degradierung aus von der Arbeitnehmerin zu vertretenden Gründen zu erwecken.[103] Allerdings dürfte eine solche Klarstellung im Zeugnis bei Bewerbungen oft nicht erfolgsfördernd sein. Hilfreicher ist wohl, soweit vertretbar, den Sachverhalt nicht oder nur kaschiert zu erwähnen. – Das ArbG Offenbach entschied: Weist ein Arbeitgeber einem Arbeitnehmer *rechtswidrig* Tätigkeiten zu, die dieser *unter Vorbehalt* ausführt, hat der Arbeitgeber auf Verlangen des Arbeitnehmers die Erwähnung und Bewertung dieser Tätigkeiten in einem Zeugnis wegzulassen. Die Beschrei-

---

101 COELIUS 2008, S. 16; WANZKE 2008, S. 90; KADOR 1997, S. 25

102 SCHULZ 2006, S. 125; DITTRICH 2003, S. 104; WEUSTER 1994, S. 166

103 LAG BW 09.02.2012 – 11 Sa 43/11, NZA-RR 2012, S. 238 = juris = BeckRS 2012, 67285

bung von Tätigkeiten nach einer rechtswidrigen Degradierung widerspricht dem Grundsatz, dass das Zeugnis wohlwollend zu sein hat und das berufliche Fortkommen nicht unnötig beeinträchtigen darf.[104]

Wettbewerbsverbot: Eine weitere indirekte Leistungsbeurteilung kann in einem nachvertraglichen Wettbewerbsverbot gegeben sein, wenn man dies als Anerkennung der Konkurrenzfähigkeit des Arbeitnehmers interpretiert. Eine vereinbarte Wettbewerbsabrede darf jedoch nur auf Wunsch des Arbeitnehmers genannt werden.[105] Nach Göldner darf sie überhaupt nicht ins Zeugnis aufgenommen werden.[106] Ihre Erwähnung kann im Einzelfall dazu führen, dass ein Arbeitnehmer im Rahmen der Personalvorauswahl nicht weiter berücksichtigt wird.

Schadensersatz: Wird dem Arbeitnehmer Berufserfahrung hinsichtlich Tätigkeiten, z. B. einer Leitungsaufgabe, einer Aufbauarbeit oder einer Entwicklungsarbeit, attestiert, die er gar nicht oder nicht mit dem bescheinigten Erfolg ausgeübt hat, so sind Schadensersatzforderungen Dritter gegen den Aussteller denkbar.[107] Entsprechende Klagen kommen aber praktisch nicht vor.

Mitwirkung des Arbeitnehmers: Nach Schweres steht dem Mitarbeiter bei der Aufgabenbeschreibung ein Vorschlagsrecht zu.[108] Es kann zweckmäßig sein, den Arbeitnehmer bei der Aufgabenbeschreibung mitwirken zu lassen. In der Unternehmens-Befragung gaben 31,9 % von 389 Unternehmen an, den Mitarbeiter (in besonderen Fällen) an der Aufgabenbeschreibung zu beteiligen.[109] Manchmal können nach einer Versetzung nur die Mitarbeiter selbst ihre frühere Tätigkeit aus dem Gedächtnis rekonstruieren. Die Mitwirkung empfiehlt sich auch, wenn Vorgesetzte die Arbeit eines spezialisierten Mitarbeiters fachlich nicht oder nur bedingt beherrschen. Beispiel: Ein Projektleiter führt ein interdisziplinäres Team. Ein weiterer Grund für die Beteiligung des Mitarbeiters kann darin liegen, in Absprache mit ihm solche durchgeführten Tätigkeiten herauszustellen, die seinen weiteren beruflichen Plänen entsprechen. Die Verfasser empfehlen also Arbeitnehmern, an der Erstellung der Aufgabenliste mitzuwirken. Der ablehnende Hinweis, es sei Aufgabe des Arbeitgebers, frühere Aufgaben aus der Personalakte zu rekonstruieren[110], ist nicht im eigenen Interesse eines Arbeitnehmers.

---

104 ArbG Offenbach 13.02.2013 – 10 Ca 152/12, juris = BeckRS 2013, 70508

105 LAG Hamm 10.05.1962, BB 1962, S. 638; SCHULZ u. a. 2015, S. 105 f.; LÖW 2005, S. 3607

106 GÖLDNER 1989, S. 57

107 LINCK 2017, Rn. 40; BISCHOFF 1973, S. 225

108 SCHWERES 1986, S. 1572

109 WEUSTER 1994, S. 24 f.

110 LAG Köln 31.08.2016 – 11 Sa 1025/15, juris = BeckRS 2016, 74761

Ordnung der Aufgabenbeschreibung: Es spricht in der Regel nichts dagegen, die Aufgaben tabellarisch aufzulisten. So können bei einzeiliger Schreibweise der Aufzählung viele Aufgaben ins Zeugnis aufgenommen werden. Die tabellarische Darstellung ist übersichtlich und lesefreundlich. In einer Auswertung von 163 Arbeitszeugnissen aus Banken waren 106 Aufgabendarstellungen tabellarisch und 57 in Fließtext.[111] In einer Auswertung von 105 Zeugnissen aus dem Öffentlichen Dienst in Baden-Württemberg enthielten 66,7 % der Zeugnisse eine tabellarische Aufgabendarstellung.[112] Die Inhaltsanalyse von Originalzeugnissen ergab, dass Aufgabenlisten im Durchschnitt aus 5–6 Positionen bestehen.[113] Werden sehr viele Aufgaben aufgelistet, so kann die Darstellung auch zweistufig mit Über- und Unterpunkten gestaltet werden.

Bei der Aufgabenbeschreibung wird in der Regel von den Haupt- und Kernaufgaben zu den weniger wichtigen Nebenaufgaben gegangen (Antiklimax).[114] Also nicht: *„Er war für den Einkauf von Büromaterial, Werkzeug und Investitionsgütern zuständig“* (Reihenfolge-Technik), sondern *„Er war für den Einkauf von Investitionsgütern, Werkzeug und Büromaterial zuständig“*. Ein Ansatz kann auch sein, im Rahmen der Wahrheit solche Tätigkeiten an den Anfang der Aufgabenbeschreibung zu setzen, die für die nächste Bewerbung oder den geplanten weiteren Berufsverlauf wichtig sind. Die Bedeutung der Aufgaben bzw. die Intensität der Berufserfahrung wird manchmal auch durch einleitende Zusätze wie *„laufende / selbstständige Erledigung von …“* hervorgehoben.

Bei der Tätigkeitsbeschreibung ist zu beachten, dass Zuständigkeitsaussagen wie *„ihm oblag“* oder *„zu seinen Aufgaben gehörte“* noch nichts darüber aussagen, ob und wie der Arbeitnehmer seine Arbeit ausführte. Auch sagen Verben, die den Anfang oder das Ziel von Arbeiten ausdrücken *(„aufgreifen“, „in Angriff nehmen“, „beginnen“, „herangehen“, „anstreben“, „sich dafür einsetzen“)*, noch nichts über den Erfolg. Manchmal werden sie als Erfolglosigkeit interpretiert.[115] Negativ wirken Informationen über nicht realisierte Vorhaben wie z. B. *„Es war vorgesehen, Herrn X nach der Einarbeitung eigenverantwortlich die Leitung des Bereiches Y zu übertragen“* oder *„In dieser Funktion sollte sie die Anwendung effizienter Controllinginstrumente sicherstellen“*. Nicht realisierte Planungen wie zum Beispiel eine vorgesehene, aber schließlich doch nicht realisierte Beförderung, werden in der Regel aber im Zeugnis nicht erwähnt.

---

111 KAUFFMANN 2004, S. 33

112 KESSLER 2015, S. 45

113 KAUFFMANN 2004, S. 33; WEUSTER 1994, S. 78

114 MAURITZ 2005, S. 31 f.; WEUSTER 1991 / 92, S. 23

115 ENZLER 2012, S. 47; RING 2001a, S. 212; WEUSTER 1991 / 92, S. 24

Das Bild eines dynamischen Mitarbeiters erzeugen aktive sowie erfolgsbezogene Verben wie *„erledigte", „vervollkommnete", „perfektionierte", „verbesserte", „optimierte", „modernisierte", „realisierte", „führte ein", „beschleunigte", „erreichte", „steigerte", „senkte", „setzte durch", „erzielte", „steuerte" oder „verkaufte"*. Passivisch formulierte Tätigkeitsaussagen wie *„wurde beschäftigt / eingesetzt als", „wurde versetzt"* oder gar *„hier musste er folgende Aufgaben erledigen"* oder *„fand schließlich Verwendung als"* sowie bloße Bereitschaftsaussagen wie *„war in dringenden Fällen bereit, zusätzliche Aufgaben zu übernehmen und sich über die übliche Arbeitszeit hinaus einzusetzen"* signalisieren oft fehlende Initiative und unbefriedigende Leistungen.[116]

3.3.2. Funktionen als Arbeitnehmervertreter

Eine Tätigkeit als nicht oder nur teilweise freigestellter Betriebsrat oder Personalrat, als gewerkschaftlicher Vertrauensmann (siehe auch Art. 9 DS-GVO), als Arbeitnehmervertreter im Aufsichtsrat oder als Vertrauensperson der Schwerbehinderten darf nicht gegen den Willen des Arbeitnehmers ins Zeugnis aufgenommen werden.[117] Das Gleiche gilt für Jugend- und Auszubildendenvertreter.[118] Dies wird für Mitglieder von Betriebsverfassungsorganen mit ihrer ehrenamtlichen Stellung nach § 37 BetrVG, mit dem Benachteiligungsverbot nach § 78 BetrVG sowie damit begründet, dass sie dem Arbeitgeber gleichberechtigt gegenüberstünden und insoweit nicht dessen Beurteilung unterlägen.[119] Auch eine Umschreibung und damit Andeutung der Arbeitnehmervertretung (*„er setzte sich für die Belange seiner Kollegen ein", „er ist inner- und außerbetrieblich ein sehr engagierter Kollege"*) muss unterbleiben.[120] Ein indirekter Hinweis auf ein Engagement als Betriebsrat scheint in folgender Passage aus dem Zeugnis eines Service-Technikers zu stecken: *„Wir lernten ihn als einen aufrechten Mitarbeiter kennen, der seine Meinung offen und überzeugend vertrat, ohne dabei die Interessen der*

---

116 MESSMER 2012, S. 36; BACKER 2004, S. 38 f.; TSCHUMI 2003, S. 24; GÜNTHER 2000, S. 273 und 275; PREIBISCH 1982, S. 29 ff.

117 BAG 19.08.1992, DB 1993, S. 1525; LAG Köln 06.12.2012 – 7 Sa 583 / 12, juris; LAG Frankfurt 02.12.1983 in: AuR 1984, S. 287; LAG Frankfurt 10.03.1977, DB 1978, S. 167; LAG Hamm 12.04.1976, DB 1976, S. 1112; LAG Frankfurt 18.02.1953, DB 1953, S. 404; ErfK 2018 / MÜLLER-GLÖGE, § 109 GewO Rn. 21; SCHLEßMANN 2018, Rn. 286 ff.; GÄNTGEN 2016a, S. 2129, Rn. 24; SCHULZ u. a. 2015, S. 96; ARCHUT 2014, S. 42; ENZLER 2012, S. 86 f. (Schweiz); SCHULZ 2006, S. 129; LÖW 2005, S. 3606; ECKERT 2000, S. 124; WITT 1996, S. 2195; GÖLDNER 1989, S. 55; VAN VENROOY 1984, S. 41 ff.; BRILL 1981, S. 617

118 LAG Hamm 06.03.1991, DB 1991, S. 1527 = LAGE § 630 BGB Nr. 13; BENECKE / HERGENRÖDER 2009, S. 111; LEINEMANN / TAUBERT 2008, S. 245

119 LAG Frankfurt 10.03.1977, DB 1978, S. 167; FITTING u. a. 2018, S. § 37 Rz. 15; WITT 1996, S. 2195; KRUMMEL 1983, S. 145

120 ArbG Ludwigshafen 18.03.1987, DB 1987, S. 1364; LÖW 2005, S. 3606 f.; RING 2001a, S. 212

Firma außer Acht zu lassen. Seine fachliche Kompetenz und sein Verhandlungsgeschick machten ihn sowohl bei den Mitarbeitern als auch bei den Vorgesetzten zu einem geschätzten Ansprech- und Verhandlungspartner.“

Schleßmann vertritt die Auffassung, eine Betriebsratstätigkeit dürfe bei einem ehrenamtlichen Betriebsratsmitglied auch dann nicht angegeben werden, wenn dies gewünscht werde. Er begründet dies mit dem in § 78 BetrVG ebenfalls enthaltenen Begünstigungsverbot.[121] Die Verfasser empfehlen: Nicht freigestellte Betriebsräte und Personalräte sowie nur begrenzte Zeit freigestellte Betriebsräte und Personalräte sollten sich Zeugnisse *ohne* Hinweis auf diese Funktion ausstellen lassen. Falls sie für Bewerbungen bei Gewerkschaften oder gemeinwirtschaftlichen Unternehmen oder aus anderen Gründen eine Darstellung und Beurteilung ihrer Arbeit als Arbeitnehmervertreter wünschen, so können sie sich hierfür vom Arbeitgeber, vom Betriebsrat oder vom Personalrat oder eventuell einem Gewerkschaftssekretär, mit dem sie kooperierten, ein spezielles Zeugnis bzw. ein Empfehlungsschreiben ausstellen lassen.

Nach längerer Freistellung für die Betriebsratsarbeit gemäß § 38 BetrVG kann bei inzwischen eingetretenen grundlegenden technischen, rechtlichen oder anderen Neuerungen und einer dadurch bewirkten Entfremdung von der Tätigkeit eine Nennung der Betriebsratstätigkeit unumgänglich werden, wenn der Arbeitnehmer den durchschnittlichen Anforderungen seiner früheren Tätigkeit nicht mehr genügen kann oder wenn der Arbeitgeber beim besten Willen nicht mehr in der Lage ist, den Arbeitnehmer mit Bezug auf die frühere Tätigkeit zu beurteilen.[122] Das LAG Köln entschied, dass ein Arbeitnehmer, der während der letzten fünf Jahre seines insgesamt zwölf Jahre andauernden Arbeitsverhältnisses vollständig für sein Betriebsratsamt freigestellt war (vorher in der Qualitätskontrolle tätig), nicht verlangen könne, dass dieser Umstand in einem qualifizierten Arbeitszeugnis verschwiegen werde. Insbesondere habe er auch keinen Anspruch auf die Erteilung zweier Zeugnisse (mit und ohne Erwähnung der Freistellung), die er wahlweise bei Bewerbungen einsetzen könne.[123] Das ArbG Kassel war der Auffassung, eine Entfremdung vom Arbeitsplatz sei dann nicht gegeben, wenn ein seit fast vier Jahren freigestellter Betriebsratsvorsitzender bis zuletzt regelmäßig den ihm (zuvor) vorgesetzten Meister während dessen Urlaub (also rund sechs Wochen im Jahr) vertreten habe.[124] Witt vertritt fol-

---

121 SCHLEßMANN 2018, Rn. 291

122 LAG Frankfurt 02.12.1983, AuR 1984, S. 287; LAG Frankfurt 10.03.1977, DB 1978, S. 167 f.; ErfK 2018/ MÜLLER-GLÖGE, § 109 GewO Rn. 21; LINCK 2017, Rz. 18; FRIEDRICH 1998, S. 25; DIETZ 1995, S. 19; BRILL 1981, S. 619

123 LAG Köln 06.12.2012 – 7 Sa 583/12, juris

124 ArbG Kassel 18.06.1976, BB 1976, S. 978

gende Thesen:[125] Könne der Arbeitgeber die Leistung und das Verhalten des (langjährig) Freigestellten nicht zuverlässig beurteilen, so werde er nach § 275 Abs. 1 BGB frei von der Beurteilungspflicht. Der Arbeitnehmer könne nicht verlangen, dass im Zeugnis das Arbeitsverhältnis wahrheitswidrig so dargestellt werde, als habe der Arbeitnehmer durchgängig in der genannten Funktion gearbeitet. In diesem Falle bestehe also nur ein Anspruch auf ein Zeugnis ohne Beurteilung, wobei der Arbeitgeber auf Verlangen des Freigestellten verpflichtet sei, den Grund für die unterlassene Beurteilung anzugeben. Hinsichtlich der Frage, wann eine Beurteilung nicht mehr möglich sei, ließen sich keine pauschalen Regeln aufstellen. Sei eine Beurteilung aber (wieder) möglich, so sei ein qualifiziertes Zeugnis ohne Erwähnung der betriebsrätlichen Freistellung auszufertigen. Demnach wäre es denkbar, dass bei einem zehnjährigen Arbeitsverhältnis mit einjähriger Tätigkeit als Einkäufer, folgender achtjähriger Freistellung als Betriebsrat und anschließender erneuter einjähriger Tätigkeit als Einkäufer die Freistellung nicht erwähnt wird. Witt gelangt zu dieser Lösung, da er im Konflikt zwischen der Wahrheitspflicht für Zeugnisse und dem Benachteiligungsverbot für Betriebsräte und Personalräte zugunsten des Benachteiligungsverbotes optiert.

In der Literatur wird allerdings auch der Standpunkt vertreten, eine längere erhebliche Freistellung sei im Interesse der Wahrheitspflicht im Zeugnis zu erwähnen, da andernfalls ein falscher Eindruck von der Berufspraxis des Arbeitnehmers entstehe.[126] Hunold will eine Ausnahme machen, wenn die Freistellung einige Jahre zurückliegt und der Arbeitnehmer seitdem wieder auf seinem früheren Arbeitsplatz arbeitete.[127] Das Hessische LAG entschied, eine Arbeitnehmerin habe einen Anspruch darauf, dass eine mehrjährige Freistellung als Personalratsmitglied in einem Zwischenzeugnis nicht gegen ihren Willen erwähnt werde.[128] Falls eine Betriebsrats-Tätigkeit doch im Zeugnis genannt wird, so darf dies nicht in diskriminierender Weise geschehen. Eine negative Darstellung ist nur denkbar, wenn ein Betriebsratsmitglied nach § 23 BetrVG wegen grober Pflichtverletzung aus dem Betriebsrat ausgeschlossen und deshalb entlassen worden ist.[129]

Jugend- und Auszubildendenvertreter kandidieren für dieses Amt nicht selten auf ausdrücklichen Wunsch des Ausbildungsbetriebes. Da diese Funktion zudem zur Persönlichkeitsentwicklung beiträgt, halten wir eine

125 WITT 1996, S. 2197

126 SCHLEẞMANN 2018, Rn. 292 ff.; HUNOLD 2001, S. 117; HUNOLD 1988, Teil 12, Kap. 2, S. 15; KÜCHLE / BOPP 1997, S. 179; GÖLDNER 1989, S. 56

127 HUNOLD 1993, S. 226

128 LAG Hessen 19.11.1993, DB 1994, S. 1044 – zur Kritik HUNOLD 2001, S. 117

129 BOLDT 1987, S. 1138

Aussage wie *„Herr X übte zwei Jahre vorbildlich das Amt des Jugend- und Auszubildendenvertreters aus, für das er sich auf Wunsch des Ausbilders zur Verfügung gestellt hatte“* durchaus für förderlich. Wir können jedoch nicht ausschließen, dass sich der eine oder andere Entscheidungsträger auch daran stößt.

3.4 Die Beurteilung der Leistung und des Erfolges

Eine sehr wichtige Komponente von Zeugnissen ist die Leistungsbeurteilung.[130] Sie umfasst eine Bewertung (1) der Arbeitsbereitschaft (Arbeitsmotivation), (2) der Arbeitsbefähigung einschließlich des Fachwissens und der Weiterbildung, (3) der Arbeitsweise, (4) des Arbeitserfolges, (5) der Führungsleistung von Vorgesetzten und (6) der allgemeinen Zufriedenheit.[131] Eine neuere Analyse von 802 Zeugnissen ergab folgende Häufigkeiten: (1) Arbeitsbereitschaft (Arbeitsmotivation) = 74,3 %, Arbeitsbefähigung = 64,5 %, Fachwissen = 56,3 %, Weiterbildung = 14,3 %, Arbeitsweise = 81,4 %, Arbeitserfolg = 35,3 % und Zufriedenheitsformel = 90,4 % der Zeugnisse.[132] Die gleiche Analyse ergab, ausgehend von 721 Arbeitnehmer-Endzeugnissen, ggf. folgende Durchschnittsnoten: Arbeitsbereitschaft (Arbeitsmotivation) = 2,09, Arbeitsbefähigung = 2,09, Fachwissen = 2,04, Weiterbildung = 2,19, Arbeitsweise = 2,33 und Arbeitserfolg = 2,04.[133]

3.4.1. Die Beurteilung der Arbeitsbereitschaft

Die Arbeitsbereitschaft (Leistungsbereitschaft) ist die Arbeitsmotivation eines Mitarbeiters. Sie ist eine wichtige Leistungsvoraussetzung. Zur Bewertung der Leistungsbereitschaft werden Begriffe wie Einsatzwille, Engagement, Initiative, Dynamik, Pflichtbewusstsein, Zielstrebigkeit und Fleiß eingesetzt. Beispiele: *„Sie zeigte große Eigeninitiative bei der Lösung anspruchsvoller Probleme.“* Oder: *„Er hat mit Pioniergeist und hohem Einsatzwillen einen guten Beitrag zum Aufbau und zum gemeinsamen Erfolg geleistet.“* Oder: *„Sie identifizierte sich stets in vorbildlicher Weise mit ihren Aufgaben und dem Unternehmen.“* In der Inhaltsanalyse von Originalzeugnissen enthielten Aussagen zur Arbeitsbereitschaft 35,4 % von 161 Arbeiter-Zeugnissen, 67 % von 521 Angestellten-Zeugnisse und 73,3 % von 101 Führungskräfte-Zeugnissen. Häufig verwendete Begriffe waren

---

130 WEUSTER 1994, S. 60 und 121

131 Ähnlich LAG Hamm 27.02.1997, NZA-RR 1998, S. 156; ErfK 2018 / MÜLLER-GLÖGE, § 109 GewO Rn. 31

132 SENDE 2016, S. 66

133 SENDE 2016, S. 67 – Die Notendurchschnitte beziehen sich auf niedrigere Zahlen als 721, da sie nur für die Zeugnisse ermittelt werden konnten, welche die jeweilige Komponente enthielten.

Einsatzbereitschaft, Engagement, Fleiß, Interesse und Eigeninitiative.[134] In einer neueren Auswertung von 802 Zeugnissen enthielten 74,3 % eine Beurteilung der Arbeitsmotivation.[135]

3.4.2. Die Beurteilung der Arbeitsbefähigung

Fähigkeiten: Die Arbeitsbefähigung umfasst die Beschreibung der geistigen, psychischen und physischen Fähigkeiten des Arbeitnehmers. Hier werden erwähnt: (1) Auffassungsgabe, logisches, analytisches und konzeptionelles Denken, Urteilsvermögen, Flexibilität, Kreativität, (2) Belastbarkeit, Ausdauer und Stressresistenz, (3) Ausbildung, Berufserfahrung, Fachwissen sowie (4) Weiterbildungsaktivitäten. In der Inhaltsanalyse von Originalzeugnissen enthielten Aussagen zur Arbeitsbefähigung 42,2 % der Arbeiter-Zeugnisse, 72,4 % der Angestellten-Zeugnisse und 79,2 % der Führungskräfte-Zeugnisse. Besonders häufige Begriffe waren Fachwissen, Auffassungsgabe, schnelle Einarbeitung, Belastbarkeit und Weiterbildung.[136]

Intelligenz und Auffassungsgabe kann man als Schlüsselqualifikationen bezeichnen, da sie in den Stand versetzen, vielfältige Aufgaben zu erlernen und auszuführen. Beispiel: *„Er arbeitete sich dank seiner guten Auffassungsgabe rasch in neuartige Aufgaben ein.“* Beispiele für Belastbarkeit und Stressresistenz sind: *„Er war auch in schwierigen Situationen sehr gut belastbar und handelte dabei ruhig und überlegt.“* Oder: *„Sie zeigte stets eine gute Übersicht und Arbeitseinteilung, vor allem auch in Situationen mit erheblicher Arbeitsbelastung.“*

Beispiele für Aussagen zu Flexibilität, Vielseitigkeit und Kreativität sind: *„Sie war jederzeit fähig und bereit, auch neuartige Aufgaben selbstständig zu lösen.“* Oder: *„Er stellte sich auf veränderte Arbeitssituationen flexibel ein und war daher vielseitig einsetzbar.“* Bei Mitarbeitern aus dem Bereich der Werbung und auch bei Forschern, Konstrukteuren und Designern stellt Kreativität eine wichtige Qualifikation dar. Mit dem Begriff *„visionär“* sollte man vorsichtig umgehen, da er leicht missverstanden werden kann. Er passt vielleicht beim Leiter einer Konzernabteilung für strategisches Marketing.

Fachwissen: Ein Zeugnis sollte auch über das Fachwissen und seine praktische Anwendung informieren. Eine Auswertung von 440 qualifizierten Endzeugnissen fand in 55 % der Zeugnisse eine Bewertung des Fachwissens, und zwar mit einer Durchschnittsnote von 2,0.[137] Beim Fachwissen sind der konkrete Inhalt, der Umfang (= breite Einsetzbarkeit), die Tiefe (Qualifikationsgrad), die Aktualität sowie die Anwendung (Praxistransfer)

134 WEUSTER 1994, S. 79 f.; ebenso KAUFFMANN 2004, S. 40

135 SENDE 2016, S. 66

136 KAUFFMANN 2004, S. 42, WEUSTER 1994, S. 81 f.

137 SENDE u. a. 2011, S. 36

und der Nutzen (Praxiswirksamkeit) herauszustellen. Manchmal wird hervorgehoben, dass sich ein Mitarbeiter aufgrund seiner guten Vorkenntnisse schnell eingearbeitet hat. Ein Aspekt kann auch die Weitergabe des Wissens an neue Mitarbeiter und an Auszubildende sein. Da ein Arbeitnehmer auch nach der Beendigung des Arbeitsverhältnisses noch über sein Fachwissen verfügt, werden die Aussagen oft in der Gegenwartsform formuliert. Beispiel: *„Frau X verfügt über ein umfangreiches, fundiertes und aktuelles steuerrechtliches Wissen, das sie zu unserem Nutzen stets sehr gut in der Praxis umsetzte. Wiederholt hat sie neue Mitarbeiter eingearbeitet. Besonders hervorzuheben sind ihre Spezialkenntnisse in …“* Bei den Spezialkenntnissen können genannt werden: ökonomische Kenntnisse, technische Kenntnisse (Produkte, Herstellungsverfahren, Materialien), rechtliche Kenntnisse, Informatikkenntnisse (genutzte Programme), Methoden-Kenntnisse (z. B. Planungs-, Steuerungs- und Prüftechniken, statistische Verfahren), eingesetzte Fremdsprachenkenntnisse sowie Branchen- und Marktkenntnisse (Produktgruppen, Kundengruppen, Konkurrenten, Konditionen, Usancen, Trends).

Man kann selbstverständliche Grundqualifikationen, Normalqualifikationen und Spitzenqualifikationen (Expertenstatus) unterscheiden.[138] Zusatzqualifikationen liegen vor, wenn ein Arbeitnehmer Kenntnisse auch aus benachbarten oder anderen Fachgebieten hat, die ihm für seine Aufgaben zustattenkommen. Werden in einem Zeugnis Spitzenqualifikationen genannt, so geht man davon aus, dass die Normal- und Grundqualifikationen vorliegen. Werden Grundqualifikationen oder technisch überholte Qualifikationen besonders betont, bedeutet dies meist eine Abwertung. So drückt die Formulierung *„ein den Mindestanforderungen genügendes logistisches Wissen“* eine sehr niedrige Bewertung aus.[139] Welcher Stufe bestimmte Kenntnisse zuzuordnen sind, hängt von der jeweiligen Funktion ab. Wird einem Produktionsingenieur lediglich technisches Verständnis testiert, so wertet dies ab. Bei seiner Sekretärin wäre dies ein Lob. Qualifikationen unterliegen auch der technischen Entwicklung. Sonderqualifikationen können im Laufe der Zeit zu Grundqualifikationen werden. Negativ wirkt es meist, wenn nur Anforderungen beschrieben werden: *„Diese Aufgabe erforderte Kenntnisse in …“*[140]

Ein mit qualifizierten Aufgaben betrauter Arbeitnehmer kann eine Erwähnung seiner Kenntnisse insoweit verlangen, als sie für einen an der Einstel-

---

138 WRIGHT / ZIEGELSTEIN S. 2004, S. 591; PRESCH 1985, S. 330 f.; PRESCH 1984, S. 183

139 LAG RHPF 15.12.2015 – 8 Sa 201/15, juris

140 WEUSTER 1994, S. 204; WEUSTER 1991/92, S. 23

lung interessierten Arbeitgeber von Bedeutung sein können.[141] Insbesondere auf die Erwähnung von Spezialkenntnissen und Methodenkenntnissen in den Bereichen Technik, Wirtschaft, Informatik, Recht, Methodik und Fremdsprachen sollte ein Arbeitnehmer Wert legen, da diese oft seine Einsetzbarkeit (employability) bestimmen. Findet in einem Fachgebiet eine rasante technisch-wissenschaftliche Entwicklung statt, sollte ein Arbeitnehmer darauf achten, dass ihm, wenn möglich, ein aktueller Kenntnisstand (State of the Art) attestiert wird. Auch Fremdsprachenkenntnisse sind vielfach wichtig. Hier sollte konkret gesagt werden, wobei und wie häufig sie eingesetzt wurden. Nach dem Eindruck der Verfasser wird bei Englischkenntnissen die Wertung „verhandlungssicher“ mittlerweile inflationär verwendet. Ein Arbeitgeber, der einen Mitarbeiter mit verhandlungssicheren Fremdsprachenkenntnissen benötigt, sollte sich bei der Personalauswahl nicht allein auf diese Angabe in einem Zeugnis verlassen.

Weiterbildung: Eine neuere Auswertung fand in 14,3 % von 802 Zeugnissen eine Bewertung der Weiterbildung, und zwar ggf. mit einer Durchschnittsnote von 2,19.[142] Ein Arbeitnehmer hat Anspruch darauf, dass seine umfangreiche berufsbegleitende Fortbildung im Zeugnis dargestellt wird, da diese Aktivität ein Signal für Engagement und Fähigkeiten ist.[143] Die Darstellung der Weiterbildung spielt insbesondere bei jüngeren Mitarbeitern eine Rolle. Bei leitenden Angestellten dagegen wird ein arrondierter Wissensstand auf hohem Niveau angenommen. Beispiele für Weiterbildungsaussagen sind: *„Frau X hat die intern und extern gebotenen Möglichkeiten zur Weiterbildung mit regem Interesse genutzt und das erworbene Wissen laufend bei ihrer Arbeit mit großem Erfolg eingesetzt.“* Aber: *„Er hatte Gelegenheit, sich auf unseren Firmenseminaren Grundkenntnisse anzueignen“* (= hat dies aber kaum getan).[144] Bei der Bewertung des Weiterbildungsverhaltens klingen besser als *„hat absolviert“* oder *„hat durchlaufen“* erfolgsbezogene Aussagen wie *„hat sich angeeignet“* oder *„vervollkommnete“*. Da die Weiterbildung aus betrieblicher Sicht kein Selbstzweck ist, wirkt es positiv, wenn die Praxiswirksamkeit des erworbenen Wissens herausgestellt wird. Dabei wirkt es besonders positiv, wenn diese Faktoren nicht auf das jeweilige Unternehmen beschränkt, sondern generalisiert werden können. Beispiele: *„Er besitzt umfassende Kenntnisse in Fragen der Bankorganisation“* oder *„aufgrund seiner sehr guten Kenntnisse der eigenen Produkte sowie der Konkurrenzerzeugnisse“*.

---

141 BAG 24.03.1977, DB 1977, S. 1370 = EzA § 630 BGB Nr. 9; LAG Hessen 20.03.2013 – 6 Sa 975/12, Nr. 54, juris = BeckRS 2013, 72676; LAG Hamm 27.02.1997, NZA-RR 1998, S. 151

142 SENDE 2016, S. 66 f.

143 ArbG Koblenz 24.04.2014 – 2 Ca 3399/13, juris

144 LAG Köln 26.04.1996 – 11(13) Sa 1231/95; MAURITZ 2005, S. 48; SCHMIDT 2002, S. 55; BRAUN 2001, S. 112

Neben einer generellen Würdigung der Weiterbildungsanstrengungen sind insbesondere bedeutsame Schulungen bei namhaften Fortbildungsinstitutionen, die mit einer staatlich anerkannten oder offiziellen Prüfung abschließen (z.B. Besuch der Sparkassen-Akademie, IHK-Lehrgänge), nennenswert.[145] Auch Entsendungen ins Ausland zur Verbesserung von Sprachkenntnissen und zur Förderung von interkulturellen Kompetenzen können erwähnt werden. Werden einzelne Weiterbildungsaktivitäten erwähnt, so müssen sie zur Position passen. So kann es einen Ingenieur abwerten, wenn in seinem Zeugnis der Erwerb des Gabelstaplerführerscheins hervorgehoben wird. Es ist wichtig, dass der Lernerfolg sowie die Wissensanwendung und der Nutzen für die Organisation deutlich werden. Die Träger der Veranstaltungen, insbesondere Gewerkschaften (evtl. Betriebsrats-Signal), dürfen nur mit Einverständnis des Arbeitnehmers genannt werden. Es kann aber durchaus im Interesse des Arbeitnehmers sein, namhafte Fortbildungsinstitutionen zu nennen. Die übliche Anpassungsfortbildung durch Jahreswechsel-Seminare oder einzelne Tagesseminare sowie weit zurückliegende Weiterbildungsaktivitäten ohne erkennbare Gegenwartsbedeutung gehören in der Regel nicht ins Zeugnis. Ob erwähnt werden darf, dass es sich um eine Fortbildungsmaßnahme im Rahmen von Bildungsurlaub handelte, ist unseres Wissens bislang nicht gerichtlich entschieden. Hat ein Arbeitnehmer im Rahmen seiner Weiterbildung eine Prüfung nicht bestanden (z.B.: Ein LKW-Fahrer schafft den Busführerschein nicht), so ist dies nicht ins Zeugnis aufzunehmen.[146] Eine Ausnahme kann vorliegen, wenn ein Arbeitnehmer mit der Auflage, eine bestimmte Prüfung abzulegen, eingestellt wurde.[147] Ein Zuviel an Weiterbildung kann als Erschwerung des Betriebsablaufs oder als Flucht vor der Arbeit gedeutet werden[148], so bei den Sätzen wie *„Er nutzte jede sich bietende Gelegenheit, externe Kurse zu besuchen“* oder *„Besonders hervorzuheben sind seine vielfältigen Weiterbildungsaktivitäten“*.

3.4.3. Die Beurteilung der Arbeitsweise

Die Arbeitsweise (Arbeitsstil, Arbeitsmethodik) zeigt die praktische Umsetzung von Arbeitsbereitschaft und Arbeitsbefähigung. Dazu kann eine Würdigung der Selbstständigkeit, der Zuverlässigkeit, Sorgfalt und Gewissenhaftigkeit, der Planung und Methodik und anderer arbeitsbezogener Verhaltensweisen gehören. Die fachlichen und die sozialen Anforderungen an das Arbeitsverhalten sind berufsspezifisch. Was bei einzelnen Berufen wichtig ist, darüber informieren gut die in Stellenausschreibungen genann-

---

145 ErfK 2018/MÜLLER-GLÖGE, § 109 GewO Rn. 20a; SCHLEßMANN 2018, Rn. 282

146 ECKERT 2000, S. 128

147 GÖLDNER 1989, S. 87

148 HUBER/MÜLLER 2016, S. 65

ten Anforderungen. In der Inhaltsanalyse von Originalzeugnissen fanden sich Aussagen zur Arbeitsweise in 47,8 % der Arbeiter-Zeugnisse, in 68,3 % der Angestellten-Zeugnisse und in 62,4 % der Führungskräfte-Zeugnisse. Häufig verwandte Begriffe waren Zuverlässigkeit[149], Selbstständigkeit, Sorgfalt, Gewissenhaftigkeit und Schnelligkeit.[150]

Die Selbstständigkeit eines Arbeitnehmers kann bei der Aufgabenbeschreibung oder bei der Bewertung der Arbeitsweise genannt werden. Formulierungsbeispiele: *„Er arbeitete mit einem steigenden Maß an Selbstständigkeit und Eigenverantwortlichkeit“* (= bei jüngeren Mitarbeitern positiv). Oder: *„Hervorzuheben ist ihre große Selbstständigkeit bei der Erledigung sämtlicher Arbeiten.“* Oder: *„Sie arbeitete sich selbstständig in neue Aufgaben ein.“* Ein indirekter Hinweis auf eine selbstständige Arbeitsweise kann in der Information bestehen, dass der Arbeitnehmer seine Arbeit ganz oder teilweise im Home-Office erledigte. Das LAG Düsseldorf entschied aufgrund einer Umfrage von drei Rechtsanwaltskammern bei Rechtsanwaltskanzleien mit internationaler Ausrichtung, dass in diesen kein Zeugnisbrauch existiere, ins Zeugnis einer Assistentin mit Sekretariatsaufgaben eine selbstständige Arbeitsweise zu erwähnen.[151] In Ausbildungszeugnissen und in Praktikumszeugnissen kann ggf. die Selbstständigkeit erwähnt werden. Beispiele: *„Sie arbeitete in den Ausbildungsbereichen im Laufe der Ausbildung mit zunehmender Selbstständigkeit mit.“* Oder: *„Sie erledigte die übertragenen Aufgaben schon nach kurzer Anleitung selbstständig.“* Oder: *„Während des Praktikums ermittelte er selbstständig neue Lieferanten im Ausland.“*

Eine sorgfältige und zügige Arbeitsweise kann mit dem Satz *„Er arbeitete sorgfältig und zügig/rationell/effizient“* gelobt werden. Die Betonung besonderer Sorgfalt und Genauigkeit oder von Perfektionismus ohne Aussage über das Arbeitstempo oder die Arbeitsmenge wird manchmal als Kritik gedeutet.[152] Auch ist es ein Unterschied, ob es *„er hat die Arbeitszeit korrekt ausgenutzt“*[153] bzw. *„Herr X ist pünktlich“* (= am Feierabend)[154] oder ob es *„Herr X erledigt seine Arbeit pünktlich“* (= termingerecht) heißt. Das ArbG Nürnberg entschied, die Passage *„ehrlich und pünktlich“* entwerte eine durchschnittliche Leistungsbeurteilung, denn die Hervorhebung der selbstverständlichen Pünktlichkeit und das Weglassen des wichtigen Beurteilungskriteriums „Zuverlässigkeit“ bescheinige dem Arbeitnehmer zwi-

149 Dieser Begriff wird ausführlich untersucht bei MÖLLER 1990, S. 252 ff.

150 WEUSTER 1994, S. 84; ebenso KAUFFMANN 2004, S. 44

151 LAG Düsseldorf 29.11.2017 – 12 Sa 936/16, juris = BeckRS 2017, 138742 = DB 03/2018, S. M 21

152 COELIUS 2008, S. 22; GREENBURG u. a. 1994, S. 196

153 ArbG Neubrandenburg 12.02.2003, NZA-RR 2003, S. 465

154 CERWINKA u. a. 2009, S. 28

schen den Zeilen, dass er nicht zuverlässig sei.[155] Es sei aber angemerkt, dass die Erwähnung von Pünktlichkeit keineswegs immer negativ gemeint oder zu interpretieren ist, da bei vielen Tätigkeiten Pünktlichkeit nach wie vor wichtig ist. Beispiele: Teamarbeit und Projektarbeit mit wechselseitiger Abhängigkeit, Besprechungen, Informationsweitergabe bei Schichtwechsel, Ablösen von Kollegen bei permanent zu besetzenden Arbeitsplätzen (Intensivstation), gemeinsame Fahrt zum Einsatzort im Handwerk, Auslieferungsfahrten, Verkehrsbetriebe, Just-in-time-Lieferungen, morgendliche Geschäftsöffnung im Handel oder Einhalten vereinbarter Reparaturtermine. Man kann daher dem ArbG Bayreuth zustimmen, dass das Wort *„pünktlich"* in dem Satz *„Wir haben Frau S in dieser Zeit als ehrliche, zuverlässige und pünktliche Mitarbeiterin kennen gelernt"* objektiv eine positive Bewertung der Arbeitnehmerin ausdrückt.[156] Anders wäre der Aussagegehalt, wenn der Arbeitnehmerin allein Pünktlichkeit testiert worden wäre.

In 51,59 % der 659 von Preibisch untersuchten Zeugnisse wird auf die Zuverlässigkeit des Mitarbeiters eingegangen.[157] Beispiel: *„Er arbeitete auch in schwierigen Fällen absolut zuverlässig."* Zuverlässigkeit (conscientiousness) gehört in der Arbeits- und Berufspsychologie zu den fünf wichtigen Eigenschaftsgruppen (Big Five). Sie ist in allen Stellen eine wichtige leistungsrelevante Eigenschaft, die ggf. erwähnt werden sollte. Bei Arbeitnehmern, die gefahrgeneigte Arbeit (Berufskraftfahrer, Straßenbahnfahrer, Lokführer, Kranführer) tun, ist eine Aussage zur Zuverlässigkeit bzw. zur Unfallfreiheit oder Betriebssicherheit der Anlagen und Maschinen sehr wichtig. Auch bei Industriemeistern und anderen Vorgesetzten kann die Aussage wichtig sein, dass sie stets auf die Einhaltung von Sicherheits- und Umweltschutzvorschriften geachtet haben.

3.4.4. Die Beurteilung des Arbeitserfolges

Da es bei der Arbeit fast immer nicht nur auf den Versuch, sondern auf das Ergebnis ankommt, sollte bei der Leistungsbeurteilung möglichst auch der persönliche Arbeitserfolg herausgestellt werden. Er zeigt sich in der Arbeitsqualität, zum Beispiel in der Verwertbarkeit der Arbeitsergebnisse, sowie in der Arbeitsquantität, der Termineinhaltung oder Terminbeachtung (z. B. bei Fristeinhaltung) und in der Realisierung von Zielvereinbarungen.[158] In-

---

155 ArbG Nürnberg 02.05.2001, LAGE § 630 BGB Nr. 36 = ARST 2001, S. 285; auch LÖW 2005, S. 3607; GREENBURG u. a. 1994, S. 196

156 ArbG Bayreuth 26.11.1991, NZA 1992, S. 799

157 PREIBISCH 1982, S. 10

158 LAG BW 06.02.1968, BB 1968, S. 381; LAG Hamm 27.02.1997, NZA-RR 1998, S. 156; HÖFERS / HINRICHS 2009, S. 704; SCHULZ 2006, S. 151; HUNOLD 1993, S. 225; GÖLDNER 1989, S. 84

sofern widersprechen wir der Auffassung[159], in einem Zeugnis sei nur das Leistungspotenzial eines Arbeitnehmers, nicht aber der durch ihn erreichte wirtschaftliche Erfolg (z.B. Steigerung des Bilanzvolumens einer Bankfiliale), soweit er messbar ist und individuell zugeordnet werden kann, darzustellen. Eine Auswertung von 440 qualifizierten Endzeugnissen fand nur in 38 % der Zeugnisse spezielle Aussagen zum Arbeitserfolg; dieser wird vielmehr häufig indirekt durch die Gesamtbeurteilung per Zufriedenheitsformel bewertet.[160]

Bei der Beurteilung des Arbeitserfolges sollte auf die Positions- und Aufgabenbeschreibung Bezug genommen werden. Heißt es dort, der Mitarbeiter sei für die Neukundengewinnung oder für die Produktentwicklung zuständig, so sollte die Leistungsbeurteilung konkret aussagen, ob und inwieweit er dabei Erfolg hatte. Um die Beurteilung zu objektivieren, können, wenn möglich, einzelne Erfolge quantifiziert werden. Die Quantifizierungen müssen selbstverständlich stimmen.[161] Allerdings muss bedacht werden, dass Umsatzziffern und andere Kennzahlen aus unterschiedlichen Betrieben und Branchen nicht ohne Weiteres vergleichbar sind. Eine Aussage zur Arbeitsmenge kommt insbesondere in Frage bei messbaren Tätigkeiten, die erfolgsabhängig vergütet werden, also zum Beispiel bei Akkordlöhnern (Stückzahl), bei Fahrern (Kilometerleistung) oder bei Außendienst-Mitarbeitern (Umsatz, Sollerfüllung, Beitragsvolumen bei Versicherungen). Will man aus Geheimhaltungsgründen exakte Erfolgszahlen vermeiden, so kann man überschrittene Grenzen, Bandbreiten, Verhältniszahlen (Umsatzanteil) oder verbale Rangskalen angeben bzw. verwenden.

Beispiele für Aussagen zum Arbeitserfolg sind: *„Herr X zeigt bei der Aufgabenerledigung außergewöhnlichen Einsatz und hervorragende Leistungen in quantitativer und qualitativer Hinsicht.“* Oder: *„Sie absolvierte stets ein erhebliches Arbeitspensum, in Zeiten des Urlaubs und der Krankheit von Kolleginnen mit enormen Belastungsspitzen.“* Oder: *„Er war stets willens, seine Aufgaben termingerecht abzuschließen“* (= hat dies aber nicht geschafft).

Die Aussage *„die Aufgaben, die er aufgriff“* kann andeuten, dass der Arbeitnehmer Arbeiten zwar begonnen, aber nicht erfolgreich beendet hat. Bei Außendienst-Mitarbeitern kann die Betonung der Kontaktfähigkeit (= Geschäftsanbahnung) ohne folgende Aussage über den Umsatz (= Geschäftsabschluss) ein wenig erfolgreiches Bemühen andeuten. Das Gleiche kann gelten, wenn bei einer Projektarbeit oder bei einer Entwicklungsarbeit zwar ein gewisser Fortschritt, nicht aber der erfolgreiche Abschluss attestiert

---

159 LAG Saarland 28.02.1990, LAGE §630 BGB Nr. 9, S. 3; ArbG Verden 30.05.1973, ARST 6/1974, S. 96

160 SENDE u.a. 2011, S. 36

161 LAG Hamm 18.02.2016 – 18 Sa 1577/15, juris = BeckRS 2016,68959

wird. Auch bei Verbesserungsvorschlägen sollte erwähnt werden, dass sie übernommen oder prämiert wurden. Andererseits wird man den Arbeitserfolg nicht stets auf die wirtschaftliche Verwertbarkeit des Arbeitsergebnisses abstellen können. Bei Forschern und bei Entwicklern kann der Wert einer Arbeit im Einzelfall in der Methodik und im Nachweis der technischen oder ökonomischen Nichtrealisierbarkeit bestimmter Vorhaben liegen.[162]

3.4.5. Generelle Bemerkungen

Ein Arbeitnehmer, der ein qualifiziertes Zeugnis verlangt, hat Anspruch auf ein Zeugnis mit Leistungs- und Verhaltensbeurteilung.[163] Ein Arbeitgeber kann sich nicht darauf berufen, er könne die Arbeitsleistung des Arbeitnehmers nicht beurteilen. Auf die persönlichen Kenntnisse (des Geschäftsführers) kommt es nicht an. Auch wenn ein Arbeitsverhältnis von einem Rechtsträger auf einen anderen übergegangen ist oder wenn der Vorgesetzte gewechselt hat, muss der Arbeitgeber das gesamte Arbeitsverhältnis beurteilen. Er hat sich die notwendigen Informationen zu beschaffen.[164] Auch nach Einstellung des operativen Geschäftsbetriebs bleibt der Anspruch erhalten, solange eine Gesellschaft im Handelsregister eingetragen ist.[165] Wird ein Arbeitnehmer in zeitlich erheblichem Ausmaß in eine fremde Organisation delegiert, so ist auch diese Zeit, sofern in der fremden Organisation kein eigenes Arbeitsverhältnis und kein Zeugnisanspruch entstehen, im Zeugnis zu berücksichtigen.

Die Verfasser empfehlen eine in Sätzen ausformulierte differenzierte Beurteilung. Eine formularmäßige Beurteilung mit Stichworten oder Ziffernnoten[166] genügt in der Regel nicht.[167] Multiple-Choice-Zeugnisse, bei denen ein Ausdruck des interner Beurteilungsbogen mit (handschriftlichen) Ankreuzungen mit der Überschrift „Zeugnis" versehen, um einen Schlussabsatz ergänzt und unterschrieben wird, entsprechen nicht der heute üblichen äußeren Form eines Fließtext-Zeugnisses. Sie können als bloßer Zeugnisentwurf und als Missachtung des Arbeitnehmers gedeutet werden und bei Bewerbungen zu Zurückweisungen führen.[168] In einer Untersuchung von 172 Bankzeugnissen fanden sich nur vier Zeugnisse mit formularmäßigem Aufbau.[169] Gelegentlich werden in größeren Unternehmen Praktikanten-

---

162 BAG 24.03.1977, DB 1977, S. 1369 = EzA § 630 BGB Nr. 9; SCHLEẞMANN 2018, Rn. 363

163 LAG RHPF 15.12.2015 – 8 Sa 201/15, juris

164 LAG RHPF 01.11.2012 – 10 Ta 199/12, BeckRS 2012, 76224

165 LAG RHPF 01.11.2012 – 10 Ta 199/12, BeckRS 2012, 76224

166 DITTRICH 2003, S. 58 ff.; LUCAS 2001, S. 162 f.

167 ErfK 2018/MÜLLER-GLÖGE, § 109 GewO Rn. 19; ECKERT 2010, S. 1465; SCHULZ 2006, S. 178; SCHWIRTZEK 2005, S. 715; aA LÖW 2008, S. 561

168 PLITT/BRAND 2018, S. S. 1988 f.; LINCK 2017, Rn. 16 (rechtlich nicht zu beanstanden)

169 KAUFFMANN 2004, S. 29

sowie Ausbildungszeugnisse mit Ankreuz-Formularen erstellt, was je nach Ausgestaltung die Beurteilungsstufen deutlich macht. Bei der Zeugniserstellung mit Stichworten oder Noten können die Aussagen aber meist nicht so gut wie bei einem Fließtext differenziert und nuanciert werden. Auch scheinbar exakte Notenziffern oder Notenumschreibungen sind nicht klarer als formulierte Prosa. Passagen wie *„Weiterbildung = 2"* oder *„Weiterbildung = Gut"* sind nicht so informativ wie der Satz *„Herr X hat sich in Eigeninitiative berufsbegleitend gute Kenntnisse des Programms Y angeeignet, die er bei der täglichen Arbeit nutzbringend einsetzte."*[170] Bezogen auf menschliche Sachverhalte ermöglichen Worte und Sätze präzisere Beschreibungen als scheinbar exakte Zahlen und Chiffren.

Die Formulierung der Leistungsbeurteilung ist Sache des Arbeitgebers, dem in Grenzen ein Beurteilungsspielraum zusteht.[171] Dabei kann der Arbeitgeber grundsätzlich frei wählen, welches Beurteilungssystem er hierfür heranzieht.[172] Die Beurteilung muss unter Beachtung der Positionsanforderungen, der Berufsgruppe und der Branche formuliert werden.[173] Die Verfasser haben wiederholt allgemeine Leistungsbeurteilungen gelesen, die man ohne Weiteres in beliebige andere Zeugnisse hätte übertragen können. Der Aussteller muss sich um eine objektive Beurteilung mit einem verkehrsüblichen Normalmaßstab bemühen. Maßgebend für die Beurteilung ist die Erfüllung der dauerhaften Anforderungen[174] und speziell vereinbarter Ziele. Weiterhin kann die Leistung an der Leistung vergleichbarer Mitarbeiter (Quervergleich, Ranking) in Parallelstellen gemessen werden.[175] Selbstverständlich garantiert eine anspruchsvolle Position nicht ohne Weiteres eine gute Beurteilung. Entscheidend ist der Grad der Erfüllung oder Übererfüllung der Anforderungen.[176]

Die Beurteilung ist eine ausgewogene Gesamtwürdigung. Sie ist als Längsschnittbeurteilung auf das charakteristische Bild im Laufe des Arbeitsverhältnisses und nicht auf einzelne atypische Ereignisse, kurzzeitige Leistungsdellen oder vereinzelte Höhenflüge oder nur auf die letzte Zeit des

---

170 Ablehnend auch DACHRODT/ENGELBERT 2013, S. 15; für Noten plädiert ECKERT 2000, S. 81

171 BAG 15.11.2011 – 9 AZR 386/10, NZA 2012, S. 448; NJW 2012, S. 1754 = DB 2012, S. 636 = DB0469192 = BeckRS 2012, 67197 = juris; LAG Düsseldorf 12.03.1986, LAGE § 630 BGB Nr. 2; ROTH 2006, S. 64 f.; ADAM 2005, S. 556

172 BAG 14.10.2003, DB 2004, S. 1270 = NZA 2004, S. 842

173 GÄNTGEN 2016a, S. 2133, Rn. 29; GÄNTGEN 2016b, S. 147

174 MAURITZ/WISCHNATH 2011, S. 224 und 226; GÖLDNER 1991, S. 242 f.

175 FERGUSON 2012, S. 958; WRIGHT/ZIEGELSTEIN 2004, S. 588 ff.; GREENBURG u. a. 1994, S. 195

176 LAG Düsseldorf 12.03.1986, LAGE § 630 BGB Nr. 2

Arbeitsverhältnisses auszurichten.[177] Allerdings wird oft nur der aktuelle Vorgesetzte an der Zeugniserstellung beteiligt. Die meisten Aussteller gehen nach langjährigen Arbeitsverhältnissen wohl vom aktuellen Leistungsstand aus, der auch für die Zeugnisnutzer den höchsten Informationswert hat.[178] Überwundene Einarbeitungs- und Anfangsschwierigkeiten (bei Auszubildenden[179]) oder geringfügige Mängel beim Aufbau[180] oder bei der Reorganisation eines Arbeitsgebietes sind nicht zu erwähnen. Andererseits kann ein Auszubildender (und wohl auch ein Arbeitnehmer) mit Fehlleistungen nicht die Aussage verlangen, seine Tätigkeit sei überdurchschnittlich.[181]

Existiert im Unternehmen ein formalisiertes Beurteilungssystem, so kann auf frühere Beurteilungen zurückgegriffen werden. Dies kann aber für den Arbeitgeber wie für den Arbeitnehmer problematisch sein, wenn z. B. der Arbeitgeber aus Motivationsgründen zu gut beurteilte bzw. der Arbeitnehmer gegen eine ihm zu schlecht erscheinende Beurteilung keine Einwände erhob. Vor allem können die Formulierungen aus internen Beurteilungssystemen, welche ohne Beachtung der Wohlwollenspflicht verfasst wurden, nicht ohne Weiteres ins Zeugnis übernommen werden. Der Beweiswert von turnusmäßigen Beurteilungen in einem Gerichtsstreit dürfte unter anderem von der Unterschriftsformel („gesehen“ oder „einverstanden“) abhängen. Beurteilungssysteme, bei denen die Arbeitnehmer nach vorgeschriebenen Prozentsätzen in abgestufte Gruppen eingeordnet werden müssen (Forced Choice-Verfahren), können, insbesondere bei kleinen Arbeitnehmergruppen, künstliche Unterschiede produzieren und irreale Unterbewertungen erzeugen. Sie können daher nicht als Beurteilungsgrundlage für ein Zeugnis dienen.

Die Leistungsbeurteilung kann nach Abteilungen differenziert werden: *„Seine Arbeit in der Bilanzbuchhaltung erledigte er zu unserer Zufriedenheit. Nachdem er aufgrund einer internen Bewerbung in die Controlling-Abteilung wechselte, arbeitete er stets zu unserer vollsten Zufriedenheit.“* Hatte der Arbeitnehmer im Zeitablauf mehr als eine Position inne, so erfolgt aber in der Regel eine zusammenfassende Beurteilung, die sich auf alle Positionen bezieht. Es kann eine Kritik andeuten, wenn in diesem Falle die Leistungsbeurteilung im Zeugnis vor der letzten Positions- und Aufgabenbeschreibung steht. Möglicherweise hat der Zeugnisverfasser die

---

177 LAG Köln 08.07.1993, LAGE § 630 BGB Nr. 18, S. 2; ErfK 2018 / MÜLLER-GLÖGE, § 109 GewO Rn. 30 und 40; LINCK 2017, Rn. 21; SCHULZ u. a. 2015, S. 86 ff.; MAURITZ / WISCHNATH 2011, S. 226; SCHULD 2010, S. 141 f.; GOLA / WRONKA 2008, Rz. 1108

178 SCHLEßMANN 2018, Rn. 342 f.

179 LEINEMANN / TAUBERT 2008, S. 245

180 LAG Hamm 03.01.1969, BB 1969, S. 834

181 ArbG Oldesloe 29.10.1974, ARST 2 / 1976, S. 29

letzte Stelle des Mitarbeiters bewusst nicht in seine positive Beurteilung einbezogen (Reihenfolge-Technik).[182] Das Gleiche gilt, wenn sich bei einem Mischarbeitsplatz bzw. einer Doppelfunktion die Leistungsbeurteilung erkennbar nur auf einzelne Tätigkeiten bzw. nur auf eine Funktion bezieht.

3.4.6. Krankheit

In der Unternehmens-Befragung gaben 18,1 % von 386 Unternehmen an, schon einmal in einem Zeugnis gesundheitliche Probleme des Mitarbeiters erwähnt oder angedeutet zu haben.[183] Dies geschieht insbesondere dann, wenn die Krankheit zu deutlichen Leistungsmängeln und zu einer Beendigung des Arbeitsverhältnisses geführt hat. Allerdings darf ein Arbeitnehmer für seine Krankheit nicht mit einer negativen Leistungsbeurteilung bestraft werden.

Die Art einer Erkrankung und Krankheitsfehlzeiten dürfen aufgrund der informationellen Selbstbestimmung und des Datenschutzes (Art. 9 DSGVO) im Zeugnis nur mit ausdrücklicher Zustimmung des Arbeitnehmers erwähnt werden. Der Arbeitgeber hat nicht das Recht, Dritte per Zeugnis oder Auskunft über die Krankheiten seiner (ehemaligen) Arbeitnehmer zu informieren.[184]

Krankheitsdaten sind keine zeugnisrelevanten Leistungs- und Verhaltenstatsachen, da Erkrankungen unabhängig vom Willen des Arbeitnehmers sind. Daraus folgt, dass durchschnittliche kürzere krankheitsbedingte Fehlzeiten oder vorübergehende krankheitsbedingte Minderleistungen grundsätzlich nicht im Zeugnis angegeben werden dürfen.[185] Nach Auffassung des ArbG Frankfurt darf der Arbeitgeber Krankheitsfehlzeiten grundsätzlich auch dann nicht angeben, wenn vor Beendigung des Arbeitsverhältnisses eine anderthalbjährige ununterbrochene Fehlzeit gelegen hat.[186] Ebenso entschied das Sächsische LAG, eine Krankheit dürfe grundsätzlich nicht im Zeugnis vermerkt werden, auch dann nicht, wenn sie den Kündigungsgrund bilde.[187]

Hochschulen fordern für Zeugnisse über studienintegrierte Praxissemester manchmal die Angabe von Krankheits- und anderen Fehlzeiten, um die Einhaltung einer geforderten Mindestdauer des Praktikums prüfen zu können.

---

182 MÖLLER 1990, S. 92 und 201

183 WEUSTER 1994, S. 53 f.

184 SCHULZ u. a. 2015, S. 106 ff.; ROTH 2006, S. 68: KAEHLER 2005, S. 45 ff.; und S. 86 f.; KEILICH 2004, S. 64 ff. und 73 f.

185 LEPKE 2018, Rn. 765; ASZMONS/LACKSCHEWITZ 2016, S. 2076; SCHULZ 2006, S. 131 ff.; ROTH 2002, S. 9; KRUMMEL 1983, S. 149

186 ArbG Frankfurt 19.03.1991, DB 1991, S. 2448

187 LAG Sachsen 30.01.1996, AiB 1996, S. 506

Unseres Erachtens können sie aber nur eine entsprechende Bescheinigung, nicht aber die Aufnahme dieser Information ins Zeugnis beanspruchen.

Wir referieren hier einige gegenteilige Auffassungen zur Angabe von Krankheitsfehlzeiten im Zeugnis. So wird die Auffassung vertreten, die Erwähnung langer Krankheitsfehlzeiten könne wegen der Wahrheitspflicht in einem qualifizierten und auch in einem einfachen Zeugnis in Betracht kommen, wenn die Fehlzeiten im Verhältnis zur Gesamtdauer des Arbeitsverhältnisses erheblich seien bzw. wenn ohne Erwähnung ein falscher Eindruck von der Einsatz- und Leistungsfähigkeit des Arbeitnehmers entstehe.[188] Nach Auffassung des Sächsischen LAG dürfen Krankheitsfehlzeiten ohne Hinweis auf die Art der Krankheit bei der Dauer des Arbeitsverhältnisses erwähnt werden, wenn sie etwa die Hälfte der gesamten Beschäftigungszeit ausmachen.[189] Das LAG Hessen gab einem Arbeitgeber dahingehend Recht, dass bei einem vom 01.01.2007 bis zum 15.03.2014 dauernden Arbeitsverhältnis eine Krankheitszeit, die fast fünf Jahre durchgehend bis zur Beendigung des Arbeitsverhältnisses bestand, trotz Schwerbehinderung erwähnt werden darf.[190] Wenn der Arbeitgeber die Krankheitszeit angibt, muss die Zeitangabe (Daten) korrekt sein.[191]

Das Schweizerische Bundesgericht entschied, dass eine Erkrankung von beinahe anderthalb Jahren, die einen berechtigten Kündigungsgrund bildete, erwähnt werden darf.[192] Ebenso halten Müller und Thalmann sowie Bregy mit Bezug auf das Schweizer Arbeitsrecht die Erwähnung einer langen Krankheit für gerechtfertigt, wenn diese die Arbeitsfähigkeit erheblich beeinflusst oder sogar den Kündigungsgrund bildet.[193] So wäre ein Hinweis auf eine chronische Krankheit denkbar.

Es wäre denkbar, das Fehlen von Krankheitsfehlzeiten lobend zu erwähnen. Zum Beispiel: *„Während des gesamten zehnjährigen Arbeitsverhältnisses hat Herr X kein einziges Mal wegen Krankheit gefehlt.“* Die Verfasser haben eine Aussage dieser Art aber noch nie in einem Zeugnis gelesen.

Krankheitsart: Rob hält die Nennung der Art der Erkrankung dann für möglich, wenn diese einen grundsätzlichen Einfluss auf das Arbeitsverhältnis

188 LAG Sachsen 30.01.1996, AiB 1996, S. 506; LINCK 2017, Rn. 21; LEPKE 2018, Rn. 767; GÄNTGEN 2016a, S. 2132, Rn. 28; ASZMONS / LACKSCHEWITZ 2016, S. 2076; GÖLDNER 1991, S. 248

189 LAG Sachsen 30.01.1996, AiB 1996, S. 506

190 LAG Hessen 02.02.2015 – 16 Sa 1387 / 14, NZA-RR 2016, S. 179 = juris = BeckRS 2016, 65238

191 ArbG Offenbach 24.09.2014 – 5 Ca 268 / 14, BeckRS 2016, 65237

192 Schweizerisches Bundesgericht 4A 187 / 2010 vom 06.09.2010, BGE 136 III 510, S. 511 ff.; zustimmend PORTMANN / HOLENSTEIN 2015, S. 256 f.

193 MÜLLER / THALMANN 2016, S. 62 f.; BREGY 2005, S. 18

hat.[194] Adam vertritt die Auffassung, eine Erkrankung könne dann erwähnt werden, wenn sie die Eignung und die Leistungsfähigkeit des Arbeitnehmers auf Dauer erheblich einschränke.[195] Liegert will die Nennung einer Krankheitsart ausnahmsweise dann zulassen, wenn aufgrund der Krankheit der bisherige Beruf nicht mehr ausgeübt werden kann.[196] Einige Autoren bejahen die Nennung oder Andeutung *(„gesundheitliche Schwächen“)* einer Krankheit auch ohne Einverständnis des Arbeitnehmers, wenn diese zu Arbeitsunfällen (z. B. bei Epilepsie) oder Ansteckungen führen könne.[197] Auch das ArbG Hagen hatte im Zeugnis eines Angestellten in einem Kreditinstitut, der unter krampfartigen Anfällen litt, in der Zeugnisbeurteilung die Passage *„trotz seiner sich von Zeit zu Zeit zeigenden gesundheitlichen Schwierigkeiten“* für zulässig erachtet. Die Bemerkung des Gerichts, es komme nicht darauf an, ob durch den Gesundheitszustand der Arbeitseinsatz tatsächlich beeinträchtigt wurde, sowie die Urteilsbegründung, es sei gegenüber den Kunden wenig verantwortungsbewusst, einem solchen Arbeitnehmer in der Öffentlichkeit die Verwaltung von Geld und Wertsachen anzuvertrauen[198], sind aber nicht überzeugend. Die Erwähnung einer AIDS-Infektion (nicht zu verwechseln mit einer entwickelten AIDS-Erkrankung) im Zeugnis wird bislang abgelehnt.[199]

Da Alkoholismus bzw. Drogenabhängigkeit arbeitsrechtlich als Krankheiten gelten, dürfen im Zeugnis grundsätzlich auch keine Nennungen oder Andeutungen *(„Es gab Anlass zu Beanstandungen“)* oder Geheimformeln wie *„gesellig“* erscheinen.[200] Eine Ausnahme mag im Einzelfall bei Berufskraftfahrern, z. B. bei Busfahrern, gegeben sein, wenn diese sich wegen Fahruntüchtigkeit infolge Alkoholgenusses im Dienst strafrechtlich verantworten mussten. In der Unternehmens-Befragung gaben 15,9 % von 377 Unternehmen an, sie würden ggf. Alkoholismus erwähnen.[201]

Da Krankheiten im Zeugnis selten genannt werden, ist klar, dass die Einstellchancen eines so „gebrandmarkten“ Arbeitnehmers drastisch sinken. Dies gilt auch oder vielmehr gerade bei einer nur andeutungsweise erwähnten Krankheit, z. B., wenn diese als Grund für eine Änderung des Arbeitsgebietes oder für eine Versetzung angegeben wird. Insofern würde

---

194 ROB 1994, S. 445

195 ADAM 2005, S. 554 f.

196 LIEGERT 1975, S. 30

197 LEPKE 2018, Rn. 767; SCHLEßMANN 2018, Rn. 444; DITTRICH 2003, S. 40; MÜLLER 1999, S. 41; FRIEDRICH 1998, S. 23; HUNOLD 1988, Teil 12, Kap. 2, S. 25 f.

198 ArbG Hagen 17.04.1969, DB 1969, S. 886 = BB 1969, S. 676 f., dort mit kritischen Anmerkungen von WOLFF; kritisch auch SCHULZ u. a. 2015, S. 106 f.; SCHULZ 2006, S. 131 f.

199 LEPKE 2018, Rn. 767; SCHLEßMANN 2018, Rn. 444

200 BECKER-SCHAFFNER 2004, S. 492 bejaht Erwähnung bei Einfluss auf Leistung und Verhalten

201 WEUSTER 1994, S. 52

der Arbeitnehmer schlechter gestellt als behinderte Arbeitnehmer, deren Behinderung in der Regel nicht im Zeugnis erwähnt wird. Die Erwähnung einer Krankheit erzeugt Zweifel, ob dieser Bewerber wirklich wieder völlig gesund und voll einsetzbar ist. Dies gilt selbst dann, wenn eine Krankheit für den Betrieb irrelevant ist. So könnte zum Beispiel ein Metallbetrieb einen Bewerber mit Mehlstauballergie einstellen, wird dies aber eventuell nicht tun, weil er diese Allergie als Signal für eine allgemeine Anfälligkeit des Bewerbers nimmt. Es ist auch zu bedenken, dass Allergien zum Teil heilbar sind. Der Hinweis auf die Allergie stünde demnach noch im Zeugnis, obwohl der Sachverhalt nicht mehr existiert und ein künftiger Arbeitgeber nach überwundenen Krankheiten nicht fragen darf. Aus diesen Gründen kommt die Nennung einer Krankheit kaum in Frage. Sie widerspricht dem Recht des Arbeitnehmers auf informationelle Selbstbestimmung.[202] Für den Zeugnisaussteller besteht auch die Gefahr, dass dem Arbeitnehmer je nach den Umständen ein Schadensersatzanspruch zustehen könnte, wenn ein anderer Arbeitgeber wegen der Erwähnung oder Andeutung gesundheitlicher Probleme von einer Einstellung Abstand nimmt.

Die ärztlichen Arbeitsunfähigkeitsbescheinigungen, welche Arbeitnehmer ihren Arbeitgebern nach § 5 Entgeltfortzahlungsgesetz vorlegen müssen, enthalten keine Angaben über die Art der Erkrankung. Ein Arbeitnehmer ist auch grundsätzlich nicht verpflichtet, seinem Arbeitgeber die Art der Erkrankung mitzuteilen. Auch die Krankenkassen dürfen dem Arbeitgeber die Krankheitsart in der Regel nicht mitteilen. Insofern besteht keine Verpflichtung des Arbeitgebers, möglichen künftigen Arbeitgebern des Arbeitnehmers per Zeugnis entsprechende Informationen zu liefern. Es ist Aufgabe eines potenziellen Arbeitgebers, im Rahmen des Fragerechts oder einer Einstellungsuntersuchung tätigkeitsrelevante gesundheitliche Fragen, insbesondere bei Unfall- oder Ansteckungsgefahren, zu klären. Außerdem muss ein Bewerber offenbaren, wenn er aufgrund eines gesundheitlichen Problems, zum Beispiel wegen Epilepsie oder wegen Alkoholismus, eine bestimmte Tätigkeit gar nicht ausüben kann oder sich und andere gefährden würde.

Ein Problem stellt dar, dass es keine Beendigungsformel für den Schlussabsatz gibt, die zwischen einer verhaltensbedingten und einer personenbedingten (z. B. krankheitsbedingten) Kündigung unterscheidet. Dies kann dazu führen, dass eine krankheitsbedingte Kündigung des Arbeitsverhältnisses als eine verhaltensbedingte Kündigung missdeutet wird. Insofern ist es in manchen Fällen, z. B. bei der Beendigung eines langjährigen Arbeitsverhältnisses wegen Krankheit, vielleicht erwägenswert, diesen Beendigungsgrund in Absprache mit dem Arbeitnehmer zu nennen. Bei einer

202 SCHULZ u. a. 2015, S. 107.; SCHULZ 2006, S. 131 f.

(seltenen) fristlosen krankheitsbedingten Kündigung ist dieser Grund auf Wunsch des Arbeitnehmers anzugeben, um den Eindruck eines schuldhaften Verhaltens zu vermeiden.[203] Bei Krankheiten, die in allen Unternehmen den Einsatz und die Leistung beeinträchtigen, gibt es allerdings keine hilfreiche zeugnistechnische Lösung. Auch vage Formulierungen wie *„endete aus gesundheitlichen Gründen“* führen zu Spekulationen und sind daher kein Ausweg. In der Praxis werden krankheitsbedingte Kündigungen in Zeugnissen oft als betriebsbedingte Kündigung dargestellt. Dies ist insofern ein akzeptabler Ausweg, als unzumutbare betriebliche Auswirkungen eine der rechtlichen Voraussetzungen für eine krankheitsbedingte Kündigung sind. Wird ein Arbeitsverhältnis wegen Krankheit beendet, so werden oft Aufhebungsverträge bzw. Vergleiche geschlossen. Dann genügt es, im Zeugnis eine einvernehmliche Beendigung anzugeben.

3.4.7. Herausragende Erfolge des Mitarbeiters

Die Leistungsbeurteilung in einem Zeugnis muss grundsätzlich die typische Normalleistung im Arbeitsalltag widerspiegeln. Der Grundsatz der Individualität verlangt aber, dass die unverwechselbaren Besonderheiten des Arbeitnehmers im Zeugnis zum Ausdruck kommen.[204] Insofern können auch Erfolge und Spitzenleistungen hervorgehoben werden. Konkrete Erfolgsbeispiele geben dem Zeugnis Lebendigkeit. Als Signale für Motivation, Kompetenz und Expertenstatus können sie die Bewertung der beurteilten Person, ihre Einstellchancen sowie auch die Glaubwürdigkeit des Ausstellers erhöhen. Sie mindern auch den Bedarf an weiteren Informationen.[205] Eine Auswertung von Bankarbeitszeugnissen fand in 142 von 172 Zeugnissen, insbesondere bei Führungskräften, Aussagen zu besonderen Erfolgen.[206] Was ein herausragender Erfolg ist, ist funktionsabhängig. So kann ein realisierter Verbesserungsvorschlag ein besonderer Erfolg sein; bei einem Organisator dagegen signalisiert nicht jeder Reorganisationsvorschlag eine überdurchschnittliche Leistung.[207] Wichtig ist auch, dass es sich hier nicht um eine Zeugniskomponente nur für Führungskräfte handelt. Besondere Erfolge können von vielen Arbeitnehmern und auch von Auszubildenden (Erfolge in Berufswettbewerben, Erhalt von Preisen) erbracht werden.

Ins Zeugnis kann ggf. auch eine positive *Potenzialbeurteilung* aufgenommen werden, also eine Einschätzung, inwieweit der Arbeitnehmer an-

---

203 LEPKE 2018, Rn. 767; FRIEDRICH 1998, S. 24

204 LAG BW 06.02.1968, BB 1968, S. 381 = DB 1968, S. 534; ArbG Berlin 04.11.2003, NZA-RR 2004, S. 297; FREY / WÖRL 2009, S. 58 f.; SCHULZ 2006, S. 162

205 MESSMER 2012, S. 18 und 60; WRIGHT / ZIEGELSTEIN 2004, S. 591; TSCHUMI 2003, S. 23 ff.; PRECHT 1998, S. 246 und 249; RANGE u. a. 1991, S. 392; KNOUSE 1983, S. 331 ff.

206 KAUFFMANN 2004, S. 51 ff.

207 LAG Düsseldorf 12.03.1986, LAGE § 630 BGB Nr. 2, S. 6

spruchsvollere Aufgaben erledigen oder größere Verantwortung übernehmen kann.[208] Das LAG Hamm zählt die „Arbeitserwartung (Potenzial)“ zu den Hauptmerkmalen der Leistungsbeurteilung.[209] Wir unterstützen den Vorschlag, auf High Potentials bzw. auf noch nicht realisierte, anspruchsvollere Einsatzmöglichkeiten aufmerksam zu machen. Potenzialbeurteilungen sind nach unserer Erfahrung aber nur selten in Zeugnissen enthalten. Da die Leistungsbeurteilung im Zeugnis vergangenheitsbezogen ist, hat der Arbeitnehmer keinen Anspruch auf eine Leistungsprognose. Negative Potenzialbeurteilungen in Zeugnissen sind unzulässig.

3.4.8. Die Beurteilung der Führungsleistung

Unter Führungsleistung wird die Qualität der Mitarbeiterführung eines Vorgesetzten verstanden. Im Arbeitszeugnis eines Vorgesetzten ist nicht nur seine fachliche Eigenleistung, sondern auch das Ergebnis seiner Mitarbeiterführung zu beurteilen.[210] Dies ist in Führungskräfte-Zeugnissen ein unverzichtbarer Bestandteil der Leistungsbeurteilung. Positive Wertungen der Führungsleistung können hilfreich sein bei der Bewerbung um Führungspositionen.[211] Es kann auch eine zeitweilige oder begrenzte Führungsaufgabe als Projektleiter, Arbeitskreisleiter oder Messeteamleiter erwähnt und beurteilt werden, wobei hier oft zwischen disziplinarischer und funktionaler Führung zu unterscheiden ist. Auch bei Mitarbeitern, die häufig neue Mitarbeiter, Praktikanten oder Auszubildende einarbeiten und anleiten, kann auf ihre Motivierungsfähigkeit eingegangen werden.[212]

In der Inhaltsanalyse von Originalzeugnissen fand sich in 40 (= 39,6 %) von 101 Führungskräfte-Zeugnissen eine Aussage zur Führungsleistung. Diese Aussagen umfassten im Mittel 1,8 Zeilen. Dabei betraf die häufigste Aussage die Zahl der Mitarbeiter, die als Faktum aber noch keine Beurteilung der Führungsleistung darstellt.[213] Eine weitere Untersuchung fand in 44 von 53 (83 %) Führungskräfte-Zeugnissen aus Banken Aussagen zur Führungsleistung. Besonders häufige Angaben betrafen hier die Mitarbeiterzahl, die

208 MAURITZ / WISCHNATH 2011, S. 226; HÖFERS / HINRICHS 2009, S. 703; GÖLDNER 1989, S. 82 f.

209 LAG Hamm 27.02.1997, NZA-RR 1998, S. 156

210 LAG Hamm 27.04.2000, BB 2000, S. 1786 = NZA 2002, S. 624; SCHLEßMANN 2018, Rn. 410; LINCK 2017, Rn. 25; MÜLLER/ THALMANN 2016, S. 78 f.; GÄNTGEN 2016a, S. 2130, Rn. 26; ARCHUT 2014, S. 52; MESSMER 2012, S. 88 ff.; FREY / WÖRL 2009, S. 59 f.; SCHULZ 2006, S. 150 f.; WANK 2004, Sp. 457; GÖLDNER 1991, S. 246 f.

211 SENDE 2016, S. 7

212 ArbG Koblenz 24.04.2014 – 2 Ca 3399 / 13, Rz. 107, juris

213 WEUSTER 1994, S. 93

kooperative Führung, das Abteilungs- oder Gruppenergebnis sowie die Förderung, Motivierung und Information der Mitarbeiter.[214]

Die Angabe der Zahl der geführten Mitarbeiter ist für potenzielle Arbeitgeber eine wichtige Information, die auch Schlüsse auf die Bedeutung der Position erlaubt.[215] Manchmal werden die direkte Leitungsspanne und die Gesamtzahl der Mitarbeiter angegeben: *„Als Produktionsleiter führte direkt zehn Meister und insgesamt 250 Mitarbeiter.“* Erwähnenswert kann es auch sein, wenn die Führungskraft Spezialisten führt, weil damit besondere Anforderungen verbunden sein können: *„Als Projektmanagerin führte sie wechselnde interdisziplinäre Spezialistenteams.“*

Der Führungserfolg hängt ab von der Persönlichkeit des Führenden, den Charakteristika der Gruppe der Geführten, den speziellen Gruppen- oder Abteilungsaufgaben und von der generellen Lage der Organisation. In Abhängigkeit von dieser Führungssituation kann im Arbeitszeugnis eine Reihe von Führungsaspekten und Führungserfolgen angesprochen bzw. beurteilt werden.[216]

Aspekte und Indikatoren der Führungsleistung

- Führungsebene (Hierarchieebene)
- Dauer der Führungsfunktion sowie Leitungsspanne (Zahl der geführten Mitarbeiter)
- Berufliche Qualifikation der geführten Mitarbeiter (Spezialisten)
- Auswirkung der Führung auf das Gruppen- oder Abteilungsergebnis
- Auswirkung der Führung auf die Zufriedenheit der Mitarbeiter (Abteilungsklima)
- Befugnis, selbstständig einzustellen und zu entlassen
- Praktische Anwendung der Führungsrichtlinien des Unternehmens (falls vorhanden)
- Individueller Führungsstil (autoritär/konsequent – kooperativ)
- Einsatz von Führungstechniken, z. B. von Zielvereinbarungen (Management by Objectives)
- Sach- und personenbezogenes Durchsetzungs- und Überzeugungsvermögen
- Arten und Mittel der praktizierten Mitarbeitermotivation (Lob, Feedbackgespräche, Prämien)
- Gerechtigkeitssinn, z. B. bei Meistern, die unterschiedliche Tätigkeiten zuweisen
- Umfang der Delegation von Aufgaben und von Verantwortung

---

214 KAUFFMANN 2004, S. 57 f.

215 LAG SH 07.11.2017 – 1 Sa 29/17, juris

216 WEUSTER 2003b, S. 68 ff.; WEUSTER 1994, S. 133

- Art und Weise der Information der Mitarbeiter, zum Beispiel durch Mitarbeiterbesprechungen
- Erfolge bei der Auswahl und Einarbeitung von Mitarbeitern
- Erfolge bei der Ausbildung von Auszubildenden
- Erfolge bei der Mitarbeiterförderung, insbesondere, wenn eine laufende Weiterbildung sehr wichtig ist (z. B. bei IT-Funktionen), sowie Erfolge bei der Managemententwicklung (z. B. bei der Trainee-Förderung oder beim Mentoring)
- Aufbau eines qualifizierten Stellvertreters oder Nachfolgers
- Erfolge bei Besonderheiten der Gruppe, z. B. bei hohem Anteil ausländischer Mitarbeiter
- Verbindung von Spezialisten zu einem kreativen Team, z. B. bei einem Projekt
- Senkung der Fluktuationsrate oder der Abwesenheitsquote.[217]

Wichtig bei der Beurteilung der Personalführung ist, dass sowohl zur Auswirkung der Führung auf die Gemeinschaftsleistung (Abteilungsergebnis) als auch zur Auswirkung auf die Zufriedenheit der Mitarbeiter (Abteilungsklima) Stellung genommen wird.[218] Beispiele: *„Durch seine verbindliche, aber bestimmte Art hatte er ein ausgezeichnetes Verhältnis zu seinen Mitarbeitern, was zu einem sehr produktiven Arbeits- und Betriebsklima führte."* Oder: *„Sie war aufgrund ihrer Führungsqualitäten anerkannt und beliebt. Dabei verhielt sie sich gegenüber den Mitarbeitern aufgeschlossen, verstand es aber auch, sich in schwierigen Situationen durchzusetzen und ihre Mitarbeiter stets zu hohem Arbeitseinsatz zu motivieren. Ihr Bereich war einer der bestgeführten und produktivsten unseres Hauses."* Einseitig leistungsorientiert wäre die Aussage *„Mit seinen Mitarbeitern übertraf er stets die gesetzten Ziele."* Einseitig mitarbeiterorientiert wäre die Aussage: *„Von seinen Mitarbeitern wurde er als angenehmer Vorgesetzter sehr geschätzt."*

Sofern der individuelle Führungsstil beschrieben wird, wird meist der kooperative Stil genannt. Beliebtheit bei den Geführten wird manchmal negativ interpretiert.[219] Bei einer patriarchalischen oder autoritären Führung wird meist verhüllend von konsequenter, straffer oder fester Führung gesprochen.[220] Beispiel: *„Sie führte äußerst konsequent / straff demokratisch."*

Auch bei der Führungsleistung ist es wichtig, dass die Anstrengungen Erfolg haben. Die Aussage *„Er erwartete, dass seine Mitarbeiter sich voll einsetzten"* lässt jedoch offen, ob die Führungskraft ihre Erwartungen auch durchsetzte. Nach Auffassung des LAG Hamm ist die Durchsetzungskraft

217 Auch LAG Hamm 27.04.2000, BB 2000, S. 1786; WEUSTER 1991 / 92, S. 24 f.

218 LAG Hamm 27.04.2000, BB 2000, S. 1786 = NZA 2002, S. 624

219 WEUSTER 1994, S. 206

220 SCHMID 1986, S. 1336

einer Führungskraft stets zu beurteilen, da ihr Fehlen im Zeugnis ein Zeichen für Führungsschwäche sei.[221] Wird bei der Beurteilung der Führungsleistung durch vielversprechende Einleitungen wie *„Besonders hervorzuheben ist, dass“* auf Erfolge aufmerksam gemacht, so müssen dies auch bedeutsame Tatsachen sein. Das Begründen von Entscheidungen oder das Erteilen klarer Anweisungen allein sind noch keine Vorzüge. Nicht charakteristische negative Einzelfälle gehören nach dem Grundsatz des verständigen Wohlwollens nicht ins Zeugnis. So sind überwundene Anfangsprobleme, z. B. anfängliche Autoritätsprobleme jüngerer Vorgesetzter, im Zeugnis nicht nennenswert. Negativbeispiel: *„Im Laufe der Zeit hat er sich den kooperativen Führungsstil angeeignet. Heute ist er ein gerechter und allseits geschätzter Vorgesetzter.“*

3.4.9. Zusammenfassende Leistungsbeurteilung

Zeugnisse müssen eine vom kundigen Leser verstehbare zusammenfassende Beurteilung enthalten.[222] Nachdem in Abhängigkeit von den jeweiligen Gegebenheiten die vorstehenden Leistungsaspekte bewertet wurden, erfolgt in Zeugnissen meist noch eine abschließende Leistungsbeurteilung mit der Zufriedenheitsformel, zum Teil auch mit der Erwartungs- oder Anforderungsformel. In einer Analyse von 802 Zeugnissen enthielten 90,4 % die Zufriedenheitsformel.[223] Zur Abstufung dienen der *Zeitfaktor* (stets, jederzeit, immer) und der *Grad* der Zufriedenheit.

Die hier wiedergegebene Zufriedenheitsskala wird in der *Literatur* seit langem nahezu einheitlich so vorgeschlagen.[224] In der *Praxis* herrschen jedoch Auffassungsunterschiede bzw. ist diese Skala nicht überall exakt bekannt.[225] Bei sehr guten Beurteilungen wird manchmal anstelle des Begriffes *„Zufriedenheit“* das stärkere Substantiv *„Anerkennung“* verwendet. Zur Vermeidung von Missverständnissen sollte man wohl auch bei diesem Wort im Falle einer sehr guten Beurteilung die Formulierung *„stets vollste Anerkennung“* verwenden.

---

221 LAG Hamm 27.04.2000, BB 2000, S. 1786

222 ErfK 2018 / MÜLLER-GLÖGE, § 109 GewO Rn. 31; GÄNTGEN 2016b, S. 148

223 SENDE 2016, S. 66

224 WESSEL 2017, S. 1708; LINCK 2017, Rn. 23; HUBER / MÜLLER 2016, S. 68 ff.; GÄNTGEN 2016a, S. 2136, Rn. 32; ECKLEBE 2015, S. 925; SCHULZ u. a. 2015, S. 109 ff.; KILIAN 2015, S. 84 f.; LASKAWY / LOMB 2014, S. 83; ARCHUT 2014, S. 55; DACHRODT / ENGELBERT 2013, S. 95 f.; MESSMER 2012, S. 65 ff.; MAURITZ/ WISCHNATH 2011, S. 229; KNOBBE / LEIS / UMNUß 2011, S. 19; ECKERT 2010, S. 1472; COELIUS 2008, S. 26 ff.; WANZKE 2008, S. 79; SCHULZ 2006, S. 180 ff.; VER.DI 2005, S. 18 f. und 26; LÖW 2005, S. 3607; SCHWIRTZEK 2005, S. 717; DITTRICH 2003, S. 118; BOEMKE / MÜLLER 2003, § 109 GewO Rz. 42; PROLLIUS 2002, S. 30; LUCAS 2001, S. 177 ff.

225 HUESMANN 2008, S. 171; WEUSTER 1994, S. 42 ff. und 131

Zusammenfassende Leistungsbeurteilung mit der Zufriedenheitsformel
Sehr gute Beurteilung (Note 1)
Sie hat ihre Aufgaben stets zu unserer vollsten Zufriedenheit erledigt.[226]
Wir waren mit seinen Leistungen stets außerordentlich / äußerst / höchst / absolut zufrieden.
Gute Beurteilung (Note 2)
Sie hat ihre Aufgaben stets zu unserer vollen Zufriedenheit erledigt.[227]
Befriedigende Beurteilung (Note 3)
Er hat seine Aufgaben [ ] zu unserer vollen Zufriedenheit erledigt.[228]
Sie hat ihre Aufgaben voll zufriedenstellend erledigt.
Ausreichende Beurteilung (Note 4)
Sie hat ihre Aufgaben [ ] zu unserer [ ] Zufriedenheit getan.[229]
Er hat seine Aufgaben zufriedenstellend getan.
Mangelhafte Beurteilung (Note 5)
Er hat im Großen und Ganzen / zum großen Teil zu unserer Zufriedenheit gearbeitet.[230]
Sie hat ihre Aufgaben weitgehend / in der Regel / meist / oft zufriedenstellend getan.

---

226 BAG 23.09.1992, EzA §630 BGB Nr. 16; LAG Hamm 12.07.1994, LAGE §630 BGB Nr. 27, Punkt 3; LAG Hamm 13.02.1992, LAGE §630 BGB Nr. 16; ErfK 2018 / MÜLLER-GLÖGE, §109 GewO Rn. 33

227 LAG Bremen 09.11.2000, NZA-RR 2001, S. 287; LAG Hamm 13.02.1992, LAGE §630 BGB Nr. 16; LAG Düsseldorf 20.11.1979, DB 1980, S. 546

228 LAG Köln 05.02.2015 – 7 Sa 884 / 14, juris = BeckRS 2015, 71390; LAG Hamm 22.05.2002, NZA-RR 2003, S. 71; LAG Bremen 09.11.2000, NZA-RR 2001, S. 287; LAG Hamm 13.02.1992, LAGE §630 BGB Nr. 16 (= vollbefriedigende Leistung = gehobenes Befriedigend); LAG Köln 18.05.1995, LAGE §630 BGB Nr. 23 = NZA-RR 1996, S. 41; ErfK 2018 / MÜLLER-GLÖGE, §109 GewO Rn. 32 (= vollauf durchschnittliche Leistung); ArbG Passau 14.01.1991, BB 1991, S. 554; bei SCHLEẞMANN 2018, Rn. 788 und 986 abweichend = Note 2,5

229 LAG Köln 05.02.2015 – 7 Sa 884 / 14, juris = BeckRS 2015, 71390; LAG Hamm 13.02.1992, LAGE §630 BGB Nr. 16; LAG Hamm 19.10.1990, LAGE §630 BGB Nr. 12; LAG Frankfurt 10.09.1987, DB 1988, S. 1071 = LAGE §630 BGB Nr. 3, S. 2; ErfK 2018 / MÜLLER-GLÖGE §109 Rn. 32

230 LAG Hamm 13.02.1992, LAGE §630 BGB Nr. 16; LAG Köln 18.10.1995 – 5 Sa 41 / 95; ErfK 2018 / MÜLLER-GLÖGE, §109 GewO Rn. 34 und 42

Leistungen sind dann sehr gut, wenn der Arbeitnehmer seine Arbeit ohne jede Beanstandung erbracht hat und darüber hinaus ihn besonders auszeichnende Umstände, z. B. eine schnellere Erledigung als üblich oder die Entwicklung neuer Ideen, vorliegen.[231] Ein Arbeitnehmer, der eine Bestbeurteilung (Spitzenbewertung) wünscht, muss mehr als eine nur beanstandungsfreie Arbeit vorweisen, z. B. ein überdurchschnittliches Arbeitstempo oder eine besondere, über die einwandfreie Erledigung hinausgehende Arbeitsqualität.[232] Er muss Tatsachen dafür vortragen und ggf. beweisen, dass er mit seinen Aktivitäten überdurchschnittliche Leistungen erbracht hat.[233] Bei Defiziten in der Arbeitsökonomie und beim Arbeitstempo besteht kein Anspruch auf die sehr gute Wertung *„stets zur vollsten Zufriedenheit."*[234]

Wenn der Arbeitgeber dem Arbeitnehmer im Zeugnis mit *„zu unserer vollen Zufriedenheit"* eine gut durchschnittliche (= befriedigende) Gesamtleistung bescheinigt, hat der *Arbeitnehmer* Tatsachen vorzutragen und zu beweisen, die eine bessere (= gute oder sehr gute) Schlussbeurteilung rechtfertigen.[235] Das Gleiche gilt, wenn ein Arbeitnehmer nach einem nur wenige Monate dauernden Arbeitsverhältnis, welches durch Kündigung des Arbeitgebers bzw. mit Ablauf der Probezeit endete, eine gute Beurteilung haben will.[236] Begehrt ein Arbeitnehmer eine überdurchschnittliche Beurteilung, so muss er hierfür konkrete Tatsachen vortragen; die bloße Angabe von Zeugen genügt nicht.[237] Die Bestätigung von sehr guten Leistungen, verbunden mit einer Gratifikation, für *ein* Jahr genügt bei einem mehr als dreijährigen Arbeitsverhältnis noch nicht für den Anspruch auf Bestätigung einer insgesamt überdurchschnittlichen Leistung.[238] Auch eine mehrjährig gezahlte Leistungsprämie, die auf der Leistungseinstufung *„Aufgaben erfüllt (Normalleistung)"* basiert, begründet keinen Anspruch

---

231 LAG Hamm 13.02.1992, LAGE § 630 BGB Nr. 16, Punkt 1.5.1

232 LAG Düsseldorf 26.02.1985, DB 1985, S. 2692; ErfK 2018/MÜLLER-GLÖGE, § 109 GewO Rn. 86

233 BAG 14.10.2003, DB 2004, S. 1270 = BB 2004, S. 1500 = NZA 2004, S. 842; LAG RHPF 07.03.2007 – 7 Sa 992/06, juris = BeckRS 2007 45088; LAG Hamm 27.02.1997, NZA-RR 1998, S. 156 f.; LAG Frankfurt 06.09.1991, LAGE § 630 BGB Nr. 14; LAG Düsseldorf 12.03.1986, LAGE § 630 BGB Nr. 2; GÄNTGEN 2016a, S. 2138, Rn. 37

234 LAG München 31.07.2007 – 6 Sa 1238/05, juris

235 BAG 18.11.2014 – 9 AZR 584/13, BB 2015, S. 1216 = DB 2015, S. 868 = NZA 2015, S. 435 = BeckRS 2014, 74219; BAG 14.10.2003, DB 2004, S. 1270 = BB 2004, S. 1500 = NZA 2004, S. 842; LAG RHPF 02.08.2007, AuA 2008, S. 432; HUBER/MÜLLER 2016, S. 30; KOLBE 2015, S. 582 ff.

236 LAG Hamm 13.02.1992, LAGE § 630 BGB Nr. 16; ArbG Frankfurt 08.08.2001, NZA-RR 2002, S. 182

237 LAG Nürnberg 23.07.2105 – 1 Sa 55/15, Rn. 96, juris

238 LAG Nürnberg 23.07.2015 – 1 Sa 55/15, Rn. 97, juris

auf eine überdurchschnittliche Gesamtbeurteilung.[239] Weiterhin folgt aus der Passage *„erzielte er ... sehr gute Ergebnisse“* im Zeugnis nach Auffassung des LAG Köln nicht zwangsläufig eine überdurchschnittliche Gesamtbeurteilung der Leistung, da die Arbeitsergebnisse nur einen Teilaspekt der Leistung ausmachten.[240] Dem kann man zumindest teilweise entgegenhalten, dass die anderen Leistungskomponenten wie Motivation, Fähigkeiten, Fachwissen und Arbeitsweise sich letztlich in den Arbeitsergebnissen manifestieren.

Hat der Arbeitgeber die Leistungen des Arbeitnehmers anlässlich eines zehnjährigen Arbeitsjubiläums belohnt und die Hoffnung geäußert, auch in den nächsten Jahren auf die Mitarbeit des Arbeitnehmers rechnen zu dürfen, so ist die erste Hälfte der beruflichen Tätigkeit des Arbeitnehmers mit *„stets zu unserer vollsten Zufriedenheit“* zu bewerten. Kann der Arbeitgeber für die zweite Hälfte des Arbeitsverhältnisses nichts Greifbares vortragen, was eine schlechtere Gesamtbeurteilung rechtfertigen könnte, muss es bei der genannten Bewertung bleiben.[241]

Mit aller Vorsicht kann man sagen, dass ein Arbeitgeber, der einen Arbeitnehmer nach mehrjähriger Beschäftigung sehr schlecht beurteilt, sich damit in Widerspruch zu dieser langen Beschäftigung stellt.[242] Ein Aussteller, der die Leistungen des Arbeitnehmers vorher lange Zeit nicht beanstandet hat, kann bei der Zeugnisausstellung nicht argumentieren, der Arbeitnehmer habe die Anforderungen des Arbeitsplatzes nicht erfüllt. Die Fürsorgepflicht gebietet ihm eine rechtzeitige Klarstellung. Bei einer unterdurchschnittlichen Beurteilung (Note 4 oder schlechter) ist der *Arbeitgeber* darlegungs- und beweisbelastet.[243] Er muss darlegen und beweisen, dass der Arbeitnehmer Fehler gemacht hat und wegen dieser Fehler ermahnt oder abgemahnt worden ist.[244] Gründe für solch eine negative Beurteilung können ein beständig langsames Arbeitstempo, eine vergleichsweise geringe Arbeitsmenge, häufiges Überschreiten von Terminen sowie Arbeitsverweigerungen mit dem Ziel der Gehaltserhöhung sein.[245] Beispiele bei einem Busfahrer sind verspätete Dienstantritte sowie

---

239 LAG Köln 16.12.2016 – 4 Sa 353/16, juris = BeckRS 2016, 113390

240 LAG Köln 16.12.2016 – 4 Sa 353/16, juris = BeckRS 2016, 113390

241 LAG Hamm 12.07.1994 – 4 Sa 192/94, LAGE § 630 BGB Nr. 27, Punkt 3

242 BAG 24.03.1977, DB 1977, S. 1369 = EzA § 630 BGB Nr. 9

243 LAG Köln 05.02.2015 – 7 Sa 884/14, juris = BeckRS 2015, 71390; LAG Hamm 16.11.2011 – 10 Sa 884/11, juris = BeckRS 2012, 65793; LAG Köln 25.08.2011 – 7 Sa 447/11, AuA 2012, S. 36 = juris = BeckRS 2011, 78957

244 LAG Düsseldorf 11.06.2003, LAGE § 630 BGB 2002, Nr. 1; LAG Bremen 09.11.2000, NZA-RR 2001, S. 287; LAG Hamm 13.02.1992, LAGE § 630 BGB Nr. 16; ArbG Frankfurt 08.08.2001, NZA-RR 2002, S. 182

245 LAG Frankfurt 10.09.1987, LAGE § 630 BGB Nr. 3, S. 2

eigenmächtiges Abweichen vom Linienweg ohne Information der Leitstelle.[246]

Das LAG Saarland hat in der Eigenkündigung eines Bankmitarbeiters innerhalb von sechs Monaten nach seiner Beförderung zum Filialleiter einen berechtigten Anlass dafür gesehen, dass der Arbeitgeber nicht *„stets"* mit dem Arbeitnehmer vollstens bzw. voll zufrieden gewesen war. Es sei sicherlich nicht im Sinne der Bank gewesen, ihren Filialkunden kurzfristig einen neuen Leiter zuzumuten.[247] Diese Auffassung teilen wir nicht. Der Arbeitnehmer hatte das Arbeitsverhältnis vertragskonform beendet. Die Unzufriedenheit des Arbeitgebers mit dem Ausscheiden oder dem Zeitpunkt des Ausscheidens des Arbeitnehmers hat nichts mit der Zufriedenheit des Arbeitgebers bezüglich der Leistung und des Verhaltens während des Arbeitsverhältnisses zu tun. Eine Abschwächung der Zufriedenheitsaussage halten wir daher in diesem Falle für nicht gerechtfertigt.

Die Gesamtbeurteilung mit der Zufriedenheitsformel und die Detailwertungen der Leistungsbeurteilung müssen im Einklang stehen. In einem guten Zeugnis, das eine kontinuierlich überdurchschnittliche Leistung (Note 2) bescheinigen soll, muss aber nicht jede Einzelwertung mit einem „gut" oder „stets" verstärkt werden.[248] Hier kann es Grenzprobleme geben: In einem Fall, in dem sämtliche Einzelwertungen hinsichtlich Arbeitsbereitschaft, Arbeitstempo und Arbeitsqualität erkennen ließen, dass der Arbeitnehmer einwandfreie, nicht zu beanstandende, teilweise mit „Gut" bewertete und somit durchweg überdurchschnittliche Leistungen erbracht hat, hielt das LAG Hessen die befriedigende Wertung *„zur vollen Zufriedenheit"* nicht für widersprüchlich und noch durch den Beurteilungsspielraum des Arbeitgebers gedeckt.[249] Ähnlich entschied das LAG Rheinland-Pfalz, aus dem Gebot der Zeugnisklarheit folge zwar, dass das Zeugnis nicht in sich widersprüchlich sein dürfe. Ein Anspruch auf eine bestimmte Endnote ergebe sich daraus aber nur, wenn die Einzelbeurteilungen bzw. der sonstige Zeugnisinhalt zwingend den Schluss auf die vom Arbeitnehmer verlangte bessere Endbeurteilung (hier: gut statt befriedigend) zulassen.[250]

246 LAG Köln 05.02.2015 – 7 Sa 884/14, juris = BeckRS 2015, 71390
247 LAG Saarland 28.02.1990, LAGE § 630 BGB Nr. 9, S. 6
248 LAG RHPF 26.03.2013 – 10 Sa 546/12, juris = BeckRS 2013, 68046
249 LAG Hessen 14.10.2002 – 16 Sa 824/02, juris
250 LAG RHPF 21.08.2012 – 3 Sa 234/12, juris = BeckRS 2012, 75812

Wird in einem Vergleich eine Beurteilung mit einer bestimmten Notenstufe vereinbart, so müssen sich die wertenden Formulierungen im Zeugnis auf die gesamte Leistung und das Verhalten beziehen. Es genügt dann nicht, wenn die Beurteilung nur für einen untergeordneten Leistungsaspekt (hier: Terminüberwachung) gilt.[251]

In Ausbildungszeugnissen kann der Aussteller unseres Erachtens wählen, ob er bei der Wahl der Notenstufe der Zufriedenheitsformel nur die *betriebliche* Lern- und Arbeitsleistung berücksichtigt oder ob er auch die (abweichende) Note der Abschlussprüfung mitberücksichtigt. Wir empfehlen aber, dass sich die Note der Zufriedenheitsformel nur auf die innerbetriebliche Leistungen *(„hat alle praktischen Arbeiten im Betrieb ... stets zu unserer vollen Zufriedenheit erledigt")* bezieht. Ergänzend wird dann das Ergebnis der Abschlussprüfung vor der IHK oder der Handwerkskammer angegeben. Der Grund für diese Empfehlung ist, dass manche Auszubildenden wegen Prüfungsangst und anderer Ursachen in der Abschlussprüfung nicht so gut abschneiden, im Betrieb aber gut gearbeitet haben.

Zu den folgenden Notenverteilungen einige ergänzende Angaben: In der Inhaltsanalyse von Weuster fand sich eine sehr gute oder gute Zufriedenheitsformel (Noten 1 und 2) in 54 % der Arbeiter-Zeugnisse, in 53,6 % der Angestellten-Zeugnisse und in 69,8 % der Führungskräfte-Zeugnisse (Hierarchie-Effekt). Dabei wird in Zwischenzeugnissen besser als in Endzeugnissen beurteilt.[252] Die Untersuchung von Bankarbeitszeugnissen durch Kauffmann enthielt 35 Führungskräfte-Zeugnisse. Hiervon lagen 33 = 94,3 % im Notenbereich Sehr gut und Gut, was ebenfalls den Hierarchie-Effekt belegt.[253] Auch die Analyse von Sende bestätigte den Hierarchie-Effekt.[254] Der Notendurchschnitt der PMS-Personalstudie lag bei 1,89, wobei es keinen signifikanten Unterschied zwischen Zeugnissen für Männer und für Frauen gab.[255]

---

251 LAG Hamm 04.08.2010 – 1 Ta 270/10, juris = BeckRS 2010, 71922

252 WEUSTER 1994, S. 86 und 88

253 KAUFFMANN 2004, S. 48f.

254 SENDE 2016, S. 73ff.

255 PMS-Personalstudie 01/2010, S. 2ff. = Personalwirtschaft, Heft 06/2010, S. 20

Notenverteilung der Zufriedenheitsformel in Prozent (in Klammern das Jahr der Veröffentlichung)			
Quellen / Noten	Weuster[256] 881 Zeugnisse (1994)	Hochschule Offenburg[257] 106 Bankzeugnisse (2004)	Huesmann[258] 272 Zeugnisse (2008)
Sehr gut = 1	9,9	37,7	43,8
Gut = 2	47,1	49,1	37,1
Befriedigend = 3	33,8	11,3	16,2
Ausreichend = 4	9,2	1,9	2,9
Mangelhaft = 5	0	0	0
Anteil Noten 1+2	57	86,9	80,9
Notendurchschnitt	2,42	1,77	1,78

Notenverteilung der Zufriedenheitsformel in Prozent (in Klammern das Jahr der Veröffentlichung)			
Quellen / Noten	PMS-Studie[259] 963 Zeugnisse (2010)	Universität Erlangen-Nürnberg[260] 683 Endzeugnisse (2011)	Hochschule Kehl[261] 80 Zeugnisse Öffentlicher Dienst (2015)
Sehr gut =1	33,2	37,0	27,5
Sehr gut – Gut =1,5	8,8	2,0	5,0
Gut = 2	35,1	47,0	50,0
Gut – Befried. = 2,5	1,8	2,0	–
Befriedigend = 3	15,8	12,0	17,5
Befried. – Ausr. = 3,5	1,8	0	–
Ausreichend = 4	3,3	1,0	0
Mangelhaft = 5,0	0,2	1,0	0
Anteil Noten 1,0–2,0	77,1	86,0	82,5
Notendurchschnitt	1,89	1,8	1,88

256 WEUSTER 1994, S. 86
257 KAUFFMANN 2004, S. 48 f.
258 HUESMANN 2008, S. 206
259 PMS-Personalstudie 01/2010, S. 6 = Personalwirtschaft, Heft 6/2010, S. 20
260 SENDE u.a. 2011, S. 36 (zwei Prozentpunkte Rundungsdifferenz)
261 KESSLER 2015, S. 48 f.

In der Studie der Universität Erlangen-Nürnberg lag der Notendurchschnitt der Zufriedenheitsformel bei 1,8. Er bildete aber *keinen* Mittelwert aus der Beurteilung einzelner Leistungsaspekte (z.B. Arbeitsmotivation, Arbeitsweise), sondern lag darüber, was vielleicht mit der Standardisierung der Zufriedenheitsformel, ihrem großen Bekanntheitsgrad und dem intensiven Interesse der Arbeitnehmer an ihr erklärt werden kann.[262] Die Zufriedenheitsformel erfüllt demnach in der Praxis *nicht* ihren Zweck, eine abschließende valide Gesamtbeurteilung der Leistung zu sein. Eine gute Zufriedenheitsformel garantiert keinen Arbeitnehmer mit guter Leistung. Eine befriedigende Zufriedenheitsformel kann bereits ein Warnsignal sein. Hinzukommt, dass sich die Zeugnisklagen von Arbeitnehmern in hohem Maße auf die Zufriedenheitsfloskel konzentrieren, wobei die Arbeitnehmer oft deutliche Verbesserungen erzielen.[263] Diese Fokussierung auf die Zufriedenheitsfloskel kann aus Arbeitnehmersicht als Problem angesehen werden, da viele Arbeitnehmer andere nachteilige Aussagen übersehen oder akzeptieren, wenn sie nur die *„stets volle/vollste Zufriedenheit"* durchsetzen. Berücksichtigt man, dass hier zwecks Streitvermeidung viele Aussteller Zugeständnisse machen, so kommt man zu der Erkenntnis, dass die Zufriedenheitsformel häufig nur einen geringen Wahrheitsgrad und folglich nur geringen Informationswert hat.

In einer Personalberater-Befragung gaben kumuliert 73 % von 90 Personalberatern an, dass sie im Rahmen der Personalvorauswahl für die Analyse eines Zeugnisses mittlerer Länge nur bis zu fünf Minuten aufwenden.[264] In der früheren Personalberater-Befragung lag der entsprechende Wert bei 59,2 % von 250 Personalberatern.[265] Bei diesem Überfliegen oder diagonalen Lesen der Zeugnisse im Rahmen der Vorauswahl dient die Zufriedenheitsformel oft für eine schnelle Entscheidung, ob eine Bewerbung weiterhin berücksichtigt werden soll.[266] Dies ist angesichts der geringen Trennschärfe[267] der Zufriedenheitsformel eignungsdiagnostisch bedenklich.

Die Rechtsprechung des BAG, für welche die Note *Befriedigend* den Ankerwert bzw. den Dreh- und Angelpunkt bildet[268], steht im Kontrast zur Verteilung der Noten in der Praxis. Die befriedigende Formel *„zu unserer vollen*

262 SENDE u.a. 2011, S. 36f.

263 WEUSTER 1995, S. 705f.

264 Befragung WEUSTER 2009

265 WEUSTER 1994, S. 117

266 BAG 14.10.2003, DB 2004, S. 1270 = BB 2004, S. 1500 = NZA 2004, S. 842; FREY/WÖRL 2009, S. 10 und 61

267 WEUSTER/WEBER 2015, AP § 109 GewO Nr. 5

268 BAG 18.11.2014 – 9 AZR 584/13, BB 2015, S. 1216 = DB 2015, S. 868 = NZA 2015, S. 435 = BeckRS 2014, 74219; BAG 14.10.2003, DB 2004, S. 1270 = BB 2004, S. 1500 = NZA 2004, S. 842; ErfK 2018/MÜLLER-GLÖGE, § 109 GewO Rn. 32, 86 und 87; STÜCK 2006, S. 796

Zufriedenheit" charakterisiert nach der Häufigkeit ihrer praktischen Verwendung keine durchschnittliche, sondern eine unterdurchschnittliche Bewertung. Den Normalfall bildet praktisch die gute Formel *„stets zu unserer vollen Zufriedenheit"*. Entsprechend entschied das LAG Berlin entgegen der BAG-Rechtsprechung unter Berufung auf aktuelle empirische Erkenntnisse, dass eine befriedigende Beurteilung keine durchschnittliche, sondern eine unterdurchschnittliche Beurteilung ausdrücke und dass der *Arbeitgeber* im Rechtsstreit diejenigen Tatsachen darzulegen und zu beweisen habe, die eine befriedigende Beurteilung rechtfertigen.[269] Allerdings sind hier die Ansichten unterschiedlich. Nach Auffassung des ArbG Köln kann eine gute Leistungsbeurteilung nicht als Standardbeurteilung akzeptiert werden, wenn man Zeugnissen noch einen Wert beimessen will.[270] Auch das BAG hat erneut bekräftigt, dass der *Arbeitnehmer* im Streitfalle vortragen und beweisen müsse, dass er eine bessere als die befriedigende Gesamtbeurteilung verdiene. Dies gelte auch dann, wenn in einer Branche überwiegend gute und sehr gute Gesamtbeurteilungen in Zeugnissen vergeben würden.[271]

Verwendet ein Aussteller die Zufriedenheitsformel, so sollte er die obige fünfstufige Skala einhalten. Ein Teil der Aussteller lehnt aber das grammatikalisch unübliche Wort *„vollst"* ab. Die Verfasser sind der Auffassung, dass ein Aussteller seinen Sprachpurismus nicht auf Kosten des Arbeitnehmers pflegen sollte. Will er einem Arbeitnehmer eine sehr gute Leistung testieren, so sollte er von *„stets vollster Zufriedenheit"* sprechen oder aber die unproblematischen Formeln *„stets außerordentlich / höchst / äußerst / absolut zufrieden"* oder den Klartext *„Die Leistungen waren stets sehr gut"* verwenden. Das BAG hat praxisgerecht entschieden, dass ein Arbeitnehmer, der im Zeugnis bei allen Einzelbeurteilungen ausnahmslos sehr gut bewertet wird und dessen Tätigkeit darüber hinaus als *„sehr erfolgreich"* hervorgehoben wird, im Zeugnis die Formel *„immer zur vollsten Zufriedenheit"* oder eine alternative sehr gute Bewertung verlangen kann. Das BAG weist zur Begründung darauf hin, dass in der Zeugnissprache die *„vollste Zufriedenheit"* in Kauf genommen wird.[272] Ein Arbeitnehmer, der auf eine sehr gute Beurteilung klagt, sollte trotz des Urteils des BAG eine andere Variante als *„stets vollste Zufriedenheit"* fordern, da Instanzgerichte[273] zum Teil nach wie vor diese Formel ablehnen.

---

269 LAG BB 21.03.2013 – 18 Sa 2133 / 12, juris = BeckRS 2013, 70587

270 ArbG Köln 05.03.2013 – 13 Ca 2497 / 12, juris; auch HUBER / MÜLLER 2016, S. 30 f.

271 BAG 18.11.2014 -9 AZR 584 / 13, BB 2015, S. 1216 = DB 2015, S. 868 = NZA 2015, S. 435 = BeckRS 2014, 74219

272 BAG 23.09.1992, EzA § 630 BGB Nr. 16

273 Z.B. LAG Düsseldorf 11.11.1994, DB 1995, S. 1135

Es ist übrigens entgegen verbreiteter Auffassung nicht richtig, dass das Wort *„vollste"* nicht verwendet werden kann. Auch bei Adjektiven, die an sich einen höchsten oder geringsten Grad ausdrücken, sind Vergleichsformen möglich, wenn diese Adjektive in relativer Bedeutung verwendet werden. Beispiel: *„Dieses Glas ist voller als jenes Glas."* Bei *„vollst"* handelt es sich rhetorisch um eine Hyperbel (bewusste Übertreibung) mit Hilfe eines Wortes, das, fasst man es logisch auf, einen irrealen Zustand bezeichnet. Die Sprachwirklichkeit dagegen kennt, wie das Wort *„randvoll"* anzeigt, sehr wohl unterschiedliche Grade von „voll". Auch in der Alltagssprache (Beispiele: *„mehr tot als lebendig"* oder *„unzählige Male"*) und in der Literatur wird die Technik der unlogischen Hyperbel angewendet. So heißt es in Lessings *Nathan der Weise* vom Schatz des Sultans Saladin, dieser sei *„viel leerer noch als leer"*. Und in Orwells *Animal Farm* findet sich der Slogan *„All animals are equal. But some animals are more equal than others."* In diesem Sinne handelt es sich bei *„vollst"* um eine Hyperbel der Zeugnissprache. Die Verwendung dieses Wortes signalisiert demnach nicht mangelnde Sprachkenntnisse, sondern Sprachwitz und Anerkennung der Lebendigkeit der Sprache. Die Ablehnung von *„vollst"* um jeden Preis erscheint „rabulistisch."[274]

In der Literatur und zum Teil in der Rechtsprechung finden sich noch Zusatzstufen und Zwischenstufen der Zufriedenheitsformel. Da sich die Zufriedenheitsformeln in der Praxis in hohem Maße auf den oberen Notenbereich konzentrieren und damit wenig trennscharf (reliabel) und wenig valide sind, könnten hier Zwischennoten differenzierend wirken. Das Problem ist allerdings, dass über die Formulierungen für Zwischennoten in der Literatur und erst recht in der Praxis keine Einigkeit besteht. Die Formulierung *„stets zu unserer uneingeschränkten Zufriedenheit"* fand in einer Befragung von 98 Personalberatern im Jahre 2009 folgende Wertungen: sehr gut = 26,5 %, gut = 39,8 %, befriedigend = 21,4 %, ausreichend = 11,2 % und mangelhaft = 1 %.[275] Der Einsatz von Zwischennoten kann also bei den Lesern eher zu einer Konfusion als zu dem beabsichtigten exakteren Leistungsbild führen, es sei denn, man verwendet die Klartext-Formulierungen der Übersicht. Außerdem ist es fraglich, ob man die menschliche Leistung so differenziert beurteilen kann, dass man dafür mit sechs Hauptnoten und fünf Zwischennoten elf Stufen nutzt. Daher muss man wohl sagen, dass differenzierte Beurteilungen eher durch ein detailliertes Eingehen auf verschiedene Leistungsaspekte als durch immer feinere Unterteilun-

---

274 LAG Hamm 13.02.1992, LAGE § 630 BGB Nr. 16, Punkt 1.4

275 Befragung WEUSTER 2009

gen oder durch weitere Variationen der Zufriedenheitsskala entstehen.[276] Auch in Vergleichen und Aufhebungsverträgen ist von der Vereinbarung von Zwischennoten oder von gehobenen oder geminderten Noten (2+, 1–) abzuraten. Will man doch mit Zwischennoten arbeiten, so sind diese im oberen Notenbereich notwendiger als im unteren Notenbereich. Besonders notwendig wäre demnach eine einheitliche Auffassung bezüglich der Zwischennoten 1–2 sowie 2–3, die aber zurzeit nicht existiert. Insofern empfehlen wir bei Bedarf Formulierungen im Klartext.

Zwischenstufen und Zusatzstufen bei der Zufriedenheitsformel
Sehr gut bis Gut (Note 1–2)
Er hat seine Aufgaben [ ] zu unserer vollsten Zufriedenheit erledigt.[277]
Sie hat ihre Aufgaben stets gut bis sehr gut erledigt. (= Klartext)
Gut bis Befriedigend (Note 2–3)
Sie hat ihre Aufgaben stets zu unserer uneingeschränkten Zufriedenheit erledigt.
Er hat seine Aufgaben stets gut bis befriedigend erledigt. (= Klartext)
Befriedigend bis Ausreichend (Note 3–4)
Sie hat ihre Aufgaben stets zu unserer [ ] Zufriedenheit erledigt.[278]
Sie hat ihre Aufgaben zum großen Teil zu unserer vollen Zufriedenheit getan.[279]
Er hat seine Aufgaben stets befriedigend bis ausreichend getan. (= Klartext)

276 SCHULZ u.a. 2015, S. 115f.; SCHLEßMANN 2018, Rn. 790; SCHULZ 2006, S. 181; WEUSTER 1994, S. 130

277 Sehr gut bis gut = SCHMITT-ROLFES 2015, S. 71; DACHRODT/ENGELBERT 2013, S. 95; SCHLEßMANN 2018, Rn. 788 und 790; MAURITZ/WISCHNATH 2011, S. 229; BACKER 2004, S. 54; DITTRICH 2003, S. 118; ZACKER 1996, S. 77; Gut = HUBER/MÜLLER 2016, S. 71; ECKERT 2010, S. 1472

278 LAG Hamm 13.02.1992, LAGE § 630 BGB Nr. 16 (befriedigende im Unterschied zu einer vollbefriedigenden Leistung); LAG Köln 02.70.1999, NZA-RR 2000, S. 235 = durchschnittliche Leistung – Diese Formel bzw. die Formel „stets zufrieden" wird sehr unterschiedlich eingestuft. Note 2 = LUCAS 2001, S. 178; Note 3 = befriedigend = SCHLEßMANN 2018, Rn. 788 und 986; LINCK 2017, Rn. 23; HUBER/MÜLLER 2016, S. 71; FREY/WÖRL 2009, S. 40; STÜCK 2006, S. 794; MAURITZ 2005, S. 27; BRAUN 2001, S. 107; SABEL 1998, S. 37; Note 3-4 = SCHMITT-ROLFES 2015, S. 71; DACHRODT/ENGELBERT 2013, S. 96

279 LAG Köln 18.05.1995, LAGE § 630 BGB Nr. 23 = NZA-RR 1996, S. 41 – kann evtl. auch bei „Ausreichend" eingestuft werden.

Ausreichend bis Mangelhaft (Note 4–5)
Er hat seine Aufgaben [ ] ohne Bedenken zu unserer [ ] Zufriedenheit bewältigt.
Er hat seine Aufgaben [ ] ohne Schwierigkeiten zu unserer [ ] Zufriedenheit bewältigt.
Mangelhaft bis Ungenügend (Note 5–6)
Sie hat sich stets bemüht, ihre Aufgaben zu unserer Zufriedenheit zu bewältigen.[280]
Ungenügend (Note 6)
Sie hat sich [ ] bemüht, (ihre) Aufgaben zu unserer Zufriedenheit zu bewältigen.
Er hat (seine) Aufgaben [ ] zu unserer [ ] Zufriedenheit zu erledigen / bewältigen versucht.[281]

Es ist zu beachten, dass auch die Zufriedenheitsformel kontextabhängig ist.[282] Mittelmäßige Beurteilungen von Arbeitsbereitschaft, Arbeitsbefähigung und Arbeitsweise relativieren eine sehr gute oder gute Zufriedenheitsformel. Die Verfasser haben Originalzeugnisse gesehen, in denen eine gute und sogar eine sehr gute Zufriedenheitsformel mit verdeckt negativen Leistungs- und Verhaltensaussagen kombiniert war. Arbeitnehmer sowie Leser werden durch die *„stets volle / vollste Zufriedenheit"* zur Akzeptanz der Zeugnisse verleitet und übersehen andere konterkarierende Wertungen. Ein Beispiel: Die widersprüchliche Formulierung *„Frau X war stets intensiv bestrebt, die ihr gesetzten Ziele zu übertreffen. Wir bestätigen ihr daher insgesamt gerne, dass sie ihre Aufgaben jederzeit zu unserer vollsten Zufriedenheit erledigt hat"* drückt wegen *„bestrebt"* (= bemüht), *„bestätigen"* (= weil verlangt) und *„insgesamt"* (= nicht stets) eine unterdurchschnittliche Bewertung aus; sie erhielt in einer Befragung von 97 Personalberatern im Jahre 2009 aber folgende Wertungen: sehr gut = 20,6 %, gut = 25,8 %, befriedigend = 24,7 %, ausreichend = 22,7 % und mangelhaft = 6,2 %.[283] Weitere Beispiele mit Widersprüchen: *„Bei der zolltechnischen Abwicklung der Exportaufträge kam es in der Regel zu keinen nennenswerten Beanstandungen"* (= manchmal aber doch), *„sodass wir mit seiner Leistung stets voll zufrieden waren."* Oder: *„Wir heben hervor, dass er die Aufgaben, die wir ihm übertrugen* (= sonst keine), *stets zu unserer vollsten Zufriedenheit vorangetrieben hat"* (= nicht beendet).

Ergänzende Beispiele für negative Leistungsbeurteilungen sind: *„Sie hatte Gelegenheit* (= hat diese aber kaum genutzt), *die ihr übertragenen Arbei-*

280 DACHRODT / ENGELBERT 2013, S. 96; ZACKER 1996, S. 77

281 LAG Hamm 13.02.1992, LAGE § 630 BGB Nr. 16

282 WEUSTER / WEBER 2015, AP § 109 GewO Nr. 5; WEUSTER 1994, S. 208

283 Befragung WEUSTER 2009

ten zu unserer vollen Zufriedenheit zu erledigen“ (Widerspruch-Technik). Oder: *„Er war stets bestrebt, seinen Aufgaben gerecht zu werden“* (= im Ergebnis nichts geleistet).[284] Mangelhafte Leistungen werden auch dadurch signalisiert, dass der Begriff *„Zufriedenheit“* ganz vermieden wird: *„Er führte die ihm übertragenen Aufgaben mit* großem Fleiß und Interesse durch“ (= aber mit welchem Ergebnis?).[285] Oder: *„Er erreichte nicht unbedeutende Umsatzsteigerungen“* (= aber bedeutend waren sie auch nicht). Oder: *„Bei der Einführung dieses neuen Produktes setzte er sich voll ein und zeigte dabei* (= in der Regel aber nicht), *dass er ein guter Produktmanager sein kann.“* Negativ wirkt es auch, wenn eine knappe Leistungsbeurteilung nebenher und nachrangig in einem Halbsatz erfolgt: *„Seine Führung war gut; seine Aufgaben nahm er mit Fleiß zu unserer Zufriedenheit wahr.“*

Ein Aussteller sollte widersprüchliche Äußerungen vermeiden. Die Verfasser haben ein Originalzeugnis mit mangelhafter Beurteilung gelesen, das dem Arbeitnehmer mit einem Begleitschreiben übersandt worden war, in dem ihm für seine Leistung gedankt und ihm weiterhin Erfolg gewünscht wurde. Oder: In einem Schreiben, in dem man dem Arbeitnehmer den Erhalt seiner Kündigung bestätigt, sollte man ihm nicht danken und seine Kündigung nicht bedauern, wenn man dazu später im Zeugnis nicht bereit ist.

Manche Aussteller nehmen eine differenzierte Leistungsbeurteilung vor und vermeiden die Zufriedenheitsformel, die sie als Floskel ablehnen. Auch die Verfasser stehen dem Wahrheitsgehalt und damit dem Informationswert dieser Formel skeptisch gegenüber. Sie plädieren mit Rücksicht auf die Verkehrssitte dennoch dafür, ergänzend die Zufriedenheitsformel zu verwenden, damit ein Leerstellen-Verdacht vermieden und die zusammenfassende Leistungsbeurteilung in einer für viele Leser richtig interpretierbaren Formulierung ausgedrückt wird.[286] Bei dieser zusammenfassenden Wertung kann noch einmal der wichtige Zeitfaktor „stets/jederzeit/immer“ eingesetzt werden, den man aus stilistischen Gründen nicht bei jeder einzelnen Leistungsaussage einbauen kann. Der Zeitfaktor kann auch bei relativ kurzen Arbeitsverhältnissen verwendet werden, da der Leser seine begrenzte Bedeutung aus dem Ein- und Austrittstermin erkennt.

Eine Alternative zur Zufriedenheitsformel stellen die Erwartungsformel bzw. die Anforderungsformel dar.

---

284 LAG Hamm 16.03.1989, BB 1989, S. 1486

285 BAG 24.03.1977, DB 1977, S. 1369 = BB 1977, S. 997 = EzA § 630 BGB Nr. 9; LAG Hamm 27.2.1997, NZA-RR 1998, S. 157; LASKAWY/LOMB 2014, S. 83

286 LAG Düsseldorf 23.05.1995, LAGE § 630 BGB Nr. 24, S. 8 = NZA-RR 1996, S. 44 f.; ErfK 2018/MÜLLER-GLÖGE, § 109 GewO Rn. 31; GÜNTHER 2000, S. 274

Zusammenfassende Leistungsbeurteilung mit der Erwartungsformel und / oder Anforderungsformel
Sehr gute Beurteilung (Note 1)
Ihre / Seine Leistungen haben unsere(n) Erwartungen und / oder Anforderungen stets in jeder Hinsicht und in allerbester Weise entsprochen / erfüllt.
Sie / Er übertraf (mit ihren / seinen hervorragenden Leistungen) stets sehr weit / in außergewöhnlichem Maße unsere Erwartungen und / oder Anforderungen.
Gute Beurteilung (Note 2)
Ihre / Seine Leistungen haben unsere(n) Erwartungen und / oder Anforderungen stets voll entsprochen / erfüllt.
Sie / Er übertraf (mit ihren / seinen guten Leistungen) (stets) weit / erheblich unsere Erwartungen und / oder Anforderungen.
Befriedigende Beurteilung (Note 3)
Ihre / Seine Leistung hat unseren Erwartungen / Anforderungen voll entsprochen.
Ihre / Seine Leistung hat unseren Erwartungen / Anforderungen in jeder Hinsicht entsprochen.
Ausreichende Beurteilung (Note 4)
Ihre / Seine Arbeit hat unseren Erwartungen / Anforderungen genügt.
Mangelhafte Beurteilung (Note 5)
Ihre / Seine Arbeit hat unseren Erwartungen / Anforderungen weitgehend / im Wesentlichen / im Großen und Ganzen / zum großen Teil genügt.
Ungenügende Beurteilung (Note 6)
Sie / Er war (stets) (nach Kräften) bemüht, unseren Erwartungen / Anforderungen gerecht zu werden.
Sie / Er war (stets) (nach Kräften) bemüht, die Leistung zu erbringen, die wir an diesem Arbeitsplatz (normalerweise) erwarten / fordern (müssen).
Sie / Er Arbeit hat unseren Erwartungen / Anforderungen mit Einschränkungen entsprochen.

Schleßmann stellt für die Basisformel *„Er hat unseren Erwartungen … entsprochen“* folgende Zusätze und Abstufungen vor: Note 1 = *„in jeder Hinsicht und in allerbester Weise“*, Note 1,5 = *„in allerbester Weise“*, Note 2 = *„in jeder Hinsicht und in bester Weise“*, Note 2,5 = *„in bester Weise“*, Note 3 = *„in jeder Hinsicht“*, Note 4 = *„hat unseren Erwartungen entsprochen“* und Note 5 = *„im Großen und Ganzen entsprochen“* oder *„zum großen Teil* *entsprochen"*.[287] Diese feinen Abstufungen mit Zwischennoten sind nach unserer Kenntnis in der Praxis aber weitgehend unbekannt, sodass Missverständnisse wahrscheinlich sind. Auch irritiert es, dass noch bei der Note 2,5 die Formel *„in bester Weise"* verwendet wird.

Exkurs: Wird im Zusammenhang mit einem *Werkvertrag* ein Zeugnis ausgestellt, in welchem der Besteller bescheinigt, dass alle beauftragten Arbeiten *„zu unserer größten Zufriedenheit im vereinbarten Zeitrahmen ausgeführt"* worden sind, stellt dies eine Abnahme des Werkes dar.[288]

3.5 Die Beurteilung des Sozialverhaltens

3.5.1. Das Verhalten gegenüber Internen

Die Zeugniskomponente Sozialverhalten bzw. Führung im Dienst ist in drei Viertel und mehr der Zeugnisse enthalten.[289] Hier geht es nicht um die sozialethische Führung, sondern um das Verhalten des Mitarbeiters zu Vorgesetzten, gleichgeordneten Kollegen und anderen Mitarbeitern sowie um seine Sozialkompetenz und die Einhaltung der Betriebsordnung (organizational citizenship behavior).[290] Es geht um die Passung (fit) zum Vorgesetzten, zur Arbeitsgruppe und zu anderen internen Kooperationspartnern und oft zu Externen. Besondere Bedeutung kommt dem Sozialverhalten in Servicefunktionen und bei Teamarbeit zu, wo Querelen die Effizienz der arbeitsteiligen Kooperation mindern können. Das Sozialverhalten hat großen Einfluss auf die sog. Kontextleistung (contextual performance), welche die Arbeitsleistung i. e. S. (task performance) ergänzt und sich in Größen wie Teamorientierung, hilfsbereite Entlastung anderer, Regelbeachtung, Extraeinsatz bei Arbeitsspitzen, freiwilliger Übernahme neuer oder zusätzlicher Aufgaben und allgemein in der Unterstützung und Verteidigung der Organisation zeigt.

In Ausbildungszeugnissen wird das Verhalten gegenüber Vorgesetzten, Mitarbeitern, Ausbildungsverantwortlichen (Ausbildungsleiter, Ausbilder und Ausbildungsbeauftragten in den Einsatzbereichen) und Mit-Auszubildenden beurteilt. Bei Auszubildenden kann bedacht werden, dass sich Jugend-

---

287 SCHLEßMANN 2018, Rn. 793 und 986

288 LG Darmstadt 21.12.2007 – 17 O 680/06, juris

289 SENDE 2016, S. 66 = 94,5 % zu Internen, 57,1 % zu Externen; KAUFFMANN 2004, S. 59 = 97,1 % in Bankzeugnissen; WEUSTER 1994, S. 95 = 89,5 %; MÖLLER 1990, S. 240 = 89,9 %; PREIBISCH 1982, S. 5 = 76,8 %

290 LAG SH 07.11.2017 – 1 Sa 29/17, juris; LAG Hamm 01.12.1994, LAGE § 630 BGB Nr. 28, Punkt 6; LAG Hamm 12.07.1994 – 4 Sa 564/94, LAGE § 630 BGB Nr. 26, Punkt 1; LAG Hamm 12.07.1994 – 4 Sa 192/94, LAGE § 630 BGB Nr. 27, Punkt 4

liche noch in der Persönlichkeitsentwicklung befinden. Hier sollten also nicht zu strenge Maßstäbe angelegt werden.[291]

Es ist nicht korrekt, ein qualifiziertes Zeugnis allein über die Leistung oder allein über das Verhalten auszustellen.[292] Ein Arbeitnehmer, der ein qualifiziertes Zeugnis verlangt, hat Anspruch darauf, dass neben seiner Leistung auch ausdrücklich sein Verhalten beurteilt wird.[293] Wird in einem Vergleich pauschal eine Beurteilung mit einer bestimmten Notenstufe (hier: befriedigend) vereinbart, so bezieht sich diese Vereinbarung sowohl auf die Leistungs- als auch auf die Verhaltensbeurteilung.[294] Van Venrooy plädiert dafür, dem Arbeitnehmer Wahlfreiheit darüber zuzubilligen, ob er nur eine Leistungsbeurteilung oder ob er eine Leistungs- und eine Verhaltensbeurteilung im Zeugnis will.[295]

Darlegungs- und Beweislast: Der Arbeitgeber trägt die Darlegungs- und Beweislast für solche Tatsachen, die eine unterdurchschnittliche Beurteilung des Verhaltens (und der Leistung) rechtfertigen sollen.[296] Eine überdurchschnittliche Leistungsbeurteilung muss nicht automatisch zu einer überdurchschnittlichen Verhaltensbeurteilung mit *„stets einwandfrei"* führen.[297] Umgekehrt ergibt sich aus einem Fehlverhalten, z. B. aus einer mangelnden Integration in ein Team und aus dem dienstlichen Versand privater E-Mails in erheblichem Umfange, nicht zwingend, dass eine unterdurchschnittliche Leistung erbracht wurde.[298] Ein Automatismus würde den Beurteilungsfehler des Halo-Effektes (Überstrahlungseffekt) bewirken, bei dem eine gute Beurteilung bei einem Sachverhalt ungeprüft bzw. fälschlich auf die Beurteilung eines anderen Sachverhalts übertragen wird. Gemischte Ergebnisse: Die Analyse von Originalzeugnissen zeigte teilweise, dass Aussteller bei der Beurteilung des Sozialverhaltens großzügiger als bei der Beurteilung der Leistung mit der Zufriedenheitsformel urteilen.[299] Eine neuere Auswertung von 750 qualifizierten Endzeugnissen ergab dagegen

---

291 LAG Hamm 27.02.1997, NZA-RR 1998, S. 155

292 LAG SH 10.01.2012 – 6 Ta 3 / 12, juris; LAG Köln 17.06.2010 – 7 Ta 352 / 09, juris = BeckRS 2010, 71321; LAG RHPF 14.05.2009, NZA-RR 2010, S. 69 = juris; LAG Köln 30.03.2001, BB 2001, S. 1959; LAG Düsseldorf 30.05.1990, LAGE § 630 BGB Nr. 10; ErfK 2018 / MÜLLER-GLÖGE, § 109 GewO Rn. 18; SCHLEßMANN 2018, Rn. 334; LINCK 2017, § 146, Rn. 19; SCHULZ 2006, S. 154; ROTH 2006, S. 33

293 LAG RHPF 15.12.2015 – 8 Sa 201 / 15, juris; LAG Köln 30.03.2001, BB 2001, S. 1959; LAG Düsseldorf 30.05.1990, LAGE § 630 BGB Nr. 10

294 LAG Hamm 04.08.2010 – 1 Ta 270 / 10, juris = BeckRS 2010, 71922

295 VAN VENROOY 1984, S. 96 ff.

296 LAG Köln 25.08.2011 – 7 Sa 447 / 11, AuA 2012, S. 36 = juris = BeckRS 2011, 78957

297 LAG RHPF 14.05.2009, NZA-RR 2010, S. 69 = NZA 2010, S. 452 LS = juris; SCHULD 2010, S. 141 f.

298 LAG Hamm 16.11.2011 – 10 Sa 884 / 11, juris = BeckRS 2012, 65793

299 HUESMANN 2008, S. 206 f.; WEUSTER 1994, S. 98 f.

eine Durchschnittsnote von 2,0 für die Beurteilung des internen Verhaltens und von 1,8 für die Zufriedenheitsformel.[300]

Vollständigkeit: Es ist wichtig, dass sowohl das Verhalten gegenüber Vorgesetzten als auch das Verhalten gegenüber Gleichgestellten beurteilt wird. Wird im Zeugnis die Kollegialität nicht erwähnt, so kann dies auf Differenzen mit den Arbeitskollegen hindeuten. Werden die Vorgesetzen nicht genannt, so kann diese Leerstelle Schwierigkeiten mit dem Vorgesetzten andeuten.[301] Beispielsatz: *„Im Mitarbeiterkreis galt er als toleranter Kollege“* (= aber nicht bei seinem Vorgesetzten). Ein Arbeitnehmer, der ein qualifiziertes Zeugnis verlangt, hat Anspruch auf eine vollständige Verhaltensbeurteilung, in der sein Verhalten gegenüber den Vorgesetzten, den Kollegen und ggf. auch gegenüber den Kunden beurteilt wird.[302]

Reihenfolge: Es sollten zuerst die Vorgesetzten und erst danach die Kollegen genannt werden, da viele Leser aus der umgekehrten Reihenfolge schließen, das Verhältnis zu den Vorgesetzten sei nicht so gut gewesen.[303] Sende fand, dass die umgekehrte Reihenfolge mit einer schlechteren Beurteilung des Sozialverhaltens korreliert.[304] Einige Gerichte haben die Reihenfolge „Kollegen – Vorgesetzte“ als nicht abwertend beurteilt und daher eine Änderung der Reihenfolge als unnötig abgelehnt[305], was aber nicht der verbreiteten Auffassung in der Praxis entspricht.[306] In einer abweichenden Entscheidung hat das ArbG Saarbrücken in Anerkennung der zumindest von Juristen angewandten Zeugnissprache die Standard-Reihenfolge „Vorgesetzte – Mitarbeiter“ festgelegt.[307]

Wichtig ist auch der Zeitfaktor. Die Formulierung *„stets/jederzeit einwandfrei“* stellt eine bessere Verhaltenswertung als die Formel *„einwandfrei“* dar.[308] Seit einiger Zeit wird in der Literatur teilweise *„jederzeit einwand-*

---

300 SENDE u. a. 2011, S. 36

301 LAG Düsseldorf 29.11.2017 – 12 Sa 936/16, juris = BeckRS 2017, 138742 = DB 03/2018, S. M 21; LAG Hamm 12.07.1994 – 4 Sa 564/94, LAGE § 630 BGB Nr. 26; LAG Hamm 12.07.1994 – 4 Sa 192/94, LAGE § 630 BGB Nr. 27; LAG Hamm 24.09.1985, LAGE § 630 BGB Nr. 1, S. 4; LASKAWY/LOMB 2014, S. 83 f.; COELIUS 2008, S. 30; PRESCH 1985, S. 350

302 LAG Hessen 17.02.2014 – 16 SaGa 61/14, juris = BeckRS 2014, 68267

303 SCHULZ u. a. 2015, S. 118; HUESMANN 2008, W. 62; ECKERT 2000, S. 114; KIENBAUM 1997, S. 41

304 SENDE 2016, S. 71 f.

305 LAG SH 11.12.2013 – 1 Ta 207/13, juris = BeckRS 2014, 66285; LAG Köln 24.09.2007 – 14 Sa 539/07, juris; LAG Köln 30.08.2007 – 10 Sa 482/07, juris; ArbG Köln 03.04.2014 – 6 Ca 8751/12, BeckRS 2015, 65340 = juris; ArbG Saarbrücken 12.04.2001, AiB 2001, S. 615

306 DAHL 2014, Anm. 5; ARCHUT 2014, S. 58

307 ArbG Saarbrücken 02.11.2001 – 6c Ca 38/01, juris

308 BAG 21.06.2005, DB 2005, S. 2360 = BB 2005, S. 2530 = NZA 2006, S. 104; PORTMANN/HOLENSTEIN 2015, S. 266

frei" im Unterschied zu *„jederzeit vorbildlich"* nur noch als gute oder sogar nur als (voll) befriedigende Verhaltensbeurteilung gewertet.[309] Doch besteht hier keine Einigkeit. Die Formel *„jederzeit / stets einwandfrei"* wird immer noch als sehr gute oder zumindest gute Verhaltensbewertung vorgeschlagen bzw. verwendet.[310] In einer Personalberater-Befragung im Jahre 2009 fand *„stets einwandfrei"* bei 96 Personalberatern folgende Bewertungen: sehr gut = 26,0 %, gut = 42,7 %, befriedigend = 21,9 % und schlechter = 9,3 %.[311]

In Texten und in der gesprochenen Sprache wird heutzutage vermehrt die feminine Sprachform miterwähnt. In Zeugnissen ist aber nach wie vor nur die Formulierung *„gegenüber Vorgesetzten und Kollegen"* vorherrschend. Die Kolleginnen werden dann (mit)erwähnt, wenn das Kollegium – wie etwa bei Erzieherinnen – ganz oder überwiegend aus Frauen besteht. Insofern kann man zurzeit nicht sagen, dass das Fehlen der weiblichen Sprachform eine bewusste Auslassung sei, die einen weniger guten Umgang mit der weiblichen Belegschaft signalisiere. Formulierungen wie *„Sein Auftreten gegenüber Mitarbeiter(n / innen), Kursleiter(n / innen), Teilnehmer(n / innen) und Vorgesetzten war sicher, stets korrekt und aufgeschlossen"*, welche sich im Zeugnis eines Volkshochschul-Mitarbeiters fand, sind wenig lesefreundlich, können aber verwendet werden. Auch das geschlechtsindikative kapitale Binnen-I findet sich gelegentlich. Die zurzeit diskutierten Varianten mit einem Sternchen oder einem Unterstrich haben die Verfasser noch nicht in Zeugnissen gefunden.

Positive Formeln: *„Sein Verhalten zu Vorgesetzten und Kollegen war jederzeit vorbildlich."* Oder: *„Sie war bei Vorgesetzten und Mitarbeitern gleichermaßen geschätzt und beliebt. Durch ihr kollegiales Verhalten hat sie das Arbeitsklima in der Abteilung positiv beeinflusst."* Oder: *„Durch seine überzeugende Persönlichkeit erwarb er die Anerkennung seiner Vorgesetzten und Kollegen. Für alle Mitglieder der Geschäftsführung war er, auch über Fragen seines Fachgebietes hinaus, stets ein gesuchter und respektierter Gesprächspartner."* Negativbeispiele: *„In letzter Zeit kam es zu Konflikten mit dem Vorgesetzten / Auseinandersetzungen mit den Arbeitskollegen"* (= sehr negativ).[312] Oder: *„Frau X hat ein bescheidenes und zuvorkommendes Wesen"* (= Zurückhaltung, Anpassung, Unterwürfigkeit).[313] Oder: *„Im Kol-*

309 SCHLEẞMANN 2018, Rn. 987; LASKAWY / LOMB 2014, S. 83; MAURITZ / WISCHNATH 2011, S. 229; KNOBBE / LEIS / UMNUẞ 2011, S. 23; HUESMANN 2008, S. 58; STÜCK 2006, S. 794; MODEREGGER 2006, S. 242; VER.DI 2005, S. 24; SCHWIRTZEK 2005, S. 717; BOEMKE / MÜLLER 2003, § 109 GewO Rz. 43

310 LINCK 2017, Rn. 25; KESSLER 2015, S. 51; HUESMANN 2008, S. 171; Befragung WEUSTER 2009

311 Befragung WEUSTER 2009

312 LUCAS 2001, S. 131; SABEL 1998, S. 47

313 SABEL 1998, S. 85

legenkreis war er schnell beliebt“ (= nicht beim Vorgesetzten). Oder: *„Sein Verhalten zu Vorgesetzten und Kollegen war stets korrekt* (= steif, wenig teamfähig).[314] Negativ zu werten sind auch: *„Ihr Verhalten hat nie zu Klagen Anlass gegeben“* oder *„Sein Verhalten war ohne Tadel.“* Damit wird ausgedrückt, das Verhalten sei aber auch nicht lobenswert gewesen.[315] Das LAG Köln hat die Formel *„gab zu keinem Zeitpunkt Anlass zu Beanstandungen“* (u.E. Note 4) der gleichen Notenstufe wie *„war stets einwandfrei“* (u.E. Note 2) zugeordnet mit der Begründung, *„frei von Einwänden“* entspräche sprachlogisch „ohne Beanstandungen“. Diese Argumentation entspricht aber nicht der Zeugnispraxis, die das Signalwort „Beanstandungen“ selbst bei einer Verneinung als deutliche Verhaltenskritik interpretiert.[316] Die unterdurchschnittliche Wertung *„Das Verhalten gegenüber Vorgesetzten und Kollegen war in der Regel angemessen“* kann ein Arbeitgeber nicht mit dem (streitigen) Vorwurf rechtfertigen, der Arbeitnehmer habe Aufwandsersatzansprüche manipuliert sowie auf Kosten des Arbeitgebers unautorisierte Rechtsgeschäfte mit Dritten abgeschlossen.[317]

Zu Interpretationen kann die Formel *„verbindliches Verhalten“* Anlass geben. Handelt es sich um ein höfliches Verhalten oder um eine meinungslose Jasagerei? Besser wäre also die Formel *„durch sein verbindliches und zugleich sicheres Auftreten“*. Ebenso kann *„hohe Kompromissbereitschaft bei allen Fragen“* als Durchsetzungsschwäche gedeutet werden.[318] Auch die Formeln *„schnell beliebt“* oder *„allseits beliebt“* oder *„beliebt“*[319] werden in Abhängigkeit vom Kontext manchmal negativ gedeutet. Eindeutig positiv ist die Formulierung *„allgemein geschätzt und beliebt“*.

Die Formel *„anspruchsvoller und kritischer Mitarbeiter“* wird als Hinweis auf einen gegenüber anderen anspruchsvollen Nörgler gedeutet.[320] Dieses Beispiel weist auf ein Dilemma der Zeugnissprache hin. Offiziell wird heutzutage stets der aktive, selbstständig denkende und handelnde, sachkritische und innovationsfreudige Mitarbeiter propagiert. Man fragt sich aber, wie man einen solchen Mitarbeiter im Zeugnis beschreiben soll, ohne Miss-

---

314 GÜNTHER 2001, S. 274; aA ArbG Solingen 17.05.1990, ARST 4/1991, S. 77 (höflich und korrekt = einwandfrei); BECKER-SCHAFFNER 2004, S. 494 (korrekt = einwandfrei) und ROßBRUCH 2004, S. 212

315 LAG Hamm 12.07.1994 – 4 Sa 192/94, LAGE §630 BGB Nr. 27, Punkt 5; ECKERT 2010, S. 1481; STÜCK 2006, S. 795

316 LAG Köln 05.02.2015 – 7 Sa 884/14, juris = BeckRS 2015, 71390

317 LAG Köln 06.12.2012 – 7 Sa 583/12, juris

318 WEUSTER 1994, S. 199; WEUSTER 1991/92, S. 26

319 STÜCK 2006, S. 794

320 LAG Hamm 17.12.1998, MDR 1999, S. 1073 = LAGE §630 BGB Nr. 32; HUNOLD 1988, Teil 12, Kap. 2, S. 25; aA in Abhängigkeit vom Kontext LAG Düsseldorf 23.7.2003, AuA 2004, H. 7. S. 42 = B + P 35.Jg. (2004) H. 5, S.323

verständnisse zu erzeugen.[321] Vielleicht ist dies mit dem Vorspann *„Er war ein im positiven Sinne kritischer Mitarbeiter, der …“* oder mit der Formel *„konstruktiv-kritischer Mitarbeiter“* möglich. Die Formulierung *„Er übte sachlich Kritik, akzeptierte sie aber auch“* ist nicht immer negativ gemeint, dürfte aber oft negativ wirken, da in ihr auch von Kritik am Mitarbeiter die Rede ist. Dieses Beispiel weist auf den Zwiespalt hin, dass manche Formulierungen bei der Zeugnisausstellung vermieden werden sollten, dass sie aber bei der Analyse fremder Zeugnisse nicht unbedingt negativ gewertet werden sollten.

Da Zeugnisse auf das charakteristische Gesamtbild und nicht auf atypische Einzelvorkommnisse auszurichten sind, gehören kleinere Auffälligkeiten, einmaliges Fehlverhalten oder überwundene Verhaltensmängel nicht ins Zeugnis (Amnestiegedanke). Auch Disharmonien während der Kündigungsfrist sollten nach einem mehrjährigen guten Arbeitsverhältnis keinen Niederschlag im Zeugnis finden. Schließlich sollte der Aussteller bedenken, ob nicht manche Verhaltensweise nur eine Reaktion auf inakzeptables Kollegen- oder Vorgesetztenverhalten war. Abmahnungen können die Beurteilung beeinflussen, dürfen aber nicht explizit erwähnt werden.[322]

Bei Mitarbeitern, die vielfältige innerbetriebliche Kontakte haben (Querschnittsfunktionen; Matrixstrukturen), ist auf das Verhalten besonders einzugehen. So kann z. B. bei einem Produktmanager, einem Projektmanager oder einem Organisator im Zeugnis hervorgehoben werden, dass er bei allen innerbetrieblichen Kontaktpersonen als fairer Kooperationspartner anerkannt war und dass produktive Synergie-Effekte auftraten. Beispiele: *„Als Projektleiter stellte er zu den beteiligten Abteilungen gute Kontakte her. Notwendige Prioritätssetzungen zwischen der Projektarbeit und den Daueraufgaben der Abteilungen meisterte er mit großem Geschick. Sein argumentativer Stil machte ihn zu einem geschätzten Gesprächs- und Verhandlungspartner, dessen Kompromissvorschläge in Sachfragen regelmäßig Zustimmung fanden.“* Oder: *„Als Personalreferent für Tarifangestellte hatte er zu allen Bereichen des Hauses Kontakt. Bei den Personalangelegenheiten der Bereiche war er ein geschätzter Kooperationspartner, dessen Dienstleistung gern in Anspruch genommen wurde. Die Einführung eines analytischen Arbeitsplatzbewertungsverfahrens durch eine Unternehmensberatung führte zu schwierigen Verhandlungen über die Wertigkeit verschiedener Stellen. Diese Gespräche mit den Vorgesetzten,*

---

321 SCHWARB 1991, S. 47 f.; WEUSTER 1991 / 92, S. 25 f.

322 BAG 23.06.1960, DB 1960, S. 1042 = BB 1960, S. 983 = AP § 73 HGB Nr. 1; LAG München 31.07.2007 – 6 Sa 1238 / 05, juris; SCHULZ u. a. 2015, S. 95; BOEMKE / MÜLLER 2003, § 109 GewO Rz. 45

den Mitarbeitern und dem Betriebsrat führte er sachlich und erfolgreich im Unternehmensinteresse.“

3.5.2. Das Verhalten gegenüber Externen

Die Beurteilung des Sozialverhaltens ist je nach Stelle auf das Verhalten gegenüber Geschäftspartnern, Kunden, Klienten, Mandanten, Lieferanten, Behörden, Patienten und Angehörigen, Gästen, Publikum oder Besuchern auszudehnen. Eine Analyse von 802 Zeugnissen fand in 57,1 % der Zeugnisse eine Beurteilung des Verhaltens zu Externen.[323] In einer älteren Auswertung enthielten 139 von 1.000 Zeugnissen Aussagen zum Verhalten gegenüber Externen; 119 der 139 Aussagen betrafen Kunden.[324] In 112 (= 65,1 %) von 172 Bank-Arbeitszeugnissen wurden Kunden oder Geschäftspartner erwähnt.[325] Bei Funktionen wie Verkauf, Schalterdienst, Reklamationsbearbeitung oder Empfang sowie in der Gastronomie, im Hotelgewerbe oder im Einzelhandel ist die Verhaltensbeurteilung eng mit der Leistungsbeurteilung verbunden. In diesen Fällen ist die Anerkennung als Gesprächs-, Kooperations- und Verhandlungspartner bei Externen unbedingt im Zeugnis darzulegen, weil andernfalls ein Leerstellen-Verdacht aufkommen kann.

Reihenfolge: Die Verfasser empfehlen, auf das Verhalten zu den Externen in einem eigenen Satz einzugehen. Beispiele für spezielle Ausführungen: *„Ihr Verhalten gegenüber Vorgesetzten und Kollegen war stets vorbildlich. Bei unseren Kunden und anderen Geschäftsfreunden trat sie jederzeit höflich, sicher und gewandt auf.“* Oder: *„In wichtigen Kundengesprächen zeigte er stets großes Verhandlungsgeschick.“* Oder: *„Er verstand es, in Gesprächen und Verhandlungen mit Kunden rasch eine vertrauensvolle Atmosphäre herzustellen.“* Werden die Kunden oder Partner doch in die allgemeine Verhaltensaussage einbezogen, sollten sie nach unserer Auffassung, insbesondere bei Außendienst- und Kundendienstfunktionen, an *erster* Stelle genannt werden.[326] Beispiel: *„Sein Verhalten gegenüber Kunden, Vorgesetzten und Mitarbeitern war stets vorbildlich.“* Allerdings sollte die Hintansetzung von Kunden und Geschäftspartnern *(„Vorgesetzte, Kollegen und Kunden“)* bei der Zeugnisanalyse, insbesondere bei Funktionen mit nur gelegentlichen Außenkontakten, nicht negativ gewertet werden.[327] Angesichts des Umstandes, dass Arbeitnehmer häufig mehr interne als externe Kontakte haben und dass sie letztlich mehr die Interessen ihres Arbeitgebers als die der Geschäftspartner vertreten müssen, kann auch die Nennung von

323 SENDE 2016, S. 66
324 WEUSTER 1994, S. 99
325 KAUFFMANN 2004, S. 59
326 ArbG Neumünster 12.07.1994 – 1c Ca 705/94
327 ArbG Saarbrücken 02.11.2001, AiB 2002, S. 444

Externen erst an dritter Stelle begründet werden.[328] Dies ist aber entgegen der Meinung von Stück[329] nicht als Standard einzustufen.

Manchmal wünschen Arbeitnehmer (z.B. Key-Account-Manager), dass Großkunden, die sie betreut haben oder in deren Betrieb sie praktisch integriert waren, im Zeugnis werbewirksam namentlich genannt werden. Oft wird man diesen Wunsch erfüllen können. Soll die Geschäftsbeziehung aber nicht explizit genannt werden, so kann eine Umschreibung helfen. Beispiel: *„Das Projekt wurde bei einem großen Automobilhersteller durchgeführt."*

3.5.3. Weitere Verhaltensaspekte

In der Psychologie werden die arbeitsbezogenen menschlichen Eigenschaften in fünf große Gruppen zusammengefasst. Die Big Five umfassen: (1) Zuverlässigkeit = pflichtbewusst, zuverlässig, gewissenhaft, zielstrebig, effizient, sorgfältig, (2) Extraversion = aufgeschlossen, aktiv, enthusiastisch, (3) emotionale Stabilität = sicher, ausgeglichen, besonnen, (4) Verträglichkeit = kooperativ, hilfsbereit, zuvorkommend, vertrauensvoll und (5) Aufgeschlossenheit gegenüber neuen Erfahrungen = innovativ, kreativ.[330] Je nach Tätigkeit sollten in der Verhaltensbeurteilung und auch in der Leistungsbeurteilung diese Eigenschaften angesprochen werden.

Die Beurteilung des Sozialverhaltens fällt oft besser aus als die Beurteilung der Leistung.[331] Auch eine amerikanische Untersuchung, welche 625 Referenzschreiben (≈ Zeugnisse) für Ingenieure auswertete, ergab, dass sehr gute Ingenieure im Urteil technischer Vorgesetzter insbesondere durch Adjektive aus den Bereichen geistige Beweglichkeit, Einsatz und Zuverlässigkeit hervorgehoben wurden. Kein Unterschied zwischen sehr guten und sehr schlechten Ingenieuren ergab sich bei Adjektiven aus den Bereichen Verbindlichkeit und Kooperation. Man kann also vermuten: Kann über die Leistung wenig Positives gesagt werden (u.a. bei Beendigung des Arbeitsverhältnisses in oder mit Ablauf der Probezeit), so weichen Beurteiler lobend auf das Sozialverhalten aus.[332]

Um die Beurteilung des Sozialverhaltens individueller und informativer zu formulieren, können auch leistungsrelevante Aspekte wie Kontaktvermögen, Teamfähigkeit, Hilfsbereitschaft, Loyalität, Aufgeschlossenheit oder Auftreten angesprochen werden. Bedenkt man, dass *„verbindlicher Mitar-*

328 ArbG Saarbrücken 02.11.2001 – 6c Ca 38/01; SCHULZ 2006, S. 186; ECKERT 2000, S. 115
329 STÜCK 2006, S. 795
330 FURNHAM 2007, S. 8ff.; FEHR 2006, S. 113ff.
331 HUESMANN 2008, S. 206f.; WEUSTER 1994, S. 98; abweichendes Ergebnis bei SENDE 2016, S. 67
332 PERES/GARCIA 1962, S. 285; WEUSTER 2012a, S. 188

beiter" manchmal als meinungsloser Jasager und dass *„kritischer Mitarbeiter"* oft als Querulant gedeutet wird, dann sieht man, welche Gratwanderungen bei der Formulierung notwendig sind (Formulierungsslalom). Auch wirken Bezeichnungen wie *„Gesprächs- und Verhandlungspartner"* oder *„Kooperationspartner"* besser als der leicht passive Ausdruck *„Ansprechpartner"*. Es empfiehlt sich also, Eigenschaften nicht einfach zu nennen, sondern ihren Arbeits- und Leistungsbezug deutlich zu machen.

Dem Arbeitgeber steht grundsätzlich nur ein Urteil über das dienstliche Verhalten (on-the-job behavior) zu.[333] Private Verhaltensweisen, zum Beispiel Drogenkonsum, können nur dann bei der Beurteilung berücksichtigt werden, wenn sie negative betriebliche Auswirkungen haben.[334] Ein Beispiel ist eine unbefugte Privatfahrt mit einem Dienstwagen in betrunkenem Zustand.[335] Die in Zeugnissen des Öffentlichen Dienstes, insbesondere in Beamten-Zeugnissen, (früher) gelegentlich zu findende und *nicht negativ* gemeinte Formulierung *„Über sein außerdienstliches Verhalten ist nichts Nachteiliges bekannt"* ist in Arbeitnehmer-Zeugnissen unzulässig. Zudem ist die Gefahr sehr groß, dass sie negativ interpretiert wird.

Zum Begriff *„Einfühlungsvermögen"* sei angemerkt, dass dieser keineswegs immer als Sexualkontakt interpretiert werden kann, beispielsweise nicht bei einem Anlageberater in dem Satz *„Die vermögenden Privatkunden beriet er fachkundig und mit Einfühlungsvermögen"* oder nicht bei einer Krankenpflegerin in dem Satz *„Im Umgang mit den Patienten und ihren Angehörigen bewies sie jederzeit viel Einfühlungsvermögen."*

Straftaten: Straftatbestände dürfen nur genannt werden, wenn sie mit dem Arbeitsverhältnis in einem unmittelbaren Zusammenhang stehen.[336] Auch kann ein Arbeitgeber nicht von einem Zeugnis abrücken, wenn er nachträglich erfährt, dass gegen den Arbeitnehmer wegen Verfehlungen in einem *vorhergehenden* Arbeitsverhältnis bei einem *anderen* Arbeitgeber ermittelt wird.[337] Erfährt der Arbeitgeber von Straftaten des Arbeitnehmers während des Arbeitsverhältnisses im *Privatbereich*, so sollte er aber Begriffe wie *„ehrlich* und *„vertrauenswürdig"* vermeiden.

---

333 LAG München 14.09.1976, ARST 10/1977, S. 160; ErfK 2018/MÜLLER-GLÖGE, § 109 GewO Rn 43; LINCK 2017, Rn. 21; ENZLER 2012, S. 73 (Schweiz); SCHULZ 2006, S. 146 ff.; LÖW 2005, S. 3607; BECKER-SCHAFFNER 2004, S. 493; BÜHLER/LEFÉBURE 2003, S. 42; KAUFMANN/JORNS 2002, S. 38; FINKIN 1999, S. 267; FAESCH 1984, S. 77

334 LAG Hamm 27.02.1997, NZA-RR 1998, S. 157; ErfK 2018/MÜLLER-GLÖGE, § 109 GewO Rn. 45

335 BAG 29.01.1986, NZA 1987, S. 384; JANSSEN 1996, S. 127

336 ErfK 2018/MÜLLER-GLÖGE, § 109 GewO Rn. 44a; SCHLEßMANN 2018, Rn. 446; GÄNTGEN 2016a, S. 2132, Rn. 28; ECKLEBE 2015, S. 926; POLEDNA 2013, S. 175; SCHULZ 2006, S. 148; ROTH 2006, S. 71 ff.; JANSSEN 1996, S. 129 ff.; KRUMMEL 1983, S. 151 f.

337 LAG SH 23.06.2010 – 6 Sa 391/09, juris = BeckRS 210, 73725

Ein bloßer Verdacht, selbst wenn er zur Verdachtskündigung berechtigt, darf nicht erwähnt werden.[338] Nach einer erfolglosen arbeitgeberseitigen Verdachtskündigung hat ein Arbeitnehmer bei Umgang mit Geld und / oder Sachwerten (z. B. im Einzelhandel) Anspruch auf die Ehrlichkeitserwähnung. Der Arbeitgeber darf diese nicht deshalb verweigern, weil seine subjektiven Zweifel weiterhin bestehen.[339] Andererseits kann sich ein Arbeitgeber in einem Kündigungsschutzprozess anlässlich einer Verdachtskündigung auf einen objektiv begründeten Verdacht auch dann berufen, wenn er der Arbeitnehmerin (Kassiererin) in einem nach Ausspruch der Verdachtskündigung ausgestellten Zeugnis Ehrlichkeit bescheinigt hat.[340] Bloße Verdächtigungen oder ein laufendes Ermittlungsverfahren bei der Staatsanwaltschaft (hier: wegen Vermögensdelikte zu Lasten des Arbeitgebers) sind in der Regel nicht in ein Arbeitszeugnis aufzunehmen; allerdings kann der Arbeitgeber das Zeugnis widerrufen, sollte sich der Verdacht später als begründet erweisen.[341] Kommt es aus Gründen, die im Strafrechtsverfahren liegen, nicht zu einer Verurteilung des Arbeitnehmers, dann gilt der Grundsatz, dass die Aufnahme des Verdachts einer strafbaren Handlung in das Zeugnis im Allgemeinen mit Treu und Glauben nicht vereinbar ist.[342]

Feststehende gravierende Fehlverhaltensweisen oder Straftaten im Dienst, z. B. reichlicher Alkoholkonsum auf einer Dienstreise, Verbalinjurien, Tätlichkeiten, Arbeitsverweigerung, Diebstahl, Unterschlagung oder Sexualkontakt mit Abhängigen, können zu einer verhaltensbedingten Kündigung führen. In Abhängigkeit von der Schwere des Fehlverhaltens und der Position (Vertrauensstellung) kann eine Nennung oder Umschreibung *(„wegen Unstimmigkeiten")* in einem qualifizierten Zeugnis unumgänglich sein, wenn andernfalls das Interesse künftiger Entscheidungsträger an einer zuverlässigen Beurteilungsgrundlage bei der Personalauswahl (zum eigenen Schutz sowie zum Schutz der Mitarbeiter und der Kunden) verletzt würde.[343] Ein Heimerzieher, gegen den ein Strafverfahren wegen sittlicher Verfehlungen an seinen Pfleglingen läuft, kann nach einer Entscheidung des BAG nicht verlangen, dass der Arbeitgeber im Zeugnis das Verfahren unerwähnt lässt.[344] Hier ist aber anzumerken, dass das Verfahren gegen den Heimerzieher zum Zeitpunkt der Zeugniserstellung noch lief und dass er

338 SCHLEßMANN 2018, Rn. 449; SCHULD 2010, S. 147; VERDE 2010, S. 149; EISBRECHER 1994, S. 118 ff.; HAUPT / WELSLAU 1992, S. 39 f.; GÖLDNER 1989, S. 92 f.

339 ArbG Berlin 14.12.2012 – 28 Ca 16143 / 12, juris = BeckRS 2013, 65298

340 LAG Köln 30.07.1999, NZA-RR 2000, S. 189

341 LAG Düsseldorf 03.05.2005, DB 2005, S. 1799 = BB 2005, S. 2308; SCHULD 2010, S. 146 f.

342 LAG Hamm 27.02.1997, NZA-RR 1998, S. 158

343 POLEDNA 2003, S. 175; PROLLIUS 2002, S. 33; RING 2001a, S. 212; PARRY 1999, S. 361 ff.; HAUPT / WELSLAU 1992, S. 40; GÖLDNER 1989, S. 92

344 BAG 05.08.1976, AP § 630 BGB, Nr. 10 = EzA § 630 BGB Nr. 8 = BB 1977, S. 297

schließlich freigesprochen wurde.[345] Es sei noch erwähnt, dass auch in den USA Arbeitgeber, die in Referenzschreiben bzw. beim Referenzgeben wichtige negative Informationen verschweigen („lies told in silence") wegen fahrlässigen Auskunftsverhaltens (negligent referral) schadensersatzpflichtig sein können.[346]

Das LAG Baden-Württemberg entschied, dass der Arbeitgeber berechtigt sei, im Zwischenzeugnis für eine Krankenschwester ein gegen diese bei Zeugniserteilung noch laufendes Ermittlungsverfahren wegen Mordversuchs an Patienten zu erwähnen. Es könne dann allerdings später unter bestimmten Voraussetzungen ein Anspruch auf Entfernung des entsprechenden Zeugnishinweises bestehen.[347]

Im Dienst begangene Straftaten darf der Arbeitgeber nicht angeben, wenn er den Arbeitnehmer dazu angestiftet hat oder Beihilfe geleistet hat.[348] Auch wenn der Arbeitnehmer trotz der Straftat im Dienst weiterbeschäftigt wurde, kann je nach den Umständen des Einzelfalles von einer Erwähnung abgesehen werden, wenn sich der Arbeitnehmer inzwischen wieder als „nicht vorbestraft" bezeichnen darf oder könnte und wenn die Straftat nicht die persönliche berufliche Eignung berührt.[349]

Der Arbeitgeber wird in der Regel auch nicht erwähnen dürfen, wenn ein Arbeitnehmer oder eine Arbeitnehmerin eine Klage gegen ihn eingereicht hat, z.B. eine Klage wegen eines Verstoßes gegen das Allgemeine Gleichbehandlungsgesetz.

Die Tugenden *„ehrlich, fleißig, zuverlässig, pünktlich"* werden im Allgemeinen als selbstverständlich vorausgesetzt und daher in Zeugnissen in Form dieser Aufzählung kaum mehr erwähnt. Manchmal wird diese Wortkette mit der Einleitung *„Der Vollständigkeit halber/Der guten Ordnung halber erwähnen wir, dass"* ins Zeugnis eingefügt. Diese Passage ist aber inzwischen so unüblich geworden, dass sie nach den Erfahrungen der Verfasser zu Missverständnissen bei den Lesern führt. Will man die genannten Eigenschaften aufführen, so sollte dies ohne den Vorspann geschehen. Dabei sollte man das Wort *„ehrlich"* nicht auslassen, um nicht den Verdacht einer bewussten Leerstelle zu erzeugen.[350]

Bei qualifizierten Arbeitnehmern und Führungskräften kann die übermäßige Betonung von Basistugenden, Peanuts-Erfolgen, Nebenaufgaben und

345 BAG 05.08.1976, EzA §630 BGB Nr. 8

346 AAMODT 2006, S. 4f.; JAFFE 2002, S. 44; BLISS 2001, S. 23ff.; LITTLE/SIPES 2000, S. 4f.; HARSHMAN/CHACHERE 2000, S. 29ff.

347 LAG BW 29.11.2007 – 11 Sa 53/07, juris = DB 2008, S. 480 LS

348 ErfK 2018/MÜLLER-GLÖGE, §109 GewO Rn. 44a

349 ErfK 2018/MÜLLER-GLÖGE, §109 GewO Rn. 44a

350 BECKER-SCHAFFNER 2004, S. 492f.; PRESCH 1984, S. 176

Nebenpflichten wie z. B. Pünktlichkeit oder angemessene Kleidung eine bewusste Abwertung signalisieren (Ausweich-Technik).[351] Beispiele: *„Herr Dr. X war stets pünktlich"* oder bei einem wissenschaftlichen Mitarbeiter *„Wir bestätigen gern, dass Herr X mit Fleiß und Ehrlichkeit an seine Aufgaben herangegangen ist"* (= aber ohne fachliche Qualifikation). Oder (bei einem Vorstandsmitglied einer Genossenschaftsbank): *„Für unsere Kunden zeigte er sich kontaktfähig und freundlich."* Das Nennen von Selbstverständlichkeiten kann bewirken, dass auch noch diese Selbstverständlichkeiten in Zweifel gezogen werden.

Bei Mitarbeitern in Vertrauenspositionen, z.B. bei leitenden Angestellten, sollte betont werden, dass sie stets mit der Geschäftsleitung vertrauensvoll und loyal zusammengearbeitet haben. Geschäftsführer haben ggf. Anspruch auf die Erwähnung, dass sie das volle Vertrauen der Gesellschafter, des Aufsichtsorgans bzw. des Managements der Muttergesellschaft besaßen.[352] Einen Vertrauensbeweis kann man in der Übertragung von Prokura sehen. Auch bei Mitarbeitern, die Zugang zu Betriebs- und Geschäftsgeheimnissen und zu anderen vertraulichen Informationen haben (Forscher und Entwickler, Bilanzbuchhalter, Personalmitarbeiter, Sekretärinnen beim oberen Management) oder die Ziel von Bestechungsversuchen sein können (Einkäufer, Auftragsbearbeiter), wird ihre Vertrauenswürdigkeit, Integrität oder Diskretion erwähnt.[353] Ein Beispiel für eine Sekretärin: *„Frau X bearbeitete als Vorstandssekretärin laufend vertrauliche Vorgänge mit absoluter Diskretion."* Das ArbG Solingen entschied im Falle einer Buchhalterin, beim *„uneingeschränkten Vertrauen"* handele es sich um eine rein subjektive Beurteilung, welche nur der Arbeitgeber selbst vornehmen und zu der das Gericht ihn nicht zwingen könne.[354] Nach unserer Auffassung haben Arbeitnehmer in Vertrauenspositionen aber Anspruch auf eine Vertrauensaussage, sofern der Arbeitgeber keine Ablehnungsgründe belegen kann.

Bei Kassierern, Mitarbeitern mit Inkasso-Vollmacht, Mitarbeitern in der Gastronomie, Personal im Hotel und Hausgehilfinnen sind die Begriffe *„ehrlich"* oder *„vertrauenswürdig"* noch funktionsüblich bzw. branchenüblich. Diese Arbeitnehmer haben daher einen Anspruch darauf, dass ihre Ehrlichkeit erwähnt wird.[355] Allgemein: Im Zeugnis sind ggf. bestimmte Leistungen

351 LUCAS 2001, S. 140 und 149; GREENBURG u.a. 1994, S. 196; MÖLLER 1990, S. 151 und 202; PRESCH 1980b, S. 240 und 244

352 KG Berlin 06.11.1978, BB 1979, S. 989

353 BÜHLER/LEFÉBURE 2003, S. 41

354 ArbG Solingen 17.05.1990, ARST 4/1991, S. 77

355 BAG 29.07.1971, EzA §630 BGB Nr. 1; LAG Hamm 29.07.2005 – 4 Ta 594/04, juris; ErfK 2018/MÜLLER-GLÖGE, §109 GewO Rn. 43; GÄNTGEN 2016a, Rn. 29; ECKLEBE 2015, S. 926; SCHULZ u.a. 2015, S. 96; ARCHUT 2014, S. 57; DÜWELL/DAHL 2011, S. 959; SCHULD 2010, S. 145; ROTH 2006, S. 83; LÖW 2005, S. 3606

oder Eigenschaften zu erwähnen, wenn dies für eine Berufsgruppe oder in einer Branche üblich ist.[356] Allerdings kann aus dem Fehlen des Stichwortes *„ehrlich“* nicht zwangsläufig auf Unehrlichkeit geschlossen werden.

Eine Ehrlichkeitsaussage kommt auch in Betracht bei Verkäufern im Kaufhaus, Supermarkt oder im Juweliergeschäft, bei Revisoren, Filialleitern, Lagerleitern und Lagermitarbeitern, bei Werkschutzkräften und bei Wach- und Schließpersonal, bei Reinigungspersonal, bei Service-Technikern mit Reparaturen in Privathaushalten, bei Mitarbeitern mit Verfügungsbefugnis über Geld, Bankkonten, Waren und Investitionsmittel oder mit regelmäßigen Spesenabrechnungen (Außendienst-Mitarbeiter, Verkaufsfahrer) sowie bei sonstigen Mitarbeitern in besonderen Vertrauensstellungen wie z.B. Finanzbuchhaltern oder Einkäufern.[357] Bei Führungskräften spricht man statt von Ehrlichkeit besser von Vertrauenswürdigkeit, Integrität oder Loyalität.

Gelegentlich findet man die Auffassung, bei manchen Berufen, z.B. bei Kassierern oder Buchhaltern, sei Ehrlichkeit eine Selbstverständlichkeit, sodass in diesen Fällen eine ausdrückliche Bestätigung der Ehrlichkeit eher irritiere, anderweitige Mängel kaschieren solle, ja das Gegenteil besagen könne. Diese Auffassung teilen wir nicht. Auch in der Zeugnissprache kennzeichnet *„jederzeit ehrlich“* eindeutig einen ehrlichen und vertrauenswürdigen Mitarbeiter.

Hat eine Rechtsanwalts- und Notargehilfin eine Handkasse verwaltet, zu der mehrere Personen Zugang hatten, ist die Mitarbeiterin nicht angewiesen worden, auch Monatsanfangs- und Monatsendbestände festzustellen und ist durch den beschäftigenden Rechtsanwalt nie eine Kassenprüfung durchgeführt worden, ist die Erwähnung eines unaufgeklärten Kassenfehlbestandes im Endzeugnis unzulässig. Dies gilt insbesondere, wenn die Kassenführung in einem kurz vor dem Ausscheiden der Arbeitnehmerin erteilten Zwischenzeugnis nicht einmal erwähnt worden war, sie also einen nicht nennenswerten Zeitanteil der Tätigkeit der Angestellten ausmachte.[358]

Hat ein Arbeitgeber sich in einem Vergleich verpflichtet, gegen den Arbeitnehmer keinerlei Vorwürfe aus dem Arbeitsverhältnis mehr zu erheben, so hat der Arbeitnehmer Anspruch auf eine ausdrückliche Erwähnung seiner Ehrlichkeit.[359] Hat ein Arbeitgeber einen Arbeitnehmer im Zeugnis ein Jahr nach dem Feststellen eines (strittigen) Inventurfehlbetrages als ehrlich und gewissenhaft bezeichnet, kann er ihn nicht nach dem Ausscheiden aus

---

356 BAG 12.08.2008 – 9 AZR 632/07 = NZA 2008, S. 1349 = BB 2008, S. 2514 LS

357 LAG Hamm 27.02.1997, NZA-RR 1998, S. 157; LINCK 2017, Rn. 20; DÜWELL/DAHL 2011, S. 959; BECKER-SCHAFFNER 2004, S. 493

358 LAG SH 23.10.2007, LAGE § 109 GewO 2003, Nr. 5 = EzA-SD 2008, Nr. 2, S. 12 LS

359 ArbG Celle 22.03.1974, ARST 1/1975, S. 12

Mankohaftung in Anspruch nehmen.[360] Stellt ein Arbeitgeber bei gegebener Unehrlichkeit des Arbeitnehmers auf dessen Verlangen nur ein einfaches Zeugnis ohne Verhaltensbeurteilung und damit ohne Erwähnung der Unehrlichkeit aus, macht er sich bei eventuellen späteren Ehrlichkeitsverstößen nicht schadensersatzpflichtig.

Die Technik des „beredten Schweigens“ hat Grenzen. Wird ein Arbeitnehmer, der eine *Vertrauensstellung* innehat, wegen einer strafbaren Handlung im Rahmen seines Arbeitsverhältnisses fristlos entlassen, so verstößt der Arbeitgeber gegen die guten Sitten, wenn er diesen Tatbestand nicht im Zeugnis erkennen lässt, sondern nur positive Sachverhalte hervorhebt und seine uneingeschränkte Zufriedenheit betont.[361] Das Zeugnis hat auch eine Warnfunktion.[362] Es ist bei schwerwiegendem Fehlverhalten Vorsicht vor Ehrenerklärungen und wahrheitswidrigen Beendigungsformeln[363] anzuraten. Auch bei länger zurückliegenden kleinen Unredlichkeiten (sog. Bagatell-Diebstahl) sollten möglichst Prädikate wie *„ehrlich“*, *„vertrauenswürdig“*, *„zuverlässig“* oder *„gewissenhaft“* vermieden werden. Manchmal ist eine Unehrlichkeit daran zu erkennen, dass der Arbeitgeber sein Vertrauen durch Aussagen wie *„Bis zu seinem Ausscheiden waren wir von seiner Ehrlichkeit überzeugt“* oder *„ehrlich gegenüber ihrem Vorgesetzten“* (= nicht jedoch gegenüber den Arbeitskollegen?) oder *„Herr X war stets bestrebt, das Vertrauen der Geschäftsleitung zu erhalten“* einschränkt. Weiterhin sollte in schwerwiegenden Fällen die Dankes-Bedauern-Formel fortgelassen werden. Kommt es wegen der Ehrlichkeits-Frage zu einem Streit, so sollte sich der Arbeitgeber notfalls verklagen lassen. Muss er das Zeugnis dann aufgrund eines Urteils mit Ehrlichkeitsbestätigung ausfertigen, so scheidet eine Haftung gegenüber Dritten aus.[364]

Hat der Arbeitgeber wissentlich oder unbewusst ein falsches Zeugnis ausgestellt, zum Beispiel wahrheitswidrig Ehrlichkeit attestiert, so können Schadensersatzansprüche Dritter auf ihn zukommen.[365] Unbewusst und insoweit ohne Verschulden kann ein unwahres Zeugnis zum Beispiel erstellt worden

---

360 BAG 08.02.1972, BB 1972, S. 618 = DB 1972, S. 931 = EzA § 630 BGB Nr. 3

361 BGH 22.09.1970, DB 1970, S. 2224 f.; BGH 26.11.1963, DB 1964, S. 517; OLG München 30.03.2000 – 1 U 6245 / 99, juris; OLG Hamburg 14.12.1954, DB 1955, S. 172; SCHLEẞMANN 2018, Rn. 732

362 LAG Köln 08.11.1989, LAGE § 630 BGB Nr. 8, S. 20; GAUL 1986, S. 220 und 222 ff.

363 POPP 1997, S. 590

364 ErfK 2018 / MÜLLER-GLÖGE, § 109 GewO Rn. 70

365 BGH 22.09.1970; DB 1970, S. 2224; OLG München 30.03.2000 – 1 U 6245 / 99, juris; ErfK 2018 / MÜLLER-GLÖGE, § 109 GewO Rn. 68 – 72; LINCK 2017, Rn. 40; GÄNTGEN 2016a, S. 2140, Rn. 45; KÄLIN 2007, S. 115; ROTH 2006, S. 60 f.; LÖW 2005, S. 2609; KAUFMANN / JORNS 2002, S. 37; RING 2001a, S. 214; EISBRECHER 1994, S. 66 ff.; KRUMMEL 1983, S. 206 ff.; LOEWENHEIM 1980, S. 469 ff.

sein, wenn der Aussteller erst *nach* dem Ausscheiden des Arbeitnehmers Verfehlungen entdeckt. Der Arbeitgeber kann ein unbewusst oder bewusst (hier eingeschränkt) falsch ausgestelltes Zeugnis widerrufen und zurückverlangen, wenn ihm nachträglich Tatsachen bekanntwerden, die eine andere Beurteilung rechtfertigen würden und für einen zukünftigen Arbeitgeber von ausschlaggebender Bedeutung bei der Einstellentscheidung sein könnten.[366] Einen Zeugniswiderruf gibt es aber nur bei tatsächlichen Unrichtigkeiten und nicht bei Werturteilen, es sei denn, dass neue Tatsachen den früheren Wertungen die Grundlage entzogen haben.[367] Daneben ist ein Widerruf auch möglich, wenn der Arbeitnehmer in Kenntnis der Zuständigkeiten für die Zeugniserteilung (Dienstweg) die Unkenntnis eines organschaftlichen Vertreters über maßgebliche Umstände der Zeugniserteilung ausnutzt (= sich von diesem ein selbst formuliertes Zeugnis mit sehr guter Beurteilung unterschreiben lässt) und sich dieses Vorgehen des Arbeitsnehmers als treuwidrig darstellt.[368] Der Widerruf ist vollzogen, wenn er dem Arbeitnehmer zugeht.[369] Der Arbeitgeber kann bei Widerruf die Rückgabe des unrichtigen Zeugnisses verlangen, um eine weitere Verwendung zu verhindern.[370] Erkennt der Aussteller eines Zeugnisses nachträglich, dass dieses grob unrichtig ist (fälschlich: *„zuverlässiger und verantwortungsbewusster Mitarbeiter“*) und dass ein bestimmter Dritter durch Vertrauen auf dieses Zeugnis Schaden zu nehmen droht, dann haftet er für den durch die Unterlassung einer umgehenden Warnung entstandenen Schaden.[371]

Hoechst wendet gegen die Erwähnung von Straftaten im Zeugnis ein, dass dieser Makel einen Arbeitnehmer bis ans Ende seines Arbeitslebens begleite, da Arbeitgeber von Bewerbern meist einen lückenlos belegten Werdegang forderten. Eine spätere Tilgung durch Neuausstellung eines Zeugnisses kenne das Zeugnisrecht nicht. Damit wiege die Nennung der Straftat in einem Zeugnis unter Umständen schwerer als eine gerichtliche Strafe. Außerdem wendet Hoechst ein, dass das Zeugnisrecht damit strenger als die Rechtsprechung zum Fragerecht des Arbeitgebers im Vorstellungs-

---

366 LAG SH 17.10.2017 – 1 Sa 228/17, juris = BeckRS 2017, 137031 = NZA-RR 2018, S. 69; LAG Frankfurt 25.10.1950, DB 1951, S. 308; ErfK 2018/MÜLLER-GLÖGE, § 109 GewO Rn. 56 und 57; WESSEL 2017, S. 1715; LINCK 2017, § 146, Rn. 36; SCHULZ u. a. 2015, S. 50 ff.; GÄNTGEN 2016a, S. 2138, Rn. 38; SCHULZ 2006, S. 74 ff.; KAUFMANN/JORNS 2002, S. 39; GÖLDNER 1989, S. 122 ff.

367 LAG Bayern 28.07.1972, ARST 9/1973, S. 144

368 LAG SH 17.10.2017 – 1 Sa 228/17, juris = BeckRS 2017, 137031

369 RUNGGALDIER 1992, Sp. 478; KRUMMEL 1983, S. 215

370 KÜCHLE/BOPP 1997, S. 195 f.; KRUMMEL 1983, S. 212 ff.; nach GÖLDNER 1989, S. 129 f. bei bewusst unrichtigen Zeugnissen

371 BGH 15.05.1979, DB 1979, S. 2378 = EzA § 630 BGB Nr. 10 (sehr spezielle Fallgestaltung); EISBRECHER 1994, S. 112 ff.; kritisch zum BGH-Urteil ErfK 2018/MÜLLER-GLÖGE, § 109 GewO Rn. 71–72

gespräch sei. Im Bewerbungsgespräch muss ein Arbeitnehmer nämlich nur tätigkeitsrelevante, noch nicht gemäß §§43, 44 BZRG im Zentralregister getilgte Vorstrafen angeben, und dies idR auch nur auf Befragen. Hoechst plädiert dafür, bei der Frage der Straftaten eine Bewährungslösung auch im Zeugnisrecht zu finden.[372] Im gleichen Sinne billigen Huber / Müller einem Arbeitnehmer unter Hinweis auf §51 BZRG einen Anspruch auf Tilgung des Hinweises auf eine Straftat im Zeugnis zu, wenn diese im Bundeszentralregister getilgt wurde oder hätte getilgt werden müssen.[373]

3.6 Der Schlussabsatz des Zeugnisses

Der Schlussabsatz eines Zeugnisses kann umfassen: (1) die Beendigungsformel (Endzeugnis) oder den Ausstellungsgrund (Zwischenzeugnis), (2) die Dankes-Bedauern-Formel und (3) Zukunfts- und Erfolgswünsche. Der Schlussabsatz im Zeugnis einer sehr erfolgreichen Führungskraft könnte lauten: *„Herr X verlässt uns auf eigenen Wunsch, um sich einer größeren Aufgabe zu widmen. Wir bedauern außerordentlich, ihn zu verlieren, und danken ihm für die angenehme und anregende Zusammenarbeit. Für seinen künftigen Berufs- und Lebensweg wünschen wir Herrn X alles Gute und weiterhin viel Erfolg.“*

3.6.1. Die Beendigungsformel

Die Beendigungsinitiative (wer), der Beendigungsmodus (fristgemäß, fristlos) und der Beendigungsgrund (warum) interessieren einen potenziellen Arbeitgeber sehr, gehören aber rechtlich grundsätzlich nicht bzw. nur auf Wunsch des Arbeitnehmers ins Zeugnis, da die gesetzlichen Zeugnisbestimmungen hierzu nichts sagen.[374] Der Arbeitgeber darf ggf. auch nicht im Zeugnis erwähnen, wenn das Arbeitsverhältnis nach einer sozialwidrigen Kündigung auf seinen Antrag nach §9 KSchG vom Gericht aufgelöst wurde.[375] In der Praxis haben sich aber bezüglich Initiative, Fristigkeit und Grund der Beendigung Formulierungsvarianten herausgebildet, sodass der kundige Zeugnisleser diese Sachverhalte doch erkennt. So lässt zum Beispiel die scheinbar neutrale Formulierung *„Das Arbeitsverhältnis endete am DATUM“* per Ausschlussverfahren auf eine verhaltensbedingte arbeitgeberseitige Kündigung schließen, da die sonst üblichen Angaben wie *„auf*

---

372 HOECHST 1986, S. 153f.

373 HUBER/MÜLLER 2016, S. 46f.

374 LAG Hamm 24.09.1985, LAGE §630 BGB Nr. 1; LAG Bremen 16.09.1953, DB 1954, S. 352; ArbG Köln 05.03.2013 – 13 Ca 2497/12, juris; ArbG Bremen 04.07.1968, BB 1969, S. 834; ErfK 2018/MÜLLER-GLÖGE, §109 GewO Rn. 26; SCHULZ u.a. 2015, S. 79ff.; MAURITZ/WISCHNATH 2011, S. 227; KAUFMANN/JORNS 2002, S. 39; dagegen bzgl. des Grundes sowie einer fristlosen Kündigung GÖLDNER 1989, S. 95f.

375 LAG Köln 29.11.1990, LAGE §630 BGB Nr. 11, S. 3

eigenen Wunsch", „einvernehmlich", „betriebsbedingt" oder *„endet mit Ablauf der Befristung"* fehlen. Endet ein Arbeitsverhältnis formell mit einer verhaltensbedingten Kündigung, so hat ein Arbeitnehmer keinen Anspruch darauf, dass dies im Zeugnis verschleiert wird.[376]

Die Initiative des Arbeitnehmers *(„auf eigenen Wunsch")*[377] sowie eine betriebsbedingte Kündigung müssen im Zeugnis erwähnt werden, wenn der Arbeitnehmer dies wünscht.[378] Auch wenn das Arbeitsverhältnis nach einem Auflösungsantrag des Arbeitnehmers in einem Kündigungsschutzprozess aufgelöst wurde, kann der Arbeitnehmer die Formel *„auf seinen Wunsch beendet worden"* beanspruchen.[379] Das Gleiche gilt, wenn nach Ausspruch einer arbeitgeberseitigen Änderungskündigung auf Vorschlag des Arbeitnehmers ein Aufhebungsvertrag geschlossen wurde.[380]

Hat sich der Arbeitgeber verpflichtet, ein Zeugnis nach einem Formulierungsvorschlag des Arbeitnehmers, von dem nur aus wichtigem Grund abgewichen werden darf, zu erstellen, liegt ein solcher wichtiger Grund jedenfalls dann vor, wenn der Formulierungsvorschlag des Arbeitnehmers inhaltlich unzutreffend ist und der Arbeitgeber damit gegen den Grundsatz der Zeugniswahrheit verstoßen würde. Demnach hat ein Arbeitnehmer, dessen Arbeitsverhältnis gemäß Abwicklungsvertrag oder gerichtlichem Vergleich durch eine betriebsbedingte Kündigung des Arbeitgebers endete, keinen Anspruch auf die Formel *„auf eigenen Wunsch"*.[381]

Vereinbaren beide Parteien nach einer fristlosen Kündigung die Beendigung des Arbeitsverhältnisses durch gerichtlichen Vergleich zum Kündigungstermin und die Zahlung einer Kündigungsabfindung, so kann der Arbeitnehmer im Zeugnis die Beendigungsformel *„in beiderseitigem Einvernehmen"* verlangen.[382] Haben sich Arbeitgeber und Arbeitnehmer im Anschluss an eine verhaltensbedingte Kündigung des Arbeitsgebers in einem Prozessvergleich darauf geeinigt, das Arbeitsverhältnis habe aufgrund der Kündigung des Arbeitgebers geendet, verpflichtet sich dieser aber zugleich zur Zahlung

---

376 SCHULD 2010, S. 142 f.

377 BAG 23.06.1960, DB 1960, S. 1042 = AP § 73 HGB Nr. 1; LAG SH 07.11.2017 – 1 Sa 29/17, juris; LAG BW 29.11.1958, BB 1959, S. 489; LAG Bremen 16.09.1953, DB 1954, S. 352 = AP 54 Nr. 152

378 LAG Hamm 17.06.1999, Zeitschrift für Personalvertretungsrecht 2000, S. 179 LS; SCHULZ 2006, S. 136 und 141; ROTH 2002, S. 9; VAN VENROOY 1984, S. 65 ff.; KRUMMEL 1983, S. 153

379 LAG Köln 29.11.1990, LAGE § 630 BGB Nr. 11

380 LAG BW 09.02.2012 – 11 Sa 43/11, NZA-RR 2012, S. 238 = juris

381 LAG Hamm 14.02.2018 – 2 Sa 1255/17; juris; LAG Köln 29.10.2014 – 3 Sa 459/14, juris; DONNER 2015, Anmerkung 5

382 LAG BW/Stuttgart 09.05.1968, DB 1969, S. 1319 = BB 1968, S. 872; ErfK 2018/MÜLLER-GLÖGE, § 109 GewO Rn. 26a

einer Abfindung entsprechend den §§ 9, 10 KSchG, widerspricht es dem Wohlwollensgebot, im Arbeitszeugnis neben einem Hinweis auf das beiderseitige Einvernehmen über die Beendigung anzugeben, dies sei auf Verlangen des Arbeitgebers geschehen.[383] Der Grundsatz der Zeugniswahrheit schließt es aber aus, in ein qualifiziertes Zeugnis einen Beendigungsgrund aufzunehmen, der ohne gerichtsförmige Feststellung lediglich als Kompromissformel (z. B. zur Sicherung des Anspruches auf Arbeitslosengeld) in einen Prozessvergleich aufgenommen wurde.[384]

Die Beendigungsformel gehört in den Schlussabsatz und nicht in den Eingangsabsatz des Zeugnisses.[385] Nach der Inhaltsanalyse von Originalzeugnissen verteilt sich die Kündigungsinitiative in 669 Arbeitnehmer-Endzeugnissen wie folgt: 545 (= 81,5 %) Kündigungen durch Arbeitnehmer, 25 (= 3,7 %) Kündigungen ausdrücklich durch den Arbeitgeber, 33 (= 4,9 %) einvernehmliche Beendigungen, 10 (= 1,5 %) neutrale Beendigungsformeln (= vermutlich ebenfalls Arbeitgeber-Kündigung), 25 (= 3,7 %) fehlende Beendigungsformeln (= vermutlich ebenfalls Arbeitgeber-Kündigung), 25 (= 3,7 %) Vertragsablauf, 4 (= 0,6 %) Pensionierung sowie je einmal Ablauf der Probezeit und Insolvenz.[386] Eine Auswertung von 131 Arbeitszeugnissen aus Banken ergab folgende Verteilung der Beendigungsformel: 105 (= 80,2 %) Kündigungen durch Arbeitnehmer, 7 (= 5,3 %) Kündigungen ausdrücklich durch den Arbeitgeber, 10 (= 7,6 %) einvernehmliche Beendigungen, 3 (= 2,3 %) neutrale Aussagen, 1 (= 0,7 %) fehlende Aussage und 5 (= 3,8 %) Vertragsablauf.[387] Angesichts der steigenden Zahl befristeter Arbeitsverhältnisse in den letzten Jahren nimmt der Fristablauf als Beendigungsgrund zu.

Der hohe Anteil von arbeitnehmerseitigen Kündigungen laut Zeugnis dürfte nicht mit der Realität übereinstimmen. Diese Formel wird also zum Teil auch verwendet, wenn Aufhebungsverträge oder arbeitgeberseitige Kündigungen vorliegen.[388] Für ein Auswahlgespräch bedeutet dies, dass der Interviewer in Abhängigkeit von seinem Gesamteindruck den wahren Beendigungsgrund eruieren muss. So sind zum Beispiel Zweifel am Wahrheitsgehalt der Kündigung *„auf eigenen Wunsch“* angebracht, wenn der Lebenslauf des Arbeitnehmers nach dem Arbeitsverhältnis eine Lücke ohne Beschäftigungsverhältnis ausweist. Das Gleiche kann gelten, wenn die nächste Stelle bei einem anderen Arbeitgeber einen beruflichen Abstieg bedeutet.

---

383 LAG Berlin 25.01.2007, NZA-RR 2007, S. 373 = LAGE § 109 GewO 2003 Nr. 4

384 LAG Frankfurt 18.02.1983, AuR 1984, S. 53; HUNOLD 1993, S. 226 f.; aA SCHULZ 2006, S. 144

385 LAG Hessen 20.03.2013 – 6 Sa 975 / 12, BeckRS 2013, 72676 = juris

386 WEUSTER 1994, S. 101

387 KAUFFMANN 2004, S. 65

388 WEUSTER 1994 S. 57

Die Beendigungsgründe sind im Interesse des Arbeitnehmers klarstellend aufzunehmen, wenn er dies verlangt.[389] Fehlinterpretationen können z.B. entstehen bei kurzer Vertragsdauer oder bei unüblichen Austrittsterminen. Es spricht idR nichts dagegen, auf Wunsch des Arbeitnehmers plausible und akzeptable Gründe wie Wohnortwechsel, Ablauf der Elternzeit, Weiterbildung oder die Übernahme einer hierarchisch höheren Position als Beendigungsgrund zu nennen. Beispiel: *„Da sich Herrn X die Gelegenheit bietet, im Rahmen seines beruflichen Karriereweges eine noch umfassendere Position zu übernehmen, verlässt er uns auf eigenen Wunsch."* Ein plausibler Beendigungsgrund kann mögliche Zweifel an der Kündigungsinitiative des Arbeitnehmers zerstreuen. Die Hinweise *„um zu studieren"*, *„um eine Technikerschule zu besuchen"*, *„um sich selbstständig zu machen"*, *„Auslandsaufenthalt"* oder *„um eine außergewöhnliche Karrierechance wahrzunehmen"* können im Nachhinein problematisch werden, wenn diese Pläne schon nach kurzer Zeit aufgegeben oder überhaupt nicht realisiert werden. Auch können Missverständnisse entstehen. So kann die vage Aussage *„verlässt uns aus privaten Gründen"* verschiedenen Vermutungen (z.B. Krankheit?) Vorschub leisten. Die Aussage *„da sich ihm bei uns keine Aufstiegsmöglichkeiten bieten"* kann irrtümlich so gedeutet werden, als komme nur dieser Mitarbeiter für eine Beförderung nicht in Frage. Die Aussage *„um sich finanziell zu verbessern"* wird negativ gedeutet. Die Passage *„um seine Berufserfahrung zu erweitern"* ist bei jüngeren Arbeitnehmern akzeptabel, kann bei älteren Arbeitnehmern aber Wissensmängel andeuten.

Manchmal scheidet ein Arbeitnehmer nach seiner fristgerechten Kündigung mit Einverständnis des Arbeitgebers vorzeitig aus. Gelegentlich erfolgt der Wechsel mit Zustimmung des neuen Arbeitgebers auch erst nach dem ordentlichen Endtermin, wenn beim alten Arbeitgeber noch wichtige Arbeiten abzuschließen sind. Falls in diesen Fällen, insbesondere bei einem „krummen" Austrittstermin[390], Missverständnisse möglich sind, kann der Sachverhalt klargestellt werden. Zum Beispiel: *„Herr X kündigte das Arbeitsverhältnis fristgerecht zum Jahresende. Mit unserem Einverständnis endete das Arbeitsverhältnis aber vorzeitig am 17.10.2018."* Oder: *„Frau X scheidet auf eigenen Wunsch zum 7. April 2018 aus, um ein Studium aufzunehmen."*

Nach § 622 Abs. 3 BGB kann ein Arbeitsverhältnis während einer vereinbarten Probezeit mit einer Frist von zwei Wochen gekündigt werden. So kann auch bei einer ordentlichen Kündigung ein krummes Austrittsdatum entstehen. Dann sollte das Wort *„fristgemäß"* beigefügt werden. Zum Bei-

389 ErfK 2018/MÜLLER-GLÖGE, § 109 GewO Rn. 26; POPP 1997, S. 589f.

390 POPP 1997, S. 588

spiel: *„Das Arbeitsverhältnis endet innerhalb der Probezeit fristgemäß zum DATUM."*

Vertragsbruch: Eine Besonderheit der Beendigung des Arbeitsverhältnisses durch den Arbeitnehmer kann darin liegen, dass dieser die Stelle gegen den Willen des Arbeitgebers ohne Einhaltung der Kündigungsfrist verlässt. Der Arbeitgeber darf diesen Vertragsbruch grundsätzlich nicht ausdrücklich erwähnen. Er kann ihn aber erkennbar umschreiben.[391] Das muss im Interesse künftiger Arbeitgeber umso eher erfolgen, je höher die Position und je größer der Verantwortungsumfang des Arbeitnehmers war.[392] Durch Urteil des LAG Hamm war der Satz *„Herr L. hat seinen Arbeitsplatz vertragswidrig und vorzeitig am 31.12.1983 verlassen"* zu ändern in *„Herr L. hat ... verlassen, um sofort eine neue Tätigkeit aufzunehmen."*[393] Hier wird also eine offen negative Aussage wohlwollend durch eine (allerdings missverständliche[394]) Andeutung ersetzt.

Es wird argumentiert, ein vorzeitiges Ausscheiden per Vertragsbruch stelle unter Umständen eine mehrwöchige Leistungsverweigerung und damit eine schwere Verletzung der Leistungspflicht dar. Ein Hinweis auf den Vertragsbruch sei demnach unter dem Aspekt der Vollständigkeit des Zeugnisses eine wichtige Kerninformation über die Zuverlässigkeit und die Vertragstreue eines Bewerbers. Das oft ungewöhnliche Beendigungsdatum, welches dem LAG Köln als Warnung genügte[395], sei in diesem Zusammenhang eine zu vage Andeutung.[396] Adam meint hingegen, dass Informationen zum Ausscheiden des Arbeitnehmers nur auf dessen Wunsch ins Zeugnis aufgenommen werden dürften, und fragt, warum dies beim Vertragsbruch nicht gelten solle. Ergänzend argumentiert er, dass der Arbeitgeber eher selten nennenswerte Nachteile durch einen Vertragsbruch erleide und dass Wiederholungen eher unwahrscheinlich seien, die Erwähnung aber für den Arbeitnehmer außerordentlich ungünstig wirke.[397] Ein Vertragsbruch kann auch bei der Beurteilung des Sozialverhaltens, zum Beispiel durch Fehlen oder Einschränken einer Zuverlässigkeit, berücksichtigt werden.[398]

Die Formeln *„trennt sich von uns auf eigenen Wunsch"* oder *„in gegenseitigem Einvernehmen getrennt"* können wegen des Verbs *„trennen"* negativ

---

391 LAG Köln 08.11.1989, LAGE § 630 BGB Nr. 8 = BB 1990, S. 856 LS; Erwähnung zulässig nach ErfK 2018 / MÜLLER-GLÖGE, § 109 GewO Rn. 26

392 ArbG Siegen 30.05.1980, ARST 12 / 1980, S. 192

393 LAG Hamm 24.09.1985, LAGE § 630 BGB Nr. 1 – zur Kritik siehe HUNOLD 2001, S. 118

394 WEUSTER 1994, S. 143 ff.

395 LAG Köln 08.11.1989, LAGE § 630 BGB Nr. 8

396 HUBER / MÜLLER 2016, S. 43 f.; STOFFELS 1994, S. 198

397 ADAM 2005, S. 555

398 LAG Hamm 27.02.1997, NZA-RR 1998, S. 158; LAG Hamm 24.09.1985, LAGE § 630 BGB Nr. 1; SCHLEßMANN 2018, Rn. 433

wirken. Sie können Mutmaßungen über eine arbeitgeberseitige Beendigungsinitiative oder über einen Prozessvergleich erzeugen.[399] Verlässt ein Mitarbeiter kurze Zeit nach einer Beförderung einvernehmlich das Unternehmen, so kann vermutet werden, dass er sich der anspruchsvolleren Aufgabe nicht gewachsen zeigte. Eine Befragung von 98 Personalberatern im Jahre 2009 ergab, dass eine einvernehmliche Beendigung des Arbeitsverhältnisses von 71,4 % der Befragten negativ und nur von 28,6 % zunächst neutral bewertet wurde; in einer früheren Befragung von 246 Beratern lagen die entsprechenden Werte bei 77,2 % und 22,8 %.[400] Eine einvernehmliche Vertragsbeendigung wird also auch heute noch oft mit einer arbeitgeberseitigen Kündigung gleichgesetzt[401], was unseres Erachtens aber nicht generell zutrifft. Manche Aussteller versuchen, eine vom Arbeitnehmer nicht zu vertretende einvernehmliche Beendigung durch Formeln wie *„betriebsbedingt in bestem beiderseitigen Einvernehmen"* sowie durch nachfolgende gute Schlussformeln (Dank, Bedauern) klarzustellen. Aus Arbeitnehmersicht ist es aber zur Vermeidung von Missverständnissen in der Regel besser, den Arbeitgeber mit verständigem Wohlwollen die Formel *„auf eigenen Wunsch"* ins Zeugnis schreiben zu lassen, was so auch teilweise praktiziert wird.[402] Bei Aufhebungsverträgen erscheint dies gerechtfertigt, da mit der Unterschrift des Arbeitnehmers seine entsprechende freie Willenserklärung gegeben ist. Die Formel *„auf eigenen Wunsch"* ist auch angebracht, wenn ein Arbeitsverhältnis nach einer vorangegangenen Kündigung durch den Arbeitnehmer nun vorzeitig einvernehmlich beendet wird, damit der Arbeitnehmer früher wechseln kann. Sie erscheint ferner vertretbar, wenn ein Aufhebungsvertrag die Vereinbarung enthält, dass das Arbeitsverhältnis *„spätestens am DATUM endet"* und der Arbeitnehmer *vor* diesem Endtermin zu einem anderen Arbeitgeber wechselt.

Bei einer betriebsbedingten Kündigung kann der Arbeitnehmer beanspruchen, dass die Betriebsbedingtheit der Kündigung im Zeugnis unter konkreter Nennung des Grundes (Stilllegung, Verlegung, Auftragsrückgang, Rationalisierung, Insolvenz) zum Ausdruck kommt.[403] Ein Anspruch, dass in die Formulierung *„Ich bedaure, mich von Frau Y trennen zu müssen, weil ich eine Stellung im akademischen Bereich anstrebe"* zusätzlich die Worte *„aus betriebsbedingten Gründen"* eingefügt werden, besteht aber nicht, da

---

399 LAG Köln 29.11.1990, LAGE § 630 BGB Nr. 11, S. 4; LINCK 2017, Rz. 26; SCHULZ u.a. 2015, S. 119; ECKERT 2010, S. 1481; TSCHUMI 2003, S. 43; BRAUN 2001, S. 110; MÜLLER 1999, S. 50; SCHWARB 1991, S. 14; abweichend HUBER/MÜLLER 2016, S. 82

400 Befragung WEUSTER 2009; WEUSTER 1994, S. 142

401 FREY/WÖRL 2009, S. 78

402 WEUSTER 1994, S. 57

403 BAG 23.06.1960, DB 1960, S. 1042 = AP § 73 HGB Nr. 1; LAG Köln 29.11.1990, LAGE § 630 BGB Nr. 11, S. 4

die Formulierung eindeutig darüber informiert, dass keine verhaltens- oder personenbedingte Kündigung vorliegt, und da außerdem die Beendigung bedauert wird.[404] Eine betriebsbedingte Beendigung des Arbeitsverhältnisses erhielt in einer Befragung von 96 Personalberatern im Jahre 2009 folgende Wertungen: positiv = 1 %, zunächst neutral = 78,1 %, gelegentlich negativ = 15,6 % und meist negativ = 5,2 %.[405]

Bei Arbeitnehmern mit längerer Betriebszugehörigkeit ist es förderlich, die Betriebsbedingtheit der Beendigung und einen Hinweis auf die Notwendigkeit der Sozialauswahl anzugeben, da diese Arbeitnehmer für diesen Beendigungsgrund nicht verantwortlich sind und da sie oft nur so die Beendigung des Arbeitsverhältnisses plausibel erklären können. Außerdem dürfte dieser Anlass zumindest lokal und regional bekannt sein. Dass die Beendigung eines Arbeitsverhältnisses allein aus dringenden betrieblichen Erfordernissen resultiert, kann auch durch eine besondere Empfehlung oder durch eine Wiederbewerbungsbitte *(„würden es begrüßen, wenn er sich bei erneutem Personalbedarf wieder bei uns bewerben würde")* unterstrichen werden.[406] Eine explizite Wiedereinstellungszusage wie *„Wir sind gern bereit, ihn bei erneuten Bedarf wieder einzustellen"* wird man aber aus Arbeitgebersicht vermeiden. Es kann auch nicht ausgeschlossen werden, dass eine solche eventuelle Rückkehrmöglichkeit des Arbeitnehmers andere Arbeitgeber von einer Einstellung abhalten kann. Insgesamt kann bei betriebsbedingten Kündigungen der Verdacht aufkommen, es sei ein Gefälligkeitszeugnis als Trostpflaster ausgestellt worden. Bei leitenden Angestellten und Führungskräften, z. B. bei einem Vertriebsleiter, kann auch eine betriebsbedingte Kündigung disqualifizierend wirken, wenn eine Mitverantwortung angenommen werden kann. Hier ist im Zeugnis ggf. zu betonen, dass keine Mitverantwortung für die Schwierigkeiten des Unternehmens vorliegt.

Die Verfasser wurden darauf aufmerksam gemacht, die Agentur für Arbeit könne eine Sperrzeit beim Arbeitslosengeld verhängen, wenn im Zeugnis nicht von einer betriebsbedingten Beendigung die Rede sei. Da die Formulierungssouveränität beim Arbeitgeber liegt, können u. E. externe Stellen keine Ansprüche an den Zeugnisinhalt stellen. Die Agentur für Arbeit kann die erforderlichen Informationen aus der Arbeitsbescheinigung gemäß § 312 SGB III entnehmen.

Die Beendigungsformel *„scheidet aus organisatorischen Gründen aus"* kann, insbesondere bei Mitarbeitern mit einfachen Funktionen, auf eine arbeitgeberseitige Kündigung aus Unzufriedenheit mit dem Arbeitnehmer

---

404 LAG Niedersachsen 18.06.2008 – 17 Sa 1679/07, BeckRS 2008 54961

405 Befragung WEUSTER 2009

406 SCHLEßMANN 2018, Rn. 405; auch PRECHT 1998, S. 257 f.

hindeuten.[407] Beispiel aus dem Zeugnis eines Werkstatt-Technikers, dessen Leistung nur ausreichend beurteilt worden war: *„Aufgrund struktureller Veränderungen und organisatorischer Notwendigkeiten sind wir auf Wunsch von Herrn X mit ihm übereingekommen, das bestehende Dienstverhältnis am heutigen Tage in gegenseitigem Einvernehmen aufzuheben."*

Eine Krankheit darf gegen den Willen des Arbeitnehmers auch nicht bei einer arbeitgeberseitigen Kündigung wegen Arbeitsunfähigkeit infolge Krankheit genannt werden, da Beendigungsgründe nur mit Zustimmung des Arbeitnehmers ins Zeugnis aufgenommen werden dürfen.[408]

Die Aufnahme des Beendigungsgrundes *„fristlose arbeitgeberseitige Kündigung"* in ein qualifiziertes Zeugnis ist in der Regel unzulässig. Das ArbG Bremen urteilte im Jahre 1968, dass selbst eine außerordentliche Kündigung wegen groben Vertrauensmissbrauchs dann nicht die Aufnahme des Kündigungsgrundes ins Zeugnis rechtfertige, wenn es sich um einen einmaligen Vorgang handele, der für die Gesamtbeurteilung des Arbeitnehmers mit Rücksicht auf sein späteres Fortkommen nicht von ausschlaggebender Bedeutung sei.[409] Es genügt und sichert den Aussteller gegen Schadensersatzansprüche, wenn dieser Sachverhalt indirekt aus dem ungewöhnlichen Beendigungsdatum hervorgeht. So waren in dem Satz *„Das Anstellungsverhältnis endete am 10.6.1985 durch fristlose arbeitgeberseitige Kündigung"* im Zeugnis eines Verkaufsleiters mit Prokura die letzten vier Worte zu streichen.[410] Es ist aber zu erwähnen, dass ein krummes Beendigungsdatum nicht immer eine klare Einschätzung erlaubt. So kann in der Probezeit ein Arbeitsverhältnis auch bei fristgerechter Kündigung nach §622 Abs. 3 BGB nach zwei Wochen zu einem krummen Datum enden. Umgekehrt kann eine außerordentliche Kündigung zufällig am Monatsende oder mit einer Auslauffrist zu einem geraden Datum erfolgen. Zulässig sein müsste demnach in gravierenden Fällen ein deutlicherer Hinweis auf die fristlose Kündigung, wenn diese genau zum Monatsende stattfand. Zum Beispiel: *„Das Arbeitsverhältnis endete sofort/kurzfristig am 30. Juni 2014."*

Arbeitgeberseitige Kündigungen oder Unstimmigkeiten bei der Beendigung des Arbeitsverhältnisses sind auch daran zu erkennen, dass dem Zeugnis scheinbar nicht zu entnehmen ist, von welcher Seite die Auflösung ausging (*„das Arbeitsverhältnis endete am"*). Wurde das Vertragsende schon im Ein-

---

407 DACHRODT/ENGELBERT 2013, S. 99; SABEL 1998, S. 67; PRESCH 1985, S. 316

408 LAG Sachsen 30.01.1996, AiB 1996, S. 506; ArbG Frankfurt 19.03.1991, DB 1991, S. 2448; SCHLEßMANN 2018, Rn. 435

409 ArbG Bremen 04.07.1968, BB 1969, S. 834

410 LAG Düsseldorf 22.01.1988, NZA 1988, S. 399f. = BB 1988, S. 1463 = LAGE §630 BGB Nr. 4; BÄHRLE 1998, S. 840

gangsabsatz des Zeugnisses genannt, so fehlt manchmal die Beendigungsformel oder der Schlussabsatz auch ganz (Super-Leerstelle).

Werden längere befristete Arbeitsverhältnisse beendet, so kann wohlwollend erklärt werden, warum ihnen kein unbefristetes Arbeitsverhältnis folgte. Beispiel: *„Das Arbeitsverhältnis endet am … per Fristablauf. Leider können wir Frau X aus betrieblichen Gründen keine Festanstellung bieten."* Einen Anspruch auf eine solche Aussage hat der Arbeitnehmer aber nicht. Im Ausbildungszeugnis kann erklärt werden, warum sich kein Arbeitsverhältnis im Unternehmen anschließt. Beispiel: *„Herr X hat seine Ausbildung zum Bankkaufmann mit gutem Erfolg abgeschlossen. Er verlässt uns zu unserem Bedauern auf eigenen Wunsch, um in einem anderen Unternehmen zusätzliche Erfahrungen zu sammeln."* Auch hier besteht kein Anspruch auf diese Aussage.

Auszubildende haben Anspruch darauf, dass das Bestehen der Abschlussprüfung erwähnt wird.[411] Dabei wird oft offen oder indirekt die Abschlussnote angegeben. Beispiel: *„Herr X beendete seine Berufsausbildung (vorzeitig) mit der Note „Sehr gut" / mit sehr gutem Erfolg."* Ein Ausbildungsabschluss mit den Noten Befriedigend oder Ausreichend wird oft mit den Worten *„mit Erfolg"* ausgedrückt. Der Wohlwollensgrundsatz verbietet es, ein Bestehen der Prüfung erst im zweiten Versuch im Zeugnis zu erwähnen. Der Leser kann aber je nach den Umständen aus der Ausbildungsdauer auf eine Verlängerung der Ausbildungszeit schließen. Wurde die Abschlussprüfung endgültig nicht bestanden, so kann dies durch eine Leerstelle oder durch die Formulierungen *„nahm an der Abschlussprüfung teil"* oder *„endete durch Vertragsablauf"* ausgedrückt werden. Das ArbG Darmstadt entschied, der Ausbildende dürfe auch das endgültige Nichtbestehen der Lehrabschlussprüfung ins Zeugnis aufnehmen.[412]

Der Schlussabsatz eines Zwischenzeugnisses kann den Anlass der Ausstellung[413] wie zum Beispiel Versetzung des Mitarbeiters oder Vorgesetztenwechsel nennen. Diese Anlässe wirken oft besser als die bloße Formel *„Das Zwischenzeugnis wurde auf Wunsch des Mitarbeiters ausgestellt."* Der Hinweis im Zwischenzeugnis, das Arbeitsverhältnis bestehe ungekündigt, wird manchmal als formal korrekte, dem realen Entscheidungsprozess aber nicht entsprechende Aussage interpretiert. In der Inhaltsanalyse von Originalzeugnissen enthielten von 114 Zwischenzeugnissen 105 einen Ausstellungsgrund. Häufig genannte Gründe waren: Wunsch des Arbeitnehmers, Vorgesetztenwechsel und Versetzung.[414] Unverfängliche Ausstel-

411 SCHULZ u. a. 2015, S. 101
412 ArbG Darmstadt 06.04.1967, BB 1967, S. 541
413 STÜCK 2006, S. 793
414 WEUSTER 1994, S. 104

lungsanlässe wie eine Versetzung oder ein Vorgesetztenwechsel können bei Bewerbungen auch der Vermutung vorbeugen, das Zwischenzeugnis sei nach Differenzen zwecks Fortloben ausgestellt worden.[415] Positiv wirkt die zusätzliche Aussage *„Wir freuen uns auf eine weiterhin erfolgreiche und angenehme Zusammenarbeit."*

3.6.2. Dank, Bedauern und Zukunftswünsche

Im Anschluss an die Beendigungsformel bzw. den Ausstellungsgrund können Arbeitszeugnisse Dank, Bedauern und Zukunftswünsche enthalten. Beispiele: *„Herr X verlässt uns auf eigenen Wunsch. Wir bedauern dies sehr und danken ihm für seine äußerst effektive Mitarbeit. Aufgrund seiner Verdienste können wir ihn jederzeit empfehlen. Für seinen weiteren Berufs- und Lebensweg wünschen wir ihm alles Gute und weiterhin viel Erfolg."* Oder: *„Wir bedauern ihr Ausscheiden und würden uns freuen, wenn sie sich nach dem Ende der weiterführenden Ausbildung wieder bei uns bewerben würde. Wir wünschen ihr für die Zukunft alles Gute."*

Das BAG wies eine Klage auf Aufnahme der Formulierung *„Wir bedauern ihr Ausscheiden und danken ihr für die stets gute Zusammenarbeit. Für die Zukunft wünschen wir Frau H. alles Gute und viel Erfolg"* mit der Begründung ab, die geforderten Schlussformeln beträfen nicht die Leistung und das Verhalten des Arbeitnehmers und gehörten daher nicht zum *gesetzlich* bestimmten Mindestinhalt des Zeugnisses; ergänzend argumentierte das BAG, das Fehlen der Schlussformeln sei auch kein Geheimzeichen.[416] Seinen Standpunkt hat das BAG erneut bekräftigt und das Verlangen auf Aufnahme der Formulierung *„Wir bedanken uns für die langjährige Zusammenarbeit und wünschen ihm für seine private und berufliche Zukunft alles Gute"* abgelehnt. Das BAG anerkennt durchaus, dass diese Schlussformeln nicht beurteilungsneutral sind, sondern dass sie die Bewertungen der Leistung und des Verhaltens bekräftigen oder relativieren können. Enthalte ein Zeugnis solche Aussagen und sei der Arbeitnehmer der Auffassung, diese stünden nicht im Einklang mit den übrigen Zeugnisaussagen, so sei der Arbeitgeber aber nur verpflichtet, ein Zeugnis *ohne* Schlussformeln zu erteilen. Auch wenn in Zeugnissen mit überdurchschnittlicher Beurteilung dem Arbeitnehmer häufig gedankt werde, könne daraus mangels gesetzlicher Grundlage *kein* Anspruch des Arbeitnehmers auf eine Dankesformel

---

415 WEUSTER 1994, S. 151

416 BAG 20.02.2001, BB 2001, S. 1957 = DB 2001, S. 1675 = NZA 2001, S. 843; ebenso LAG BW 09.02.2012 – 11 Sa 43/11, juris = BeckRS 2012, 67285; LAG BW 03.02.2011 – 21 Sa 74/10, juris = BeckRS 2011, 70793; LAG RHPF 02.08.2007, AuA 2008, S. 432; LAG Berlin 10.12.1998, BB 1999, S. 851; ArbG Bremen 11.02.1992, NZA 1992, S. 800

abgeleitet werden.[417] Das LAG Nürnberg entschied allerdings, dass die Schlussformel zumindest in der vom Arbeitgeber gewählten Form im Zeugnis zu belassen sei, wenn der Arbeitnehmer die zusätzliche Aufnahme des Bedauern und anderer Attribute beantragt habe.[418]

Dank, Bedauern und Zukunftswünsche dürften nach der zweimaligen Verneinung eines Anspruches durch das BAG nur schwer gegen den Willen des Ausstellers durchsetzbar sein. Dennoch referieren wir hier einige andere Auffassungen. Das LAG Köln entschied, die Wohlwollenspflicht mache es erforderlich, nachteilige Rückschlüsse des Zeugnislesers durch eine wohlwollende Schlussformel (Dank, Bedauern, Zukunftswünsche) zu vermeiden.[419] Das LAG Düsseldorf entschied, dass angesichts der herrschenden Auffassung, wonach das Fehlen der Schlussformeln ein Zeugnis entwerte, die Aufnahme der Schlussformeln im Lichte des Wohlwollensgrundsatzes geboten sein könne. Der Arbeitnehmer habe aber bei einer nur durchschnittlichen Leistungs- und Verhaltensbeurteilung keinen Anspruch auf eine Dankes- und Wunschformel.[420] Nach einer *guten Beurteilung* von Leistung und Verhalten habe der Arbeitgeber das Zeugnis aber mit Dank für die geleistete Arbeit und Zukunftswünschen ausklingen zu lassen; auf sein subjektives Empfinden komme es dabei nicht an. Da das Arbeitsverhältnis im beiderseitigen Einvernehmen beendet worden war, führte das LAG Düsseldorf ergänzend aus, die Dankes- und Wunschformel könne dem Eindruck negativer Begleitumstände anlässlich der Beendigung des Arbeitsverhältnisses entgegenwirken.[421] Das LAG Köln entschied, dass ein Arbeitgeber, der sich in einem gerichtlichen Vergleich verpflichte, dem Arbeitnehmer ein Zeugnis mit sehr guter Leistungs- und Verhaltensbeurteilung auszustellen, das *„im Übrigen für die weitere berufliche Entwicklung des Klägers förderlich ist“*, verpflichtet sei, in das Zeugnis auch den Satz *„Wir bedauern das Ausscheiden von Herrn R, danken für die geleistete Arbeit und wünschen ihm für die Zukunft alles Gute“* aufzunehmen, da die vereinbarte Förderungsverpflichtung über die Wohlwollenspflicht hinausgehe.[422] Auch das LAG Hamm entschied, dass ein Arbeitgeber, der

---

417 BAG 11.12.2012 – 9 AZR 227/11, NZA 2013, S. 324 = BB 2013, S. 766 = DB 2013, S. 466 = NJW 2013, S. 811 = BB-Online BBL2013-563-3 = DB0578941 = juris = BeckRS 2013, 65909; auch in der Schweiz besteht kein Anspruch auf diese Schlussformeln, ENZLER 2012, S. 79f.

418 LAG Nürnberg 23.07.2015 – 1 Sa 55/15, Rn. 102, juris

419 LAG Köln 29.11.1990, LAGE § 630 BGB Nr. 11, S. 1 und 4

420 LAG Düsseldorf 21.05.2008 – 12 Sa 505/05, NZA-RR 2009, S. 177 = juris = BeckRS 2008 55795

421 LAG Düsseldorf 03.11.2010 – 12 Sa 974/10, juris = NZA-RR 2011, S. 123 = NZA 2011, S. 523 LS

422 LAG Köln 11.12.2013 – 11 Sa 511/13, juris

sich in einem gerichtlichen Vergleich zur Erteilung eines wohlwollenden, dem beruflichen Fortkommen förderlichen Zeugnisses verpflichte, dem Arbeitnehmer auf Verlangen ein Zeugnis mit den Zukunftswünschen *„Für die weitere berufliche und private Zukunft wünschen wir alles Gute“* ausstellen müsse.[423] Das Hessische LAG entschied, dass ein Arbeitnehmer unter Umständen Anspruch auf Aufnahme der Formulierung *„Wir danken … für die gute Zusammenarbeit und wünschen … für die Zukunft alles Gute und weiterhin viel Erfolg“* haben könne, da das Fehlen einer Schlussformulierung ein Zeugnis, insbesondere ein gutes Zeugnis, entwerten könne. Die Aufnahme speziell des Bedauerns hatte das Gericht aber mit der Begründung abgelehnt, dass der Arbeitgeber insgesamt kein überragendes Zeugnis ausgestellt habe und er daher die Möglichkeit haben müsse, bei der Schlussformulierung entsprechend dem Zeugnisinhalt zu differenzieren, damit der Schlusssatz nicht zu einer reinen Floskel werde.[424]

Das ArbG Berlin begründete den regelmäßigen Anspruch auf eine „Dankes- und Zukunftsformel“ angesichts der tatsächlichen Verbreitung solcher Formeln mit der Fürsorgepflicht des Arbeitgebers und den Schutzpflichten am Grundrecht der Berufsausübungsfreiheit nach Art. 12 GG.[425] Das ArbG München begründete den Anspruch auf eine vollständige Schlussformel mit Dank und Bedauern im Falle einer sehr guten bis guten Leistungs- und Verhaltensbeurteilung mit Verweis auf § 109 Abs. 2 S. 2 GewO.[426] Auch Schuld und Schulz verweisen auf die grundrechtliche Dimension des Zeugnisses.[427] Nach Schuld können nur schwerwiegende Vorwürfe, welche die früher gezeigte Leistung entwerten, das Weglassen der Schlussformeln rechtfertigen.[428] Das LAG Köln stellte fest, dass der Arbeitgeber gesetzlich nicht verpflichtet sei, ein Zeugnis mit Schlussformeln abzuschließen; nehme er jedoch eine Schlussformel auf, so dürfe diese den sonstigen Zeugnisinhalt nicht konterkarieren. Es entschied daher, dass bei einem überdurchschnittlichen Zeugnis zusätzlich zu den vom Arbeitgeber aufgenommenen Zukunftswünschen auch Dank für die Zusammenarbeit auszusprechen sei.[429]

---

423 LAG Hamm 08.09.2011 – 8 Sa 509/11, NZA-RR 2012, S. 71 = AuA 2012, S. 36 = juris = BeckRS 2011, 79294

424 LAG Hessen 17.06.1999, BB 2000, S. 155; ebenso ArbG Darmstadt 22.12.2000, DB 2001, S. 931

425 ArbG Berlin 07.03.2003, ARST 2004, S. 165 = Personal 2/2004, S. 61

426 ArbG München 22.03.2012 – 23 Ca 8191/11, NJW-Spezial 19/2012, S.596 = juris = BeckRS 2012,71772

427 SCHULD 2010, S. 140 f.; SCHULZ 2006, S. 187 ff.

428 SCHULD 2010, S. 141

429 LAG Köln 29.02.2008 – 4 Sa 1315/07, juris = BeckRS 2008 56507

Es ist inzwischen üblich geworden, in Aufhebungsverträgen und gerichtlichen Vergleichen aufzunehmen, dass der Arbeitnehmer ein Zeugnis mit Dank, Bedauern und Zukunftswünschen erhält. Auch wenn sich der Arbeitgeber in einem gerichtlichen Vergleich verpflichtet hat, dem Arbeitnehmer ein Zeugnis auf der Grundlage eines Entwurfs des Arbeitnehmers zu erteilen, von dem der Arbeitgeber nur aus wichtigem Grund abweichen darf, ist das Zeugnis mit den im Entwurf enthaltenen Schlussformeln auszustellen.[430]

In der Praxis und in der Literatur wird das Fehlen von Dank, Bedauern und von Zukunftswünschen weithin negativ interpretiert. In einer Personalberater-Befragung im Jahre 2009 werteten 76 % von 97 Beratern das Fehlen von Dank und Bedauern und 57 % von 99 Beratern das Fehlen von Zukunftswünschen eher negativ.[431] Eine Auswertung von 761 Endzeugnissen fand in 79,2 % der Zeugnisse Dank und / oder Bedauern, und zwar mit einer Durchschnittsnote von 2,38.[432] Eine Auswertung von 131 Endzeugnissen aus Banken fand in 123 (= 93,9 %) Zeugnissen Dank und / oder Bedauern.[433] Eine Untersuchung von 70 Angestellten- und Führungskräftezeugnissen aus dem Öffentlichen Dienst in Baden-Württemberg fand in 100 % der Zeugnisse Dank und / oder Bedauern.[434] In der Unternehmens-Befragung wurde die Dankes-Bedauern-Formel von 93,8 % der 387 Unternehmen eher als wichtig und nur von 6,2 % eher als unwichtig eingestuft.[435] Die Schlussformeln gehören aus praktischer Sicht also doch zu einem sehr guten und guten Zeugnis. Kurz sei erwähnt, dass auch in der Schweiz am Ende guter Zeugnisse die Bedauernsformel üblich ist, obwohl auch dort kein Anspruch darauf besteht.[436] Die Verfasser empfehlen folgende Praxis: Die Zukunftswünsche sollten fast immer verwendet werden. Bedauern und Dank sollten in ein sehr gutes und in ein gutes Zeugnis aufgenommen werden. Bei einer befriedigenden Leistungsbeurteilung und auch bei sehr kurzen Arbeitsverhältnissen sollte das Bedauern, das unverbindlich im Sinne *„wir hätten ihn gern weiterbeschäftigt"* gedeutet werden kann, entfallen. Dank *„für die persönlich angenehme Zusammenarbeit"* kann noch ausgesprochen werden. Bei einer nur ausreichenden oder einer mangelhaften Beurteilung wird die Dankes-Bedauern-Formel entfallen oder jedenfalls signifikant schwächer ausfallen als bei einer überdurchschnittlichen Beurteilung.[437]

430 LAG RHPF 11.09.2014 – 3 Sa 127 / 14, BeckRS 2015, 66243 = juris
431 Befragung WEUSTER 2009
432 SENDE 2016, S. 66 f.
433 KAUFFMANN 2004, S. 69
434 KESSLER 2015, S. 53
435 WEUSTER 1994, S. 63
436 KÄLIN 2007, S. 113
437 SENDE u. a. 2011, S. 37

Nach einer verhaltensbedingten Kündigung durch den Arbeitgeber sollten Dank und Bedauern konsequenterweise entfallen. Nach einer betriebsbedingten Beendigung wird das Bedauern über das Ausscheiden manchmal als Widerspruch zur arbeitgeberseitigen Kündigung empfunden und weggelassen. Dem kann aber entgegengehalten werden, dass sich objektive Trennungsgründe durchaus mit einem subjektiven Bedauern dieser Umstände vertragen.

Die Tatsache, dass die Dankes-Bedauern-Formel nach der Rechtsprechung des BAG nicht erzwingbar ist, gibt ihr besonderes Gewicht. Dank und Bedauern werden oft als Hinweis darauf gedeutet, dass der Aussteller den Arbeitnehmer gern weiterbeschäftigt hätte, dass er seine vorangehenden positiven Aussagen bekräftigen will oder dass vielleicht denkbaren negativen Interpretationen (z. B. bei Beendigung des Arbeitsverhältnisses per Aufhebungsvertrag) entgegengewirkt werden soll.[438] Umgekehrt wird es teilweise als Herabstufung einer guten Leistungsbeurteilung gedeutet, wenn im Schlussabsatz dem Mitarbeiter nicht gedankt und/oder sein Ausscheiden nicht bedauert wird (Widerspruch-Technik).[439]

Vereinzelt werden Dank und Bedauern noch durch eine Würdigung besonderer Verdienste, eine ausdrückliche Empfehlung oder die Bitte um Wiederbewerbung ergänzt.[440] Das Fehlen solcher Ergänzungen ist aber keine warnende Leerstelle.

Eine seltene Form des Dankes stellen (handschriftliche) Referenz-Zeugnisse dar, die einzelne (in der Branche bekannte) Vorgesetzte im eigenen Namen einem ausscheidenden Mitarbeiter ergänzend zum offiziellen Arbeitszeugnis des Arbeitgebers ausstellen. Diese Referenzen binden den Arbeitgeber vermutlich nicht.[441] Die Referenz kann aber vom Arbeitnehmer als Beleg für die Vorgesetztenbeurteilung genutzt werden.

Zukunfts- und Erfolgswünsche: Eine Auswertung von 761 Endzeugnissen fand ggf. mit einer Durchschnittsnote von 1,96 in 96,2 % der Zeugnisse Zukunftswünsche.[442] In der Inhaltsanalyse enthielten 94,9 % von 669 Arbeitnehmer-Endzeugnissen Zukunftswünsche.[443] Eine Untersuchung von 131

---

438 LAG Köln 29.11.1990, LAGE § 630 BGB Nr. 11, S. 4; ErfK 2018/MÜLLER-GLÖGE, § 109 GewO Rn. 46; LINCK 2017, Rn. 27; SENDE 2016, S. 80; MAURITZ/WISCHNATH 2011, S. 227; BÜHLER/LEFÉBURE 2003, S. 41; PRESCH 1985, S. 312 und 350; PREIBISCH 1982, S. 38

439 GÄNTGEN 2016a, S. 2132 f., Rn. 28a und 28b; HUBER/MÜLLER 2016, S. 77; ROB 1994, S. 447

440 SENDE 2016, S. 66; MAURTIZ/WISCHNATH 2011, S. 227; JANSSEN 1996, S. 121

441 SCHLEẞMANN 2018, Rn. 9; JANSSEN 1996, S. 4; VAN VENROOY 1984, S. 78

442 SENDE 2016, S. 66 f.

443 WEUSTER 1994, S. 106

Endzeugnissen aus Banken ergab, dass 128 (= 97,7 %) der Zeugnisse Zukunftswünsche enthielten.[444] Eine Untersuchung von 70 Angestellten- und Führungskräftezeugnissen aus dem Öffentlichen Dienst in Baden-Württemberg fand in 100 % der Zeugnisse Zukunftswünsche.[445] Auch die Zukunftswünsche sind also in der Praxis per Konvention zum Grundbestandteil eines Zeugnisses geworden. Beispiel: *„Für ihren weiteren Berufs- und Lebensweg wünschen wir Frau X alles Gute und weiterhin viel Erfolg."* In neuerer Zeit findet sich die Auffassung, es handele sich nur mit dem Zusatz *„und weiterhin viel Erfolg"* um sehr gute Zukunftswünsche und ohne diesen Zusatz nur um befriedigende Zukunftswünsche.[446] Diese Auffassung teilen die Verfasser (noch) nicht. Es ist aber richtig, dass sich der zusätzliche Erfolgswunsch in der Praxis mehr und mehr durchsetzt. Aussteller sollten aber darauf achten, dass er zur Gesamtbeurteilung der Leistung im Zeugnis passt, da Arbeitnehmer andernfalls unter Hinweis auf *„weiterhin viel Erfolg"* (logische Folgerung: bisher viel Erfolg) eine Verbesserung der Beurteilung verlangen können.

Die Formel *„beruflich und persönlich alles Gute"* vermeidet Missverständnisse. Es soll nämlich Probleme andeuten, wenn einem Arbeitnehmer allein für die *„persönliche" bzw. „private"* oder allein für die *„berufliche"* Zukunft alles Gute gewünscht wird.[447] Dies gilt nach Einschätzung der Verfasser aber keineswegs in jedem Falle; hier sind der Kontext und der Gesamteindruck vom Zeugnis zu beachten. Das ArbG Saarbrücken entschied, die Schlussformulierung *„Auf ihrem weiteren Lebensweg begleiten Frau G. unsere besten Wünsche"* sei weder zynisch noch ironisch.[448] Ein knapper Satz wie *„Unsere besten Wünsche begleiten ihn"* wird aber doch oft als Ironie und als Erleichterung über den Weggang interpretiert.[449]

Zukunftswünsche, Dank und Bedauern sind nicht „kosmetische Floskeln", sondern sie gehören bei qualifizierten Arbeitnehmern zu einem guten Zeugnis. Ihr Fehlen oder ihre lakonische Kürze mindern den Wert vorhergehender positiver Aussagen. Insbesondere eine Leerstelle bei den Zukunftswünschen wirkt in der Praxis wie ein unversöhnlicher Abschied, der auf eine tiefe Verstimmung hindeuten kann.[450] Es ist daher u. E. eine Schikane, wenn

---

444 KAUFFMANN 2004, S. 71

445 KESSLER 2015, S. 54

446 STÜCK 2006, S. 795

447 ENZLER 2012, S. 79 f.; FREY / WÖRL 2009, S. 85; JANSSEN 1996, S. 123

448 ArbG Saarbrücken 02.11.2001, AiB 2002, S. 444

449 SCHLEẞMANN 2018, Rn. 401

450 SCHLEẞMANN 2018, Rn 394 ff.; LEINEMANN / TAUBERT 2008, S. 244; DITTRICH 2003, S. 42; HAAG/ AMANN 2003, S. 540; ECKERT 2000, S. 89; KÜCHLE / BOPP 1997, S. 188; KIENBAUM 1997, S. 44 f.; PRESCH 1985, S. 325 und 350

ein Aussteller dem Arbeitnehmer ohne sehr triftigen Grund Zukunftswünsche im Zeugnis verweigert.

In manchen Fällen wird eine Leistungs- oder Verhaltenskritik in die abschließenden Wünsche verlegt. Beispiele: *„Wir wünschen ihm, dass er in seinem neuen Aufgabengebiet seine Leistungsfähigkeit voll entfalten kann“* (= was bei uns nicht der Fall war).[451] Oder: *„Wir wünschen ihm für seinen weiteren Berufsweg in einem anderen Unternehmen alles Gute“* (= aber nicht in unserem Unternehmen; Einschränkungs-Technik). Oder: *„Wir wünschen ihm für die Zukunft alles Gute und auch Erfolg“* (= bisher kein Erfolg; Einschränkungs-Technik). Oder: *„Wir wünschen ihm für die Zukunft alles nur erdenklich Gute“* (= Ironie durch Übertreibung).[452] Gegen solche Formulierungen spricht, dass es sich hier oft um verdeckte Urteile oder um unzulässige Geheimformeln nach § 109 Abs. 2 GewO handelt, mit denen offen formulierte bessere Urteile relativiert oder revidiert werden (Widerspruch-Technik). Bei einem deutlichen Widerspruch zur offenen Leistungs- oder Verhaltensbeurteilung kann der Arbeitnehmer eine Korrektur verlangen. Eine Schlussformel muss mit der Leistungs- und Verhaltensbewertung übereinstimmen, denn (zuvor) unterlassene negative Werturteile dürfen nicht versteckt mit einer „lieblosen“ Schlussformel nachgeholt werden.[453]

Die Dankes-Bedauern-Formel und die Zukunftswünsche werden gelegentlich mit einer Aussage verbunden, die Verständnis für die Kündigung des Arbeitnehmers zeigt. Beispiele: *„Wir haben Verständnis für ihre Entscheidung, da wir ihr zurzeit kein Vollzeit-Arbeitsverhältnis, sondern nur ein Teilzeit-Arbeitsverhältnis bieten können.“* Oder: *„Wir verlieren mit ihm einen aufgeschlossenen und förderungswürdigen jungen Mitarbeiter mit guten beruflichen Perspektiven. Deshalb bedauern wir seinen Austritt, haben jedoch Verständnis für seinen Wunsch.“* Solche Verständnisaussagen können empfehlenswert sein, wenn die Kündigung durch den Arbeitnehmer als eine Art Untreue erscheinen könnte, z. B., wenn er nach umfangreichen Weiterbildungsmaßnahmen geht oder wenn er als Verantwortlicher mitten während eines sehr wichtigen Projektes oder einer wichtigen Verhandlung das Unternehmen verlässt.

Aussagen, wonach der Zeugnisaussteller gern auch als Referenzgeber zur Verfügung stehe, wirken oft positiv. Sie können aber im Einzelfall in Abhängigkeit vom Kontext und vom Gesamteindruck auch negativ wirken. Das ArbG Herford entschied, der Satz *„Gerne stehen wir jedem zukünf-*

451 SCHMID 1988, S. 2255

452 STÜCK 2006, S. 795; WEUSTER 1994, S. 214

453 LAG Hamm 12.07.1994 – 4 Sa 564/94, LAGE § 630 BGB Nr. 26, Punkt 3; LAG Hamm 12.07.1994 – 4 Sa 192/94, LAGE § 630 BGB Nr. 27, Punkt 6; LAG Hamm 27.02.1997, NZA-RR 1998, S. 158; siehe auch ErfK 2018/MÜLLER-GLÖGE, § 109 GewO Rn. 46a

tigen Arbeitgeber von Frau S1 hinsichtlich Nachfragen über die Qualität der von ihr geleisteten Arbeiten zur Verfügung" deute an, die Leistungsbeurteilung entspreche nicht der wirklichen Leistung und verstoße daher gegen das Geheimformulierungsverbot von § 109 Abs. 2 GewO (Ruf-mich-an-Klausel).[454] Ebenso kann eine direkt bei der Unterschrift hinzugefügte Telefonnummer wirken.

3.7 Daten und Unterschrift

Vertragsende: Der Termin des Ausscheidens aus dem Unternehmen ist beachtenswert, wenn er nicht mit einem der üblichen Kündigungstermine übereinstimmt.[455] Insbesondere ein „krummes Datum" (abweichend von der Monatsmitte oder dem Monatsende) kann auf eine fristlose Kündigung[456], vorzeitige Beendigung[457] oder einen gerichtlichen Vergleich hindeuten. Ausnahmen hiervon bilden die ordentlichen Beendigungen des Arbeitsverhältnisses mit Zweiwochenfrist zu beliebigen Terminen in der Probezeit nach § 622 Abs. 3 BGB sowie die Beendigung zum Ende der Elternzeit nach § 19 BErzGG, die durch entsprechende Formulierungen klargestellt werden sollten. Bei einer außerordentlichen Kündigung kann das „krumme" Datum vermieden werden, indem sie mit einer Auslauffrist zum nächsten „geraden" Termin ausgesprochen wird. Weniger bedeutsam ist die Datumsfrage, wenn aus dem Lebenslauf ersichtlich ist, dass der Arbeitnehmer ohne zeitliche Lücke ein anderes Arbeitsverhältnis aufgenommen hat.

Gelegentlich kommt es vor, dass ein Arbeitnehmer fristgerecht kündigt, aber schon vor Ablauf der Kündigungsfrist mit Zustimmung des alten Arbeitgebers zum neuen Arbeitgeber wechselt. Dies kann z. B. so ausgedrückt werden: *„Herr X kündigte das Arbeitsverhältnis fristgerecht zum 31.7.2017. Er verließ uns mit unserem Einverständnis aber bereits zum 31.5.2017."* In diesem Falle eines nahtlosen Wechsels genügt in der Regel bei Wechseln zur Monatsmitte oder zum Monatsende aber auch die schlichte Aussage *„verließ uns auf eigenen Wunsch zum 31.5.2017"*.

Ausstellungsdatum: Zeugnisse müssen als Dokumente ein genaues Ausstellungsdatum tragen.[458] Formulierungen wie *„im September 2014"* können

---

454 ArbG Herford 01.04.2009 – 2 Ca 1502 / 08, juris = BeckRS 2009, 61514 = Der Arbeits-Rechts-Berater 9 / 2009, S. 258

455 PORTMANN / HOLENSTEIN 2015, S. 260 ff.; COELIUS 2008, S. 14

456 LAG Düsseldorf 22.01.1988, NZA 1988, S. 399 f. = BB 1988, S. 1463; RIEMER 2015, S. 64; DIETZ 1995, S. 20

457 LAG Hessen 23.09.2008 – 12 Ta 250 / 08, juris = BeckRS 2008 57217

458 LAG Hessen 02.09.1997, Monatsschrift für Deutsches Recht 1998, S. 544; LAG Bremen 23.06.1989, LAGE § 630 BGB Nr. 6 Punkt 1; ErfK 2018 / MÜLLER-GLÖGE, § 109 GewO Rn. 12; SCHULZ 2006, S. 114 ff.

zu negativen Fehlinterpretationen führen. Manchmal wird das Endzeugnis schon einige Zeit vor dem rechtlichen Ende des Arbeitsverhältnisses, zum Beispiel zum Kündigungszeitpunkt, ausgestellt. Auch kann es sein, dass der Arbeitnehmer mit Resturlaub schon einige Zeit vor dem Ende des Arbeitsverhältnisses real das Unternehmen verlässt. Ein Ausstellungsdatum, das zwei oder drei Monate vor dem Vertragsende liegt, kann als Andeutung einer Freistellung interpretiert werden.[459] Solche Freistellungen sind nicht selten, werden aber oft negativ gedeutet. Das Ausstellungsdatum sollte daher, um Fehlinterpretationen zu vermeiden, grundsätzlich mit dem formell letzten Tag des Arbeitsverhältnisses übereinstimmen; dies entspricht mittlerweile der Verkehrssitte.[460] In der Praxis wird als Ausstellungsdatum das Vertragsende vielfach selbst dann eingesetzt, wenn dieses auf einem Sonn- oder Feiertag liegt. Die Meinung, ein sonntägliches Ausstellungsdatum lasse negative Schlüsse auf die Arbeitseinstellung zu[461], ist eine überzogene Interpretation. Kleine Differenzen bis zu vier Wochen zwischen Vertragsende und Ausstellungsdatum sollten nicht überinterpretiert werden. Nach Auffassung des LAG Hamm weist ein Ausstellungsdatum, das circa zwei Monate nach der Beendigung des Arbeitsverhältnisses liegt, noch eine ausreichende zeitliche Nähe zum Beendigungsdatum auf und entwertet daher das Zeugnis nicht.[462] Hat der Arbeitnehmer das Zeugnis rechtzeitig verlangt und hat sich die Ausstellung allein aus betrieblich-organisatorischen Gründen verzögert, so sollte das Ausstellungsdatum aber auf das Vertragsende zurückdatiert werden.[463]

Im Falle einer dem Arbeitgeber nach einer außerordentlichen Kündigung gegen seinen Willen aufgezwungenen Weiterbeschäftigung hat der Arbeitnehmer nach dem Scheitern seiner Kündigungsschutzklage keinen Anspruch auf Einbezug der Weiterbeschäftigungszeit in die Vertragszeit und keinen Anspruch auf ein Ausstellungsdatum entsprechend dem Ende der Prozessbeschäftigung.[464]

In der Inhaltsanalyse konnten bei 500 von 886 Endzeugnissen Vertragsende und Ausstellungsdatum verglichen werden. In 378 (= 75,6 %) der 500 Zeugnisse stimmten beide Daten überein. 32 (= 6,4 %) der Zeugnisse waren im Mittel 28 Tage *vor* dem Ausscheiden ausgestellt. 74 (= 14,8 %) der Zeug-

459 POPP 2016, S. 1077

460 LAG Hamm 27.02.1997, NZA-RR 1998, S. 158 f.; ArbG Köln 05.03.2013 – 13 Ca 2947/12, juris; ArbG Aachen 16.05.2007 – 6 Ca 2800/06, juris; HUBER/MÜLLER 2016, S. 24; SCHUSTEREIT/WELSCHER 2012, S. 50

461 GÜNTHER 2000, S. 274

462 LAG Hamm 04.08.2010 – 1 Ta 310/10, juris

463 LAG Frankfurt 12.03.1982 – 6 Sa 1130/81; POPP 2016, S. 1077; ECKERT 2010, S. 1467; BECKER-SCHAFFNER 2004, S. 488

464 BAG 14.06.2016 – 9 AZR 8/15, juris = BeckRS 2016, 73357

nisse waren im Mittel 63 Tage *nach* dem Ausscheiden erstellt. 16 (= 3,2 %) der Zeugnisse waren im Mittel erst 2,7 Jahre nach dem Ausscheiden erstellt worden.[465] In einer Auswertung von 49 Endzeugnissen für Angestellte und Führungskräfte im Öffentlichen Dienst in Baden-Württemberg stimmten in 27 (= 55,1 %) Zeugnissen Vertragsende und Ausstellungsdatum überein; sechs (= 12,2 %) Zeugnisse waren *vor* und 16 (= 32,7 %) Zeugnisse waren *nach* dem Vertragsende datiert.[466]

Zwischenzeugnisse können in der Regel ein beliebiges Ausstellungsdatum tragen. Bei Zwischenzeugnissen anlässlich der Beendigung des Arbeitsverhältnisses kann das Datum auch innerhalb einer vereinbarten Freistellungszeit liegen.[467] Im Einzelfall kommt es zu Rückdatierungen, wenn ein inzwischen ausgeschiedener bisheriger Vorgesetzter das Zwischenzeugnis unterschreiben soll.

Neue Ausfertigung: Wird das Zeugnis auf Wunsch des Arbeitnehmers, aufgrund eines Vergleichs oder Urteils berichtigt und daher neu ausgefertigt, so hat der Arbeitnehmer Anspruch darauf, dass es auf das Vertragsende bzw. das Datum des Ursprungszeugnisses zurückdatiert wird, damit Dritte nicht auf die vorangegangene Auseinandersetzung aufmerksam werden und nachteilige Schlüsse ziehen.[468] Diese Rückdatierung wirft gelegentlich das Problem auf, wer das Zeugnis unterschreiben soll, wenn die seinerzeitigen Akteure nicht mehr zur Verfügung stehen und die heute Verantwortlichen erst nach dem fraglichen Datum eingetreten sind. Hier sind dem Einzelfall angemessene pragmatische Lösungen zu finden.

Eine Bezugnahme auf einen vorangegangenen Gerichtsstreit[469] oder auf eine Kündigungsschutzklage[470] ist bei einer Neuausfertigung unzulässig. Daher ist es auch unzulässig, das Zeugnis von einem für den Arbeitgeber freiberuflich tätigen Anwalt auf dessen Briefbogen ausstellen[471] oder unterschreiben[472] zu lassen. Auch darf der Arbeitgeber bei Auskünften nicht darauf

---

465 WEUSTER 1994, S. 107 f.

466 KESSLER 2015, S. 55

467 LAG Thüringen 17.05.2016 – 1 Sa 327/15, Rn. 110, juris = BeckRS 2016, 73746

468 BAG 09.09.1992, AP § 630 BGB Nr. 19 = BB 1993, S. 729 = DB 1993, S. 644 = NZA 1993, S. 698; LAG Rheinland-Pfalz 14.06.2017 – 7 Ca 384/17, BeckRS 2017, 146893; LAG Hamm 17.06.1999, MDR 2000, S. 590; LAG Hamm 27.02.1997, NZA-RR 1998, S. 159; LAG Düsseldorf 23.05.1995, LAGE § 630 BGB Nr. 24 = NZA-RR 1996, S. 44, S. 7; LAG Nürnberg 13.09.1994, LAGE § 630 BGB Nr. 21; LAG Hamm 13.02.1992, LAGE § 630 BGB Nr. 16, Punkt 1.6; LAG Bremen 23.06.1989, BB 1989, S. 1825 = NZA 1989, S. 848 = LAGE § 630 BGB Nr. 6; ErfK 2018/MÜLLER-GLÖGE, § 109 GewO Rn. 12; LINCK 2017, Rn. 16

469 LAG Hamm 17.06.1999, MDR 2000, S. 590; LAG BW 27.10.1966, DB 1967, S. 48 = BB 1967, S. 161; VAN VENROOY 1984, S. 123 ff.; HOFFMANN 1966, S. 61

470 LAG München 14.09.1976, ARST 10/1977, S. 160

471 LAG Hamm 02.11.1966, DB 1966, S. 1815

472 LAG Hamm 17.06.1999, MDR 2000, S. 590

hinweisen, dass das Zeugnis im Prozesswege zustande gekommen ist.[473] Bei der Neuausfertigung ist der Arbeitgeber an den bisherigen, vom Arbeitnehmer nicht beanstandeten Zeugnistext gebunden. Er darf also keine schlechtere Bewertung des Verhaltens vornehmen, sofern nicht nachträglich Umstände bekannt geworden sind, die das Verhalten des Arbeitnehmers in einem anderen Licht erscheinen lassen (Verschlechterungsverbot). Eine ungerechtfertigte Verschlechterung der Beurteilung anlässlich einer berichtigenden Neuausfertigung verstieße gegen das Maßregelungsverbot nach § 612a BGB.[474] Das ArbG Köln geht sogar von einer Bindungswirkung und einem Maßregelungsverbot bezüglich dem Arbeitnehmer überlassener erster Zeugnisentwürfe aus.[475]

Das „neue" Zeugnis ist im Wege der Naturalrestitution gemäß § 249 BGB wie eine Erstausfertigung auszustellen, was zum Beispiel auch die Überschrift *„Zweitausfertigung"* oder *„Duplikat"* ausschließt.[476] Berichtigung und Ergänzung können in sehr seltenen Fällen durch Korrektur der Erstausfertigung oder mit Hilfe einer sehr guten Fotokopie erfolgen, wenn die Nachträglichkeit der Änderungen in keiner Weise zu erkennen ist.[477]

Ein Arbeitnehmer, der erst längere Zeit nach Beendigung des Arbeitsverhältnisses ein Arbeitszeugnis verlangt, hat keinen Anspruch darauf, dass das Ausstellungsdatum auf den Tag des Vertragsendes zurückdatiert wird. Dies wird mit der Wahrheitspflicht begründet, die auch den Beurteilungszeitpunkt einschließe. Der Leser müsse erkennen können, wenn ein Zeugnis aus der Erinnerung heraus erstellt wurde.[478] Das LAG Hamm entschied aber, der Arbeitgeber habe bei einer Anforderung und Ausstellung nach dem Ausscheiden des Arbeitnehmers das Recht, das Zeugnis wohlwollend auf den Austrittstermin zurückzudatieren.[479] Es sei noch erwähnt, dass es bei einer sehr späten Ausstellung fraglich sein kann, ob die Austeller die Zeugnisperson überhaupt kannten.[480]

---

473 LAG Hessen 18.06.1998 – 14 Sa 114/97

474 BAG 21.06.2005, DB 2005, S. 2360 = BB 2005, S. 2530 = NZA 2006, S. 104; ARCHUT 2014, S. 72; HÖSER 2012, S. 285; LÖW 2005, S. 3608; SCHWIRTZEK 2005, S. 714

475 ArbG Köln 03.04.2014 – 6 Ca 8751/12, BeckRS 2015, 65340 = juris

476 LAG Hamm 13.02.1992, LAGE § 630 BGB Nr. 16, Punkt 1.2; LAG BW 27.10.1966, DB 1967, S. 48; ErfK 2018/MÜLLER-GLÖGE, § 109 GewO Rn. 67; BERNOLD 1983, S. 51 f.; HOFFMANN 1966, S. 62

477 LAG Bremen 23.06.1989, BB 1989, S. 1825

478 LAG RHPF 11.01.2018 – 2 Sa 332/17, juris = BeckRS 2017, 146893; LAG Bremen 23.06.1989, BB 1989, S. 1825 = LAGE § 630 BGB Nr. 6; ArbG Karlsruhe 19.09.1985, BB 1986, S. 460 f.; LAG Hamm 21.03.1969, DB 1969, S. 886; LAG Frankfurt 03.05.1955, DB 1955, S. 484 = BB 1955, S. 477; SCHULZ 2006, S. 115

479 LAG Hamm 27.02.1997, NZA-RR 1998, S. 159

480 MODEREGGER 2006, S. 240

Das Ausstellungsdatum kann je nach der Gestaltung des Zeugnisses oberhalb des Textes oder am Ende des Textes erscheinen. Seine Verortung fällt in die Formulierungshoheit des Arbeitgebers.[481] Auf jeden Fall müssen Ort und Datum in einem ordnungsgemäßen Zeugnis oberhalb (aber nicht direkt) der Unterschrift und nicht, wie man es gelegentlich sieht, darunter stehen.[482] Die Schreibweise von Daten im Zeugnis kann rein numerisch oder alphanumerisch mit ausgeschriebenem oder abgekürztem Monatsnamen erfolgen. Dabei sollte eine gewählte Schreibweise einheitlich im Zeugnis angewendet werden. Rein numerische Datumsangaben sind korrekt mit Punkten zu schreiben, also zum Beispiel 14.08.2017 und nicht 14082017.[483]

Auch der *Ort* der Ausstellung ist genau anzugeben.[484] Die Kombination von Firmennamen und Ausstellungsdatum, welche die Verfasser gesehen haben, wirkt lächerlich und ist nicht korrekt.

Unterschriften: Gemäß der Inhaltsanalyse von Originalzeugnissen enthalten annähernd drei Viertel der Arbeitnehmer-Endzeugnisse zwei Unterschriften.[485] Eine Auswertung von 94 Zeugnissen aus Banken ergab, dass 88 (= 93,6 %) der Zeugnisse zwei Unterschriften trugen.[486] Zeugnisse aus Kleinunternehmen tragen aber oft nur eine Unterschrift. Eine Auswertung von 98 Zeugnissen aus dem Öffentlichen Dienst in Baden-Württemberg ergab abweichend vom privaten Sektor für 100 % der Zeugnisse nur eine Unterschrift.[487] Zwei Unterschriften können die Glaubwürdigkeit des Zeugnisses erhöhen. Das Zeugnis sollte möglichst auch vom Vorgesetzten unterschrieben werden, denn dieser kann den Mitarbeiter am besten fachlich und persönlich beurteilen. Ist ein Zeugnis vom Personalleiter unterschrieben oder mitunterschrieben, kann man tendenziell davon ausgehen, dass es in Kenntnis der Zeugnistechnik und der Zeugnissprache ausgestellt wurde.

Wird anlässlich eines Vorgesetztenwechsels ein Zwischenzeugnis ausgestellt, so sollte dies möglichst vom bisherigen Vorgesetzten unterschrieben oder mitunterschrieben werden, da dieser ein späteres Endzeugnis oft nicht mitunterschreibt. Befindet sich der frühere Vorgesetzte allerdings noch im Unternehmen, so kann das Endzeugnis vom früheren und vom letzten Vorgesetzten unterschrieben werden.

---

481 LAG BW 05.07.2011 – 22 Sa 11/11, BeckRS 2012, 65547

482 LAG Hamm 11.07.1996, LAGE § 630 BGB, Nr. 29, S. 2

483 LAG Hessen 10.08.2018 – 8 Ta 246/18, juris = BeckRS 2018, 26463

484 LAG Hessen 10.08.2018 – 8 Ta 246/18, juris = BeckRS 2018, 26463

485 WEUSTER 1994, S. 108

486 KAUFFMANN 2004, S. 72 f.

487 KESSLER 2015, S. 55

Rang der Unterzeichner: Ein einfaches Zeugnis kann vielleicht von gleichstehenden Arbeitnehmern erteilt und unterschrieben werden. Ein qualifiziertes Zeugnis ist vom Arbeitgeber oder einer in Personalangelegenheiten vertretungsberechtigten Person, die in der betrieblichen Hierarchie über dem Zeugnisinhaber steht, zu unterzeichnen, da andernfalls abwertende Interpretationen erfolgen können.[488] Ein Arbeitnehmer ist nicht gehindert geltend zu machen, das ihm erteilte Zeugnis sei nicht ordnungsgemäß unterzeichnet, weil er ein in gleicher Weise mangelhaftes Zeugnis zuvor widerspruchslos entgegengenommen hat.[489] Das Zeugnis ist grundsätzlich bei einer Einzelfirma vom Inhaber, bei einer Personengesellschaft von einem geschäftsführenden Gesellschafter und bei juristischen Personen von einer Person zu unterschreiben, deren Berechtigung sich aus dem Vereins-, Handels- oder Genossenschaftsregister ergibt. Ausstellung und Unterschrift des Zeugnisses können in einer arbeitsteiligen Organisation aber auch delegiert werden an Prokuristen, Generalbevollmächtigte, Handlungsbevollmächtigte, Betriebs- und Werksleiter oder an mit Personalangelegenheiten betraute Personen, die insoweit für den Arbeitgeber verbindliche Erklärungen abgeben dürfen, also einstellungs- und entlassungsbefugt im Sinne des § 5 Abs. 3 Nr. 1 BetrVG bzw. des § 14 Abs. 2 KSchG sind.[490] Der Entscheidung des LAG Schleswig-Holstein, dass auch in einer Arztpraxis mit nur wenigen Beschäftigten die Unterschrift an einen „Personalleiter" (Sohn der Ärztin) delegiert werden kann, widersprechen die Verfasser, da sie darin eine erkennbare Abwertung und Distanzierung sehen.[491]

Der Unterzeichner muss *erkennbar* ranghöher[492] sein als der Arbeitnehmer. Bei zwei Unterschriften soll es genügen, wenn wenigstens ein Unterschreibender ranghöher ist. Ein zweiter Unterschreibender kann gleichrangig, darf aber nicht niedriger im Rang als die Zeugnisperson sein.[493] Die alleinige Unterschrift durch einen lediglich mit *„i.A."* Zeichnenden reicht oft nicht aus; sie sollte sogar bei allen Arbeitnehmern und auch bei Auszubildenden möglichst vermieden werden.[494] Selbst die Zweitunterschrift durch einen mit *„i.A."* Zeichnenden wirkt in qualifizierten Zeugnissen leitender Mitarbeiter abwertend. Auch bei anderen Arbeitnehmern ist sie in qualifizierten

---

488 LAG Hamm 17.06.1999, MDR 2000, S. 590; LAG Hamm 13.02.1992, LAGE § 630 BGB Nr. 16, Punkt 1.6; LAG Hamm 27.02.1997, NZA-RR 1998, S. 159

489 BAG 26.06.2001, NZA 2002, S. 34

490 LAG Hamm 17.06.1999, MDR 2000, S. 590

491 LAG SH 23.06.2016 – 1 Ta 68/16, Rn. 10 ff., juris = BeckRS 2016, 71738

492 LAG Köln 14.07.1994, NZA 1995, S. 685; ErfK 2018/MÜLLER-GLÖGE, § 109 GewO Rn. 3 und 10a; LINCK 2017, § 146, Rn. 3; POPP 2016, S. 1078; BECKER-SCHAFFNER 2004, S. 488

493 ErfK 2018/MÜLLER-GLÖGE, § 109 GewO Rn. 3; SCHLEßMANN 2018, Rn. 548; ADAM 2005, S. 557

494 LAG SH 19.09.2013 – 1 Ta 148/13, BeckRS 2013, 73311 = juris

Zeugnissen problematisch, da in der Praxis der rechts Unterzeichnende (Zweitunterschrift) in der Regel als der eigentliche Verfasser des Schriftstücks angesehen wird.

Auch wenn der Zeugnisinhalt teilweise oder ganz von einem Gericht formuliert wurde, ist das Zeugnis vom Arbeitgeber bzw. einer vertretungsberechtigten Person zu unterschreiben. Wird ein qualifiziertes Zeugnis von einem Vertreter unterzeichnet, so müssen das *Vertretungsverhältnis* und die *Funktion* des Unterzeichners durch Zusätze wie ppa. oder i. V. und durch eine Positions- oder Funktionsangabe wie zum Beispiel „Geschäftsleitung", Personalleiter", „Betriebsleiter" oder „Ausbildungsleiter" bei der Unterschrift erkennbar sein.[495] Funktionsangaben wie „Rechtsabteilung" oder „Law Department" können, außer bei Mitarbeitern dieses Bereiches, zu Spekulationen über Streitigkeiten Anlass geben und sollten daher vermieden werden. Die Bedeutung eines Zeugnisses kann gesteigert werden, wenn es nicht nur durch den unmittelbaren Vorgesetzten, sondern vom Inhaber oder von einem Mitglied des Vorstandes oder der Geschäftsführung unterschrieben wird.

Bei einer Zeugnisberichtigung kann der Arbeitgeber grundsätzlich auch eine andere betriebsangehörige Person als bei der Erstausstellung mit der Neuausstellung (Unterschrift) beauftragen, wenn diese Person erkennbar ranghöher als der Zeugnisempfänger ist.[496] Im vorliegenden Falle war das Zeugnis allerdings bei der Erstausstellung von der Klinikdirektorin und bei der Neuausstellung nur von der Abteilungsleiterin der Personalbetreuung unterschrieben, was den Werbewert des Zeugnisses doch ein wenig mindert. Bei einer Neuausstellung sollten unseres Erachtens außer den zu berichtigenden Teilen alle andere Teile unverändert bleiben.

Ein Geschäftsführer eines Weiterbildungsvereins, der nicht Mitglied eines Vereinsorgans ist, nicht höher als ein Lehrer des Vereins vergütet wird und nicht zur Einstellung und Entlassung befugt ist, ist nicht erkennbar ranghöher als ein Lehrer (Arbeitnehmer). Dieser kann dann die Unterschrift durch ein Vorstandsmitglied des Vereins verlangen.[497]

Der Arbeitgeber kann die Unterschriftsbefugnis nicht beliebig delegieren. Eine Unterschrift allein durch Personalmitarbeiter wird nach Kenntnis der Verfasser in der Praxis zum Teil negativ registriert. Ein Oberarzt erreichte ein Urteil, wonach ein auf dem allgemeinen Briefbogen des Krankenhauses ausgestelltes und allein vom Geschäftsführer (kein Arzt) unterschriebenes Zeugnis dem Zeugnisanspruch nicht genügte. Er hatte Anspruch auf ein

495 BAG 26.06.2001, DB 2001, S. 2450 = NZA 2002, S. 34; LAG Hessen 30.11.2014 – 12 Ta 486/14, juris; LAG SH 19.09.2013 – 1 Ta 148/13, BeckRS 2013, 73311 = juris

496 LAG RHPF 12.12.2017 – 8 Sa 151/17, juris = BeckRS 2017, 144866

497 LAG Köln 14.07.1994, NZA 1995, S. 685

unter dem Briefkopf der chirurgischen Abteilung abgefasstes und von den Chefärzten und dem Geschäftsführer des Krankenhauses unterschriebenes Zeugnis.[498] Im gleichen Sinne war das Zeugnis eines wissenschaftlichen Mitarbeiters einer Forschungseinrichtung von einem vorgesetzten Wissenschaftler zu unterzeichnen; die Unterschrift allein der Verwaltungsleiterin genügte nicht.[499] Hieraus kann man den Grundsatz ableiten, dass, zumindest bei Spezialisten oder hochqualifizierten Arbeitnehmern, das qualifizierte Zeugnis bei Delegation der Unterschrift von einer Person unterschrieben oder mitunterschrieben sein muss, die auch real befähigt ist, den Arbeitnehmer zu beurteilen. Dies dürften in der Regel der fachliche bzw. direkte oder der nächsthöhere Vorgesetzte sein. Speziell für die Weiterbildung von Ärzten bestehen Laborrichtlinien, wonach Zeugnisse zum Nachweis der erforderlichen Qualifikation von dem zur jeweiligen Weiterbildung ermächtigten Arzt zu unterzeichnen sind. Der Arzt hat dann keinen Anspruch auf Unterschrift durch eine andere Person.[500] Wird die Unterschrift nicht delegiert, sondern unterschreibt der Arbeitgeber selbst (AG-Vorstand, GmbH-Geschäftsführer, geschäftsführender Gesellschafter, Behördenleiter) oder ein erkennbar hochrangiger Vertreter, so besteht kein Anspruch eine zusätzliche Unterschrift durch Fachleute (z. B. Schriftleiter im Verlag); hier wird davon ausgegangen, dass sich der Unterschreibende ggf. die erforderlichen Informationen beschafft hat.[501] In diesem Sinne hat ein Arzt, dessen Zeugnis vom Geschäftsführer und vom medizinischen Direktor eines Klinikums unterschrieben ist, keinen Anspruch auf eine Mitunterzeichnung durch den (früheren) direkt vorgesetzten Chefarzt der speziellen Klinik innerhalb des Klinikums.[502]

Ergänzend sei kurz erwähnt, dass eine kleine amerikanische Laborstudie, in der 187 studentische Versuchspersonen fiktive Empfehlungsschreiben (≈ Zeugnisse) für die Studienzulassung bewerteten, *keine* Bestätigung für die Hypothese ergab, dass von *Frauen* ausgestellte Empfehlungsschreiben bei den Lesern zu weniger positiven Beurteilungen führen als von Männern ausgestellte Empfehlungen.[503] Auch aus der deutschen Zeugnisliteratur sind den Verfassern entsprechende Erwägungen nicht bekannt.

Der Arbeitgeber kann die Unterschrift in der Regel nicht an Externe delegieren, z. B. nicht an einen beauftragten Anwalt.[504] In Konzernen ist es

---

498 LAG Hamm 21.12.1993, BB 1995, S. 154; GÄNTGEN 2016a, S. 2125, Rn. 8

499 BAG 04.10.2005, NZA 2005, S. 436 = DB 2006, S. 792 = BB 2006, S. 1166 = NJW 2006, S. 2427

500 SG Marburg 30.01.2008 – S 12 KA 817/06, juris

501 LAG Hamm 14.01.2010 – 8 Sa 1132/09, BeckRS 2010 67652 = juris

502 LAG Hessen 06.02.2105 – 3 Sa 266/14, juris

503 BOTSFORD MORGAN u. a. 2013, S. 2299 und 2302

504 LAG Hamm 17.06.1999, MDR 2000, S. 590

aber wohl hinzunehmen, dass die Zeugnisschreibung in Zentraldiensten (Shared Services), die anderen Konzernunternehmen angehören, konzentriert wird und dass Angehörige dieser Zentraldienste die Zeugnisse zusätzlich zum Vorgesetzten mitunterschreiben.[505] Schließlich sei noch erwähnt, dass auch ein Arbeitgeber, der ein Zeugnis gemäß einem vom Arbeitnehmer gelieferten Entwurf erstellt und unterschreibt, sich an den Erklärungen und Inhalten, die er unterzeichnet hat, festhalten lassen muss.[506]

Das BAG entschied, dass bei einer Delegation der Zeugniserstellung der Erfüllungsgehilfe dem Arbeitnehmer gegenüber *weisungsbefugt* gewesen sein müsse.[507] Daraus ergibt sich angesichts der Verteilung der Weisungskompetenz in vielen Unternehmen, dass Personalreferenten ein Zeugnis in der Regel nicht allein unterschreiben können. Personalleiter können in der Regel ein Zeugnis allein unterschreiben, wobei unterstellt wird, dass sie auf die Beurteilungen anderer zurückgreifen.[508] Schließlich sei noch festgehalten, dass ein Arbeitnehmer hinsichtlich der Unterschrift bei gegebener Mehrfachunterstellung kein Wahlrecht hat[509] sowie dass er nicht verlangen kann, dass ein bestimmter Vorgesetzter, z. B. der Personalleiter, das Zeugnis *nicht* unterzeichnet.[510]

Bei leitenden Angestellten und vergleichbaren Mitarbeitern fällt es in der Regel negativ auf, wenn ihr Zeugnis nicht von einem Mitglied der Geschäftsleitung (mit)unterschrieben ist. Dies kann Zweifel an der Stellung, den Kompetenzen und dem Verantwortungsumfang des Arbeitnehmers aufkommen lassen und als Geringschätzung interpretiert werden.[511] Ein Angestellter, der direkt der Geschäftsleitung berichtet, kann demnach die erkennbare (Mit-)Unterschrift eines Mitgliedes der Geschäftsleitung (muss nicht unbedingt Organmitglied sein) verlangen.[512] Ein leitender Angestellter mit direkter Unterstellung unter den Vorstand kann die Ausstellung des Zeugnisses auf einem Vorstandsbogen und die Unterschrift bzw. Mit-Unterschrift des Vorstandsvorsitzenden (bei der GmbH eines Geschäftsführers) verlangen.[513] Auch bei leitenden Angestellten, die nicht direkt dem Leitungsorgan unter-

---

505 ErfK 2018 / MÜLLER-GLÖGE, § 109 GewO Rn. 3a

506 OLG München 20.03.2014 – 7 W 315 / 14, juris

507 BAG 26.06.2001, DB 2001, S. 2450 = NZA 2002, S. 34

508 LAG RHPF 11.01.2018 – 2 Sa 332 / 17, juris = BeckRS 2017, 146894; LAG RHPF 12.12.2017 – 8 Sa 151 / 17, juris = BeckRS 2017, 144866

509 SCHLEẞMANN 2018, Rn. 548

510 LAG Hamm 02.04.1998 – 4 Sa 1735 / 97, juris

511 HERTZFELD 2002, S. 681 f.

512 BAG 26.06.2001, BB 2001, S. 1481 = DB 2001, S. 2450 = NZA 2002, S. 34; ErfK 2018 / MÜLLER-GLÖGE, § 109 GewO Rn. 3; HUBER / MÜLLER 2016, S. 24; ECKERT 2010 S. 1465; MODEREGGER 2006, S. 241

513 ArbG Köln 05.01.1968, DB 1968, S. 534

stehen, sollte die Unterschrift durch ein Organmitglied oder ein Mitglied der (erweiterten) Geschäftsleitung erfolgen, wenn der Status als Leitender im Zeugnis erwähnt ist. Im Übrigen stellt es eine Aufwertung dar, wenn das Zeugnis eines Arbeitnehmers, das nicht von der Geschäftsleitung unterschrieben werden müsste, doch die erkennbare Unterschrift eines Mitglieds der Geschäftsleitung trägt. Allerdings hat ein qualifizierter Arbeitnehmer keinen Anspruch auf die Unterschrift durch die Geschäftsführung, sofern das Zeugnis erkennbar durch ranghöhere Vorgesetzte unterschrieben wurde. In diesem Sinne konnte eine Produktmanagerin, deren Zeugnis (Zweitfassung) vom Marketingdirektor und vom Vertriebsdirektor unterschrieben war, keine Unterschrift durch den Geschäftsführer erreichen, obwohl dieser die Erstfassung unterzeichnet hatte.[514]

Bei einem Prokuristen genügt die Unterschrift durch einen anderen Prokuristen nicht, auch wenn dieser betriebsintern eine ranghöhere Position als der Zeugnisempfänger innehat.[515] Dieser Sachverhalt einer unternehmensinternen Differenzierung und Hierarchisierung innerhalb der Gruppe der Prokuristen scheint in der Praxis in Verbindung mit der internen Einschränkung der Prokura gar nicht so selten zu sein. Bei Assistenten der Geschäftsleitung und bei Persönlichen Referenten sollte das Zeugnis, um den Eindruck einer Distanzierung zu vermeiden, von der Geschäftsleitung bzw. dem direkten Vorgesetzten unterschrieben werden.

Zeugnisse von GmbH-Geschäftsführern sind vom geschäftsführenden Gesellschafter, einem Vertreter der Gesellschafterversammlung, einem Organmitglied der Muttergesellschaft oder dem Vorsitzenden des Beirates zu unterschreiben. Zeugnisse von Vorstandsmitgliedern werden in der Regel vom Aufsichtsratsvorsitzenden unterzeichnet. Verliert ein Organmitglied nach längerer Tätigkeit als Geschäftsführer oder Vorstand seine Funktion (z. B. nach einem Betriebsübergang) und ist es anschließend weiterhin im Unternehmen als Arbeitnehmer tätig, so sollte das Zeugnis ebenfalls von einem Eigentümer-Vertreter (z. B. Organmitglied der Muttergesellschaft) mitunterschrieben werden.

Insolvenzverwalter, die einen Betrieb fortführen, fügen bei ihrem Schriftverkehr der Unterschrift oft den Funktionszusatz „Rechtsanwalt / Insolvenzverwalter" bei. Durch diese Unterschriftspraxis beschränken Insolvenzverwalter ihre Haftung. Im Falle von Arbeitszeugnissen ist diese Praxis bei qualifizierten und leitenden Angestellten aus zwei Gründen problematisch. Durch diese Zusätze wird klargemacht, dass der Aussteller (= Insolvenzverwalter) die Beurteilung kaum aus eigenem Erleben abgeben kann.

514 ArbG Hannover 31.07.2003, NZA-RR 2004, S. 127

515 BAG 16.11.1995, EzA § 630 BGB Nr. 20; AuR 1996, S. 195

Außerdem wird durch die Information über die Insolvenz in gewissem Maße eine positive Beurteilung konterkariert. Die Glaubwürdigkeit einer guten Beurteilung bei einem Vertriebsleiter oder einem Entwicklungsleiter kann leiden, wenn der Leser sieht, dass sich das Unternehmen in der Insolvenz befindet. Manch ein Leser wird annehmen, dass diese Personen eine Mitverantwortung für die schwierige Unternehmenslage tragen. Da die genannten Zusätze, soweit die Verfasser wissen, nicht zwingend vorgeschrieben sind, empfehlen sie, diese Angaben in Zeugnissen im Interesse der leitenden Arbeitnehmer fortzulassen. Bei „einfachen" Arbeitnehmern ohne Verantwortung für die Geschäftslage besteht dieses Problem nicht. Hier kann der Hinweis auf die Insolvenz als aufklärende Kündigungsbegründung wirken. Außerdem können hier anstelle des Insolvenzverwalters auch Vorgesetzte das Zeugnis unterschreiben.

Ausbildungszeugnisse sollen gemäß §16 Abs. 1 S. 3 BBiG auch vom Ausbilder oder der Ausbilderin unterschrieben werden, wenn der Ausbildende die Berufsausbildung nicht selbst durchgeführt hat. Diese sind nicht zur Unterschrift verpflichtet, wenn ihre Beurteilung von der des Ausbildenden wesentlich abweicht. Bei mehreren Ausbildern erfolgt die zusätzliche Unterschrift durch den Ausbildungsleiter oder die Ausbildungsleiterin.[516]

Die Verfasser sahen einige Zeugnisse von Banken, die sowohl am Ende der ersten Seite als auch nach dem Schlussabsatz auf der zweiten Seite komplett unterschrieben waren. Diese Unterschrift jeder Seite mag bei wichtigen Dokumenten sinnvoll sein, bei Zeugnissen regt sie aber zu Spekulationen an. Sie ist Zeichen einer Misstrauenskultur und auch bei Bankzeugnissen unüblich. Die gelegentlich zu findende Paraphierung der ersten Zeugnisseite erfolgt aus verschiedenen Gründen und kann daher unseres Erachtens nicht als Geheimbotschaft gedeutet werden. Es ist aber nicht auszuschließen, dass manche Leser darin ein Misstrauenssignal sehen.

Die Unterschrift muss original mit Federhalter, Kugelschreiber oder mit dokumentenechtem Stift und darf nicht mit Bleistift, als Faksimile oder als fotokopierte Unterschrift geleistet werden.[517] Die Angabe von Diktatzeichen ist in Zeugnissen nicht üblich, wäre aber auch nicht falsch oder nachteilig. Der Unterzeichnende muss wie üblich mit seinem Namen unterschreiben. Eine Unterschrift nur mit Namenskürzel (Handzeichen, Paraphe) genügt

---

516 BENECKE/HERGENRÖDER 2009, S. 109; LEINEMANN/TAUBERT 2008, S. 241

517 LAG Hamm 02.04.1998 – 4 Sa 1735/97, juris; LAG Bremen 23.06.1989, BB 1989, S. 1825 = LAGE §630 BGB Nr. 6; ErfK 2018/MÜLLER-GLÖGE, §109 GewO Rn. 10; LINCK 2017, Rn. 16; KRUMMEL 1983, S. 155

nicht.[518] Es ist für den Leser nützlich, wenn die Namen der Unterschreibenden, versehen mit einer Funktionsangabe, drucktechnisch wiederholt werden. Da die bloße Unterschrift häufig nicht entzifferbar ist und das Zeugnis nicht von einem Anonymus ausgestellt werden soll, bedarf die (unleserliche) Unterschrift eines Ausstellers der maschinenschriftlichen Namensangabe.[519] Schließt das Zeugnis mit dem in Maschinenschrift angegebenen Namen des Ausstellers und seiner Funktion, so muss das Zeugnis von diesem persönlich unterzeichnet werden.[520]

Eine vom Arbeitgeber im Arbeitszeugnis verwendete überdimensionierte (14,5 cm breit, 10 cm hoch), im Wesentlichen aus bloßen Auf- und Abwärtslinien bestehende Unterschrift ist nicht ordnungsgemäß, da durch sie der Verdacht aufkommen kann, der Arbeitgeber wolle sich vom Zeugnisinhalt (zu dessen Aufnahme in das Zeugnis er durch rechtskräftiges Urteil verpflichtet worden war) distanzieren. Der Arbeitgeber wird durch die Beschränkung der Freiheit, eine Unterschrift beliebig zu gestalten, nicht in unzumutbarer Weise in seinem allgemeinen Persönlichkeitsrecht (Art. 2 Abs. 1 GG) beeinträchtigt. Das auf Art. 12 Grundgesetz gestützte Interesse des Arbeitnehmers an der durch Vorlage eines ordnungsgemäßen Zeugnisses erleichterten Wiedererlangung eines Arbeitsplatzes ist gewichtiger.[521] Auch ein in die Unterschrift integriertes Negativ-Smiley mit heruntergezogenen Mundwinkeln ist unzulässig.[522]

518 LAG Hamm 27.07.2016 – 4 Ta 118/16, NZA-RR 2016, S. 570 = juris = BeckRS 2016, 71826; LAG Hamm 28.03.2000, NZA 2001, S. 576; LAG Hamm 02.04.1998 – 4 Sa 1735/97, juris; LAG Düsseldorf 23.05.1995, LAGE § 630 BGB Nr. 24, S. 2 = NZA-RR 1996, S. 43; GÄNTGEN 2016a, S. 2127, Rn. 14

519 Bejahend LAG RHPF 22.01.2014 – 4 Sa 325/13, juris; LAG Hamm 28.03.2000, NZA 2001, S. 576; LAG Düsseldorf 23.05.1995, LAGE § 630 BGB Nr. 24, S. 9 = NZA-RR 1996, S. 43 und 45; SCHULZ 2006, S. 121 f.; verneinend ArbG Frankfurt 06.03.1996 – 7 Ca 4748/95

520 BAG 21.09.1999, BB 2000, S. 411 = DB 2000, S. 282 = NZA 2000, S. 257; ArbG München 18.08.2010 – 21 Ca 12890/09, juris

521 LAG Nürnberg 29.07.2005, DB 2005, S. 2476 = BB 2006, S. 276

522 ArbG Kiel 18.04.2013 – 5 Ca 80 b/13, BeckRS 2013, 71590 = juris

4. Grundsätzliche Probleme der Erstellung und der Analyse

4.1 Generelle Formulierungs- und Gestaltungsfragen

Ein Großunternehmen kann über die Zeugnisse sein Image als attraktiver Arbeitgeber, als technisch fortschrittliches Unternehmen und als seriöse Organisation mitprägen. Zeugnisse sind Visitenkarten des Unternehmens und ein Mittel zum Employer-Branding.[1] Ein Zeugnis gewinnt durch konkrete, sachliche, individuelle Formulierungen. Ein Aussteller muss aber auch die verkehrsübliche Gliederung und die eingebürgerten Formulierungen beachten, um Missverständnisse zu vermeiden.[2] Am besten ist es wohl, wenn im Zeugnis bekannte und individuelle Formulierungen fachmännisch kombiniert werden.

Ein Aussteller sollte es vermeiden, positive Sachverhalte durch die Verneinung negativ besetzter Begriffe oder durch die Verneinung des Gegenteils auszudrücken, da ein Leser dies leicht als Andeutung interpretieren kann. Es kann also zu Spekulationen und Missverständnissen führen, wenn der Aussteller in bester Absicht von einem *„ungetrübten Verhältnis“* oder einer *„reibungslosen/problemlosen Zusammenarbeit“* spricht. Das Gleiche gilt für die Aussage *„Er reihte sich ohne Schwierigkeiten in den Kollegenkreis ein“*. Unterschiedlich interpretiert wird die Formel *„tadelloses Verhalten“*. Sie wird zwar überwiegend als gute Beurteilung aufgefasst, zum Teil aber als ein befriedigendes oder ausreichendes Minimalverhalten interpretiert.[3] Bei der Leistungsbeurteilung wirken möglicherweise negativ Formeln wie *„leistet unproblematisch Überstunden“*, *„nicht unbedeutende Steigerung“*, *„nicht ohne Erfolg“*, *„ohne jeden Zweifel guter Mitarbeiter“*, *„vorbehaltlos zufrieden“* oder *„erledigte alle Arbeiten ohne Schwierigkeiten“*. Im Schlussabsatz wirkt der Satz *„Wir können ihn ohne Bedenken empfehlen“* vielleicht negativ.

Zeugnisleser suchen nach Andeutungen. Daher sollte ein Aussteller Begriffe vermeiden, die schon in der Alltagssprache mehrdeutig sind oder die zu Assoziationen oder Wortspielen einladen. So kann die Aussage *„er ist ein kritischer Mitarbeiter“* schon in der Alltagssprache einen schwierigen Mitarbeiter bezeichnen. Ein Mitarbeiter mit *„originellen Ideen“* kann neuartige, aber auch verschrobene Ideen haben. Eine *„energische Mitarbeiterin“* kann eine durchsetzungsstarke, aber auch eine rücksichtslose Mitarbeiterin sein.

---

1 ArbG Frankfurt 08.08.2001, NZA-RR 2002, S. 182; GÄNTGEN 2016a, S. 2124, Rn. 2; FUCHS 2012, Rn. 1; ENZLER 2012, S. 3; POLEDNA 2003, S. 173

2 LAG Hamm 02.04.1998 – 4 Sa 1735/97, juris; LAG Hamm 27.02.1997, NZA-RR 1998, S. 151; LAG Hamm 01.12.1994; LAGE § 630 BGB Nr. 28, Punkt 5; LINCK 2017, Rn. 20

3 WEUSTER 1994, S. 56 und 136 ff.

Der Satz *„Sie verstand es stets, ihre Interessen im Betrieb durchzusetzen“* kennzeichnet wohl in der Regel eine egozentrische Mitarbeiterin.[4]

Ins Zeugnis sollten in der Regel keine Aussagen zu Sachverhalten aufgenommen werden, die nach der Rechtsprechung grundsätzlich nicht ins Zeugnis gehören. Ein Beispiel hierfür ist in der Regel das außerdienstliche Verhalten.[5] Im Ausbildungszeugnis einer Sparkasse fanden die Verfasser die Aussage *„Seine Führung im Dienst war einwandfrei. Über sein außerdienstliches Verhalten ist uns nichts Nachteiliges bekannt.“* Da der so beurteilte Auszubildende laut Zeugnis ins Angestelltenverhältnis übernommen wurde, war hier vermutlich eine negative Andeutung nicht beabsichtigt. Die zitierte Formulierung stammt aus Beamtenzeugnissen. Beamte müssen sich so verhalten, dass sie auch außerhalb des Dienstes das Ansehen des Dienstherrn nicht schädigen.

Problematisch sind oft die Verben *„bestätigen“* und *„bescheinigen“*. Zum Beispiel: *„Gerne/Wunschgemäß bestätigen wir, dass“* oder *„Wir können ohne Bedenken bescheinigen, dass“* oder *„Wir können vorbehaltlos versichern, dass“* (= aber nicht mit voller Überzeugung) oder *„Wir können ihm* (= aber niemandem sonst) *bescheinigen ...“*. Sie können so gedeutet werden, als habe der Arbeitnehmer dem Arbeitgeber diese Aussagen gegen dessen Überzeugung abgehandelt.[6] Allerdings bedeutet die Aussage *„Wir bestätigen, dass Herr X stets ehrlich war“* eindeutig, dass der Mitarbeiter ehrlich war.

Auch die Verben *„gelten“*, *„verstehen“* und *„kennenlernen“* können zu Missdeutungen führen. So kann die Formulierung *„Herr X gilt im Verband als Fachmann“* (= nicht in unserem Hause) so aufgefasst werden, als sei dieser Arbeitnehmer nur dem Anschein nach ein Fachmann. Der Satz *„Er verstand es, einige neue Kunden zu gewinnen“* kann auf manchen Leser wie ein zufälliger Erfolg wirken. Der Satz *„Wir haben Herrn X als engagierten Mitarbeiter kennengelernt“* wirkt betont subjektiv und daher weniger überzeugend als die einfache Aussage *„Herr X war ein engagierter Mitarbeiter“*. Das LAG Hamm entschied am Beispiel der Aussage *„Wir haben Frau X als eine freundliche und zuverlässige Mitarbeiterin kennengelernt“*, der Gebrauch des Wortes „kennengelernt“ drücke *stets* das Nichtvorhandensein der im Kontext aufgeführten Fähigkeit oder Eigenschaft aus.[7] Im gleichen Sinne wertete dieses Gericht die Formulierung *„Wir lernten ihn*

---

4 LAG Hessen 16.06.1998, EzA-SD 1998, Nr. 22, S. 5; RING 2001a, S. 212

5 LAG Hamm 27.02.1997, NZA-RR 1998, S. 157; ErfK 2018/MÜLLER-GLÖGE, § 109 GewO Rn. 43 und 45

6 STÜCK 2006, S. 794; MAURITZ 2005, S. 50; SABEL 1998, S. 41 und 67; PRESCH 1985, S. 351

7 LAG Hamm 27.04.2000, NZA 2002, S. 624 = BB 2000, S. 1786

als umgänglichen Mitarbeiter kennen" negativ.[8] Die Verfasser sind entgegen dem LAG Hamm nicht der Auffassung, dass *„kennengelernt"* in Zeugnissen *immer* negativ gemeint ist. Bei „kennengelernt" handelt es sich um eine gängige Formulierungsweise in der Zeugnispraxis, die je nach dem Kontext Positives oder Negatives beschreibt. Die Verfasser empfehlen daher in Abhängigkeit vom Kontext und vom Gesamteindruck eine fallweise Interpretation.[9] In einem positiven Zeugnis drückt auch die Formulierung *„Wir haben Herrn K. als sehr interessierten und hochmotivierten Mitarbeiter kennengelernt, der stets eine sehr hohe Einsatzbereitschaft zeigte"* eine insoweit sehr gute Beurteilung aus.[10] Mit dem Satz *„Wir lernten ihn als vorschriftsgemäß* (= bürokratisch) *arbeitenden Mitarbeiter kennen"* ist dagegen im negativen Sinne eine umständliche Arbeitsweise gemeint.

Relativsätze relativieren. Beispiel: *„Die Aufgaben, die wir ihm übertrugen"* (= aber sonst keine), *„erledigte er zu unserer Zufriedenheit"*. Solche Relativsätze können besagen, dass der Arbeitnehmer keine Eigeninitiative zeigte, sondern nur nach Anordnung arbeitete (Innere Kündigung; Dienst nach Vorschrift). Relativierend können kontextabhängig auch die Worte und Formeln *„dabei"*, *„in der Regel"*, *„im Wesentlichen"*, *„auch"* und *„durchaus"* [11] wirken. Beispiele: *„Sie hatte dabei"* (= sonst nicht) *„auch Erfolg"* (= etwas, ein wenig). Oder: *„Herr X kümmerte sich auch um die Reklamationen der Kunden"* (leider zu wenig).

Weitere Empfehlungen sind: Ein Zeugnis ist nicht in der persönlichen Anredeform, sondern grundsätzlich in der 3. Person abzufassen.[12] Im Zeugnis sollten nach dem Eingangssatz nicht nur die Personalpronomen (er, sie) verwendet, sondern der Name sollte an geeigneter Stelle erneut erwähnt werden. Dabei können ledige Frauen zwischen den Worten „Frau" und „Fräulein" wählen[13]; allerdings ist heutzutage die Bezeichnung „Frau" allgemein üblich. Was die Aussteller betrifft, so wird in der Regel von „wir" bzw. „unserem Unternehmen" gesprochen. Freiberufler wie Rechtsanwälte oder Ärzte verwenden manchmal die Ich-Form.

---

8 LAG Hamm 28.03.2000, BB 2000, S. 2578

9 ErfK2012/MÜLLER-GLÖGE, § 109 GewO Rn. 36; DÜWELL/DAHL 2011, S. 961; HUNOLD 2001, S. 118

10 BAG 15.11.2011 – 9 AZR 386/10, NZA 2012, S. 448 = NJW 2012, S. 1754 = DB 2012, S. 636 = DB0469192 = juris = BeckRS 2012, 67197

11 BAK 2017, S. 48

12 LAG Düsseldorf 23.05.1995, BB 1995, S. 2064 = LAGE § 630 BGB Nr. 24 = NZA-RR 1996, S. 42; PLITT/BRAND 2018, S. 1988; GÄNTGEN 2016a, S. 2127, Rn. 14

13 ArbG Frankfurt 22.12.1982 – 6 Ca 365/82

Das Zeugnis ist grundsätzlich in deutscher Sprache auszustellen.[14] Wurde das Arbeitsverhältnis wesentlich durch eine Fremdsprache geprägt (50 % oder mehr der internen und externen Kommunikation in der Fremdsprache), so kann der Arbeitnehmer verlangen, dass das Zeugnis in dieser Fremdsprache bzw. in Englisch erstellt wird. Beispiele wären ausländische Arbeitnehmer wie z. B. Führungskräfte aus ausländischen Muttergesellschaften, Forscher und Informatiker in international besetzten Teams, Rechtsanwälte in einer internationalen Kanzlei sowie für Praktikumszeugnisse ausländische Praktikanten, wenn diese Personen auch in Deutschland beruflich nur oder überwiegend in Englisch kommunizieren. Manchmal wünschen auch deutschsprachige Mitarbeiter mit internationalen Karriereambitionen oder Mitarbeiter in Unternehmen mit einer fremden (in der Regel englischen) Unternehmens- oder Konzernsprache eine (zusätzliche) Ausstellung in englischer Sprache. In diesen Fällen besteht bei maßgeblicher Prägung des Arbeitsverhältnisses durch die englische Sprache ein Anspruch auf ein Zeugnis in englischer *oder* in deutscher Sprache.[15] Die Autoren empfehlen aber, kulanterweise ein deutsches *und* ergänzend ein englisches Zeugnis auszustellen, wobei je nach den Umständen der betreffende Mitarbeiter selbst die Übersetzungsarbeit und die Übersetzungskosten übernehmen kann. Allerdings kann man vom Arbeitgeber nicht verlangen, das Zeugnis in einer Fremdsprache auszustellen, die im Arbeitsverhältnis keine Rolle spielte bzw. die er nicht beherrscht. Als Kompromiss kommt oft eine Ausstellung in der Weltsprache Englisch in Frage. Dies gilt insbesondere für Aussteller, die Englisch als Arbeitssprache für Reports und Sitzungen praktizieren, die Arbeitsverträge in englischer Sprache abschließen oder die in ihren Zeugnissen gehäuft Anglizismen und bei der Unterschrift Funktionsangaben wie „Head of Human Resources“ verwenden. In Unternehmen, die bei der Unternehmensvorstellung im Zeugnis ihre weltweiten Aktivitäten oder ihre internationalen Bindungen hervorheben, irritiert es, wenn der Bereich Human Resources den begründeten Wunsch nach einem (zusätzlichen) Zeugnis in englischer Sprache ablehnt.

Letztlich steht es einem Arbeitnehmer frei, sich von einem vereidigten Übersetzer eine Übersetzung anfertigen zu lassen. Dabei ist zu bedenken, dass es qualifizierte Arbeitszeugnisse mit einer ausführlichen Leistungs- und Verhaltensbeurteilung unseres Wissens weitgehend nur im deutschsprachigen Raum gibt. In anderen Ländern gibt es oft nur einfache Zeugnisse;

---

14 ErfK 2018/MÜLLER-GLÖGE, § 109 GewO Rn. 10b; SCHLEßMANN 2018, Rn. 515; LINCK 2017, Rz. 1; ARCHUT 2014, S. 66; HERBERT/OBERRATH 2010, S. 395; KURSAWE 2010, S. 644; BENECKE/ HERGENRÖDER 2009, S. 108 f.; SCHULZ 2006, S. 111 f.; BRAUN 2002, S. 108; RING 2001a, S. 210

15 KURSAWE 2010, S. 645

allerdings nehmen zum Teil beurteilende Referenzschreiben eine ähnliche Funktion ein.[16] Die Besonderheiten der deutschen Zeugnissprache, die sich insbesondere in Zeugnissen mit unterdurchschnittlicher Beurteilung finden, dürften teilweise kaum übersetzbar sein. In den USA und in Großbritannien findet man freiwillige Referenzschreiben (letter of reference, letter of recommendation), die funktional mit den deutschen Arbeitszeugnissen verglichen werden können.[17] Es hat sich dort ähnlich der deutschen Zeugnissprache eine Phraseologie mit Hinweisen und Warnsignalen (red flags, doubt raisers; damn with faint praise) entwickelt, welche ein Lesen zwischen den Zeilen erfordert.[18]

Bei Ausbildungszeugnissen dürfte ein Anspruch auf ein englisches oder anderssprachiges Zeugnis sehr selten sein. Er sollte aber bei der ernsthaften Absicht, einen Auslandsaufenthalt zu realisieren, erfüllt werden. Es sei auch auf § 37 Abs. 3 BBiG hingewiesen, wonach dem Abschlusszeugnis der Prüfungsinstitution auf Antrag der Auszubildenden eine englischsprachige und eine französischsprachige Übersetzung beizufügen sind.

Formulierungen im Präsens unterstreichen die aktuelle Geltung einer Aussage. Insbesondere bei Sachverhalten, die das Ende des Arbeitsverhältnisses überdauern (z. B. bei Kenntnissen), ist diese Zeitform angebracht. Sie verhindert den möglichen Verdacht, die Geltung der Aussage sei zeitlich begrenzt. Ein Zwischenzeugnis wird in der Regel weitgehend in der Gegenwartsform erstellt, um den Eindruck zu vermeiden, die Beendigung des Arbeitsverhältnisses stehe schon fest. Sie können aber je nach den Umständen teilweise in der Vergangenheitsform formuliert werden, wenn die bisherige Tätigkeit als abgeschlossen anzusehen ist (evtl. bei Ausstellung nach der Elternzeit); der Ausstellungsanlass sollte dann schon im Einleitungsabsatz angegeben werden.

Der Umfang des Zeugnisses hängt unter anderem von der Dauer der Unternehmenszugehörigkeit und der Zahl der Positionen ab. Eine Auswertung von 411 Zeugnissen ergab folgende Umfänge (jeweils kumuliert): bis 1 Seite = 197 (47,9 %), bis 1,5 Seiten = 351 (85,4 %), bis 2 Seiten = 392 Seiten (95,4 %) sowie über zwei Seiten = 19 (4,6 %).[19] Die Inhaltsanalyse von Originalzeugnissen ergab für 669 Arbeitnehmer-Endzeugnisse einen durchschnittlichen Umfang von 24,9 Zeilen.[20] Eine Untersuchung von Bank-Arbeitszeugnissen

---

16 MESSMER 2012, S. 44 ff.; HUESMANN 2008, S. 120 ff., 126 ff. und 133

17 MEISLOCH 2017, S. 96 ff.; KURSAWE 2010, S. 645 f.; WEUSTER 2012a, S. 178; BEDEN/JANßEN 2002, S. 43 ff.; LUCAS 2001, S. 199 f.

18 MADERA u. a. 2018; THORNTON 2013, S. 19 ff.; BODINE 2010, S. 149 ff.; TRIX/PSENKA 2003, S. 203; JAFFE 2002, S. 45

19 HUESMANN 2008, S. 200 f.

20 WEUSTER 1994, S. 77

fand bei 117 Angestellten eine durchschnittliche Länge von 29 Zeilen und bei 51 Führungskräften eine durchschnittliche Länge von 46 Zeilen.[21] Eine Auswertung von 105 Zeugnissen aus dem Öffentlichen Dienst in Baden-Württemberg ergab eine durchschnittliche Länge von 1,5 Seiten.[22] In zwei amerikanischen Studien, die 312 bzw. 285 Referenzschreiben (≈ Zeugnisse) auswerteten, betrug die durchschnittliche Länge 246 bzw. 323,98 Worte.[23] Der Umfang und die Präzision sollten insgesamt so sein, dass sich Rückfragen künftiger Leser erübrigen. Als Richtwert für den Gesamtumfang kann man ein bis zwei und ausnahmsweise bis zu 2½ DIN-A4-Seiten angeben.[24] In einer Personalberater-Befragung im Jahre 2009 wünschten 83,5 % von 97 Beratern Zeugnisse bis zu einer Länge von maximal zwei DIN-A4-Seiten; in einer früheren Befragung waren es 92,1 % von 253 Beratern.[25] Zeugnisse mit einer (angefangenen) dritten Seite sind die Ausnahme. Sie kommen in Betracht, wenn nach längerer Unternehmenszugehörigkeit zwei oder mehr qualifizierte Stellen bzw. Führungspositionen dargestellt werden müssen. Manchmal entstehen dreiseitige Zeugnisse auch deshalb, weil der Briefkopf (teils am rechten Blattrand) so umfangreich gestaltet ist, dass der Zeugnistext erst in der Mittel der ersten Seite beginnen kann. Sehr lange Zeugnisse können ein Indiz für eine (teilweise) Selbstformulierung durch den Zeugnisinhaber sein.

Bei zweiseitigen Zeugnissen wird die zweite Seite meist auf einem einfachen weißen Blatt erstellt. Die zweite Seite wird oft oben als solche gekennzeichnet. Manchmal findet sich der ausdrückliche Hinweis *„Seite 2 zum Arbeitszeugnis von Herrn/Frau X“*. Einige Aussteller setzten unten auf die erste Seite eine *2* oder den Hinweis *1/2*, um zu signalisieren, dass es noch eine zweite Seite gibt. Diese Varianten kommen auch in anderen Schriftstücken vor. Sie sind in Ordnung und beinhalten keine Botschaft. Die erste Seite wird in der Regel nicht als solche nummeriert.

Das Zeugnis ist maschinenschriftlich[26] bzw. drucktechnisch zu erstellen. Der Arbeitnehmer kann verlangen, dass das Zeugnis in einheitlicher Maschinenschrift (Schriftart) abgefasst wird.[27] Allerdings spricht unseres Erachtens zum Beispiel nichts dagegen, bei Arbeitsverhältnissen mit mehreren Stellen einzelne Positionsbezeichnungen kursiv hervorzuheben, um dem Leser die Lektüre zu erleichtern. Die Erteilung des Zeugnisses in

21 KAUFFMANN 2004, S. 30 (Berechnung aus den dortigen Zahlen)

22 KESSLER 2015, S. 43

23 TRIX/PSENKA 2003, S. 198; JUDGE/HIGGINS 1998, S. 215; auch PRECHT 1998, S. 245

24 SCHLEßMANN 2018, Rn. 499; LIST 2014, S. 116; JANSSEN 1996, S. 69

25 Befragung WEUSTER 2009; WEUSTER 1994, S. 170

26 LAG Hamm 27.02.1997, NZA-RR 1998, S. 151

27 BAG 03.03.1993, BB 1993, S. 1440 = DB 1993, S. 1625 = NZA 1993, S. 698; LÖW 2005, S. 3605

elektronischer Form ist gemäß § 109 Abs. 3 GewO und nach § 630 S. 3 BGB ausgeschlossen.

Das schriftliche Zeugnis muss eine würdige, gehörige Form aufweisen, wobei allerdings keine überzogenen Forderungen, z. B. hinsichtlich der Papierart oder der Schriftart (häufig: Times New Roman oder Arial), an die Zeugnisästhetik gestellt werden dürfen.[28] Meist werden Zeugnisse in der Schriftgröße 12 erstellt[29], doch trägt auch die Schriftgröße „10" noch den Gepflogenheiten des Geschäftslebens Rechnung.[30] Die Zeilen sollten durch Worttrennungen gefüllt werden, weil sich andernfalls deutlich unterschiedliche Zeilenlängen oder beim Blocksatz störend wirkende Wortabstände ergeben. Ein Anspruch auf ein Zeugnis *ohne* Worttrennungen (z. B. bei Abtrennung nur einer Silbe am Anfang oder am Ende von längeren Worten, bei zusammengesetzten Worten sowie bei Trennungen beim Seitenumbruch) besteht nicht, sofern die Trennungen regelkonform sind. Zulässige Trennungen sind auch kein abwertendes Geheimmerkmal.[31] Allerdings sollten unschön wirkende Trennungen (z. B. an-forderungsgerecht, Ar-beitnehmer) vermieden werden.

Ein um 0,4 mm größerer Zeilenabstand vor dem Schlussabsatz als zwischen den übrigen Absätzen ist in einem berichtigten Zeugnis hinzunehmen, wenn der identische vermeintliche Mangel auch schon in der ersten Zeugnisversion vorhanden war, aber vom Arbeitnehmer nicht gerügt wurde. Zudem erscheint es als Über-Interpretation, darin eine Distanzierung vom Dank, Bedauern und den Zukunftswünschen im Schlussabsatz zu sehen.[32]

Es darf nicht durch eine unübliche äußere Form der Eindruck erweckt werden, der Aussteller distanziere sich vom Wortlaut seiner Erklärung.[33] Das Zeugnis darf keine Flecken, Eselsohren, Radierungen, Durchstreichungen oder Verbesserungen enthalten.[34] Ein Ausbildungszeugnis ohne jede Absatzbildung und mit willkürlichen Zeilenwechseln nach nur einem Wort oder nach zwei Wörtern sowie mit einem Rechtschreibfehler weist keine gehörige äußere Form auf.[35] Ein Zeugnis muss mit einem ordnungsgemäßen

---

28 ErfK 2018 / MÜLLER-GLÖGE, § 109 GewO Rn. 15; WESSEL 2017, S. 1702; POPP 2016, S. 1075; BURKARD-PÖTTER 2013, S. 50; ENZLER 2012, S. 44 (Schweiz); MAURITZ / WISCHNATH 2011, S. 225; ECKERT 2010, S. 1465; SCHULZ 2006, S. 107 ff.; ROTH 2006, S. 43 ff.; BÜHLER / LEFÉBURE 2003, S. 38

29 SCHLEßMANN 2018, Rn. 501, GÄNTGEN 2016a, S. 2126, Rn. 14

30 LAG Hessen 13.08.2002, ARST 2004, S. 137; POPP 2016, S. 1075

31 LAG BW 27.11.2014 – 3 Sa 21 / 14, BeckRS 2015, 66785 = juris

32 LAG Köln 18.07.2018 – 7 Ta 49 / 18, juris = BeckRS 2018, 22990

33 BAG 03.03.1993, BB 1993, S. 1439 = DB 1993, S. 1624 = NZA 1993, S. 697; LAG Düsseldorf 23.05.1995, LAGE § 630 BGB Nr. 24, S. 5 = NZA-RR 1996, S. 42

34 PLITT / BRAND 2018, S. 1987 f.; GÄNTGEN 2016a, S. 2126, Rn. 14; ECKERT 2010, S. 1465

35 LAG SH 19.09.2013 – 1 Ta 148 / 13, BeckRS 2013, 73311 = juris

Briefkopf ausgestattet sein, aus dem der Name und die Anschrift des Ausstellers erkennbar sind.[36] Enthält der Briefkopf lediglich das Firmenlogo, so sind vor der Unterschrift drucktechnisch zumindest der Name (exakte Firma) und der Ort einzufügen, damit der Aussteller eindeutig erkennbar ist. Es bestehen im Grundsatz auch keine Bedenken, wenn der Briefkopf mit dem Textprogramm selbst gestaltet wird.[37] Dies kann zum Beispiel notwendig werden, wenn ein Zeugnis erst längere Zeit nach dem Ausscheiden des Mitarbeiters erstellt oder berichtigt wird, der jetzige Briefbogen des Unternehmens aufgrund einer Umfirmierung oder wegen Änderungen in der Geschäftsleitung nicht mehr passt und alte Briefbogen nicht mehr vorhanden sind.

Der Arbeitnehmer kann verlangen, dass das Zeugnis auf einem Firmenbogen erteilt wird, wenn der Arbeitgeber Firmenbogen besitzt und diese im Geschäftsverkehr verwendet. Eine Distanzierung liegt vor, wenn die erste Zeugnisseite statt auf einem vorhandenen Geschäftspostbogen auf einem einfachen weißen Blatt ausgestellt wird. Es kann der Eindruck entstehen, der Arbeitgeber habe lediglich einen Zeugnisentwurf des Arbeitnehmers abgezeichnet.[38]

Gebraucht der Arbeitgeber für bestimmte Anlässe einen sog. Repräsentationsbogen oder Kopfbogen ohne Anschriftenfeld und ohne Bezugszeichenzeile, so kann[39] dieser verwendet werden bzw. ist[40] dieser für ein qualifiziertes Zeugnis zu verwenden. Leitende Angestellte, die dem Vorstand direkt unterstehen, können die Ausstellung auf einem vorhandenen Vorstandsbogen verlangen.[41] In Konzernen sind Zeugnisse für Organmitglieder, leitende Angestellte und sonstige Mitarbeiter grundsätzlich auf dem Bogen des Unternehmens auszustellen, dem sie laut Vertrag angehören. In den letzten Jahren wird die Zeugnisausstellung in Konzernen zum Teil in zentralen Dienstleistungsunternehmen des Konzerns (Shared Services) verlagert, die dann teilweise die Zeugnisse auf Bögen mit ihrem Briefkopf und nicht auf dem Briefkopf des beschäftigenden Konzernunternehmens ausstellen. Dies kann hingenommen werden, wenn aus dem Zeugnis der rechtliche Arbeit-

---

36 BAG 03.03.1993, DB 1993, S. 1624 = BB 1993, S. 1439 = NZA 1993, S. 697; LAG Hamm 27.02.1997, NZA-RR 1998, S. 154; LAG Hamm 13.02.1992, LAGE § 630 BGB Nr. 16, Punkt 1.6; SCHULZ u. a. 2015, S. 57

37 LAG Hamm 27.02.1997, NZA-RR 1998, S. 154; PLITT/BRAND 2018, S. 1987; BECKER-SCHAFFNER 2004, S. 488; POPP 1998, S. 581

38 BAG 03.03.1993, BB 1993, S. 1439 = DB 1993, S. 164; LAG Hamm 17.06.1999, MDR 2000, S. 590; LINCK 2017, Rn. 16

39 LAG Hessen 27.01.2014 – 12 Ta 343/13, BeckRS 2014, 72377 = juris

40 LAG Hamm 27.02.1997, NZA-RR 1998, S. 151

41 ArbG Köln 05.01.1968, DB 1968, S. 534

geber, also das jeweilige Konzernunternehmen, eindeutig mit Name und Ort hervorgeht.

Wird ein Firmenbogen mit Anschriftenfeld und vorgedruckter Bezugszeichenzeile verwendet, so ist das Anschriftenfeld nicht auszufüllen, da sonst ein Stilbruch entsteht, da der Arbeitnehmer im Text nicht angeredet, sondern über ihn berichtet und geurteilt wird. Auch ist ein Zeugnis kein Schriftwechsel mit dem Arbeitnehmer.[42] Außerdem hat ein Arbeitnehmer Anspruch auf ein Zeugnis ohne ausgefülltes Anschriftenfeld, da sonst der Eindruck entstehen könnte, dass das Zeugnis nach einem Streit ohne Begleitschreiben auf dem Postweg zugesandt worden sei.[43] Die Verfasser haben aber schon Zeugnisse dieser Art gesehen, die eindeutig positiv gemeint und abgefasst waren. Ein ausgefülltes Anschriftenfeld kann demnach nicht zwangsläufig als Abwertung gedeutet werden.[44] Optisch besser wirkt aber die Ausstellung auf einem Bogen ohne Anschriftenfeld, der nur am oberen, unteren oder seitlichen Rand Angaben zum Arbeitgeber enthält.

Was die Frage des Faltens oder Knickens von Zeugnissen anbelangt, hat das BAG entschieden, dass darin kein Geheimmerkmal zu sehen sei. Das Originalzeugnis muss aber kopierfähig sein. Die Knicke dürfen sich nicht auf den Kopien (oder nach dem Einscannen; Ergänzung der Verfasser) als schwarze Streifen abzeichnen[45], was bei den heutigen Kopiergeräten auch nicht der Fall ist. Die Verfasser empfehlen dennoch die Übersendung in einem DIN-A4-Umschlag, weil ungefaltete Zeugnisse bei Arbeitgebern, welche sich Originalzeugnisse vorlegen lassen, einen besseren Eindruck machen.[46] Die Meinung, eine Faltung des Zeugnisses solle auf ein Hausverbot hinweisen[47], halten die Verfasser für Unsinn. Das Zeugnis sollte vom Arbeitgeber auch nicht gelocht werden.

---

42 ARCHUT 2014, S. 63

43 LAG Hessen 10.08.2018 – 8 Ta 246/18, juris = BeckRS 2018, 26463; LAG Hessen 21.10.2014 – 12 Ta 375/14, BeckRS 2015, 70674 = juris; LAG Hessen 27.01.2014 – 12 Ta 343/13, BeckRS 2014, 72377 = juris; LAG Hamm 17.06.1999, MDR 2000, S. 590; LAG Hamm 27.02.1997, NZA-RR 1998, S. 151; LAG Düsseldorf 23.05.1995, LAGE § 630 BGB Nr. 24, S. 2 = NZA-RR1996, S. 43; LAG Hamburg 07.09.1993, NZA 1994, S. 890; aA LAG SH 06.03.1997 – 4 Ta 124/96; ArbG Köln 05.03.2013 – 13 Ca 2497/12, juris; ErfK 2018/ MÜLLER-GLÖGE § 109 GewO Rn. 14a; GÄNTGEN 2016a, S. 2126

44 HERBERGER 2016, S. 112 f.

45 BAG 21.09.1999, DB 2000, S. 282 = BB 2000, S. 411 = NZA 2000, S. 257; ebenso LAG SH 09.12.1997, BB 1998, S. 275; LINCK 2017, Rn. 16; POPP 2016, S. 1076; FUCHS 2012, Rn. 8; zur Kritik siehe Popp 2000, S. 555

46 SCHLEßMANN 2018, Rn. 236; SCHULZ 2006, S. 111 ff.; HUNOLD 2001, S. 115; STOPPKOTTE 2000, S. 519

47 LASKAWY / LOMB 2014, S. 83

Zweiseitige Zeugnisse werden in der Regel auf zwei Blättern ausgestellt.[48] Der Glaube, durch Bedrucken von Vor- und Rückseite eines Blattes Fälschungen zu erschweren, erscheint angesichts der heutigen technischen Möglichkeiten und der üblichen Praxis, sich mit unbeglaubigten Zeugniskopien zu bewerben, illusionär. Die Blätter eines zwei- oder mehrseitigen Zeugnisses dürfen getackert werden.[49]

Einschlägige DIN-Normen (u.a. DIN 5008 zur Briefgestaltung) und ISO-Standards können beachtet werden, sind aber nicht bindend. Abweichungen davon werten ein Zeugnis nicht ab und erzeugen keine Geheimbotschaft.

Der Arbeitnehmer kann eine von Rechtschreibe-, Grammatik-, Interpunktions- und Tippfehlern freie Fassung verlangen.[50] Eine solche Fassung kann angesichts der automatischen Textverarbeitung mit Rechtschreib- und Grammatikprüfung sowie mit Speicherung des Zeugnisses ohne nennenswerten Aufwand erstellt werden.[51] Freilich entdecken diese Rechtsschreibkontrollen nicht alle Fehler. Ein häufiger Fehler in der Praxis ist die Großschreibung von Personalpronomen, obwohl der Arbeitnehmer im Zeugnis nicht angeredet wird. Die Rechtschreibung gilt auch für Anglizismen; so ist zum Beispiel in einem deutschen Text korrekt *„Key-Account-Manager“* (mit Bindestrichen) zu schreiben. In der Praxis wird hiervon jedoch oft abgewichen. Eine Klage auf Änderung von *„integeren Verhaltens“* in *„integren Verhaltens“* wies das ArbG Düsseldorf allerdings ab, ebenso das LAG Niedersachsen eine Klage auf Änderung von *„MS-Powerpoint“* in die „offizielle“ Schreibweise des Markennamens *„MS-PowerPoint“*.[52] Das LAG RHPF lehnte einen Berichtigungsanspruch bei einem fehlenden Komma zwischen Haupt- und Nebensatz mit der Begründung ab, es handele sich lediglich um einen marginalen Fehler, der keine Nachteile für den Arbeitnehmer habe und auch kein Geheimcode sei.[53] Die Verfasser vertreten aber die Auffassung, dass ein fehlerfreies Zeugnis ein Wert an sich ist und ein Anspruch

48 SCHLEßMANN 2018, Rn. 500

49 LAG RHPF 09.11.2017 – 5 Sa 314/17, juris = BeckRS 2017, 140033 = BB 2018, S. 371

50 LAG Hessen 10.08.2018 – 8 Ta 246/18, juris = BeckRS 2018, 26463; LAG RHPF 11.01.2018 – 2 Sa 332/17, juris = BeckRS 2017, 146893; LAG Hessen 19.07.2017 – 8 Ta 133/17, juris; LAG Hessen 21.10.2014 – 12 Ta 375/14, BeckRS 2015, 70674 = juris; LAG SH 19.09.2013 – 1 Ta 148/13, BeckRS 2013, 73311 = juris; LAG Hessen 23.09.2008 – 12 Ta 250/08, juris = BeckRS 2008, 57217; LAG Düsseldorf 23.05.1995, LAGE § 630 BGB Nr. 24, S. 6 = NZA-RR 1996, S. 44; ArbG Köln 05.03.2013 – 13 Ca 2497/12, juris; SCHLEßMANN 2018, Rn. 505; LINCK 2017, Rn. 16; GÄNTGEN 2016a, S. 2126, Rn. 14; POPP 2016, S. 1076; MÜLLER/THALMANN 2016, S. 27; ECKLEBE 2015; S. 924;

51 HERBERGER 2016, S. 113

52 ArbG Düsseldorf 19.12.1984, NJW 1986, S. 1281 = NZA 1985, S. 812; LAG Niedersachsen 18.06.2008 – 17 Sa 1679/07, BeckRS 2008 54961

53 LAG RHPF 22.03.2018 – 4 Sa 184/17, juris

darauf auch dann gegeben ist, wenn der Fehler höchstwahrscheinlich keine negativen Folgen für den Arbeitnehmer haben wird.

Eine Auswertung von 802 Zeugnissen fand in ca. 4 % der Zeugnisse *mehr als einen* Rechtschreibe- oder Grammatikfehler, wobei es sich wohl um Flüchtigkeitsfehler handelte.[54] Bei der Personalauswahl können Fehler zu Lasten des Arbeitnehmers gehen. In einer Personalberater-Befragung im Jahre 2009 fand die These, Rechtschreibe- und Tippfehler im Zeugnis sprächen gegen den Bewerber (Zeugnisinhaber), bei 52 % von 97 Beratern eher Zustimmung; in einer früheren Befragung waren es entsprechend 39 % von 249 Personalberatern.[55] Fehler werden auch dahingehend interpretiert, der Arbeitnehmer sei aus der Sicht des Ausstellers die Mühe nicht wert gewesen, ihm sorgfältig ein ordentliches Zeugnis auszustellen. Schließlich werden Fehler aber auch dem Aussteller als Schludrigkeit angekreidet.

Geheimbotschaften: Nach § 109 Abs. 2 GewO muss das Zeugnis klar und verständlich formuliert sein. Es darf keine Merkmale oder Formulierungen enthalten, die den Zweck haben, eine andere als aus der äußeren Form oder aus dem Wortlaut ersichtliche Aussage über den Arbeitnehmer zu treffen. Dass ein Geheimzeichen vorliegt, muss derjenige belegen, der sich auf § 109 Abs. 2 Satz 2 beruft, also im Streitfalle der Arbeitnehmer.[56] Als denkbare Merkmale, Signale oder Geheimzeichen werden in der Literatur genannt:[57] Unübliches Papier, farbiges Papier[58], bestimmte Stempel, Fragezeichen und Ausrufezeichen[59], relativierende Anführungsstriche, handschriftliche Zusätze, willkürlich erscheinende Textlücken[60] (können beim Blocksatz allerdings auch ungewollt entstehen) oder doppeldeutige Hervorhebungen im Text (z. B. Unterstreichungen; evtl. Fettdruck), eine unterstrichene Telefonnummer des Arbeitgebers[61], eine überdimensionierte, krakelige Unterschrift[62], eine quer zum Zeugnistext verlaufende Unterschrift, die zudem an eine Art Kinderschrift erinnert[63], ein in die Unterschrift integriertes

---

54 SENDE u. a. 2011, S. 35

55 Befragung WEUSTER 2009; WEUSTER 1994, S. 153; auch SCHMIDT 2002, S. 40; AAMODT / NAGY / THOMPSON 1998, Studie 2, Tabellen 2 und 3

56 LAG SH 23.06.2006 – 1 Ta 68 / 16, Rn. 18, juris = BeckRS 2016, 71738

57 ErfK 2018 / MÜLLER-GLÖGE, § 109 GewO Rn. 16; HUBER / MÜLLER 2016, S. 258; SCHULZ u. a. 2015, S. 62 ff.; KAUFMANN-JIRSA 2013, S. 98 f.; HUESMANN 2008, S. 225 ff.; KNOBBE / LEIS / UMNUSS 2003, S. 86; BRAUN 2001, S. 111; FINKIN 1999, S. 266 und 269; POPP 1998, S. 581; KRUMMEL 1983, S. 157

58 PLITT / BRAND 2018, S. 1987; VERDE 2010, S. 150; JANSSEN 1996, S. 65

59 ArbG Bochum 21.08.1969, DB 1970, S. 1086 (Ausrufezeichen); WESSEL 2017, S. 1702; POPP 2016, S. 1077; ECKERT 2010, S. 1474

60 POPP 1998, S. 581

61 LASKAWY / LOMB 2014, S. 83; ECKERT 2010, S. 1474

62 LAG Nürnberg 29.07.2005, DB 2005, S. 2476

63 LAG Hamm 27.07.2016 – 4 Ta 118 / 16, juris = NZA-RR 2016, S. 570

Negativ-Smiley[64], besondere Tinte oder Farbe bei der Unterschrift sowie Häkchen („Ausrutscher"), Striche[65] oder Punkte links oder rechts von der Unterschrift. Mündlich wurde den Verfassern erzählt: Eine Unterschrift unter statt über der maschinenschriftlichen Namenswiederholung bzw. Funktionsangabe soll angeblich eine Distanzierung des Unterschreibenden andeuten. Zwei oder drei Y, die wie Diktatzeichen aussehen, sollen angeblich Gläser symbolisieren und auf einen Alkoholiker hindeuten.[66] Schließlich: Fehle hinter dem letzten Satz des Zeugnisses (meist Wunschformel) der Punkt, so solle dies andeuten, der Arbeitnehmer habe am Ende des Arbeitsverhältnisses „keinen Punkt gemacht", sondern gegen den Arbeitgeber geklagt. Eine maschinenschriftlich bei der Unterschrift angegebene Telefonnummer, welche die Verfasser in einem Originalzeugnis fanden, soll wohl zur Auskunftseinholung animieren. Es sei aber betont, dass solche Geheimmerkmale extrem selten vorkommen. Keine Geheimmerkmale sehen die Verfasser im Zusammenheften der Zeugnisblätter oder im Ausstellen eines Zeugnisses auf einem beidseitig bedruckten Blatt. Kein Geheimmerkmal, sondern ein Versehen ist eine fehlende Leertaste zwischen dem maschinenschriftlich geschriebenen Namen des Personalleiters und dem folgenden Klammerzusatz mit der Funktionsangabe.[67]

Es ist unzulässig, ein Zeugnis mit unklaren Formulierungen zu versehen, durch die der Arbeitnehmer anders beurteilt werden soll, als dies aus dem Zeugniswortlaut ersichtlich ist.[68] Ob es sich im Einzelfall um einen Geheimcode handelt, ist nach dem maßgeblichen objektiven Empfängerhorizont (Lesersicht) zu beurteilen. Dabei ist das Verständnis eines durchschnittlich Beteiligten oder Angehörigen des vom Zeugnis angesprochenen Personenkreises zugrunde zu legen.[69] Als Beispiele für doppelbödige Formulierungen, die das Verbot von Geheimformulierungen verletzen, führt das LAG Hamm an: *„Er verfügt über Fachwissen und hat ein gesundes Selbstvertrauen"* (arroganter Sprücheklopfer), *„Er war tüchtig und wusste sich gut zu verkaufen"* (Wichtigtuer), *„Sie ist eine anspruchsvolle und kritische Mitarbeiterin"* (eigensüchtige Nörglerin), *„Wir lernten ihn als umgänglichen Kollegen kennen"* (unangenehmer Kollege), *„Im Kollegenkreis galt er als toleranter Mitarbeiter"* (aber für Vorgesetzte ein harter Brocken) sowie *„Sie*

64 ArbG Kiel 18.04.2013 – 5 Ca 80 b/13, BeckRS 2013, 71590 = juris

65 ECKERT 2010, S. 1474

66 KURR 2003, S. 49

67 LAG SH 23.06.2016 – 1 Ta 68/16, Rn. 18, juris = BeckRS 2016, 71738

68 Beispiele bei MÜLLER/THALMANN 2016, S. 64 ff.; GÄNTGEN 2016a, S. 2134 f., Rn. 31; KAUFMANN-JIRSA 2013, S. 100 ff.

69 BAG 15.11.2011 – 9 AZR 386/10, NZA 2012, S. 448 = NJW 2012, S. 1754 = DB 2012, S. 636 = DB0469192 = juris = BeckRS 2012, 67197; GÄNTGEN 2016a, S. 2124, Rn. 4

war sehr tüchtig und in der Lage, ihre eigene Meinung zu vertreten" (hohe Meinung von sich; unzugänglich für sachliche Kritik).[70]

Im gesamten Zeugnis sind Ausrufezeichen und Fragezeichen unzulässig.[71] Anführungszeichen dürften unproblematisch sein, wenn sie lediglich zur Begriffsbildung *(Abteilung „Rechnungswesen, Finanzen und Steuern")* oder zum Zitieren externer Prüfungsergebnisse *(„hat die Abschlussprüfung mit der Note ‚Sehr gut' bestanden")* dienen. Vorsicht ist aus Arbeitnehmersicht geboten, wenn die Tätigkeitsbezeichnung *(„Verkaufsleiter")* oder die Leistungsbeurteilung *(„voll zufrieden")* in Anführungszeichen gesetzt sind. Hier kann es sich um unzulässige relativierende oder distanzierende Anführungszeichen handeln.[72] Das ArbG Frankfurt hat die Entfernung von Anführungszeichen bei der Aufgabenbezeichnung *„Projektcontrolling"* mit der Begründung abgelehnt, Anführungszeichen bedeuteten nichts anderes als eine Hervorhebung.[73] Diese apodiktische Aussage ist falsch. Auch außerhalb der Zeugnissprache werden Anführungszeichen seit langem zur Abwertung, Ironisierung und Nichtanerkennung eingesetzt.

4.2 Die Standardisierung der Zeugniserstellung

Viele Aussteller praktizieren ein Arbeit und Kosten sparendes Verfahren, bei dem die Zeugnisse mithilfe von Fragebögen oder Checklisten für die Vorgesetzten sowie mithilfe von Textbausteinen und Zeugnisprogrammen erstellt werden.[74] Führt die Standardisierung der Erstellung zu einer Uniformierung und zu einem sinkenden Informationswert der Zeugnisse? Man muss unterscheiden zwischen der Beurteilung des Arbeitnehmers für das Zeugnis und der Formulierung der Beurteilung im Zeugnis. Ein Bausteinsystem lässt dem Beurteiler bei der Bewertung freie Hand. Er kann zum Beispiel selbst entscheiden, ob er die Leistung des Arbeitnehmers als sehr gut, als gut oder als befriedigend einstuft. Bei der Formulierung können aber Textbausteine genutzt werden.

Die Standardisierung fördert den systematischen Aufbau von Zeugnissen und die systematische Differenzierung der Aussagen. Durch verkehrsübliche Formulierungen und Bausteine erfolgen die abgestuften Wertungen in einer für den kundigen Leser einigermaßen zutreffend interpretierbaren Formulierung. Auch wird sichergestellt, dass kein wichtiger Zeugnis-

---

70 LAG Hamm 17.12.1998, MDR 1999, S. 1073 = LAGE § 630 BGB Nr. 32; ROTH 2006, S. 96; STÜCK 2006, S. 794

71 HAUPT/WELSLAU 1992, S. 37; auch WEUSTER 1994, S. 186 f.

72 SCHLEßMANN 2018, Rn. 771; HUBER/MÜLLER 2016, S. 259; SCHULZ u.a. 2015, S. 63; WEUSTER 1994, S. 187

73 ArbG Frankfurt 06.03.1996 – 7 Ca 4748/95

74 GRAU/WATZKA 2016, S. 87

bestandteil vergessen wird (Vollständigkeit).[75] Durch dieses Vorgehen wird vermieden, dass wider besseres Wollen ein zu schlechtes oder ein übertrieben gutes Zeugnis erstellt wird. Ohne ein Textbausteinsystem erfolgt die Zeugniserstellung oft so, dass aus einigen mehr oder minder passenden Zeugnissen für früher ausgeschiedene Mitarbeiter das neue Zeugnis kompiliert wird; in der Unternehmens-Befragung gaben 73 % von 389 Unternehmen an, unter anderem dieses Verfahren zu verwenden. Es war die am häufigsten genannte Erstellungsmethode.[76] Den Arbeitnehmern ermöglicht ein Textbausteinsystem eine Beurteilungs- und Leerstellenkontrolle.

Widerspricht die Standardisierung der Zeugnisproduktion durch Textbausteine dem Grundsatz der Individualität? Auch bei einem Bausteinsystem wird jeder Arbeitnehmer nach wie vor individuell beurteilt. Der Grundsatz der Individualität verlangt aber nicht, bei jedem Zeugnis die Kunst der Zeugnisformulierung neu zu erfinden. Ein ineffizientes Bemühen um Originalität dürfte die schriftliche Ausdrucksfähigkeit mancher Zeugnisaussteller überfordern. Es kann schwer interpretierbare Zeugnisse mit kuriosen Formulierungen und Stilblüten hervorbringen. In einem Sachtext wie dem Zeugnis ist eine große Vielfalt des Ausdrucks unzweckmäßig. Allerdings muss das Bausteinsystem einen gewissen Umfang haben und genügend Wahlmöglichkeiten je Sachverhalt und Wertungsstufe bieten. Nach Kenntnis der Autoren stellen manche Unternehmen und Unternehmensgruppen aus den in diesem Buch enthaltenen Bausteinen wenige ausgewählte Bausteine für eine standardisierte Zeugnisproduktion in einem Zentralbereich zusammen. Dies führt zu nahezu gleichlautenden Zeugnissen. In der Praxis sollte aber ein passendes Verhältnis zwischen den konträren Zielen, individuelle Zeugnisse auszustellen und die Erstellung zu rationalisieren, gefunden werden. Es ist jedenfalls nicht möglich, in immer kürzerer Zeit immer individuellere und aussagekräftigere Zeugnisse zu erstellen. Der Grundsatz der Individualität kann außerdem berücksichtigt und der Einzelfallgerechtigkeit Genüge getan werden, indem das Textbaustein-Zeugnis bei weiterem Individualisierungsbedarf als erster Entwurf betrachtet und speziell ergänzt und überarbeitet wird.

Für eine Standardisierung der Zeugnisproduktion sprechen auch Zeit- und Kostengründe. In unserer Unternehmens-Befragung ergab sich ein durchschnittlicher zeitlicher Gesamtaufwand von einer Stunde für das Zeugnis eines Tarifangestellten und von anderthalb Stunden für das Zeugnis eines leitenden Mitarbeiters.[77] In der Untersuchung von Blum ergaben die Antworten von 70 Unternehmen eine durchschnittliche Erstellungszeit von

---

75 SCHWARB 1991, S. 27

76 WEUSTER 1994, S. 29

77 WEUSTER 1994, S. 34 und 36

57 Minuten.[78] Huesmann gibt einen Zeitaufwand für die Erstellung von 45 Minuten an.[79] Grau und Watzka ermittelten bei 93 Unternehmen für ein qualifiziertes Zeugnis einen durchschnittlichen Aufwand von 1,2 Stunden.[80] Bei diesen Angaben ist unklar, ob sie den Gesamtaufwand (Beurteilung durch Vorgesetzten, Schreiben, zur Korrektur lesen, Besprechen mit dem Arbeitnehmer, Ändern) oder nur den Schreibaufwand erfassen.

4.3 Grenzen der Zeugnisanalyse

Zeugnisersteller und Zeugnisleser haben oft keine spezielle Zeugnisschulung erhalten.[81] Es kann vorkommen, dass ein Kleinunternehmer ohne fachkundige Personalabteilung, ein Handwerksmeister, ein Selbstständiger, ein einzelner Vorgesetzter oder eine ausländische Führungskraft einem Mitarbeiter wider besseres Wollen ein weniger gutes oder ein in sich widersprüchliches Zeugnis (Dilettanten-Zeugnis) ausstellt.[82] Daher wird oft empfohlen, man müsse insbesondere Zeugnisse aus Kleinunternehmen vorsichtig analysieren. Ungewollt negative Zeugnisse erkennt ein Fachmann nur, falls er sich im Rahmen der Personalvorauswahl die Zeit für eine gründliche Analyse nimmt. Er wird eine abwägende Analyse eines einzelnen Zeugnisses aber vermutlich dann nicht vornehmen, wenn es genügend andere Bewerber mit zweifelsfrei guten Zeugnissen gibt. Im Übrigen bleibt jede Motivforschung (ich denke, der Aussteller hat sagen wollen, dass ...) unsicher, da man nie weiß, ob eine bestimmte Formulierung, Leerstelle oder Satzstellung auf Absicht, Fahrlässigkeit oder Unkenntnis beruht.

Es gibt bislang keine einheitliche, allgemein bekannte Zeugnissprache.[83] Für Zeugnisse gilt, wie übrigens für alle Texte, Mehrfachinterpretierbarkeit (nicht: Interpretationsbeliebigkeit).[84] Untersuchungen zur Zeugnisanalyse zeigen, dass bei einem vorgegebenen Zeugnis nahezu jede Zeugnisaussage von den verschiedenen Analytikern als unklar, positiv, neutral oder als negativ beurteilt wird. Das Gesamturteil reicht beim gleichen Zeugnis über mehrere Notenstufen.[85]

---

78 BLUM 1998, S. 9

79 HUESMANN 2008, S. 142

80 GRAU / WATZKA 2016, S. 77f.

81 GRAU / WATZKA 2016, S. 94f. und 151

82 SCHLEẞMANN 2018, Rn. 745; MAURITZ / WISCHNATH 2011, S. 222; JAHN 2005, S. 66 und 69; WRIGHT/ ZIEGELSTEIN 2004, S. 588ff.; DITTRICH 2003, S. 11 und 13; KIENBAUM 1997, S. 19f.; GÖLDNER 1991, S. 234

83 SENDE 2016, S. 21; GRAU / WATZKA 2016, S. 157

84 WATZKA 2013, S. 18; ROẞBRUCH 2004, S. 205 und 209; BRAUN 2001, S. 105ff.; MÖLLER 1990, S. 51 und 138ff.

85 Befragung WEUSTER 2009; HUESMANN 2008, S. 171; WEUSTER 1994, S. 216ff.

Eine wichtige Erkenntnis ist auch, dass es keine neutralen Zeugniskomponenten gibt. Beurteilungen treten nicht nur in der Leistungs- und der Verhaltenskomponente auf. Von der passivisch formulierten Einleitung *(„wurde beschäftigt“)* bis zu Zukunftswünschen mit Ironie und der Unterschrift durch einen Gleichgestellten kann nahezu jedes Faktum und jede Textpassage bei der Formulierung sowie bei der Interpretation für Bewertungen dienen. Ja, man kann mit Blick auf die vielfältigen Interpretations- und Wertungsmöglichkeiten pointierend sagen: Es ist unmöglich, ein einfaches Zeugnis ohne Beurteilung auszustellen.[86]

Es sei noch einmal der Ganzheitscharakter von Arbeitszeugnissen betont. Nicht jeder einzelne Satz muss einen Superlativ oder den Zeitfaktor „stets“ enthalten. Die Analyse isolierter Einzelsätze führt leicht zu einer Fehlinterpretation.[87] Ein Beispiel: *„Herr X ist dieses Problem engagiert angegangen. Innerhalb kurzer Zeit realisierte er eine durchdachte Lösung, die sich bis heute ausgezeichnet bewährt hat.“* Stünde der erste Satz für sich allein, so könnte er ein Scheitern andeuten, da nur vom Versuch einer Problemlösung die Rede ist. In Verbindung mit dem zweiten Satz ist aber klar, dass ein erfolgreiches Engagement gelobt werden soll. Bei der Zeugnisanalyse ist also zumindest das nähere Textumfeld einer Aussage zu beachten.

Die Bewertung von Zeugnisaussagen hängt nicht nur vom Zeugnistext und vom Zeugniswissen, sondern auch von den Wertmaßstäben und von der Entscheidungssituation des Lesers ab. Ein Beispiel: Aus dem Zeugnis eines Vorgesetzten gehe hervor, dass dieser zu einem mehr autoritären Führungsstil neigt. Dies kann bei der Personalauswahl negativ gewertet werden; es kann aber auch positiv gewertet werden, wenn die Entscheidungsträger der Auffassung sind, dieser Stil sei unter den besonderen Umständen der zu besetzenden Führungsstelle geboten.

4.4 Der Informationswert bei der Personalauswahl

Welchen Informationswert und welches relative Entscheidungsgewicht haben Arbeitszeugnisse bei der Personalauswahl? Manche Praktiker billigen dem Arbeitszeugnis nur eine mäßige Bedeutung zu.[88] In einer Befragung von 96 Unternehmen bewerteten die Aussteller die Aussagekraft der selbst erstellten Zeugnisse für die Personalauswahl wie folgt: sehr hoch = 6,3 %, hoch = 42,7 %, mittelmäßig = 37,5 % und (eher) gering = 13,6 %.[89] In unseren Befragungen sprachen sich trotz aller Probleme, die sich aus

86 DITTRICH 2003, S. 98; HAAG/AMANN 2003, S. 538; WEUSTER 1991/92, S. 22–27; WEUSTER 1992a, S. 58 ff.; MÖLLER 1990, S. 59, 63 und 186

87 BAG 23.06.1960, BB 1960, S. 983 = DB 1960, S. 1042 = AP § 73 HGB Nr. 1

88 NICKLIN/ROCH 2009, S. 83 und 87; SCHWARB 1991, S. 23 ff. und 32

89 GRAU/WAZKA 2016, S. 121

der Wohlwollenspflicht für den Informationsgehalt ergeben, 70,2 % von 386 Unternehmen und 78,6 % von 252 Personalberatern *gegen* eine rechtliche Beschränkung auf einfache Zeugnisse ohne Beurteilung aus.[90] In einer Befragung im Jahre 2009 stuften 69 % von 99 Personalberatern den Informationswert von Zeugnissen tendenziell hoch ein; 72,6 % von 95 Beratern widersprachen einer Beschränkung auf einfache Zeugnisse.[91]

Antworten aus 87 Unternehmen zeigen folgende Nutzungsintensität bei der Personalauswahl: sehr intensiv = 4,6 %, intensiv = 44,8 %, weniger intensiv = 41,4 %, kaum = 8,0 % und nie = 1,1 %.[92] Die Aussagekraft für die Personalauswahl wurde von 89 Unternehmen wie folgt bewertet: sehr hoch = 0 %, hoch = 27,0 %, mittelmäßig = 56,2 %, eher gering = 14,6 % und gering = 2,2 %.[93]

Die Frage nach der Bedeutung von Zeugnissen für die Personalvorauswahl wurde in unserer Unternehmensbefragung wie folgt beantwortet:[94]

Bedeutung	Arbeiter	Tarifangestellte	Leitende
sehr große Bedeutung	3,0 %	7,8 %	31,6 %
große Bedeutung	12,4 %	47,8 %	39,0 %
mittlere Bedeutung	51,8 %	38,5 %	25,0 %
geringe Bedeutung	24,1 %	4,8 %	3,3 %
sehr geringe Bedeutung	7,0 %	1,3 %	1,1 %
keine Bedeutung	1,7 %	0,3 %	0 %
Zahl der Unternehmen	299	372	364

Die Befragungen von Jahn und von Blum bestätigten die hohe Bedeutung von Zeugnissen bei der Personalauswahl.[95] Eine Befragung von 72 deutschen Großunternehmen ergab, dass Zeugnisse insbesondere dann als bedeutsam für die Eignungsdiagnose eingestuft werden, wenn sie von Unternehmen der gleichen Branche und Größenordnung ausgestellt wurden und eine der Zielposition ähnliche Position betreffen.[96] Auch die Befragung von Blum ergab, dass den Zeugnissen der eigenen Branche jeweils eine höhere Glaubwürdigkeit als den Zeugnissen anderer Branchen zugesprochen wird.[97]

90 WEUSTER 1994, S. 71 und 179
91 Befragung WEUSTER 2009
92 GRAU/WATZKA 2016, S. 133
93 GRAU/WATZKA 2016, S. 145 f.
94 WEUSTER 1994, S. 69; ferner Knoll/Dotzel 1996, S. 349
95 JAHN 2005, S. 63 ff., BLUM 1998, S. 2
96 GROENEWALD 1979, S. 82 und 84
97 BLUM 1998, S. 2 und 8

62 von 73 Unternehmen stimmten der These zu, dass ein Arbeitnehmer, dem sie ein schlechtes Zeugnis ausstellen, in der Branche einen schweren Stand habe.[98] Die Verfasser sehen allerdings keinen plausiblen Grund für eine Branchenabhängigkeit der Glaubwürdigkeit von Zeugnissen. Colarelli u. a. vertreten die These, Referenzschreiben (≈ Zeugnisse) seien mehr ein Mittel, ungeeignete Bewerber zu erkennen und zurückzuweisen (Negativauslese) als ein Mittel zur differenzierten und validen Leistungsprognose.[99] Die Frage, ob sie schon einen Bewerber mit einem erkennbar negativen Zeugnis zur Einstellung empfohlen haben, beantworteten im Jahre 2009 37 % von 98 Personalberatern eher mit oft und 63 % der Berater eher mit selten bzw. nie; in einer früheren Befragung waren es entsprechend 57,9 % bzw. 42,1 % von 247 Beratern.[100]

Betrachtet man Zeugnisse detailliert, so kann man Folgendes sagen:

(1) Der Informationswert eines qualifizierten Zeugnisses ist höher als der eines einfachen Zeugnisses. Legt ein qualifizierter Mitarbeiter über ein mehrjähriges Arbeitsverhältnis allerdings nur ein einfaches Zeugnis vor, so kann vermutet werden, dass er die Ausstellung eines negativen Zeugnisses vermeiden wollte. Insofern stellen bei qualifizierten Mitarbeitern einfache Arbeitszeugnisse nach mehrjährigen Arbeitsverhältnissen eine Super-Leerstelle mit hoher Warnfunktion dar.[101]

(2) Der Informationswert steigt mit der Dauer des Arbeitsverhältnisses, da dann eine längere zeitliche Beurteilungsbasis gegeben ist.

(3) Der Informationswert der Positions- und Aufgabenbeschreibung ist relativ hoch, da es hier überwiegend um Fakten geht.[102] Dabei ist der Wert bei der Personalauswahl umso höher, je mehr die Aufgaben der im Zeugnis beschriebenen Stelle mit den Aufgaben der zu besetzenden Stelle übereinstimmen. Allerdings hängt der Informationswert der Positions- und Aufgabenbeschreibung für den Leser auch davon ab, inwieweit er die Branche, den Funktionsbereich und die Aufgaben und ihre Anforderungen kennt. Zeigt die Positions- und Aufgabenbeschreibung glaubwürdig Aufgabensteigerungen (Jobenrichment), Kompetenzzuwächse und Beförderungen, so ist dies für die Vergangenheit eine gute oder sehr gute Beurteilung mit Beweiskraft.

(4) Eingeschränkt ist der Informationswert durch den Grundsatz des verständigen Wohlwollens insbesondere bei der Beurteilung der Leistung

98 BLUM 1998, S. 12

99 COLARELLI u. a. 2002, S. 323 und 337 f.

100 Befragung WEUSTER 2009; WEUSTER 1994, S. 178

101 GRAU/WATZKA 2016, S. 8 und 19

102 SCHLEßMANN 2018, Rn. 60

und des Verhaltens. Ein kundiger Leser kann aber aus den differenziert-positiven Bewertungen durchaus zutreffende Schlüsse ziehen. Insofern können die Komponenten Leistung und Sozialverhalten nicht von vornherein als informationsschwach abgetan werden. Wichtige Sachverhalte bzw. Schlüsselbegriffe, auf die geachtet werden kann, sind: Motivation und Einsatz, Auffassungsgabe, Fachwissen, konkrete Erfolge, Zusammenarbeit (Extraversion, Teamgeist, Hilfsbereitschaft), Zuverlässigkeit und Vertrauenswürdigkeit. Für die USA zeigen Untersuchungen, dass aufgrund der Eigenschaftsnennungen und Abstufungen in Empfehlungsschreiben (≈ Arbeitszeugnissen) in gewissem Maße eine Leistungsprognose möglich ist.[103] Da sich die Zeugnisanalyse vieler Arbeitnehmer auf die Zufriedenheitsfloskel fokussiert und sie hier oft hartnäckig verhandeln und notfalls klagen, fällt diese Formel oft zu gut aus. Sende fand in ihrer Analyse, dass die Zufriedenheitsformel mit einem Notendurchschnitt von 1,73 über dem Notendurchschnitt der einzelnen Leistungskomponenten von 2,12 lag.[104] Der Wert der Zufriedenheitsformel für eine zutreffend Leistungsprognose ist eher gering.[105] Entscheidungsträger der Personalauswahl sollten sie zwar zur Kenntnis nehmen, aber auch die Detailwertungen zur Leistung und das Zeugnis insgesamt beachten.

(5) Die Beendigungsformel ist nicht selten nur rechtlich korrekt. Sie gibt den wirklichen Entscheidungsprozess zur Beendigung des Arbeitsverhältnisses nicht wieder. Eine eindeutige Kritik an einem Arbeitnehmer ist dann gegeben, wenn im Zeugnis die Beendigungsinitiative unklar ist oder wenn eine Aussage dazu völlig fehlt.

(6) Die Dankes-Bedauern-Formel und die Zukunftswünsche haben hohe Bedeutung, da der Aussteller hierzu nicht gezwungen werden kann. Die Dankes-Bedauern-Formel dient zur Bekräftigung der Beurteilungen. Fehlende Zukunftswünsche lassen auf eine Beendigung im Streit schließen.

(7) Ein informatives Zeugnis erfordert einen gewissen Umfang. Insofern kann man sagen, dass der Informationswert eines qualifizierten Zeugnisses bis zur üblichen Obergrenze von etwa zwei Seiten mit seiner Länge steigt. Sehr kurze Zeugnisse deuten nicht auf Wohlwollen bei der Ausstellung. Ein zu dürftiges und farbloses Zeugnis nach langjähriger Beschäftigung regt zu negativen Schlüssen an.[106] Bei einem qualifizierten Mitarbeiter signalisiert ein sehr knappes Zeugnis (etwa unter einer 3 / 4 Seite) oft eine Abqualifi-

---

103 GREENBURG u. a. 1994, S. 196; AAMODT / BRYAN / WHITCOMB 1993, S. 81 ff.

104 SENDE 2016, S. 73 f. und 76

105 HUESMANN 2008, S. 206; WEUSTER 1995, S. 705

106 LAG BW 06.02.1968, BB 1968, S. 381 = DB 1968, S. 534; LAG Bremen 16.09.1953, AP 54 Nr. 152; DITTRICH 2003, S. 30, 76 f. und 97; BÜHLER / LEFÉBURE 2003, S. 47; LARKIN / MARCO 2001, S. 72 f.; BLUM 1998, S. 2 und 10

zierung. Für Mitarbeiter in leitenden Positionen ergab die Befragung von 74 Unternehmen durch Blum eine durchschnittliche Länge von 1,9 Seiten.[107] Ein sehr langes (etwa ab 2,5 Seiten) und mit Details überfrachtetes Zeugnis kann eine Selbstausstellung signalisieren.[108] Arbeitnehmer, die sehr lange Zeugnisse entwerfen, überschätzen die Informationsverarbeitungswilligkeit und -fähigkeit der Leser.

(8) Empfehlungsschreiben (≈ Zeugnissen) wird bei der Personalauswahl ein höheres Gewicht beigemessen, wenn sie von einem dem Entscheider persönlich bekannten Aussteller, einer bekannten Persönlichkeit oder einer Organisation mit Prestige stammen.[109] Gelegentlich hört man die Meinung, der Informationswert von Zeugnissen steige in der Regel mit der Größe des Unternehmens (Mitarbeiterzahl), da in großen Unternehmen eher als in Kleinunternehmen Spezialwissen zum Zeugnis vorhanden sei.[110] Auch der BGH hat betont, dass Großunternehmen besonderes Vertrauen bezüglich ihrer Zeugnisse genössen und diesem Vertrauen auch Rechnung tragen müssten.[111] Kleinunternehmer sollen dazu neigen, Minderleistungen und Fehlverhalten im Zeugnis zu dokumentieren.[112] Sende fand in ihrer Zeugnisanalyse allerdings keine signifikanten Unterschiede in der Beurteilung in Abhängigkeit von der Unternehmensgröße.[113] Interessant in diesem Zusammenhang ist, dass von den 209 Zeugnisklagen beim ArbG Kassel im Jahre 2000 106 aus Betrieben mit bis zu 15 Arbeitnehmern, 63 aus Betrieben mit 16 bis 50 Arbeitnehmern und 40 aus Betrieben mit mehr als 50 Arbeitnehmern stammten.[114]

(9) Der Informationswert eines Zeugnisses ist in der Regel umso höher, je aktueller das Zeugnis ist. Anders ausgedrückt: Der Informationswert eines Zeugnisses nimmt im Zeitablauf ab. Dies gilt insbesondere, wenn frühere spezielle Berufserfahrungen aufgrund von Funktions- oder Branchenwechseln des Arbeitnehmers nicht vertieft und aktualisiert wurden, wenn sie von der technischen Entwicklung überholt wurden oder wenn sie im neuen Unternehmen nicht benötigt werden.

(10) Geht man davon aus, dass die Zeugnisse eines Arbeitnehmers unabhängig voneinander erstellt werden, also ein Aussteller sich nicht einfach an ihm vielleicht vorliegenden früheren Zeugnissen des Arbeitnehmers ori-

---

107 BLUM 1998, S. 9f.

108 KIENBAUM 1997, S. 49

109 NICKLIN/ROCH 2009, S. 84f. und 88

110 RIEMER 2015, S. 60; JAHN 2005, S. 69; BLUM 1998, S. 8; SABEL 1998, S. 42; WEUSTER 1994, S. 171; SCHWARB 1991, S. 25 und 34; PRESCH 1985, S. 355; PRESCH 1980b, S. 251

111 BGH 22.09.1970, DB 1970, S. 2224

112 FISCHER 2004, S. 8; GROTMANN-HÖFLING 2003, S. 211

113 SENDE 2016, S. 73f.

114 GROTMANN-HÖFLING 2003, S. 213; ebenso WEUSTER 1995, S. 702

entiert, so kann man sagen, dass sich Zeugnisse in ihrem Informationswert gegenseitig beeinflussen.[115] Ein schlechtes Zeugnis wird durch nachfolgende gute und sehr gute Zeugnisse relativiert. Ein gutes Zeugnis wird durch nachfolgende mittelmäßige Zeugnisse im Wert gemindert. Liegen durchgängig gute und sehr gute Zeugnisse oder durchgängig mittelmäßige und negative Beurteilungen vor (einheitlicher Beurteilungstenor), so wirkt jedes Zeugnis als Bestätigung des anderen. Die Wahrscheinlichkeit, dass ein Minderleister im Zeugnis immer fortgelobt und dass ein Hochleister immer zu schlecht beurteilt wird, ist eher gering. Es kann also bei der Personalauswahl der Eindruck aus mehreren Zeugnissen genutzt werden.[116]

(11) Der Grundsatz des verständigen Wohlwollens wird in Zwischenzeugnissen in besonderem Maße praktiziert. In der Inhaltsanalyse von Originalzeugnissen zeigte es sich, dass Zwischenzeugnisse einen deutlich höheren Anteil an sehr guten und guten Zufriedenheitsformeln aufwiesen als Endzeugnisse.[117] Lobende Zwischenzeugnisse werden als Dankschreiben und als Motivierungsinstrument eingesetzt.

(12) Der Informationswert eines Zeugnisses variiert für den einzelnen Leser auch mit dem Grad seiner Kenntnis der beschriebenen Funktion und Branche sowie der Zeugnistechnik und der Zeugnissprache. Ein unkundiger Leser wird vordergründig positive Formulierungen als wahren Klartext auffassen oder aus Unsicherheit zu negativen Überinterpretationen[118] neigen. Ein kundiger Leser wird aus einem professionell formulierten Zeugnis ein differenziertes, tendenziell objektives Urteil gewinnen. Erwähnt sei auch, dass Entscheidungsträger der Personalauswahl unterschiedliche Informationen in Zeugnissen bzw. in Empfehlungsschreiben beachten und diese unterschiedlich gewichten.[119] Wichtig ist auch das Bemühen um eine vorurteilsfreie Zeugnisinterpretation.[120]

(13) Ein Zeugnis des gegenwärtigen Arbeitgebers liegt bei einer Bewerbung meist nicht vor, da dieses erst bei Beendigung des Arbeitsverhältnisses erstellt wird. Es empfiehlt sich, im Arbeitsvertrag zu vereinbaren, dass der Arbeitnehmer dem neuen Arbeitgeber dieses aktuelle Zeugnis nach Dienstantritt vorlegt.

Die vorstehenden Thesen zum Informationswert von Zeugnissen gelten in der Regel, nicht aber in jedem Einzelfall. Die Entscheidungsträger bei der Personalauswahl aber müssen über Einzelfälle entscheiden. Sollten sie

115 DITTRICH 2003, S. 29; KADOR 1997, S. 37; WEUSTER 1994, S. 162

116 SENDE 2016, S. 11

117 WEUSTER 1994, S. 88

118 ENZLER 2012, S. 49

119 TOMMASI/WILLIAMS/NORDSTROM 1998, S. 5ff.

120 BOTSFORD MORGAN u.a. 2013, S. 2297ff.

auf die Zeugnisanalyse verzichten? Nein! Zumindest bei der Vorauswahl von Bewerbern ist das Zeugnis eine wichtige Entscheidungshilfe. Ohne die Zeugnisanalyse wäre die Vorauswahl weniger fundiert und damit weniger rational. Die Meinung, nahezu alle Zeugnisse seien Märchen und daher untauglich für eine Eignungsdiagnose, ist falsch. Sie zeugt von Unkenntnis der Praxis. Viele Aussteller bemühen sich um eine differenzierte Zeugnispraxis. In vielen Fällen liefert daher eine gründliche Analyse eine Reihe von zusätzlichen Informationen und Signalen für oder gegen eine Einladung zu einem Vorstellungsgespräch bzw. für oder gegen eine Einstellung. Daher nutzen nach wie vor viele Entscheider die Zeugnisse bei der Informationsgewinnung und bei der Bewertung von Bewerbern.[121]

Eine systematische Nutzung des Zeugnisses bei der personalen Eignungsdiagnose kann so aussehen: Zunächst wird das Zeugnis im Rahmen der Personalvorauswahl gelesen und analysiert. Die Objektivität der Interpretation kann steigen, wenn sich der Personalleiter und der Fachvorgesetzte über ihre Erkenntnisse abgleichen. Unverständliche Punkte können bei Bedarf per Telefongespräch mit dem Bewerber oder, soweit rechtlich zulässig, mit dem Aussteller geklärt werden. Zur Vorbereitung des Vorstellungsgespräches werden sodann die Zeugnisse der eingeladenen Bewerber noch einmal gründlich gelesen und analysiert, um klärungsbedürftige Punkte zu finden und um Fragen für das Vorstellungsgespräch zu gewinnen.[122] Im Gespräch mit dem Bewerber kann man ihn um einen Kommentar zum Gesamtzeugnis oder zu einzelnen Aussagen oder um eine Erläuterung der Entstehensweise bitten. Es kann sowohl die Reaktion des Bewerbers als auch der Inhalt der Antworten ausgewertet werden. Bei Bedarf kann mit dem Bewerber geklärt werden, ob und bei wem ergänzende Auskünfte zum Zeugnis eingeholt werden. Schließlich kann zur Nachbereitung ein nochmaliges Lesen des Zeugnisses nach dem Gespräch empfehlenswert sein.

Auskünfte: Beim Einholen und beim Geben von Auskünften sind das Persönlichkeitsrecht und speziell das Recht auf informationelle Selbstbestimmung des Arbeitnehmers zu beachten. Auskünfte des Arbeitgebers müssen richtig im Sinne einer wahrheitsgemäßen Zeugniserteilung sein.[123] In der Regel darf eine Auskunft nicht weitergehen als der Inhalt eines entsprechenden Zeugnisses. Insoweit gelten hinsichtlich des Umfanges der Auskunftserteilung die gleichen Grundsätze wie bei der Ausstellung eines qualifizierten Zeugnisses.[124] Die Auskunft dient nach anderer Auffassung

---

121 SENDE 2016, S. 80; KUNCEL u. a. 2014, S. 101 ff.; JAHN 2005, S. 63 ff. und 70; COLARELLI u. a. 2002, S. 323 und 337 f.; LITTLE / SIPES 2000, S. 3

122 JAHN 2005, S. 65; WEUSTER 1994, S. 175

123 BAG 25.10.1957, AP § 630 BGB Nr. 1

124 LAG Berlin 08.05.1989, BB 1989, S. 1826

der Ergänzung des Zeugnisses.[125] Es soll bei ihr eine wohlwollende Haltung nicht in gleichem Maße wie beim Zeugnis nötig sein. Der Auskunftsgeber sei, so wird argumentiert, zu größerer Offenheit berechtigt, sodass auch Aussagen über einzelne ungünstige Vorfälle gemacht werden könnten.[126] Diese Auffassung wird mit der punktuellen Wirkung einer Auskunft im Unterschied zur Breiten- und Langzeitwirkung von Zeugnissen begründet.[127] Die Verfasser halten diese Differenzierung zwischen Zeugnis und Auskunft in der Regel für inakzeptabel, da damit die Rechtsprechung zum Arbeitszeugnis praktisch wieder zurückgenommen wird.[128] Auch Presch kritisiert die (überwiegend telefonische) Auskunftspraxis als eine kaum kontrollierbare Reaktion auf das Wohlwollensgebot.[129] Zu wenig beachtet wird auch, dass durch die Auskunft das Recht des Arbeitnehmers, zwischen einem einfachen und einem qualifizierten Zeugnis zu wählen, im Nachhinein faktisch eingeschränkt wird.[130] Beachtenswert ist, dass der frühere Arbeitgeber aufgrund der nachwirkenden Treue- und Fürsorgepflicht einem ausgeschiedenen Arbeitnehmer in der Regel auf dessen Verlangen die Auskunft bekannt geben muss, die er anderen Stellen über ihn erteilt hat.[131] Erteilen ein Arbeitgeber oder sein Erfüllungsgehilfe rechtswidrig und schuldhaft unrichtige Auskünfte und führt dies dazu, dass ein zur Einstellung des Arbeitnehmers bereiter Arbeitgeber deshalb Abstand von der beabsichtigten Einstellung nimmt, kann der Arbeitnehmer vom ehemaligen Arbeitgeber Schadensersatz in Höhe des entgangenen Verdienstes verlangen. Der Arbeitnehmer ist hierfür darlegungs- und beweispflichtig, wobei der bloße Hinweis auf eine Vielzahl erfolgloser Bewerbungen auch bei guter Qualifikation des Arbeitnehmers nicht ausreicht.[132] Selbst eine objektiv richtige Auskunft kann unzulässig sein und zu einem Schadensersatzanspruch des Arbeitnehmers führen, wenn der frühere Arbeitgeber sich in einer Aufhebungsvereinbarung verpflichtete, ein Zeugnis zu erteilen, welches das berufliche Fortkommen nicht erschwert, und der Arbeitgeber in der Auskunft erklärt, das Zeugnis sei im Prozesswege zustande gekommen.[133]

---

125 BOLDT 1987, S. 1140; BIRK 1985, S. 64 ff., hier S. 67; KRUMMEL 1983, S. 15 und 45 ff.

126 ECKERT 2000, S. 63 f.; BIRK 1985, S. 67 f.; KRUMMEL 1983, S. 15 und 45 ff.

127 LAG Hamburg 16.08.1984, DB 1985, S. 284 ff., hier S. 285

128 HUNOLD 1988, Teil 12, Kap. 2, S. 34

129 PRESCH 1980a, S. 247

130 GOLA / WRONKA 2008, Rz. 1091

131 BGH 10.07.1959, AP § 630 BGB Nr. 2; LINCK 2017, Rz. 46; GÄNTGEN 2016a, S. 2139, Rn. 40; RING 2001b, S. 477

132 LAG Niedersachsen 29.05.2007 – 9 Sa 1641/06, juris = LAGE § 280 BGB 2002 Nr. 4; LAG Frankfurt 20.12.1979, DB 1980, S. 1224; LINCK 2017, Rz. 49

133 LAG Hessen 18.06.1998, 14 Sa 114/97

Wurde der Zeugnisinhalt aufgrund eines gerichtlichen Vergleiches vereinbart, so ist der Arbeitgeber bei einer Auskunft an den Inhalt dieses Vergleichs gebunden.[134] Auch darf ein Arbeitgeber in einer Auskunft nicht darauf hinweisen, dass das Zeugnis im Rahmen eines Arbeitsgerichtsprozesses ausgefertigt wurde, weil er dadurch den Eindruck erwecken würde, er beurteile Leistung und Verhalten anders (nämlich schlechter) als im Zeugnis.[135]

Referenzen sollen in Medizinberufen und bei Finanzmarkttätigkeiten große Bedeutung haben.[136] Die Befragten reagieren auf Anfragen unterschiedlich. Die Reaktion reicht von einem Verweis auf das Zeugnis bis zu umfangreichen und detaillierten Auskünften.[137] Lehnt ein Arbeitgeber generell zusätzliche Auskünfte neben dem Zeugnis ab, so sollte er diese grundsätzliche Haltung gegenüber Anfragenden deutlich machen, damit der Eindruck vermieden wird, er wolle nur in diesem Falle keine (negative) Auskunft geben.[138] Es sei aber angemerkt, dass der Arbeitgeber aufgrund der nachwirkenden Fürsorgepflicht bei einem berechtigten Interesse des Arbeitnehmers auf dessen Wunsch zu Auskünften an Dritte über die Leistungen und das Verhalten des Arbeitnehmers verpflichtet ist.[139] In älteren Entscheidungen wurde vertreten, der Arbeitgeber dürfe aus Gründen einer Arbeitgebersolidarität anderen Arbeitgebern selbst gegen den ausdrücklichen Willen des Arbeitnehmers Auskunft geben[140], doch stehen dem nunmehr die neuere Entwicklung der Rechtsprechung zum Persönlichkeitsrecht und zum Bürgerrecht auf informationelle Selbstbestimmung entgegen.[141] Abschließend sei bemerkt, dass Auskunftseinholungen durchaus im Interesse eines Bewerbers sein können. Sie können Bedenken ausräumen und so zur Einstellung des Arbeitnehmers führen.

---

134 LAG Hamburg 16.08.1984, DB 1985, S. 285

135 LAG Hamburg 16.08.1984, DB 1985, S. 285

136 MÜLLER/THALMANN 2016, S. 22

137 WEUSTER 2012a, S. 293 ff.

138 SCHLEßMANN 2018, Rn. 943; RING 2001b, S. 476

139 BAG 18.12.1984, DB 1985, S. 2307; BAG 25.10.1957, AP § 630 BGB Nr. 1 = DB 1958, S. 659; LAG Niedersachsen 29.05.2007 – 9 Sa 1641/06, juris = LAGE § 280 BGB 2002 Nr. 4; LAG Berlin 08.05.1989, BB 1989, S. 1825; ErfK 2018/MÜLLER-GLÖGE, § 109 GewO Rn. 59; BECKER-SCHAFFNER 2004, S. 493

140 BAG 18.12.1984, § 611 BGB Nr. 8 = NZA 1985, S. 811; BAG 5.8.1976, AP § 630 BGB Nr. 10 = BB 1977, S. 297; BAG 25.10.1957, AP § 630 BGB Nr. 1;

141 BAG 04.04.1990, AP § 611 BGB Nr. 21 = NZA 1990, S. 933; ErfK 2018/MÜLLER-GLÖGE, § 109 GewO Rn. 61; LINCK 2017, Rn. 45; KEILICH 2004, S. 73 f.; RING 2001b, 476 f.

5. Empfehlungen an Arbeitnehmer

Welche Bedeutung haben Zeugnisse für Arbeitnehmer? Relativ gering ist ihr Gewicht bei der Besetzung von Jedermann-Arbeitsplätzen. Die Bedeutung des Zeugnisses bei der Personalauswahl steigt mit der Qualifikation bzw. der Hierarchieebene des Arbeitnehmers. Sie ist vermutlich am höchsten im Mittelmanagement und nimmt im Topmanagement bzw. bei Organmitgliedern wieder ab.[1] Eine sehr große Bedeutung haben positive Zeugnisse bzw. Referenzschreiben bei Bewerbungen mit ausländischem Namen, weil sie helfen können, Vorbehalte und Unsicherheiten abzubauen.[2] Bei Geschäftsführern und Vorstandsmitgliedern großer Unternehmen tritt häufig ein Referenzschreiben an die Stelle des Zeugnisses.[3] Eine geringe Bedeutung scheinen Zeugnisse zu haben, wenn Führungskräfte auf dem Wege der Direktansprache gewonnen werden. Schließlich dürfte die Zeugnisbedeutung auch mit der Konjunktur- und Arbeitsmarktlage variieren, also in der Rezession höher als bei Vollbeschäftigung sein.[4]

Bei Bewerbungen auf Stellen des Öffentlichen Dienstes (Seiteneinstieg) sowie im Rahmen einer Konkurrentenklage kann ein aktuelles qualifiziertes Zeugnis beachtliche Anhaltspunkte für den im Rahmen der Bestenauslese vorzunehmenden Leistungsvergleich liefern.[5] Im Öffentlichen Dienst erfordert eine fehlerfreie Auswahlentscheidung im Falle einer Konkurrenz zwischen beamteten Bewerbern und von außen kommenden Bewerbern (Seiteneinsteigern), im Interesse der Externen darauf hinzuwirken, dass auch von diesen aus der Privatwirtschaft stammenden Bewerbern ein aktuelles Zeugnis (bzw. ein Zwischenzeugnis) über deren berufliche Tätigkeit vorgelegt wird.[6] Der VGH München entschied dagegen, dass ein Arbeitszeugnis keine geeignete Grundlage für einen Leistungsvergleich sei, da zwischen

---

1 SCHLEßMANN 2018, Rn. 28ff. und 37; LASKAWY/LOMB 2014, S. 82; MESSMER 2012, S. 12; FREY/WÖRL 2009, S. 121; FRIEDRICH 1998, S. 8; WEUSTER 1994, S. 70

2 KAAS/MANGER 2010, S. 3 und 12

3 WESSEL 2017, S. 1697; KIENBAUM 1997, S. 18

4 ENZLER 2012, S. 3; BECKER-SCHAFFNER 2004, S. 487; GROTMANN-HÖFLING 2003, S. 211; POLEDNA 2003, S. 169

5 BVerwG 27.04.2010 – 1 WB 39/09, LSK 2010, 410624, beck-online; OVG NRW 29.05.2018 – 6 B 229/18, juris; OVG Thüringen 09.10.2017 – 2 EO 113/17, juris; OVG Koblenz 19.08.2013 – 2 B 10706/13. OVG, BeckRS 2014, 48131; OVG Lüneburg 16.12.2014 – 5 ME 177/14, BeckRS 2014, 59755; OVG Sachsen-Anhalt 14.11.2014 – 1 M 125/14, juris; VG Düsseldorf 15.04.2014 – 13 L 2510/13, BeckRS 2014, 50543; OVG Lüneburg 05.03.2014 – 5 LA 291/13, BeckRS 2014, 48316; OVG Lüneburg 26.10.2012 – 5 ME 220/12, Der Öffentliche Dienst 2013, S. 11 = Zeitschrift für Beamtenrecht 2013, S. 88 = juris = BeckRS 2012, 58658; OVG NRW/Münster 13.05.2004, RiA 2005, S. 37 = NVwZ-RR 2004, S. 771

6 VGH Kassel 26.11.2008 – 1 B 1870/08, BeckRS 2009, 31110

einer dienstlichen Beurteilung und einem Arbeitszeugnis grundlegende Unterschiede bestünden.[7]

Im Handwerk kann ein qualifiziertes Zeugnis in Abhängigkeit von seinem Inhalt (Leitungsfunktion, wesentliche Tätigkeiten, betriebswirtschaftliche, kaufmännische, rechtliche Kenntnisse) eine wichtige Unterlage sein, wenn ein Geselle eine Ausübungsberechtigung nach § 7b Handwerksordnung erhalten möchte, um sich ohne Meisterbrief selbstständig machen zu können.[8]

Soweit Zeugnisse bzw. Empfehlungsschreiben ergänzend zum Lebenslauf in Bewerberdatenbanken eingestellt werden, beeinflussen sie die Wahrscheinlichkeit, von potenziellen Arbeitgebern gefunden und kontaktiert zu werden.[9] Hierzu ist es wichtig, dass sie wie gespeicherte Lebensläufe bestimmte Stichworte (Signale) enthalten, die mit den Such- und Filterbegriffen der suchenden Arbeitgeber übereinstimmen. Wichtige Stichworte sind u. a.: Stellenbezeichnung, Hierarchiestufe, Funktionsbereiche, Branche, Fachkenntnisse und die Gesamtbeurteilung der Leistung und des Verhaltens. Hier müssen die üblichen Stichworte (Suchbegriffe) verwendet werden.

Zeugnisse werden hauptsächlich im Rahmen der Personal*vor*auswahl genutzt, wo sie bei der Einladungsentscheidung eine bedeutsame Rolle spielen.[10] Der Einsatz „nur“ bei der Vorauswahl mindert nicht die Bedeutung von Zeugnissen, sondern er steigert sie. Zeugnisse sind mitentscheidend dafür, ob ein Bewerber überhaupt eine Einladung zu einer Vorstellung erhält. Im Übrigen zeigt die angelsächsische Forschung zu Referenzschreiben (≈ Arbeitszeugnissen), dass positive und negative Referenzen durchaus auch die Wahrnehmungen und die Bewertungen in einem nachfolgenden Auswahlgespräch beeinflussen. Vorteilhafte Schreiben führen dazu, dass bei der Vorstellung zur Sprache kommende vergangene Erfolge eines Bewerbers ihm persönlich und vergangene Misserfolge eher den äußeren Umständen zugeschrieben (attribuiert) werden. Unvorteilhafte Referenzschreiben dagegen bewirken, dass vergangene Erfolge eher äußeren Umständen (Glück oder anderen Personen) und vergangene Misserfolge eher

---

7 VGH München 08.02.2018 – 3 CE 17.2304, BeckRS 2018, 1345; VGH München 18.112015 – 6 CE 15.22260, BeckRS 2015, 56157

8 VG Magdeburg 28.03.2018 – 3 A 154/17, juris; VG Ansbach 02.06.2015 – AN 4 K 14.01585, BeckRS 2015, 47484 = juris

9 BROWN/VAUGHN 2011, S. 220

10 SCHLEßMANN 2018, Rn. 38; HUBER/MÜLLER 2016, S. 15; MÜLLER/THALMANN 2016, S. 1; SCHULD 2010, S. 138; HUESMANN 2008, S. 173 ff.; ROTH 2006, S. 2 f.; ADAM 2005, S. 553; HAAG/AMANN 2003, S. 536; BÜHLER/ LEFÉBURE 2003, S. 18 ff.; WEUSTER 1994, S. 69

dem Bewerber zugerechnet werden.[11] Man kann auch sagen, dass alle früh im Auswahlprozess erhaltene Informationen die Wahrnehmung und Interpretation nachfolgender Informationen beeinflussen.[12] Ferner sei angemerkt, dass Zeugnisse manchmal durchaus auch bei der *Endauswahl* eine entscheidende Rolle spielen. Sie werden erneut zu Rate gezogen, wenn die Entscheidungsträger immer noch unsicher hinsichtlich der Eignung eines Bewerbers sind, wenn eine Entscheidung zwischen zwei gleich geeignet erscheinenden Bewerbern getroffen werden muss oder wenn die einzelnen Entscheidungsträger unterschiedliche Bewerber für den ersten Platz favorisieren. Schließlich sei erwähnt, dass in der Personalakte befindliche Zeugnisse ehemaliger Arbeitgeber auch bei internen Stellenwechseln und Beförderungen sowie bei Entscheidungen über die Weiterbildung eine Rolle spielen können.[13]

Viele Arbeitgeber verlangen von Bewerbern einen lückenlosen Nachweis der Beschäftigungen per Zeugnis.[14] Es ist für Arbeitnehmer daher eine berufliche Notwendigkeit, erhaltene Zeugnisse zu prüfen. Die Bewerbung eines Arbeitnehmers, der selbst nach Aufforderung kein Zeugnis über ein früheres Arbeitsverhältnis vorlegt, dürfte wenig aussichtsreich sein.[15] In einer Personalberater-Befragung im Jahre 2009 gaben 77 % von 98 Beratern an, dass sie einen Bewerber, der auf Anforderung ein Zeugnis nicht nachreiche, nicht zur Einstellung empfehlen würden; in einer früheren Befragung waren es entsprechend 61,6 % von 242 Beratern.[16] In einer Befragung mittelständischer deutscher Unternehmen gaben 99 (= 40,1 %) von 247 Unternehmen an, ein Bewerber mit fehlenden Arbeitszeugnissen scheide bei der Vorauswahl aus.[17] Die Frage, wie häufig man schon einen Bewerber wegen eines schlechten Zeugnisses abgelehnt habe, fand in einer Befragung von 88 Unternehmen folgende Antworten: sehr häufig = 2,2 % der Unternehmen, häufig = 12,5 %, manchmal = 54,5 %, selten = 17,0 % und nie = 13,6 % der Unternehmen.[18]

Einige Autoren wenden sich gegen eine Überschätzung des Zeugnisses. Sie sehen im Zeugnis bei der Personalauswahl nur ein Mittel zur Eindrucksbildung unter anderen (Mosaik-Theorie, Puzzle-Theorie).[19] Auch gaben be-

---

11 TUCKER / ROWE 1979, S. 27 ff.; WEUSTER 2012b, S. 23

12 WEUSTER 2012b, S. 21 ff.; DIPBOYE 1989, S. 49 ff.

13 HUESMANN 2008, S. 176

14 BAG 24.03.1977, DB 1977, S. 1369 = EzA § 630 BGB Nr. 9; DITTRICH 2003, S. 17

15 RIEMER 2015, S. 60; HARSHMAN / CHACHERE 2000, S. 34; VAN VENROOY 1984, S. 26

16 Befragung WEUSTER 2009; WEUSTER 1994, S. 177

17 DAHLINGER 1995, S. 68; siehe auch BAG 12.02.2013 – 3 AZR 121/11, BeckRS 2013, 68125, Rn. 3

18 GRAU / WATZKA 2016, S. 142 f.

19 LIST 2014, S. 16; DACHRODT / ENGELBERT 2013, S. 13; KADOR 1997, S. 21 ff.

fragte Personalberater an, schon einmal Kandidaten trotz eines erkennbar negativen Zeugnisses zur Einstellung empfohlen zu haben.[20] Aus Arbeitnehmersicht erscheint diese abwiegelnde Bewertung in einer „Zertifikats-Gesellschaft" ungerechtfertigt. Haben Entscheidungsträger bei der Personalauswahl mehrere geeignete Kandidaten, so werden sie in der Regel einen Bewerber, bei dem „alles stimmt", bevorzugen. Bewerber mit unterdurchschnittlichen Zeugnissen werden in der Regel nicht zu einer Vorstellung eingeladen.[21] Ein Arbeitnehmer, der aufgrund eines negativen Zeugnisses darauf hoffen muss, dass der potenzielle Arbeitgeber eine Stelle dringend besetzen muss (Rekrutierungsdruck) und keine Alternative hat oder dass er ihm trotz des negativen Zeugnisses eine Chance einräumt, ist bei seiner Arbeitsplatzwahl eingeschränkt. Negative Zeugnisse sind zwar nicht karrierebeendend, wohl aber karrierehemmend. Sie sind keine Karrierekiller und kein „kiss of death", wohl aber wegen der Filterfunktion der Zeugnisse ein Chancenkiller.[22] Man kann also resümieren, dass Arbeitszeugnisse für das Fortkommen von Arbeitnehmern von hoher Bedeutung sind.[23] Welche Empfehlungen kann man Arbeitnehmern vor dem Hintergrund der heutigen Zeugnispraxis geben?

(1) Ein Arbeitnehmer sollte bei passenden Gelegenheiten ein Zwischenzeugnis verlangen. Diese werden oft wohlwollend formuliert. Der Arbeitgeber muss ein Endzeugnis zwar nicht wortgleich wie ein Zwischenzeugnis formulieren[24], doch kann er von den (positiven) Wertungen eines jüngeren, richtigen Zwischenzeugnisses nicht ohne wichtigen Grund abweichen (Bindungswirkung). Außerdem kann ein aktuelles positives Zwischenzeugnis einen gewissen Kündigungsschutz darstellen, da es im Widerspruch zu personen- oder verhaltensbedingten Kündigungsgründen stehen kann.[25] Weitere Fälle, bei denen dem Arbeitnehmer ein Zwischenzeugnis je nach seinem Inhalt bei der Vertretung seines Standpunktes dienen kann, sind: vertragsgerechte Beschäftigung[26], interne und externe Bewerbungen, Entfristungsentscheidungen, Eingruppierung in eine Tarifgruppe[27], Verlangen nach Gleichbezahlung (equal pay), Fragen der Vergleichbarkeit bei der

---

20 Befragung WEUSTER 2009; WEUSTER 1994, S. 178

21 WESSEL 2017, S. 1695 f., ENZLER 2012, S. 3

22 JAHN 2005, S. 67; COLARELLI u. a. 2002, S. 323 und 337 f.

23 BAG 16.09.1974, DB 1975, S. 155 = AP § 630 BGB Nr. 9 = EzA § 630 BGB Nr. 5 = NJW 1975, S. 407; GÄNTGEN 2016a, S. 2124, Rn. 2; DITTRICH 2003, S. 10

24 LAG Düsseldorf 02.07.1976, DB 1976, S. 2310

25 LAG RHPF 03.02.2016 – 4 Sa 147/15, Rn. 40, juris; LAG Bremen 22.11.1983, BB 1984, S. 473; SCHLEẞMANN 2018, Rn. 48 ff.; LINCK 2017, Rn. 29; MAURITZ/WISCHNATH 2011, S. 223; ECKERT 2000, S. 31 f.

26 ArbG Berlin 16.09.2016 – 28 Ca 5787/16, Rn. 50 und 53, juris

27 LAG Hamm 28.08.1997, NZA-RR 1998, S. 490

Sozialauswahl im Rahmen von betriebsbedingten Kündigungen, strittiger Status als GmbH-Geschäftsführer, leitender Angestellter, Vorgesetzter[28] oder als selbstständiger Handelsvertreter[29] sowie bei Konkurrentenklagen im Öffentlichen Dienst.

Bei Vertragsende hat ein Arbeitnehmer Anspruch auf ein Endzeugnis, welches das gesamte Arbeitsverhältnis darstellt. Das gilt auch, wenn zuvor ein Zwischenzeugnis erstellt wurde. Potenzielle Arbeitgeber wollen oft nicht zwei oder mehr Zeugnisse über ein Arbeitsverhältnis lesen.

(2) Der Wechsel in ein anderes Unternehmen des Konzerns ist in der Regel ein Arbeitgeberwechsel. Damit ist ein Anspruch auf ein *Endzeugnis* gegeben. Ein Zeugnisanspruch gegenüber dem neuen Konzernunternehmen bezüglich früherer Beschäftigungszeiten bei anderen Konzernunternehmen besteht in der Regel nicht. Die Aufnahme früherer Beschäftigungszeiten in ein vom aktuellen Arbeitgeber ausgestelltes Zeugnis ist demnach Kulanz und möglicherweise unzulässig, da ein Arbeitgeber keine Zeugnisse für andere Arbeitgeber ausstellen kann. Der direkte Anspruch gegenüber dem vorherigen Arbeitgeber im Konzern ist später möglicherweise verjährt, durch eine tarifliche Ausschlussfrist erledigt oder verwirkt.

(3) In einer Befragung gaben 66 (= 68 %) von 97 Unternehmen an, dass die Mitarbeiter erhaltene Zeugnisse selten / nie beanstanden.[30] Ein Arbeitnehmer sollte jedoch jedes Zeugnis wichtig nehmen. Auch wenn er glaubt, das erhaltene Zeugnis wegen seines „letztmaligen" Wechsels nicht bei Bewerbungen einsetzen zu müssen, sollte er es prüfen. Ein sehr gutes oder gutes Zeugnis kann ein Wettbewerbsvorteil sein.

(4) Bei Beendigung des Arbeitsverhältnisses per Aufhebungsvertrag oder gerichtlichem Vergleich sollte der Arbeitnehmer die Forderung nach einem positiven Zeugnis in die Verhandlung aufnehmen und ein im Rahmen der Wahrheit und des Wohlwollens konkret ausformuliertes Zeugnis als Anlage zur Regelung vereinbaren. Eine zweite, aus Arbeitnehmersicht etwas schwächere Lösung ist, im Aufhebungsvertrag bzw. in einem Vergleich eine Klausel aufzunehmen, wonach der Arbeitnehmer dem Arbeitgeber einen Zeugnisentwurf mit sehr guter oder guter Leistungs- und Verhaltensbeurteilung, mit einer bestimmten Beendigungsformel (z. B. betriebsbedingt) sowie mit Dankes-Bedauern-Formel und Zukunftswünschen liefern kann, von dem dieser nur aus wichtigem Grunde abweichen kann. Die bloße Vereinbarung im Vertrag, der Arbeitnehmer erhalte ein förderliches, positives, gutes, sehr gutes, qualifiziertes oder wohlwollendes Zeugnis oder der Arbeitgeber

28 LAG Hamburg 23.10.2013 – 6 Sa 29 / 13, Rn. 150, juris

29 OLG München 20.03.2014 – 7 W 315 / 14,NJW-RR 2014, S. 887 = juris = BeckRS 2014, 06948

30 GRAU / WAZKA 2016, S. 115

werde einen Entwurf des Arbeitnehmers wohlwollend prüfen, ist inhaltlich unbestimmt und konfliktträchtig. Insbesondere bedeutet die Vereinbarung eines „wohlwollenden“ Zeugnisses nicht, dass der Arbeitgeber dem Arbeitnehmer ein Zeugnis mit (sehr) guter Leistungsbeurteilung ausstellen muss.[31] Der Wohlwollensgrundsatz betrifft nicht die Beurteilungsnote, sondern verlangt nur, soweit vertretbar, schönende Formulierungen.

(5) Ein Arbeitnehmer sollte nicht auf seinen Zeugnisanspruch verzichten. Manchmal ist die Dauer des Zeugnisanspruches durch tarifliche oder einzelvertragliche Ausschlussfristen begrenzt.[32] Durch eine Ausgleichsquittung bei Beendigung des Arbeitsverhältnisses (oft auch in Aufhebungsverträgen enthalten) verzichtet der Arbeitnehmer nur dann auf den Zeugnisanspruch, wenn der Zeugnisanspruch in der Ausgleichsquittung ausdrücklich genannt wird. Eine allgemein formulierte Ausgleichsklausel ohne Nennung des Zeugnisses bedeutet grundsätzlich keinen Zeugnisverzicht.[33]

(6) Der Zeugnisanspruch ist in der Regel gegenüber dem Vorgesetzten oder dem Personalbereich kundzutun. Wird das Zeugnis bei einer anderen Stelle verlangt, z.B. bei einem aufgrund der internen Organisation nicht zuständigen Lohnbüro, so besteht für diese die Pflicht, den Zeugnisantrag an die zuständige Stelle weiterzuleiten.[34]

(7) Der Arbeitnehmer sollte in der Regel ein qualifiziertes Zeugnis fordern. Hat er zunächst ein einfaches Zeugnis verlangt, so kann er nach überwiegender Auffassung bei berechtigtem Interesse anschließend noch ein qualifiziertes Zeugnis verlangen.[35] Anderer Auffassung war das Sächsische LAG, das entschied, der Zeugnisanspruch sei erloschen, wenn der Arbeitnehmer zunächst ein einfaches Zeugnis verlangt und erhalten habe.[36]

Der nachträgliche Anspruch auf ein einfaches Zeugnis ist umstritten. Es wird argumentiert, ein inhaltlich zutreffendes qualifiziertes Zeugnis umfasse ein einfaches Zeugnis und damit sei der Zeugnisanspruch erfüllt.[37] Doch kann der nachträgliche Wunsch damit begründet werden, dass erst

---

31 LAG Bremen 09.11.2000, NZA-RR 2001, S. 287; MAURITZ / WISCHNATH 2011, S. 228 f.

32 BAG 23.02.1983, BB 1983, S. 1859; LAG Hamm 24.08.1977, BB 1977, S. 1704; KÜCHLE / BOPP 1997, S. 211; GÖLDNER 1989, S. 46 f.

33 BAG 16.09.1974, DB 1975, S. 155 = EzA § 630 BGB Nr. 5; LAG Köln 17.06.1994, LAGE § 630 BGB Nr. 22; ErfK 2018 / MÜLLER-GLÖGE, § 109 GewO Rn. 52

34 LAG Frankfurt 03.10.1951, AP 52 Nr. 78

35 ErfK 2018 / MÜLLER-GLÖGE, § 109 GewO Rn. 6; FUCHS 2012, Rn. 10; SCHULZ 2006, S. 103 ff.; ROTH 2016, S. 34; MÜLLER 1995, S. 9; DIETZ 1995, S. 24; LIEDTKE 1988, S. 270; VAN VENROOY 1984, S. 87; BERNOLD 1983, S. 39 f.; einschränkend SCHLEßMANN 2018, Rn. 152

36 LAG Sachsen 26.03.2003, LAG-Report 6 / 2004, S. 187

37 ErfK 2018 / MÜLLER-GLÖGE, § 109 GewO Rn. 6; ECKERT 2000, S. 34 f.; LIEDTKE 1988, S. 271; VAN VENROOY 1984, S. 89 f.

die Kenntnis der arbeitgeberseitigen Leistungs- und Verhaltensbeurteilung das Verlangen nach einem einfachen Zeugnis entstehen lassen kann.[38] Aus praktischer Sicht ist zu bedenken, dass die nachträgliche Erstellung eines einfachen Zeugnisses weniger aufwändig ist als ein Streit über diese Frage. Auch trägt der Arbeitgeber weniger Verantwortung, sofern der Arbeitnehmer bei Bewerbungen nur das einfache Zeugnis einsetzt. Der Arbeitnehmer sollte das nachträgliche Verlangen nach einem einfachen Zeugnis aber kurzfristig nach dem Erhalt des qualifizierten Zeugnisses kundtun.[39] Bei diesen nachträglichen Wünschen nach einer anderen Zeugnisart ist strittig, ob der Arbeitnehmer das jeweils zuvor erstellte Zeugnis zurückgeben muss.[40]

(8) Der Arbeitnehmer kann schon zum Kündigungszeitpunkt ein Zwischenzeugnis verlangen. Bei Unzufriedenheit mit diesem Zeugnis sind Änderungen für das Endzeugnis meist leichter zu erreichen als durch Diskussionen per Telefon oder per Briefwechsel nach dem Vertragsende.

(9) Der Arbeitnehmer sollte dem Aussteller zur Arbeitserleichterung einen mit wirklich fachkundiger Unterstützung erstellten ausformulierten oder stichwortartigen Zeugnisentwurf vorlegen. Oft wird diese Hilfe dankbar akzeptiert. Der Arbeitgeber kann die Zeugniserstellung aber nicht davon abhängig machen, dass der Arbeitnehmer ihm einen Entwurf liefert.[41]

(10) Befürchtet der Arbeitnehmer ein ungünstiges Zeugnis, so kann er ein Gespräch mit dem Aussteller suchen. Ist sein Verhältnis zum Aussteller nicht vollkommen gestört, erreicht er durch eine Aussprache vielleicht ein wohlwollendes Zeugnis. Jedenfalls signalisiert der Arbeitnehmer durch diese Aktivität, dass er das Zeugnis kritisch lesen wird, was vielleicht den Aussteller zu besonderer Sorgfalt und Vorsicht bewegt. Ausnahmsweise kann ein Arbeitnehmer die Erstellung und Unterzeichnung des Zeugnisses durch einen bestimmten Vorgesetzten nach Treu und Glauben ablehnen, wenn es zu einem schweren Zerwürfnis mit diesem Vorgesetzten gekommen ist.[42]

Manchmal besprechen Arbeitgeber den Zeugnisentwurf mit dem Arbeitnehmer und fordern diesen dann auf, die besprochene bzw. ausgehandelte Zeugnisfassung mit „Einverstanden“ zu unterschreiben. Andere Arbeitge-

38 SCHULZ u. a. 2015, S. 42 f.; SCHULZ 2006, S. 105; ROTH 2006, S. 35; BOEMKE / MÜLLER 2003, § 109 GewO Rz. 20; GÖLDNER 1989, S. 40

39 DIETZ 1995, S. 24; LIEDTKE 1988, S. 272

40 SCHLEßMANN 2018, Rn. 154 bejaht die Rückgabepflicht in beiden Fällen; VAN VENROOY 1984, S. 87 f. bejaht die Rückgabepflicht des einfachen Zeugnisses; folgende Autoren verneinen eine Rückgabepflicht in beiden Fällen: SCHULZ 2006, S. 106 f.; MÜLLER 1999, S. 9; GÖLDNER 1989, S. 40 f.

41 KNOBBE / LEIS / UMNUß 2011, S. 16

42 ErfK 2018 / MÜLLER-GLÖGE, § 109 GewO Rn. 3a

ber fordern nach der Aushändigung des fertigen Zeugnisses eine Annahmeerklärung. Solche inhaltlichen Einverständniserklärungen muss und sollte ein Arbeitnehmer nicht unterschreiben. Der Arbeitgeber hat kein Zurückbehaltungsrecht und kann die Erstellung und Übergabe auch nicht von einer Akzeptanz des Zeugnisinhalts abhängig machen. Gegen eine bloße Empfangsbestätigung mit „Erhalten" bestehen keine Bedenken.

(11) Der Arbeitnehmer sollte ein ausgestelltes Zeugnis ggf. mit seinen Zeugnissen von früheren Arbeitgebern vergleichen und Unterschiede kritisch prüfen. Ferner sollte er, falls dies möglich ist, sein Zeugnis mit den Zeugnissen oder Zwischenzeugnissen anderer Arbeitnehmer des Unternehmens vergleichen. Vielfach gibt es im Unternehmen einen Beurteilungsbogen zur Erstellung von Zeugnissen und ein System von Textbausteinen.[43] Ein Arbeitnehmer sollte sich über diese Hilfsmittel informieren.

(12) Ein Arbeitnehmer kann gemäß § 82 Abs. 2 BetrVG verlangen, dass mit ihm die Beurteilung seiner Leistung erörtert wird. Diesen Erörterungsanspruch hat ein Arbeitnehmer auch in einem betriebsratslosen Betrieb.[44] Besteht ein Betriebsrat, so kann der Arbeitnehmer nach § 82 Abs. 2 BetrVG ein Betriebsratsmitglied zum Gespräch hinzuziehen. Erscheint einem Arbeitnehmer also unklar, wie seine Leistung im Zeugnis beurteilt wird, kann er Aufklärung und Begründung fordern. Auch bei einer zwar klaren, aber aus der Sicht des Arbeitnehmers zu schlechten Beurteilung kann er, zum Beispiel zur Prüfung von Klagechancen, eine tatsachengestützte Begründung verlangen.[45]

Bleibt das Begehren auf Ergänzung oder Berichtigung erfolglos, kann sich der Arbeitnehmer nach § 84 BetrVG bei den zuständigen Stellen des Betriebes beschweren oder sich mit seiner Beschwerde nach § 85 BetrVG auch direkt an den Betriebsrat wenden.[46] Ein Mitbestimmungsrecht des Betriebsrates beim Inhalt eines Einzelzeugnisses besteht aber nicht.[47] Göldner und Schleßmann meinen, diese betriebsrätliche Unterstützung komme aber nur so lange in Frage, wie der Arbeitnehmer noch dem Betrieb angehöre[48], demnach in der Regel also nur bei Zwischenzeugnissen und schon vor dem Vertragsende übergebenen Endzeugnissen. Bedenkt man, dass der Betriebsrat im Rahmen der Einstellung nach § 99 BetrVG Mitbestimmungsrechte (Vorlage der Bewerbungsunterlagen einschließlich der Zeugnisse) hat, welche künftige Mitarbeiter betreffen, so erscheint uns eine Unterstützungs-

---

43 GRAU / WAZKA 2016, S. 87; HUESMANN 2008, S. 181

44 FITTING u. a. 2018, § 81, Rz. 2 und § 82, Rz. 10

45 BAG 28.03.1979, DB 1979, S. 1703 (Urteil betrifft normale dienstliche Beurteilung)

46 FRIEDRICH 1998, S. 27; KÜCHLE / BOPP 1997, S. 191

47 SCHLEßMANN 2018, Rn. 215; WEUSTER 1990, S. 154; GÖLDNER 1989, S. 103 f.

48 SCHLEßMANN 2018, Rn. 214; GÖLDNER 1989, S. 103

funktion auch bei gerade ausgeschiedenen Arbeitnehmern gegeben, zumal das Zeugnis die Zeit des Arbeitsverhältnisses betrifft. Außerdem werden sich souveräne und konstruktive Aussteller im Rahmen der vertrauensvollen Zusammenarbeit auch nach dem Ausscheiden des Mitarbeiters einem gemeinsamen Gespräch mit dem Betriebsrat nicht verschließen.

Führt der Arbeitgeber ein spezielles Beurteilungssystem für die Zeugniserstellung ein, so haben der Betriebsrat gemäß § 94 Abs. 2 BetrVG und der Personalrat nach § 75 BPersVG ein Mitbestimmungsrecht hinsichtlich der Aufstellung von allgemeinen Beurteilungsrichtlinien.[49] Der Sprecherausschuss der leitenden Angestellte wäre nach § 30 SprAuG zu unterrichten. Unternehmensbefragungen ergaben allerdings, dass sich die Betriebsräte kaum um Arbeitszeugnisse kümmern.[50] Werden Zeugnisse mit Hilfe spezieller Software erstellt und würden diese Programme mit Daten aus turnusmäßigen Beurteilungen, die in digitalisierten Personalakten gespeichert sind, verknüpft, so könnten Zeugnisse automatisch oder halbautomatisch erstellt werden. In diesem Fall kann auch eine Mitbestimmung nach § 87 Abs. 1 Nr. 6 BetrVG in Frage kommen.

(13) Der Arbeitnehmer sollte sich nicht zum Briefträger eines Uriasbriefes (Unheil-Brief) degradieren lassen. Er sollte ein ausgestelltes Zeugnis bei begründeten Zweifeln am Wohlwollen des Ausstellers möglichst umgehend nach dem Erhalt von einem Fachmann begutachten lassen. Dies gilt auch, wenn das Zeugnis nicht von der meist fachkundigen Personalabteilung, sondern allein vom dafür nicht geschulten Fachvorgesetzten formuliert wurde. Bei leitenden Angestellten und bei Arbeitnehmern im Mittelmanagement spielen Zeugnisse eine große Rolle. Diese Personen sollten bei Zweifeln über die Qualität ihres Zeugnisses den Aufwand einer unverzüglichen Beratung durch einen Experten nicht scheuen.

(14) Ein Arbeitnehmer sollte nicht darauf hoffen, dass bei Bewerbungen Negativpunkte im Zeugnis nicht auffallen. Der eine Leser registriert diesen, der andere jenen Negativpunkt. Andeutungen (doubt raisers) führen zu schlechteren Eignungsbewertungen und mindern die Chancen bei Bewerbungen.[51] Falls erforderlich, sollte der Arbeitnehmer daher umgehend nach Empfang des Zeugnisses gütlich eine Ergänzung oder Änderung des Inhalts oder eine Korrektur der äußeren Form des Zeugnisses fordern. Begehrt er eine Abänderung des Zeugnisses in einem oder in mehreren Punkten, muss

---

49 LAG Frankfurt 05.10.1993 – 5 Ta BVGa 112/93; FITTING u. a. 2018, § 94, Rz. 32; LINCK 2017, Rn. 39; HÖFERS/HINRICHS 2009, S. 705 f.; ROTH 2006, S. 26; VER.DI 2005, S. 59 ff.; WANK 2004, Sp. 458; RING 2001a, S. 215; KÜCHLE/BOPP 1997, S. 191; WEUSTER 1991, S. 155

50 BLUM 1998, S. 17; WEUSTER 1994, S. 41

51 So auch in letters of recommendation, siehe MADERA u. a. 2018, Studie 2

er diese Punkte gegenüber dem Arbeitgeber bei der Anmahnung eines gehörigen Zeugnisses genau bezeichnen, damit der Arbeitgeber erkennen kann, welche Änderungen definitiv verlangt werden. Es genügt nicht, einen eigenen alternativen Zeugnisentwurf vorzulegen.[52] Einigen sich Arbeitnehmer und Arbeitgeber in einem außergerichtlichen Vergleich darauf, ein ausgestelltes Zeugnis entsprechend den Wünschen des Arbeitnehmers abzuändern, und stellt der Arbeitgeber dann ein neues Zeugnis aus, das wörtlich und auch sonst in jeder Hinsicht dem vom Arbeitnehmer unterbreiteten Vergleichsangebot entspricht, dann ist der Zeugnisberichtigungsanspruch des Arbeitnehmers infolge Erfüllung erloschen.[53] Der Arbeitnehmer hat dann nachträglich keinen Anspruch mehr auf weitere Berichtigungen. Es sind also in Änderungsverhandlungen umfassend alle Punkte zu klären.

Gelegentlich bringen Zeugnisaussteller gegen Forderungen von Arbeitnehmern zur Verbesserung ihres Zeugnisses das Argument vor, zu gute Zeugnisse bewirkten Ablehnungen bei Bewerbungen. Eine amerikanische Untersuchung mit 244 studentischen Versuchspersonen, die in der fiktiven Rolle eines Managers eine Person für eine Einstiegsstelle im Personalbereich anhand von Stellenbeschreibung, Lebenslauf und Empfehlungsschreiben (≈ Arbeitszeugnissen) zu bewerten hatten, ergab aber, dass Bewerber und Bewerberinnen mit einem übertrieben guten Referenzschreiben (inflated letters) signifikant höhere Einstellchancen hatten und signifikant höhere Einschätzungen hinsichtlich ihres Erfolges in der Stelle erhielten als Bewerber und Bewerberinnen mit Referenzschreiben ohne Übertreibungen. Dieser Effekt trat auf, obwohl die Versuchsperson die Referenzschreiben (≈ Zeugnisse) ggf. als übertrieben erkannten.[54] Andererseits ist es richtig, dass in einem sehr guten Zeugnis nicht in jedem Satz ein Superlativ und nicht in jedem Satz der Zeitfaktor „stets" vorkommen müssen. Maßloses Lob mindert die Glaubwürdigkeit.

Bei seinem Berichtigungs- oder Verbesserungsverlangen kann sich der Arbeitnehmer vielleicht auf Versetzungs- und Beförderungsschreiben (Titel auf Visitenkarte des Unternehmens genügt nicht als Beweismittel[55]), auf Anerkennungsschreiben, auf frühere Leistungsbeurteilungen, auf vordere Ränge, Preise und Incentives bei Wettbewerben, auf seine Leistungs- oder Zielerreichungsprämien, auf lobende Gehalts- oder Lohnerhöhungsmitteilungen, auf dankende Jubiläumsurkunden oder Jubiläumsreden[56] vor

52 LAG Düsseldorf 23.07.2003, AuA 2004. H. 7, S. 42
53 LAG RHPF 20.01.2014 – 4 Sa 348/13, BeckRS 2014, 69514 = juris
54 NICLIN/ROCH 2008, S. 3058 und 3063 ff.
55 LAG Hamm 27.04.2000 – 4 Sa 1018/99, S. 25
56 LAG Hamm 12.07.1994 – 4 Sa 192/94, LAGE § 630 BGB Nr. 27, Punkt 3; KEMPE 1999, S. 534

Zeugen, auf Belobigungen anlässlich einer Messe, auf Referenzschreiben von Vorgesetzten und auf persönliche Dankschreiben (zum Beispiel zum Jahresende) stützen, wenn er diese Unterlagen aufbewahrt hat (Beweisvorsorge). In diesem Zusammenhang sei daran erinnert, dass nach § 83 BetrVG alle Arbeitnehmer (auch in einem betriebsratslosen Betrieb) ein Recht auf Einsicht in ihre Personalakte haben, wo sich oft Kopien dieser Unterlagen befinden. Auch nach Beendigung des Arbeitsverhältnisses haben Arbeitnehmer einen Anspruch auf Einsicht in ihre Personalakte.[57] Gemäß dem materiellen Personalaktenbegriff gehören zur Personalakte eines Arbeitnehmers *alle* ihn betreffenden Aufzeichnungen oder gespeicherten Daten, unabhängig davon, wo sie sich befinden (Fachabteilung, Personalabteilung, Rechenzentrum, Konzernzentrale). Holt der Arbeitgeber vor der Zeugniserteilung im Unternehmen oder in der Unternehmensgruppe Auskünfte in Form von Tätigkeitsbeschreibungen oder Leistungsbeurteilungen ein, dann handelt es sich um Unterlagen, die – obwohl sie nur der Vorbereitung des Zeugnisses dienen – einen offiziellen Charakter haben und damit in die Personalakte gehören. Der Arbeitnehmer kann zumindest Einblick in diese Unterlagen verlangen. Soweit diese Tätigkeitsbeschreibungen und Leistungsbeurteilungen auf seinen Wunsch hin erstellt worden sind, ist auch ein Herausgabeanspruch nicht ausgeschlossen.[58]

Ein Argument des Arbeitnehmers beim Berichtigungsverlangen kann vielleicht sein, dass nicht alle Vorgesetzten, die er während des Arbeitsverhältnisses hatte, an der Beurteilung im Zeugnis mitgewirkt haben und dass auch keine schriftlichen Beurteilungen während des Arbeitsverhältnisses erstellt wurden. Die Zeugnisbeurteilung muss nämlich das gesamte Arbeitsverhältnis und nicht nur seine Endphase betreffen.[59] In einem Streit über eine dienstliche Beurteilung hat das Bundesarbeitsgericht das Recht des Arbeitgebers, Beurteilungen vorzunehmen, unter anderem damit begründet, in größeren Betrieben oder Verwaltungen, in denen Vorgesetzte wechseln, könnte ein sachlich richtiges Zeugnis nicht erteilt werden, wenn nicht zwischenzeitlich der Leistungsstand in dienstlichen Beurteilungen festgehalten würde.[60]

Enthält das Zeugnis verdeckt negative Aussagen, sollte der Arbeitnehmer mit Nachdruck darauf hinweisen, dass solche Kryptoformulierungen gegen das Verbot von Geheimformulierungen nach § 109 Abs. 2 GewO verstoßen.[61]

57 BAG 16.11.2010, NZA 2011, S. 453 = BB 2011, S. 1212 = NJW 2011, S. 1306 = BeckRS 2011, 69666

58 LAG Hamm 01.12.1994, LAGE § 630 BGB Nr. 28, Punkt 2

59 LAG Köln 08.07.1993, LAGE § 630 BGB Nr. 18, S. 2; SCHULZ u. a. 2015, S. 87 f.

60 BAG 28.03.1979, DB 1979, S. 1703

61 GÖLDNER 1989, S. 64

Hat ein Arbeitnehmer ein berichtigtes Zwischenzeugnis oder Endzeugnis erhalten, so sollte er verlangen, dass die fehlerhafte Fassung aus der Personalakte entfernt wird. Ein Arbeitnehmer hat Anspruch darauf, dass eine fehlerhafte dienstliche Beurteilung aus der Personalakte entfernt wird.[62]

(15) Zeugnisklage: Ein Arbeitnehmer muss seinen Zeugnisanspruch zunächst außergerichtlich geltend machen.[63] Hat er sich erfolglos um die Erteilung oder Berichtigung eines Zeugnisses bemüht, so bleibt ihm die Möglichkeit einer Klage auf Zeugniserteilung oder auf Zeugnisänderung (Erfüllungsanspruch auf Zeugnisergänzung, Zeugnisberichtigung) vor dem Arbeitsgericht.[64] Eine *erneute* Zeugnisberichtigungsklage gleichen Inhalts ist auch möglich, wenn die in einem *Vorverfahren* neben Zahlungsansprüchen zugleich allgemein vereinbarte Zeugnisberichtigung mit einer guten Gesamtbeurteilung und wohlwollenden Formulierungen immer noch nicht erfolgt ist.[65]

In einer Befragung gaben 51,3 % von 386 Unternehmen an, sie seien bereit, das Zeugnis eines Mitarbeiters mit befriedigender Leistung in ein Zeugnis mit guter Beurteilung zu ändern, falls der Mitarbeiter ernsthaft mit einer Zeugnisklage drohe.[66] In der Befragung von Blum gaben 30 von 72 Unternehmen an, vor einer schlechten Beurteilung zurückzuscheuen, um keine Zeugnisklage zu provozieren. Weiterhin gaben dort 33 von 68 Unternehmen an, im Falle eines drohenden Zeugnisprozesses zu Kompromissen bereit zu sein.[67] Eine Zeugnisklage sollte ein Arbeitnehmer mit Unterstützung durch einen Fachanwalt für Arbeitsrecht führen.

In der Untersuchung von Blum gab ein Drittel der befragten 74 Unternehmen an, dass schon einmal ein Arbeitnehmer gegen ein von ihnen erstelltes Zeugnis geklagt habe.[68] In einer anderen Befragung gaben 72 (= 86,7 %) von 83 Unternehmen an, dass es in den letzten fünf Jahren keinen Zeugnisprozess gab.[69] Die Zahl der Klagen auf Zeugniserteilung und Zeugnisberichtigung bei den Arbeitsgerichten, die von 1950 bis 1970 bei rund 3.000 im Jahr lag[70], ist mittlerweile auf 32.288 im Jahre 2005 und auf 30.817 im Jahre 2006

62 BAG 18.11.2008, DB 2009, S. 458 = NJW 2009, S. 1627; BAG 25.02.1959, AP § 611 BGB Nr. 6

63 LAG Köln 11.10.2017 – 9 Ta 176/17, juris

64 ErfK 2018/MÜLLER-GLÖGE, § 109 GewO Rn. 73; WESSEL 2017, S. 1710 ff.; LINCK 2017, Rn. 32; ECKERT 2010, S. 1467 f.; BECKER-SCHAFFNER 2004, S. 499; HAUPT/WELSLAU 1997, S. 38

65 LAG Köln 15.03.2018 – 6 Sa 15/18, BeckRS 2018, 8055

66 WEUSTER 1994, S. 68; auch GRAU/WATZKA 2016, S. 118

67 BLUM 1998, S. 14 f.; auch ECKERT 2000, S. 161 f.

68 BLUM 1998, S. 15

69 GRAU/WATZKA 2016, S. 119

70 GROTMANN-HÖFLING 2003, S. 210 und 213

gestiegen.[71] Neuere Zahlen können nicht geliefert werden, da Zeugnisstreitigkeiten nicht mehr gesondert erfasst werden. Weiterhin ist zu erwähnen, dass eine deutlich höhere Zahl von Zeugnisstreitigkeiten in Kündigungsschutzverfahren durch entsprechende Regelungen in Vergleichen und Urteilen miterledigt wird.[72]

Im Zeugnisprozess muss der Arbeitnehmer Tatsachen und Gründe für seine Änderungswünsche vortragen.[73] Der Arbeitgeber ist beweispflichtig für die ordnungsgemäße Erfüllung des Zeugnisanspruches.[74] Interessant ist noch, dass von 209 Zeugnisklagen im Jahre 2000 beim ArbG Kassel 125 die Zeugniserteilung, 73 die Zeugnisberichtigung sowie 11 Zwischenzeugnisse betrafen.[75] Bedenkt man, dass der Anspruch, überhaupt ein Arbeitszeugnis zu erhalten, nahezu immer gegeben ist, überrascht der (vermutlich nicht repräsentative) hohe Anteil von Erteilungsklagen.

Bestand ein Ausbildungsverhältnis, dann muss der Kläger ggf. auf Erteilung eines Ausbildungszeugnisses und nicht auf Erteilung eines Arbeitszeugnisses klagen, da ein Ausbildungsverhältnis kein Arbeitsverhältnis ist.[76]

Verlangt ein Arbeitnehmer die *Berichtigung* eines qualifizierten Zeugnisses, so muss er sich nicht auf die Möglichkeit eines einfachen Zeugnisses verweisen lassen; er hat Anspruch auf ein qualifiziertes Zeugnis.[77] Verlangt er einen bestimmten Zeugnisinhalt, so hat er im Klageantrag genau zu bezeichnen, was in welcher Form das Zeugnis enthalten soll. Bei einer Änderungsklage muss der Arbeitnehmer einen konkreten Vorschlag zur Neuformulierung der beanstandeten Passagen oder des gesamten Zeugnisses machen.[78] Auch bei einer Klage auf *Erteilung* eines qualifizierten Zeugnisses sollte der Arbeitnehmer ein exakt ausformuliertes Zeugnis einschließlich Regelungen zur Datierung und Unterschrift vorlegen bzw. im Vergleich oder im Urteil festschreiben lassen. Vereinbarungen, wonach der Arbeitnehmer

---

71 www.arbeitsgerichtsverband.de / Statistik%20ArbGe.htm – Stand 7.8.2007

72 SCHULZ 2006, S. 4

73 LAG Düsseldorf, Kammer Köln, 05.01.1961, BB 1961, S. 482; HAUPT / WELSLAU 1993, S. 55

74 BAG 23.06.1960, DB 1960, S. 1042 = BB 1960, S. 983 = AP §73 HGB Nr. 1; LAG Hamm 16.3.1989, BB 1989, S. 1486; KÜCHLE / BOPP 1997, S. 195; EISBRECHER 1994, S. 30ff.; HAUPT / WELSLAU 1993, S. 54f.; GAUL 1986, S. 222

75 GROTMANN-HÖFLING 2003, S. 212; auch WEUSTER 1995, S. 701 (hier betrafen 16 von 68 Klagen die Zeugniserteilung)

76 LAG RHPF 11.01.2008 – 9 Sa 587 / 07, juris

77 LAG Hamburg 06.12.2007 – 8 Sa 51 / 07, juris = BeckRS 2008 56543

78 BAG 14.03.2000 – 9 AZR 246 / 99; LAG Hamm 27.02.1997, NZA-RR 1998, S. 153; LAG Hamm 01.12.1994, LAGE §630 BGB Nr. 28; LAG Düsseldorf, Kammer Köln, 21.08.1973, DB 1973, S. 1853; LAG Düsseldorf, Kammer Köln, 05.01.1961, BB 1961, S. 482; ErfK 2018 / MÜLLER-GLÖGE, §109 GewO Rn. 74 und 75; LINCK 2017, 33; HORCHER 2016, S. 318; LÖW 2005, S. 3608; KORINTH 2004, S. 323f.

ein qualifiziertes / wohlwollendes / beruflich förderndes / sehr gutes / gutes Zeugnis erhalten soll, sind inhaltlich unbestimmt. In einem eventuellen *Zwangsvollstreckungsverfahren* ist ohne einen eindeutigen Zeugnisinhalt der Anspruch nicht umsetzbar bzw. die inhaltliche Richtigkeit eines Zeugnisses nicht nachprüfbar.[79] Auch kann der Arbeitgeber, wenn er ein qualifiziertes Zeugnis erteilt hat, im Vollstreckungsverfahren gemäß § 888 ZPO nicht angehalten werden, dem Zeugnis einen bestimmten Inhalt zu geben.[80] Schließlich kann im Zwangsvollstreckungsverfahren auch nicht der Zeugnisinhalt geklärt werden, wenn der Arbeitgeber bei der Zeugniserteilung den Zeugnisentwurf des Arbeitnehmers, von dem er nach einem Prozessvergleich nur aus wichtigem Grund abweichen darf, abändert.[81] Die in einem Vergleich getroffene Vereinbarung, wonach das Zeugnis mit der üblichen Dankes-Bedauern-Formel erteilt wird, ist laut LAG BB hinreichend bestimmt für eine Zwangsvollstreckung.[82] Das LAG Hessen hält dagegen die Vereinbarung einer guten Dankes-Bedauern-Formel und einer Gute-Wünsche-Formel für unbestimmt.[83] Aus Arbeitnehmersicht ist es jedoch besser, rechtzeitig einen vollständig ausformulierten Zeugnistext vorzubereiten und diesen in den Prozessvergleich aufnehmen zu lassen.

Ein Prozessvergleich, mit dem sich der Arbeitgeber verpflichtet, ein qualifiziertes Zeugnis entsprechend einem vom Arbeitnehmer noch anzufertigenden Entwurf zu erstellen, hat einen vollstreckbaren Inhalt. Der Arbeitgeber ist gehalten, im Zwangsvollstreckungsverfahren ein dem Entwurf des Arbeitnehmers entsprechendes Zeugnis zu erteilen. Er erfüllt den Anspruch nicht, wenn er entgegen dem vorformulierten Entwurf das Wort „und" mehrmals abkürzt und ein anderes Ausstellungsdatum einsetzt.[84] Auch darf

---

79 BAG 14.02.2017 – 9 AZB 49 / 16, BeckRS 2017, 103516; LAG Hessen 10.08.2018 – 8 Ta 246 / 18, juris = BeckRS 2018, 26463; LAG Hessen 17.11.2016 – 8 Ta 456 / 16, juris = BeckRS 2016, 116554 = DB 2017, S. 974; LAG Hessen 08.09.2106 – 10 Ta 337 / 16, BeckRS 2016, 116438; LAG Nürnberg 03.05.2016 – 2 Ta 50 / 16, juris = BeckRS 2016, 70973; LAG Köln 03.09.2013 – 11 Ta 202 / 13, juris; LAG Köln 04.07.2013 – 4 Ta 155 / 13, NZA-RR 2013, S. 490 = BeckRS 2013, 70596 = juris; LAG Sachsen 06.08.2012 – 4 Ta 170 / 12, NZA-RR 2013, S. 215 = BeckRS 2012, 71120; LAG RHPF 23.03.2011 – 3 Ta 251 / 10, juris = BeckRS 2011, 71748; LAG Hamm 04.08.2010 – 1 Ta 310 / 10, juris; LAG RHPF 01.04.2009 – 3 Ta 40 / 09, juris; LAG RHPF 25.03.2008 – 8 Ta 39 / 08, juris = BeckRS 2008 53376 = EzA-SD 2008, Nr. 26, 16 LS; LAG SH 15.12.2003 – 1 Ta 232 / 03, juris; LAG Hessen 17.03.2003, NZA-RR 2004, S. 382; DAHL, jurisPR-ArbR 18 / 2017, Anm. 2; BLATTNER 2017, S. 974; von MUELLERN 2016, S. 265; SCHULD 2010, S. 148; OSTERMAIER 2009, S. 297 ff.; BECKER-SCHAFFNER 2004, S. 499

80 LAG Hessen 22.10.2008 – 12 Ta 325 / 08, juris = BeckRS 2008 58098; LAG SH 12.7.1995 – 4 Ta 78 / 95; KORINTH 2004, S. 324

81 LAG Köln 29.03.2012 – 6 Ta 53 / 12, juris

82 LAG BB 05.04.2018 – 9 Ta 1625 / 17, BeckRS 2018, 9551

83 LAG Hessen 10.08.2018 – 8 Ta 246 / 18, juris = BeckRS 2018, 26463

84 LAG Köln 12.09.2017 – 9 Ta 184 / 17, juris = BeckRS 2017, 128057

der Arbeitgeber bei einem genau festgelegten Text keine Tempusänderung vornehmen.[85] Er kann aber Grammatik-, Schreib- oder Zeichensetzungsfehler korrigieren. Der Arbeitgeber kann im Wege der Zwangsvollstreckung nicht dazu angehalten werden, gegen den Grundsatz der Zeugniswahrheit zu verstoßen. Trägt der Arbeitgeber Umstände dafür vor, dass der verlangte Zeugnistext in einzelnen Punkten nicht wahrheitsgemäß ist und erteilt er auf der Grundlage des Entwurfs des Arbeitnehmers ein modifiziertes Zeugnis, ist der Zwangsvollstreckungsantrag auf Erteilung eines dem Entwurf entsprechenden Zeugnisses zurückzuweisen. Ein etwaiger Streit über den Zeugnisinhalt ist dann ggf. in einem neuen, vom Arbeitnehmer anzustrengenden Verfahren auf Zeugnisberichtigung auszutragen.[86] Die Beweislast für die Erfüllung des Zeugnisanspruches vor Einleitung des Zwangsvollstreckungsverfahrens trägt der Arbeitgeber.[87]

Im Zeugnisprozess hat der klagende Arbeitnehmer eine Mitwirkungspflicht. Er muss für sein Berichtigungsverlangen Tatsachen anführen oder vom Arbeitgeber behauptete Tatsachen bestreiten. Hinsichtlich der beschreibenden Aussagen, z.B. der Frage, ob er eine bestimmte Einzeltätigkeit verrichtet hat, ist der Arbeitnehmer darlegungs- und beweispflichtig.[88] Auch bei einer Klage auf eine (weit) überdurchschnittliche Bewertung muss der Arbeitnehmer Tatsachen für sein Verlangen darlegen und ggf. beweisen.[89]

Ist der Arbeitgeber aufgrund eines Urteils oder eines Vergleichs verpflichtet, dem Arbeitnehmer ein Zeugnis auszustellen oder zu berichtigen, so kann der Arbeitnehmer, falls erforderlich, beim Arbeitsgericht beantragen, dass zur Erzwingung der Zeugniserteilung oder Zeugnisberichtigung ein *Zwangsgeld* festgesetzt und ersatzweise *Zwangshaft* angeordnet wird.[90] Die Dauer der Ersatzzwangshaft muss in bestimmter Dauer im Verhältnis zur Höhe des Zwangsgeldes festgesetzt werden.[91] Ein Zwangsgeldbeschluss ist

---

85 LAG SH 25.07.2017 – 1 Ta 78/17, juris

86 BAG 09.09.2011 – 3 AZB 35/11, NZA 2012, S. 1244; DB 2011, S. 2444 = DB0460977 = NJW-Spezial 22/2011, S. 692 = BeckRS 2011, 77049 = juris; aA LAG Düsseldorf 04.03.2014 – 13 Ta 645/14, BeckRS 2014, 73396

87 LAG RHPF 15.03.2011 – 10 Ta 45/11, juris = BeckRS 2011, 71728

88 LAG Köln 26.04.1996, NZA-RR 1997, S. 84

89 BAG 14.10.2003, DB 2004, S. 1270 = BB 2004, S. 1500 = NZA 2004, S. 842; LAG RHPF 10.07.2018 – 6 Sa 502/17, BeckRS 2018, 28249; LAG Hamm 27.02.1997, NZA-RR 1998, S. 156f.; LAG Düsseldorf 12.03.1986, LAGE §630 BGB Nr. 2

90 LAG Köln 16.01.2018 – 9 Ta 249/17, juris; ArbG Würzburg 10.05.2017 – 1 Ca 1836/16, BeckRS 2017, 143888; LAG Hessen 16.07.2015 – 12 Ta 510/14, BeckRS 2016, 65644 = juris; LAG Hessen 25.06.2013 – 2 Ta 202/13, juris = BeckRS 2015, 70496; LAG RHPF 13.09.2007 – 8 Ta 216/07, juris; LAGF SH 15.12.2003 – 1 Ta 232/03, juris; LAG Nürnberg 14.01.1993, BB 1993, S. 365; OSTERMAIER 2009, S. 297

91 LAG RHPF 03.08.2011 – 9 Ta 128/11, DB 0464864 = DB0457842 = juris = BeckRS 2011, 75543

in der Beschwerdeinstanz aufzuheben, wenn das Zeugnis inzwischen nachträglich ordnungsgemäß erteilt worden ist.[92]

Das Zeugnis ist ein einheitliches Ganzes. Seine Teile können nicht ohne Gefahr der Sinnentstellung auseinandergerissen werden.[93] Daher sind die Gerichte befugt, ggf. das gesamte Zeugnis zu überprüfen und unter Umständen selbst neu zu formulieren.[94] Auch wenn ein Arbeitnehmer erstmals auf Erteilung eines qualifizierten Zeugnisses klagt und den gewünschten Text im Klageantrag vorformuliert, kann das Arbeitsgericht bei Streit der Parteien die Inhaltsfrage des Zeugnisses klären und festlegen, welches Zeugnis mit welchem Wortlaut vom Arbeitgeber zu erteilen ist.[95] Die Verurteilung des Arbeitgebers zu einer vorgegebenen Formulierung im Zeugnis verstößt nicht gegen das Grundrecht der freien Meinungsäußerung (Art. 5 Abs. 1 GG).[96]

Es sei betont, dass sich bei einem guten oder fast sehr guten Zeugnis ein Streit um kleinste Detailverbesserungen oder um den Austausch von inhalts- und wertungsgleichen Begriffen nicht lohnt. Es ist nämlich auch wichtig, sich das Wohlwollen des Arbeitgebers oder des Vorgesetzten für spätere Referenzen zu erhalten. Außerdem sind geringfügige Bewertungsdifferenzen in der Regel durch den Beurteilungsspielraum des Arbeitgebers gedeckt.[97] Geradezu irrational sind sowohl aus Arbeitnehmer- wie aus Arbeitgebersicht Streitigkeiten durch alle Instanzen um Fragen des Holens und Schickens oder des Faltens von Zeugnissen.

Die Erfolgschancen einer Zeugnisklage sind aus Arbeitnehmersicht hoch. Vielfach erfüllen Arbeitgeber die Arbeitnehmerwünsche nach der Einreichung einer Klage, sodass diese wieder zurückgezogen werden kann. Zeugnisklagen enden überwiegend per Vergleich, wobei die Arbeitnehmer oft einen vollen oder zumindest einen Teilerfolg erringen.[98]

Streitwert: Die Rechtsprechung bis zum Jahr 2012 referiert Ziemann.[99] Im Auftrage der Präsidentinnen und der Präsidenten der Landesarbeitsgerichte wurde ein Streitwertekatalog für arbeitsgerichtliche Verfahren erarbeitet[100],

---

92 LAG Köln 18.08.2014 – 7 Ta 126/14, BeckRS 2015, 65280

93 BAG 15.11.2011 – 9 AZR 386/10, NZA 2012, S. 448 = NJW 2012, S. 1754 = DB 2012, S. 636 = DB0469192 = juris = BeckRS 2012, 67197

94 BAG 23.06.1960, BB 1960, S. 983 = DB 1960, S. 1042 = AP § 73 HGB Nr. 1; ErfK 2018/ MÜLLER-GLÖGE, § 109 GewO Rn. 75

95 LAG Hamm 28.03.2000, BuW 2001, S. 220

96 LAG Hamburg 06.12.2007 – 8 Sa 51/07, juris = BeckRS 2008 56543

97 LAG Frankfurt 06.09.1991, LAGE § 630 BGB Nr. 14, S. 2; LAG Düsseldorf 12.03.1986, LAGE § 630 BGB Nr. 2

98 GROTMANN-HÖFLING 2003, S. 212; WEUSTER 1995, S. 703 f.

99 ZIEMANN 2013, S. 204 ff.

100 STREITWERTEKOMMISSION 2014, S. 747

der allerdings für einzelne Gerichte nicht bindend ist. Er scheint aber mehr und mehr angewendet zu werden. Der Katalog vom 9.7.2014 empfiehlt folgende Streitwerte: Erteilung oder Berichtigung eines *einfachen* Zeugnisses = 10 % einer Monatsvergütung, Erteilung oder Berichtigung eines *qualifizierten* Zeugnisses = eine Monatsvergütung, und zwar unabhängig von Art und Inhalt des Berichtigungsverlangens, auch bei kurzen Arbeitsverhältnissen. Für die Erteilung oder Berichtigung eines *qualifizierten Zwischenzeugnisses* wird wie bei einem Endzeugnis eine Monatsvergütung angesetzt.

Prozesskostenhilfe: Bei einem Zeugnisrechtsstreit zwecks Zeugniserteilung oder Zeugnisberichtigung besteht unter bestimmten Voraussetzungen ein Anspruch auf Prozesskostenvorschuss bzw. Prozesskostenhilfe.[101] Während bei einem Streit um die *Formulierung* eines qualifizierten Zeugnisses in aller Regel die Beiordnung eines Rechtsanwalts gemäß § 121 Abs. 2 ZPO erforderlich ist, besteht dieses Erfordernis nicht, soweit lediglich ein allgemeiner Antrag auf *Erteilung* eines qualifizierten Zeugnisses gestellt wird; es besteht dann kein Anspruch auf Prozesskostenhilfe.[102] Ein Rechtsschutzbedürfnis (Prozesskostenhilfe) für eine Klage auf Erteilung eines qualifizierten Zeugnisses besteht nur dann, wenn der Arbeitnehmer den Arbeitgeber zuvor zur Erteilung eines solchen Zeugnisses aufgefordert hat, der Arbeitgeber sich aber weigert, ein qualifiziertes Zeugnis zu erteilen oder die Zeugniserteilung unangemessen verzögert.[103] Ein Arbeitnehmer hat auch keinen Anspruch auf Prozesskostenhilfe, wenn er nach einem Beendigungsstreit mutwillig eine zweite Klage wegen des Zeugnisses erhebt, statt den Zeugnisanspruch im Beendigungsstreit durch Klageerweiterung mitentscheiden zu lassen.[104]

(16) Die Erhebung einer Kündigungsschutzklage bedeutet nicht zugleich eine Beanstandung des Zeugnisses.[105] Ein Arbeitnehmer darf also bei einer notwendigen Berichtigung oder Ergänzung des Zeugnisses mit der Zeugnisklage nicht bis zum Ende des Kündigungsschutzprozesses warten. Das Zeugnisverlangen kann auch in das Kündigungsschutzverfahren eingebunden werden, was prozessökonomisch zweckmäßig ist und außerdem bessere Vergleichsmöglichkeiten eröffnet.[106] Auch tarifliche Ausschlussfristen werden durch Erheben der Kündigungsschutzklage nicht ohne Weiteres

---

101 LAG Köln 27.07.2017 – 9 Ta 137/17, juris; LAG BW 07.06.2016 – 8 Ca 74/16, BeckRS 2016, 70926

102 LAG SH 27.12.2007, EzA-SD 2008, Nr. 4, S. 22 LS

103 LAG BB 07.06.2017 – 2 Ta 655/17, juris = BeckRS 2017, 115317; LAG Köln 16.05.2013 – 7 Ta 98/13, NZA-RR 2013, S. 493 = juris

104 LAG Köln 11.07.2008 – 11 Ta 185/08, juris

105 BAG 17.10.1972, DB 1973, S. 238 = EzA § 630 BGB Nr. 4

106 KORINTH 2004, S. 322

gewahrt.[107] Selbstverständlich kann umgekehrt aus der Tatsache, dass ein Arbeitnehmer trotz erhobener Kündigungsschutzklage ein Zeugnis fordert, nicht gefolgert werden, er sei nun mit der Kündigung einverstanden. Dies gilt auch dann, wenn er möchte, dass in diesem Zeugnis von einem Ausscheiden auf eigenen Wunsch die Rede sein soll.[108] Schließlich ist zu erwähnen, dass ein Arbeitnehmer bei laufendem Kündigungsschutzprozess wahlweise Anspruch auf ein Endzeugnis oder ein Zwischenzeugnis hat.[109]

(17) Unter bestimmten Bedingungen kann ein Zeugnisberechtigter einen Schadensersatzanspruch wegen Einkommenseinbußen haben.[110] Schadensersatz wegen *Nichterteilung* oder *verspäteter* Erteilung eines Zeugnisses im Sinne von §630 BGB (Geschäftsführer, Umschüler) setzt Verzug des Dienstherrn/Dienstgebers mit der Erteilung des Zeugnisses voraus.[111] Dabei kann der Dienstgeber/Arbeitgeber mit der Erteilung des Zeugnisses grundsätzlich erst in Verzug geraten, wenn der Dienstverpflichtete/Arbeitnehmer sein Wahlreicht zwischen einem einfachen und einem qualifizierten Zeugnis ausgeübt hat und nach Nichterteilung das gewählte Zeugnis gegenüber dem Dienstgeber/Arbeitgeber angemahnt hat.[112] Ein Schadensersatzanspruch kann gegeben sein, wenn der Arbeitgeber trotz Mahnung in einer angemessenen Bearbeitungszeit kein Zeugnis oder erst verspätet ein (ordnungsgemäßes) Zeugnis ausstellt, wenn er dieses Nichtleisten oder verspätete Ausstellen zu vertreten hat und wenn dem Arbeitnehmer deshalb eine Beschäftigungschance entgeht.[113] Daraus folgt, dass ein Arbeitnehmer bei verspäteter Zeugniserteilung nur dann einen Schadensersatzanspruch haben kann, wenn er sich überhaupt beworben bzw. ein noch laufendes Bewerbungsverfahren mit dem inzwischen erhaltenen Zeugnis weiterver-

---

107 BAG 18.12.1984, BB 1985, S. 590 (betrifft Entschädigung für Wettbewerbsverbot); BAG 13.09.1984, BB 1985, S. 996f. (betrifft Lohn- und Urlaubsanspruch)

108 BAG 15.07.1960, BB 1960, S. 983

109 BAG 27.02.1987, DB 1987, S. 1845f.; LAG München 20.11.2013 – 11 Sa 567/13, Nr. 74, juris; LAG Hamm 13.02.2007 – 19 Sa 1589/06, NZA-RR 2007, S. 486

110 LAG Hamburg 25.01.1994 – 2 Sa 98/93; ErfK 2018/MÜLLER-GLÖGE, §109 GewO Rn. 63–66; SCHLEßMANN 2018, Rn. 716; .; LINCK 2017, R. 38; WESSEL 2017, S. 1717f.; MEISLOCH 2017, S. 143 ff; GÄNTGEN 2016a, Rn. 42; HUBER/ MÜLLER 2014, S. 34f.; SCHULD 2010, S. 149f.; SCHULZ 2006, S. 213 ff; LÖW 2005, S. 3609; BOEMKE/MÜLLER 2003, §109 GewO Rz. 64; RING 2001a, S. 213; ECKERT 2000, S. 65f.; EISBRECHER 1994, S. 14ff.; GÖLDNER 1989, S. 108ff.; KÖLSCH 1985, S. 382

111 OLG München 18.04.2012 – 7 U 3882/11, BeckRS 3882/11

112 BAG 12.02.2013 – 3 AZR 120/11, DB 2013, S. 1307 = DB0592457 = NZA 2014, S. 31 = juris; BAG 12.02.2013 – 3 AZR 121/11, BeckRS 2013, 68125 = juris

113 BAG 16.11.1995, AuR 1996, S. 195; LAG Hamm 11.07.1996, LAGE §630 BGB Nr. 29; ErfK 2018/MÜLLER-GLÖGE, §109 GewO Rn. 88; SCHLEßMANN 2018, Rn. 703ff.; ECKLEBE 2015, S. 927

folgt hat.[114] Ein Anspruch auf Schadensersatz wegen *verspäteter* Zeugniserteilung ist nicht gegeben, wenn bei ausnahmsweise gegebener Schickschuld das zu versendende Zeugnis auch bei Erstellung innerhalb einer Mindestbearbeitungszeit von drei Arbeitstagen und bei Zugrundelegung einer Postlaufzeit von drei weiteren Tagen nicht rechtzeitig beim Arbeitnehmer angekommen wäre.[115] Der Schadensersatzanspruch wegen verspäteter Zeugniserteilung kann auch die Vergütung erfassen, die der Arbeitnehmer beim neuen Arbeitgeber *nach* der Probezeit erhalten hätte; allerdings muss er hierzu darlegen, dass bei rechtzeitiger Erteilung tatsächlich ein Arbeitsverhältnis zustande gekommen wäre und dieses Arbeitsverhältnis nicht innerhalb der Probezeit oder später gekündigt worden wäre.[116] Bei einem fehlenden oder objektiv zu negativen Zeugnis kann auch die Agentur für Arbeit für ihre Leistungen einen Ersatzanspruch haben.[117]

Eine zweite Möglichkeit für einen Schadensersatzanspruch kann bestehen, wenn das Arbeitszeugnis formal oder inhaltlich fehlerhaft, unrichtig oder unvollständig und somit objektiv zu ungünstig ausgestellt wird und wenn der Arbeitnehmer wegen dieser Schlechterfüllung eine seinem Leistungsvermögen entsprechende Stelle erst später oder überhaupt nicht findet.[118] Vielleicht können auch verdeckt negative Aussagen, z. B. die Andeutung betriebsrätlicher oder gewerkschaftlicher Arbeit *(„engagierter Kollege", „bei allen Vorgesetzten als Verhandlungspartner anerkannt")* oder die unzulässige Andeutung gesundheitlicher Probleme, bei Bewerbungsmisserfolgen einen Schadensersatzanspruch des Arbeitnehmers begründen. Auch eine unrichtige Auskunft des Arbeitgebers gegenüber einem zur Einstellung bereiten Arbeitgeber kann einen Schadensersatzanspruch stützen, wenn der potenzielle Arbeitgeber wegen dieser Auskunft von der Einstellung Abstand nimmt.[119]

Bei der Geltendmachung eines Berufsfortkommensschadens wegen Schuldnerverzuges oder wegen Schlechterfüllung sind eventuell geltende tarifliche oder einzelvertragliche Ausschlussfristen zu beachten. Hat der Arbeitnehmer (Gläubiger) vom Schadensereignis (erfolglose Bewerbung wegen des fehlenden oder unrichtigen Zeugnisses) Kenntnis erlangt, so muss er diesen Anspruch unter Mitteilung der ungefähren Höhe seiner Schadens-

---

114 LAG Hessen 30.07.2003, Personal. Heft 4/2004, S. 62

115 LAG SH 01.04.2009 – 1 Sa 370/08, juris = AuA 8/2009, S. 485

116 LAG SH 01.04.2009 – 1 Sa 370/08, juris

117 DITTRICH 2003, S. 15; KADOR 1997, S. 19

118 BAG 16.11.1995, AuR 1996, S. 195; SCHLEßMANN 2018, Rn. 711; EISBRECHER 1994, S. 39; KRUMMEL 1983, S. 161 und 163; SCHMID 1982, S. 1114

119 LAG Hamburg 16.08.1984, DB 1985, S. 284 ff. (in diesem Falle sechs Monatseinkommen); LAG Frankfurt 20.12.1979, DB 1979, S. 1224

ersatzforderung innerhalb der Ausschlussfrist gegenüber dem Arbeitgeber (Schuldner) geltend machen.[120]

Die Darlegungs- und Beweislast dafür, dass die Nichterteilung, die verspätete Erteilung oder die Erteilung eines unrichtigen Zeugnisses für einen Schaden des Arbeitnehmers ursächlich ist, liegt beim Arbeitnehmer. Dabei gibt es keinen Erfahrungssatz dahingehend, dass bei leitenden Angestellten allein das Fehlen des Zeugnisses für erfolglose Bewerbungen ursächlich gewesen sei. Macht ein Arbeitnehmer also geltend, er habe wegen des Fehlens eines ordnungsgemäßen Zeugnisses einen Verdienstausfall oder einen Minderverdienst erlitten, so muss er darlegen und beweisen, dass ein bestimmter Arbeitgeber bereit gewesen wäre, ihn einzustellen, sich aber wegen des fehlenden Zeugnisses davon hat abhalten lassen.[121] Es ist klar, dass der vorausgesetzte Sachverhalt nicht leicht zu beweisen ist.[122] Der Arbeitnehmer muss allerdings keinen zwingenden Beweis führen. Ihm kommen die Darlegungs- und Beweislasterleichterungen des § 252 Satz 2 BGB zugute.[123] Es genügt, wenn er mit ausreichender Wahrscheinlichkeit belegt, dass er mit einem (richtigen) Zeugnis bei der Stellensuche mehr Erfolg gehabt hätte. Diese ausreichende Wahrscheinlichkeit ist gegeben, wenn die schriftliche Absage des potenziellen Arbeitgebers unter anderem mit Hinweis auf das Zeugnis begründet wird. Sie ist erst recht gegeben, wenn der ehemalige Arbeitgeber sein mangelhaftes Zeugnis auf Nachfrage des potenziellen Arbeitgebers in einer Auskunft bekräftigt.[124]

(18) Hat ein Arbeitnehmer schließlich ein nicht mehr änderbares Zeugnis mit problematischen Passagen, so sollte er mit diesbezüglichen Fragen in Vorstellungsgesprächen rechnen und plausible und akzeptable Erklärungen vorbereiten. Wichtig ist auch, dass ein Zeugnis häufig erst bei einer erneuten Bewerbung, also erst beim übernächsten Arbeitgeber vorgelegt wird. Insofern hat ein Arbeitnehmer die Chance, die Wirkung eines negativen Zeugnisses durch eine gute Leistung im direkt folgenden Arbeitsverhältnis abzumildern.

Es kommt vor, dass Arbeitnehmer Zeugnisse fälschen.[125] 99 im Jahre 2009 befragte Personalberater gaben folgende Fallzahlen bezüglich vorgelegter gefälschter Zeugnisse an: 0 Fälle = 60,2 % der Berater, 1 bis 5 = 21,4 %, 6 bis

---

120 LAG Hamm 11.07.1996, LAGE § 630 BGB Nr. 29

121 BAG 16.11.1995, AuR 1996, S. 195; BAG 26.02.1976, DB 1976, S. 1239 = EzA § 73 HGB Nr. 2; BAG 25.10.1967, BAGE 20, S. 136 = AP § 73 HGB Nr. 6= EzA § 73 HGB Nr. 1; EISBRECHER 1994, S. 40 ff.

122 ErfK 2018 / MÜLLER-GLÖGE, § 109 GewO Rn. 88 und 89; KÖLSCH 1985, S. 384

123 BAG 26.02.1976, DB 1976, S. 1239 = EzA § 630 BGB Nr. 6; BAG 24.03.1977, EzA § 630 BGB Nr. 9; ECKERT 2000, S. 66; EISBRECHER 1994, S. 41 ff.

124 LAG Hessen 31.03.2009 – 13 Sa 1267 / 08, juris

125 DACHRODT / ENGELBERT 2013, S. 44 f.

30 = 16,3 % und mehr als 30 Fälle = 2 % der Berater.[126] Die Erschleichung einer Anstellung mit Hilfe eines gefälschten Zeugnisses ist nach Auffassung des Landgerichtes Leipzig ein Anstellungsbetrug, welcher dem Arbeitgeber in der Regel eine Kündigung oder eine Anfechtung des Arbeitsverhältnisses wegen arglistiger Täuschung ermöglicht.[127] Auch die Fälschung (Notenverbesserung) eines IHK-Zeugnisses über die bestandene Abschlussprüfung zur Berufsausbildung ermöglicht dem Arbeitgeber noch nach mehrjähriger Tätigkeit des Arbeitnehmers eine erfolgreiche Anfechtung des Arbeitsvertrages. Die Ausübung des Anfechtungsrechts ist nur dann ausgeschlossen, wenn die Rechtslage des Getäuschten im Zeitpunkt der Anfechtung durch arglistige Täuschung nicht mehr beeinträchtigt ist.[128] Außerdem besteht für den Fälscher die Gefahr, dass er dem neuen Arbeitgeber Schadensersatz leisten muss, also z. B. die aufgewendete Vergütung einschließlich der Arbeitgeberanteile zur Sozialversicherung zurückzahlen muss.[129]

Das Bayerische Oberste Landesgericht entschied, eine vom Arbeitnehmer verwendete Fotokopie, die dieser mittels Montage eines selbstverfassten Textes, eines ausgeschnittenen Firmenaufdrucks und einer kopierten Originalunterschrift hergestellt hatte, sei keine Urkunde, die Vorgehensweise folglich keine Urkundenfälschung und auch kein (versuchter) Anstellungsbetrug, da nicht erkennbar sei, dass der Arbeitnehmer bei einer Anstellung beim Arbeitgeber einen Schaden bewirkt hätte.[130]

(19) Man sollte bei Bewerbungen keine Originalzeugnisse einsenden, da diese verloren gehen können. Es ist im Allgemeinen nicht üblich, Zeugniskopien für Bewerbungen zu beglaubigen. Manche Arbeitgeber lassen sich aber im Vorstellungsgespräch oder nach dem Eintritt eines neuen Mitarbeiters die Originalzeugnisse vorlegen.

---

126 Befragung WEUSTER 2009

127 Landgericht Leipzig 22.01.1999 – 6 KLs 100 Js 36182/97; SCHLEßMANN 2018, Rn. 40 f.; HUBER/MÜLLER 2016, S. 36

128 LAG BW 13.10.2006, DB 2007, S. 1197 = BeckRS 2006 45117; kritisch GRAVENHORST 2007, S. 1 ff.

129 LAG Köln 16.06.2000, NZA-RR 2000, S. 630; Schulz u. a. 2015, S. 8; STÜCK 2006, S. 798

130 BayObLG 11.05.1992, NJW 1992, S. 3311; auch SCHULZ 2006, S. 4 f.; HECKER 1997, S. 525 ff. und S. 534

II. Die Textbausteine

1. Übersicht über Bausteinsystem

Arbeitnehmergruppen / Zeugniskomponenten	Gewerbl. Arbeitnehmer	Tarifangestellte	Außertarifl. u. Leit. Angestellte	Auszubildende	Praktikanten, Volontäre
Überschrift	**Einleitung**		**Aufgabe / Ausbildung**		
1 Überschrift	224			224	224
1 Einleitung EZ / ZZ	224 / 226	227 / 229	230 / 232	234 / 235	235 / 236
1 Firmenbeschreibung	227	229	233	235	237
2 Aufgabe / Ausbildung	237	239	243	248	250
Beurteilung der Leistung und des Erfolges					
3 Bereitschaft	251	274	305	349	361
3 Befähigung	253	278	308	352	363
3 Wissen / Weiterbild.	256	280	312	353	364
3 Arbeitsweise Lernweise	260	287	317	355	365
3 Arbeitserfolg	–	–	320	357	367
– Arbeitsgüte	263	289	–	–	–
– Menge / Tempo	266	292	–	–	–
3 Herausragende Erfolge	268	295 Untergruppen	325 Untergruppen	358	368
3 Führungsumstände	–	299 / 335	335	–	–
3 Führungserfolg	–	299 / 336	336	–	–
3 Gesamturteil	269	300	343	359	369
Beurteilung des Sozialverhaltens					
4 Verhalten zu Internen	371	379	393	408	414
4 Verhalten zu Externen	374	383	397	410	415
4 Sonstiges Verhalten	376	390	403	412	416
EZ = Endzeugnis ZZ = Zwischenzeugnis					

Die Zahlen geben die Seite an, auf der die jeweilige Bausteingruppe beginnt.
Alle Bausteine können für Frauen und Männer verwendet werden.

Arbeitnehmer-gruppen / Zeugnis-komponenten	Gewerbl. Arbeit-nehmer	Tarif-angestellte	Außer-tarifl. u. Leit. Angestellte	Auszu-bildende	Prakti-kanten, Volontäre
Alternative Beendigungsformeln					
5 AN-Kündigung mit Begründung	418			–	–
5 AN-Kündigung ohne Begründung	420			–	–
5 Vertragsbruch	421			–	–
5 Aufhebungsvertrag Vergleich	421			–	–
5 AG-Kündigung betriebsbedingt	422			–	–
5 AG-Kündigung Andere Formeln	424			–	–
5 AG-Kündigung fristlos	425			–	–
5 Vertragsablauf	425			–	–
5 Zwischenzeugnis	426 Untergruppen			–	–
Abschlussprüfung					
5 Prüfungsergebnis	–			431	–
Alternative Beendigungsformeln bei Ausbildung und Praktika					
5 Ausbildungsende mit Übernahme	–			433	–
5 Ausbildungsende ohne Übernahme	–			433	–
5 Abbruch u. Künd.	–			434	–
5 Vertragsablauf	–			–	435
5 Zwischenzeugnis	–			435	435
Dank Bedauern Zukunftswünsche					
6 Dank u. Bedauern Endzeugnis	436			442	444
6 Dank u. Bedauern Zwischenzeugnis	441			443	–
7 Zukunftswünsche	445			448	449

Die Zahlen geben die Seite an, auf der die jeweilige Bausteingruppe beginnt.
Alle Bausteine können für Frauen und Männer verwendet werden.

2. Beurteilungsbogen

<table>
<tr><th colspan="3">Beurteilungsbogen für Arbeitnehmer (Gewerbliche, Tarifangestellte, Leitende) – Seite 1</th></tr>
<tr><td colspan="3">Name: Vorname: Telefon:</td></tr>
<tr><td colspan="2">Personalnummer:</td><td>Akademischer Grad:</td></tr>
<tr><td colspan="2">Geburtsdatum:</td><td>Geburtsort:</td></tr>
<tr><td colspan="2">Vertragsbeginn:</td><td>Vertragsende:</td></tr>
<tr><td colspan="2">Endzeugnis</td><td>Zwischenzeugnis</td></tr>
<tr><td colspan="2">1. Abteilung
von:</td><td>Position:
bis</td></tr>
<tr><td colspan="2">2. Abteilung
von:</td><td>Position:
bis</td></tr>
<tr><td colspan="2">3. Abteilung
von:</td><td>Position:
bis</td></tr>
<tr><th colspan="2">Überschrift – Einleitung – Aufgaben</th><th>Baustein-Nummern
Arbeiter / Tarifangestellte / Leitende</th></tr>
<tr><td colspan="2">Überschrift</td><td>1110</td></tr>
<tr><td colspan="2" rowspan="2">Einleitung – Endzeugnis oder
Einleitung – Zwischenzeugnis</td><td>1221 / 1321 / 1421</td></tr>
<tr><td>1222 / 1322 / 1422</td></tr>
<tr><td colspan="2">Firmenbeschreibung</td><td>1230 / 1330 / 1430</td></tr>
<tr><td colspan="2">Aufgabeneinleitung</td><td>2200 / 2300 / 2400</td></tr>
<tr><td colspan="3">Kompetenzen (Prokura, Handlungsvollmacht, konkrete Entscheidungsbefugnisse, Entscheidungslimits, Unterschriftsbefugnis, Bankvollmacht, Kulanzvollmacht, Verantwortung für Produkte, Umsatz, Ergebnis, Budget, Investitionen, Projekte)</td></tr>
<tr><td colspan="3">Hauptaufgaben / Sonderaufgaben</td></tr>
<tr><td colspan="3">Leitung / Mitarbeit in Projekten / internen und externen Arbeitskreisen</td></tr>
</table>

Beurteilungsbogen für Arbeitnehmer (Gewerbliche, Tarifangestellte, Leitende) – Seite 2		
Name des Beurteilers:	Telefon:	
Noten von 1 = Sehr gut bis 5 = Mangelhaft		
Leistungsbeurteilung	**Note**	**Baustein-Nummern Arbeiter / Tarifangestellte / Leitende**
Arbeitsbereitschaft (Motivation, Identifikation, Commitment, Engagement, Initiative, Zielstrebigkeit, Energie, Einsatzwille, Elan, Pflichtbewusstsein, Fleiß, Interesse)		3210 / 3310 / 3410
Arbeitsbefähigung (körperlich, psychisch, geistig; Belastbarkeit, Stressresistenz, Flexibilität, Auffassungsgabe, Ausdrucksvermögen, Urteilsvermögen, Organisationstalent, Kreativität)		3220 / 3320 / 3420
Fachwissen (Umfang, Tiefe, Aktualität, Anwendung, Nutzen)		3230 / 3330 / 3430
Wissensinhalte (Technik, Betriebswirtschaft, Recht, Fremdsprachen, Informatik, Methoden, Produkte, Kunden, Konkurrenten, Branche, Märkte)		
Weiterbildung (Eigeninitiative, nebenberuflich, Erfolg, Zertifikate, Titel)		3230 / 3330 / 3430
Arbeitsweise (Zuverlässigkeit, Selbständigkeit, Eigenverantwortung, Sorgfalt, Gewissenhaftigkeit, Planung, Systematik, Methodik, Sicherheit, Sauberkeit, Hygiene)		3240 / 3340 / 3440
Arbeitserfolg (Qualität, Tempo, Intensität, Quantität, Stückzahlen, Produktivität, Zielerreichung, Sollerfüllung, Termineinhaltung, Umsatz, Rendite)		325 / 335 / 345
Konkrete individuelle Erfolgsbeispiele	1	326 / 336 / 346
Positive Potenzialbeurteilung / Förderungswürdigkeit (nur mit Zustimmung des Arbeitnehmers)	1	3260 / 3366 / 3466
Führungsumstände – Zahl und Arten der Geführten (direkt / insgesamt; disziplinarisch / funktional; Spezialisten, interdisziplinäre oder internationale Teams)		3471
Führungserfolg bzgl. Gruppe / Bereich (Arbeitsatmosphäre, Arbeitsleistung, Betriebsklima, Mitarbeiterzufriedenheit, Führungsstil, Schulung, Mitarbeiterförderung, Delegation)		3472
Gesamturteil / Zufriedenheit		3280 / 3380 / 3480

Beurteilungsbogen für Arbeitnehmer (Gewerbliche, Tarifangestellte, Leitende) – Seite 3		
Noten von 1 = Sehr gut bis 5 = Mangelhaft		
Verhaltensbeurteilung	**Note**	**Baustein-Nummern Arbeiter / Tarifangestellte / Leitende**
Verhalten zu Vorgesetzten und Kollegen (Vorbildlichkeit, Einwandfreiheit, Kooperation, Informationsverhalten, Teamfähigkeit, Anerkennung, Wertschätzung, Beliebtheit)		4210 / 4310 / 4410
Verhalten zu Externen (Auftreten, Sicherheit, Kontaktfähigkeit, Gesprächsverhalten, Verhandlungsstärke, Akquisitionsfähigkeit, Kundenzufriedenheit, Außenwirkung)		4220 / 4320 / 4420
Soziale Kompetenzen (Vertrauenswürdigkeit, Ehrlichkeit, Integrität, Loyalität, Diskretion, Kompromissbereitschaft, Durchsetzungsfähigkeit, Überzeugungsvermögen)		4230 / 4330 / 4430
Alternative Beendigungsformel oder Grund für Zwischenzeugnis		
AN-seitige Kündigung mit Begründung		5111
AN-seitige Kündigung ohne Begründung		5112
AN-seitige Kündigung ohne Frist (Vertragsbruch)		5113
Aufhebungsvertrag / Vergleich		5120
AG-seitige Kündigung – betriebsbedingt		5131
AG-seitige Kündigung – sonstige Gründe		5132
AG-seitige Kündigung – fristlos		5133
Vertragsablauf bei Befristung		5140
Grund für Zwischenzeugnis		515
Schlusssätze	**Note**	**Baustein-Nummern**
Dank und Bedauern im **End**zeugnis **oder**		6110
Dank und Bedauern im **Zwischen**zeugnis		6150
Zukunfts- und Erfolgswünsche		7100
Datum / Unterschriften		
Ausstellungsdatum:		
Erster Unterzeichner:	Zweiter Unterzeichner:	

Beurteilungsbogen für Auszubildende – Seite 1			
Name:	Vorname:	Personalnummer:	
Geburtsdatum:		Geburtsort:	
Vertragsbeginn:		Vertragsende:	
Überschrift – Einleitung – Gang der Ausbildung			**Baustein-Nummern**
Überschrift			1510
Einleitung – Endzeugnis **oder** Einleitung – Zwischenzeugnis			1521 1522
Firmenbeschreibung			1530
Ausbildungseinleitung			2500
Einsatzbereiche:			
Erlernte ausgeübte Arbeiten:			
Mitarbeit in Projekten / Arbeitskreisen:			

Noten von 1 = Sehr gut bis 5 = Mangelhaft		
Leistungsbeurteilung	**Note**	**Baustein-Nummern**
Ausbildungsbereitschaft (Motivation, Engagement, Eigeninitiative, Interesse, Zielstrebigkeit, Pflichtbewusstsein, Mitarbeit, Fleiß)		3510
Ausbildungsbefähigung (Auffassungsgabe, Belastbarkeit, Ausdauer, Flexibilität, Sprachverständnis, Zahlenverständnis, praktische Fähigkeiten)		3520
Fertigkeiten und Kenntnisse (Umfang, Tiefe, Anwendung, Nutzen)		3530
Spezielle Kenntnisse (Technik, Betriebswirtschaft, Recht, Fremdsprachen, Informatik, Methoden, Produkte, Kunden, Märkte)		
Lern- und Arbeitsweise (Zuverlässigkeit, Intensität, Selbständigkeit, Ordentlichkeit, Systematik, Sauberkeit, Hygiene, Berichtsheftführung)		3540
Arbeitserfolg (Tempo, Qualität, Quantität, Zielerreichung, Termineinhaltung)		3550

Beurteilungsbogen für Auszubildende – Seite 2		
Noten von 1 = Sehr gut bis 5 = Mangelhaft		
Leistungsbeurteilung (Fortsetzung)	**Note**	**Baustein-Nummern**
Lobenswerte fachliche Fähigkeiten oder konkrete individuelle Beispiele	1	3560
Gesamturteil / Zufriedenheit		3580
Sozialverhalten		**Baustein-Nummern**
Verhalten zu Internen (zu Vorgesetzten, Mitarbeitern, Ausbildern, Mit-Auszubildenden; Vorbildlichkeit, Einwandfreiheit, Anerkennung, Teamfähigkeit, Serviceorientierung)		4510
Verhalten zu Externen (zu Kunden und Geschäftspartnern; Bedienung, Auftreten, Kontaktfähigkeit)		4520
Sonstiges Verhalten (Hilfsbereitschaft, Umgangsformen, Freundlichkeit, Ehrlichkeit, Vertrauenswürdigkeit)		4530
Prüfungsergebnis		
Prüfungserfolg / Abschlussnote		5541
Alternativen: Übernahme / Beendigung / Grund für Zwischenzeugnis		
Ausbildungsende **mit** Übernahme		5542
Ausbildungsende **ohne** Übernahme		5543
Ausbildungsabbruch oder Kündigung		5544
Grund für Zwischenzeugnis		5550
Schlusssätze	**Note**	**Baustein-Nummern**
Dank / Bedauern im Endzeugnis **oder** Dank / Bedauern im Zwischenzeugnis		6510
		6550
Zukunfts- und Erfolgswünsche		7500
Datum / Unterschriften		
Ausstellungsdatum:		
Erster Unterzeichner:	Zweiter Unterzeichner:	

Beurteilungsbogen für Praktikanten und Volontäre – Seite 1		
Name: Vorname:	Personalnummer:	
Geburtsdatum:	Geburtsort:	
Vertragsbeginn:	Vertragsende:	
Studienfach:	Hochschule / Ort:	
Erstes Praxissemester:	Zweites Praxissemester:	
Diplomarbeitsthema (falls im Unternehmen erstellt)		

Überschrift – Einleitung – Aufgaben	**Baustein-Nummern**
Überschrift	1610
Einleitung – Endzeugnis **oder**	1621
Einleitung – Zwischenzeugnis	1622
Firmenbeschreibung	1630
Aufgabeneinleitung	2600
Einsatzbereiche:	
Erlernte / ausgeübte Tätigkeiten:	
Mitarbeit in Projekten / Arbeitskreisen:	

Noten von 1 = Sehr gut bis 5 = Mangelhaft		
Leistungsbeurteilung	**Note**	**Baustein-Nummern**
Lern- und Arbeitsbereitschaft (Motivation, Commitment, Engagement, Eigeninitiative, Zielstrebigkeit, Energie, Einsatzwille, Elan, Pflichtbewusstsein, Fleiß, Interesse)		3610
Lern- und Arbeitsbefähigung (psychisch, geistig; Belastbarkeit, Stressresistenz, Flexibilität, Auffassungsgabe, Ausdrucksvermögen, Urteilsvermögen, Organisation, Kreativität		3620
Wissen (theoretisch / praktisch; vorhanden / neu erworben; Umfang, Tiefe, Aktualität, Anwendung)		3630
Spezielle Kenntnisse (Technik, Betriebswirtschaft, Recht, Fremdsprachen, Informatik, Methoden, Produkte, Kunden, Konkurrenten, Branche, Märkte)		

Beurteilungsbogen für Praktikanten und Volontäre – Seite 2		
Noten von 1 = Sehr gut bis 5 = Mangelhaft		
Leistungsbeurteilung (Fortsetzung)	**Note**	**Baustein-Nummern**
Lern- und Arbeitsweise (Zuverlässigkeit, Selbständigkeit, Sorgfalt, Gewissenhaftigkeit, Planung, Systematik, Methodik, Sicherheit, Sauberkeit, Hygiene)		3640
Lern- und Arbeitserfolg (Qualität, Tempo, Intensität, Quantität, Produktivität, Zielerreichung, Termineinhaltung)		3650
Konkrete individuelle Erfolgsbeispiele / positive Potenzialbeurteilung	1	3660
Gesamturteil / Zufriedenheit		3680
Sozialverhalten		**Baustein-Nummern**
Verhalten zu Vorgesetzten u. Mitarbeitern (Vorbildlichkeit, Einwandfreiheit, Kooperation, Teamfähigkeit, Serviceorientierung, Anerkennung, Wertschätzung, Beliebtheit)		4610
Verhalten zu Externen (zu Kunden und Geschäftspartnern; Auftreten, Sicherheit, Kontaktfähigkeit, Gesprächsverhalten)		4620
Soziale Kompetenzen (Vertrauenswürdigkeit, Ehrlichkeit, Integrität, Diskretion, Kompromissbereitschaft, Durchsetzungsfähigkeit, Überzeugungsvermögen)		4630
Schlussabsatz		**Baustein-Nummern**
Vertragsablauf gemäß Befristung **oder** Grund für Zwischenzeugnis		5640 5650
Dank und Bedauern im Endzeugnis		6600
Zukunfts- und Erfolgswünsche		7600
Aufnahme in den Praktikanten-Förderkreis?		
Angebot eines zweiten Praktikums?		
Bitte um Bewerbung nach dem Studium?		
Datum / Unterschriften		
Ausstellungsdatum:		
Erster Unterzeichner:	Zweiter Unterzeichner:	

3. Hinweise zu den Zeugnis-Bausteinen – bitte unbedingt lesen!

Bei der Formulierung der Textbausteine und bei der Gestaltung des Baustein-Systems wurden die Rechtsprechung sowie Literaturbeispiele zur Absicherung berücksichtigt. Viele Bausteine wurden aus Originalzeugnissen gewonnen. Viele Bausteine wurden von den Verfassern selbst entwickelt.

Die Verfasser betonen, dass Teil I sowie die Zeugnis-Bausteine dieses Buches eine Einheit bilden. Sie bitten, bei der Zeugniserstellung die Bausteine nicht rein mechanisch auszuwählen. Wer also die Feinheiten der Formulierung oder die Abstufung und Einordnung der Zeugnis-Bausteine wirklich verstehen will, wird gebeten, den Teil I zu lesen. Bei jeder Aussage ist zu prüfen, ob sie im Einklang mit ihrem Kontext steht. Auch empfehlen die Verfasser, dass jeder Aussteller ein mit Hilfe der Bausteine erstelltes Zeugnis noch einmal als Ganzes auf die Übereinstimmung mit seinen Zielsetzungen überprüft.

Entscheiden Sie, für welche der folgenden Personengruppen Sie das Zeugnis erstellen: Gewerbliche Arbeitnehmer (Arbeiter), Tarifangestellte, Außertarifliche und Leitende Angestellte, Auszubildende, Praktikanten und Volontäre. Gehen Sie in der Bausteinübersicht (Teil II. 1.) die entsprechende Spalte durch. Die Zahlen in den Spalten geben an, auf welcher Seite des Buches die jeweilige Bausteingruppe beginnt.

Im Einzelfall kann es zweckmäßig sein, auch Bausteine aus einer anderen Mitarbeitergruppe zu wählen. So können z. B. auch Bausteine aus der Gruppe der Tarifangestellten für gewerbliche Arbeitnehmer verwendet werden. Bausteine zur Führungsleistung (Vorgesetztenleistung) liegen nur für außertarifliche und leitende Angestellte vor. Sie können aber ebenfalls für Tarifangestellte und für gewerbliche Arbeitnehmer genutzt werden, wenn sie benötigt werden.

Die Textbausteine sind mehr oder minder abwechselnd für männliche und für weibliche Personen formuliert. Alle Bausteine sind aber für beide Geschlechter gedacht. Die in ihnen enthaltenen Worte „Herr“ und „Frau“ sowie die Personalpronomen „er“ und „sie“ und andere Textstellen sind dann jeweils anzupassen.

Worte (Platzhalter), die in den Textbausteinen in Großbuchstaben erscheinen (z. B. NAME, DATUM, BEZEICHNUNG), zeigen an, dass hier individuelle Eintragungen vorzunehmen sind. Andere Worte in Großbuchstaben (z. B. PROGRAMMIERER / ABTEILUNGSLEITER) deuten an, dass sie nur Beispiele sein sollen, die übernommen oder speziell verändert werden können.

In manchen Bausteinen sind Textteile durch Schrägstriche aneinandergefügt. Beispiel: „Sein Verhalten gegenüber Kunden / Auftraggebern / Gästen war stets vorbildlich.“ In diesen Fällen kann sich der Leser für eine Variante, z. B. für „Kunden“, entscheiden.

In manchen Bausteinen sind Textteile eingeklammert. In diesen Fällen kann der Baustein wahlweise mit oder ohne den Klammerinhalt verwendet werden. Die Notenstufe ändert sich durch Auslassen des Klammerinhalts nicht. Beispiel: „Frau NAME erhält dieses Zwischenzeugnis (unaufgefordert) anlässlich ihrer Versetzung.“ Oder: „Herr NAME hat seine Ausbildung am DATUM (vorzeitig) mit sehr gutem Erfolg abgeschlossen.

Die Bausteine sind überwiegend in der Vergangenheitsform formuliert. Beim Einsatz in Zwischenzeugnissen sind die Bausteine mit Beurteilungen in der Regel in die Gegenwartsform umzuformulieren.

Ein mit den Bausteinen erstelltes Zeugnis ist abschließend stilistisch zu überarbeiten. Es kann z. B. vorkommen, dass hintereinander Bausteine gewählt wurden, die mit „Herr / Frau NAME“ beginnen. Dann sollte der Name am Anfang des zweiten Satzes durch „Er“ bzw. „Sie“ ersetzt werden. Auch kann der Name durch eine Umstellung in die Satzmitte verlegt werden. Ferner können aufeinander folgende kurze Bausteine durch „und“ zu einem Satz verbunden werden.

In Bausteinen der Note „Sehr gut“ kommt häufig der Zeitfaktor „stets“ vor. Er kann zur Variation durch die synonymen Begriffe oder gleichwertigen Formulierungen wie „jederzeit“ und „immer“, ferner durch „permanent“, „kontinuierlich“, „fortwährend“, „ständig“, „andauernd“, „anhaltend“, „ununterbrochen“, „ausnahmslos“, „bei allen / sämtlichen Aufgaben“ oder „während des gesamten Arbeitsverhältnisses“ ersetzt werden. Außerdem muss der Zeitfaktor nicht in jedem Satz der Leistungs- und Verhaltenswertung stehen, kann also auch mal ausgelassen werden. In der Zufriedenheitsformel und der Erwartungs- oder Anforderungsformel der Leistungsbeurteilung sowie in der Vorbildlich-Formel bzw. Einwandfrei-Formel der Verhaltensbeurteilung sollte er aber beibehalten werden.

Da in Zeugnissen auch negative Beurteilungen durch schwach positive Formulierungen ausgedrückt werden, entsteht bei einer wirklich positiven Bewertung ein gewisser Zwang zu übertrieben wirkenden Formulierungen. Ein mit verstärkenden Attributen und Höchstleistungen überladenes Zeugnis mindert aber unter Umständen die Glaubwürdigkeit. Überzogenes Eindrucksmanagement kann kontraintuitiv wirken. Es ist daher für die Erstellung eines sehr guten Zeugnisses nicht erforderlich, ausschließlich Bausteine der Notenstufe „Sehr gut“ auszuwählen. Ein Zeugnis gewinnt an Überzeugungskraft und Glaubwürdigkeit, wenn für sehr gute Leistungen und Erfolge konkrete Beispiele genannt werden.

4. Erläuterung des Nummern-Schlüssels der Zeugnis-Bausteine

Die erste Ziffer kennzeichnet die Zeugniskomponente. Es bedeuten: 1 = Überschrift und Einleitung, 2 = Beschreibung der Aufgaben bzw. der Ausbildung, 3 = Beurteilung der Leistung, 4 = Beurteilung des Sozialverhaltens, 5 = Beendigungsformeln, 6 = Dankes-Bedauern-Formel und 7 = Zukunfts- und Erfolgswünsche.

Die zweite Ziffer kennzeichnet verschiedene Arbeitnehmergruppen. Es bedeuten: 1 = Alle Arbeitnehmer mit Ausnahme der Auszubildenden, Praktikanten und Volontäre (für Aussagen, bei denen nicht zwischen den Gruppen differenziert wird), 2 = Gewerbliche Arbeitnehmer, 3 = Tarifangestellte, 4 = Außertarifliche und Leitende Angestellte, 5 = Auszubildende und 6 = Praktikanten und Volontäre.

Die dritte und die vierte Ziffer dienen innerhalb der einzelnen Zeugniskomponenten, insbesondere bei der Beurteilung des Leistung und des Sozialverhaltens, zur weiteren Unterteilung. Ihre Bedeutung wechselt in den einzelnen Komponenten und kann deshalb hier nicht allgemein erklärt werden.

Die fünfte Ziffer kennzeichnet die Beurteilungsnote. Es bedeuten: 0 = Aussagen ohne Notenstufen (z. B. bei der Aufgabenbeschreibung), 1 = Sehr gut, 2 = Gut, 3 = Befriedigend, 4 = Ausreichend und 5 = Mangelhaft.

Die sechste und die siebte Ziffer dienen innerhalb der Bausteingruppen und Bausteinstufen zur laufenden Nummerierung.

Die Bausteinnummern in den Gruppen mit notenmäßiger Abstufung enthalten am Ende einen Buchstaben (a, b, c … z). Dieser Buchstabe erleichtert es dem Nutzer, den einzelnen Baustein und seine Veränderung durch die verschiedenen Notenstufen hindurch zu verfolgen. Manche Bausteine (Aussagen) kommen in abgewandelter Form in allen Notenstufen vor, manche nur in zwei bis vier Notenstufen. Bausteine, die nur in einer Notenstufe vorkommen, sind am Ende der Bausteinnummer durch einen Stern * gekennzeichnet. Sie befinden sich insbesondere in den Notenstufen Sehr gut sowie Mangelhaft.

5. Die Textbausteine

1000000	**Überschrift und Einleitung**
1110000	**Überschrift für alle Arbeitnehmergruppen**
1110001	Zeugnis
1110002	Arbeitszeugnis
1110003	Dienstzeugnis
1110004	Traineezeugnis
1110005	Zwischenzeugnis
1510000	**Überschrift für Auszubildende**
1510001	Ausbildungszeugnis *(auch bei Ausbildungsabbruch)*
1510002	Zeugnis über Duales Bachelorstudium
1510003	Zeugnis über Duales Masterstudium
1510004	Ausbildungs-Zwischenzeugnis *(kurz vor Ende der Ausbildung)*
1510005	Vorläufiges Ausbildungszeugnis
1610000	**Überschrift für Praktikanten und Volontäre**
1610001	Praktikantenzeugnis
1610002	Praktikumszeugnis
1610003	Volontärszeugnis
1610004	Zwischenzeugnis
1220000	**Einleitung für gewerbliche Arbeitnehmer**
	Bitte verzichten Sie zwecks Vermeidung eventueller Benachteiligungen bei Bewerbungen auf die Angabe des Geburtsdatums und des Geburtsortes, wenn der Arbeitnehmer diese Angaben nicht im Zeugnis wünscht.
1221000	**Einleitung im Endzeugnis von gewerblichen Arbeitnehmern**
1221001	Frau VORNAME NAME, geboren am GEBURTSDATUM in GEBURTSORT, war vom VERTRAGSBEGINN bis zum VERTRAGSENDE in unserer Abteilung BEZEICHNUNG als BERUFSBEZEICHNUNG tätig.

1221002 Herr VORNAME NAME, geboren am GEBURTSDATUM in GEBURTSORT, war als BERUFSBEZEICHNUNG vom VERTRAGSBEGINN bis zum VERTRAGSENDE in unserer Firma tätig. Vom MONAT JAHR bis zum MONAT JAHR war das Arbeitsverhältnis wegen GRUND unterbrochen.

1221003 Herr VORNAME NAME, geboren am GEBURTSDATUM in GEBURTSORT, war vom VERTRAGSBEGINN bis zum VERTRAGSENDE als BERUFSBEZEICHNUNG bei uns tätig. In der Zeit vom DATUM bis zum DATUM war er in der Elternzeit. Von MONAT / JAHR bis MONAT / JAHR leistete er Wehrdienst / Zivildienst.

1221004 Frau VORNAME NAME, geboren am GEBURTSDATUM in GEBURTSORT, wurde vom VERTRAGSBEGINN bis zum VERTRAGSENDE als BERUFSBEZEICHNUNG in unserer BEZEICHNUNG-Abteilung beschäftigt. *(Passivformulierung)*

1221005 Herr VORNAME NAME, geboren am GEBURTSDATUM in GEBURTSORT, war vom VERTRAGSBEGINN bis zum VERTRAGSENDE bei uns im Rahmen eines (ZAHL mal verlängerten) befristeten Arbeitsverhältnisses als BERUFSBEZEICHNUNG in der Abteilung BEZEICHNUNG tätig.

1221006 Frau VORNAME NAME, geboren am GEBURTSDATUM in GEBURTSORT, war vom VERTRAGSBEGINN bis zum VERTRAGSENDE bei uns im Rahmen eines befristeten Arbeitsverhältnisses zur Aushilfe als BERUFSBEZEICHNUNG tätig.

1221007 Frau VORNAME NAME, geboren am GEBURTSDATUM in GEBURTSORT, war bei uns (im Rahmen eines befristeten Arbeitsverhältnisses) vom VERTRAGSBEGINN bis zum VERTRAGSENDE ZAHL Wochen / Monate als BEZEICHNUNG tätig. *(Bei kurzer Beschäftigungsdauer)*

1221008 Frau VORNAME NAME, geboren am GEBURTSDATUM in GEBURTSORT, war vom VERTRAGSBEGINN bis zum VERTRAGSENDE bei uns als Teilzeitmitarbeiterin (ZAHL Stunden wöchentlich / monatlich) tätig.

1221009 Herr VORNAME NAME, geboren am GEBURTSDATUM in GEBURTSORT, war vom VERTRAGSBEGINN bis zum VERTRAGSENDE bei mir als BERUFSBEZEICHNUNG tätig. *(Bei Selbstständigen und Kleinbetrieben)*

1221010 Herr VORNAME NAME, geboren am GEBURTSDATUM in GEBURTSORT, war vom VERTRAGSBEGINN bis zum VERTRAGSENDE bei uns als BERUFSBEZEICHNUNG tätig. Über die zuvor in unserem Hause durchgeführte Ausbildung zum BERUF gibt ein spezielles Ausbildungszeugnis Auskunft.

1221011 Frau VORNAME NAME, geboren am GEBURTSDATUM in GEBURTSORT, trat am VERTRAGSBEGINN als BERUFSBEZEICHNUNG bei uns ein.

1221012 Herr NAME, geboren am GEBURTSDATUM, war vom VERTRAGSBEGINN bis zum VERTRAGSENDE in unserem Unternehmen bzw. den Rechtsvorgängern tätig.

1221013 Frau NAME, geboren am GEBURTSDATUM, trat am VERTRAGSBEGINN in unser Unternehmen ein. Das Arbeitsverhältnis ging nach verschiedenen praktischen und rechtlichen Änderungen am DATUM durch einen Betriebsübergang nach § 613a BGB auf uns über.

1221014 Frau NAME, geboren am GEBURTSDATUM, war vom VERTRAGSBEGINN bis VERTRAGSENDE bei FIRMA (vormals FIRMA) tätig.

1221015 Herr NAME, geboren am GEBURTSDATUM, war vom VERTRAGSBEGINN bis VERTRAGSENDE bei uns als BEZEICHNUNG tätig. Zuvor war er schon ZAHL Monate bei uns als Zeitarbeitsnehmer im Rahmen einer Arbeitnehmerüberlassung beschäftigt.

1221016 Frau NAME, geboren am GEBURTSDATUM, war in der Zeit vom VERTRAGSBEGINN bis zum VERTRAGSENDE bei uns zunächst als BEZEICHNUNG und ab MONAT JAHR als BEZEICHNUNG tätig.

1222000 Einleitung im Zwischenzeugnis von gewerblichen Arbeitnehmern

1222001 Herr VORNAME NAME, geboren am GEBURTSDATUM in GEBURTSORT, ist seit VERTRAGSBEGINN bei uns als BERUFSBEZEICHNUNG und seit DATUM als BERUFSBEZEICHNUNG tätig.

1222002 Herr NAME ist seit VERTRAGSBEGINN in unserem Unternehmen bzw. den Rechtsvorgängern tätig.

1222003 Herr VORNAME NAME, geboren am GEBURTSDATUM in GEBURTSORT, ist seit VERTRAGSBEGINN bei uns als BEZEICHNUNG tätig. Über die zuvor in unserem Hause durchgeführte Ausbildung zum BERUF gibt ein spezielles Ausbildungszeugnis Auskunft.

1222004 Herr VORNAME NAME, geboren am GEBURTSDATUM in GEBURTSORT, ist seit VERTRAGSBEGINN bei uns im Rahmen eines (ZAHL mal verlängerten) befristeten Arbeitsverhältnisses als BERUFSBEZEICHNUNG in der Abteilung BEZEICHNUNG tätig.

1222005 Frau VORNAME NAME, geboren am GEBURTSDATUM in GEBURTSORT, trat am VERTRAGSBEGINN als BERUFSBEZEICHNUNG bei uns ein.

1222006 Frau VORNAME NAME, geboren am GEBURTSDATUM in GEBURTSORT, ist seit VERTRAGSBEGINN bei uns als Teilzeitmitarbeiterin im Umfange von ZAHL Stunden wöchentlich / monatlich tätig.

1222007 Das Arbeitsverhältnis mit Herrn VORNAME NAME, geboren am GEBURTSDATUM in GEBURTSORT, begann am VERTRAGSBEGINN. *(Evtl. lange Fehlzeiten)*

1222008 Herr VORNAME NAME, geboren am GEBURTSDATUM in GEBURTSORT, ist seit dem VERTRAGSBEGINN als BERUFSBEZEICHNUNG bei uns tätig. In der Zeit vom DATUM bis DATUM war er in der Elternzeit. Vom MONAT / JAHR bis MONAT / JAHR leistete er Wehrdienst / Zivildienst.

1230000 Firmenbeschreibung bei gewerblichen Arbeitnehmern

1230001 Wir sind ein (selbstständiges / mittelständisches / konzernangehöriges) Unternehmen / Handwerksunternehmen / Kleinunternehmen / Mittelunternehmen / Großunternehmen / Industrieunternehmen / Handelsunternehmen / Dienstleistungsunternehmen / Filialunternehmen in der BRANCHE mit ZAHL Mitarbeitern und BETRIEBSZWECK. Die Hauptaufgabe der Abteilung BEZEICHNUNG ist ZWECK.

1230002 Wir gehören zur BEZEICHNUNG-Gruppe und produzieren / erstellen / veredeln / bearbeiten / vertreiben (in Deutschland / europaweit / weltweit) insbesondere PRODUKTE / DIENSTE.

1230003 Wir sind ein Tochterunternehmen der BEZEICHNUNG-Gruppe und BETRIEBSZWECK.

1320000 Einleitung für Tarifangestellte

Bitte verzichten Sie zwecks Vermeidung eventueller Benachteiligungen bei Bewerbungen auf die Angabe des Geburtsdatums und des Geburtsortes, wenn der Arbeitnehmer diese Angaben nicht im Zeugnis wünscht.

1321000 Einleitung im Endzeugnis von Tarifangestellten

1321001 Herr VORNAME NAME, geboren am GEBURTSDATUM in GEBURTSORT, war vom VERTRAGSBEGINN bis zum VERTRAGSENDE in unserer Abteilung BEZEICHNUNG als BERUFSBEZEICHNUNG (und stellvertretender BEZEICHNUNG) tätig.

1321002 Herr VORNAME NAME, geboren am GEBURTSDATUM in GEBURTSORT, war als BERUFSBEZEICHNUNG vom VERTRAGSBEGINN bis zum VERTRAGSENDE in unserer Abteilung BEZEICHNUNG tätig. Vom MONAT JAHR bis zum MONAT JAHR war er im Wehrdienst / Zivildienst / Elternzeit (mit anschließender Arbeitsfreistellung zur Betreuung eines Kindes).

1321003 Frau VORNAME NAME, geboren am GEBURTSDATUM in GEBURTSORT, war vom VERTRAGSBEGINN bis zum VERTRAGSENDE als BEZEICHNUNG bei uns tätig. Vom MONAT JAHR bis einschließlich MONAT JAHR ruhte das Arbeitsverhältnis (wegen GRUND).

1321004 Das Arbeitsverhältnis mit Herrn VORNAME NAME, geboren am GEBURTSDATUM in GEBURTSORT, dauerte vom VERTRAGSBEGINN bis zum VERTRAGSENDE. *(Evtl. lange Fehlzeiten)*

1321005 Frau NAME, geboren am GEBURTSDATUM in GEBURTSORT stand vom EINTRITTTERMIN bis zum VERTRAGSENDE bei uns in einem Anstellungsverhältnis.

1321006 Herr VORNAME NAME, geboren am GEBURTSDATUM in GEBURTSORT, wurde vom VERTRAGSBEGINN bis zum VERTRAGSENDE als BERUFSBEZEICHNUNG bei uns beschäftigt. *(Passivformulierung)*

1321007 Herr VORNAME NAME, geboren am GEBURTSDATUM in GEBURTSORT, war vom VERTRAGSBEGINN bis zum VERTRAGSENDE im Rahmen eines befristeten Arbeitsverhältnisses bei uns tätig.

1321008 Frau VORNAME NAME, geboren am GEBURTSDATUM in GEBURTSORT, war als ABM-Mitarbeiterin / Aushilfe vom VERTRAGSBEGINN bis zum VERTRAGSENDE befristet in unserer Abteilung BEZEICHNUNG tätig.

1321009 Frau VORNAME NAME, geboren am GEBURTSDATUM in GEBURTSORT, war vom VERTRAGSBEGINN bis zum VERTRAGSENDE bei uns als Teilzeitmitarbeiterin im Umfange von ZAHL Stunden wöchentlich / monatlich tätig.

1321010 Herr VORNAME NAME, geboren am GEBURTSDATUM in GEBURTSORT, trat am VERTRAGSBEGINN als BEZEICHNUNG in die Dienste unserer Rechtsvorgängerin, der FIRMA, ein.

1321011 Herr VORNAME NAME, geboren am GEBURTSDATUM in GEBURTSORT, war bei uns vom VERTRAGSBEGINN bis zum VERTRAGSENDE ZAHL Wochen / Monate als BEZEICHNUNG tätig und wurde in dieser Zeit in das AUFGABENGEBIET eingearbeitet. *(= Bei kurzer Beschäftigungsdauer)*

1321012 Frau VORNAME NAME, geboren am GEBURTSDATUM in GEBURTSORT, trat am VERTRAGSBEGINN als BERUFSBEZEICHNUNG bei uns ein.

1321013 Herr VORNAME NAME, geboren am GEBURTSDATUM in GEBURTSORT, war vom VERTRAGSBEGINN bis zum VERTRAGSENDE als BERUFSBEZEICHNUNG bei uns tätig. In der Zeit vom DATUM bis zum DATUM war er in der Elternzeit. / Von MONAT / JAHR bis MONAT / JAHR leistete er Wehrdienst / Zivildienst.

1321014 Herr NAME, geboren am GEBURTSDATUM, war vom VERTRAGSBEGINN bis VERTRAGSENDE bei uns als BEZEICHNUNG tätig. Zuvor war er schon ZAHL Monate bei uns als Zeitarbeitsnehmer im Rahmen einer Arbeitnehmerüberlassung beschäftigt.

1321015 Frau NAME, geboren am GEBURTSDATUM, war in der Zeit vom VERTRAGSBEGINN bis zum MONAT JAHR bei uns zunächst als BEZEICHNUNG und ab MONAT JAHR als BEZEICHNUNG tätig.

1321016 Frau NAME, geboren am GEBURTSDATUM, war vom VERTRAGSBEGINN bis zum VERTRAGSENDE bei FIRMA (vormals FIRMA) tätig.

1322000 Einleitung im Zwischenzeugnis von Tarifangestellten

1322001 Herr VORNAME NAME, geboren am GEBURTSDATUM in GEBURTSORT, trat am VERTRAGSBEGINN als BERUFSBEZEICHNUNG in unser Unternehmen ein.

1322002 Herr VORNAME NAME, geboren am GEBURTSDATUM in GEBURTSORT, ist seit dem VERTRAGSBEGINN bei uns (im Rahmen eines befristeten Arbeitsverhältnisses) als BERUFSBEZEICHNUNG in der Abteilung BEZEICHNUNG tätig.

1322003 Herr NAME trat am VERTRAGSBEGINN in die VORGÄNGERFIRMA ein. Das Arbeitsverhältnis ging aufgrund einer Unternehmensaufspaltung / Betriebsausgliederung / Betriebsabspaltung / Fusion am DATUM durch einen Betriebsübergang gemäß § 613 BGB auf uns über.

1322004 Frau VORNAME NAME, geboren am GEBURTSDATUM in GEBURTSORT, ist seit dem VERTRAGSBEGINN bei uns als Teilzeitmitarbeiterin im Umfange von ZAHL Stunden wöchentlich / monatlich tätig.

1322005 Frau VORNAME NAME, geboren am GEBURTSDATUM in GEBURTSORT, trat am VERTRAGSBEGINN in unser Unternehmen ein und erlernte zunächst den Beruf BEZEICHNUNG. Nach Abschluss der Berufsausbildung übernahmen wir sie als Mitarbeiterin.

1322006 Das Arbeitsverhältnis mit Herrn VORNAME NAME, geboren am GEBURTSDATUM in GEBURTSORT, begann am VERTRAGSBEGINN. *(Evtl. lange Fehlzeiten)*

1322007 Herr VORNAME NAME, geboren am GEBURTSDATUM in GEBURTSORT, ist seit dem VERTRAGSBEGINN als BERUFSBEZEICHNUNG bei uns tätig. In der Zeit vom DATUM bis DATUM war er in der Elternzeit. / Vom MONAT / JAHR bis MONAT / JAHR leistete er Wehrdienst / Zivildienst.

1330000 Firmenbeschreibung bei Tarifangestellten

1330001 Wir sind ein (selbstständiges / mittelständisches / konzernangehöriges) Unternehmen / Handwerksunternehmen / Kleinunternehmen / Mittelunternehmen / Großunternehmen / Industrieunternehmen / Handelsunternehmen / Dienstleistungsunternehmen / Filialunternehmen in der BRANCHE mit ZAHL Mitarbeitern und BETRIEBSZWECK. Die Hauptaufgabe der Abteilung BEZEICHNUNG ist ZWECK.

1330002 Wir gehören zur BEZEICHNUNG-Gruppe und produzieren / erstellen / veredeln / bearbeiten / beliefern / vertreiben / betreuen / beraten (in Deutschland / europaweit / weltweit) (mit ZAHL Zweigstellen / Zweigwerken) insbesondere PRODUKTE / DIENSTE / KUNDEN. Zu unseren Kerngeschäften gehören BEZEICHNUNG. Im Bereich der BEZEICHNUNG sind wir Marktführer.

1330003 Wir sind ein Tochterunternehmen der BEZEICHNUNG-Gruppe und BETRIEBSZWECK. Unser / e Hauptumsatzträger ist / sind BEZEICHNUNG.

1330004 Die Bank / Sparkasse / Versicherung BEZEICHNUNG berät und betreut (als Spezialinstitut für ZWECK) Privat- und Firmenkunden in allen bankwirtschaftlichen Fragen. Hauptaufgabe der Abteilung BEZEICHNUNG ist ZWECK.

1330005 Als Kanzlei / Sozietät / Steuerberatung / Wirtschaftsprüfungsgesellschaft / Unternehmensberatung / Gemeinschaftspraxis für ZWECK beraten / vertreten / betreuen / versorgen wir Kunden / Mandanten / Klienten / Patienten in REGION.

1330006 Hauptaufgabe des Amtes für BEZEICHNUNG der Stadt ORT ist die ZWECK, die mit insgesamt ZAHL Mitarbeitern durchgeführt wird.

1330007 Die KLINIK / Das HOSPITAL / KRANKENHAUS verfügt über ZAHL Betten. In der STATION werden ZAHL Patienten von rund ZAHL Mitarbeitern betreut.

1420000 Einleitung für außertarifliche und leitende Angestellte

Bitte verzichten Sie zwecks Vermeidung eventueller Benachteiligungen bei Bewerbungen auf die Angabe des Geburtsdatums und des Geburtsortes, wenn der Arbeitnehmer diese Angaben nicht im Zeugnis wünscht.

1421000 Einleitung im Endzeugnis von außertariflichen und leitenden Angestellten

1421001 Frau VORNAME NAME, geborene NAME, geboren am GEBURTSDATUM in GEBURTSORT, war vom VERTRAGSBEGINN bis zum VERTRAGSENDE in unserer Abteilung BEZEICHNUNG als BERUFSBEZEICHNUNG tätig. In dieser Position vertrat sie den BEZEICHNUNG.

1421002 Herr VORNAME NAME, geboren am GEBURTSDATUM in GEBURTSORT, war vom VERTRAGSBEGINN bis zum VERTRAGSENDE in unserer Abteilung BEZEICHNUNG als BERUFSBEZEICHNUNG tätig, nachdem er schon vorher bei unserer Muttergesellschaft / Tochtergesellschaft / Schwesterfirma FIRMA arbeitete.

1421003 Frau VORNAME NAME, geboren am GEBURTSDATUM in GEBURTSORT, war vom VERTRAGSBEGINN bis zum VERTRAGSENDE bei uns tätig, und zwar zunächst als BEZEICHNUNG und ab dem DATUM als BEZEICHNUNG.

1421004 Herr VORNAME NAME, geboren am GEBURTSDATUM in GEBURTSORT, war vom VERTRAGSBEGINN bis zum VERTRAGSENDE in unserem Hause als Leitender Angestellter in der Funktion des BEZEICHNUNG tätig. In dieser Position gehörte er zu unserer erweiterten Geschäftsleitung.

1421005 Frau VORNAME NAME, geboren am GEBURTSDATUM in GEBURTSORT, war bei uns vom VERTRAGSBEGINN bis zum VERTRAGSENDE in verschiedenen Funktionen, zuletzt als BEZEICHNUNG, eigenverantwortlich tätig. Sie gehörte zu unserem Leitungskreis TOP 100.

1421006 Herr VORNAME NAME, geboren am GEBURTSDATUM in GEBURTSORT, war in unserem Hause vom VERTRAGSBEGINN bis zum VERTRAGSENDE in zunehmend verantwortungsvolleren Funktionen tätig. In seiner letzten Position leitete er die ORGANISATIONSEINHEIT. In dieser Position als Leitender Angestellter war er, wie schon in den vorhergehenden Positionen, mit Prokura ausgestattet.

1421007 Frau VORNAME NAME, geboren am GEBURTSDATUM in GEBURTSORT, leitete vom VERTRAGSBEGINN bis zum VERTRAGSENDE unsere Abteilung BEZEICHNUNG. In dieser Schlüsselfunktion war sie mit Gesamtprokura / Einzelprokura / den erforderlichen Kompetenzen ausgestattet.

1421008 Herr VORNAME NAME, geboren am GEBURTSDATUM in GEBURTSORT, war vom VERTRAGSBEGINN bis zum VERTRAGSENDE im Rahmen eines außertariflichen Anstellungsverhältnisses bei uns als BEZEICHNUNG tätig. Er berichtete direkt dem Vorstand / der Geschäftsführung / dem Inhaber. Am DATUM wurde ihm Einzelprokura / Gesamtprokura / Filialprokura erteilt.

1421009 Herr VORNAME NAME, geboren am GEBURTSDATUM in GEBURTSORT, leitete vom VERTRAGSBEGINN bis zum VERTRAGSENDE in Doppelfunktion die Bereiche BEZEICHNUNG sowie BEZEICHNUNG. Beide Funktionen erfüllte er in Personalunion auch für unsere Tochterfirma / Schwesterfirma, die FIRMA. Er berichtete direkt der Geschäftsleitung und war mit Prokura / Einzelprokura ausgestattet.

1421010 Herr VORNAME NAME, geboren am GEBURTSDATUM in GEBURTSORT, leitete das Unternehmen als GmbH-Geschäftsführer vom VERTRAGSBEGINN bis zum VERTRAGSENDE eigenverantwortlich und in voller Gestaltungs- und Entscheidungsfreiheit.

1421011 Herr VORNAME NAME, geboren am GEBURTSDATUM in GEBURTSORT, leitete vom VERTRAGSBEGINN bis zum VERTRAGSENDE als alleinvertretungsberechtigter Geschäftsführer/Alleingeschäftsführer das Unternehmen.

1421012 Frau VORNAME NAME, geboren am GEBURTSDATUM in GEBURTSORT, war vom VERTRAGSBEGINN bis zum VERTRAGSENDE als BEZEICHNUNG bei uns tätig. Vom MONAT JAHR bis einschließlich MONAT JAHR ruhte das Arbeitsverhältnis (wegen GRUND).

1421013 Herr VORNAME NAME, geboren am GEBURTSDATUM in GEBURTSORT, trat am VERTRAGSBEGINN als BEZEICHNUNG in die Dienste unserer Rechtsvorgängerin, der FIRMA, ein.

1421014 Frau NAME, geboren am GEBURTSDATUM, war in der Zeit vom VERTRAGSBEGINN bis zum VERTRAGSENDE bei uns zunächst als BEZEICHNUNG und ab MONAT JAHR als BEZEICHNUNG tätig.

1421015 Frau NAME, geboren am GEBURTSDATUM, war vom VERTRAGSBEGINN bis zum VERTRAGSENDE bei FIRMA (vormals FIRMA) tätig.

1422000 Einleitung im Zwischenzeugnis von außertariflichen und leitenden Angestellten

1422001 Frau VORNAME NAME, geboren am GEBURTSDATUM in GEBURTSORT, trat am VERTRAGSBEGINN in unser Unternehmen ein.

1422002 Herr VORNAME NAME, geboren am GEBURTSDATUM in GEBURTSORT, leitet seit VERTRAGSBEGINN als Alleingeschäftsführer das Unternehmen.

1422003 Herr VORNAME NAME, geboren am GEBURTSDATUM in GEBURTSORT, leitet das Unternehmen als GmbH-Geschäftsführer seit VERTRAGSBEGINN eigenverantwortlich und in voller Gestaltungs- und Entscheidungsfreiheit.

1422004 Herr VORNAME NAME, geboren am GEBURTSDATUM in GEBURTSORT, ist seit dem VERTRAGSBEGINN im Rahmen eines außertariflichen Anstellungsverhältnisses bei uns als BEZEICHNUNG tätig. Er berichtet direkt dem Vorstand/der Geschäftsführung/der Geschäftsleitung/dem Inhaber. Am DATUM wurde ihm Einzelprokura/Gesamtprokura/Filialprokura/Handlungsvollmacht erteilt.

1422005 Frau VORNAME NAME, geboren am GEBURTSDATUM in GEBURTSORT, ist seit VERTRAGSBEGINN in unserer Firma als BERUFSBEZEICHNUNG tätig. In dieser Position vertritt Frau NAME den BEZEICHNUNG.

1422006 Herr VORNAME NAME, geboren am GEBURTSDATUM in GEBURTSORT, ist seit VERTRAGSBEGINN bei uns als BEZEICHNUNG tätig, nachdem er schon vorher bei unserer Muttergesellschaft / Tochtergesellschaft / Schwesterfirma FIRMA arbeitete.

1422007 Herr VORNAME NAME, geboren am GEBURTSDATUM in GEBURTSORT, ist seit VERTRAGSBEGINN in unserer Abteilung BEZEICHNUNG als BERUFSBEZEICHNUNG tätig.

1422008 Herr VORNAME NAME, geboren am GEBURTSDATUM in GEBURTSORT, ist seit dem VERTRAGSBEGINN als BERUFSBEZEICHNUNG bei uns tätig. In der Zeit vom DATUM bis DATUM war er in der Elternzeit. / Vom MONAT / JAHR bis MONAT / JAHR leistete er Wehrdienst / Zivildienst.

1430000 Firmenbeschreibung bei außertariflichen und leitenden Angestellte

1430001 Die FIRMA ist ein (selbstständiges / mittelständisches / konzernangehöriges) Unternehmen / Handwerksunternehmen / Kleinunternehmen / Mittelunternehmen / Großunternehmen / Industrieunternehmen / Handelsunternehmen / Dienstleistungsunternehmen / Filialunternehmen in der BRANCHE mit ZAHL Mitarbeitern und BETRIEBSZWECK. Die Hauptaufgabe der Abteilung BEZEICHNUNG ist ZWECK.

1430002 Die FIRMA gehört zur BEZEICHNUNG-Gruppe und produziert / entwickelt / veredelt / bearbeitet / beliefert / vertreibt / betreut / berät (in Deutschland / europaweit / weltweit) (mit ZAHL Zweigstellen / Zweigwerken in ORTE) insbesondere PRODUKTE / DIENSTE / KUNDEN. Im Bereich der BEZEICHNUNG sind wir (mit einem Umsatz von ZAHL Mio. EURO) Marktführer.

1430003 Wir sind ein Tochterunternehmen der BEZEICHNUNG-Gruppe und BETRIEBSZWECK. Unser Hauptumsatzträger ist / sind BEZEICHNUNG. Das Budget der Abteilung BEZEICHNUNG liegt bei ZAHL Mio. EURO jährlich.

1430004 Die Bank / Sparkasse / Versicherung BEZEICHNUNG in ORT verfügt über ein Bilanzvolumen / Beitragsaufkommen von rund ZAHL Mio. EURO und betreut (als Spezialinstitut für ZWECK) mit ZAHL Zweigstellen, Privatkunden und Firmenkunden. Hauptaufgabe der Abteilung BEZEICHNUNG ist ZWECK.

1430005 Als Kanzlei / Sozietät / Steuerberatung / Wirtschaftsprüfungsgesellschaft / Unternehmensberatung / Gemeinschaftspraxis für ZWECK beraten / vertreten / betreuen / versorgen wir Kunden / Mandanten / Klienten / Patienten in REGION. Hauptaufgabe des Bereiches BEZEICHNUNG ist ZWECK.

1430006 Hauptaufgabe des Amtes für BEZEICHNUNG der Stadt ORT ist die ZWECK, die mit insgesamt ZAHL Mitarbeitern durchgeführt wird.

1430007 Die KLINIK/Das HOSPITAL/Das KRANKENHAUS verfügt über ZAHL Betten. Auf der STATION werden ZAHL Patienten von ZAHL Ärzten und ZAHL weiteren Mitarbeitern betreut.

1520000 Einleitung für Auszubildende (Ziel und Dauer der Ausbildung)

Bitte verzichten Sie zwecks Vermeidung eventueller Benachteiligungen bei Bewerbungen auf die Angabe des Geburtsdatums und des Geburtsortes, wenn der Auszubildende diese Angaben nicht im Zeugnis wünscht.

1521000 Einleitung im Endzeugnis von Auszubildenden

1521001 Herr VORNAME NAME, geboren am GEBURTSDATUM in GEBURTSORT, hat vom VERTRAGSBEGINN bis zum AUSBILDUNGSENDE in unserem Unternehmen den Beruf des BERUFSBEZEICHNUNG mit sehr gutem/gutem Erfolg erlernt.

1521002 Frau VORNAME NAME, geboren am GEBURTSDATUM in GEBURTSORT, ist entsprechend dem Berufsbild und der Ausbildungsordnung vom VERTRAGSBEGINN bis zum AUSBILDUNGSENDE zur BERUFSBEZEICHNUNG ausgebildet worden.

1521003 Herr VORNAME NAME, geboren am GEBURTSDATUM in GEBURTSORT, ist in der Zeit vom VERTRAGSBEGINN bis zum AUSBILDUNGSENDE in unserem Unternehmen zum BERUFSBEZEICHNUNG ausgebildet worden.

1521004 Herr VORNAME NAME, geboren am GEBURTSDATUM in GEBURTSORT, hat vom VERTRAGSBEGINN bis zum AUSBILDUNGSENDE den Beruf des BERUFSBEZEICHNUNG erlernt.

1521005 Frau VORNAME NAME, geboren am GEBURTSDATUM in GEBURTSORT, hat sich (nach dem Abitur) vom VERTRAGSBEGINN bis zum AUSBILDUNGSENDE bei uns zur BERUFSBEZEICHNUNG ausgebildet.

1521006 Herr VORNAME NAME, geboren am GEBURTSDATUM in GEBURTSORT, absolvierte vom VERTRAGSBEGINN bis zum AUSBILDUNGSENDE bei uns in Verbindung mit einem Studium an der Duale Hochschule BEZEICHNUNG eine Ausbildung zum Diplom-STUDIENRICHTUNG.

1521007 Herr VORNAME NAME, geboren am GEBURTSDATUM in GEBURTSORT, begann am VERTRAGSBEGINN bei uns eine Ausbildung zum BERUFSBEZEICHNUNG. (*Bei Ausbildungsabbruch*)

1521008 Das Ausbildungsverhältnis mit Frau VORNAME NAME, geboren am GEBURTSDATUM in GEBURTSORT, dauerte vom VERTRAGSBEGINN bis zum AUSBILDUNGSENDE. *(Passivformulierung bzw. bei Ausbildungsabbruch)*

1521009 Frau VORNAME NAME, geboren am GEBURTSDATUM in GEBURTSORT hat vom VERTRAGSBEGINN bis zum AUSBILDUNGSENDE im Rahmen einer Verbundausbildung nach § 10 Abs. 5 BBiG den Beruf der BERUFSBEZEICHNUNG erlernt. Die Ausbildung erfolgte in den Unternehmen: AUFZÄHLUNG.

1521010 Frau NAME, geboren am GEBURTSDATUM, absolvierte in Kooperation mit unserem Unternehmen vom VERTRAGSBEGINN bis zum VERTRAGSENDE im STUDIENFACH an der Dualen Hochschule ein Bachelorstudium / Masterstudium BEZEICHNUNG.

1522000 Einleitung im Zwischenzeugnis von Auszubildenden

1522001 Herr VORNAME NAME, geboren am GEBURTSDATUM in ORT, erlernt seit dem VERTRAGSBEGINN in unserem Unternehmen den Beruf BEZEICHNUNG.

1530000 Firmenbeschreibung bei Auszubildenden

1530001 Wir sind ein (selbstständiges / mittelständisches / konzernangehöriges) Unternehmen / Handwerksunternehmen / Kleinunternehmen / Mittelunternehmen / Großunternehmen / Industrieunternehmen / Handelsunternehmen / Dienstleistungsunternehmen / Filialunternehmen in der BRANCHE mit ZAHL Mitarbeitern und BETRIEBSZWECK. Wir bilden mit ZAHL Ausbildern im kaufmännischen / technischen Bereich BERUFSFELDER aus.

1530002 Wir sind ein Unternehmen der BRANCHE mit ZAHL Mitarbeitern. Mit unserer Ausbildungsabteilung / Lehrwerkstatt bilden wir unter Einsatz von ZAHL Ausbildern jährlich rund ZAHL Auszubildende der Berufe AUFZÄHLUNG mit großem Erfolg aus.

1530003 Wir sind BESCHREIBUNG und bilden Auszubildende für den Beruf BEZEICHNUNG aus.

1620000 Einleitung für Praktikanten und Volontäre

Bitte verzichten Sie zwecks Vermeidung eventueller Benachteiligungen bei Bewerbungen auf die Angabe des Geburtsdatums und des Geburtsortes, wenn der Praktikant oder der Volontär diese Angaben nicht im Zeugnis wünscht.

1621000 Einleitung im Endzeugnis von Praktikanten und Volontären

1621001 Herr VORNAME NAME, geboren am GEBURTSDATUM in GEBURTSORT, hat im Rahmen seines FACHRICHTUNG-Studiums sein erstes / zweites Praxissemester vom VERTRAGSBEGINN bis zum VERTRAGSENDE in unserem Unternehmen absolviert.

1621002 Herr VORNAME NAME, geboren am GEBURTSDATUM in GEBURTSORT, war während seines freiwilligen Praktikums vom VERTRAGSBEGINN bis zum VERTRAGSENDE entsprechend seinem Studienschwerpunkt BEZEICHNUNG in unserer Abteilung BEZEICHNUNG eingesetzt.

1621003 Frau VORNAME NAME, geboren am GEBURTSDATUM in GEBURTSORT, war als Volontärin vom VERTRAGSBEGINN bis zum VERTRAGSENDE in unserem Unternehmen.

1621004 Herr VORNAME NAME, geboren am GEBURTSDATUM in GEBURTSORT, leistete vom VERTRAGSBEGINN bis zum VERTRAGSENDE im Rahmen seines FACHRICHTUNG-Studiums an der Fachhochschule ORT sein (erstes / zweites) Praxissemester bei uns ab.

1621005 Herr VORNAME NAME, geboren am GEBURTSDATUM in GEBURTSORT, leistete vom VERTRAGSBEGINN bis zum VERTRAGSENDE im Rahmen seines FACHRICHTUNG-Studiums an der Universität ORT sein (erstes / zweites) Praxissemester bei uns ab.

1621006 Frau VORNAME NAME, geboren am GEBURTSDATUM in GEBURTSORT, war vom VERTRAGSBEGINN bis zum VERTRAGSENDE während ihrer Semesterferien bei uns tätig.

1621007 Herr VORNAME NAME, geboren am GEBURTSDATUM in GEBURTSORT, war im Rahmen eines befristeten Arbeitsverhältnisses vom VERTRAGSBEGINN bis zum VERTRAGSENDE als Werkstudent in der Abteilung BEZEICHNUNG tätig.

1621008 Frau VORNAME NAME, geboren am GEBURTSDATUM in GEBURTSORT, war in den Semesterferien vom VERTRAGSBEGINN bis zum VERTRAGSENDE bei uns beschäftigt.

1621009 Herr VORNAME NAME, geboren am GEBURTSDATUM in GEBURTSORT, war während seines Studiums in den Jahren JAHR bis JAHR in den Semesterferien insgesamt ZAHL mal im Umfange von ZAHL Monaten bei uns tätig.

1621010 Frau NAME war vom VERTRAGSBEGINN bis zum VERTRAGSENDE in unserem Hause als Praktikantin tätig und hat in dieser Zeit in Kooperation mit uns ihre Diplomarbeit zur Frage THEMA angefertigt.

1622000 Einleitung im Zwischenzeugnis von Praktikanten und Volontären

1622001 Herr VORNAME NAME, geboren am GEBURTSDATUM in ORT, führt im Rahmen seines BEZEICHNUNG Studiums seit dem VERTRAGSBEGINN bei uns ein Praktikum durch.

1630000 **Firmenbeschreibung bei Praktikanten und Volontären**

1630001 Wir sind ein (selbstständiges / mittelständisches / konzernangehöriges) Unternehmen / Handwerksunternehmen / Kleinunternehmen / Mittelunternehmen / Großunternehmen / Industrieunternehmen / Handelsunternehmen / Dienstleistungsunternehmen / Filialunternehmen in der BRANCHE mit ZAHL Mitarbeitern und BETRIEBSZWECK. Wir bieten, betreut durch unsere Ausbildungsabteilung, Studierenden und Diplomanden laufend interessante Praktika und Diplomarbeitsthemen in unseren Abteilungen / Projekten an.

1630002 Wir sind BESCHREIBUNG und bieten Studierenden / Diplomanden / Volontären / Umschülern Praktikumsplätze in den Bereichen AUFZÄHLUNG.

2000000 **Aufgabenbeschreibung**

2200000 **Aufgabenbeschreibung für gewerbliche Arbeitnehmer**

Die Aufgabenbeschreibung ist eine Zeugniskomponente, die wegen der Vielfalt der Aufgaben nur zum Teil einer Standardisierung zugänglich ist. Aus diesem Grund haben die folgenden Bausteine nur einleitenden Charakter.

2200001 Er arbeitete in der Abteilung BEZEICHNUNG vorwiegend an der TYP-Maschine und fertigte PRODUKTBEZEICHNUNG.

2200002 Herr NAME bediente eine TYP-Maschine und führte dort folgende Arbeiten durch: (TABELLARISCHE) AUFZÄHLUNG.

2200003 In dieser Funktion war sie in der Tarifgruppe BEZEICHNUNG eingestuft. Sie führte insbesondere folgende Aufgaben aus: (TABELLARISCHE) AUFZÄHLUNG.

2200004 In der Abteilung BEZEICHNUNG bearbeitete er überwiegend AUFGABENBEZEICHNUNG.

2200005 Herr NAME erledigte im Allroundeinsatz alle anfallenden BEZEICHNUNG-Arbeiten.

2200006 Zu seinen Hauptaufgaben gehörte die selbstständige Erledigung von: (TABELLARISCHE) AUFZÄHLUNG. Daneben bearbeitete er (TABELLARISCHE) AUFZÄHLUNG.

2200007 Herr NAME war in unserem Unternehmen in verschiedenen Funktionen tätig. Dazu zählten im Wesentlichen: (TABELLARISCHE) AUFZÄHLUNG.

2200008 Er hatte die Aufgabe, PRODUKTART anzufertigen. Seine Stelle umfasste im Einzelnen folgende Aufgaben: AUFZÄHLUNG.

2200009 Zu ihren Aufgaben gehörten folgende selbstständige Tätigkeiten: (TABELLARISCHE) AUFZÄHLUNG.

2200010 Frau NAME hatte alle vorkommenden AUFGABENBEZEICHNUNG-Arbeiten an den TYP-Maschinen auszuführen.

2200011 Sein Aufgabengebiet umfasste in der Hauptsache: (TABELLARISCHE) AUFZÄHLUNG.

2200012 In dieser Funktion erledigte sie selbstständig: (TABELLARISCHE) AUFZÄHLUNG.

2200013 In dieser Funktion oblag ihm: (TABELLARISCHE) AUFZÄHLUNG. *(Passivformulierung)*

2200014 Herr NAME erledigte unter Anleitung anweisungsgemäß folgende Aufgaben: (TABELLARISCHE) AUFZÄHLUNG. *(Deutet Unselbstständigkeit an)*

2200015 In der Abteilung BEZEICHNUNG erledigte sie folgende Aufgaben: (TABELLARISCHE) AUFZÄHLUNG. Ab DATUM übernahm Frau NAME zusätzlich die Aufgabe BEZEICHNUNG.

2200016 Während seiner ZAHL-jährigen Tätigkeit in unserem Unternehmen hat sich Herr NAME vom POSITIONSBEZEICHNUNG zum POSITIONSBEZEICHNUNG emporgearbeitet. Seine heutigen Aufgaben sind: (TABELLARISCHE) AUFZÄHLUNG.

2200017 Frau NAME führte zunächst eine Reihe von ART-Aufgaben auf dem Gebiet der BEZEICHNUNG durch. Seit dem DATUM ist sie als BEZEICHNUNG hauptsächlich mit AUFGABEN beschäftigt.

2200018 In der Abteilung BEZEICHNUNG erledigte er folgende Aufgaben: (TABELLARISCHE) AUFZÄHLUNG. Ab dem DATUM wurde Herr NAME als BEZEICHNUNG zur Abteilung BEZEICHNUNG versetzt.

2200019 Zunächst war Frau NAME in der Abteilung BEZEICHNUNG tätig. Dort erledigte sie folgende Aufgaben: (TABELLARISCHE) AUFZÄHLUNG. Ab dem DATUM war sie aufgrund einer erfolgreichen internen Bewerbung in der Abteilung BEZEICHNUNG als BEZEICHNUNG tätig. Dort war sie in der Tarifgruppe BEZEICHNUNG mit der selbstständigen Erledigung folgender Aufgaben betraut: (TABELLARISCHE) AUFZÄHLUNG.

2200020 In der Abteilung BEZEICHNUNG erledigte er folgende Aufgaben: (TABELLARISCHE) AUFZÄHLUNG. Nach der Verkleinerung/Schließung dieser Abteilung übernahm Herr NAME in der Abteilung BEZEICHNUNG die Tätigkeit eines BEZEICHNUNG. Hier erledigte er folgende Aufgaben: (TABELLARISCHE) AUFZÄHLUNG. *(Kann auch zur Begründung eines Abstiegs verwendet werden)*

2200021 Herr NAME wurde im Jahre ZAHL in die Abteilung BEZEICHNUNG versetzt und dort zum BERUFSBEZEICHNUNG umgeschult.

2200022 Herr NAME war in der höchsten Gruppe des geltenden Lohn-Rahmentarifvertrages eingestuft. Er erledigte selbstständig hauptsächlich folgende Aufgaben: (TABELLARISCHE) AUFZÄHLUNG.

2200023 Herr NAME war in der zweithöchsten Gruppe des geltenden Lohn-Rahmentarifvertrages eingestuft. Er erledigte selbstständig hauptsächlich folgende Aufgaben: (TABELLARISCHE) AUFZÄHLUNG.

2200024 Herr NAME war in der Gruppe STUFE des geltenden Lohn-Rahmentarifvertrages eingestuft. Er erledigte hauptsächlich folgende Aufgaben: (TABELLARISCHE) AUFZÄHLUNG.

Folgende aktive und erfolgsbezogene Verben können zur Bildung von eigenen Bausteinen herangezogen oder in substantivierter Form in Aufzählungstabellen verwendet werden.

2200025 Ausführungsaufgaben insbesondere bei manuellen Tätigkeiten: produzieren – erzeugen – herstellen – (an)fertigen – (be)(ver)arbeiten – (ein)(aus)bauen – verlegen – montieren – befestigen – pflegen – reparieren – in Stand setzen – warten – überholen – auswechseln – anpassen – adaptieren – austauschen – einrichten – einstellen – justieren – bedienen – transportieren – ausgeben – reinigen – säubern.

2300000 Aufgabenbeschreibung für Tarifangestellte

Die Aufgabenbeschreibung ist eine Zeugniskomponente, die wegen der Vielfalt der Aufgaben nur zum Teil einer Standardisierung zugänglich ist. Aus diesem Grund haben die folgenden Bausteine nur einleitenden Charakter. Wichtige allgemeine Aspekte sind der Grad der Selbstständigkeit und die Kompetenzen.

2300001 Frau NAME war im Bereich BEZEICHNUNG als BEZEICHNUNG tätig. Sie besaß Handlungsvollmacht nach § 54 HGB. Ihre Aufgabenschwerpunkte lagen in der selbstständigen Erledigung von: (TABELLARISCHE) AUFZÄHLUNG.

2300002 Sein Aufgabengebiet umfasste die selbstständige Erledigung von: (TABELLARISCHE) AUFZÄHLUNG. Er konnte bis zur Höhe von BETRAG EURO eigenverantwortlich über SACHVERHALT entscheiden.

2300003 Zu ihren Aufgaben gehörte die selbstständige Erledigung von: (TABELLARISCHE) AUFZÄHLUNG. Sie hatte die für ihre Aufgaben erforderlichen Entscheidungskompetenzen. Außerdem war sie Mitglied in unserem Ausschuss für BEZEICHNUNG.

2300004 Herr NAME erledigte als BEZEICHNUNG im Wesentlichen folgende Aufgaben: (TABELLARISCHE) AUFZÄHLUNG. Seine Kreditkompetenz / Regulierungskompetenz / Kulanzvollmacht / Zeichnungsvollmacht im Zahlungsverkehr / Kollektivvollmacht für Bankgeschäfte lag bei BETRAG EURO.

2300005 Frau NAME war im Bereich BEZEICHNUNG für die Produkte BEZEICHNUNG für das In- und Auslandsgeschäft tätig. Ihre Aufgabenschwerpunkte umfassten die selbstständige Erledigung von: (TABELLARISCHE) AUFZÄHLUNG.

2300006 In der Stabsstelle BEZEICHNUNG war sie für folgende Aufgaben verantwortlich: (TABELLARISCHE) AUFZÄHLUNG.

2300007 Seine Tätigkeit bestand insbesondere in der selbstständigen Planung und Kontrolle folgender Sachverhalte: (TABELLARISCHE) AUFZÄHLUNG.

2300008 Sein Pflichtenkreis bestand insbesondere in der selbstständigen Erledigung von: (TABELLARISCHE) AUFZÄHLUNG.

2300009 Nach der Einarbeitung übernahm Herr NAME am DATUM das Verkaufsgebiet REGION zur umsatzverantwortlichen Betreuung. Sein Aufgabengebiet umfasste: (TABELLARISCHE) AUFZÄHLUNG. Außerdem wirkte er in dem Projekt BEZEICHNUNG mit.

2300010 Zum Tätigkeitsprofil von Herrn NAME gehörte die selbstständige Erledigung von: (TABELLARISCHE) AUFZÄHLUNG. Darüber hinaus bearbeitete er: (TABELLARISCHE) AUFZÄHLUNG. Ferner war er beteiligt an: KURZE AUFZÄHLUNG.

2300011 Ihre Tätigkeit umfasste folgende Schwerpunktaufgaben: (TABELLARISCHE) AUFZÄHLUNG. Am DATUM wurde sie in die BEZEICHNUNG-Abteilung versetzt. Dort hatte sie folgende Aufgaben: (TABELLARISCHE) AUFZÄHLUNG. *(Grund der Versetzung ist unklar.)*

2300012 Zunächst wurden Herrn NAME folgende Aufgaben übertragen: (TABELLARISCHE) AUFZÄHLUNG. Seit DATUM leistete er zusätzlich alle ART-Aufgaben als stellvertretender Leiter der BEZEICHNUNG-Abteilung und war für das Aufgabengebiet BEZEICHNUNG zuständig.

2300013 Frau NAME arbeitete bis zum DATUM in unserer BEZEICHNUNG-Abteilung. Dort erledigte sie selbstständig alle anfallenden ART-Aufgaben. Dann wurde sie in der BEZEICHNUNG-Abteilung mit (TABELLARISCHE) AUFZÄHLUNG betraut. *(Der Grund der Versetzung wird nicht genannt, schlechte Leistung?)*

2300014 Herr NAME war zunächst mit ART-Arbeiten beschäftigt. Danach wurde er POSITIONSBEZEICHNUNG und betreute eigenverantwortlich folgendes Aufgabengebiet: (TABELLARISCHE) AUFZÄHLUNG. Herr NAME war außerdem maßgeblich an der Entwicklung unserer BEZEICHNUNG beteiligt.

2300015 Sein Aufgabengebiet umfasste alle Verwaltungsarbeiten vom BEZEICHNUNG über BEZEICHNUNG bis hin zur BEZEICHNUNG. Außerdem übernahm Herr NAME im Vertretungsfalle AUFGABEN.

2300016 Frau NAME oblag (TABELLARISCHE) AUFZÄHLUNG. Sie kümmerte sich auch um (TABELLARISCHE) AUFZÄHLUNG. *(Kümmerte sich „auch" = kümmerte sich zu wenig.)*

2300017 Zu seinen Hauptaufgaben gehörte die selbstständige Erledigung von: (TABELLARISCHE) AUFZÄHLUNG. Daneben erledigte er (TABELLARISCHE) AUFZÄHLUNG. Seit dem DATUM bekleidete er die Position eines BEZEICHNUNG. Zu seinem Verantwortungsbereich zählte hier die eigenverantwortliche Bearbeitung von: (TABELLARISCHE) AUFZÄHLUNG.

2300018 Frau NAME erledigte alle klassischen Tätigkeiten einer BEZEICHNUNG. Ihr Aufgabengebiet umfasste insbesondere die selbstständige Erledigung von: (TABELLARISCHE) AUFZÄHLUNG. In Urlaubs- und Krankheitszeiten übernahm sie zusätzlich folgende Aufgaben: (TABELLARISCHE) AUFZÄHLUNG.

2300019 Zuerst war Frau NAME mit dem Aufgabengebiet BEZEICHNUNG betraut. Der Arbeitszuwachs machte im MONAT JAHR eine Neuverteilung der Tätigkeiten in der Gruppe notwendig. Sie übernahm nun die selbstständige Erledigung von AUFGABEN.

2300020 Herr NAME war anfänglich mit dem Aufgabengebiet BEZEICHNUNG betraut. Nach einiger Zeit war es notwendig, Herrn NAME die Aufgabe BEZEICHNUNG zu übertragen. *(Unklar, warum Aufgabenveränderung)*

2300021 Im Einzelnen oblag ihr folgendes Arbeitsgebiet: (TABELLARISCHE) AUFZÄHLUNG. Außerdem übernahm Frau NAME, wenn notwendig, folgende Aufgaben: (TABELLARISCHE) AUFZÄHLUNG.

2300022 Frau NAME wurde als BEZEICHNUNG in unserer Geschäftsstelle BEZEICHNUNG eingesetzt und hatte folgendes Aufgabengebiet: (TABELLARISCHE) AUFZÄHLUNG.

2300023 Während seiner ZAHL-jährigen Tätigkeit in unserem Unternehmen hat sich Herr NAME vom POSITIONSBEZEICHNUNG zum POSITIONSBEZEICHNUNG emporgearbeitet. Seine heutigen Aufgaben umfassen die selbstständige Erledigung von: (TABELLARISCHE) AUFZÄHLUNG.

2300024 Herr NAME war in der höchsten Gehaltsgruppe des geltenden Gehalts-Rahmentarifvertrages eingestuft. Er erledigte eigenverantwortlich hauptsächlich folgenden Aufgaben: (TABELLARISCHE) AUFZÄHLUNG.

2300025 Herr NAME war in der zweithöchsten Gehaltsgruppe des geltenden Gehalts-Rahmentarifvertrages eingestuft. Er erledigte selbstständig hauptsächlich folgende Aufgaben: (TABELLARISCHE) AUFZÄHLUNG.

2300026 Herr NAME war in der Gehaltsgruppe STUFE des geltenden Gehalts-Rahmentarifvertrages eingestuft. Er erledigte hauptsächlich folgende Aufgaben: (TABELLARISCHE) AUFZÄHLUNG.

2300027 Frau NAME war als BEZEICHNUNG im Bereich BEZEICHNUNG tätig. Ihre Hauptaufgaben waren: (TABELLARISCHE) AUFZÄHLUNG. Darüber hinaus erledigte sie alle sonstigen in der Abteilung vorkommenden Arbeiten.

2300028 Herr NAME bearbeitete in ständiger enger Abstimmung mit dem Abteilungsleiter folgende Aufgaben: (TABELLARISCHE) AUFZÄHLUNG. *(Deutet Unselbstständigkeit an)*

2300029 Herr NAME erledigte unter Anleitung anweisungsgemäß folgende Aufgaben: (TABELLARISCHE) AUFZÄHLUNG. *(Deutet Unselbstständigkeit an)*

2300030 Herr NAME erledigte nach Vorgaben selbstständig folgende Aufgaben: (TABELLARISCHE) AUFZÄHLUNG. *(Unselbstständig)*

2300031 Frau NAME hatte laut Stellenbeschreibung folgende Aufgaben zu erledigen: (TABELLARISCHE) AUFZÄHLUNG. *(Passivformulierung)*

2300032 Die Stelle erforderte die Erledigung folgender Aufgaben: (TABELLARISCHE) AUFZÄHLUNG. *(Negativ)*

Folgende aktive und erfolgsbezogene Verben können zur Bildung von eigenen Bausteinen herangezogen oder in substantivierter Form in Aufzählungstabellen verwendet werden.

2300033 Allgemeine Aus- und Durchführungsaufgaben: behandeln – erledigen – realisieren – gelingen – glücken – umsetzen – abwickeln – anwenden – (aus) (durch) führen – vornehmen – schaffen – tätigen – vorführen – zeigen – demonstrieren – präsentieren – erreichen – erzielen – eingeben – erstellen – zusammenstellen – erfassen – auflisten – ordnen – sortieren – verwalten – berechnen – kalkulieren – sichern – kopieren – verbessern – verkürzen – schreiben – beantworten – Auskunft geben – eintragen – ablegen – archivieren – aktualisieren – (maßgeblich / entscheidend) mitwirken – versenden – verschicken – anfragen – anfordern – bestellen – einkaufen – werben für – erschließen – akquirieren – anbieten – verkaufen – senden – liefern – übergeben – zur Verfügung stellen – exportieren – importieren – kontieren – buchen – stornieren – kassieren – überweisen – vertreten – protokollieren – verteilen – weiterleiten – sich kümmern um – pflegen – betreuen.

2300034 Verben des Lehrens: dozieren – vortragen – vorlesen – referieren – lehren – behandeln – erklären – erläutern – diskutieren – erörtern – Interesse / Neugier / Verständnis wecken – begeistern – fesseln – informieren – einweisen – in ein Gebiet einführen – experimentieren – vorführen – unterrichten – unterweisen – beibringen – instruieren – vermitteln – unterstützen – Hilfestellung leisten – vormachen – anleiten – anlernen – einarbeiten – ausbilden – heranbilden – qualifizieren – einüben – ertüchtigen – fit machen für – trainieren – coachen – drillen – einpauken – (um) schulen – fördern – prüfen – testen – examinieren – korrigieren.

2400000 Aufgabenbeschreibung für außertarifliche und leitende Angestellte

Die Aufgabenbeschreibung ist eine Zeugniskomponente, die wegen der Vielfalt der Aufgaben nur zum Teil einer Standardisierung zugänglich ist. Aus diesem Grund haben die folgenden Bausteine nur einleitenden Charakter. Wichtige allgemeine Aspekte sind der Grad der Eigenverantwortlichkeit, die Kompetenzen und evtl. einige Unternehmensdaten.

2400001 Sie war zuständig für: (TABELLARISCHE) AUFZÄHLUNG. Außerdem war sie Mitglied in unserem Ausschuss für BEZEICHNUNG.

2400002 Das Zuständigkeitsgebiet von Herrn NAME umfasste alle klassischen Aufgaben eines BEZEICHNUNG. Zu seinen Pflichten gehörte: (TABELLARISCHE) AUFZÄHLUNG. *(Reine Zuständigkeitsaussage)*

2400003 Die Schwerpunkte seines Tätigkeitsfeldes lagen vor allem in der eigenverantwortlichen Erledigung von: (TABELLARISCHE) AUFZÄHLUNG.

2400004 Ihr außertarifliches Aufgabengebiet umfasste die selbstständige Erledigung von: (TABELLARISCHE) AUFZÄHLUNG. Außerdem war sie in unserem Branchenverband Mitglied des Arbeitskreises für BEZEICHNUNG.

2400005 Die Hauptaufgaben in dieser mit großem Gestaltungsspielraum und mit Eigenverantwortung ausgestatteten Position waren: (TABELLARISCHE) AUFZÄHLUNG.

2400006 Der Wirkungs- und Verantwortungsbereich von Herrn NAME umfasste im Wesentlichen die selbstständige Erledigung folgender Aufgaben: (TABELLARISCHE) AUFZÄHLUNG.

2400007 Frau NAME führte im Rahmen ihres verantwortungsvollen und vielseitigen Tätigkeitsfeldes eigenverantwortlich und erfolgreich bei permanent hoher Arbeitsbelastung insbesondere folgende Aufgaben durch: (TABELLARISCHE) AUFZÄHLUNG.

2400008 Frau NAME führte zunächst erfolgreich eine Reihe von ART-Arbeiten durch. In der Folgezeit bewährte sich Frau NAME als POSITIONSBEZEICHNUNG. Zu ihrem Verantwortungsbereich zählten insbesondere folgende Aufgaben: (TABELLARISCHE) AUFZÄHLUNG.

2400009 Schwerpunkte seiner Position waren: (TABELLARISCHE) AUFZÄHLUNG. Seit dem DATUM begann er, sich mit Erfolg auf ART-Aufgaben zu spezialisieren. Am DATUM wurde Herr NAME zum verantwortlichen Leiter unserer BEZEICHNUNG-Abteilung ernannt.

2400010 Ihre wesentlichen Aufgaben bestanden in der selbstständigen Erledigung von: (TABELLARISCHE) AUFZÄHLUNG. Seit dem DATUM war Frau NAME Mitglied des innerbetrieblichen Ausschusses zur Überarbeitung unseres KOSTENSTELLENPLANES.

2400011 Frau NAME war mit der selbstständigen Erledigung von allen anfallenden Arbeiten der GEBIET betraut. Dazu zählten insbesondere: (TABELLARISCHE) AUFZÄHLUNG. Darüber hinaus war sie für die innerbetriebliche Ausbildung verantwortlich.

2400012 Herr NAME leitete die Stabsabteilung BEZEICHNUNG. In dieser Funktion hatte er direktes und ständiges Vortragsrecht bei der Geschäftsleitung. Seine Aufgaben waren insbesondere: (TABELLARISCHE) AUFZÄHLUNG. Daneben ergaben sich zusätzliche Schwerpunktaufgaben: (TABELLARISCHE) AUFZÄHLUNG.

2400013 Schwerpunkte im Ziel- und Aufgabenspektrum waren: (TABELLARISCHE) AUFZÄHLUNG. Aufgrund seiner besonderen Leistung wurde Herr NAME als POSITIONSBEZEICHNUNG mit der verantwortlichen Leitung unserer BEZEICHNUNG-Abteilung betraut. Seine Aufgaben waren hier im Wesentlichen: (TABELLARISCHE) AUFZÄHLUNG.

2400014 Zuerst war Herr NAME erfolgreich in der Abteilung BEZEICHNUNG tätig. Die Geschäftsführung anerkannte seine Leistung und berief/bestellte/ernannte ihn am DATUM zum Leiter der BEZEICHNUNG-Abteilung. Sein Verantwortungsgebiet umfasste nun die verantwortliche Leitung folgender Aufgaben: (TABELLARISCHE) AUFZÄHLUNG.

2400015 Zuerst war Frau NAME mit ART-Aufgaben betraut. Im Rahmen ihrer weiteren beruflichen Entwicklung und Förderung übertrugen wir ihr: (TABELLARISCHE) AUFZÄHLUNG. Am DATUM wurde ihr Prokura erteilt.

2400016 Nach erfolgreicher Einarbeitungszeit übernahm Herr NAME am DATUM das Verkaufsgebiet BEZEICHNUNG zur umsatzverantwortlichen Bearbeitung.

2400017 Herr NAME war mit der erforderlichen Personal- und Sachkompetenz ausgestattet und erfüllte in seiner Vertrauens- und Schlüsselposition mit Erfolgsverantwortung folgende leitenden Aufgaben: (TABELLARISCHE) AUFZÄHLUNG.

2400018 Seine Verantwortung umfasste im Rahmen der Beschlüsse des Vorstandes/der Geschäftsführung die gesamte fachliche Leitung und personelle Führung der Hauptabteilung/Abteilung BEZEICHNUNG. Seine Aufgaben waren hauptsächlich: (TABELLARISCHE) AUFZÄHLUNG.

2400019 Herr NAME leitete das Ressort/die Hauptabteilung/Abteilung BEZEICHNUNG und berichtete direkt der Geschäftsleitung. Damit waren ihm organisatorisch folgende Funktionen zugeordnet: AUFZÄHLUNG. In dieser Position war er für die Planung und Steuerung eines Budgets/Investitionsvolumens von BETRAG EURO/jährlich verantwortlich. Seine Aufgaben umfassten insbesondere: (TABELLARISCHE) AUFZÄHLUNG. Am DATUM wurde ihm Prokura erteilt.

2400020 Herr NAME war innerhalb der Gesamtverantwortung des Vorstandes/der Geschäftsführung nach dem Geschäftsverteilungsplan erstverantwortlich für die Ressorts BEZEICHNUNGEN. Insbesondere leitete er folgende strategische und operative Aufgaben: (TABELLARISCHE) AUFZÄHLUNG.

2400021 Herr NAME war als alleinvertretungsberechtigter Geschäftsführer für die Leitung des Unternehmens verantwortlich. Seine strategischen und operativen Hauptaufgaben waren: (TABELLARISCHE) AUFZÄHLUNG.

2400022 Herr NAME war zuständig für die Bereiche (TABELLARISCHE) AUFZÄHLUNG. In dieser Vertrauensstellung berichtete er direkt der Geschäftsführung/dem Vorstand. Er war für ein Budget von BETRAG EURO jährlich verantwortlich. Außerdem war er Mitglied unserer STRATEGIEKOMMISSION. Die Schwerpunkte seiner Tätigkeit waren: (TABELLARISCHE) AUFZÄHLUNG.

2400023 Frau NAME leitete mit Umsatz- und Gewinnverantwortung/Rentabilitätsverantwortung den Bereich BEZEICHNUNG. Sie berichtete direkt der Geschäftsleitung und nahm regelmäßig an den Sitzungen der erweiterten Geschäftsleitung teil. Ihre Kostenstellenverantwortung umfasste ein Budget von BETRAG EURO jährlich.

2400024 Frau NAME leitete eigenverantwortlich den Bereich BEZEICHNUNG. Sie war der Geschäftsleitung direkt unterstellt und nahm regelmäßig an den Sitzungen der erweiterten Geschäftsleitung teil. Außerdem war sie Mitglied unseres INVESTITIONSAUSSCHUSSES. Im betrieblichen Interesse gehörte sie folgenden externen Gremien an: AUFZÄHLUNG.

2400025 Herr NAME erfüllte in seinem Ressort folgende für den Bestand und die Entwicklung des Unternehmens / Betriebes bedeutsamen Leitungsaufgaben: (TABELLARISCHE) AUFZÄHLUNG. Zur Durchführung dieser Aufgaben war er mit den erforderlichen Kompetenzen zur eigenverantwortlichen Entscheidung ausgestattet.

2400026 In dieser exponierten Position nahm Herr NAME als Leitender Angestellter folgende unternehmerische Teilaufgaben wahr: (TABELLARISCHE) AUFZÄHLUNG. Der Bedeutung der Position entsprechend hatte Herr NAME die notwendigen umfangreichen Vollmachten für eigenverantwortliche Entscheidungen.

2400027 Zunächst übertrugen wir Herrn NAME die Leitung des Referates BEZEICHNUNG. Sein Aufgabengebiet umfasste hier im Wesentlichen: (TABELLARISCHE) AUFZÄHLUNG. Am DATUM übernahm Herr NAME die Leitung der Abteilung BEZEICHNUNG. Diese Position umschloss die Stellvertretung des BEZEICHNUNG. Gleichzeitig wurde ihm Prokura / Handlungsvollmacht erteilt. Als Abteilungsleiter war er verantwortlich für: (TABELLARISCHE) AUFZÄHLUNG.

2400028 Herr NAME besaß Prokura / Handlungsvollmacht und nahm als Leitender Angestellter in unserem Hause selbstständig Aufgaben wahr, die für den Bestand und die Entwicklung des Unternehmens von hoher Bedeutung waren. Seine Verantwortung umfasste bei permanent hoher Arbeitsbelastung insbesondere: (TABELLARISCHE) AUFZÄHLUNG.

2400029 Herr NAME realisierte in dieser Position schwerpunktmäßig folgende Ziele: (TABELLARISCHE) AUFZÄHLUNG. Weiterhin führte er erfolgreich Projekte zur ZIELE durch. Außerdem vertrat er unsere Interessen im Ausschuss für BEZEICHNUNG des BEZEICHNUNG-Verbandes.

2400030 Die Positionsbeschreibung umfasst folgende Zuständigkeiten: (TABELLARISCHE) AUFZÄHLUNG. *(Auch wahrgenommen?)*

Folgende aktive und erfolgsbezogene Verben können zur Bildung von eigenen Bausteinen herangezogen oder in substantivierter Form in Aufzählungstabellen verwendet werden:

2400031 Forschungs-, Planungs- und Entwicklungsaufgaben: beobachten – verfolgen – recherchieren – ermitteln – einholen – identifizieren – schätzen – sammeln – registrieren – sichten – untersuchen – experimentieren – erforschen – klären – analysieren – auswerten – diagnostizieren – begutachten – prüfen – (aus) testen – erproben – beweisen – nachweisen – prognostizieren – planen – systematisieren – vorbereiten – entwickeln – entwerfen – programmieren – skizzieren – ausarbeiten – konzipieren – konstruieren – projektieren– lösen – (re)organisieren – strukturieren – rationalisieren – modernisieren – vervollkommnen – perfektionieren – optimieren.

2400032 Informations- und Beratungsaufgaben: vorbereiten – informieren – berichten – melden – übermitteln – verfassen – aufmerksam machen – hinweisen – benachrichtigen – präsentieren – vortragen – referieren – substantiieren – erklären – erläutern – kommentieren – interpretieren – begründen – vorlegen – vorschlagen – unterbreiten – einreichen – beraten – empfehlen – unterstützen – assistieren.

2400033 Entscheidungs- und Führungsaufgaben: bewerten – beurteilen – auditieren – befürworten – entscheiden – befinden über – bestimmen – festlegen – gestalten – regeln – genehmigen – beschließen – auswählen – anweisen – Vorgaben machen – einsetzen – durchsetzen – überzeugen – delegieren – investieren – anlegen – Ziele setzen – führen – leiten – lenken – steuern – managen – improvisieren – koordinieren – kombinieren – dirigieren – manövrieren – konsolidieren – vereinbaren – (aus) (ver) handeln – abschließen – bestätigen – gewähren – zusagen – konsultieren – (ab) (gegen) (unter) zeichnen – einweisen – gründen – aufbauen – formen – fördern – aktivieren – motivieren – einstellen – entlassen.

2400034 Anspruchsvolle Aus- und Durchführungsaufgaben: agieren – gestalten – (de) zentralisieren – stabilisieren – sanieren – konzentrieren – installieren – implementieren – einführen – überarbeiten – erneuern – reformieren – senken – steigern – beschleunigen – forcieren – formulieren – texten.

2400035 Kontrollaufgaben: beobachten – kontrollieren – inspizieren – überwachen – bewachen – sichern – prüfen – testen – checken – (auf) klären – (ab) (ver) gleichen – abstimmen – ermitteln – beaufsichtigen – abnehmen.

2400036 Kontaktaufgaben: vertreten – repräsentieren – besuchen – empfangen – betreuen – verhandeln – Kontakt/Verbindung aufnehmen/halten – kontaktieren – Beziehungen pflegen – Ansprechpartner/Kooperationspartner sein – Gesprächs- und Verhandlungspartner sein.

2400037 Verben des Lehrens: dozieren – vortragen – vorlesen – referieren – lehren – behandeln – erklären – erläutern – diskutieren – erörtern – Interesse/Neugier/Verständnis wecken – begeistern – fesseln – informieren – einweisen – in ein Gebiet einführen – experimentieren – vorführen – unterrichten – unterweisen – beibringen – instruieren – vermitteln – unterstützen – Hilfestellung leisten – vormachen – anleiten – anlernen – einarbeiten – ausbilden – heranbilden – qualifizieren – einüben – ertüchtigen – fit machen für – trainieren – coachen – drillen – einpauken – (um) schulen – fördern – prüfen – testen – examinieren – korrigieren.

2500000 **Art der Ausbildung und erworbene berufliche Fertigkeiten, Kenntnisse und Fähigkeiten bei Auszubildenden**

Die Beschreibung der Art der Ausbildung und der erworbenen Fertigkeiten, Kenntnisse und Fähigkeiten ist eine Zeugniskomponente, die wegen der Vielfalt der Berufsbilder nur zum Teil einer Standardisierung zugänglich ist. Aus diesem Grunde haben die folgenden Bausteine nur einleitenden Charakter.

2500001 Durch die praktische Mitarbeit in den Einsatzbereichen und in Projekten sowie durch den Besuch der Berufsschule / Duale Hochschule und die Teilnahme an unserem innerbetrieblichen Unterricht erwarb Herr NAME insbesondere folgende beruflichen Fertigkeiten, Kenntnisse und Fähigkeiten: TABELLARISCHE AUFZÄHLUNG.

2500002 Frau NAME durchlief die Einsatzbereiche AUFZÄHLUNG. Durch diese praktische Arbeit und in der Berufsschule sowie in unseren internen Kursen erwarb sie insbesondere folgende berufliche Fertigkeiten, Kenntnisse und Fähigkeiten: TABELLARISCHE AUFZÄHLUNG.

2500003 Er wurde nach dem Ausbildungsrahmenplan im regelmäßigen Wechsel mit allen technischen / kaufmännischen / verwaltenden Arbeiten vertraut gemacht. Er lernte die Funktionen AUFZÄHLUNG kennen. Dabei erwarb er alle im Berufsbild festgelegten beruflichen Fertigkeiten, Kenntnisse und Fähigkeiten, so unter anderem: TABELLARISCHE AUFZÄHLUNG.

2500004 Im Verlauf seiner Ausbildung wurde Herr NAME in die Tätigkeiten des BERUFSBILDES eingeführt. Er durchlief bei uns bzw. bei unseren Ausbildungspartnern / Verbundunternehmen die Funktionen AUFZÄHLUNG. Dort eignete er sich schwerpunktmäßig folgende berufliche Fertigkeiten, fundierte Kenntnisse und Fähigkeiten an: TABELLARISCHE AUFZÄHLUNG.

2500005 Herr NAME wurde im Zuge seiner Berufsausbildung in verschiedenen Bereichen unseres Werkes eingehend unterwiesen. Dabei erwarb er, unterstützt durch den Besuch der Berufsschule und durch unseren internen Unterricht, alle wesentlichen beruflichen Fertigkeiten, Kenntnisse und Fähigkeiten: TABELLARISCHE AUFZÄHLUNG.

2500006 Frau NAME wurde berufsbezogen ausgebildet und in den Funktionen AUFZÄHLUNG beschäftigt. Die Mitwirkung bei Geschäftsvorgängen wichtiger Art wurde mit Erfolg praktiziert. Dies gilt insbesondere für folgende Arbeiten: TABELLARISCHE AUFZÄHLUNG.

2500007 Wir vermittelten Herrn NAME durch planmäßige Unterweisung sowie praktische Beschäftigung mit allen vorkommenden Arbeiten eine Ausbildung nach dem Berufsbild des BERUFSBEZEICHNUNG. Er durchlief folgende Stationen: AUFZÄHLUNG. Während seiner Ausbildung besuchte Herr NAME die Berufsschule und den ergänzenden Unterricht in unserem Betrieb. Im Einzelnen erwarb er folgende berufliche Fertigkeiten, Kenntnisse und Fähigkeiten: TABELLARISCHE AUFZÄHLUNG.

Im letzten Ausbildungsjahr konnte er zur Urlaubsvertretung in der Abteilung BEZEICHNUNG eingesetzt werden, wo er selbstständig die ART-Aufgaben erledigte.

2500008 Der Gang der betrieblichen Ausbildung war am Ausbildungsrahmenplan ausgerichtet, sodass Frau NAME mit Abschluss der Ausbildung über die einschlägigen Kenntnisse und beruflichen Fertigkeiten und Fähigkeiten einer BERUFSBEZEICHNUNG verfügt und heute vielseitig einsetzbar ist. Zur Ergänzung der betrieblichen Praxis hat Frau NAME den Unterricht in der Fachklasse der Berufsschule besucht.

2500009 Frau NAME erhielt zunächst eine Grundausbildung in unserer Lehrwerkstatt. Danach lernte sie in unseren technischen Abteilungen sämtliche Arbeiten des Berufsbildes BERUFSBEZEICHNUNG kennen. Sie arbeitete in den Einsatzstellen mit Fortgang der Ausbildung jeweils schon nach kurzer Einarbeitung selbstständig mit und erfüllt nun voll die Anforderungen des Berufsbildes. Sie besitzt die beruflichen Fertigkeiten, Kenntnisse und Fähigkeiten, folgende Arbeiten selbstständig durchzuführen: TABELLARISCHE AUFZÄHLUNG.

2500010 Während der Ausbildung wurde Herr NAME in den Bereichen AUFZÄHLUNG eingesetzt. Er lernte die wesentlichen Tätigkeiten dieser Bereiche kennen und arbeitete in den Einsatzstellen mit zunehmender Selbstständigkeit mit. Dank seiner ausgezeichneten Auffassungsgabe erwarb er sowohl einen guten Überblick über die Zusammenhänge und Wechselwirkungen in unserem Unternehmen, als auch die erforderlichen Detailkenntnisse. Die praktische Ausbildung, die durch die Berufsschule und durch interne Kurse ergänzt wurde, hatte schwerpunktmäßig folgende Inhalte:

1. Ausbildungsjahr: AUFZÄHLUNG
2. Ausbildungsjahr: AUFZÄHLUNG
3. Ausbildungsjahr: AUFZÄHLUNG

Gegen Ende seiner Ausbildung war er ZAHL Monate in der Abteilung BEZEICHNUNG tätig, wo er selbstständig folgende Arbeiten ausführte: AUFZÄHLUNG.

Folgende aktive und erfolgsbezogene Verben können zur Bildung von eigenen Bausteinen herangezogen oder in substantivierter Form in Aufzählungstabellen verwendet werden.

2500011 Verben des Lernens: sich interessieren für – Interesse zeigen für – ansehen – anschauen – sehen – kennen lernen – hören – lesen – mitbekommen – erleben – beobachten – Lehrgänge / Kurse besuchen – teilnehmen – hospitieren – absolvieren – durchlaufen – mitarbeiten – (er) lernen – aneignen – verstehen – begreifen – sich einprägen – rasch auffassen – Zusammenhänge erfassen – Kenntnisse erwerben / erweitern / vertiefen / aktualisieren / auffrischen / vervollkommnen / perfektionieren – einsetzen / anwenden – sich einarbeiten – sich vertiefen – sich (höher) qualifizieren – sich spezialisieren – studieren – sich (autodidaktisch) beibringen – Unterlagen / Materialien durcharbeiten – üben – trainieren – exerzieren – wiederholen – sich befassen mit – sich beschäftigen mit – Lehrgänge / Kurse erfolgreich abschließen – Prüfungen / Tests bestehen – Probearbeiten ausführen – ein Praktikum machen – etwas beherrschen – etwas können – sich bilden – weiterbilden – fortbilden – sich umschulen – Erfahrungen sammeln – Humankapital bilden.

2600000 Aufgabenbeschreibung für Praktikanten und Volontäre

Die Aufgabenbeschreibung ist eine Zeugniskomponente, die wegen der Vielfalt der Aufgaben nur zum Teil einer Standardisierung zugänglich ist. Aus diesem Grund haben die folgenden Bausteine nur einleitenden Charakter.

2600001 Herr NAME hat in unserem Betrieb zum Thema BEZEICHNUNG seine Diplomarbeit erstellt. Die Arbeitsergebnisse konnten mit Erfolg realisiert werden und führten zu einer spürbaren Verbesserung der BEZEICHNUNG.

2600002 Frau NAME hat in ihrem Praxissemester gemäß einem von uns erstellten Pflichtenheft ein EDV-Programm zur PROBLEMSTELLUNG erstellt. Dieses Programm hat sich in der Praxis sehr gut bewährt.

2600003 Herr NAME durchlief bei uns folgende Abteilungen: AUFZÄHLUNG. Er arbeitete außerdem in unserem Projekt BEZEICHNUNG mit.

2600004 Frau NAME bekam einen Überblick über alle Arbeiten, die in einer STEUERBERATUNG anfallen. Insbesondere wurde sie mit folgenden Arbeiten beschäftigt: (TABELLARISCHE) AUFZÄHLUNG.

2600005 Aufgrund seiner guten Kenntnisse in GEBIET konnte er im Bereich BEZEICHNUNG beschäftigt werden.

2600006 Er war seinem Wunsch und seinen beruflichen Plänen entsprechend hauptsächlich in folgenden Bereichen tätig: AUFZÄHLUNG. Hier lernte er durch intensive Mitarbeit insbesondere folgende Aufgaben kennen: (TABELLARISCHE) AUFZÄHLUNG.

2600007 Gemäß der Studienordnung der Fachhochschule ORT wurde er in folgende Gebiete eingewiesen: (TABELLARISCHE) AUFZÄHLUNG.

2600008 Um sich intensiv auf seine spätere Berufspraxis als BEZEICHNUNG vorzubereiten, übernahm Herr NAME während seines Praktikums das Projekt/Teilprojekt BEZEICHNUNG, für das er selbstständig eine Sollkonzeption/Lösung erarbeitete.

3000000 Leistungsbeurteilung

3200000 Leistungsbeurteilung von gewerblichen Arbeitnehmern

Bitte wählen Sie unter Beachtung der Notenstufen je einen Baustein aus den nachfolgenden Gruppen 3210 Arbeitsbereitschaft, 3220 Arbeitsbefähigung, 3230 Wissen und Weiterbildung, 3240 Arbeitsweise, 3251 Arbeitsgüte, 3252 Arbeitsmenge und -tempo, 3260 Herausragende Erfolge (nur bei sehr guter oder guter Gesamtbeurteilung) und 3280 Zusammenfassende Leistungsbeurteilung.

3210000 Arbeitsbereitschaft von gewerblichen Arbeitnehmern

3210100 Arbeitsbereitschaft bei sehr guter Beurteilung

3210101a Herr NAME war stets sehr gut motiviert.

3210102b Herr NAME zeichnete sich durch eine sehr hohe Arbeitsmoral aus. Er hat jederzeit zusätzliche Arbeiten und Mehrarbeit übernommen.

3210103c Frau NAME zeichnete sich stets durch großen Arbeitseifer und sehr hohes Pflichtbewusstsein aus.

3210104d Frau NAME verfügte stets über eine sehr gute Leistungsbereitschaft und eine vorbildliche Pflichtauffassung.

3210105e Frau NAME war stets eine äußerst engagierte und strebsame Mitarbeiterin. Es war ihr nie eine Arbeit zu viel.

3210106f Herr NAME war ein sehr einsatzfreudiger und eigenmotivierter Mitarbeiter, der bei Personalausfällen, Terminaufträgen und in Notfällen jederzeit Aufträge in den Abendstunden und an den Wochenenden ausführte.

3210107g Herr NAME hatte stets eine sehr gute Arbeitsmotivation. Dies zeigte sich unter anderem darin, dass er auf die häufig kurzfristigen Einsatzdispositionen, die unser Betriebszweck unvermeidlich mit sich bringt, stets mit flexibler Rund-um-die-Uhr-Einsatzbereitschaft reagierte.

3210108h Frau NAME war jederzeit gern bereit, auch Aufgaben außerhalb ihres eigentlichen Aufgabengebietes zu übernehmen.

3210109i Herr NAME war ein höchst aktiver, seine Arbeit energisch anpackender BERUFSBEZEICHNUNG. Er arbeitete gern und handelte aus eigenem Antrieb.

3210110j Herr NAME verfügte stets über ein sehr hohes Maß an Eigeninitiative und Leistungsbereitschaft.

3210111k Herr NAME übernahm jederzeit freiwillig auch äußerst unangenehme sowie gefahrgeneigte Arbeiten.

3210200 Arbeitsbereitschaft bei guter Beurteilung

3210201a Herr NAME war stets gut motiviert.

3210202b Herr NAME zeichnete sich durch eine hohe Arbeitsmoral aus. Er hat jederzeit zusätzliche Arbeiten und Mehrarbeit übernommen.

3210203c Frau NAME zeichnete sich durch Arbeitseifer und ein hohes Pflichtbewusstsein aus.

3210204d Frau NAME verfügte stets über eine gute Leistungsbereitschaft und Pflichtauffassung.

3210205e Frau NAME war eine sehr engagierte und strebsame Mitarbeiterin.

3210206f Herr NAME war ein einsatzfreudiger Mitarbeiter, der bei Personalausfällen, Terminaufträgen und in Notfällen Aufträge in den Abendstunden und an den Wochenenden ausführte. *(z. B. im Reparaturservice)*

3210207g Die gute Arbeitsmotivation von Herrn NAME zeigte sich unter anderem darin, dass er auf die häufig kurzfristigen Einsatzdispositionen, die unser Betriebszweck unvermeidlich mit sich bringt, mit flexibler Einsatzbereitschaft reagierte.

3210208h Frau NAME war jederzeit bereit, auch Aufgaben außerhalb ihres eigentlichen Aufgabengebietes zu übernehmen.

3210209i Herr NAME war ein aktiver, seine Arbeit anpackender BERUFSBEZEICHNUNG.

3210210j Herr NAME verfügte über ein hohes Maß an Eigeninitiative und Leistungsbereitschaft.

3210211k Herr NAME übernahm freiwillig auch unangenehme sowie gefahrgeneigte Arbeiten.

3210300 **Arbeitsbereitschaft bei befriedigender Beurteilung**

3210301a Herr NAME war motiviert.

3210302b Herr NAME hatte eine voll zufriedenstellende Arbeitsmoral und hat auch zusätzliche Arbeiten übernommen.

3210303c Frau NAME war pflichtbewusst.

3210304d Frau NAME verfügte über eine voll befriedigende Arbeitsbereitschaft.

3210400 **Arbeitsbereitschaft bei ausreichender Beurteilung**

3210401a Herr NAME arbeitete bei uns mit genügender Arbeitsmotivation.

3210402b Die Arbeitsmoral von Herrn NAME äußerte sich darin, dass er wiederholt auf Anforderung bereit war, Mehrarbeit zu übernehmen.

3210403* Herr NAME bearbeitete seine Aufgaben anweisungsgemäß und vorschriftsmäßig.

3210500 **Arbeitsbereitschaft bei mangelhafter Beurteilung**

3210501a Die Arbeitsmotivation von Herrn NAME war insgesamt zufriedenstellend.

3210502b Wir wollen nicht vergessen zu erwähnen, dass an seiner Arbeitsmoral kaum etwas auszusetzen war. Er war willig, pünktlich und scheute grundsätzlich auch keine Mehrarbeit.

3210503* Herr NAME reagierte auf Motivationsmaßnahmen. Er strengte sich an, die berufsüblichen Anforderungen zu erfüllen.

3210504* Herr NAME tat willig, was von ihm verlangt wurde, sodass man ihm in dieser Hinsicht nichts vorwerfen kann.

3210505* Herr NAME verstand es geschickt, die ihm aufgetragenen Aufgaben mit einem günstigen Einsatz von Energie und Arbeitsaufwand zu bearbeiten.

3210506* Frau NAME nahm ihre arbeitsvertraglichen Pflichten im Großen und Ganzen aktiv wahr. *(evtl. Andeutung von Fehlzeiten)*

3210507* Herr NAME interessierte sich sehr für seine Arbeit und verstand es geschickt, seine Kollegen bei der Erledigung seiner Aufgaben einzubeziehen.

3210508* Seinen Pflichten ist Herr NAME korrekt und pünktlich nachgekommen.

3220000 **Arbeitsbefähigung von gewerblichen Arbeitnehmern**

3220100 **Arbeitsbefähigung bei sehr guter Beurteilung**

3220101a Sie verfügte über eine in jeder Hinsicht sehr hohe Arbeitsbefähigung und war allen Belastungen ihrer schwierigen und anstrengenden Arbeit sehr gut gewachsen.

3220102b Er war ein sehr belastbarer, besonnener und fachlich tüchtiger Mitarbeiter. Er ist ein absoluter Könner und hat laufend schwierige und umfangreiche Aufgaben übernommen.

3220103c Er war ein sehr robuster, stets hoch belastbarer und sehr ausdauernder Mitarbeiter. Er plante jede Auftragserledigung sorgfältig, dachte vorausschauend mit und beherrschte seine Arbeit / sein Handwerk sehr gut.

3220104d Die Reparaturen beim Kunden erfordern es oft, unkonventionelle Lösungen zu finden. Er besitzt hierzu ein exzellentes Improvisationstalent und Geschick.

3220105e In die Bedienung der TYP-Maschine arbeitete er sich äußerst engagiert und sehr schnell ein.

3220106f Mit den besonderen Belastungen der Akkordarbeit / Schichtarbeit / Wechselschichtarbeit ist er stets sehr gut zurechtgekommen. Aufgrund seiner vielseitigen Fähigkeiten hat er während der Nachtschicht auftretende Probleme selbstständig gelöst.

3220107g Sie war eine bestens qualifizierte Mitarbeiterin und hat sich aufgrund ihrer außergewöhnlichen Auffassungsgabe sehr schnell und sicher in neue Aufgaben eingearbeitet. Daher war sie vielseitig einsetzbar.

3220108h Sie war eine im positiven Sinne sachkritische und kluge Mitarbeiterin, die hinsichtlich der Arbeitsabläufe viele sehr vernünftige Anregungen machte und realisierte.

3220109* Sie beherrscht ihr Aufgabengebiet / Handwerk in jeder Hinsicht perfekt / meisterhaft.

3220200 Arbeitsbefähigung bei guter Beurteilung

3220201a Sie verfügte über eine in jeder Hinsicht hohe Arbeitsbefähigung und war den Belastungen ihrer schwierigen und anstrengenden Arbeit gut gewachsen.

3220202b Er war ein belastbarer und tüchtiger Mitarbeiter. Er war fähig, schwierige und umfangreiche Aufgaben zu erfüllen.

3220203c Er war ein robuster, belastbarer und sehr ausdauernder Mitarbeiter. Er plante und dachte mit und beherrschte seine Arbeit / sein Handwerk gut.

3220204d Die Reparaturen beim Kunden erfordern es oft, unkonventionelle Lösungen zu finden. Er besitzt hierzu ein gutes Improvisationstalent und Geschick.

3220205e In die Bedienung der TYP-Maschine arbeitete er sich engagiert und schnell ein.

3220206f Mit den besonderen Belastungen der Akkordarbeit / Schichtarbeit / Wechselschichtarbeit ist er stets gut zurechtgekommen.

3220207g Sie war eine gut qualifizierte Mitarbeiterin und hat sich aufgrund ihrer guten Auffassungsgabe schnell und sicher in neue Aufgaben eingearbeitet.

3220208h Frau NAME war eine im positiven Sinne sachkritische Mitarbeiterin, die hinsichtlich der Arbeitsabläufe viele vernünftige Anregungen machte und realisierte.

3220300 Arbeitsbefähigung bei befriedigender Beurteilung

3220301a Sie verfügte über eine gute Arbeitsbefähigung.

3220302b Er war fähig, auf Anforderung auch andere gleichartige Arbeiten zu übernehmen.

3220303c Er war ein belastbarer und ausdauernder Mitarbeiter.

3220304d Die Reparaturen beim Kunden erfordern es oft, unkonventionelle Lösungen zu finden. Er besitzt hierzu Improvisationstalent.

3220305e In die Bedienung der TYP-Maschine arbeitete er sich ein.

3220306f Mit den besonderen Belastungen der Akkordarbeit/Schichtarbeit/Wechselschichtarbeit ist er gut zurechtgekommen.

3220400 Arbeitsbefähigung bei ausreichender Beurteilung

3220401a Sie verfügte über eine zufriedenstellende Arbeitsbefähigung.

3220402b Er war fähig, auf Anforderung auch einzelne andere, gleichartige Arbeitsaufgaben zu erfüllen.

3220403i Die Erledigung seiner Aufgaben bereitete ihm keine fachlichen Schwierigkeiten.

3220404* Er erfüllte die Anforderungen seines Arbeitsplatzes und war aufgrund seiner Fähigkeiten in gewissem Rahmen auch an anderen Arbeitsplätzen einsetzbar.

3220405* Sie war dem üblichen Arbeitsanfall gewachsen und arbeitete nach Vorgaben selbstständig.

3220500 Arbeitsbefähigung bei mangelhafter Beurteilung

3220501a Im Großen und Ganzen verfügte sie über eine zufriedenstellende Arbeitsbefähigung.

3220502b Er setzte sich im Rahmen seiner Möglichkeiten ein. Dabei spricht es für ihn, dass er immer bereit war, aus Fehlern zu lernen.

3220503i Die Erledigung seiner Aufgaben bereitete ihm kaum fachliche Schwierigkeiten.

3220504* Sie fühlte sich befähigt, die Anforderungen des Arbeitsplatzes zu erfüllen.

3230000 **Wissen und Weiterbildung von gewerblichen Arbeitnehmern**

Um sowohl das Wissen als auch die Weiterbildung zu beurteilen, sind meist zwei Bausteine dieser Gruppe auszuwählen.

3230100 **Wissen und Weiterbildung bei sehr guter Beurteilung**

3230101a Dank seines umfangreichen, fundierten und jederzeit aktuellen Fachwissens löste er alle seine Aufgaben bestens. Durch gezielte Weiterbildungsmaßnahmen hielt er sein Fachwissen jederzeit auf dem neuesten Stand.

3230102b In Eigeninitiative hat er sich berufsbegleitend mit sehr gutem Erfolg zum BEZEICHNUNG weitergebildet.

3230103c Frau NAME nahm an einem Weiterbildungskurs für BEZEICHNUNG teil und setzte ihre erworbenen Fertigkeiten und Kenntnisse äußerst praxiswirksam um.

3230104d Herr NAME war ein aufgeschlossener und sehr versierter Mitarbeiter, der aufgrund seiner außergewöhnlichen Fachkenntnisse und seiner vielseitigen Berufserfahrung mit allen Maschinen und Werkstoffen im Arbeitsbereich bestens vertraut war und daher jederzeit flexibel eingesetzt werden konnte.

3230105e Mit sehr gutem Erfolg hat er in der Zeit vom DATUM bis zum DATUM eine Zusatzausbildung zum BEZEICHNUNG absolviert.

3230106f Durch seine langjährigen und vielseitigen Erfahrungen hat er ein umfangreiches und sehr fundiertes Fachwissen erworben. Er war daher allen bei Montagearbeiten oft auftretenden überraschenden Arbeitssituationen absolut gewachsen.

3230107g Herr NAME war ein sehr flexibler und routinierter Fachmann, der stets aktiv und mit Energie seine Weiterbildung entsprechend dem technischen Fortschritt betrieb.

3230108h Aufgrund seiner sehr guten technischen Kenntnisse wurde Herr NAME bevorzugt mit der Herstellung von Prototypen und Sonderkonstruktionen betraut, die er nach den Konstruktionsplänen selbstständig anfertigte.

3230109i Aufgrund seines umfassenden und sehr fundierten Fachwissens und seiner großen praktischen Erfahrung wurde er, insbesondere bei schwierigen und kniffligen Reparaturen, bei der Fehlersuche und Fehlerbehebung eingesetzt, die er stets äußerst systematisch, zügig und sehr erfolgreich durchführte.

3230110j Herr NAME war ein sehr sachkundiger und überall einsetzbarer Mitarbeiter.

3230111k In kürzester Zeit beherrschte er die Bedienung der äußerst komplizierten Maschine sehr gut.

3230112l Aufgrund seiner sehr guten praktischen Kenntnisse haben wir ihm empfohlen, sich zum BEZEICHNUNG weiterzubilden.

3230113m Aufgrund seiner sehr guten praktischen Kenntnisse haben wir ihm empfohlen, den Meisterbrief zu erwerben.

3230114n Hervorzuheben sind auch seine sehr guten Englischkenntnisse, sodass er die meist in englischer Sprache verfassten Handbücher für unsere Anlagen und Maschinen lesen und nutzen kann.

3230115o Herr NAME verfügt über eine sehr große und bemerkenswerte Berufserfahrung. Seine fachlichen Kenntnisse entsprechen dem neuesten technischen Stand. Daher hat er regelmäßig die Einweisung der Auszubildenden und wiederholt die Einarbeitung neuer Mitarbeiter übernommen. Hervorzuheben ist seine Fähigkeit, sich selbstständig neues Wissen anzueignen.

3230116p Ihr Fachwissen hat sie durch eine intensive Teilnahme an unseren Schulungen sowie an den Trainingsveranstaltungen der Hersteller jederzeit auf dem aktuellen Stand gehalten. Sie verfügt über umfassende und fundierte Fachkenntnisse, die sie immer sehr gut praktisch umgesetzt hat.

3230117* In Eigeninitiative hat er berufsbegleitend eine Ausbildung zum BEZEICHNUNG-Meister durchgeführt und im MONAT JAHR den Meistertitel erworben.

3230118* In Eigeninitiative hat sich Herr NAME berufsbegleitend weitergebildet und im MONAT JAHR erfolgreich die Technikerprüfung abgelegt.

3230119* Neben seiner täglichen Arbeit absolvierte Herr NAME einen Kurs in GEBIET und erwarb so für unsere Arbeit sehr wichtige Kenntnisse, die er an seine Kollegen weitergab.

3230120* In Eigeninitiative hat sich Frau NAME berufsbegleitend weiter ausgebildet und im MONAT JAHR das Abitur erworben.

3230121* Herr NAME besitzt das TÜV-Schweißerzeugnis / den Gabelstaplerschein / die Musterberechtigung zum Führen von GERÄT.

3230200 Wissen und Weiterbildung bei guter Beurteilung

3230201a Dank seines umfangreichen, fundierten und aktuellen Fachwissens löste er alle seine Aufgaben stets gut. Durch gezielte Weiterbildungsmaßnahmen hielt er sein Fachwissen auf dem neuesten Stand.

3230202b In Eigeninitiative hat er sich berufsbegleitend mit gutem Erfolg zum BEZEICHNUNG weitergebildet.

3230203c Frau NAME nahm an einem Weiterbildungskurs für BEZEICHNUNG teil und setzte ihre erworbenen Fertigkeiten und Kenntnisse erfolgreich um.

3230204d Herr NAME war ein aufgeschlossener und versierter Mitarbeiter, der aufgrund seiner guten Fachkenntnisse und seiner vielseitigen Berufserfahrung mit allen Maschinen und Werkstoffen im Arbeitsbereich gut vertraut war und daher jederzeit flexibel eingesetzt werden konnte.

3230205e Mit gutem Erfolg hat er in der Zeit vom DATUM bis zum DATUM eine Zusatzausbildung zum BEZEICHNUNG absolviert.

3230206f Durch seine langjährige Praxis hat er ein umfangreiches und fundiertes Fachwissen erworben. Er war daher allen bei Montagearbeiten oft auftretenden überraschenden Arbeitssituationen stets gut gewachsen.

3230207g Herr NAME war ein flexibler und routinierter Fachmann, der mit Energie seine Weiterbildung entsprechend dem technischen Fortschritt betrieb.

3230208h Aufgrund seiner guten technischen Kenntnisse wurde Herr NAME wiederholt mit der Herstellung von Prototypen und Sonderkonstruktionen betraut, die er nach den Konstruktionsplänen selbstständig anfertigte.

3230209i Aufgrund seines umfassenden und fundierten Fachwissens und seiner großen praktischen Erfahrung wurde er, insbesondere bei schwierigen Reparaturen, bei der Fehlersuche und Fehlerbehebung eingesetzt, die er stets systematisch, zügig und erfolgreich durchführte.

3230210j Herr NAME war ein sachkundiger und vielfältig einsetzbarer Mitarbeiter.

3230211k In kurzer Zeit beherrschte er die Bedienung dieser komplizierten Maschine gut.

3230212l Aufgrund seiner guten praktischen Kenntnisse haben wir ihm empfohlen, sich zum BEZEICHNUNG weiterzubilden.

3230213m Aufgrund seiner guten praktischen Kenntnisse haben wir ihm empfohlen, den Meisterbrief zu erwerben.

3230214n Hervorzuheben sind auch seine guten Englischkenntnisse, sodass er die meist in englischer Sprache verfassten Handbücher für unsere Anlagen und Maschinen lesen und verstehen kann.

3230215o Herr NAME verfügt über eine große Berufserfahrung. Seine fachlichen Kenntnisse entsprechen dem neuesten technischen Stand. Daher hat er regelmäßig die Einweisung der Auszubildenden und wiederholt die Einarbeitung neuer Mitarbeiter übernommen.

3230216p Ihr Fachwissen hat sie durch eine Teilnahme an unseren Schulungen sowie an den Trainingsveranstaltungen der Hersteller auf dem aktuellen Stand gehalten. Sie verfügt über umfassende und fundierte Fachkenntnisse, die sie immer gut praktisch umgesetzt hat.

3230300 **Wissen und Weiterbildung bei befriedigender Beurteilung**

3230301a Dank seines umfangreichen Fachwissens löste er alle seine Aufgaben gut. Durch die Teilnahme an Weiterbildungsveranstaltungen hielt er sein Fachwissen auf einem guten Stand.

3230302b In Eigeninitiative hat er sich berufsbegleitend mit Erfolg zum BEZEICHNUNG weitergebildet.

3230303c Frau NAME nahm an einem Weiterbildungskurs für BEZEICHNUNG teil und wendete ihre dort erworbenen Fertigkeiten und Kenntnisse an.

3230304d Herr NAME war ein aufgeschlossener Mitarbeiter, der aufgrund seiner guten Fachkenntnisse und seiner Berufserfahrung mit den Maschinen und Werkstoffen im Arbeitsbereich gut vertraut war und daher flexibel eingesetzt werden konnte.

3230305e Mit Erfolg hat er in der Zeit vom DATUM bis zum DATUM eine Zusatzausbildung zum BEZEICHNUNG absolviert.

3230306f Den bei Montagearbeiten oft auftretenden überraschenden Arbeitssituationen war er gut gewachsen.

3230307g Herr NAME war ein routinierter Fachmann, der sich entsprechend dem technischen Fortschritt weiterbildete.

3230308o Herr NAME verfügt über eine gute Berufserfahrung. Seine fachlichen Kenntnisse entsprechen dem heutigen technischen Stand.

3230309p Ihre Fachkenntnisse hat sie gut praktisch umgesetzt.

3230400 **Wissen und Weiterbildung bei ausreichender Beurteilung**

3230401a Dank seines Fachwissens löste er seine Aufgaben. An Weiterbildungsveranstaltungen nahm er teil.

3230402b In Eigeninitiative hat er sich zum BEZEICHNUNG weitergebildet.

3230403c Zur Unterstützung ihrer Fachkenntnisse nahm sie an einem Weiterbildungskurs für BEZEICHNUNG teil.

3230404o Frau NAME verfügte über Berufserfahrung.

3230405p Frau NAME verfügte über zufriedenstellende Fachkenntnisse.

3230500 **Wissen und Weiterbildung bei mangelhafter Beurteilung**

3230501a Im Laufe der Zeit hat er durch praktische Arbeit etwas Fachwissen erworben. Auch an Weiterbildungsveranstaltungen war er interessiert.

3230502c Frau NAME absolvierte einen Weiterbildungskurs für BEZEICHNUNG und war bestrebt, die dort erworbenen Fertigkeiten und Kenntnisse anzuwenden.

3230503o Ihre Berufserfahrung ist noch ausbaufähig. Durch Weiterbildungsmaßnahmen strebte sie eine Erweiterung ihres Fachwissens an.

3230504p Im Großen und Ganzen verfügte sie über zufriedenstellende Fachkenntnisse.

3230505* Hinsichtlich seiner Aufgaben verfügte Herr NAME über entwicklungsfähige Grundkenntnisse.

3230506* Es war stets seine Absicht, sich mit dem für seine Arbeit notwendigen Fachwissen zu beschäftigen und der technischen Entwicklung zu folgen.

3230507* Wiederholt wurde ihr die Gelegenheit zum Besuch von Weiterbildungsveranstaltungen angeboten.

3240000 Arbeitsweise von gewerblichen Arbeitnehmern

3240100 Arbeitsweise bei sehr guter Beurteilung

3240101a Seine Arbeitsweise war stets sehr zielstrebig, gründlich und zügig. Er dachte mit und plante den Werkzeug- und Materialbedarf der verschiedenen Arbeitseinsätze sehr gut.

3240102b Herr NAME arbeitete stets sehr zielstrebig, sorgfältig und rationell. Er dachte bei der Arbeitsvorbereitung mit und plante den Werkzeug- und Materialbedarf der verschiedenen Aufträge sehr gut.

3240103c Ihre Arbeitsweise war stets sehr zielstrebig, routiniert und effizient. Sie erledigte selbstständig die Arbeitsvorbereitung und plante den Werkzeug- und Materialbedarf der verschiedenen Aufträge sehr gut.

3240104d Der Umgang mit den Betriebsmitteln und Materialien war stets in jeder Hinsicht vorbildlich. Er hat maßgeblich zu unserem kontinuierlichen Verbesserungsprozess beigetragen.

3240105e Die Nutzung von Stoffen und Energie war stets in jeder Hinsicht vorbildlich und umweltgerecht.

3240106f Sein Arbeitsstil war stets vorzüglich und sehr zweckmäßig. Er plante und organisierte seine Arbeit vorausschauend und arbeitete qualitäts- und kostenbewusst.

3240107g Die Arbeitssicherheitsvorschriften beachtete sie stets in vorbildlicher Weise. Sie hielt auch andere zur Beachtung der Arbeitssicherheitsvorschriften an.

3240108h Seinen Rufbereitschaftsdienst hat er stets absolut zuverlässig versehen.

3240109i Frau NAME zeichnete sich stets durch eine selbstständige, sehr akkurate und geschickte handwerkliche Arbeitsweise und durch Ordnungssinn aus.

3240110j Die ihm anvertrauten Fahrzeuge hielt er immer in einem ordnungsgemäßen Zustand. Er fuhr sie stets sehr schonend, und wartete sie besonders sorgfältig. Er blieb während seiner mehrjährigen Tätigkeit unfallfrei und zeichnete sich durch große Zuverlässigkeit und hohes Verantwortungsbewusstsein aus.

3240111k Ihre Aufgaben erledigte sie stets sehr konzentriert, ordentlich und zügig.

3240112l Auch bei sehr komplizierten Fällen sowie unter Zeitdruck arbeitete sie unbedingt zuverlässig und gewissenhaft.

3240113m Er arbeitete stets sehr eigenständig, fachmännisch, zügig und sauber, sodass es bei seinen Arbeiten nie zu Reklamationen der Kunden kam.

3240114n Herr NAME erledigte diese schwierigen und gefährlichen Arbeiten stets absolut zuverlässig. Er reagierte auch in unvorhersehbaren kritischen Situationen schnell und sicher.

3240200 Arbeitsweise bei guter Beurteilung

3240201a Seine Arbeitsweise war sehr gründlich und zügig. Er dachte mit und plante den Werkzeug- und Materialbedarf der verschiedenen Arbeitseinsätze gut.

3240202b Frau NAME arbeitete sehr sorgfältig und rationell. Sie dachte bei der Arbeitsvorbereitung mit und plante den Werkzeug- und Materialbedarf der verschiedenen Aufträge gut.

3240203c Ihre Arbeitsweise war sehr routiniert und effizient. Sie erledigte selbstständig die Arbeitsvorbereitung und plante den Werkzeug- und Materialbedarf der verschiedenen Aufträge gut.

3240204d Der Umgang mit den Betriebsmitteln und Materialien war stets sachgemäß und überlegt.

3240205e Die Nutzung von Stoffen und Energie war stets sachgemäß, überlegt und umweltgerecht.

3240206f Sein Arbeitsstil war stets sehr zweckmäßig. Er arbeitete qualitäts- und kostenbewusst.

3240207g Die Arbeitssicherheitsvorschriften beachtete sie stets in zuverlässiger Weise. Sie hielt auch andere zur Beachtung der Arbeitssicherheitsvorschriften an.

3240208h Seinen Rufbereitschaftsdienst hat er stets zuverlässig versehen.

3240209i Frau NAME zeichnete sich durch eine selbstständige, akkurate handwerkliche Arbeitsweise und durch Ordnungssinn aus.

3240210j Die ihm anvertrauten Fahrzeuge hielt er in einem ordnungsgemäßen Zustand. Er fuhr sie sehr schonend und wartete sie besonders sorgfältig. Er blieb während seiner mehrjährigen Tätigkeit unfallfrei und zeichnete sich durch große Zuverlässigkeit und Verantwortungsbewusstsein aus.

3240211k Ihre Aufgaben erledigte sie sehr konzentriert, ordentlich und zügig.

3240212l Auch bei komplizierten Fällen sowie unter Zeitdruck arbeitete sie sehr zuverlässig und gewissenhaft.

3240213m Er arbeitete eigenständig, fachmännisch, zügig und sauber, sodass es bei seinen Arbeiten nie zu Reklamationen der Kunden kam.

3240214n Herr NAME erledigte diese schwierigen und gefährlichen Arbeiten sehr zuverlässig. Er reagierte auch in kritischen Situationen schnell und sicher.

3240300 Arbeitsweise bei befriedigender Beurteilung

3240301a Seine Arbeitsweise war gründlich und zügig.

3240302b Frau NAME arbeitete sorgfältig und rationell.

3240303c Ihre Arbeitsweise war routiniert und effizient.

3240304d Der Umgang mit den Betriebsmitteln und Materialien war sachgemäß und überlegt.

3240305e Die Nutzung von Stoffen und Energie war sachgemäß und überlegt.

3240306f Sein Arbeitsstil war stets zweckmäßig.

3240307g Die Arbeitssicherheitsvorschriften beachtete sie zuverlässig.

3240308h Seinen Rufbereitschaftsdienst hat er zuverlässig versehen.

3240309i Mit der handwerklichen Arbeitsweise von Frau NAME waren wir voll zufrieden.

3240310j Herr NAME fuhr die ihm anvertrauten Fahrzeuge schonend und wartete sie sorgfältig. Er ist zuverlässig und blieb während seiner mehrjährigen Tätigkeit unfallfrei.

3240400 Arbeitsweise bei ausreichender Beurteilung

3240401a Man kann seine Arbeitsweise auch als gründlich bezeichnen.

3240402b Frau NAME führte die ihr vertrauten Arbeiten sorgfältig und rationell aus.

3240403c Wir dürfen nicht vergessen, ihn auch als routinierten Arbeiter zu bezeichnen.

3240404d Der Umgang mit Betriebsmitteln und Materialien war akzeptabel.

3240405e Die Nutzung von Stoffen und Energie war akzeptabel.

3240406f Er arbeitete zweckmäßig.

3240407g Die Arbeitssicherheitsvorschriften beachtete sie.

3240408h Seinen Rufbereitschaftsdienst hat er zufriedenstellend versehen.

3240409i Mit der bedächtigen Arbeitsweise von Frau NAME waren wir zufrieden.

3240500 Arbeitsweise bei mangelhafter Beurteilung

3240501a Im Allgemeinen arbeitete er gründlich und zügig.

3240502b Im Allgemeinen arbeitete sie sorgfältig und rationell.

3240503c Unter Aufsicht arbeitete er selbstständig und im Allgemeinen routiniert.

3240504d Der Umgang mit Betriebsmitteln und Materialien war im Allgemeinen akzeptabel.

3240505e Die Nutzung von Stoffen und Energie war im Allgemeinen überlegt.

3240506f In der Regel arbeitete er zweckmäßig und ohne größere Beanstandungen.

3240507g Die Arbeitssicherheitsvorschriften beachtete sie im Allgemeinen.

3240508h Seinen Rufbereitschaftsdienst hat er insgesamt zufriedenstellend versehen.

3240509i Mit der bedächtigen Arbeitsweise von Frau NAME waren wir insgesamt zufrieden.

3240510* Die Aufgaben, die ihm zur Erledigung aufgetragen wurden, hat er in der ihm eigenen Weise bearbeitet. *(Umständlich)*

3250000 Arbeitserfolg von gewerblichen Arbeitnehmern

3251000 Arbeitserfolg – Arbeitsgüte von gewerblichen Arbeitnehmern

3251100 Arbeitserfolg – Arbeitsgüte bei sehr guter Beurteilung

3251101a Die Arbeitsergebnisse waren, auch bei wechselnden Anforderungen und in sehr schwierigen Fällen, stets von sehr guter Qualität.

3251102b Die stets vorzügliche Qualität seiner Werkstücke war beeindruckend.

3251103c Seine Arbeitsgüte übertraf stets sehr weit die Anforderungen, die an einen qualifizierten Facharbeiter gestellt werden können. Daher erhielt er permanent die in unserem Lohnsystem enthaltene Qualitätsprämie.

3251104d Die Qualität ihrer Arbeit lag stets sehr weit über dem durchschnittlichen Standard der Arbeitsgruppe.

3251105e Die Arbeitsqualität war konstant sehr gut.

3251106f Alle Präzisionsarbeiten erledigte Herr NAME stets sehr gut.

3251107g Mit seiner vorzüglichen Arbeitsqualität war er mit Abstand der beste Facharbeiter in der Abteilung/im Betrieb.

3251108h Aufgrund seiner umsichtigen und sehr effizienten Arbeitsweise erbrachte er auch in schwierigen Ausnahmesituationen stets eine sehr gute Leistung.

3251109i Die Arbeitsergebnisse waren, auch bei fachlich sehr schwierigen Arbeiten unter Zeitdruck, stets von vorzüglicher Qualität.

3251110j Aufgrund seiner sehr hohen Daueraufmerksamkeit erledigte Herr NAME auch repetitive Arbeiten stets sehr sorgfältig und fehlerfrei.

3251111* Mit seiner Wertarbeit und Spitzenqualität war er einer der besten Facharbeiter unseres Unternehmens.

3251112* Die Qualität ihrer Arbeit war kontinuierlich und ausnahmslos sehr hoch.

3251113k Arbeitsqualität und Arbeitsquantität waren konstant sehr hoch. Arbeitsmenge und Arbeitstempo lagen stets sehr weit über unseren Erwartungen und Anforderungen.

3251200 Arbeitserfolg – Arbeitsgüte bei guter Beurteilung

3251201a Die Arbeitsergebnisse waren auch bei wechselnden Anforderungen und in schwierigen Fällen stets von guter Qualität.

3251202b Seine Werkstücke waren stets von guter Qualität.

3251203c Seine Arbeitsgüte übertraf weit die Anforderungen, die an einen qualifizierten Facharbeiter gestellt werden können.

3251204d Die Qualität ihrer Arbeit lag stets deutlich über dem durchschnittlichen Standard der Arbeitsgruppe.

3251205e Die Arbeitsqualität war konstant gut.

3251206f Alle Präzisionsarbeiten erledigte er stets gut.

3251207g Mit seiner Arbeitsqualität war er einer der besten Facharbeiter in der Abteilung.

3251208h Aufgrund seiner umsichtigen und effizienten Arbeitsweise erbrachte er auch in Ausnahmesituationen stets eine gute Leistung.

3251209i Die Arbeitsergebnisse waren, auch bei fachlich schwierigen Arbeiten unter Zeitdruck, stets von guter Qualität.

3251210j Aufgrund seiner hohen Daueraufmerksamkeit erledigte Herr NAME auch repetitive Arbeiten sorgfältig und fehlerfrei.

3251111k Arbeitsqualität und Arbeitsquantität waren konstant hoch. Arbeitsmenge und Arbeitstempo lagen stets über unseren Erwartungen und Anforderungen.

3251300 Arbeitserfolg – Arbeitsgüte bei befriedigender Beurteilung

3251301a Die Arbeitsergebnisse waren von guter Qualität.

3251302b Die Qualität seiner Werkstücke war voll zufriedenstellend.

3251303c Seine Arbeitsgüte erfüllte voll die Anforderungen, die an einen Facharbeiter gestellt werden können.

3251304d Die Qualität ihrer Arbeit entsprach stets voll dem durchschnittlichen Standard der Arbeitsgruppe.

3251305e Die Arbeitsqualität war gut.

3251306f Präzisionsarbeiten erledigte er gut.

3251307k Arbeitsqualität und Arbeitsquantität waren hoch. Arbeitsmenge und Arbeitstempo lagen über unseren Erwartungen.

3251400 Arbeitserfolg – Arbeitsgüte bei ausreichender Beurteilung

3251401a Die Arbeitsergebnisse waren mängelfrei und entsprachen der erforderlichen Mindestqualität.

3251402b Die Qualität seiner Werkstücke war zufriedenstellend.

3251403c Seine Arbeitsgüte entsprach den Anforderungen, die unverzichtbar gestellt werden müssen.

3251404d Die Qualität ihrer Arbeit entsprach fast immer dem durchschnittlichen Standard der Arbeitsgruppe.

3251405e Die Arbeitsqualität war zufriedenstellend.

3251406k Arbeitsqualität und Arbeitsquantität waren zufriedenstellend.

3251500 Arbeitserfolg – Arbeitsgüte bei mangelhafter Beurteilung

3251501a Die Arbeitsergebnisse waren im Allgemeinen mängelfrei und entsprachen insgesamt der erforderlichen Mindestqualität.

3251502b Die Qualität seiner Werkstücke war insgesamt zufriedenstellend.

3251503c Seine Arbeitsgüte entsprach meist den Anforderungen, die an einen Facharbeiter gestellt werden müssen, sodass nur ab und zu Nacharbeiten erforderlich waren.

3251504d Die Qualität ihrer Arbeit erreichte wiederholt den durchschnittlichen Standard der Arbeitsgruppe.

3251505e Die Arbeitsqualität war im Großen und Ganzen zufriedenstellend und mängelfrei.

3251506* Eifrig strebte sie danach, verwertbare Arbeitsergebnisse zu liefern. Sie arbeitete meist fehlerfrei.

3251507* Stets war er bestrebt, zu brauchbaren und verwertbaren Arbeitsergebnissen zu kommen und auftretende Probleme selbstständig zu lösen.

3251508* Besonders begrüßten wir sein unermüdliches Streben, mängelfreie Arbeit zu liefern und Schäden zu vermeiden.

3251509k Arbeitsqualität und Arbeitsquantität waren meist zufriedenstellend.

3252000 Arbeitserfolg – Arbeitsmenge und -tempo von gewerblichen Arbeitnehmern

3252100 Arbeitserfolg – Arbeitsmenge und -tempo bei sehr guter Beurteilung

3252101a Arbeitsmenge und Arbeitstempo lagen stets sehr weit über unseren Erwartungen und Anforderungen.

3252102b Arbeitsmenge und Arbeitstempo lagen stets sehr weit über dem Durchschnitt.

3252103c Sie war stets außerordentlich intensiv und effektiv bei der Arbeit und übertraf regelmäßig die vereinbarten Ziele.

3252104d Arbeitsmenge und Arbeitstempo von Frau NAME waren stets sehr gut. Sie denkt und handelt wirtschaftlich.

3252105e Die Vorgabezeiten hat er mit seiner flotten Arbeit stets deutlich unterboten.

3252106f Ihre Arbeitsproduktivität war stets enorm hoch.

3252107g Mit seiner Arbeitsmenge lag er stets unangefochten an der Spitze.

3252108h Herr NAME war ein äußerst produktiver Mitarbeiter. Er unterschritt bei Terminarbeiten beträchtlich die vereinbarten Zeiten und erhielt daher stets eine hohe Prämie.

3252200 Arbeitserfolg – Arbeitsmenge und -tempo bei guter Beurteilung

3252201a Arbeitsmenge und Arbeitstempo lagen stets über unseren Erwartungen und Anforderungen.

3252202b Arbeitsmenge und Arbeitstempo lagen stets über dem Durchschnitt.

3252203c Sie war sehr intensiv und effektiv bei der Arbeit und erreichte stets die vereinbarten Ziele.

3252204d Arbeitsmenge und Arbeitstempo von Frau NAME waren stets gut.

3252205e Die Vorgabezeiten hat er mit seiner flotten Arbeit stets eingehalten oder unterboten.

3252206f Ihre Arbeitsproduktivität war stets hoch.

3252207g Mit seiner Arbeitsmenge lag er stets in der Spitzengruppe.

3252208h Herr NAME war ein sehr produktiver Mitarbeiter. Er unterschritt bei Terminarbeiten die vereinbarten Zeiten und erhielt daher stets eine Prämie.

3252300 Arbeitserfolg – Arbeitsmenge und -tempo bei befriedigender Beurteilung

3252301a Arbeitsmenge und Arbeitstempo lagen über unserer Erwartung / Anforderung.

3252302b Arbeitsmenge und Arbeitstempo entsprachen voll dem Durchschnitt.

3252303c Er war intensiv bei der Arbeit.

3252304d Arbeitsmenge und Arbeitstempo von Frau NAME waren gut.

3252305e Die Vorgabezeiten hat er stets eingehalten.

3252306f Ihre Arbeitsproduktivität war voll zufriedenstellend.

3252307i Er arbeitete stets gleichmäßig.

3252400 Arbeitserfolg – Arbeitsmenge und -tempo bei ausreichender Beurteilung

3252401a Arbeitsmenge und Arbeitstempo entsprachen der Erwartung / Anforderung.

3252402b Arbeitsmenge und Arbeitstempo erreichten den Durchschnitt.

3252403c Ihre Arbeitsintensität war zufriedenstellend.

3252404d Arbeitsmenge und Arbeitstempo waren nicht zu beanstanden.

3252405e Die Vorgabezeiten hat er eingehalten.

3252406f Ihre Arbeitsproduktivität war zufriedenstellend.

3252407i Er arbeitete gleichmäßig und bedächtig.

3252500 Arbeitserfolg – Arbeitsmenge und -tempo bei mangelhafter Beurteilung

3252501a Arbeitsmenge und Arbeitstempo genügten im Allgemeinen unserer Erwartung / Anforderung.

3252502b Er war stets bestrebt, beim Arbeitstempo und bei der Arbeitsmenge seiner Kollegen mitzuhalten.

3252503c Er war fast immer mit seiner Arbeit beschäftigt.

3252504d Arbeitsmenge und Arbeitstempo waren kaum zu beanstanden.

3252505e Mit großer Ausdauer hat er sich angestrengt, die Vorgabezeiten einzuhalten.

3252506f Ihre Arbeitsproduktivität war insgesamt zufriedenstellend.

3252507i Sie arbeitete im Allgemeinen gleichmäßig und bedächtig.

3252508* Bei den von Herrn NAME ausgeführten Arbeiten war es sehr wichtig, dass es nicht laufend zu Verzögerungen und Terminüberschreitungen kam.

3260100 Herausragende Erfolge von gewerblichen Arbeitnehmern bei sehr guter oder guter Gesamtbeurteilung

3260101 Frau NAME reichte mehrere beachtliche Verbesserungsvorschläge ein, die prämiert und mit nachhaltigem Erfolg eingeführt wurden.

3260102 Durch ein einfaches, aber wirksames System von Zwischenkontrollen gelang es Frau NAME, die Ausschussquote in ihrem Zuständigkeitsbereich auf nahezu null zu senken und so erhebliche Kosteneinsparungen zu erreichen.

3260103 Herr NAME reparierte effizient und gründlich zugleich und meisterte auch schwierige Fälle sehr erfolgreich. Bei den von ihm instand gesetzten Maschinen kam es in keinem Falle zu einer Reklamation.

3260104 Frau NAME ging äußerst sparsam mit dem Material um. Auch ihr Werkzeugverschleiß war weit unterdurchschnittlich.

3260105 Durch seinen Einsatz und durch seine Umsicht hat er seinen Meister / Vorgesetzten sehr wirksam entlastet. Bei Abwesenheit des Meisters / Vorgesetzten leitete er erfolgreich die Gruppe.

3260106 Aufgrund ihres sehr hohen Leistungsgrades erhielt Frau NAME laufend eine hohe übertarifliche Bezahlung. Sie war unsere höchstentlohnte Facharbeiterin.

3260107 Herr NAME war mit Abstand der beste Facharbeiter der Abteilung.

3260108 An technischen Neuentwicklungen in unserem Fachgebiet war Herr NAME sehr interessiert. Daher übernahm er daher stets sehr engagiert und fachmännisch die Erprobung neuer Materialien und neuer Arbeitsmittel.

3260109 Aufgrund seiner sehr guten Fachkenntnisse hat Herr NAME erfolgreich bei der Berufsausbildung mitgewirkt.

3260110 Nach der bestandenen Ausbildereignungsprüfung hat er erfolgreich bei der Ausbildung mitgewirkt.

3260111 Herr NAME identifizierte sich absolut mit dem Unternehmen. Aufgrund seiner Tätigkeit als WARTUNGSTECHNIKER hat er dem Verkauf regelmäßig Hinweise gegeben, sodass wir eine ganze Reihe von neuen Anlagen / Maschinen verkaufen konnten.

3260112 Aufgrund ihres langjährigen ausgezeichneten Einsatzes und der beständig sehr guten Leistungen haben wir im MONAT JAHR eine Höhergruppierung in die Tarifgruppe NUMMER vorgenommen.

3260113 Wir haben Frau NAME schrittweise immer anspruchsvollere Aufgaben übertragen und sie im MONAT JAHR ins Angestelltenverhältnis übernommen.

3260114 Aufgrund seiner Zuverlässigkeit haben wir ihm im MONAT JAHR die Führung unseres Ersatzteillagers / Werkstattlagers / Werkzeugbestandes anvertraut. Er hat diese Zusatzaufgabe jederzeit sehr engagiert und absolut verantwortungsbewusst wahrgenommen. Fehlbestände traten nicht auf.

3260115 Wir möchten hervorheben, dass Herr NAME während des gesamten Arbeitsverhältnisses keinmal wegen Arbeitsunfähigkeit gefehlt hat.

3260116 Herr NAME hat das Potenzial, noch anspruchsvollere Aufgaben sowie Führungsaufgaben zu übernehmen.

3280000 Zusammenfassende Leistungsbeurteilung bei gewerblichen Arbeitnehmer

3280100 Zusammenfassende Leistungsbeurteilung bei sehr guter Beurteilung

3280101a Die ihm übertragenen Arbeiten erledigte er stets zu unserer größten / höchsten / absoluten Zufriedenheit.

3280102b Mit den überzeugenden Leistungen von Frau NAME waren unsere Auftraggeber und wir stets außerordentlich zufrieden.

3280103c Die Arbeitsergebnisse von Herrn NAME überragten weit diejenigen der anderen MONTEURE, sodass wir mit seinen Leistungen stets sehr zufrieden waren.

3280104d Mit seinem Fleiß und seinen sehr guten Leistungen waren wir stets höchst / absolut / äußerst zufrieden. Er war einer unserer besten BERUFSBEZEICHNUNG.

3280105e Seine Leistungen waren stets sehr gut. Er erledigte alle Aufgaben in jeder Hinsicht bestens.

3280106f Seine Leistungen übertrafen unsere Anforderungen und Erwartungen während der gesamten Beschäftigungszeit in außergewöhnlich hohem Maße, sodass wir stets absolut zufrieden waren.

3280107g Die Leistungen von Herrn NAME entsprachen der höchsten Stufe des tariflichen Beurteilungssystems, sodass wir stets außerordentlich zufrieden waren.

3280108h Während des (ZAHL-wöchigen / ZAHL-monatigen) Arbeitsverhältnisses hat sie stets zu unserer vollsten Zufriedenheit gearbeitet. *(Betonung der kurzen Beurteilungsbasis)*

3280109i Unsere Erwartungen hat er stets in bester Weise erfüllt. Mit seinen meisterlichen Leistungen waren wir jederzeit äußerst zufrieden.

3280110j Mit seinen vollkommenen Arbeiten und seinen ausgezeichneten Leistungen waren wir jederzeit außerordentlich zufrieden.

3280111k Als höchstqualifizierte und äußerst produktive Kraft hat er stets zu unserer vollsten Zufriedenheit gearbeitet.

3280112l Alle seine Aufgaben, insbesondere auch alle ihm wegen seiner absoluten Zuverlässigkeit bevorzugt anvertrauten schwierigen Spezialaufträge, erledigte Herr NAME in lobenswerter Weise stets zu unserer vollsten Zufriedenheit.

3280113m Herr NAME hat kontinuierlich Spitzenleistungen erbracht. Wir waren daher mit ihm stets im höchsten Maße zufrieden.

3280114n Mit seinen Leistungen waren wir jederzeit außerordentlich zufrieden. Aufgrund seiner sehr guten Arbeitsergebnisse war er für eine Beförderung zum Vorarbeiter vorgesehen.

3280115* Ihre Leistungen und Zielerfüllungen waren während des gesamten Arbeitsverhältnisses sehr gut. Sie war eine vortreffliche und angesehene Mitarbeiterin.

3280116* Sie hat sich als Spezialistin permanent bestens bewährt. Mit ihren Leistungen und Erfolgen waren wir stets außerordentlich zufrieden.

3280117* Aufgrund seiner ausgezeichneten Leistungen und Erfolge waren wir (während der langjährigen / mehrjährigen Zusammenarbeit) mit ihm stets außerordentlich zufrieden.

3280118* Er ist ein erstklassiger BERUFSBEZEICHNUNG, der seine Arbeiten stets zu unserer absoluten / allerhöchsten Zufriedenheit erledigt hat.

3280119* Mit übereinstimmender Wertung war er ein mustergültiger Mitarbeiter. Seine Leistungen und Erfolge haben stets unsere höchste Anerkennung gefunden.

3280120* Ihre ungewöhnlichen Leistungen und ihre Erfolge fanden stets in jeder Hinsicht unsere absolute Anerkennung.

3280121* Mit seinem Engagement und seinen beeindruckenden Spitzenleistungen waren wir stets außerordentlich zufrieden. Er ist einer unserer sehr guten BERUFSBEZEICHNUNG.

3280122* Er leistete weit mehr als von einem guten BERUFSBEZEICHNUNG erwartet wird. Wir waren daher mit ihm in jeder Hinsicht stets sehr zufrieden.

3280123* Ihre Aufgaben erledigte sie stets zur vollsten Zufriedenheit ihres Vorgesetzten. *(Einschränkung)*

3280200 Zusammenfassende Leistungsbeurteilung bei guter Beurteilung

3280201a Die ihm übertragenen Arbeiten erledigte er stets zu unserer vollen Zufriedenheit.

3280202b Mit den Leistungen von Frau NAME waren unsere Auftraggeber und wir stets voll zufrieden.

3280203c Die Arbeitsergebnisse von Herrn NAME waren deutlich besser als diejenigen der anderen MONTEURE, sodass wir mit seinen Leistungen stets voll zufrieden waren.

3280204d Mit seinem Fleiß und seinen stets guten Leistungen waren wir hoch zufrieden. Er gehörte zu unseren guten BERUFSBEZEICHNUNG.

3280205e Ihre Leistungen waren stets gut.

3280206f Seine Leistungen übertrafen unsere Anforderungen und Erwartungen während der gesamten Beschäftigungszeit erheblich, sodass wir stets voll zufrieden waren.

3280207g Die Leistungen von Herrn NAME entsprachen der zweithöchsten Stufe des tariflichen Beurteilungssystems, sodass wir stets voll zufrieden waren.

3280208h Während des (ZAHL-wöchigen / ZAHL-monatigen) Arbeitsverhältnisses hat sie stets zu unserer vollen Zufriedenheit gearbeitet. *(Betonung der kurzen Beurteilungsbasis)*

3280209i Unsrer Erwartungen hat er stets gut erfüllt. Mit seinen Leistungen waren wir jederzeit voll zufrieden.

3280210j Mit ihren Arbeiten und ihren guten Leistungen waren wir jederzeit voll zufrieden.

3280211k Als hochqualifizierte und produktive Kraft hat sie stets zu unserer vollen Zufriedenheit gearbeitet.

3280212l Alle seine Aufgaben, insbesondere auch alle ihm wegen seiner hohen Zuverlässigkeit anvertrauten Spezialaufträge, erledigte Herr NAME stets zu unserer vollen Zufriedenheit.

3280213m Herr NAME hat Spitzenleistungen erbracht. Wir waren daher mit ihm stets in hohem Maße zufrieden.

3280214n Mit seinen Leistungen waren wir jederzeit voll zufrieden. Aufgrund seiner guten Arbeitsergebnisse war er für eine Beförderung zum Vorarbeiter vorgesehen.

3280215o Die Leistungen von Frau NAME waren immer sehr gut bis gut. *(Note 1–2)*

3280216* Ihre Aufgaben erledigte sie stets zur vollen Zufriedenheit ihres Vorgesetzten. *(Einschränkung)*

3280300 Zusammenfassende Leistungsbeurteilung bei befriedigender Beurteilung

3280301a Die ihr übertragenen Arbeiten führte sie zu unserer vollen Zufriedenheit aus.

3280302b Mit der Leistung von Frau NAME waren unsere Auftraggeber und wir voll zufrieden.

3280303c Die Arbeitsergebnisse von Herrn NAME entsprachen eindeutig denjenigen der anderen MONTEURE, sodass wir mit seiner Leistung voll zufrieden waren.

3280304d Mit seinem Fleiß und seiner Leistung waren wir voll zufrieden.

3280305e Seine Leistung kann als gut bewertet werden.

3280306f Seine Leistung erfüllte unsere Anforderungen / Erwartungen, sodass wir voll zufrieden waren.

3280307g Die Leistung von Herrn NAME entsprach der Stufe BEZEICHNUNG DER DRITTEN STUFE des tariflichen Beurteilungssystems, sodass wir voll zufrieden waren.

3280308h Während des (ZAHL-wöchigen / ZAHL-monatigen) Arbeitsverhältnisses hat er zu unserer vollen Zufriedenheit gearbeitet. *(Betonung der kurzen Beurteilungsbasis)*

3280309i Unsere Erwartung hat er gut erfüllt. Mit seiner Leistung waren wir voll zufrieden.

3280310j Mit ihrer Arbeit und ihrer Leistung waren wir voll zufrieden.

3280311k Als qualifizierte Kraft hat er zu unserer vollen Zufriedenheit gearbeitet.

3280312l Seine Aufgaben, auch spezielle Aufträge, führte Herr NAME zu unserer vollen Zufriedenheit aus.

3280313o Die Leistungen von Frau NAME waren immer gut bis befriedigend. *(Note 2–3)*

3280400 Zusammenfassende Leistungsbeurteilung bei ausreichender Beurteilung

3280401a Die ihr gestellten Arbeiten bewältigte sie zu unserer Zufriedenheit.

3280402b Mit den Arbeiten von Frau NAME waren unsere Auftraggeber und wir zufrieden.

3280403c Die Arbeitsergebnisse von Herrn NAME erreichten das Niveau anderer MONTEURE, sodass wir mit seiner Arbeit zufrieden waren.

3280404d Mit seinem Fleiß und seiner Arbeit waren wir zufrieden.

3280405e Seine Basisleistung war zufriedenstellend.

3280406f Seine Arbeit entsprach unseren Anforderungen / Erwartungen, sodass wir zufrieden waren.

3280407g Die Arbeit von Herrn NAME entsprach der Stufe BEZEICHNUNG DER VIERTEN STUFE des tariflichen Beurteilungssystems, sodass wir zufrieden waren.

3280408h Während des (ZAHL-wöchigen / ZAHL-monatigen) Arbeitsverhältnisses hat er zu unserer Zufriedenheit gearbeitet. *(Betonung der kurzen Beurteilungsbasis)*

3280409i Unseren Erwartungen hat er entsprochen, sodass wir mit seiner Arbeit zufrieden waren.

3280500 Zusammenfassende Leistungsbeurteilung bei mangelhafter Beurteilung

3280501a Sie bewältigte die Aufgaben, die wir ihr stellten, in der Regel problemlos zu unserer Zufriedenheit.

3280502b Mit den Arbeiten von Frau NAME waren unsere Auftraggeber und wir zumeist zufrieden.

3280503c Die Arbeitsergebnisse von Herrn NAME entsprachen in der Regel denjenigen anderer MONTEURE, sodass wir mit seiner Arbeit insgesamt zufrieden waren.

3280504d Sie bewältigte die Aufgaben, die wir ihr antrugen, mit Fleiß und Interesse.

3280505e Die gebotene Arbeit war im Großen und Ganzen zu unserer Zufriedenheit.

3280506f Seine Arbeit genügte im Allgemeinen / Wesentlichen unseren Anforderungen / Erwartungen, sodass wir insgesamt zufrieden waren.

3280507g Die Arbeit von Herrn NAME entsprach der Stufe BEZEICHNUNG DER UNTERSTEN STUFE des tariflichen Beurteilungssystems, sodass wir insgesamt zufrieden waren.

3280508h Insgesamt hat sie während des (ZAHL-wöchigen / ZAHL-monatigen) Arbeitsverhältnisses zumeist zu unserer Zufriedenheit gearbeitet. *(Betonung der kurzen Beurteilungsbasis)*

3280509i Unseren Erwartungen hat er meist genügt, sodass wir mit seiner Arbeit insgesamt gesehen ohne Abstriche zufrieden waren.

3280510* Sie war immer mit Interesse bei der Sache.

3280511* Nach Kräften war er bestrebt, die mit der Stelle verbundenen Anforderungen zu erreichen und zu übertreffen. Wir waren daher trotz einiger Defizite mit seiner Arbeit insgesamt zufrieden.

3280512* Den Problemen, die er in Angriff nahm, widmete er sich mit Ausdauer.

3280513* Bei uns hatte Frau NAME Gelegenheit, alle an ihrem Arbeitsplatz vorkommenden Tätigkeiten kennenzulernen.

3280514* Die Arbeiten, die wir ihm gaben, führte er überwiegend problemlos zu unserer Zufriedenheit aus.

3280515* In dieser Abteilung hatte Frau NAME Gelegenheit, ihre Aufgaben stets zu unserer vollen Zufriedenheit zu erfüllen. *(= Ungenutzte Gelegenheit)*

3280516* Die gebotene Arbeit lag im Rahmen seiner Fähigkeiten, sodass wir insgesamt zufrieden sein konnten. Leistungsbeeinträchtigungen traten nicht in nennenswertem Maße auf.

3280517* Aufgrund seiner nicht unbeachtlichen Arbeitsergebnisse können wir ohne Bedenken annehmen, dass zweifellos auch andere Arbeitgeber mit seiner Arbeit insgesamt ohne Abstriche zufrieden sein werden.

3280518* Gerne bestätigen wir, dass Herr NAME sich immer sehr anstrengte, um die speziell ihm gestellten Aufgaben zu unserer vollen Zufriedenheit auszuführen. *(Bestätigen = weil verlangt = Distanzierung)*

3300000 Leistungsbeurteilung von Tarifangestellten

Bitte wählen Sie unter Beachtung der Notenstufen je einen Baustein aus den nachfolgenden Gruppen 3310 Arbeitsbereitschaft, 3320 Arbeitsbefähigung, 3330 Wissen und Weiterbildung, 3340 Arbeitsweise, 3351 Arbeitsgüte, 3352 Arbeitsmenge und -tempo, 3360 Herausragende Erfolge (nur bei sehr guter oder guter Gesamtbeurteilung) und 3380 Zusammenfassende Leistungsbeurteilung. Sollten es sich bei einem Tarifangestellten um einen Vorgesetzten handeln, so können Sie zusätzlich je einen Baustein aus den Gruppen 3471 Führungsumstände und 3472 Führungsleistung wählen.

3310000 Arbeitsbereitschaft von Tarifangestellten

3310100 Arbeitsbereitschaft bei sehr guter Beurteilung

3310101a Herr NAME zeigte stets Eigeninitiative, großen Fleiß und Eifer.

3310102b Frau NAME war stets in hohem Maße eigen- und erfolgsmotiviert und realisierte sehr zielstrebig die gesetzten und selbstgesteckten Ziele. Sie war eine im positiven Sinne ehrgeizige Mitarbeiterin.

3310103c Frau NAME hatte stets eine ausgezeichnete Arbeitsmoral. Sie realisierte sehr zielstrebig die gesetzten und selbst gesteckten Ziele.

3310104d Frau NAME hatte stets eine ausgezeichnete Leistungs- und Erfolgsmotivation. Sie hat oft auch Aufgaben übernommen, die nicht in ihren unmittelbaren Arbeitsbereich fielen.

3310105e Herr NAME war ein sehr einsatzfreudiger und agiler Mitarbeiter mit stets vorbildlicher Dienstauffassung. Bei personellen Engpässen hat er immer zusätzliche Aufgaben übernommen. Auch für anspruchsvolle und schwer erreichbare Ziele engagierte er sich voller Elan. Zielstrebig und, wenn nötig mit Überstunden, setzte er sich für ihre Realisierung ein.

3310106f Die Leistungsbereitschaft von Frau NAME war immer sehr gut.

3310107g Mit Pioniergeist und äußerst hohem Einsatzwillen hat Herr NAME einen sehr guten Beitrag zum Aufbau und zum gemeinsamen Erfolg geleistet.

3310108h Frau NAME war bestens qualifiziert und hat sich äußerst engagiert in ihr neues Arbeitsgebiet eingearbeitet. Bereits nach sehr kurzer Zeit arbeitete sie vollkommen selbstständig.

3310109i Herr NAME identifizierte sich absolut mit seinen Aufgaben und unseren Produkten und zeigte stets eine ausgezeichnete Leistungsbereitschaft und Einsatzfreude auch über die übliche Arbeitszeit hinaus.

3310110j Besonders hervorzuheben ist ihr sehr großer persönlicher Einsatz auch weit über die normale Arbeitszeit hinaus. Sie war oft auch am Wochenende tätig.

3310111k Seine Aufgaben erfüllte Herr NAME stets mit sehr großer Intensität und Konzentration.

3310112l Herr NAME hat sich jederzeit in höchstem Maße eingesetzt. Das gilt insbesondere für das Saisongeschäft/Weihnachtsgeschäft. Darüber hinaus war er immer bereit, selbst kurzfristig anfallende Überstunden und Wochenendeinsätze zu leisten.

3310113* Sie war eine sehr aktive Mitarbeiterin. Sie identifizierte sich absolut mit ihrer Aufgabe, unseren Produkten und dem Unternehmen. Auftretende Schwierigkeiten überwand sie stets mit großem Durchhaltevermögen.

3310114* Mit äußerst beachtlichem Engagement und großer Energie hat sich Frau NAME in die neue Materie eingearbeitet.

3310115* In seinem Handeln war Herr NAME stets sehr entschlossen und entwickelte große Initiative.

3310116* Er war ein fleißiger und engagiert arbeitender Mitarbeiter, der durch seine zupackende Art und seinen hohen persönlichen Einsatz einen wichtigen Beitrag zum Aufbau des Bereiches BEZEICHNUNG geleistet hat.

3310117* Lobend heben wir hervor, dass Frau NAME ihren Einsatz stets optimal an dem betrieblichen Arbeitsaufkommen in Spitzenzeiten und den daraus resultierenden Arbeitszeitnotwendigkeiten ausgerichtet hat.

3310118* Durch den weit überdurchschnittlichen Einsatz von Herrn NAME konnten wir wiederholt den längeren Ausfall anderer Mitarbeiter auffangen.

3310200 Arbeitsbereitschaft bei guter Beurteilung

3310201a Herr NAME zeigte stets Eigeninitiative, Fleiß und Eifer.

3310202b Frau NAME war hochmotiviert und realisierte zielstrebig die gesetzten Ziele.

3310203c Frau NAME hatte stets eine gute Arbeitsmoral und realisierte zielstrebig die gesetzten Ziele.

3310204d Frau NAME hatte stets eine gute Leistungsmotivation. Sie hat wiederholt auch Aufgaben übernommen, die nicht in ihren unmittelbaren Arbeitsbereich fielen.

3310205e Herr NAME war ein einsatzfreudiger und agiler Mitarbeiter mit stets guter Dienstauffassung. Bei personellen Engpässen und anderen Anlässen war er immer bereit, zusätzliche Aufgaben zu übernehmen. Auch für anspruchsvolle Ziele engagierte er sich mit Elan. Zielstrebig und, wenn nötig mit Überstunden, setzte er sich für ihre Realisierung ein.

3310206f Die Leistungsbereitschaft von Frau NAME war konstant gut.

3310207g Mit Pioniergeist und hohem Einsatzwillen hat Herr NAME einen guten Beitrag zum Aufbau und zum gemeinsamen Erfolg geleistet.

3310208h Frau NAME war gut qualifiziert und hat sich engagiert in ihr neues Arbeitsgebiet eingearbeitet. Bereits nach kurzer Zeit arbeitete sie vollkommen selbstständig.

3310209i Herr NAME identifizierte sich mit seinen Aufgaben und unseren Produkten und zeigte stets einen guten Einsatz auch über die übliche Arbeitszeit hinaus.

3310210j Besonders hervorzuheben ist der große persönliche Einsatz von Frau NAME, oft auch über die normale Arbeitszeit hinaus. Sie war wiederholt auch an Wochenenden tätig.

3310211k Seine Aufgaben erfüllte Herr NAME stets mit großer Intensität und Konzentration.

3310212l Herr NAME hat sich in hohem Maße eingesetzt. Das gilt auch für das Saisongeschäft/Weihnachtsgeschäft. Darüber hinaus war er bereit, selbst kurzfristig anfallende Überstunden und Wochenendeinsätze zu leisten.

3310300	**Arbeitsbereitschaft bei befriedigender Beurteilung**
3310301a	Herr NAME zeigte Fleiß und Eifer.
3310302b	Frau NAME war eine motivierte Mitarbeiterin, welche die ihr gesetzten Ziele realisierte.
3310303c	Frau NAME hatte eine voll befriedigende Arbeitsmoral.
3310304d	Frau NAME hatte eine gute Arbeitsmotivation.
3310305e	Herr NAME hatte eine gute Dienstauffassung.
3310306f	Die Arbeitsbereitschaft von Frau NAME war gut.
3310307g	Mit anerkennenswertem Einsatzwillen hat Herr NAME zu unserem Erfolg beigetragen.
3310308h	Herr NAME hat sich mit Interesse in sein neues Arbeitsgebiet eingearbeitet. Nach der üblichen Einarbeitungszeit arbeitete er selbstständig.
3310400	**Arbeitsbereitschaft bei ausreichender Beurteilung**
3310401a	Herr NAME zeigte in ausreichendem Maße Fleiß und Eifer.
3310402b	Frau NAME war ausreichend motiviert und verfolgte die ihr gesetzten Ziele.
3310403c	Herr NAME verfügte über eine ausreichende Arbeitsmoral.
3310404d	Frau NAME verfügte über eine genügende Arbeitsmotivation.
3310405e	Herr NAME hatte eine zufriedenstellende Dienstauffassung.
3310406f	Mit der Arbeitsbereitschaft von Frau NAME waren wir zufrieden.
3310407g	Mit seinen Einsatzwillen hat auch Herr NAME zu unserem Erfolg beigetragen.
3310408h	Herr NAME hat sich mit Interesse in sein neues Arbeitsgebiet eingearbeitet.
3310409m	Herr NAME erfüllte seine Aufgaben im Rahmen der üblichen Arbeitszeit mit der nötigen Arbeitsbereitschaft entsprechend unseren Erwartungen.
3310500	**Arbeitsbereitschaft bei mangelhafter Beurteilung**
3310501a	Herr NAME zeigte bei Anleitung Fleiß und Eifer.
3310502b	Herr NAME war im Allgemeinen motiviert und an den gesetzten Zielen interessiert.
3310503c	Die Arbeitsmoral von Frau NAME entsprach im Großen und Ganzen den Erwartungen.
3310504d	Die Arbeitsmotivation von Frau NAME entsprach insgesamt den Erwartungen.

3310505e Herr NAME hatte eine bemerkenswerte Dienstauffassung, die kaum etwas zu wünschen übrig ließ. Auch Überstunden stand er nicht ablehnend gegenüber.

3310506f Frau NAME war stets bereit zu arbeiten, sodass wir insgesamt zufrieden sein konnten.

3310507g Der Wille, zu unserem Erfolg beizutragen, war bei Herrn NAME immer gegeben. So war er stets bereit, den berechtigten Belangen unseres Unternehmens Rechnung zu tragen.

3310508h Herr NAME hat sich für sein neues Aufgabengebiet interessiert und nach der üblichen Anleitungszeit die zugewiesenen Arbeiten im Rahmen seiner Möglichkeiten selbstständig gearbeitet.

3310509m Herr NAME arbeitete nach Vorgaben weitgehend selbstständig, nicht ohne Engagement und erfüllte seine Aufgaben im Allgemeinen mit der nötigen Arbeitsbereitschaft entsprechend unseren Erwartungen.

3310510* Herr NAME war während des Arbeitsverhältnisses im Großen und Ganzen ein aktiver Mitarbeiter.

3310511* Frau NAME verstand es geschickt, ihre Aufgaben zu delegieren.

3310512* Herr NAME brachte dem Unternehmen und seiner Arbeit Interesse entgegen und verstand es geschickt, seine Aufgaben in Kooperation mit den Kollegen durchzuführen.

3320000 Arbeitsbefähigung von Tarifangestellten

3320100 Arbeitsbefähigung bei sehr guter Beurteilung

3320101a In neuen Situationen fand er sich stets sicher und sehr gut zurecht.

3320102b Sie war eine äußerst tüchtige Mitarbeiterin und hatte oft sehr gute praktikable Ideen.

3320103c Ihre Arbeitsbefähigung war stets in jeder Hinsicht sehr gut.

3320104d Sie stellte fachlich sehr hohe Anforderungen an sich, die sie jederzeit voll erfüllte.

3320105e Er war ein sehr belastbarer, ausdauernder und besonnener Mitarbeiter, der auch unter schwierigen Arbeitsbedingungen alle Aufgaben stets sehr gut bewältigte.

3320106f Er verfügte stets über ein sehr gutes Zahlenverständnis und über ein sehr gutes Formulierungsgeschick.

3320107g Er war ein äußerst fähiger Mitarbeiter.

3320108h Sie war eine sachkritische und kluge Mitarbeiterin, die hinsichtlich der Arbeitsabläufe viele sehr gut durchdachte Anregungen machte und realisierte.

3320109i Sie zeigte stets eine sehr gute Übersicht und Arbeitseinteilung, vor allem auch in Situationen mit turbulentem Geschäftsbetrieb und mit erheblicher Arbeitsbelastung.

3320110j Er verfügte über ein sehr gutes Verhandlungsgeschick bei Telefonverkäufen.

3320111k Aufgrund seiner sehr guten Auffassungsgabe arbeitete er sich jederzeit schnell und erfolgreich in neue Probleme ein.

3320112l Als geistig beweglicher Mitarbeiter hat er die Fähigkeit, komplexe und diffizile Sachverhalte rasch zu erfassen, zu analysieren und praktikable Problemlösungen aufzuzeigen und zu entwickeln.

3320113m Von seiner Kreditkompetenz hat er stets umsichtig Gebrauch gemacht.

3320114* Wir lernten Herrn NAME als einen Mitarbeiter schätzen, der sich durch eine konstruktive Haltung auszeichnete, verbunden mit kritischem Sachverstand und sehr guten analytischen Fähigkeiten.

3320200 Arbeitsbefähigung bei guter Beurteilung

3320201a In neuen Situationen fand er sich stets gut zurecht.

3320202b Er war ein tüchtiger Mitarbeiter und hatte oft gute praktikable Ideen.

3320203c Ihre Arbeitsbefähigung war stets in jeder Hinsicht gut.

3320204d Sie stellte fachlich hohe Anforderungen an sich, die sie jederzeit voll erfüllte.

3320205e Er war ein ausdauernder und belastbarer Mitarbeiter, der auch unter schwierigen Arbeitsbedingungen alle Aufgaben stets gut bewältigte.

3320206f Er verfügte stets über ein gutes Zahlenverständnis und über ein gutes Formulierungsgeschick.

3320207g Er war ein sehr fähiger Mitarbeiter.

3320208h Sie war eine sachkritische Mitarbeiterin, die hinsichtlich der Arbeitsabläufe gut durchdachte Anregungen machte und realisierte.

3320209i Sie zeigte stets eine gute Übersicht, vor allem auch in Situationen mit regem Geschäftsbetrieb und mit erheblicher Arbeitsbelastung.

3320210j Er verfügte über ein gutes Verhandlungsgeschick bei Telefonverkäufen.

3320211k Aufgrund seiner guten Auffassungsgabe arbeitete er sich schnell und erfolgreich in neue Probleme ein.

3320212l Er hat die Fähigkeit, Sachverhalte rasch zu erfassen, zu analysieren und praktikable Problemlösungen aufzuzeigen und zu entwickeln.

3320213m Von seiner Kreditkompetenz hat er umsichtig Gebrauch gemacht.

3320300	**Arbeitsbefähigung bei befriedigender Beurteilung**
3320301a	Auf neue Situationen stellte er sich erfolgreich ein.
3320302b	Er hatte praktikable Ideen.
3320303c	Ihre Arbeitsbefähigung war gut.
3320304d	Sie stellte fachlich hohe Anforderungen an sich, die sie erfüllte.
3320305e	Er war ein belastbarer Mitarbeiter, der auch unter schwierigen Arbeitsbedingungen seine Aufgaben bewältigte.
3320306f	Er verfügte über ein gutes Zahlenverständnis und über ein gutes Formulierungsgeschick.
3320307g	Er war ein fähiger Mitarbeiter.
3320400	**Arbeitsbefähigung bei ausreichender Beurteilung**
3320401a	Neuen Situationen passte er sich an.
3320402b	Sie trug auch Ideen und Einfälle vor.
3320403c	Ihre Arbeitsbefähigung war zufriedenstellend.
3320404d	Den fachlichen Anforderungen des Arbeitsplatzes wurde Frau NAME dank ihrer schematischen Arbeitsweise gerecht.
3320405*	Er dachte bei der Arbeit auch mit und arbeitete nach Vorgaben selbstständig.
3320406*	Er verfügte über die erforderlichen Fähigkeiten (eines Berufsanfängers).
3320500	**Arbeitsbefähigung bei mangelhafter Beurteilung**
3320501a	Neuen Situationen passte sie sich meist ohne Schwierigkeiten an.
3320502b	Sie hat sich ideenreich und fachkundig gegeben.
3320503c	Ihre Arbeitsbefähigung war manchmal zufriedenstellend.
3320504d	Er kannte die Anforderungen seines Arbeitsplatzes.
3320505*	Sie arbeitete sich im Laufe der Zeit entsprechend ihren Fähigkeiten in die Aufgaben ihrer Stelle ein und arbeitete mit Unterstützung selbstständig. Dabei hat sie sich auch nie gegen die Übertragung zusätzlicher Arbeiten gesträubt.
3320506*	Bei dieser Stelle müssen wir Fähigkeiten wie AUFZÄHLUNG voraussetzen. *(Ohne folgende Bestätigung)*
3330000	**Wissen und Weiterbildung von Tarifangestellten**
	Um sowohl das Wissen als auch die Weiterbildung zu beurteilen, sind meist zwei Bausteine dieser Gruppe auszuwählen.

3330100 **Wissen und Weiterbildung bei sehr guter Beurteilung**

3330101a Herr NAME verfügt über eine sehr große und beachtliche Berufserfahrung. Seinen Arbeitsbereich beherrschte er stets umfassend, sicher und vollkommen. Hervorzuheben ist seine Fähigkeit, sich selbstständig neue Kenntnisse anzueignen.

3330102b Dank seines umfangreichen, fundierten und jederzeit aktuellen Fachwissens löste er alle seine Aufgaben bestens.

3330103c Die BEZEICHNUNG Sprache beherrscht sie in jeder Hinsicht souverän und absolut verhandlungssicher.

3330104d Folgende in der Branche gebräuchlichen Programme beherrscht er absolut sicher und virtuos: BEZEICHNUNG.

3330105e Bei den zahlreichen persönlichen und schriftlichen Auslandskontakten leistete sie aufgrund ihrer verhandlungssicheren Beherrschung der englischen und der BEZEICHNUNG Sprache einen entscheidenden Beitrag zum zügigen Verhandlungsverlauf und zum erfolgreichen Geschäftsabschluss.

3330106f An den abendlichen Weiterbildungsveranstaltungen, die wir in unserem Hause zum freiwilligen Besuch anboten, hat Frau NAME sehr oft und mit großem Interesse aktiv teilgenommen.

3330107g Frau NAME ist sehr lernmotiviert. Sie hat sich in eigener Initiative nebenberuflich mit hohem zeitlichen Einsatz und sehr gutem Ergebnis bei INSTITUTION zur PERSONALFACHWIRTIN weitergebildet.

3330108h Bei der Präsentation unserer Produkte überzeugte er stets durch seine sehr guten Fachkenntnisse und durch seine schlüssige und überzeugende Argumentation.

3330109i Die verkäuferischen Argumentationstechniken beherrscht sie sehr gut.

3330110j Mit den modernen Textverarbeitungs- und Kommunikationstechniken ist sie bestens vertraut.

3330111k In seinem Fachgebiet sowie in relevanten Randbereichen verfügt Herr NAME über ein äußerst solides Fachwissen. Die von dem Unternehmen gebotenen Möglichkeiten der beruflichen Weiterbildung hat er stets mit sehr gutem Erfolg und zu unserem Vorteil genutzt.

3330112l Im Bereich BEZEICHNUNG besitzt er ein umfassendes, detailliertes und aktuelles Fachwissen. Die jeweils neuesten Instrumente und Techniken wendet er jederzeit sehr wirksam in der Praxis an.

3330113m Er verfügt über sehr gute Kenntnisse des aktuellen STEUERRECHTS im Bereich BEZEICHNUNG.

3330114n Durch die aktive Teilnahme an unseren innerbetrieblichen Seminaren und durch die selbstständige Nutzung unserer internen E-Learning-Programme erweiterte und aktualisierte sie laufend ihr Wissen, was sich sehr vorteilhaft in den Arbeitsergebnissen niederschlug.

3330115o Wegen seines umfangreichen und fundierten Fach- und Spezialwissens hat er oft sehr schwierige Aufgaben übernommen und erfolgreich gelöst.

3330116p Aufgrund seines umfangreichen und besonders fundierten Fachwissens erzielte Herr NAME weit überdurchschnittliche Erfolge bei seiner Arbeit.

3330117q Dank ihrer umfassenden und fundierten Erfahrung auf dem Gebiet BEZEICHNUNG machte sich Frau NAME sehr rasch und sicher mit den Produkten unserer Firma vertraut und konnte schon bald mit schwierigen Projektaufgaben / Teilprojektaufgaben betraut werden.

3330118r Frau NAME besitzt exzellente IT-Kenntnisse. Sie war daher in unserem Hause eine gesuchte und allseits geschätzte Kooperationspartnerin bei allen Anwendungsfragen bezüglich der Programme AUFZÄHLUNG.

3330119s Er beherrscht perfekt und routiniert BEZEICHNUNG.

3330120t Herr NAME vervollkommnete und aktualisierte beständig zielgerichtet sein Wissen und hat die erworbenen Kenntnisse stets hervorragend praktisch umgesetzt.

3330121u Hervorzuheben sind seine sehr gute Produkt- und Branchenkenntnisse.

3330122v In der Zeit von DATUM bis zum DATUM hat Herr NAME mit sehr gutem Erfolg eine Zusatzausbildung zum BEZEICHNUNG absolviert.

3330123w Während einer DAUER Entsendung nach LAND hat Frau NAME ihre BEZEICHNUNG Sprachkenntnisse zur vollkommenen Beherrschung perfektioniert.

3330124* Da dieses Aufgabengebiet sämtliche Aufgabenstellungen der Abteilung berührte, hat sich Frau NAME ein breites Spektrum an Wissen über die Aufgaben und die Abläufe in der Abteilung BEZEICHNUNG angeeignet.

3330125* Beständig erweiterte er in Eigeninitiative seine Kenntnisse und opferte dafür einen Teil seiner Freizeit.

3330126* Ihr umfassendes, bereichsübergreifendes und detailliertes Fachwissen hat sie beim Auftreten neuer Fragen und Entwicklungen jeweils in eigener Initiative aktualisiert.

3330127* Im Laufe der Zeit hat er sich eine weit über der üblichen beruflichen Qualifikation liegende außerordentliche Fachkompetenz angeeignet.

3330128* Sein fachliches Können und seine Spezialkenntnisse auf dem Gebiet BEZEICHNUNG entsprachen in hervorragendem Maße den gestellten Anforderungen.

3330129* In Eigeninitiative hat er sich berufsbegleitend in einem dreijährigen Abendstudium weitergebildet und im MONAT JAHR den Titel BEZEICHNUNG erworben.

3330130* In Eigeninitiative hat sie sich berufsbegleitend weitergebildet und im MONAT JAHR mit sehr gutem Erfolg die Prüfung zum BEZEICHNUNG abgelegt.

3330131* Sie ist absolut bilanzsicher.

3330132* Ohne spezielle Schulung hat er sich in Eigeninitiative und mit großem Elan in das komplexe Programm BEZEICHNUNG eingearbeitet und dieses Programm zu unserem Nutzen eingesetzt.

3330133* An der Rezeption bediente Frau NAME täglich unsere internationalen Gäste beim Ein- und Auschecken in englischer, französischer und italienischer Sprache.

3330134z Seine sehr guten und soliden Fachkenntnisse wendete er laufend mit großem Erfolg in seinem Arbeitsgebiet an. Außerdem war er Tester und Ansprechpartner der Mitarbeiter bei neu eingeführten Programmen.

3330200 Wissen und Weiterbildung bei guter Beurteilung

3330201a Herr NAME verfügt über eine große Berufserfahrung. Seinen Arbeitsbereich beherrschte er umfassend und überdurchschnittlich.

3330202b Dank seines umfangreichen, fundierten und aktuellen Fachwissens löste er alle seine Aufgaben stets gut.

3330203c Die BEZEICHNUNG Sprache beherrscht sie in Wort und Schrift gut.

3330204d Folgende in der Branche gebräuchliche Programme beherrscht er sicher: BEZEICHNUNG.

3330205e Bei den zahlreichen persönlichen und schriftlichen Auslandskontakten leistete sie aufgrund ihrer guten Beherrschung der englischen und der BEZEICHNUNG Sprache einen wichtigen Beitrag zum zügigen Verhandlungsverlauf und zum erfolgreichen Geschäftsabschluss.

3330206f An den abendlichen Weiterbildungsveranstaltungen, die wir in unserem Hause zum freiwilligen Besuch anboten, hat Frau NAME oft und mit großem Interesse teilgenommen.

3330207g Als lernmotivierte Mitarbeiterin hat sie sich in eigener Initiative nebenberuflich mit hohem zeitlichen Einsatz und gutem Ergebnis bei INSTITUTION zur BEZEICHNUNG weitergebildet.

3330208h Bei der Präsentation unserer Produkte überzeugte er stets durch seine guten Fachkenntnisse und durch seine schlüssige Argumentation.

3330209i Die verkäuferischen Argumentationstechniken beherrscht sie gut.

3330210j Mit den modernen Textverarbeitungs- und Kommunikationstechniken ist sie gut vertraut.

3330211k In seinem Fachgebiet verfügt Herr NAME über ein äußerst solides Fachwissen. Die ihm vom Unternehmen gebotenen Möglichkeiten der beruflichen Weiterbildung hat er stets mit gutem Erfolg und zu unserem Vorteil genutzt.

3330212l Im Bereich BEZEICHNUNG besitzt er ein breites, detailliertes und aktuelles Fachwissen. Die vorhandenen Instrumente und Techniken wendet er jederzeit wirksam in der Praxis an.

3330213m Er verfügt über gute Kenntnisse des aktuellen STEUERRECHTS im Bereich BEZEICHNUNG.

3330214n Durch die Teilnahme an unseren innerbetrieblichen Seminaren und durch die selbstständige Nutzung unserer internen E-Learning-Programme erweiterte und aktualisierte sie laufend ihr Wissen, was sich vorteilhaft in den Arbeitsergebnissen niederschlug.

3330215o Wegen seines breiten und fundierten Fach- und Spezialwissens hat er oft besondere Aufgaben übernommen und erfolgreich gelöst.

3330216p Aufgrund seines soliden Fachwissens erzielte Herr NAME überdurchschnittliche Erfolge bei seiner Arbeit.

3330217q Dank ihrer breiten und fundierten Erfahrung auf dem Gebiet BEZEICHNUNG macht Frau NAME sich rasch und sicher mit den Produkten unserer Firma vertraut und konnte schon bald mit Projektaufgaben / Teilprojektaufgaben betraut werden.

3330218r Frau NAME besitzt gute IT-Kenntnisse. Daher war sie in unserem Hause eine gesuchte Kooperationspartnerin bei Anwendungsfragen bezüglich der Programme: AUFZÄHLUNG.

3330219s Er beherrscht gut BEZEICHNUNG.

3330220t Herr NAME aktualisierte beständig sein Wissen und hat die erworbenen Kenntnisse stets gut in die Praxis umgesetzt.

3330221u Hervorzuheben sind seine guten Produkt- und Branchenkenntnisse.

3330222v In der Zeit von DATUM bis zum DATUM hat Herr NAME mit gutem Erfolg eine Zusatzausbildung zum BEZEICHNUNG absolviert.

3330223w Während einer DAUER Entsendung nach LAND hat Frau NAME ihre BEZEICHNUNG Sprachkenntnisse zur guten Beherrschung verbessert.

3330224z Seine guten und soliden Fachkenntnisse wendete er laufend mit großem Erfolg in seinem Arbeitsgebiet an. Außerdem war er Tester und Ansprechpartner der Mitarbeiter bei neu eingeführten Programmen.

3330300	**Wissen und Weiterbildung bei befriedigender Beurteilung**
3330301a	Seinen Arbeitsbereich beherrschte er umfassend.
3330302b	Dank seines umfangreichen Fachwissens löste er alle seine Aufgaben gut.
3330303c	Sie hat arbeitsfähige Kenntnisse der BEZEICHNUNG Sprache.
3330304d	Folgende in der Branche gebräuchliche Programme setzt er ein: BEZEICHNUNG.
3330305e	Bei den zahlreichen persönlichen und schriftlichen Auslandskontakten trug sie mit ihren englischen und BEZEICHNUNG Sprachkenntnissen zum Geschäftsabschluss bei.
3330306f	An den abendlichen Weiterbildungsveranstaltungen, die wir in unserem Hause zum freiwilligen Besuch anboten, hat Frau NAME wiederholt teilgenommen.
3330307g	Frau NAME war lernmotiviert. Sie hat sich nebenberuflich bei INSTITUTION zur PERSONALFACHWIRTIN weitergebildet.
3330308h	Bei der Präsentation unserer Produkte zeigte er seine Fachkenntnisse.
3330309i	Die verkäuferischen Argumentationstechniken beherrscht sie voll zufriedenstellend.
3330310j	Mit den modernen Textverarbeitungs- und Kommunikationstechniken ist sie vertraut.
3330311k	In seinem Fachgebiet verfügt Herr NAME über ein solides Fachwissen. Die ihm vom Unternehmen gebotenen Möglichkeiten der beruflichen Weiterbildung hat er stets mit Erfolg genutzt.
3330312l	Im Bereich BEZEICHNUNG besitzt er breites Fachwissen. Die vorhandenen Instrumente und Techniken wendete er wirksam in der Praxis an.
3330313z	Seine Fachkenntnisse wendete er mit Erfolg in seinem Arbeitsgebiet an.
3330400	**Wissen und Weiterbildung bei ausreichender Beurteilung**
3330401a	Seinen Arbeitsbereich beherrschte er anweisungsgemäß entsprechend den Anforderungen.
3330402b	Dank seines Fachwissens löste er alle seine Aufgaben.
3330403c	Sie hat Kenntnisse der BEZEICHNUNG Sprache.
3330404d	Er hat Kenntnisse in den folgenden in der Branche gebräuchlichen Programmen: BEZEICHNUNG.
3330405x	Mit der Bearbeitung der Aufgaben, die wir ihr übertrugen, hatte sie aufgrund ihrer Kenntnisse weder Probleme noch Schwierigkeiten.

3330406y Bei der Bearbeitung der ihm übertragenen Aufgaben zeigt Herr NAME das notwendige Fachwissen, das er entsprechend einsetzte.

3330407* Er nutzte jede sich bietende Gelegenheit, externe Weiterbildungsveranstaltungen zu besuchen.

3330408* Zur Stützung seiner Fachkenntnisse nahm er an Weiterbildungsmaßnahmen teil.

3330409z Seine fachlichen Grundkenntnisse wendete er in seinem Arbeitsgebiet an.

3330500 Wissen und Weiterbildung bei mangelhafter Beurteilung

3330501a Seinen Arbeitsbereich beherrschte er im Allgemeinen entsprechend den Anweisungen.

3330502b Durch Weiterbildungsmaßnahmen strebte er eine Erweiterung seines Fachwissens an.

3330503c Es war ihr Anliegen, arbeitsfähige Kenntnisse der BEZEICHNUNG Sprache zu erlernen.

3330504x Mit der Bearbeitung der Aufgaben, die wir ihr übertrugen, hatte sie aufgrund ihrer Kenntnisse kaum Probleme oder Schwierigkeiten.

3330505y Bei der Beschäftigung mit den ihm übertragenen Aufgaben zeigte Herr NAME das notwendige Fachwissen, das er wiederholt erfolgversprechend einsetzte.

3330506* In unseren Firmenseminaren hatte er Gelegenheit, sich die fachlichen Grundkenntnisse anzueignen, die wir voraussetzen müssen. *(Hat dies aber kaum getan)*

3330507* Er war stets bestrebt, sämtliche Fortbildungsmaßnahmen auszunützen.

3330508* Hervorgehoben werden muss sein Wille, sich durch Besuche von diversen Fachkursen und durch Ausnützen anderweitiger Fortbildungsmöglichkeiten über die neueren Entwicklungen zu orientieren und sich mit dem gegenwärtigen Kenntnisstand seines Fachgebietes vertraut zu machen.

3330509* Er zeigte sich allem Neuen gegenüber sehr aufgeschlossen. *(Scheinbar, Strohfeuerengagement)*

3330510* Die Aufgaben von Frau NAME erforderten Kenntnisse in BEZEICHNUNG.

3330511* Da diese Aufgaben EDV-gestützt erledigt werden, boten wir Herrn NAME im Zuge der Erneuerung unserer Programme die Möglichkeit, zusammen mit weiteren Kollegen eine externe Schulung auf die neue Software zu besuchen. *(Hat nicht teilgenommen)*

3330512* Hervorzuheben ist sein Verlangen, den Dingen auf den Grund zu gehen. *(Erfolglosigkeit; Umständlichkeit)*

3330513* Sie war stets bestrebt, durch Weiterbildung mit der technischen Entwicklung Schritt zu halten.

3330514* Gegenüber unseren Weiterbildungsanregungen zeigte sich Herr NAME grundsätzlich aufgeschlossen.

3330515* Bei der Erledigung dieser Aufgaben sind Kenntnisse in BEZEICHNUNG von Vorteil.

3330516* Die Versetzung bedingte auch, dass sie sich in das Gebiet BEZEICHNUNG einarbeiten musste.

3330517z Stets war er daran interessiert, seine ausbaufähigen fachlichen Grundkenntnisse in seinem Arbeitsgebiet einzusetzen. Er hat keine Chance zum Besuch von Weiterbildungsveranstaltungen ausgelassen.

3340000 Arbeitsweise von Tarifangestellten

3340100 Arbeitsweise bei sehr guter Beurteilung

3340101a Seine Aufgaben erledigte er stets selbstständig mit äußerster Sorgfalt und größter Genauigkeit. Er arbeitete qualitäts- und kostenbewusst.

3340102b Frau NAME zeichnete sich stets durch einen sehr konzentrierten und effizienten Arbeitsstil aus.

3340103c Frau NAME arbeitete stets absolut sicher und vollkommen selbstständig.

3340104d Die Arbeitsweise von Herrn NAME war jederzeit in höchstem Maße geprägt von Zuverlässigkeit, Systematik, Verantwortungs- und Kostenbewusstsein.

3340105e Herr NAME war ein sehr gewissenhafter und eigenverantwortlich arbeitender Mitarbeiter, der an neue Aufgaben stets planvoll heranging und diese systematisch erledigte.

3340106f Frau NAME zeichnete sich bei der Erledigung aller Aufgaben durch kaufmännisches Denken, Verantwortungsbewusstsein, Genauigkeit und Umsicht aus. Man kann sich auch in schwierigen und überraschenden Situationen sehr gut auf sie verlassen.

3340107g Im Rahmen ihrer Tätigkeit hat Frau NAME ihre Arbeiten stets eigenständig, planvoll und systematisch durchgeführt.

3340108* Er war äußerst pflichtbewusst, zuverlässig und verschwiegen und arbeitete stets sehr konzentriert und zielgerichtet.

3340109* Sachkritisch reflektierte sie ihre Arbeit und die Arbeitsabläufe. Bei neuen Aufgabenstellungen bedachte sie gründlich mehrere Lösungsmöglichkeiten und entschied sich sicher für die optimale Variante. Auf diese Weise gab sie mehrmals wichtige Impulse für schrittweise Verbesserungen und für wirksame Veränderungsprozesse.

3340110h Bei der Erledigung aller Arbeiten zeichnete sie sich durch selbstständiges Denken, Verantwortungsbewusstsein und große Sorgfalt aus. Man kann sich auch bei schwierigen Arbeiten und in überraschenden Situationen jederzeit vollkommen auf sie verlassen.

3340200 Arbeitsweise bei guter Beurteilung

3340201a Seine Aufgaben erledigte er stets selbstständig mit großer Sorgfalt und Genauigkeit. Er arbeitete qualitäts- und kostenbewusst.

3340202b Frau NAME zeichnete sich stets durch einen konzentrierten und effizienten Arbeitsstil aus.

3340203c Sie arbeitete stets sicher und vollkommen selbstständig.

3340204d Die Arbeitsweise von Herrn NAME war jederzeit in hohem Maß geprägt von Zuverlässigkeit, Systematik, Verantwortungs- und Kostenbewusstsein.

3340205e Herr NAME war ein gewissenhafter und eigenverantwortlich arbeitender Mitarbeiter, der an neue Aufgaben planvoll heranging und diese systematisch erledigte.

3340206f Frau NAME zeichnete sich bei der Erledigung ihrer Aufgaben durch Verantwortungsbewusstsein, Genauigkeit und Umsicht aus. Man kann sich auch in schwierigen Situationen gut auf sie verlassen.

3340207g Im Rahmen ihrer Tätigkeit hat Frau NAME ihre Arbeiten eigenständig, planvoll und systematisch durchgeführt.

3340208h Bei der Erledigung aller Arbeiten zeichnete sie sich durch selbstständiges Denken, Verantwortungsbewusstsein und große Sorgfalt aus. Man kann sich auch bei schwierigen Arbeiten und in überraschenden Situationen vollkommen auf sie verlassen.

3340300 Arbeitsweise bei befriedigender Beurteilung

3340301a Seine Aufgaben erledigte er mit Sorgfalt und Genauigkeit.

3340302b Frau NAME zeigte eine voll zufriedenstellende Arbeitsweise.

3340303c Sie arbeitete sicher und selbstständig.

3340304d Die Arbeitsweise von Herrn NAME war jederzeit geprägt von Zuverlässigkeit, Systematik, Verantwortungs- und Kostenbewusstsein.

3340305h Bei der Erledigung ihrer Arbeiten zeichnete sie sich durch Verantwortungsbewusstsein und Sorgfalt aus. Man kann sich auch bei besonderen Arbeiten auf sie verlassen.

3340400 Arbeitsweise bei ausreichender Beurteilung

3340401a Bei der Aufgabenbearbeitung zeigte er nicht geringe Sorgfalt.

3340402b Frau NAME zeigte eine zufriedenstellende Arbeitsweise.

3340403c Sie zeigte keine Unsicherheiten bei der Ausführung vertrauter Aufgaben.

3340404* Alle Vorgänge bearbeitete Herr NAME mehr als korrekt und zufriedenstellend.

3340500 Arbeitsweise bei mangelhafter Beurteilung

3340501a Die ihm erteilten Aufträge erledigte er mit Unterstützung selbstständig und mit allgemeiner Sorgfalt und Genauigkeit.

3340502b Frau NAME war stets um eine zufriedenstellende Arbeitsweise bemüht.

3340503c Unter Anleitung durch den Vorgesetzten arbeitete sie selbstständig und zeigte kaum Unsicherheiten bei der Arbeitsausführung.

3340504* Alle Aufgaben bearbeitete sie mit der ihr eigenen Sorgfalt. *(Geringe Sorgfalt)*

3340505* Er pflegte einen unkonventionellen Arbeitsstil, war aber auch stets um eine systematische Arbeitsweise bemüht.

3340506* Den Aufgaben seiner Stellenbeschreibung ist er vorschriftsmäßig und pünktlich nachgekommen. *(Pedantisch, Mindesteinsatz)*

3340507* Alle Routineaufgaben, die wir ihm übertrugen, bearbeitete er nach Vorgaben selbstständig.

3350000 Arbeitserfolg von Tarifangestellten

3351000 Arbeitserfolg – Arbeitsgüte von Tarifangestellten

3351100 Arbeitserfolg – Arbeitsgüte bei sehr guter Beurteilung

3351101a Herr NAME lieferte stets eine weit überdurchschnittliche Arbeitsqualität.

3351102b Als perfekte BUCHHALTERIN beeindruckte sie durch eine konstant sehr gute Arbeitsqualität.

3351103c Die Qualität seiner Arbeit lag stets sehr weit über dem durchschnittlichen Standard der Arbeitsgruppe.

3351104d Die Qualität seiner Arbeitsergebnisse lag, auch bei sehr schwierigen Arbeiten, bei objektiven Problemhäufungen und bei Termindruck (durch Abschlussarbeiten), stets sehr weit über den Anforderungen.

3351105e Sie wägte Kosten und Nutzen realistisch ab und fand und realisierte stets sehr gute, kostengünstige Lösungen.

3351106f Für unsere Kunden entwickelte Herr NAME stets optimale Lösungen. Er war unser Spezialist für alle ungewöhnlichen Kundenforderungen.

3351107g Aufgrund seiner systematischen Arbeitsweise und seiner großen Berufserfahrung löste Herr NAME auch schwierige Problemfälle stets sehr erfolgreich.

3351108h Durch ihre zielstrebige und umsichtige Arbeit hat sie stets sehr gute Qualitätserfolge erzielt.

3351109i Aufgrund seiner umsichtigen und effizienten Arbeitsweise erreichte er auch in Ausnahmesituationen stets ausgezeichnete Ergebnisse. Er überzeugte durch die Präsentation fundierter, unterschriftsreifer Vorlagen.

3351110j Frau NAME war eine zuverlässige und leistungsfähige Mitarbeiterin, die ihre Aufgaben folgerichtig, zügig und stets sehr gut erledigte.

3351111* Bei der Aufgabenerledigung zeigte er außergewöhnlichen Einsatz. Permanent lieferte er qualitativ hervorragende Ergebnisse und vorzüglich aufbereitete, entscheidungsreife / unterschriftsreife Vorlagen.

3351112* Sie ist eine Spitzensekretärin. Ihre Schreiben waren stets fehlerfrei. Auch schwierige Schreiben sowie Verträge formulierte sie nach Stichworten selbstständig.

3351113* Die Kasse hat sie stets ehrlich und absolut korrekt geführt. Differenzen (Mankobeträge) traten bei der Abrechnung der Kasse nie auf.

3351114* Als aufgeschlossene und flexible Mitarbeiterin beteiligte sie sich aktiv an Problemlösungen. Bei Teamarbeit machte sie eigene Vorschläge, akzeptierte aber auch neue Ideen anderer. Auf diese Weise hat sie maßgeblich zu kontinuierlichen Verbesserungen beigetragen.

3351115k Arbeitsqualität und Arbeitsquantität waren konstant sehr hoch. Arbeitsmenge und Arbeitstempo lagen stets sehr weit über unseren Erwartungen und Anforderungen.

3351200 Arbeitserfolg – Arbeitsgüte bei guter Beurteilung

3351201a Herr NAME lieferte stets eine überdurchschnittliche Arbeitsqualität.

3351202b Als perfekte BUCHHALTERIN beeindruckte sie durch eine konstant gute Arbeitsqualität.

3351203c Die Qualität seiner Arbeit lag stets deutlich über dem durchschnittlichen Standard der Arbeitsgruppe.

3351204d Die Qualität seiner Arbeitsergebnisse lag, auch bei schwierigen Arbeiten, bei objektiven Problemhäufungen und bei Termindruck (durch Abschlussarbeiten), weit über den Anforderungen.

3351205e Er wägte Kosten und Nutzen realistisch ab und fand und realisierte stets gute, kostengünstige Lösungen.

3351206f Für unsere Kunden entwickelte Herr NAME stets gute Lösungen.

3351207g Aufgrund seiner systematischen Arbeitsweise und seiner Berufserfahrung löste Herr NAME auch schwierige Problemfälle sehr erfolgreich.

3351208h Durch ihre zielstrebige und umsichtige Arbeit hat sie stets gute Qualitätserfolge erzielt.

3351209i Aufgrund ihrer umsichtigen und effizienten Arbeitsweise erbrachte sie auch in Ausnahmesituationen stets gute Ergebnisse. Sie überzeugte durch die Vorlage fundierter Entscheidungshilfen.

3351210j Frau NAME war eine zuverlässige und leistungsfähige Mitarbeiterin, die ihre Aufgaben folgerichtig, zügig und stets gut erledigte.

3351211k Arbeitsqualität und Arbeitsquantität waren konstant hoch. Arbeitsmenge und Arbeitstempo lagen stets über unseren Erwartungen und Anforderungen.

3351300 Arbeitserfolg – Arbeitsgüte bei befriedigender Beurteilung

3351301a Frau NAME lieferte eine dem Durchschnitt entsprechende Arbeitsqualität.

3351302b Die Arbeitsqualität von Frau NAME war voll befriedigend.

3351303c Die Qualität seiner Arbeit entsprach stets dem durchschnittlichen Standard der Arbeitsgruppe.

3351304d Die Qualität seiner Arbeitsergebnisse erfüllte in vollem Umfang die Anforderungen.

3351305e Er fand kostengünstige Lösungen.

3351306f Für unsere Kunden entwickelte Herr NAME geeignete Lösungen.

3351307g Aufgrund seiner Arbeitsweise und seiner Berufserfahrung löste Herr NAME die vor Ort üblicherweise auftretenden Problemfälle erfolgreich.

3351308h Durch ihre umsichtige Arbeit hat sie Qualitätserfolge erzielt.

3351309k Arbeitsqualität und Arbeitsquantität waren hoch. Arbeitsmenge und Arbeitstempo lagen über unseren Erwartungen.

3351400 Arbeitserfolg – Arbeitsgüte bei ausreichender Beurteilung

3351401a Herr NAME lieferte eine zufriedenstellende Arbeitsqualität.

3351402b Die Arbeitsqualität von Frau NAME entsprach den Anforderungen/Erwartungen.

3351403c Die Qualität ihrer Arbeit entsprach fast immer dem durchschnittlichen Standard der Arbeitsgruppe.

3351404k Arbeitsqualität und Arbeitsquantität waren zufriedenstellend.

3351500 Arbeitserfolg – Arbeitsgüte bei mangelhafter Beurteilung

3351501a Herr NAME lieferte insgesamt eine zufriedenstellende Arbeitsqualität, sodass seine Arbeit nur stichprobenhaft geprüft werden musste.

3351502b Die Arbeitsqualität von Frau NAME entsprach in der Regel den Anforderungen/Erwartungen, sodass Korrekturen nur ab und zu erforderlich waren.

3351503c Die Qualität seiner Arbeit erreichte wiederholt den durchschnittlichen Standard der Arbeitsgruppe.

3351504* Die Güte seiner Arbeit hat uns immer wieder in Erstaunen versetzt. *(Ironie)*

3351505* Die ihr gemäßen Aufgaben nahm sie als eifrige Mitarbeiterin ohne Fehler wahr. Es war auch vorgesehen, ihr weitere Aufgaben zu übertragen. *(Ihr gemäße Aufgaben = anspruchsarme Aufgaben)*

3351506* Größere Differenzen (Mankobeträge) traten bei der Kassenabrechnung nicht in nennenswertem Maße auf.

3351507k Arbeitsqualität und Arbeitsquantität waren regelmäßig zufriedenstellend.

3352000 Arbeitserfolg – Arbeitsmenge und -tempo von Tarifangestellten

3352100 Arbeitserfolg – Arbeitsmenge und -tempo bei sehr guter Beurteilung

3352101a Die selbst gesetzten und die vereinbarten Ziele hat er, auch unter schwierigsten Umständen, stets erreicht, ja meist übertroffen. So trug er maßgeblich zum Erfolg der Abteilung bei.

3352102b Arbeitsmenge und Arbeitstempo lagen stets sehr weit über unseren Anforderungen und Erwartungen. Sein Beitrag zum Abteilungsergebnis überragte hinsichtlich der meisten Ziele und Leistungskriterien den der anderen Mitarbeiter.

3352103c Arbeitsmenge und Arbeitsintensität lagen stets sehr weit über dem Durchschnitt der Arbeitsgruppe. Alle Geschäftsvorfälle wurden regelmäßig tagesaktuell bearbeitet.

3352104d Das hochgesteckte Umsatzsoll übertraf er permanent erheblich.

3352105e Arbeitspensum und Arbeitseffizienz von Frau NAME waren stets sehr gut. Sie war eine äußerst produktive Mitarbeiterin.

3352106f Seine Aufgaben waren in hohem Maße termingebunden. Er hat die vereinbarten Zeitrahmen auch unter schwierigsten Umständen stets eingehalten, ja oft unterschritten.

3352107g In allen Jahren erzielte er sehr gute Verkaufserfolge. Den Belastungen durch die gleichzeitige Bedienung mehrerer Kunden war er bestens gewachsen.

3352108h In Zeiten des Urlaubs und der Krankheit von Kollegen absolvierte sie immer wieder ein beeindruckendes und sehr beachtliches Arbeitspensum mit enormen Belastungsspitzen.

3352109* Trotz der in der WERBEMITTEL-Branche üblichen Hektik behielt er dank seiner Stressresistenz jederzeit die Übersicht und stellte so die Einhaltung unserer terminlichen Verpflichtungen sicher.

3352200 Arbeitserfolg – Arbeitsmenge und -tempo bei guter Beurteilung

3352201a Die vereinbarten Ziele hat er, auch unter schwierigen Umständen, stets erreicht, ja oft übertroffen.

3352202b Arbeitsmenge und Arbeitstempo lagen weit über unseren Anforderungen und Erwartungen.

3352203c Arbeitsmenge und Arbeitsintensität lagen weit über dem Durchschnitt der Arbeitsgruppe. Die Geschäftsvorfälle wurden regelmäßig tagesaktuell bearbeitet.

3352204d Das gesteckte Umsatzsoll übertraf er permanent.

3352205e Arbeitspensum und Arbeitseffizienz von Frau NAME waren stets gut. Sie war eine sehr produktive Mitarbeiterin.

3352206f Seine Aufgaben waren in hohem Maße termingebunden. Er hat die vereinbarten Zeitrahmen auch unter schwierigen Umständen stets eingehalten.

3352207g In all den Jahren erzielte er gute Verkaufserfolge. Den Belastungen durch die gleichzeitige Bedienung mehrerer Kunden war er gut gewachsen.

3352208h In Zeiten des Urlaubs und der Krankheit von Kollegen absolvierte sie immer wieder ein beachtliches Arbeitspensum mit hohen Belastungsspitzen.

3352300 Arbeitserfolg – Arbeitsmenge und -tempo bei befriedigender Beurteilung

3352301a Die vereinbarten Ziele hat er erreicht.

3352302b Arbeitsmenge und Arbeitstempo lagen über unseren Anforderungen / Erwartungen.

3352303c Arbeitsmenge und Arbeitsintensität entsprachen stets dem Durchschnitt der Arbeitsgruppe.

3352304d Er erreichte das gesetzte Umsatzsoll.

3352305e Arbeitspensum und Arbeitseffizienz von Frau NAME waren gut.

3352306f Seine Aufgaben waren in hohem Maße termingebunden. Er hat die vereinbarten Zeitrahmen eingehalten.

3352307g Regelmäßig erzielte er gute Verkaufsergebnisse.

3352400 Arbeitserfolg – Arbeitsmenge und -tempo bei ausreichender Beurteilung

3352401a Vorgegebene Ziele hat er in zufriedenstellendem Maße erreicht.

3352402b Arbeitsmenge und Arbeitstempo entsprachen den Anforderungen/Erwartungen.

3352403c Arbeitsmenge und Arbeitsintensität erreichten fast immer den Durchschnitt der Arbeitsgruppe.

3352404d Sie erreichte meist das gesetzte Umsatzsoll.

3352405e Arbeitspensum und Arbeitseffizienz waren beim besten Willen nicht zu kritisieren.

3352406f Die Aufgaben, die er aufgriff, beendete er im vorgesehenen Zeitrahmen.

3352407g Verkaufserfolge blieben nicht aus.

3352408* Er erreichte zweifellos nicht unbedeutende Umsatzsteigerungen. *(Aber bedeutend waren sie auch nicht.)*

3352500 Arbeitserfolg – Arbeitsmenge und -tempo bei mangelhafter Beurteilung

3352501a Mit Nachdruck hat er daran gearbeitet, die vorgegebenen Ziele zu erreichen.

3352502b Arbeitsmenge und Arbeitstempo entsprachen im Allgemeinen den Anforderungen und Erwartungen.

3352503c Arbeitsmenge und Arbeitsintensität entsprachen im Allgemeinen dem Durchschnitt der Arbeitsgruppe.

3352504d Sie engagierte sich, das gesetzte Umsatzsoll zu erreichen.

3352505e Arbeitsmenge und Arbeitseffizienz waren beim besten Willen kaum zu beanstanden.

3352506f Es war sein Bestreben, die ihm gesetzten Termine und Zeitrahmen einzuhalten. Seine Arbeiten erledigte er ohne größere Verzögerung.

3352507* Jederzeit war er willens, seine Aufgaben zu den vereinbarten Zeitpunkten abzuschließen. *(Hat dies aber nicht geschafft)*

3352508* Die Aufgaben, die sie aufgriff, versuchte sie zeitgerecht zu lösen.

3352509* Immer war er bestrebt, das Arbeitstempo und die Arbeitsmenge seiner Kollegen zu übertreffen.

3352510* Bei den von ihm ausgeführten Arbeiten war es sehr wichtig, dass es nicht laufend zu Verzögerungen und Terminüberschreitungen kam.

3352511* Als AUSSENDIENSTMITARBEITER bahnte er Geschäfte mit Kunden an. *(Fehlender Geschäftsabschluss)*

3352512* Die Effizienz seiner Verkaufstätigkeit spiegelte sich in den realisierten Umsätzen wider.

3352513* Seine Aufgaben erledigte er mit Ausdauer. Auch große Arbeitsmengen brachten ihn nicht aus dem Konzept.

3360100 Herausragende Erfolge von Tarifangestellten bei sehr guter oder guter Gesamtbeurteilung

Bitte wählen Sie einen Baustein aus einer der nachfolgenden Gruppen 3361 bis 3369. Es kommen auch Bausteine aus den Gruppen 3461 bis 3469 in Frage.

3361100 Herausragende Erfolge: Vertrieb, Marketing, Außendienst

3361101 Durch sein sicheres Gespür für die Entwicklungen im Markt erreichte Herr NAME trotz der schwierigen Wettbewerbslage durch die in- und ausländische Konkurrenz eine weit überdurchschnittliche Umsatz- und Ergebnissteigerung. In der Umsatz-Rangliste unserer Verkaufsleiter / Verkäufer / Produktmanager nahm er stets den ersten Platz ein.

3361102 Besonders hervorzuheben ist auch ihre Fähigkeit, kontinuierlich neue Kunden zu gewinnen. Dies ist in der BEZEICHNUNG-Branche wegen der hohen Bedeutung saisonaler Trends und oft nur kurzzeitiger Nachfragewellen außerordentlich wichtig.

3361103 Aufgrund seiner informativen Besuchsberichte haben wir im Verkauf und in der Beratung zahlreiche Verbesserungen eingeführt. Hervorzuheben ist auch sein Engagement bei der Optimierung unserer IT-gestützten Routenplanung.

3361104 Sie ist eine unserer umsatzstärksten Außendienstmitarbeiterinnen. Bei unserer Aktion zur Steigerung der Barverkäufe erreichte sie das beste Ergebnis.

3361105 Beim Ausverkauf von Auslaufartikeln (zwecks Sortimentsbereinigung) erreichte Herr NAME sehr gute Ergebnisse.

3361106 Unsere sehr hohe Einschätzung der Leistungsfähigkeit von Herrn NAME zeigt sich darin, dass wir mit ihm ein nachvertragliches Wettbewerbsverbot vereinbart haben. *(Nur mit Einverständnis des Mitarbeiters)*

3361107 Besonders hervorzuheben ist seine Fähigkeit, auf Präsentationen und Veranstaltungen durch seine lebendige und anschauliche Vortragsweise auch ein kritisches Publikum für unsere Produkte gewinnen zu können.

3361108 Positiv zu würdigen ist auch die im internen Vergleich sowie im Branchenvergleich extrem niedrige Reklamations- und Stornoquote.

3361109 Durch die kontinuierliche Beobachtung des Marktgeschehens in seinem Gebiet erkannte er schnell und sicher Absatzchancen, die er zielstrebig und sehr erfolgreich nutzte.

3361110 Den Vertriebsleiter hat sie durch mehrere konstruktive Vorschläge bei der Realisierung unserer neuen Vertriebsstruktur unterstützt.

3361111 Hervorzuheben sind auch ihre Erfolge bei der Gewinnung von Neukunden und beim Abschluss von Anschlussaufträgen / Zusatzverträgen.

3361112 Durch sein sicheres Gespür für die Entwicklungen im Markt erreichte Herr NAME trotz der schwierigen Wettbewerbslage eine weit überdurchschnittliche Umsatz- und Ergebnissteigerung. In unserer Umsatz-Rangliste nahm er stets den ersten Platz ein.

3361113 Hervorzuheben sind auch ihre Erfolge bei der Gewinnung von Neukunden und beim Abschluss von Anschlussaufträgen.

3362100 Herausragende Erfolge: Projektarbeit, Reorganisation, Verbesserungen

3362101 Hervorzuheben sind insbesondere seine schnelle Auffassungsgabe, seine sehr selbstständige Arbeitsweise sowie seine überdurchschnittliche Einsatzbereitschaft, mit der er entscheidend / maßgeblich zum termin- und budgetgerechten Abschluss der Projekte / Teilprojekte beitrug.

3362102 Im Laufe der Jahre hat Herr NAME in vielen Projektteams mitgewirkt. Durch sein zielgerichtetes und systematisches Vorgehen, seine konstruktiven Vorschläge und durch sein offenes und kooperatives Verhalten hat er immer wieder maßgeblich dazu beigetragen, die Projekte mit großer Problemumsicht und hohem Innovationsgrad im geplanten Zeitrahmen abzuschließen.

3362103 Als fachlicher Promotor des Projektes / Teilprojektes BEZEICHNUNG hat Herr NAME alle zur Bearbeitung und Lösung erforderlichen Informationen selbstständig aus Datenbanken, amtlichen Statistiken und der Fachliteratur beschafft.

3362104 Durch verschiedene prämierte Maßnahmen realisierte Herr NAME eine beachtliche Senkung des Lagerwertes unseres Rohstofflagers. Dabei war die Lieferfähigkeit an die Produktion stets gewährleistet.

3362105 Durch eine Reihe einfacher, aber wirksamer Maßnahmen gelang es Frau NAME, in ihrem Bereich die Schwundquote weit unter den branchenbekannten Durchschnitt zu senken.

3362106 Die Chancen dieser entwicklungsfähigen Position hat Frau NAME beherzt genutzt und sehr gute Aufbauarbeit geleistet.

3362107 Neuartige Aufgaben und Spezialaufgaben wurden stets Frau NAME anvertraut. Sie löste alle Probleme selbstständig, effizient und mit sehr gutem Erfolg. So hat sie unter anderem unsere Software für BEZEICHNUNG ausgewählt und eingeführt.

3362108 Herr NAME ist ein im positiven Sinne sachkritischer Mitarbeiter, der für die Arbeitsabläufe und die Zusammenarbeit viele Verbesserungen vorschlug, die effizienzsteigernd und gewinnbringend eingeführt wurden.

3362109 Frau NAME ist eine konstruktiv-kritische Mitarbeiterin, die im Rahmen unseres Ideenmanagements mehrere beachtliche Verbesserungsvorschläge ausarbeitete, die prämiert und mit ausgezeichnetem und nachhaltigem Erfolg eingeführt wurden.

3362110 Als kreativer Mitarbeiter hat er im Laufe der Jahre durch vielfältige konstruktive Vorschläge zur nachhaltigen Verbesserung und Optimierung der Ablauforganisation beigetragen.

3365100 Herausragende Erfolge: Rechnungswesen, Controlling

3365101 In ihrem Bereich hat sie wiederholt durch ihr ausgeprägtes Gespür für betriebswirtschaftliche Zusammenhänge Fehler in unseren Datenerhebungen aufgedeckt und so unsere Planungsgenauigkeit erheblich verbessert.

3365102 Durch sein psychologisches Geschick und sein Einfühlungsvermögen in die Belange unserer Beteiligungsfirmen erzielte er große Erfolge in der Integration unterschiedlichster Firmen in unsere gesamte strategische Ausrichtung.

3365103 Besonders hervorzuheben ist seine Fähigkeit, auf unseren regelmäßigen Management-Meetings / Controllertreffen / Quartalssitzungen den Stand der von ihm betreuten Beteiligungsfirmen darzustellen und durch übergreifende Analysen positive und negative Entwicklungen aufzuzeigen.

3365104 Sie hat die ihr gebotene Chance genutzt und durch die Einführung eines Management-Informations-Systems alle wichtigen Bereiche unseres Unternehmens erfasst und dadurch tiefgehende betriebswirtschaftliche Analysen möglich gemacht.

3365105 Durch die systematische Kontrolle der von uns in der Jahresplanung festgelegten Finanzziele im Bereich Debitoren und Kreditoren hat sie maßgeblich zur Erreichung unserer Bilanzkennzahlen Invested Capital und Working Capital beigetragen.

3365106 Herr NAME hat durch die Überarbeitung unseres Kostenstellen- und Kostenartenplanes mit anschließender Segmentierung der einzelnen Unternehmensbereiche deren Ergebnisdarstellung in unserem monatlichen Berichtswesen ermöglicht. Aus diesem System heraus können die Unternehmensbereiche über Zielvereinbarungen von der Holding geführt und gesteuert werden.

3365107 Durch eine systematische Kontrolle der in unserer Jahresplanung festgelegten Finanzziele hat er maßgeblich zur Erreichung wichtiger Ziele beigetragen.

3365108 In ihrem Bereich hat Frau NAME wiederholt durch ihr ausgeprägtes Gespür für betriebswirtschaftliche Zusammenhänge Verbesserungen vorgenommen und so unsere Planungsgenauigkeit erheblich erhöht.

3366100 Herausragende Erfolge: Beförderung und Förderungswürdigkeit

3366101 Aufgrund ihrer fachlichen Qualifikationen und sichtbaren Erfolge sowie ihrer allgemeinen Persönlichkeitsvoraussetzungen haben wir Frau NAME mit Wirkung vom DATUM die Position der BEZEICHNUNG für den Geschäftsbereich BEZEICHNUNG übertragen.

3366102 Während einer längeren Krankheit des POSITIONSBEZEICHNUNG vertrat Herr NAME diesen engagiert, kompetent und in jeder Hinsicht mustergültig. Er bewies so seine Eignung für eine weitere Beförderung.

3366103 Durch ihre sehr guten Leistungen hat Frau NAME bewiesen, dass sie für anspruchsvollere Aufgaben und die Übernahme zusätzlicher Verantwortung bestens geeignet ist.

3366104 Herr NAME ist ein förderungswürdiger Mitarbeiter mit sehr gutem Leistungspotenzial, der noch anspruchsvolleren Aufgaben gewachsen ist.

3366105 Durch seine herausragenden fachlichen Erfolge und durch sein persönliches Auftreten hat Herr NAME seine Eignung zur Übernahme einer Führungsposition bewiesen.

3366106 Frau NAME gehörte dem Förderkreis für Nachwuchs-Führungskräfte unseres Unternehmens / unserer Unternehmensgruppe an.

3367100 Herausragende Erfolge: Erweiterung von Kompetenzen

3367101 Aufgrund seines sehr sicheren Analyse- und Urteilsvermögens und seiner sichtbaren Erfolge erhielt er im MONAT JAHR Handlungsvollmacht.

3367102 In Anerkennung seines sicheren Analyse- und Urteilsvermögens und seiner sichtbaren Erfolge wurde seine Kreditkompetenz/Regulierungskompetenz/Zeichnungsvollmacht im Zahlungsverkehr schrittweise (auf BETRAG EURO) erhöht.

3367103 Aufgrund ihrer absoluten Vertrauenswürdigkeit und ihres sicheren Urteilsvermögens erhielt sie im MONAT JAHR die Vollmacht, eigenverantwortlich Wertberichtigungen und Ausbuchungen vorzunehmen.

3367104 Aufgrund seiner absoluten Vertrauenswürdigkeit und seines sicheren Urteilsvermögens erteilten wir ihm im MONAT JAHR die Vollmacht, Kulanzfälle/einen Forderungsverzicht bis BETRAG EURO eigenverantwortlich zu regeln.

3367105 Aufgrund ihrer (sehr) guten Leistungen und ihrer Zuverlässigkeit erhielt sie für die Angelegenheiten ihres Arbeitsgebietes weitgehende Unterschriftsvollmacht.

3367106 Seine Kompetenzen wurden aufgrund seiner sorgfältig vorbereiteten und richtigen Entscheidungen schrittweise erweitert.

3369100 Herausragende Erfolge: Verschiedene Erfolge

3369101 Aufgrund ihrer sehr guten Leistungen erhielt Frau NAME laufend eine hohe übertarifliche Vergütung.

3369102 Aufgrund seiner sehr guten Leistungen wurde seine übertarifliche Zulage in den letzten Jahren überdurchschnittlich erhöht.

3369103 Unsere wachsende Wertschätzung der Leistungen von Frau NAME wird durch die Tatsache belegt, dass sie während ihrer Unternehmenszugehörigkeit von der Tarifgruppe NUMMER zur Tarifgruppe NUMMER aufstieg.

3369104 Ihre Assistenzfunktion nutzte Frau NAME für eine gründliche Einarbeitung in die Aufgaben des BEREICH. Ihr Einsatz brachte in kurzer Zeit eine spürbare und wertvolle Entlastung des POSITIONSBEZEICHNUNG.

3369105 Laufend hat er Sonderaufgaben übernommen und so den Vorgesetzten tatkräftig unterstützt und sehr wirksam und zuverlässig entlastet.

3369106 Mit Engagement, Umsicht und Organisationstalent bereitete Frau NAME die Sitzungen des Vorstandes und des Aufsichtsrates vor, sodass diese zügig und effizient ablaufen konnten. Sie nahm an den Sitzungen als Protokollführerin teil und erntete auch für diese Arbeit allseits höchste Anerkennung.

3370000 Führungsleistung von Tarifangestellten

Siehe Bausteingruppen 3471 und 3472.

3380000 Zusammenfassende Leistungsbeurteilung von Tarifangestellten

3380100 Zusammenfassende Leistungsbeurteilung bei sehr guter Gesamtbeurteilung

3380101a Seine Aufgaben hat Herr NAME stets zu unserer größten/höchsten/absoluten Zufriedenheit erfüllt. Er war für uns ein äußerst wertvoller Mitarbeiter.

3380102b Mit den überzeugenden Leistungen von Herrn NAME waren unsere Kunden und wir stets höchst zufrieden.

3380103c Die Arbeitsergebnisse von Frau NAME überragten stets sehr weit die Resultate der Mitarbeiter mit vergleichbaren Aufgaben, sodass wir mit ihren Leistungen jederzeit sehr/höchst/absolut zufrieden waren.

3380104d Die Leistungen von Herrn NAME waren stets sehr gut. Er war ein vortrefflicher und angesehener Mitarbeiter und erledigte alle Aufgaben in jeder Hinsicht bestens.

3380105e Die Leistungen von Herrn NAME entsprachen der höchsten Stufe des tariflichen Beurteilungssystems, sodass wir mit ihm stets außerordentlich zufrieden waren.

3380106f Alle Arbeiten seines komplexen und diffizilen Aufgabengebietes, insbesondere auch alle ihm wegen seiner absoluten Zuverlässigkeit bevorzugt anvertrauten Spezialaufträge und vertraulichen Fragen, erledigte Herr NAME in lobenswerter Weise stets zu unserer vollsten Zufriedenheit.

3380107g Die Anforderungen seiner Stelle und unsere Erwartungen übertraf Herr NAME in außergewöhnlich hohem Maße, sodass wir mit seinen Leistungen stets absolut zufrieden waren.

3380108h Während des (ZAHL-wöchigen/ZAHL-monatigen) Arbeitsverhältnisses hat er stets zu unserer vollsten Zufriedenheit gearbeitet. *(Betonung der kurzen Beurteilungsbasis)*

3380109i Wir waren mit ihren Spitzenleistungen und ihren Zielerfüllungen in jeder Hinsicht stets außerordentlich/höchst/absolut/äußerst zufrieden. Sie gehörte zu unseren sehr guten Mitarbeiterinnen.

3380110j Sie war die ideale Besetzung für diese Stelle und hat als hochqualifizierte Kraft stets zu unserer vollsten Zufriedenheit gearbeitet. Sie hat alle Aufgaben in jeder Hinsicht stets bestens erledigt.

3380111k Seine Leistungen haben jederzeit und in jeder Hinsicht unsere höchste Anerkennung gefunden. Er war einer unserer besten FUNKTIONSBEZEICHNUNG.

3380112l Als hervorragender Leistungsträger hat Herr NAME permanent Spitzenleistungen erbracht. Wir waren daher mit ihm stets in höchstem Maße zufrieden.

3380113m Aufgrund ihrer vorzüglichen / lobenswerten Leistungen (während der langjährigen / mehrjährigen Zusammenarbeit) waren wir mit ihr stets außerordentlich / absolut / höchst / äußerst zufrieden.

3380114n Die ihm übertragenen Arbeiten erfüllte er (über zwei Jahrzehnte hinweg) immer zu unserer höchsten / absoluten / größten Zufriedenheit.

3380115o Die beschriebene kontinuierliche Übertragung anspruchsvollerer Aufgaben zeigt, dass wir mit den Leistungen von Frau NAME stets außerordentlich / absolut zufrieden waren.

3380116p Durch ihre sehr aktive Einstellung in Verbindung mit ihren hervorhebenswerten Kenntnissen führte Frau NAME ihre Aufgaben stets zu unserer vollsten Zufriedenheit durch. Ihre Leistungen lagen stets sehr weit über der Leistung vergleichbarer Mitarbeiter.

3380117q In unseren turnusmäßigen Beurteilungen wurde Frau NAME jedes Mal sehr gut bewertet. Mit ihren Leistungen und Zielerfüllungen waren wir stets außerordentlich zufrieden.

3380118* Er ist ein erstklassiger BERUFSBEZEICHNUNG, der seine Aufgaben stets zu unserer absoluten / allerhöchsten / allergrößten Zufriedenheit erledigt hat.

3380119* Mit ihren überragenden / außergewöhnlichen / ausgezeichneten Leistungen hat Frau NAME unseren Erwartungen stets in jeder Hinsicht in bester Weise entsprochen.

3380120r Ihre Aufgaben erledigte sie stets zur vollsten Zufriedenheit ihres Vorgesetzten. *(Einschränkung)*

3380200 Zusammenfassende Leistungsbeurteilung bei guter Gesamtbeurteilung

3380201a Seine Aufgaben hat Herr NAME stets zu unserer vollen Zufriedenheit erfüllt. Er war für uns ein wertvoller Mitarbeiter.

3380202b Mit den Leistungen von Herrn NAME waren unsere Kunden und wir stets voll zufrieden.

3380203c Die Arbeitsergebnisse von Frau NAME waren deutlich besser als bei den meisten Mitarbeitern mit vergleichbaren Aufgaben, sodass wir mit ihren Leistungen jederzeit voll zufrieden waren.

3380204d Die Leistungen von Herrn NAME waren stets gut.

3380205e Die Leistungen von Herrn NAME entsprachen der zweithöchsten Stufe des tariflichen Beurteilungssystems, sodass wir mit ihm stets voll zufrieden waren.

3380206f Alle Arbeiten seines komplexen Aufgabengebietes, insbesondere auch alle ihm wegen seiner hohen Zuverlässigkeit bevorzugt anvertrauten Spezialaufträge und vertraulichen Fragen, erledigte Herr NAME stets zu unserer vollen Zufriedenheit.

3380207g Mit ihren Leistungen hat Frau NAME unsere Anforderungen und Erwartungen erheblich übertroffen, sodass wir mit ihr stets voll zufrieden waren.

3380208h Während des (ZAHL-wöchigen / ZAHL-monatigen) Arbeitsverhältnisses hat er stets zu unserer vollen Zufriedenheit gearbeitet. *(Betonung der kurzen Beurteilungsbasis)*

3380209i Wir waren während der gesamten Beschäftigungszeit mit ihren Leistungen und ihren Zielerfüllungen voll zufrieden. Sie gehörte stets zu unseren guten Mitarbeiterinnen.

3380210j Sie hat als hochqualifizierte Kraft stets zu unserer vollen Zufriedenheit gearbeitet.

3380211k Seine Leistungen haben unsere volle Anerkennung gefunden. Er gehörte stets zu unseren guten FUNKTIONSBEZEICHNUNG.

3380212l Herr NAME hat Spitzenleistungen erbracht. Wir waren daher mit ihm stets in hohem Maße zufrieden.

3380213m Aufgrund ihrer lobenswerten Leistungen (während der langjährigen / mehrjährigen Zusammenarbeit) waren wir mit ihr stets voll / hoch zufrieden.

3380214n Die ihm übertragenen Arbeiten erfüllte er (über zwei Jahrzehnte hinweg) zu unserer höchsten Zufriedenheit.

3380215o Die beschriebene kontinuierliche Übertragung anspruchsvollerer Aufgaben zeigt, dass wir mit den Leistungen von Frau NAME sehr zufrieden waren.

3380216p Durch ihre aktive Einstellung in Verbindung mit ihren hervorhebenswerten Kenntnissen führte Frau NAME ihre Aufgaben stets zu unserer vollen Zufriedenheit durch. Ihre Leistungen lagen weit über der Leistung vergleichbarer Mitarbeiter.

3380217q In unseren turnusmäßigen Beurteilungen wurde Frau NAME jedes Mal gut bewertet. Mit ihren Leistungen waren wir stets voll zufrieden.

3380218u Die Leistungen von Frau NAME waren immer sehr gut bis gut. *(Note 1–2)*

3380219r Ihre Aufgaben erledigte sie stets zur vollen Zufriedenheit ihres Vorgesetzten. *(Einschränkung*

3380300 **Zusammenfassende Leistungsbeurteilung bei befriedigender Gesamtbeurteilung**

3380301a Die ihr übertragenen Aufgaben hat Frau NAME zu unserer vollen Zufriedenheit erfüllt.

3380302b Mit der Leistung von Herrn NAME waren unsere Kunden und wir voll zufrieden.

3380303c Die Arbeitsergebnisse von Frau NAME entsprachen den Resultaten der Mitarbeiter mit vergleichbaren Aufgaben, sodass wir mit ihrer Leistung voll zufrieden waren.

3380304d Die Leistung von Herrn NAME war gut.

3380305e Die Leistung von Herrn NAME entsprach der dritten Stufe des tariflichen Beurteilungssystems, sodass wir mit ihm voll zufrieden waren.

3380306f Alle Arbeiten seines Aufgabengebietes, auch die ihm anvertrauten Spezialaufträge, verrichtete Herr NAME zu unserer vollen Zufriedenheit.

3380307g Seine Leistung hat unseren Anforderungen / Erwartungen voll entsprochen.

3380308h Während des (ZAHL-wöchigen / ZAHL-monatigen) Arbeitsverhältnisses hat er zu unserer vollen Zufriedenheit gearbeitet. *(Betonung der kurzen Beurteilungsbasis)*

3380309i Wir waren mit ihren Leistungen voll zufrieden. Wir zählen sie daher zu unseren guten Mitarbeiterinnen.

3380310j Als qualifizierte Kraft hat sie zu unserer vollen Zufriedenheit gearbeitet.

3380311r Frau NAME hat ihre Aufgaben stets ordnungsgemäß und zeitgerecht erledigt, sodass wir mit ihr voll zufrieden waren.

3380312u Die Leistungen von Frau NAME waren immer gut bis befriedigend. *(Note 2–3)*

3380400 **Zusammenfassende Leistungsbeurteilung bei ausreichender Gesamtbeurteilung**

3380401a Die Arbeiten, die Frau NAME annahm, hat sie zu unserer Zufriedenheit bewältigt.

3380402b Mit der Arbeit von Herrn NAME waren unsere Kunden und wir zufrieden.

3380403c Die Arbeitsergebnisse von Frau NAME erreichten den Stand vergleichbarer Mitarbeiter, sodass wir mit ihrer Arbeit zufrieden waren.

3380404d Die Arbeiten von Herrn NAME war befriedigend.

3380405e Die Arbeit von Herrn NAME entsprach der vierten Stufe des tariflichen Beurteilungssystems, sodass wir zufrieden waren.

3380406f Die Arbeiten seines Aufgabengebietes hat Herr NAME stets ordnungsgemäß und penibel abgewickelt, sodass wir vorbehaltlos zufrieden waren.

3380407g Er hat unseren Anforderungen / Erwartungen entsprochen.

3380408h Während des (ZAHL-wöchigen / ZAHL-monatigen) Arbeitsverhältnisses hat er zu unserer Zufriedenheit gearbeitet. *(Betonung der kurzen Beurteilungsbasis)*

3380409r Herr NAME war pünktlich und führte Arbeiten, die ihm übertragenen wurden, ordnungsgemäß aus. *(Bürokratisch, ohne Eigeninitiative)*

3380410s Ihren dienstlichen Pflichten ist sie mit Interesse und unauffällig nachgekommen und hat die Aufgaben, die wir ihr übertrugen, vorschriftsmäßig zu unserer Zufriedenheit bewältigt.

3380411t Über seine Arbeit wurde allseits Zufriedenheit geäußert.

3380500 Zusammenfassende Leistungsbeurteilung bei mangelhafter Gesamtbeurteilung

3380501a Die Arbeiten, die wir Frau NAME übertrugen, hat sie zumeist problemlos zu unserer Zufriedenheit getan.

3380502b Mit der Arbeit von Herrn NAME waren unsere Kunden und wir zumeist zufrieden.

3380503c Insgesamt entsprachen die Arbeitsergebnisse von Frau NAME in der Regel denjenigen der Mitarbeiter mit vergleichbaren Aufgaben, sodass wir mit ihrer Arbeit zufrieden sein konnten.

3380504d Die Arbeit von Herrn NAME war zum großen Teil zufriedenstellend.

3380505e Die Arbeit von Herrn NAME entsprach der untersten Stufe des tariflichen Beurteilungssystems, sodass wir insgesamt durchaus zufrieden sein konnten.

3380506f Die Arbeiten seines Aufgabengebietes, die wir ihm im Rahmen seiner Stellenbeschreibung zur Erledigung übertrugen, ist Herr NAME ordnungsgemäß angegangen, sodass wir insgesamt zufrieden waren.

3380507g Ihre Arbeit hat unseren Anforderungen und Erwartungen im Allgemeinen / Wesentlichen genügt.

3380508h Insgesamt hat er während des (ZAHL-wöchigen / ZAHL-monatigen) Arbeitsverhältnisses zu unserer Zufriedenheit gearbeitet. *(Betonung der kurzen Beurteilungsbasis)*

3380509r Herr NAME war pünktlich und tat die ihm übertragenen Arbeiten insgesamt auftragsgemäß, pflichtgemäß und penibel. *(Bürokratisch, ohne Eigeninitiative)*

3380510s Insgesamt bestätigen wir Frau NAME, dass sie ihren dienstlichen Pflichten mit Interesse nachgekommen ist und die Aufgaben, die wir ihr übertrugen, vorschriftsmäßig abgewickelt hat. *(Bestätigen = weil gefordert = Distanzieren.)*

3380511t Man äußerte sich immer wieder ohne Bedenken und Zweifel zufrieden über seine Arbeit.

3380512* Die von ihm gebotene Leistung lag im Rahmen seiner Fähigkeiten. *(Geringe Fähigkeiten)*

3380513* Die ihm zugetragenen Aufgaben führte Herr NAME mit Fleiß und mit Interesse durch. *(Hat sich bemüht, aber im Ergebnis nichts geleistet)*

3380514* Er widmete sich seiner Arbeit mit Interesse und erzielte entsprechende Erfolge.

3380515* Wir bestätigen gerne, dass sie sich stets engagierte, um den hohen Anforderungen und Erwartungen gerecht zu werden, die wir an diesem Arbeitsplatz stellen müssen.

3380516* Er war stets nachdrücklich / außerordentlich / redlich daran interessiert, die Anforderungen und Erwartungen problemlos zu erfüllen, die wir an diesem Arbeitsplatz stellen.

3380517* Sie hatte Gelegenheit, alle BEZEICHNUNG-Arbeiten gründlich kennenzulernen und zu erledigen. Ihre Leistungen sprachen für sich.

3380518* Die Arbeiten, die ihr übertragen wurden, tat Frau NAME mit Fleiß und machte dabei auch brauchbare Vorschläge. *(Gelegentlich halbwegs brauchbare Vorschläge)*

3400000 Leistungsbeurteilung von außertariflichen und leitenden Angestellten

Bitte wählen Sie unter Beachtung der Notenstufen je einen Baustein aus den nachfolgenden Gruppen 3410 Arbeitsbereitschaft, 3420 Arbeitsbefähigung, 3430 Wissen und Weiterbildung, 3440 Arbeitsweise, 3450 Arbeitserfolg, 3460 Herausragende Erfolge (nur bei sehr guter oder guter Gesamtbeurteilung), 3471 Führungsumstände, 3472 Führungsleitung und 3480 Zusammenfassende Leistungsbeurteilung.

3410000 Arbeitsbereitschaft von außertariflichen und leitenden Angestellten

3410100 Arbeitsbereitschaft bei sehr guter Beurteilung

3410101a Herr NAME ist eine dynamische Fach- und Führungspersönlichkeit mit Unternehmungsgeist, die ihren Bereich stets mit großem persönlichem Engagement und mit Bravour (ziel- und ergebnisgerecht) geleitet und durch vielfältige Initiativen weiterentwickelt hat.

3410102b Frau NAME überzeugte durch eine herausragende Einsatzbereitschaft. Ihr Enthusiasmus und ihre optimistische Haltung auch in schwierigen Fällen wirkten im Kollegen- und Mitarbeiterkreis beflügelnd.

3410103c Frau NAME hatte stets eine bewundernswerte Arbeitsmoral und Hands-on-Mentalität. Aktiv und zielstrebig realisierte sie alle Abteilungs- und Unternehmensziele. Sie ist eine im positiven Sinne ambitionierte Mitarbeiterin.

3410104d Frau NAME hatte stets eine ausgezeichnete Arbeits- und Erfolgsmotivation. Sie war eine im positiven Sinne ehrgeizige Mitarbeiterin.

3410105e Herr NAME identifizierte sich stets in vorbildlicher Weise mit der übernommenen Verantwortung und realisierte energisch und sehr zielstrebig die in Eigeninitiative gesetzten sowie die vereinbarten Ziele.

3410106f Alle Aufgaben führte Frau NAME stets mit großem Elan und mit Pflichtbewusstsein aus.

3410107g Der sichtbare Erfolg von Herrn NAME liegt begründet in seinem sehr großen persönlichen Engagement.

3410108* Frau NAME identifizierte sich absolut mit den Zielen und Werten des Unternehmens, unseren Produkten und ihren Aufgaben und stellte persönliche Belange jederzeit zurück. Ihre Arbeitszeit ging deutlich über das übliche Maß hinaus.

3410109* Herr NAME entwickelte sehr viel Eigeninitiative und engagierte sich mit großer Einsatzfreude, starker Energie und Ausdauer in innovativen Projekten.

3410110* Sie ist eine Vertrauensperson von hohem betriebswirtschaftlichen Können und ausgeprägtem beruflichen Engagement.

3410200 Arbeitsbereitschaft bei guter Beurteilung

3410201a Herr NAME ist eine dynamische Fach- und Führungskraft, die ihren Bereich stets mit großem Engagement (zielgerecht) geleitet und durch viele Initiativen weiterentwickelt hat.

3410202b Frau NAME zeigte stets eine gute Einsatzbereitschaft. Ihre optimistische Haltung, auch in schwierigen Fällen, wirkte beflügelnd.

3410203c Frau NAME hatte stets eine gute Arbeitsmoral und Hands-on-Mentalität. Zielstrebig realisierte sie die gesetzten Abteilungs- und Unternehmensziele.

3410204d Frau NAME hatte stets eine gute Arbeits- und Erfolgsmotivation. Sie war eine im positiven Sinne ehrgeizige Mitarbeiterin.

3410205e Herr NAME identifizierte sich stets in guter Weise mit der übernommenen Verantwortung und realisierte zielstrebig die in Eigeninitiative gesetzten sowie die vereinbarten Ziele.

3410206f Alle Aufgaben führte Frau NAME mit großem Elan und mit Pflichtbewusstsein aus.

3410207g Der Erfolg von Herrn NAME liegt begründet in seinem großen persönlichen Engagement.

3410300 Arbeitsbereitschaft bei befriedigender Beurteilung

3410301a Herr NAME leitete seinen Bereich mit Engagement.

3410302b Frau NAME zeigte eine gute Einsatzbereitschaft.

3410303c Frau NAME hatte eine gute Arbeitsmoral und verfolgte die ihr gesetzten Abteilungs- und Unternehmensziele.

3410304d Frau NAME hatte eine gute Arbeitsmotivation.

3410305e Herr NAME identifizierte sich in guter Weise mit der übernommenen Verantwortung und realisierte zielstrebig die vereinbarten Ziele.

3410306f Alle Aufgaben führte Frau NAME mit Pflichtbewusstsein aus.

3410400 Arbeitsbereitschaft bei ausreichender Beurteilung

3410401a Frau NAME demonstrierte auch Engagement sowie Initiative.

3410402b Frau NAME zeigte auch Einsatzbereitschaft und Gelassenheit.

3410403c Herr NAME interessierte sich für die ihm gesetzten Ziele und verfügte über eine genügende Arbeitsmoral.

3410404d Herr NAME verfügte über eine ausreichende Arbeitsmotivation.

3410405e Herr NAME realisierte die vereinbarten Ziele.

3410500 Arbeitsbereitschaft bei mangelhafter Beurteilung

3410501a Die Tätigkeit von Frau NAME erforderte Initiative und Engagement.

3410502b Die Position von Frau NAME erfordert hohe Einsatzbereitschaft.

3410503c Die Arbeitsmoral von Frau NAME entsprach im Großen und Ganzen den Erwartungen.

3410504d Die Arbeitsmotivation von Frau NAME entsprach insgesamt den Erwartungen.

3410505* Das Tätigkeitsgebiet von Herrn NAME erforderte zielstrebiges und energisches Entscheiden und Handeln.

3410506e Herr NAME war stets willens, die vereinbarten Ziele zu erreichen.

3420000 **Arbeitsbefähigung von außertariflichen und leitenden Angestellten**

3420100 **Arbeitsbefähigung bei sehr guter Beurteilung**

3420101a Er entschied und handelte bei konstant hoher Belastung und in Stresssituationen besonnen und richtig. Bei neuen geschäftlichen Entwicklungen agierte er stets sicher, flexibel und sehr gut.

3420102b Ihre Fach- und Leitungskompetenz war stets in jeder Hinsicht sehr gut.

3420103c Sie ist eine geistig bewegliche Mitarbeiterin und beherrscht ihr Metier. Die sehr hohen Anforderungen ihrer wichtigen Funktion erfüllte sie jederzeit vollkommen.

3420104d Die Anforderungen dieser anspruchsvollen Position bewältigte er auch bei stärkstem Arbeitsanfall dank seiner optimistischen und positiven Grundhaltung und seiner richtigen Prioritätensetzung stets ausgezeichnet. Auch die starken Belastungen durch häufige Geschäftsreisen bewältigte er immer sehr gut.

3420105e Er verfügte über ein sicheres Urteilsvermögen. Von der ihm eingeräumten und schrittweise erhöhten Kredit- und Konditionenkompetenz hat er jederzeit verantwortungsvoll, risikobewusst und erfolgreich Gebrauch gemacht.

3420106f Dank ihrer Intelligenz und ihrer fundierten Ausbildung arbeitete sie sich sehr schnell und erfolgreich in dieses vielseitige und schwierige Aufgabengebiet ein. Sie denkt ganzheitlich und logisch und zieht richtige Schlüsse aus dem vorliegenden Datenmaterial.

3420107g Er hat sich in dieses weitgefächerte und komplexe Gebiet in sehr kurzer Zeit hervorragend eingearbeitet, wobei ihm seine schnelle Auffassungsgabe, seine ganzheitliche und systematische Betrachtungsweise, sein Organisationstalent und seine Energie sehr zustattenkamen.

3420108h Er war ein äußerst kreativer KONSTRUKTEUR, der innerhalb unserer Produktgruppe BEZEICHNUNG viele sehr gute Verbesserungen realisierte. Er wirkte inspirierend auf das Team.

3420109i Er verband strategisches/langfristiges und konzeptionelles Denken mit praxisgerechten operativen Lösungen, die er zielstrebig umsetzte.

3420110j Ein sehr gutes Analyse- und Urteilsvermögen gehört ebenso zu ihrem Qualifikationsprofil wie Kreativität und Flexibilität.

3420111k Er war ein kreativer Gestalter und setzte seine sehr guten innovativen Ideen konstruktiv in praktische Verbesserungen um.

3420112l Sie verfügt über ein sehr gutes analytisch-konzeptionelles und zugleich pragmatisches Urteils- und Denkvermögen.

3420113m Er verfügt über ein ausgezeichnetes konzeptionelles und strategisches Denkvermögen und einen sicheren Sinn für das Machbare. Er denkt zugleich innovativ und rational.

3420114* Seine Mitarbeiter hat er nach Möglichkeit an der Entscheidungsfindung beteiligt. In Zweifelsfällen entschied er auf der Basis seiner großen Erfahrung und seines sicheren Analyse- und Urteilsvermögens allein.

3420115* Die Anforderungen für diese vielseitigen und komplizierten Aufgaben erfüllte Frau NAME in idealer Weise. Sie hat sich in jeder Hinsicht als äußerst fähige Mitarbeiterin profiliert. Hervorzuheben sind ihr scharfer Verstand und ihr hohes dauerhaftes Konzentrationsvermögen auch bei starken Belastungen.

3420116* Er hat die Gabe, den Mitarbeitern neue organisatorische Lösungen transparent, überzeugend und nutzenorientiert darzustellen zu können.

3420117* Er besitzt die Gabe, bei komplexen Fragen systematisch den Kern des Problems, die entscheidenden Zusammenhänge und die zum Erfolg führenden Lösungswege zu erkennen. Er denkt bereichsübergreifend sowie markt- und zukunftsorientiert und zeichnet sich durch eine optimistische und motivierende Haltung, Ideenreichtum und eine umsichtige Innovationsbereitschaft aus.

3420118n Den Anforderungen und Belastungen seiner Position war er immer sehr gut gewachsen. Aufgrund seiner raschen Auffassungsgabe und seiner Flexibilität hat er sich in neue Aufgabenstellungen schnell eingearbeitet. Strategisches und konzeptionelles Denken verband er mit praxisnahen operativen Lösungen, die er zielstrebig realisierte.

3420119* Er denkt logisch. Dies zeigte sich beim Analysieren von Zahlenmaterial, Texten und anderen Unterlagen und im methodischen Vorgehen zum Erkennen von Problemstrukturen. Falls erforderlich, beschaffte er gezielt Zusatzinformationen. Auf diese Weise gelangte er zu vernünftigen Lösungen, die sich in der Praxis sehr gut bewährten.

3420200 Arbeitsbefähigung bei guter Beurteilung

3420201a Er entschied und handelte bei hoher Belastung und in Stresssituationen besonnen und richtig. Bei neuen geschäftlichen Entwicklungen agierte er stets sicher, flexibel und gut.

3420202b Ihre Fach- und Leitungskompetenz war stets in jeder Hinsicht gut.

3420203c Die hohen Anforderungen ihrer wichtigen Funktion erfüllte sie jederzeit voll.

3420204d Die Anforderungen dieser Position bewältigte er auch bei starkem Arbeitsanfall durch seine optimistische Grundhaltung und seiner richtigen Prioritätensetzung stets gut. Auch die Belastungen durch häufige Geschäftsreisen bewältigte er immer gut.

3420205e Er verfügte über ein sicheres Urteilsvermögen. Von der ihm eingeräumten und schrittweise erhöhten Kredit- und Konditionenkompetenz hat er verantwortungsvoll und risikobewusst erfolgreich Gebrauch gemacht.

3420206f Dank ihrer Intelligenz und ihrer fundierten Ausbildung arbeitete sie sich schnell und erfolgreich in dieses vielseitige Aufgabengebiet ein. Sie zog richtige Schlüsse aus dem vorliegenden Datenmaterial.

3420207g Er hat sich in dieses weitgefächerte und komplexe Gebiet in kurzer Zeit gut eingearbeitet, wobei ihm seine schnelle Auffassungsgabe, seine systematische Betrachtungsweise, sein Organisationstalent und seine Energie sehr zustattenkamen.

3420208h Er war ein kreativer KONSTRUKTEUR, der innerhalb unserer Produktgruppe BEZEICHNUNG viele gute Verbesserungen realisierte.

3420209i Er verband konzeptionelles Denken mit praxisnahen operativen Lösungen, die er zielstrebig umsetzte.

3420210j Ein gutes Analyse- und Urteilsvermögen gehört ebenso zu ihrem Qualifikationsprofil wie Kreativität und Flexibilität.

3420211k Er setzte seine guten innovativen Ideen konstruktiv in praktische Verbesserungen um.

3420212l Sie verfügt über ein gutes analytisch-konzeptionelles und zugleich pragmatisches Urteils- und Denkvermögen.

3420213m Er verfügt über ein gutes konzeptionelles und strategisches Denkvermögen und einen Sinn für das Machbare.

3420214n Den Anforderungen und Belastungen seiner Position war er immer gut gewachsen. Aufgrund seiner raschen Auffassungsgabe und seiner Flexibilität hat er sich in neue Aufgabenstellungen schnell eingearbeitet. Konzeptionelles Denken verband er mit praxisnahen operativen Lösungen, die er zielstrebig realisierte.

3420300 Arbeitsbefähigung bei befriedigender Beurteilung

3420301a Er ist belastbar und passte sich neuen geschäftlichen Entwicklungen flexibel an.

3420302b Ihre Fach- und Leitungskompetenz war gut.

3420303c Die Anforderungen ihrer wichtigen Funktion erfüllte sie voll.

3420304d Er war den Anforderungen und Belastungen seiner Position gut gewachsen.

3420305e Von der ihm eingeräumten Kreditkompetenz hat er risikobewusst Gebrauch gemacht.

3420306f Dank ihrer fundierten Ausbildung arbeitete sie sich schnell in dieses vielseitige Aufgabengebiet ein.

3420307g Er hat sich in dieses weitgefächerte Gebiet gut eingearbeitet.

3420308n Den Anforderungen und Belastungen seiner Position war er gut gewachsen. Aufgrund seiner Auffassungsgabe und seiner Flexibilität hat er sich in neue Aufgabenstellungen schnell eingearbeitet. Er fand praxisnahe operative Lösungen.

3420400 Arbeitsbefähigung bei ausreichender Beurteilung

3420401a Neuen geschäftlichen Situationen passte er sich ohne Schwierigkeiten an.

3420402b Ihre Fach- und Leitungskompetenz war zufriedenstellend.

3420403c Mit den Anforderungen ihrer wichtigen Funktion kam sie zurecht.

3420404d Er war den üblichen Belastungen dieser Position gewachsen.

3420405e Von der eingeräumten Kreditkompetenz hat er zu unserer Zufriedenheit Gebrauch gemacht.

3420406n Den Belastungen seiner Position war er gewachsen. Neuen Aufgaben passte er sich ohne Schwierigkeiten an.

3420500 Arbeitsbefähigung bei mangelhafter Beurteilung

3420501a Neue geschäftliche Situationen erforderten von Herrn NAME eine reibungslose Anpassung ohne Schwierigkeiten.

3420502b Ihre Fach- und Leitungskompetenz war insgesamt zufriedenstellend.

3420503c Sie war sich der Anforderungen ihrer wichtigen Funktion bewusst.

3420504d Diese Position brachte für Herrn NAME hohe Belastungen mit sich. Den Anforderungen durch neue Aufgaben hat er sich mutig gestellt.

3420505e Von der eingeräumten Kreditkompetenz hat er insgesamt zu unserer Zufriedenheit Gebrauch gemacht.

3420506* Diese Funktion erforderte jederzeit Ausdauer und Flexibilität.

3420507* Zu den unabdingbaren Voraussetzungen für diese Position gehören Eigenschaften wie Belastbarkeit, Flexibilität und analytisches Denkvermögen.

3420508* Er trug verschiedene diskutierwürdige Einfälle vor.

3420509n Seine Arbeitsbefähigung war im Großen und Ganzen zufriedenstellend.

3430000 Wissen und Weiterbildung von außertariflichen und leitenden Angestellten

Um sowohl das Wissen als auch die Weiterbildung zu beurteilen, sind meist zwei Bausteine dieser Gruppe auszuwählen.

3430100 Wissen und Weiterbildung bei sehr guter Beurteilung

3430101a Herr NAME verfügt über eine ausgezeichnete technisch-wirtschaftliche Qualifikation und eine sehr reiche Berufs- und Leitungserfahrung. Die Geschäftsleitung konnte sich stets auf seine substantiierten fachlichen Vorschläge und sein umsichtiges und ausgewogenes Urteil verlassen.

3430102b Absolut sicher und virtuos beherrschte sie das Instrumentarium moderner BEZEICHNUNG-Arbeit. Sie war auf diesem Gebiet unsere wichtigste Know-how-Trägerin und Beraterin. Hervorzuheben ist ihre Fähigkeit, sich neues Wissen im Selbststudium anzueignen.

3430103c Sein exzellentes Fachwissen und seine reiche Berufserfahrung sowie sein Abstraktionsvermögen befähigten ihn auch bei komplexen Fragen und in schwierigen Lagen zu selbstständigen, durchdachten und realistischen Entscheidungen.

3430104d Wiederholt hat sie (auf Fachkongressen / in unserem Branchenverband) vielbeachtete und zum Teil publizierte Vorträge zum Thema BEZEICHNUNG gehalten.

3430105e Das Unternehmen profitierte in sehr hohem Maße von seiner langen und reichhaltigen Funktions- und Branchenerfahrung. Herr NAME besitzt ausgezeichnete Kenntnisse bezüglich der Produkte, Dienstleistungen, Vertriebskanäle, Kundengruppen, Mitbewerber und der Usancen in der BEZEICHNUNG-Branche.

3430106f Im Selbststudium und unterstützt durch Intensivkurse hat er sehr gute Kenntnisse der BEZEICHNUNG-Sprache erworben und für unsere internationalen Beziehungen positiv genutzt.

3430107g Mit Hilfe ihres umfassenden, hervorragenden, jederzeit verfügbaren Fachwissens löste sie auch überaus schwierige Fragen sehr erfolgreich.

3430108h Herr NAME ist ein besonders versierter BEZEICHNUNG mit sehr gutem FACHBEREICH-Wissen.

3430109i Bei Herrn NAME verbanden sich eine hervorragende technische Kompetenz mit ausgezeichnetem betriebswirtschaftlichem Sachverstand.

3430110j Autodidaktisch hat er sich sehr profunde Kenntnisse auf dem BEZEICHNUNG-Gebiet angeeignet und diese zum Nutzen des Unternehmens eingesetzt.

3430111k Aufgrund seiner sehr guten und stets aktuellen Fachkenntnisse und seiner Energie gab er dem Hause wiederholt wichtige Impulse, die zu wesentlichen Verbesserungen der Geschäftsprozesse führten.

3430112l Ihre umfassenden, profunden und aktuellen Kenntnisse setzte sie stets sehr wirksam und nutzbringend ein.

3430113m Herr NAME zeichnete sich durch wahre Professionalität aus. Seine weitreichenden und fundierten Kenntnisse hielt er durch kontinuierliche Fortbildung stets auf dem allerneuesten Wissensstand.

3430114* Durch Selbststudium während seiner Freizeit vervollkommnete Herr NAME sein berufliches Wissen, aber auch seine Kenntnisse über moderne Führungsmethoden und Managementtechniken.

3430115* Im Laufe der Jahre hat Frau NAME mit sehr tiefem fachübergreifendem Wissen und ungewöhnlicher Einsatzfreude ihr Arbeitsgebiet aufgebaut. Sie hat sich so einen hervorragenden Ruf als fachliche Autorität in der Branche (im In- und Ausland) erworben.

3430116* Er besitzt umfassende Fachkenntnisse, eine überdurchschnittliche Auffassungsgabe und die Fähigkeit, in kürzester Zeit optimale Ansätze für Entwicklungsanregungen und Koordinierungsaufgaben zu finden und durchzusetzen.

3430117* Auf seinem Fachgebiet BEZEICHNUNG ist er eine (international) anerkannte Autorität.

3430118* Auf dem Gebiet BEZEICHNUNG fand in den letzten Jahren eine rasante Entwicklung statt. Er nutzte daher, auch in Eigeninitiative, sinnvoll und erfolgreich alle Möglichkeiten, sein sehr gutes Know-how auf dem aktuellen Stand zu halten.

3430119* Er verfügt über exzellente Kenntnisse in seinem Fachgebiet BEZEICHNUNG sowie in den angrenzenden Bereichen und setzte diese jederzeit souverän zum Nutzen des Unternehmens ein.

3430120* Herr NAME ist zweisprachig aufgewachsen und beherrscht daher auch die BEZEICHNUNG Sprache perfekt auf muttersprachlichem Niveau.

3430121* Frau NAME beherrscht die englische Sprache aufgrund eines fünfjährigen beruflichen USA-Aufenthaltes verhandlungssicher und setzte diese Kenntnisse laufend in Vertragsverhandlungen, Telefonaten, Gesprächen und im Schriftverkehr ein.

3430122* Herr NAME übersetzte laufend/häufig schwierige wissenschaftlich-technische Texte sowie wichtige Verträge in die BEZEICHNUNG Sprache. Auf der BEZEICHNUNG Messe in Lyon unterstützte er die Geschäftsleitung und den Vertrieb als Dolmetscher.

3430123* Dank ihrer perfekten Englisch- und Spanischkenntnisse vertrat sie unsere Interessen in den Vertragsverhandlungen der internationalen Finanzierungskonsortien in jeder Hinsicht kompetent und äußerst erfolgreich.

3430124* Dank ihrer sehr guten Englischkenntnisse hat sie für uns eine Reihe günstiger Bezugsquellen im Ausland erschlossen und diese Geschäftsbeziehungen kontinuierlich durch Auslandsreisen, Telefonate sowie im Schriftverkehr gepflegt.

3430125p In seinem Fachgebiet verfügte er über ein umfassendes und fundiertes Fachwissen, das er immer sehr nutzbringend bei der Lösung seiner Aufgaben und bei der Unterstützung von Kollegen einsetzte. Dieses Fachwissen hat er durch verschiedene Weiterbildungsmaßnahmen ausgebaut, vertieft und auf dem neuesten Stand gehalten.

3430200 Wissen und Weiterbildung bei guter Beurteilung

3430201a Herr NAME verfügt über eine gute technisch-wirtschaftliche Qualifikation und eine große Berufs- und Leitungserfahrung. Die Geschäftsleitung konnte sich auf seine fundierten Vorschläge und sein umsichtiges Urteil verlassen.

3430202b Sicher beherrscht sie das Instrumentarium moderner BEZEICHNUNG-Arbeit.

3430203c Sein gutes Fachwissen und seine große Berufserfahrung befähigten ihn bei speziellen Fragen und in schwierigen Lagen zu durchdachten und realistischen Entscheidungen.

3430204d Wiederholt hat sie (auf Fachkongressen / in unserem Branchenverband) anerkannte und zum Teil publizierte Fachvorträge gehalten.

3430205e Das Unternehmen profitierte in hohem Maße von seiner langen und reichhaltigen Funktions- und Branchenerfahrung. Herr NAME besitzt gute Kenntnisse bezüglich der Produkte, Dienstleistungen, Vertriebskanäle, Kundengruppen, Mitbewerber und der Usancen in der BEZEICHNUNG-Branche.

3430206f Im Selbststudium und unterstützt durch Intensivkurse hat er gute Kenntnisse der BEZEICHNUNG-Sprache erworben und für unsere internationalen Beziehungen positiv genutzt.

3430207g Mit Hilfe ihres breiten, jederzeit verfügbaren Fachwissens löst sie auch schwierige Fragen erfolgreich.

3430208h Herr NAME ist ein versierter BEZEICHNUNG mit gutem FACHBEREICH-Wissen.

3430209i Bei Herrn NAME verbanden sich eine hohe technische Kompetenz mit gutem betriebswirtschaftlichem Sachverstand.

3430210j Autodidaktisch hat sie sich gute Kenntnisse auf dem BEZEICHNUNG-Gebiet angeeignet und diese zum Nutzen des Unternehmens eingesetzt.

3430211k Aufgrund seiner guten Fachkenntnisse und seiner Energie gab er dem Hause wiederholt Impulse, die zu deutlichen Verbesserungen der Geschäftsprozesse führten.

3430212l Ihre breiten, tiefen und aktuellen Kenntnisse setzte sie stets wirksam und nutzbringend ein.

3430213m Herr NAME zeichnete sich durch Professionalität aus. Seine umfangreichen und fundierten Kenntnisse hielt er durch kontinuierliche Fortbildung stets auf dem neuesten Wissensstand.

3430214* Darüber hinaus hielt sie den fachlichen Kontakt zu den einschlägigen Fakultäten und Forschungsinstituten.

3430215* Unsere Produktprospekte übersetzte sie selbstständig in die englische Sprache.

3430216* Die monatlichen Controlling-Berichte an unsere Muttergesellschaft in London erstellte er selbstständig in englischer Sprache. Bei internationalen Meetings in der Konzernzentrale oder bei Besuchen des Konzernmanagements in unserem Hause präsentierte er wichtige Ergebnisse und Kennziffern in gutem Englisch.

3430217* Besonders hervorzuheben ist auch, dass Frau NAME die spanische Sprache in Wort und Schrift gut beherrscht und diese Kenntnisse bei Telefonaten mit unseren Partnern in Spanien und Lateinamerika einsetzte. Diktate in spanischer Sprache nimmt sie sicher auf und erstellte daraus korrekte Geschäftsschreiben.

3430218* Durch den täglichen Umgang mit unserem japanischen/schwedischen Management erweiterte und vertiefte Herr NAME seine beruflichen Englischkenntnisse wesentlich und nutzt diese heute mündlich und schriftlich sicher.

3430219* Die Grundkenntnisse der arabischen Sprache, die sich Herr NAME angeeignet hat, trugen wesentlich dazu bei, in den Verhandlungen mit unseren Geschäftspartnern aus dem Vorderen Orient rasch eine vertrauensvolle Atmosphäre zu schaffen. *(insb. bei Nicht-Weltsprachen)*

3430220p In seinem Fachgebiet verfügte er über ein umfassendes und fundiertes Fachwissen, das er immer nutzbringend bei der Lösung seiner Aufgaben einsetzte. Dieses Fachwissen hat er durch verschiedene Weiterbildungsmaßnahmen ausgebaut, vertieft und auf dem aktuellen Stand gehalten.

3430300 Wissen und Weiterbildung bei befriedigender Beurteilung

3430301a Herr NAME verfügt über eine große Berufserfahrung. Die Geschäftsleitung hat seine Vorschläge gern berücksichtigt.

3430302b Das Instrumentarium moderner BEZEICHNUNG-Arbeit wendete sie an.

3430303c Sein gutes Fachwissen und seine Berufserfahrung befähigten ihn bei auftretenden Fragen und in besonderen Lagen zu durchdachten und realistischen Entscheidungen.

3430304d Aus dem Gebiet BEZEICHNUNG hat sie (auf Fachtagungen / in unserem Branchenverband) Fachvorträge gehalten.

3430305e Das Unternehmen profitierte von seiner Funktions- und Branchenerfahrung. Herr NAME besitzt gute Kenntnisse bezüglich der Produkte, Dienstleistungen und Kundengruppen.

3430306f Durch Intensivkurse hat er Kenntnisse der BEZEICHNUNG-Sprache erworben und für unsere internationalen Beziehungen positiv genutzt.

3430307g Mit Hilfe ihres jederzeit verfügbaren Fachwissens löste sie ihre Aufgaben erfolgreich.

3430308p Sein Fachwissen hat er bei der Bewältigung seiner Aufgaben eingesetzt. Außerdem hat er an verschiedenen Weiterbildungsveranstaltungen mit Erfolg teilgenommen.

3430400 Wissen und Weiterbildung bei ausreichender Beurteilung

3430401a Herr NAME gab der Geschäftsleitung aufgrund seiner Berufserfahrung fachliche Hinweise, die wiederholt berücksichtigt wurden.

3430402b Das Instrumentarium moderner BEZEICHNUNG-Arbeit war ihr bekannt.

3430403c Sein Fachwissen und seine Berufsroutine befähigten ihn bei auftretenden Fragen zu den notwendigen Entscheidungen, die er als besonnener Mitarbeiter nach reiflicher Überlegung traf. Dabei war er stets bereit, für seine Entscheidungen einzutreten.

3430404n Frau NAME hat auch die heute angebotenen Möglichkeiten genutzt, sich in ihrem Fach weiterzubilden. Sie verfügt daher über ein solides Grundwissen.

3430405o Frau NAME hat sich durch Besuche von Fachkursen und durch das Wahrnehmen anderer Fortbildungsmöglichkeiten über die Entwicklung orientiert und sich mit dem gegenwärtigen Erkenntnisstand ihres Fachgebietes beschäftigt.

3430406* Seine umfangreiche Bildung machte ihn zu einem gesuchten Gesprächspartner. *(Andeutung umfangreicher Unterhaltungen)*

3430407p Seine Aufgaben bearbeitete er mit dem erforderlichen Fachwissen. Außerdem hat er an verschiedenen Weiterbildungsveranstaltungen teilgenommen.

3430500 **Wissen und Weiterbildung bei mangelhafter Beurteilung**

3430501a Herr NAME gab der Geschäftsleitung fachliche Hinweise, die wohlwollend zur Kenntnis genommen wurden.

3430502b Für das Instrumentarium moderner BEZEICHNUNG-Arbeit zeigte sie Interesse.

3430503c Seine Berufsroutine befähigte ihn, notwendige Entscheidungen angehen zu können. Dabei war er stets darauf bedacht, übertriebene Eile und Härten zu vermeiden.

3430504n Sie verfügte über ein ausbaufähiges Grundwissen und war unermüdlich bestrebt, ihren fachlichen Horizont zu erweitern.

3430505o Besonders begrüßten wir sein Bestreben, sich durch Besuche von Fachkursen über neuere Entwicklungen zu orientieren und sich mit seinem Fachgebiet zu beschäftigen.

3430506* Er war hinsichtlich seines Fachwissens von sich überzeugt und zeigte sich allem Neuen gegenüber sehr aufgeschlossen. *(= Realisierte das Neue nicht)*

3430507p Mit der Erledigung der Aufgaben, die wir ihm übertrugen, hatte er aufgrund seines Fachwissens nur wenig Probleme. Außerdem hat er versucht, seine Kenntnisse zu erweitern, zu vertiefen und auf dem aktuellen Stand zu halten.

3430508* Sie engagierte sich auch in unserem Fachverband, wo sie als Fachfrau für BEZEICHNUNG galt.

3430509* Er engagierte sich auch in unserem Fachverband, wo er in verschiedener Hinsicht als Experte galt.

3440000 **Arbeitsweise von außertariflichen und leitenden Angestellten**

3440100 **Arbeitsweise bei sehr guter Beurteilung**

3440101a Alle Problemstellungen löste er stets sehr selbstständig, sorgfältig und systematisch.

3440102b Frau NAME zeichnete sich (in ihrer Schlüsselfunktion) stets durch einen sehr konzentrierten und effizienten Arbeitsstil aus.

3440103c Alle Aufgaben erledigte er stets planvoll, methodisch und sehr gründlich. Er hatte einen sicheren Blick für das Wichtige und Wesentliche.

3440104d Ihr Arbeitsstil zeichnete sich stets durch eine sehr sorgfältige Planung und durch Systematik und klare Strukturierung aus. Sie war eine äußerst verantwortungsbewusste und zuverlässige Mitarbeiterin.

3440105e Die Schulungen der Anwender führte er stets sehr gut vorbereitet, mit didaktischem Geschick und mit nachweislich sehr großem Lernerfolg durch.

3440106f Herr NAME war ein äußerst gewissenhaft und selbstständig arbeitender Mitarbeiter, der seine Aufgaben stets planvoll und systematisch bearbeitete und erledigte.

3440107g Seine Arbeitsweise war stets durch Umsicht geprägt. Bei seinen Vorschlägen bedachte er vorab alle möglichen Fälle, sodass sich seine Lösungen in der Praxis stets sehr gut bewährten.

3440108h Ihr Arbeitsstil war jederzeit in sehr hohem Maße geprägt von Zuverlässigkeit, Systematik, Verantwortungs- und Kostenbewusstsein.

3440109i Entscheidungen bereitete sie stets sehr gründlich vor. Sie traf sie zum richtigen Zeitpunkt und setzte sie mit Überzeugungskraft und Glaubwürdigkeit um.

3440200 Arbeitsweise bei guter Beurteilung

3440201a Alle Problemstellungen löste er sehr selbstständig, sorgfältig und systematisch.

3440202b Frau NAME zeichnete sich (in ihrer Schlüsselfunktion) stets durch einen konzentrierten und effizienten Arbeitsstil aus.

3440203c Alle Aufgaben erledigte er planvoll, methodisch und sehr gründlich.

Er hatte einen sicheren Blick für das Wichtige und Wesentliche.

3440204d Ihr Arbeitsstil zeichnete sich durch sorgfältige Planung, Systematik und klare Strukturierung aus. Sie war eine sehr zuverlässige Mitarbeiterin.

3440205e Die Schulungen der Anwender führte er stets gut vorbereitet, mit didaktischem Geschick und mit großem Lernerfolg durch.

3440206f Herr NAME war ein gewissenhaft und selbstständig arbeitender Mitarbeiter, der seine Aufgaben planvoll und systematisch bearbeitete und erledigte.

3440207g Seine Arbeitsweise war stets durch Umsicht geprägt. Bei seinen Vorschlägen bedachte er vorab mögliche Fälle, sodass sich seine Lösungen in der Praxis stets gut bewährten.

3440208h Ihr Arbeitsstil war jederzeit in hohem Maße geprägt von Zuverlässigkeit, Systematik, Verantwortungs- und Kostenbewusstsein.

3440209i Entscheidungen bereitete sie gründlich vor. Sie traf sie zum richtigen Zeitpunkt und setzte sie mit Überzeugungskraft und Glaubwürdigkeit um.

3440300 Arbeitsweise bei befriedigender Beurteilung

3440301a Die Problemstellungen seines Arbeitsgebietes bearbeitete er selbstständig und sorgfältig.

3440302b Frau NAME zeigte eine gute Arbeitsweise.

3440303c Er hatte einen Blick für das Wesentliche und arbeitete gründlich.

3440304d Ihr Arbeitsstil war durch Planung, Systematik und klare Strukturierung gekennzeichnet. Sie war eine zuverlässige Mitarbeiterin.

3440305e Die Schulungen der Anwender führte er mit Geschick und mit Erfolg durch.

3440306f Herr NAME war ein selbstständig arbeitender Mitarbeiter, der seine Aufgaben systematisch bearbeitete und erledigte.

3440307g Seine Arbeitsweise war umsichtig. Bei seinen Vorschlägen bedachte er vorab mögliche Fälle, sodass sich seine Lösungen in der Praxis bewährten.

3440308h Ihr Arbeitsstil war geprägt von Zuverlässigkeit und Systematik.

3440309i Entscheidungen traf sie zum richtigen Zeitpunkt und setzte sie mit Überzeugungskraft um.

3440400 Arbeitsweise bei ausreichender Beurteilung

3440401a Herr NAME stellte sich der übernommenen Verantwortung und bearbeitete die Problemstellungen, die wir ihm übertrugen, ohne Komplikationen.

3440402b Frau NAME zeigte eine zufriedenstellende Arbeitsweise.

3440403c Aufgrund seiner Arbeitsweise übersah er nichts Wesentliches.

3440404d Ihr Arbeitsstil kann als systematisch bezeichnet werden.

3440405e Die Anwenderschulungen führte er mit Interesse durch.

3440406f An die Aufgaben, die wir ihm übertrugen, ging er geschäftig heran.

3440407* Nichts überließ er dem Zufall. Er arbeitete äußerst penibel und kümmerte sich mit erheblichem Zeitaufwand um alle Details.

3440408h Die Arbeitsweise war zufriedenstellend.

3440500 Arbeitsweise bei mangelhafter Beurteilung

3440501a Er wich der übernommenen Verantwortung nicht aus. Es war sein besonderes Anliegen, die Problemstellungen, die wir ihm zur Lösung übertrugen, sorgfältig, systematisch und weitgehend selbstständig anzugehen.

3440502b Insgesamt zeigte Frau NAME eine zufriedenstellende Arbeitsweise.

3440503c Aufgrund seiner gründlichen Arbeitsweise übersah er insgesamt nichts Wesentliches.

3440504d Ihre Position erforderte einen durch sorgfältige Planung, Systematik und klare Strukturierung geprägten Arbeitsstil.

3440505e Er war sich stets der großen Bedeutung einer gut vorbereiteten Anwenderschulung bewusst.

3440506f An die Aufgaben, die wir ihm übertrugen, ging er im Rahmen seiner Möglichkeiten systematisch heran.

3440507* Bei der Einführung des neuen Produktes BEZEICHNUNG setzte er sich voll ein und zeigte dabei, dass er ein guter Produktmanager sein kann. *(Was er in der Regel nicht ist)*

3440508h Die Arbeitsweise war in der Regel zufriedenstellend.

3450000 Arbeitserfolg von außertariflichen und leitenden Angestellten

3450100 Arbeitserfolg bei sehr guter Beurteilung

3450101a Kontinuierlich entwickelte und realisierte sie dank ihrer klaren und durchdachten Planung optimale Lösungen.

3450102b Die Qualität seiner Arbeit erfüllte stets höchste Ansprüche. Sein nachhaltiger Erfolg beweist sein unternehmerisches Format.

3450103c Die Ergebnisse von Frau NAME waren, auch bei sehr diffizilen Arbeiten, objektiven Problemhäufungen und bei Termindruck, stets von ausgezeichneter Qualität. Sie hat ihre unternehmerischen Fähigkeiten zu unserem Nutzen voll entfaltet.

3450104d Aufgrund seines ausgeprägten Organisations- und Improvisationstalents entwickelte er stets sehr gute und kostengünstige Lösungen, die er mit der erforderlichen Konsequenz und mit Überzeugungsvermögen durchsetzte.

3450105e Neue Aufgaben und Probleme hat Frau NAME frühzeitig erkannt, zielstrebig in Angriff genommen und, ohne auf Anstöße von anderer Seite zu warten, in effizienter und kooperativer Weise zu stets sehr guten und profitablen Lösungen geführt.

3450106f Herr NAME erzielte nachweislich stets weit überdurchschnittliche Verkaufserfolge. Bei Außendienstwettbewerben errang er mehrmals/in ZAHL Jahren ZAHL mal den Spitzenplatz.

3450107g Durch ihre zielorientierte und eigenverantwortliche Arbeit hat sie kontinuierlich sehr gute Ergebnisse erzielt.

3450108h Die von ihm geführten Verhandlungen und Gerichtsverfahren führten sämtlich zu einem für uns sehr vorteilhaften Ergebnis.

3450109i Auch bei Spezialaufgaben und bei Zusatzaufgaben lieferte er stets sehr gute Lösungen.

3450110j Aufgrund seines ausgezeichneten Koordinationsvermögens erzielte er bei den ständig parallel laufenden Projekten stets sehr gute Ergebnisse.

3450111k Seine Planungsvorlagen, schriftlichen Berichte, Präsentationen und Vorträge zeichneten sich durch einen logischen Aufbau, einleuchtende Begründungen sowie durch sehr gute Formulierungen aus, sodass er für seine substantiierten und ausgewogenen Empfehlungen regelmäßig die gewünschte Zustimmung erhielt.

3450112l Die permanent hervorragenden Verkaufsergebnisse und Deckungsbeiträge sowie seine sichtbaren Erfolge in der Gewinnung von Neukunden und Stammkunden belegen sein außergewöhnliches Verkaufstalent. In Verkaufsgesprächen schaffte er es, schnell eine Vertrauensatmosphäre aufzubauen.

3450113m Im Rahmen des Projektes BEZEICHNUNG löste sie selbstständig eine Reihe von wichtigen Teilaufgaben. Damit hat sie optimal und maßgeblich zur Teameffizienz und zum Gesamterfolg des Projektes beigetragen.

3450114* Bei der Aufgabenerledigung zeigte sie außergewöhnlichen Einsatz und hervorragende Leistungen in qualitativer und quantitativer Hinsicht. Sie hat ihre Eignung für eine noch anspruchsvollere Führungsfunktion bewiesen.

3450115* Die mit seiner Position verbundenen Gestaltungsräume hat er zu unserem Besten kreativ und verantwortungsbewusst genutzt. Er verstand es, in seinem Arbeitsgebiet Impulse zu geben und neue Wege zu gehen. Auf diese Weise hat er erhebliche wirtschaftliche Erfolge für das Unternehmen erzielt.

3450116* Souverän klärte er alle Termin- und Organisationsprobleme, die sich aufgrund der häufig äußerst kurzen Lieferzeiten in unserem Unternehmen ergeben.

3450117* Das Unternehmen hat er fest im Markt etabliert und nachhaltig eine signifikant über dem Branchendurchschnitt liegende Rentabilität erwirtschaftet.

3450118* Sein ausgezeichnetes Selbstmanagement befähigte ihn ausnahmslos, vorgegebene Zeitrahmen und Termine einzuhalten und die geforderte Leistungsqualität regelmäßig zu übertreffen. In unseren internen Evaluationen wurde er stets sehr gut bewertet.

3450119n Die mit der Position verbundenen Gestaltungsspielräume hat er zu unserem Vorteil kreativ und verantwortungsbewusst genutzt. Die Ergebnisse waren, auch bei sehr schwierigen Aufgaben, bei objektiven Problemhäufungen und bei Termindruck, stets von ausgezeichneter Qualität.

3450120* Ihre Schriftsätze und fachlichen Stellungnahmen waren stringent, detailliert, logisch und fachlich fundiert. Die sehr gründlich erarbeiteten Einschätzungen zu Fragen der Unternehmensbewertung und ihre Lösungen hinsichtlich juristischer Fragestellungen fanden immer unsere volle Wertschätzung sowie die der Mandanten.

3450200 Arbeitserfolg bei guter Beurteilung

3450201a Kontinuierlich entwickelte und realisierte sie dank ihrer klaren und durchdachten Planung gute Lösungen.

3450202b Die Qualität seiner Arbeit erfüllte stets hohe Ansprüche.

3450203c Die Ergebnisse von Frau NAME waren, auch bei schwierigen Arbeiten, objektiven Problemhäufungen und bei Termindruck, stets von hoher Qualität.

3450204d Aufgrund seines Organisations- und Improvisationstalents entwickelte er stets gute und kostengünstige Lösungen, die er mit der erforderlichen Konsequenz umsetzte.

3450205e Neue Aufgaben und Probleme hat Frau NAME frühzeitig erkannt, zielstrebig in Angriff genommen und, ohne auf Anstöße von anderer Seite zu warten, in effizienter und kooperativer Weise stets zu guten Lösungen geführt.

3450206f Permanent erzielte er überdurchschnittliche Verkaufserfolge. Bei Außendienstwettbewerben belegte er stets vordere Ränge.

3450207g Durch ihre zielorientierte und eigenverantwortliche Arbeit hat sie stets gute Ergebnisse erzielt.

3450208h Die von ihm geführten Verhandlungen und Gerichtsverfahren führten sämtlich zu einem für uns vorteilhaften Ergebnis.

3450209i Auch bei Spezialaufgaben und bei Zusatzaufgaben lieferte er stets gute Lösungen.

3450210j Aufgrund seines beachtlichen Koordinationsvermögens erzielte er bei den ständig parallel laufenden Projekten stets gute Ergebnisse.

3450211k Seine Planungsvorlagen, schriftlichen Berichte, Präsentationen und Vorträge zeichneten sich durch einen richtigen Aufbau, nachvollziehbare Begründungen sowie durch gute Formulierungen aus, sodass er für seine Empfehlungen die gewünschte Zustimmung erhielt.

3450212l Die überdurchschnittlichen Verkaufsergebnisse und Deckungsbeiträge sowie seine Erfolge in der Gewinnung von Neukunden und Stammkunden belegen sein gutes Verkaufstalent. In Verkaufsgespräch schaffte er es, schnell eine Vertrauensatmosphäre aufzubauen.

3450213m Im Rahmen des Projektes BEZEICHNUNG löste sie selbstständig eine Reihe von Teilaufgaben und hat damit maßgeblich zur Teameffizienz und zum Gesamterfolg des Projektes beigetragen.

3450214n Die mit der Position verbundenen Gestaltungsspielräume hat er zu unserem Vorteil verantwortungsbewusst genutzt. Die Ergebnisse waren, auch bei schwierigen Aufgaben, bei objektiven Problemhäufungen und bei Termindruck, stets von hoher Qualität.

3450300 Arbeitserfolg bei befriedigender Beurteilung

3450301a Dank ihrer durchdachten Planung entwickelte und realisierte sie gute Lösungen.

3450302b Die Qualität ihrer Arbeit erfüllte hohe Ansprüche.

3450303c Seine Arbeit war unter Berücksichtigung von Arbeitshäufung und Termindruck von guter Qualität.

3450304d Er fand und realisierte gute Lösungen.

3450305e Neue Aufgaben und Probleme hat Frau NAME erkannt, in Angriff genommen und in kooperativer Weise gut gelöst.

3450306f Wiederholt erzielte er signifikante Verkaufserfolge. Bei Außendienstwettbewerben belegte er oft gute Ränge.

3450307g Durch ihre Arbeit erzielte sie gute Ergebnisse.

3450308h Die von ihm geführten Verhandlungen und Gerichtsverfahren führten zu einem für uns vorteilhaften Ergebnis.

3450309i Auch bei Spezialaufgaben und bei Zusatzaufgaben lieferte er gute Lösungen.

3450310n Die mit der Position verbundenen Spielräume hat er genutzt. Die Arbeitsergebnisse waren unter Berücksichtigung von Arbeitshäufungen und Termindruck von guter Qualität.

3450400 Arbeitserfolg bei ausreichender Beurteilung

3450401a Durch ihre ordnungsgemäße Arbeit erreichte sie praktikable Lösungen.

3450402b Die Qualität ihrer Arbeit erfüllte unsere Ansprüche.

3450403c Seine Arbeit war stets von der erforderlichen Qualität.

3450404d Er fand brauchbare Lösungen.

3450405e Auch neue Aufgaben und Probleme hat Frau NAME erkannt.

3450406f Auch Erfolge blieben nicht aus. Herr NAME erzielte nicht unbedeutende Umsätze. Durch seine Anstrengungen konnte das Umsatzvolumen gehalten werden. Bei unseren Außendienstwettbewerben erreichte er zufriedenstellende Plätze.

3450407g Durch ihre Arbeit erzielte sie Ergebnisse.

3450408h Die von ihm geführten Verhandlungen und Gerichtsverfahren führten zu einem für uns zufriedenstellenden Ergebnis.

3450409n Die Arbeitsergebnisse waren stets von der erforderlichen Qualität.

3450500 Arbeitserfolg bei mangelhafter Beurteilung

3450501a Immer wieder zeigte sie Handlungsbedarfe auf und strebte gute Lösungen an.

3450502b Die Qualität seiner Arbeit erfüllte im Allgemeinen unsere Ansprüche.

3450503c Die beendeten Arbeiten waren häufig von der erforderlichen Qualität.

3450504d Seine Ergebnisse sprechen für sich. Stets suchte er nach brauchbaren Lösungen.

3450505e Auch die Lösung neuer Aufgaben und Probleme hat Frau NAME versucht.

3450506f Herr NAME peilte nicht unbedeutende Umsätze an. Bei unseren Außendienstwettbewerben platzierte er sich jedes Mal.

3450507g In ihrer Arbeit strebte sie stets Ergebnisse an.

3450508h Die von ihm geführten Verhandlungen und Gerichtsverfahren führten, insgesamt betrachtet, zu einem für uns zufriedenstellenden Ergebnis.

3450509* Bei allen Aufträgen suchte Frau NAME stets nach sinnvollen und praktikablen Lösungen. Zu ihren Aufgaben gehörte auch die Einführung und Anwendung effizienter CONTROLLINGINSTRUMENTE.

3450510* Sein Wirken hat Spuren in unserem Unternehmen hinterlassen. Er machte diskussionswürdige Vorschläge und führte nicht unbedeutende Verbesserungen ein. *(Ironie)*

3450511* Da andere Mitarbeiter von den Vorarbeiten von Herrn NAME abhängig waren, war es stets sehr wichtig, dass er seine Aufträge in angemessener Zeit und ohne Verzögerungen fertigstellte.

3450512* Er setzte Akzente und erzielte im Großen und Ganzen erfolgreiche Jahresabschlüsse.

3450513* Für die Belange unseres Hauses und die Ausweitung des Geschäftsumfanges setzte er sich ein. Es gelang ihm immer wieder, unsere Kunden für unsere Produkte zu interessieren.

3450514* In allen Projekten ging er mit Akribie an die Problemdefinition und an die Analyse heran.

3450515n Die beendeten Arbeiten waren häufig von der erforderlichen Qualität. Auch die Lösung neuer Aufgaben ist er angegangen.

3460100 Herausragende Erfolge von außertariflichen und leitenden Angestellten bei sehr guter oder guter Gesamtbeurteilung

Bitte wählen Sie einen Baustein aus einer der nachfolgenden Gruppen 3461 bis 3469. Es kommen auch Bausteine aus den Gruppen 3361 bis 3369 in Frage.

3461100 Herausragende Erfolge: Vertrieb, Marketing, Außendienst

3461101 Herr NAME denkt und handelt unternehmerisch. Er hat den Vertrieb strategisch und operativ auf die Erfordernisse und Chancen der Märkte von morgen ausgerichtet und noch nicht ausgeschöpfte Absatzpotenziale expansiv mit sichtbarem Erfolg erschlossen.

3461102 Er ist ein Manager mit unternehmerischem Format. Er hat ein intuitives Gespür für Trends und erkennt frühzeitig Chancen für neue Vertriebsaktivitäten. Als Meisterleistung und herausragender Erfolg ist die Erschließung des BEZEICHNUNG-Marktes zu würdigen, der sich für uns in diesem Produktbereich zu einem zweiten Standbein entwickelt hat. Aber auch in unserem Stammgeschäft zeichnete er sich durch die Festigung und Gewinnung geschäftspolitisch wichtiger Kundenbeziehungen aus.

3461103 Bei der Erfüllung aller Aufgaben denkt und handelt er unternehmerisch. Er erreichte mit seinem Gespür für Marktentwicklungen und Modetrends trotz der schwierigen Wettbewerbslage aufgrund der Stagnation des Marktvolumens und aufgrund der verstärkten ausländischen Konkurrenz eine weit überdurchschnittliche Umsatz- und Ergebnissteigerung. In der Umsatz-Rangliste unserer Verkaufsleiter / Produktmanager nahm er stets den ersten Platz ein.

3461104 Frau NAME hat sich als exzellente Unternehmerin mit Weitblick profiliert, die auf Trends des Marktes und auf Entwicklungen der Rahmenbedingungen vorausschauend, umsichtig und vor allem äußerst erfolgreich einging. Unseren Goodwill und unser Prestige hat sie deutlich gesteigert

3461105 Während seiner ZAHL-jährigen Tätigkeit steigerte er den Umsatz um ZAHL Prozent, wobei sich das Ergebnis durch gleichzeitig konsequent durchgeführte Rationalisierungsmaßnahmen (im Vertrieb) überproportional erhöhte.

3461106 Das Unternehmen / die Filiale / ihre Produktgruppe hat sie hervorragend im Markt positioniert. Der Umsatz wurde durch den forcierten Ausbau von Geschäftsverbindungen auf BETRAG Euro gesteigert.

3461107 Zielstrebig führte sie eine Reihe von Produktinnovationen in den Markt ein. Alle dabei auftretenden absatzpolitischen Fragen, innerbetrieblichen Entwicklungsarbeiten und Koordinierungen bewältigte sie in hervorragender Weise.

3461108 Mit der Produktgruppe BEZEICHNUNG hat sie erfolgreich den BEZEICHNUNG-Markt erschlossen. Dem Unternehmen wurden durch diese Diversifizierung neue Möglichkeiten und Perspektiven eröffnet.

3461109 Durch eine kluge Sortimentspolitik erhöhte er unseren Marktanteil in wichtigen Marktsegmenten deutlich. Die damit einhergehende Steigerung und Strukturverbesserung des Betriebsergebnisses war für das Unternehmen aufgrund der äußerst schwierigen Wettbewerbslage von hoher Bedeutung.

3461110 Aufgrund seiner hervorragenden Leistungen übertrugen wir ihm die schwierige Aufgabe, in ORT / REGION eine neue Filiale aufzubauen und unseren dortigen Kundenkreis deutlich zu erweitern. Er engagierte sich dabei in gewohnt intensiver Weise mit Schwung und Begeisterung und meisterte so virtuos alle zwangsläufigen Anfangsschwierigkeiten. Daher gehört diese Filiale schon heute zu unseren rentabelsten und bestgeführten Außenstellen.

3461111 Mit großem Elan baute er einen neuen Vertriebsweg über FACHMÄRKTE auf. Diese mit Rücksicht auf unsere bisherigen Stammkunden schwierige Operation löste er hervorragend in unserem Interesse.

3461112 Frau NAME hat Marktchancen und Marktrisiken realistisch prognostiziert. Als herausragender Erfolg ist die Erschließung der neuen BEZEICHNUNG-Kundengruppe zu würdigen, an die wir heute einen beträchtlichen Teil unserer Erzeugnisse liefern. Hervorzuheben ist außerdem, dass wir durch ihre Initiative mehrere bedeutende Jahresrahmenvereinbarungen und Serienaufträge abschließen konnten.

3461113 Bei der Gewinnung von Neukunden, Referenzkunden und Pilotkunden sowie in der Bindung der Stammkunden erzielt sie herausragende Erfolge. Es gelang ihr, langjährige stabile Geschäftspartnerschaften zu schaffen und auszubauen. Das Akquisitionspotenzial des Verkaufsbezirks wurde durch ihr systematisches und beharrliches Vorgehen voll ausgeschöpft.

3461114 Durch den Aufbau eines leistungsstarken Vertriebs hat Herr NAME unsere einseitige Abhängigkeit von wenigen Großkunden deutlich reduziert. Bereits im ersten Jahr seiner Tätigkeit als BEZEICHNUNG wurden unsere ehrgeizigen Umsatz- und Ertragsziele übertroffen.

3461115 Durch seine durchdachte und konsequente Vertriebspolitik hat er unseren Ruf als verlässlicher Partner des FACHHANDELS weiter ausgebaut.

3461116 Besonders hervorzuheben ist, dass Herr NAME durch seine Initiative und seine Beharrlichkeit einen bedeutenden Großkunden für uns gewinnen konnte, mit dem wir heute einen beträchtlichen Anteil unseres Umsatzes tätigen.

3461117 Besonders zu würdigen ist, dass uns Herr NAME aufgrund seiner sehr guten Kontakte im Markt im Jahre ZAHL einen für unsere geschäftliche Entwicklung bedeutsamen Großauftrag verschaffte, aus dem eine bis heute wichtige Geschäftsverbindung hervorging.

3461118 Hervorzuheben ist, dass es Frau NAME durch ihre Ausdauer und Hartnäckigkeit gelang, gegen eine starke Konkurrenz einen mehrjährigen Kooperationsvertrag mit einem wichtigen Kunden zu schließen.

3461119 Herr NAME ist ein äußerst hartnäckiger Verkäufer. Seine Stärke ist die Neukundenwerbung, was bei der branchenbedingten hohen Kundenfluktuation besonders zu würdigen ist. Außerdem ist es ihm bereits mehrfach gelungen, größere Aufträge nach einer ersten Absage im nächsten Akquisitionsversuch doch noch zu gewinnen.

3461120 Die Verkaufszahlen beweisen immer wieder, dass Herr NAME ein Topverkäufer/Verkaufsgenie ist.

3461121 Herr NAME gehörte in jedem Jahr dem 100 %-Club unseres Außendienstes an und erhielt mehrfach die Auszeichnung „Verkäufer des Jahres".

3461122 Frau NAME erreichte mehrere Male mit ihrem Umsatz Verbesserungen des Saisonrekords sowie eine deutliche Steigerung der realen Jahresbestleistung.

3461123 Besonders hervorzuheben ist sein Vermögen, auf Messen unsere erklärungsbedürftigen Maschinen/Produkte einem kritischen Fachpublikum wirkungsvoll zu präsentieren.

3461124 Unsere sehr hohe Einschätzung der Leistungsfähigkeit von Herrn NAME zeigt sich darin, dass wir mit ihm ein nachvertragliches Wettbewerbsverbot vereinbart haben. *(Nur mit Einverständnis des Mitarbeiters)*

3461125 Der Erfolg unserer Produkte ist auch den kreativen Werbe- und Promotionskonzepten von Frau NAME zu verdanken.

3462100 Herausragende Erfolge: Projektarbeit, Reorganisation, Verbesserungen

3462101 Im Laufe der Jahre hat Herr NAME viele Projekte unterschiedlicher Dimensionen geleitet. Durch sein zielgerichtetes und systematisches Vorgehen und durch seinen team- und dialogorientierten Führungsstil hat er es immer wieder erreicht, die Projekte mit großer Problemumsicht, hohem Innovationsgrad sowie zeitplan- und budgetgerecht abzuschließen.

3462102 Aufgrund seiner bisherigen Erfolge war Herr NAME prädestiniert, auch dieses komplexe Projekt zu leiten. Er erarbeitete mit seinem multiprofessionellen Team in relativ kurzer Zeit eine mustergültige und systemoptimierende Lösung, die sich noch heute in der täglichen Praxis hervorragend bewährt.

3462103 Aufgrund seiner raschen Auffassungsgabe und seines ausgeprägten analytisch-konzeptionellen Denkvermögens hat er sich in den wechselnden Aufträgen jeweils schnell orientiert, eine systematische Schwachstellensuche und Problemanalyse durchgeführt und stimmige, maßgeschneiderte Lösungen entwickelt und implementiert.

3462104 Die bei innovativer Projektarbeit notwendigerweise auftretenden Barrieren und die daraus resultierenden personellen und sachlichen Abstimmungs- und Koordinierungsprozesse meisterte sie dank ihrer optimistischen Grundhaltung und ihres Durchsetzungs- und Überzeugungsvermögens jeweils sehr gut.

3462105 In seiner Abteilung baute Herr NAME ein sehr gut funktionierendes System von Stellvertretungen auf. Auf diese Weise arbeitet die Abteilung auch in der Urlaubszeit und bei krankheitsbedingten Ausfällen in jeder Hinsicht vorbildlich.

3462106 Durch die Einführung der NETZPLANTECHNIK und anderer Planungsmethoden konnte Frau NAME Schwachstellen beseitigen, die Zusammenarbeit der verschiedenen Stellen verbessern und stets den knapp kalkulierten Zeit- und Kostenrahmen einhalten. Während ihrer Verantwortung sind daher nie Konventionalstrafen eingetreten.

3462107 Die Umstrukturierung des Unternehmens zu einer Matrixorganisation / Divisionalorganisation / Profitcenter-Organisation führte er zielstrebig, zügig und absolut erfolgreich durch.

3462108 Die Restrukturierung des Betriebs / der Betriebsabteilung hat er gemäß seinem Geschäftsmodell systematisch, konsequent und zeitgerecht realisiert und sich damit als erfolgreicher Sanierer / Turn-around-Manager profiliert.

3462109 Während seiner ZAHL-jährigen Leitung hat die Abteilung trotz organisatorischer und personaler Straffung an Effizienz gewonnen.

3462110 Neben der Optimierung bestehender Verfahren und Programme hat er wegweisend und ausschlaggebend an der Neuplanung von BEZEICHNUNG mitgewirkt.

3462111 Er reorganisierte die BEZEICHNUNG-Stelle innerhalb von ZEITANGABE und machte sie zu einem außerordentlich erfolgreichen Instrument unserer BEREICH-Politik.

3462112 Während dieser Zeit arbeitete Frau NAME zur Optimierung der BEZEICHNUNG verschiedene Vorschläge aus, die sofort und mit belegbar sehr gutem Erfolg realisiert werden konnten.

3462113 Als ein im positiven Sinne sachkritischer Mitarbeiter schlug er für die Geschäftsprozesse und die Zusammenarbeit viele sehr gute Verbesserungen vor, die nachweisbar Effizienz steigernd eingeführt wurden.

3462114 Investitionsentscheidungen und andere zukunftsbezogene und risikobehaftete Entscheidungen traf Herr NAME nach umsichtiger und gründlicher Vorbereitung mit Mut und Besonnenheit und vor allem mit sichtbarer Fortune. Hervorzuheben ist sein Vermögen, bei Entscheidungen sowohl die marktlichen Aspekte als auch die betriebswirtschaftlichen Kosten–Nutzen-Relationen zu berücksichtigen.

3462115 Für die Erweiterung unseres Filialnetzes lieferte er gründliche Analysen, die zu richtigen und von Erfolg gekrönten Entscheidungen führten.

3462116 Kosteneinsparungspotenziale wurden von ihr zielsicher erkannt und unverzüglich realisiert.

3462117 Besonders zu würdigen ist, dass Frau NAME den erwähnten Betriebsübergang engagiert und erfolgreich gemanagt hat.

3463100 Herausragende Erfolge: Forschung und Entwicklung

3463101 Wir verdanken Herrn NAME den derzeitigen technischen Spitzenstand der Produkte unseres Unternehmens und unsere führende Stellung mit Alleinstellungsmerkmalen im Markt. Sein besonderes Verdienst liegt darin, die Entwicklungen im Bereich BEZEICHNUNG erfolgreich vorangetrieben zu haben. Er besitzt hier mehrere Patente. Zu betonen ist in diesem Zusammenhang auch sein Sinn für das wirtschaftlich Machbare.

3463102 Unter der Federführung von Herrn NAME wurden mehrere Produkte entwickelt, patentiert und gewinnbringend im Markt etabliert.

3463103 Herr NAME war der Katalysator bei vielen neuen Entwicklungen. Sein Weitblick, seine Qualitäts- und Kostenorientierung sowie sein Durchsetzungsvermögen gegenüber allen Innovationswiderständen waren von großem Nutzen für das Unternehmen und haben maßgeblich zum Ausbau unserer fachlichen Reputation und wirtschaftlichen Position sowie zum Erhalt von Wettbewerbsvorsprüngen beigetragen.

3463104 Der Erfolg seiner Arbeit schlug sich in ZAHL Patenten nieder, in denen er als Erfinder oder Miterfinder genannt wird. Mehrere der von ihm entwickelten Produkte sind erfolgreich in den Markt eingeführt bzw. stehen kurz vor der Vermarktung.

3463105 Aufgrund seiner maßgeblichen Mitwirkung an der Entwicklung unseres neuen Produktes BEZEICHNUNG wurde er in der Patentanmeldung als Miterfinder benannt.

3463106 Durch eine Reihe von Maßnahmen hat er die Zertifizierung unseres Unternehmens nach der Norm BEZEICHNUNG erreicht.

3463107 Durch eine systematische Schnittstellenanalyse und die von ihm entwickelte Parallelprojektierung erreichte er bei unseren Produkten eine sehr beachtliche Verkürzung der Entwicklungszeit, was uns wiederholt einen Konkurrenzvorsprung sicherte.

3463108 Als ausgezeichneter FUNKTION hat er maßgeblich an der Neuentwicklung und der teilweisen Alleinstellung unserer Produkte sowie an der kontinuierlichen Verbesserung vieler Produkte mitgewirkt.

3464100 Herausragende Erfolge: Beschaffung, Produktion und Lagerung

3464101 In unserer Branche ist es häufig notwendig, Aufträge mit kurzer Terminstellung anzunehmen. Aufgrund des Engagements und des Organisations- und Improvisationstalents von Herrn NAME ist es gelungen, alle Aufträge perfekt und termingerecht zu realisieren. Wir konnten so bei unseren Kunden unseren Ruf als absolut zuverlässiger Partner ausbauen und eine führende Stellung im Wettbewerb erringen.

3464102 Besonders zu würdigen ist das Engagement von Herrn NAME in Fragen der Arbeitssicherheit. Er absolvierte erfolgreich einschlägige Kurse, führte eine Reihe von Verbesserungen ein und kooperierte in unserem Interesse gut mit der Berufsgenossenschaft und der Gewerbeaufsicht. In der Zeit seiner Verantwortung für die Arbeitssicherheit ist es daher zu keinem Unfall gekommen.

3464103 In den Jahren ZAHL und ZAHL hat Herr NAME mit sehr großem Erfolg ein Investitionsprogramm im Umfange von BETRAG Euro realisiert, das neben der Kapazitätserweiterung in besonderem Maße der Rationalisierung und Qualitätsverbesserung diente. Zu betonen ist sein Sinn für das wirtschaftlich Machbare.

3464104 Durch eine sehr systematische und gründliche Produktionsplanung und -steuerung erreichte er eine hohe Maschinenauslastung und erzielte auf diese Weise eine deutliche Produktionssteigerung.

3464105 Durch eine kontinuierliche und nachhaltige Verbesserung der Produktionsprozesse und Arbeitsabläufe erreichte sie ohne zusätzliche Investitionen eine Kapazitätssteigerung von ZAHL Prozent.

3464106 Besonders hervorzuheben ist, dass Herr NAME durch eine Reihe von Einzelmaßnahmen eine beträchtliche Verkürzung der Durchlaufzeiten erreicht hat.

3464107 Über viele Jahre hinweg hat er die steigenden Qualitätsanforderungen unserer Kunden durch eine sorgfältige Produktion erfüllt. Damit hat er unser Prestige und unseren Ruf als absolut zuverlässiger Zulieferer gesichert und gestärkt.

3464108 Herr NAME führte ein normgerechtes Qualitätssicherungssystem entsprechend den DIN ISO-Normen 9000–9004 mit Erfolg ein. Durch eine durchdachte Abstimmung unserer Maßnahmen zur Qualitätssicherung sowie durch wiederholt durchgeführte Audits sorgte er für eine stetige Verbesserung unserer Produkte und Leistungen.

3464109 Durch verschiedene prämierte Maßnahmen gelang Frau NAME eine beachtliche Senkung des Lagerwertes unseres Rohstofflagers und somit der Kapitalbindung und der Lagerkosten. Dabei war die Lieferfähigkeit an die Produktion stets gewährleistet.

3464110 Durch eine bessere Koordinierung der Produktionsstätten, durch umsichtig geplante und konsequent realisierte Rationalisierungsinvestitionen sowie durch die Standardisierung von Produkten erreichte Herr NAME eine beachtliche Stückkostensenkung.

3464111 Logistik und Warendistribution hat er den neuen Anforderungen unserer Kunden angepasst. Zwei kleinere Außenlager mit überdurchschnittlich hohen Kosten hat er geschlossen. Durch vielfältige ablauforganisatorische Verbesserungen konnte das steigende Absatzvolumen ohne Personalerhöhung bewältigt werden.

3464112 Die von uns benötigten Güter und Dienstleistungen hat er in der erforderlichen Qualität kostengünstig und termingerecht beschafft. Durch wiederholte ABC-Analysen und durch eine laufende Einkaufsmarktforschung sowie durch die Erschließung neuer Bezugsquellen sowie durch verschiedene bereichsübergreifende Projekte hat sie maßgeblich zur Stabilisierung und Senkung unserer Beschaffungskosten und somit zu unserem wirtschaftlichen Erfolg beigetragen.

3465100 Herausragende Erfolge: Rechnungswesen, Controlling, Revision

3465101 Unsere Instrumente zur Kreditprüfung (Scoring- und Rating-Systeme) und Kreditvergabe hat Herr NAME erweitert und optimiert. Für das Firmenkunden-, das Privatkunden- und das Interbankengeschäft entwickelte er Frühwarnsysteme zur Erkennung möglicher Ausfallrisiken, die sich in der Praxis hervorragend bewährt haben.

3465102 Durch seine fachliche und persönliche Eignung als Controller hat Herr NAME in unserem Unternehmen eine enorme Steigerung der Datentransparenz und Planungsgenauigkeit erreicht.

3465103 Dank seiner aussagekräftigen Berichte und seiner ausgeprägten kommunikativen Fähigkeiten hat Herr NAME die Weitergabe und Umsetzung von betriebswirtschaftlich relevanten Daten über alle Stufen des Managements ermöglicht und so einen unternehmensweit hohen und aktuellen Informationsstand und ein offenes Klima geschaffen.

3465104 Als Leiterin Finanz- und Rechnungswesen hat Frau NAME unser System der Kreditwürdigkeitsprüfung und des Mahnwesens soweit ausgebaut, dass die durchschnittliche Fristigkeit der Forderungen gesenkt wurde und die Ausbuchung von Forderungen nur noch in Ausnahmefällen notwendig ist.

3465105 Bei der Mitarbeit in unserem Projektteam, welches für die Einführung der integrierten Software BEZEICHNUNG unternehmensübergreifend gebildet wurde, hat Herr NAME durch seine fachlich ausgezeichnete betriebswirtschaftliche Unterstützung maßgeblich dazu beigetragen, dass das Projekt termingerecht und sicher abgeschlossen werden konnte.

3465106 Besonders ist hervorzuheben, dass Frau NAME durch organisatorische Verbesserungen wiederholt eine Verkürzung der Bearbeitungszeiten im Rechnungswesen erreicht hat.

3465107 Als Leiter der KONZERNREVISION hat Herr NAME durch die strukturierende Aufbereitung von Sachverhalten, durch Problemanalysen und Wirtschaftlichkeitsprüfungen und durch die Bewertung von Lösungsalternativen unternehmerische Entscheidungen vorbereitet und so maßgeblich die Entwicklung des Unternehmens beeinflusst.

3465108 Alle Untersuchungen der mehrmonatigen Due-Diligence-Prüfung hat sie hervorragend gemanagt.

3466100 Herausragende Erfolge: Beförderung und Förderungswürdigkeit

3466101 Aufgrund seiner fachlichen Qualifikation und sichtbaren Erfolge sowie der allgemeinen Persönlichkeitsvoraussetzungen haben wir Herrn NAME mit Wirkung vom DATUM die Position des BEZEICHNUNG im Geschäftsbereich BEZEICHNUNG anvertraut.

3466102 Aufgrund ihrer sehr guten Leistungen konnten wir Frau NAME schon nach kurzer Zeit in die Gruppe unserer Außertariflichen Angestellten übernehmen.

3466103 Wegen ihres Engagements und ihrer Leistungen wurde Frau NAME ab MONAT JAHR zur außertariflichen Angestellten befördert.

3466104 Durch seine herausragenden fachlichen Erfolge und durch sein persönliches Auftreten hat er sein Format und sein Potenzial zur Übernahme einer noch verantwortlicheren Führungsposition bewiesen.

3466105 Während einer längeren Krankheit des BEZEICHNUNG sowie bei verschiedenen Sonderaufträgen vertrat Herr NAME diesen engagiert, kompetent und in jeder Hinsicht mustergültig. Er bewies so seine Eignung für eine weitere Beförderung.

3466106 Seine Leistungen und herausragenden Erfolge prädestinieren ihn zur Übernahme noch anspruchsvollerer Aufgaben und Herausforderungen.

3466107 Die englische und die BEZEICHNUNG Sprache beherrscht er verhandlungs- und vertragssicher. Darüber hinaus verfügt er über gute arbeitsfähige Kenntnisse der BEZEICHNUNG Sprache. In andere Kulturen, Wertesysteme und Mentalitäten denkt und fühlt er sich rasch ein. Er ist daher für Managementpositionen mit internationalem Bezug bestens geeignet.

3466108 Im MONAT JAHR ernannten wir sie zum RANG.

3467100 Herausragende Erfolge: Erweiterung von Kompetenzen

3467101 In Anerkennung ihrer beständig sehr guten Leistungen und sichtbaren Erfolge erteilten wir ihr im MONAT JAHR Handlungsvollmacht.

3467102 Aufgrund seiner sehr guten Leistungen übertrugen wir Herrn NAME trotz seines jungen Alters diese verantwortliche Position, in der er sich ebenfalls hervorragend bewährte. Daher übertrugen wir ihm am DATUM Gesamtprokura / Filialprokura.

3467103 Aufgrund seines sehr sicheren Analyse- und Entscheidungsvermögens und seiner sichtbaren Erfolge erhielt er im MONAT JAHR Gesamtprokura / Einzelprokura.

3467104 Aufgrund seines umfangreichen und fundierten betriebswirtschaftlichen Sachverstandes, seines sicheren Analyse- und Urteilsvermögens und seiner auch in schwierigen Grenzfällen stets richtigen Entscheidung wurde seine Kreditkompetenz / Regulierungskompetenz / Zeichnungsvollmacht im Zahlungsverkehr schrittweise auf BETRAG Euro / auf den in unserem Hause höchstmöglichen Rahmen erhöht.

3467105 Seine Kompetenzen und seine Entscheidungsbefugnisse wurden wegen seiner gründlichen Arbeitsweise und seiner stets sorgfältig vorbereiteten Entscheidungen schrittweise erhöht.

3469100 Herausragende Erfolge: Verschiedene Erfolge

3469101 Frau NAME hat maßgeblich dazu beigetragen, dass die FIRMA heute eine tragende Säule / ein bedeutsames Profitcenter der Unternehmensgruppe ist.

3469102 Den schwierigen Auftrag der Unternehmensauflösung hat er optimal und mit positiver Schlussbilanz realisiert. Dabei wurden die wirtschaftlichen Interessen der Eigentümer und die sozialen Belange der Mitarbeiter in vorbildlicher Weise berücksichtigt.

3469103 Besonders hervorzuheben ist, dass Frau NAME mehrere schwierige Sozialplanverhandlungen mit Sachverstand und sehr großem Verhandlungsgeschick führte, sodass jeweils ein sozialverträglicher und betriebswirtschaftlich vertretbarer Kompromiss erreicht wurde.

3469104 Seine überzeugenden Referate auf nationalen und internationalen Fachkongressen sowie seine Publikationen haben maßgeblich dazu beigetragen, dass unser Unternehmen auf dem Gebiet BEZEICHNUNG als technisch führender Anbieter anerkannt ist.

3469105 Er hat sehr wesentlich zum internationalen Erfahrungsaustausch (in der Unternehmensgruppe / im Konzern) beigetragen.

3469106 Auch im Fachverband BEZEICHNUNG hat Herr NAME eine anerkannte Expertenstellung inne. Er wurde mehrfach mit der Erstellung von schwierigen Gutachten betraut.

3469107 Frau NAME beschäftigte sich laufend mit diesem Gebiet und veröffentlichte dazu verschiedene stark beachtete Aufsätze in Fachzeitschriften.

3469108 Herr NAME entwickelte für seinen Bereich ein neues System der KREDITWÜRDIGKEITSPRÜFUNG. Er senkte damit die FORDERUNGSVERLUSTE nachweislich um PROZENTANGABE.

3469109 Es gelang Frau NAME, die Kostenarten BEZEICHNUNG beachtlich zu senken.

3469110 Als Ausbildungsleiter hat er sich sehr intensiv um seine Auszubildenden gekümmert und mit ihnen über Jahre hinweg sehr gute und gute Ergebnisse in der Abschlussprüfung erzielt.

3469111 In den Jahren seiner Tätigkeit als Ausbildungsleiter hat Herr NAME unsere technische / kaufmännische Ausbildung zu einem intern und extern anerkannten Leistungsstand geführt. Unsere Auszubildenden waren wiederholt Jahrgangsbeste im Bereich der IHK / Handwerkskammer BEZEICHNUNG. Auch in Berufswettbewerben belegten sie immer wieder sehr gute vordere Ränge.

3469112 Wiederholt hat sie wichtige Sonderaufgaben übernommen und so die Geschäftsleitung tatkräftig unterstützt und äußerst wirksam entlastet. Exemplarisch nennen wir hierzu AUFZÄHLUNG.

3469113 Aufgrund seiner sehr guten Leistungen und sichtbaren Erfolge erhöhten wir seine Vergütung in den letzten Jahren überdurchschnittlich.

3469114 Die außergewöhnlichen Erfolge von Frau NAME werden am besten durch die Tatsache dokumentiert, dass wiederholt versucht wurde, sie abzuwerben.

3469115 Besonders hervorzuheben ist, dass Frau NAME in den letzten Jahren die Weiterbildung unserer Mitarbeiter forciert hat. Durch ein bedarfsgerechtes und gut durchdachtes Programm der Personal- und Managemententwicklung hat sie die fachliche und die soziale Kompetenz der Mitarbeiter gesteigert und so entscheidend zu unserer Qualitätssicherung und unserer Wettbewerbsfähigkeit beigetragen.

3469116 Besonders hervorzuheben ist auch, dass Frau NAME bei der Personalauswahl Anforderungsbezug und Systematik mit der notwendigen Intuition verband. Sie hat so entscheidend dazu beigetragen, eine Reihe wichtiger Positionen optimal zu besetzen sowie sehr gute Führungsnachwuchskräfte zu gewinnen.

3469117 Es gelang ihm, die Kosten in seinem Bereich beträchtlich zu senken.

3470000 Führungsleistung von außertariflichen und leitenden Angestellten

Bitte wählen Sie einen Baustein aus der Gruppe 3471 Führungsumstände und anschließend unter Beachtung der Notenstufen einen Baustein aus der Gruppe 3472 Führungserfolg.

3471000 Führungsleistung – Führungsumstände von außertariflichen und leitenden Angestellten

3471001 Das von Herrn NAME geleitete internationale Team umfasste ZAHL Spezialisten aus unterschiedlichen Disziplinen wie z. B. BEZEICHNUNG.

3471002 Frau NAME verfügt über eine langjährige Führungserfahrung.

3471003 Während einer mehrmonatigen Abwesenheit des Bereichsleiters übernahm Herr NAME die Vorgesetztenfunktion.

3471004 Frau NAME führte fachlich ZAHL Mitarbeiter. *(Nicht disziplinarisch)*

3471005 Zur Erledigung seiner Aufgaben waren Herrn NAME die Leiter der Bereiche AUFZÄHLUNG mit insgesamt ZAHL Mitarbeitern direkt unterstellt. Weiterhin waren ihm die BEZEICHNUNGEN mit insgesamt ZAHL Mitarbeitern fachlich unterstellt.

3471006 Herr NAME führte als BEZEICHNUNG ZAHL außertarifliche und ZAHL tarifliche Mitarbeiter. Er war zur selbstständigen Einstellung und Entlassung von Mitarbeitern berechtigt.

3471007 Frau NAME führte direkt ZAHL Gruppenleiter / Abteilungsleiter und trug indirekt Personal- und Führungsverantwortung für insgesamt ZAHL Mitarbeiter.

3471008 Frau NAME hatte Befugnis, in ihrem Zuständigkeitsbereich selbstständig Mitarbeiter einzustellen und zu entlassen.

3471009 Herr NAME führte zuletzt ZAHL Mitarbeiter, die im BEZEICHNUNG sowie im BEZEICHNUNG eingesetzt waren. Er sorgte neben der Einstellung und Einarbeitung erfolgreich für deren Motivation und ständige Ausbildung und Förderung.

3471010 In der Gruppe von ZAHL Mitarbeitern waren außer wenigen Facharbeitern überwiegend angelernte und ungelernte Kräfte tätig.

3471011 Sie hat ihren Bereich zweckmäßig und übersichtlich organisiert. Die Aufgaben ihrer Mitarbeiter sind klar voneinander abgegrenzt und in Stellenbeschreibungen dokumentiert.

3471012 Als Projektleiter führte er ein interdisziplinäres / multiprofessionelles Team von ZAHL Spezialisten.

3472000 Führungsleistung – Führungserfolg von außertariflichen und leitenden Angestellten

3472100 Führungsleistung – Führungserfolg bei sehr guter Beurteilung

3472101a Seinen ZAHL Mitarbeitern ist er immer mit bestem Beispiel vorangegangen. Durch eine ergebnis- und personenbezogene Führung motivierte er sie zu vollem Einsatz und zu stets sehr guten Leistungen.

3472102b Die Führung von Arbeitskräften im Bereich BEZEICHNUNG stellt in unserer Branche hohe Anforderungen an den Vorgesetzten. Alle Führungsfragen hat er aufgrund seines Überzeugungs- und Durchsetzungsvermögens immer sehr gut gelöst.

3472103c Seine Verkäufer hat er trotz der schwierigen Konkurrenzlage hervorragend mobilisiert und begeistert und durch wiederholte Wettbewerbe stets sehr gute Verkaufserfolge erzielt.

3472104d Als geradliniger und zugleich geachteter und engagierter Vorgesetzter verstand er es jederzeit ausgezeichnet, Teamgeist zu wecken und durch Feedback und laufende Verbesserungen im Arbeitsprozess die Effektivität seiner Abteilung beständig zu steigern.

3472105e Als Projektleiter bewies er bei der Realisierung der gemeinsam mit einer externen Unternehmensberatung erarbeiteten Vorschläge großes Organisationstalent und psychologisches Geschick, sodass die Innovationen im Management und bei den Mitarbeitern sehr hohe Beachtung und Zustimmung fanden.

3472106f Als Führungskraft wirkte Herr NAME sehr integrierend. Aus heterogenen Mitarbeitergruppen formte er ein sehr effizientes und kollegiales Team. Durch sein vorbildliches Engagement erzeugte er ein positives und konstruktives Arbeitsklima. Sein Wort hatte fachlich und persönlich Gewicht.

3472107g Ihren Mitarbeitern hat sie stets eine vorbildliche Arbeitshaltung vorgelebt. Sie verstand es hervorragend, die Mitarbeiter zu überzeugen und ihre Zusammenarbeit aktiv zu fördern. Sie informierte die Mitarbeiter stets umfassend, förderte deren Weiterbildung und delegierte Aufgaben und Verantwortung und erreichte so stets ein hohes Abteilungsergebnis.

3472108h Aufgrund ihrer Führungsqualitäten war Frau NAME als Vorgesetzte anerkannt und beliebt. Sie verhielt sich dem Personal gegenüber stets aufgeschlossen und kooperativ, verstand es aber auch, sich auch in schwierigen Situationen mit der erforderlichen Konsequenz durchzusetzen und die Mitarbeiter durch Feedback zu optimalem Arbeitseinsatz zu führen.

3472109i Engagiert beteiligte sich Herr NAME an der Entwicklung unserer internen Führungsrichtlinien. Er wendete diese in seinem Bereich stets vorbildlich an.

3472110j Als BEZEICHNUNG motivierte er sein Team durch das eigene gute Beispiel und durch eine fach- und personenbezogene Führung stets zu sehr hohen Leistungen. In seinem Bereich trat die mit Abstand niedrigste Ausschussquote auf. Besonders zu betonen ist sein Gerechtigkeitssinn.

3472111k Durch seine verbindliche, aber fordernde und geradlinige Art hatte er ein ausgezeichnetes Verhältnis zu seinen Mitarbeitern, was zu einem jederzeit sehr produktiven Arbeits- und Betriebsklima führte. Auch ausländische Arbeitnehmer arbeitete er mit großem Geschick ein.

3472112l Seinen Mitarbeitern war er stets ein anerkanntes Vorbild. Durch seinen zielgerichteten, sachlichen und integrativen Führungsstil erreichte er eine außergewöhnliche Leistungssteigerung auf anhaltend hohem Niveau und ein sehr gutes Abteilungsklima.

3472113m Ihren Mitarbeitern hat sie ein vorbildliches Arbeitsverhalten vorgelebt. In ihrer Abteilung herrschte daher ein sehr gutes Leistungs- und Betriebsklima. Ihre Mitarbeiter beurteilte sie aufgrund ihrer Berufs- und Lebenserfahrung stets ausgewogen und treffsicher.

3472114n Den Mitarbeitern aller Altersstufen war sie eine sehr gute Vorgesetzte. Sie hat ihre Arbeitsgruppe zu einem dynamischen, sehr effizienten und harmonischen Team entwickelt.

3472115o In seiner Abteilung herrschte jederzeit eine offene und kreative Arbeitsatmosphäre. Er delegierte angemessen Aufgaben, Kompetenzen und Verantwortung und förderte so die Selbstständigkeit seiner Mitarbeiter. Innovationen wurden von ihm und seinem Team immer aktiv unterstützt.

3472116p Herr NAME war ein sachlich absolut überzeugender und im persönlichen Umgang verbindlicher Vorgesetzter. So gelang es ihm, eine mitreißende Aufbruchstimmung zu erzeugen und in kurzer Zeit eine sehr leistungsstarke und homogene Arbeitsgruppe zu formen.

3472117q Seine Ausstrahlung und sein mitreißendes Engagement, seine fachliche Autorität und sein Gerechtigkeitssinn machten ihn zu einem Vorgesetzten, bei dem sich die Mitarbeiter begeistert einsetzten und stets sehr hohe Leistungen erbrachten.

3472118r Frau NAME verfügt über eine ausgezeichnete Führungsbegabung. Sie begeisterte ihre Mitarbeiter und führte sie stets zu sehr hohen Leistungen. Aufgaben und Verantwortung delegierte sie zielgerichtet.

3472119s In den auftragsbezogen gebildeten Projektteams waren unsere Mitarbeiter sowie Mitarbeiter unserer Kunden eingebunden. Durch seine Koordination haben sich die Leistung und der Teamgeist in diesen Gruppen in sehr kurzer Zeit äußerst positiv entwickelt.

3472120* Ausgezeichnet verstand er es, tüchtige Mitarbeiter zu finden, zu fordern und zu fördern und zu einem leistungsorientierten Team zu entwickeln. Seine Initiative und seine ideenreiche Geschäftsführung, verbunden mit Gerechtigkeitssinn und natürlicher Autorität, ließen unter seiner Verantwortung ein ausgesprochen offenes und gutes Arbeitsklima entstehen. Das zeigte sich auch am RÜCKGANG DER FLUKTUATION.

3472121* Intensiv forderte und förderte er seine Mitarbeiter, sodass eine Reihe von Führungskräften unseres Hauses aus seiner Abteilung hervorgegangen ist. Als Mentor unterstützte er unsere Nachwuchsführungskräfte.

3472122* Obwohl sie direkt aus den Reihen ihrer ehemaligen Kolleginnen heraus zu deren Vorgesetzter befördert wurde, meisterte sie diese schwierige Führungsaufgabe mit psychologischem Geschick in vorbildlicher Weise. In ihrem Team herrschte eine konstruktive und kooperative Arbeitsatmosphäre.

3472123* Umsichtig verwirklichte sie das Verlangen ihrer Mitarbeiter nach Selbstentfaltung und Anerkennung. Das Unternehmen profitierte von dem auf diese Weise erzielten hohen Leistungsergebnis.

3472124* Durch ihre vorbildliche und begeisternde Führung verwirklichte sie das Verlangen ihrer Mitarbeiterinnen und Mitarbeiter nach kreativer Arbeit und nach Anerkennung. Das Unternehmen profitierte davon durch eine hohe Arbeitsmoral der Gruppe. Fehlzeiten und Fluktuation gingen unter ihrer Leitung enorm zurück und sind heute deutlich unterdurchschnittlich.

3472125* Sein großes psychologisches Geschick, insbesondere in der Menschenführung, und sein situationsgerechtes und wirkungsvolles Führungsverhalten ermöglichten es ihm, alle ihm anvertrauten Projekte und Teilprojekte auch in schwierigen Phasen so zu steuern, dass sowohl sein sehr gutes Verhältnis zu den Mitarbeitern erhalten blieb als auch ein außergewöhnlich gutes Ergebnis erreicht wurde.

3472126* Seinen Mitarbeitern vermittelte er das Gefühl, dass sie wichtig sind. So motivierte er sie stets zu sehr hohen Leistungen. Besonders hervorheben möchten wir seine Fähigkeit, seinen Mitarbeitern neue technische Zusammenhänge klar und verständlich zu vermitteln.

3472127* Im Unternehmen etablierte er ein offenes Kommunikationsklima mit ungefiltertem Informationsaustausch.

3472128u Als Leiter / Sprecher / Vorsitzender unseres Messestandes / Arbeitskreises / Projektes BEZEICHNUNG koordinierte er kollegial und effizient alle Beteiligten. Auf diese Weise brachte er diese Aufgabe termin- und budgetgerecht zu einem sehr erfolgreichen Abschluss.

3472200 Führungsleistung – Führungserfolg bei guter Beurteilung

3472201a Seinen ZAHL Mitarbeitern ist er mit gutem Beispiel vorangegangen. Durch eine ergebnis- und personenbezogene Führung motivierte er sie zu stets guten Leistungen.

3472202b Die Führung von Arbeitskräften im Bereich BEZEICHNUNG stellt in unserer Branche hohe Anforderungen an den Vorgesetzten. Alle Führungsfragen hat er aufgrund seines Durchsetzungsvermögens stets gut gelöst.

3472203c Seine Verkäufer hat er trotz der schwierigen Konkurrenzlage nachhaltig motiviert und mit ihnen durch Wettbewerbe stets gute Verkaufserfolge erzielt.

3472204d Als geradliniger und zugleich geachteter und engagierter Vorgesetzter verstand er es jederzeit gut, Teamgeist zu wecken und durch Feedback und Verbesserungen im Arbeitsprozess die Effektivität seiner Abteilung zu steigern.

3472205e Als Projektleiter bewies er bei der Realisierung der gemeinsam mit einer externen Unternehmensberatung erarbeiteten Vorschläge Organisationstalent und psychologisches Geschick, sodass die Innovationen im Management und bei den Mitarbeitern hohe Beachtung und Zustimmung fanden.

3472206f Als Führungskraft wirkte Herr NAME integrierend. Aus heterogenen Mitarbeitergruppen formte er ein effizientes und kollegiales Team. Durch sein hohes Engagement erzeugte er ein positives Arbeitsklima. Sein Wort hatte fachlich und persönlich Gewicht.

3472207g Frau NAME überzeugte ihre Mitarbeiter und förderte die Zusammenarbeit. Sie informierte ihr Team, regte Weiterbildung an und delegierte Aufgaben und Verantwortung und erreichte so ein hohes Abteilungsergebnis.

3472208h Als Vorgesetzter war er anerkannt und beliebt. Er operierte dem Personal gegenüber offen und kooperativ und verstand es jederzeit, seine Mitarbeiter durch Feedback zu erfolgreichem Arbeitseinsatz zu bewegen.

3472209i Die in unserem Hause geltenden Führungsrichtlinien wendete sie jederzeit gut an.

3472210j Als BEZEICHNUNG motivierte er sein Team durch eine fach- und personenbezogene Führung zu hohen Leistungen. In seinem Bereich trat die niedrigste Ausschussquote auf. Zu betonen ist sein Gerechtigkeitssinn.

3472211k Durch seine verbindliche, aber geradlinige Art hatte er jederzeit ein gutes Verhältnis zu seinen Mitarbeitern, was zu einem produktiven Arbeits- und Betriebsklima führte. Auch ausländische Arbeitnehmer arbeitete er mit großem Geschick ein.

3472212l Ihren Mitarbeitern war sie stets ein Vorbild. Durch ihren zielgerichteten, sachlichen und integrativen Führungsstil erreichte sie eine beachtliche Leistungssteigerung auf anhaltend hohem Niveau und ein gutes Abteilungsklima.

3472213m Seinen Mitarbeitern hat er ein gutes Arbeitsverhalten vorgelebt. In seiner Abteilung herrschte ein gutes Leistungs- und Betriebsklima. Seine Mitarbeiter beurteilte er aufgrund seiner Berufs- und Lebenserfahrung ausgewogen.

3472214n Den Mitarbeitern aller Altersstufen war sie eine gute Vorgesetzte. Sie hat ihre Arbeitsgruppe zu einem effizienten und harmonischen Team entwickelt.

3472215o In seiner Abteilung herrschte jederzeit eine offene Arbeitsatmosphäre. Er delegierte angemessen Aufgaben, Kompetenzen und Verantwortung und förderte so seine Mitarbeiter. Innovationen und Pilotprojekte wurden von ihm und seinem Team unterstützt.

3472216p Herr NAME war ein sachlich überzeugender und im persönlichen Umgang verbindlicher Vorgesetzter. So gelang es ihm, in kurzer Zeit eine leistungsstarke und homogene Arbeitsgruppe zu formen.

3472217q Sein Engagement, seine fachliche Autorität und sein Gerechtigkeitssinn machten ihn zu einem Vorgesetzten, bei dem sich die Mitarbeiter wohlfühlten und stets gute Leistungen erbrachten.

3472218r Frau NAME verfügt über gute Führungseigenschaften. Sie führte ihre Mitarbeiter zu hohen Leistungen. Aufgaben und Verantwortung delegierte sie zielgerichtet.

3472219s In den auftragsbezogen gebildeten Projektteams waren unsere Mitarbeiter sowie Mitarbeiter unserer Kunden eingebunden. Unter seiner Leitung haben sich die Leistung und der Teamgeist in diesen Gruppen in kurzer Zeit positiv entwickelt.

3472220* Mit besonderem Geschick verstand er es, seine Mitarbeiter zu hoher Leistung zu führen, ein gutes Arbeitsklima zu schaffen und die Zusammenarbeit mit seinen Mitarbeitern auf eine natürliche Vertrauensbasis zu stellen.

3472221* Systematisch sorgte er für einen hohen Kenntnisstand und eine gute Motivation seiner Mitarbeiter. So schuf er die Voraussetzung für eine hohe Mitarbeiterleistung und ein gutes Betriebsklima.

3472222* Er war ein angenehmer und fairer Vorgesetzter mit einem effizienten und kooperativen Führungs- und Arbeitsstil.

3472223u Als Leiter/Sprecher/Vorsitzender unseres Messestandes/Arbeitskreises/Projektes BEZEICHNUNG koordinierte er kollegial und effizient alle Beteiligten. Auf diese Weise brachte er diese Aufgabe termin- und budgetgerecht zu einem erfolgreichen Abschluss.

3472300 Führungsleistung – Führungserfolg bei befriedigender Beurteilung

3472301a Seine ZAHL Mitarbeiter motivierte er durch eine fach- und personenbezogene Führung zu guten Leistungen.

3472302b Die Führung von Arbeitskräften im Bereich BEZEICHNUNG stellt in unserer Branche hohe Anforderungen an den Vorgesetzten. Mit Disziplinarfragen ist er aufgrund seines Durchsetzungsvermögens gut zurechtgekommen.

3472303c Seine Verkäufer hat er trotz der schwierigen Konkurrenzlage motiviert und mit ihnen gute Verkaufserfolge erzielt.

3472304d Herr NAME war ein geradliniger und zugleich kollegialer Vorgesetzter. Er verstand es, Teamgeist zu wecken und Verbesserungen im Arbeitsprozess einzuführen.

3472305e Als Projektleiter bewies er bei der Realisierung der gemeinsam mit einer externen Unternehmensberatung erarbeiteten Vorschläge psychologisches Geschick, sodass die Reorganisationsmaßnahmen im Management und bei den Mitarbeitern Zustimmung fanden.

3472306f Als Führungskraft wirkte Herr NAME integrierend. Aus heterogenen Mitarbeitergruppen formte er ein gutes Team. Er erzeugte ein positives Arbeitsklima.

3472307g Frau NAME überzeugte ihre Mitarbeiter und koordinierte die Zusammenarbeit. Sie informierte ihre Mitarbeiter über das sachlich Notwendige, regte Weiterbildung an und delegierte oft Aufgaben und Verantwortung.

3472308h Als Vorgesetzter war er beliebt. Er operierte dem Personal gegenüber offen und verstand es, seine Mitarbeiter zu erfolgreichem Arbeitseinsatz zu bewegen.

3472309i Die in unserem Hause geltenden Führungsrichtlinien wendete sie gut an.

3472310* Zielbewusst und konsequent führte sie ihre Mitarbeiter zu voll zufriedenstellenden Leistungen. *(Hinweis auf Mitarbeiterzufriedenheit fehlt)*

3472400 **Führungsleistung – Führungserfolg bei ausreichender Beurteilung**

3472401a Seine ZAHL Mitarbeiter motivierte er zu zufriedenstellender Arbeit.

3472402b Die Führung von Arbeitskräften im Bereich BEZEICHNUNG stellt in unserer Branche hohe Anforderungen an den Vorgesetzten. Mit den auftretenden Disziplinarproblemen ist er zurechtgekommen.

3472403c Mit seinen Verkäufern hat er trotz der schwierigen Konkurrenzlage nicht unbedeutende Verkaufsergebnisse erzielt.

3472404d Als angenehme Vorgesetzte verstand sie es, die Arbeitsfähigkeit ihres Bereiches zu gewährleisten.

3472405e Als Projektleiter bewies er bei der Realisierung der gemeinsam mit einer externen Unternehmensberatung erarbeiteten Vorschläge Geschick, sodass die Reorganisationsmaßnahmen auf keine Widerstände stießen.

3472406f Es gelang Herrn NAME, Mitarbeiter zu einem arbeitsorientierten Team zu integrieren.

3472407h Von ihren Mitarbeitern wurde sie akzeptiert.

3472408* Seine Mitarbeiterführung war nicht zu beanstanden.

3472409* Als Vorgesetzter legte er bei seinen Mitarbeitern auf Pünktlichkeit und andere wichtige Arbeitstugenden Wert.

3472500 **Führungsleistung – Führungserfolg bei mangelhafter Beurteilung**

3472501a Seine ZAHL Mitarbeiter motivierte er insgesamt zu zufriedenstellenden Arbeiten.

3472502b Die Führung von Arbeitskräften im Bereich BEZEICHNUNG stellt in unserer Branche hohe Anforderungen an den Vorgesetzten. Mit den regelmäßig auftretenden Disziplinarproblemen ist er im Großen und Ganzen gut zurechtgekommen.

3472503c Mit seinen Verkäufern hat er trotz der schwierigen Konkurrenzlage nicht unbedeutende Verkaufsaktivitäten entwickelt.

3472504d Als Vorgesetzte war sie willens, die Arbeitsfähigkeit ihres Bereiches zu gewährleisten.

3472505e Als Projektleiter bewies er bei der Realisierung der gemeinsam mit einer externen Unternehmensberatung erarbeiteten Vorschläge Geschick, sodass die Reorganisationsmaßnahmen ohne größere Widerstände eingeleitet werden konnten.

3472506f Als Vorgesetzter war Herr NAME stets bestrebt, alle ihm unterstehenden Mitarbeiter zu einem arbeitsfähigen Team zu verbinden.

3472507h Von ihren Mitarbeitern wurde sie als toleranter Vorgesetzter akzeptiert.

3472508* Er brachte alle Voraussetzungen mit, um Mitarbeiter zielgerecht zu motivieren.

3472509* Sie war ihren Mitarbeitern jederzeit und in jeder Hinsicht eine verständnisvolle / angenehme / liberale / wohlwollende Vorgesetzte. *(Nicht leistungsorientiert)*

3472510* Stets war sie sich der besonderen Verantwortung bewusst, die sich aus einem Führungsauftrag ergibt. Sie erwartete, dass die Mitarbeiter sich jederzeit voll einsetzten.

3472511* Seine Untergebenen führte er mit fester Hand. *(Sehr autoritär; keine Aussage zum Führungserfolg)*

3472512* Er erteilte klare und unmissverständliche Anweisungen. Seine Wesensart machte ihn bei den unterstellten Mitarbeitern zu einem anerkannten und nicht unbeliebten Vorgesetzten. *(Unklar; unbeliebt; nicht leistungsorientiert)*

3472513* Er koordinierte die Arbeit seiner Mitarbeiter und gab verständliche Anweisungen. *(Selbstverständlichkeiten)*

3472514* Ihre Mitarbeiter schätzten ihre partizipative Führung, die ihnen sehr große Freiräume öffnete.

3472515* Gegenüber seinen Mitarbeitern bewies er bei allen Konflikten Stehvermögen.

3472516* Trotz der leider sehr hohen Fluktuation und anderer schwieriger Umstände stellte er die Funktionsfähigkeit in seiner Abteilung sicher.

3472517* Als Vorgesetzte von ZAHL Mitarbeitern hatte sie Gelegenheit, ihre Führungsqualitäten unter Beweis zu stellen.

3480000 Zusammenfassende Leistungsbeurteilung von außertariflichen und leitenden Angestellten

3480100 Zusammenfassende Leistungsbeurteilung bei sehr guter Beurteilung

3480101a Die Leitungs- und Fachaufgaben seiner exponierten Position hat er stets zu unserer größten / höchsten / absoluten Zufriedenheit realisiert und unseren Anforderungen und Erwartungen in jeder Hinsicht optimal entsprochen.

3480102b Als hervorragende Leistungsträgerin (während der langjährigen / mehrjährigen Zusammenarbeit) hat sie ihre Aufgaben stets zu unserer vollsten Zufriedenheit erfüllt und unseren Anforderungen und Erwartungen in jeder Hinsicht in allerbester Weise entsprochen.

3480103c Seinen kontinuierlich gewachsenen Verantwortungsbereich hat Herr NAME stets zu unserer vollsten Zufriedenheit geleitet und unseren Anforderungen und Erwartungen in jeder Hinsicht in allerbester Weise entsprochen.

3480104d Ihre Fachaufgaben erledigte Frau NAME stets zu unserer vollsten Zufriedenheit. *(Achtung: nicht die Leitungsaufgaben)*

3480105e Herr NAME setzte wichtige Akzente für unsere künftige Entwicklung im Markt und nahm seine Aufgaben und die Unternehmensinteressen jederzeit zu unserer vollsten Zufriedenheit wahr.

3480106f Während des ZAHL-monatigen Arbeitsverhältnisses hat sie die übertragenen Aufgaben stets zu unserer vollsten Zufriedenheit erledigt. *(Betonung der kurzen Beurteilungsbasis)*

3480107g Alle Aufgaben und Herausforderungen seiner schwierigen Position hat Herr NAME stets zu unserer vollsten Zufriedenheit bewältigt.

3480108h Aufgrund seines enormen persönlichen Einsatzes erzielte Herr NAME in seinem Verkaufsgebiet eine glänzende Umsatzentwicklung mit zweistelligen Zuwachsraten, sodass er durch seine permanenten Höchstleistungen stets unsere vollste Zufriedenheit verdiente.

3480109i Durch ihre überragenden Leistungen hat Frau NAME das in sie gesetzte Vertrauen stets zu unserer vollsten Zufriedenheit erfüllt.

3480110j Frau NAME hat ein weit gespanntes Spektrum sehr verschiedenartiger Aufgaben wahrgenommen. Mit ihren sehr guten Leistungen und ihren offensichtlichen Erfolgen waren wir stets außerordentlich zufrieden.

3480111k Aufgrund seiner absoluten Arbeitsbereitschaft und seiner exzellenten fachlichen Fähigkeiten sowie seines sorgfältigen und effizienten Managements erzielte er stets sehr gute Erfolge. Er hat seinen Bereich optimal und jederzeit zur vollsten Zufriedenheit der Geschäftsführung geleitet.

3480112l Herr NAME hat ständig Spitzenleistungen erbracht. Wir waren daher mit ihm stets absolut / äußerst / in höchstem Maße zufrieden.

3480113m Herr NAME übertraf die Anforderungen seiner Schlüsselposition und unsere Erwartungen in außergewöhnlich hohem Maße, sodass wir mit seinen Leistungen stets absolut zufrieden waren.

3480114n Die beschriebene berufliche Entwicklung und die Beförderungen zeigen, dass wir mit den Leistungen von Frau NAME stets außerordentlich zufrieden waren.

3480115o Die Leistungen von Frau NAME verdienten stets in jeder Hinsicht unsere höchste Anerkennung. Sie war die ideale Mitarbeiterin für diese (exponierte) Position.

3480116p Herr NAME hat dem Unternehmen in seinem Verantwortungsbereich äußerst wertvolle Dienste erwiesen. Mit seinen offensichtlichen Erfolgen und Topleistungen waren wir jederzeit außerordentlich zufrieden.

3480117q In unseren turnusmäßigen Beurteilungen wurde Frau NAME stets sehr gut bewertet. Mit ihren Leistungen waren wir jederzeit außerordentlich zufrieden.

3480118* Sie war in jeder Hinsicht eine ideale und angesehene Mitarbeiterin. Mit ihren Leistungen und Zielerfüllungen bei der Erledigung ihrer umfangreichen, vielseitigen und anspruchsvollen Aufgaben waren wir stets außerordentlich zufrieden.

3480119* Er war ein erstklassiger und souveräner BEZEICHNUNG, der seinen Bereich stets zu unserer außerordentlichen Zufriedenheit geleitet hat. Seine Spitzenleistungen verdienten in jeder Hinsicht unsere absolute Anerkennung.

3480120* Aufgrund seiner außergewöhnlichen / überragenden / einmaligen / exzellenten / überzeugenden / bewundernswerten Leistungen und Erfolge waren wir mit ihm stets außerordentlich zufrieden.

3480121* Die zügige Karriere in unserem Unternehmen zeigt, dass wir mit den Leistungen und den herausragenden Erfolgen von Herrn NAME stets außerordentlich zufrieden waren.

3480122* Die unternehmerischen Leistungen von Frau NAME haben in jeder Hinsicht die außerordentliche Anerkennung der Gesellschafter / Eigner gefunden.

3480200 Zusammenfassende Leistungsbeurteilung bei guter Beurteilung

3480201a Alle Aufgaben seiner Position hat Herr NAME stets zu unserer vollen Zufriedenheit erledigt und unseren Anforderungen und Erwartungen in jeder Hinsicht gut entsprochen.

3480202b Ihre Aufgaben hat sie (während der langjährigen / mehrjährigen Zusammenarbeit) stets zu unserer vollen Zufriedenheit erfüllt und unseren Anforderungen und Erwartungen in jeder Hinsicht gut entsprochen.

3480203c Seinen Verantwortungsbereich hat Herr NAME stets zu unserer vollen Zufriedenheit geleitet und unseren Erwartungen in jeder Hinsicht gut entsprochen.

3480204d Ihre Fachaufgaben erledigte Frau NAME stets zu unserer vollen Zufriedenheit. *(Achtung: nicht die Leitungsaufgaben)*

3480205e Herr NAME setzte wichtige Akzente für unsere künftige Entwicklung am Markt und nahm seine Aufgaben und die Unternehmensinteressen jederzeit zu unserer vollen Zufriedenheit wahr.

3480206f Während des ZAHL-monatigen Arbeitsverhältnisses hat sie die übertragenen Aufgaben stets zu unserer vollen Zufriedenheit erledigt. *(Betonung der kurzen Beurteilungsbasis)*

3480207g Alle Aufgaben und Herausforderungen seiner schwierigen Position hat Herr NAME stets zu unserer vollen Zufriedenheit bewältigt.

3480208h Aufgrund ihres enormen persönlichen Einsatzes erzielte Frau NAME in ihrem Verkaufsgebiet eine gute Umsatzentwicklung, sodass ihre hohen Leistungen stets unsere volle Zufriedenheit verdienten.

3480209i Durch ihre Leistungen hat Frau NAME das in sie gesetzte Vertrauen stets zu unserer vollen Zufriedenheit erfüllt.

3480210j Herr NAME hat ein weit gespanntes Spektrum sehr verschiedenartiger Aufgaben wahrgenommen. Mit seinen guten Leistungen und seinen Erfolgen waren wir stets voll zufrieden.

3480211k Aufgrund seiner hohen Arbeitsbereitschaft und seiner hervorragenden fachlichen Fähigkeiten sowie seines sorgfältigen und effizienten Managements erzielte er sehr gute Erfolge. Er hat seinen Bereich jederzeit zur vollen Zufriedenheit der Geschäftsführung geleitet.

3480212l Herr NAME hat Spitzenleistungen erbracht. Wir waren daher mit ihm stets in hohem Maße zufrieden.

3480213m Frau NAME übertraf die Anforderungen der Position und unsere Erwartungen in erheblichem Maße, sodass wir mit ihren Leistungen stets voll zufrieden waren.

3480214n Die beschriebene berufliche Entwicklung und die Beförderungen zeigen, dass wir mit den Leistungen von Frau NAME sehr zufrieden waren.

3480215o Die Leistungen von Frau NAME verdienten stets unsere volle Anerkennung.

3480216p Herr NAME hat dem Unternehmen in seinem Verantwortungsbereich gute Dienste erwiesen. Mit seinen Erfolgen und Leistungen waren wir jederzeit voll zufrieden.

3480217q In unseren turnusmäßigen Beurteilungen wurde Frau NAME stets gut bewertet. Mit ihren Leistungen waren wir jederzeit voll zufrieden.

3480218r Die Leistungen von Frau NAME waren immer sehr gut bis gut.
(Note 1–2)

3480300 Zusammenfassende Leistungsbeurteilung bei befriedigender Beurteilung

3480301a Die Aufgaben seiner Position hat Herr NAME zu unserer vollen Zufriedenheit ausgeführt.

3480302b Ihre Aufgaben hat sie zu unserer vollen Zufriedenheit erfüllt und unseren Erwartungen in jeder Hinsicht entsprochen.

3480303c Seinen Verantwortungsbereich hat Herr NAME zu unserer vollen Zufriedenheit geleitet und unseren Erwartungen in jeder Hinsicht entsprochen.

3480304d Ihre Fachaufgaben erledigte Frau NAME zu unserer vollen Zufriedenheit. *(Achtung: nicht die Leitungsaufgaben)*

3480305e Frau NAME setzte Akzente am Markt und nahm die Unternehmensinteressen zu unserer vollen Zufriedenheit wahr.

3480306f Während des ZAHL-monatigen Arbeitsverhältnisses hat sie die übertragenen Aufgaben zu unserer vollen Zufriedenheit erledigt. *(Betonung der kurzen Beurteilungsbasis)*

3480307g Die Aufgaben und Herausforderungen seiner schwierigen Position hat Herr NAME zu unserer vollen Zufriedenheit bewältigt.

3480308h Aufgrund ihres persönlichen Einsatzes erzielte Frau NAME in ihrem Verkaufsgebiet eine gute Umsatzentwicklung, sodass ihre Leistung unsere volle Zufriedenheit verdiente.

3480309i Durch ihre Leistung hat Frau NAME das in sie gesetzte Vertrauen zu unserer vollen Zufriedenheit erfüllt.

3480310j Herr NAME hat ein weit gespanntes Spektrum verschiedenartiger Aufgaben wahrgenommen. Mit seiner Leistung waren wir voll zufrieden.

3480311k Aufgrund seiner Arbeitsbereitschaft und seiner fachlichen Fähigkeiten sowie seines leistungsorientierten Managements erzielte er gute Erfolge. Er hat seinen Bereich daher zur vollen Zufriedenheit der Geschäftsführung geleitet.

3480312l Seine Aufgaben hat er stets zu unserer vollsten Zufriedenheit erledigt, wobei er immer die Wünsche seiner Kunden in den Vordergrund stellte. *(Vorrang der Kunden)*

3480313r Die Leistungen von Frau NAME waren immer gut bis befriedigt. *(Note 2–3)*

3480400 Zusammenfassende Leistungsbeurteilung bei ausreichender Beurteilung

3480401a Die entscheidenden Aufgaben seiner Position hat Herr NAME zu unserer Zufriedenheit wahrgenommen.

3480402b Ihre Pflichten hat sie zu unserer Zufriedenheit getan und unseren Erwartungen entsprochen.

3480403c Seinem Verantwortungsbereich stand Herr NAME zu unserer Zufriedenheit vor.

3480404d Ihre Fachaufgaben bewältigte Frau NAME zu unserer Zufriedenheit. *(Achtung: nicht die Leitungsaufgaben)*

3480405e Frau NAME nahm die Unternehmensinteressen zu unserer Zufriedenheit wahr.

3480406f Während des ZAHL-monatigen Arbeitsverhältnisses hat er die Aufgaben, die wir ihm übertrugen, zu unserer Zufriedenheit bearbeitet. *(Betonung der kurzen Beurteilungsbasis)*

3480407g Alle Aufgaben und Herausforderungen seiner schwierigen Position hat Herr NAME zu unserer Zufriedenheit wahrgenommen.

3480408h In ihrem Verkaufsgebiet erreichte Frau NAME eine Umsatzentwicklung, die unsere Zufriedenheit verdient.

3480409i Mit ihrer Arbeit hat Frau NAME das in sie gesetzte Vertrauen zu unserer Zufriedenheit gerechtfertigt.

3480410j Herr NAME hat verschiedenartige Aufgaben wahrgenommen. Mit seiner Arbeit waren wir zufrieden.

3480411k Seine Aufgaben hat er stets zu unserer vollen Zufriedenheit erledigt, wobei er immer die Zufriedenheit seiner Kunden in den Vordergrund stellte. *(Vorrang der Kunden)*

3480500 Zusammenfassende Leistungsbeurteilung bei mangelhafter Beurteilung

3480501a Die entscheidenden Aufgaben seiner Position hat Herr NAME insgesamt zu unserer Zufriedenheit bewältigt.

3480502b Insgesamt hat sie die ihr übertragenen Aufgaben zu unserer Zufriedenheit erfüllt und unseren Erwartungen ganz weitgehend genügt.

3480503c Herr NAME hat seine Verantwortung nie aus den Augen verloren und stand seinem Bereich grundsätzlich zu seiner vollen Zufriedenheit vor. *(Grundsätzlich = nicht immer)*

3480504d Ihre Fachaufgaben bewältigte Frau NAME insgesamt zu unserer Zufriedenheit. *(Achtung: nicht die Leitungsaufgaben)*

3480505e Frau NAME nahm die Unternehmensinteressen durchaus zu unserer Zufriedenheit wahr.

3480506f Wir können insgesamt hervorheben, dass er während des ZAHL-monatigen Arbeitsverhältnisses die Aufgaben, die wir ihm übertrugen, zu unserer Zufriedenheit vorangetrieben hat. *(Betonung der kurzen Beurteilungsdauer)*

3480507g Die Aufgaben und Herausforderungen seiner Position hat Herr NAME insgesamt zu unserer Zufriedenheit wahrgenommen.

3480508h Wir bestätigen / versichern insgesamt gerne, dass Frau NAME aufgrund der Entwicklung ihres Verkaufsgebietes unsere Zufriedenheit verdient. *(Bestätigen / versichern = weil gefordert)*

3480509* Wir können unsere Leistungsbewertung dahingehend zusammenfassen, dass sie die Aufgaben, die wir ihr *(gemäß Stellenbeschreibung)* übertrugen, mit Verantwortungsbereitschaft wahrnahm.

3480510* Die Arbeiten, die wir ihm übertrugen, führte er mit Interesse durch. *(Ohne Erfolg)*

3480511* Mit viel Mühe, Anstrengung und Fleiß kümmerte er sich stets um die Leitung seines Bereiches.

3500000 Leistung und besondere fachliche Fähigkeiten von Auszubildenden

Bitte wählen Sie unter Beachtung der Notenstufen je einen Baustein aus den nachfolgenden Gruppen 3510 Ausbildungsbereitschaft, 3520 Ausbildungsbefähigung, 3530 Fertigkeiten und Kenntnisse, 3540 Lern- und Arbeitsweise, 3550 Arbeitserfolg, 3560 Besondere fachliche Fähigkeiten (nur bei sehr guter oder guter Gesamtbeurteilung) und 3580 Zusammenfassende Leistungsbeurteilung.

3510000 Ausbildungsbereitschaft von Auszubildenden

3510100 Ausbildungsbereitschaft bei sehr guter Beurteilung

3510101a Herr NAME hat von Anfang an seine Berufsausbildung mit außerordentlichem Engagement und stets großem und regem Interesse betrieben.

3510102b Frau NAME hat sich stets sehr gut für die Erreichung der Ausbildungsziele eingesetzt.

3510103c Von den gebotenen Möglichkeiten, sich mit allen Arbeiten und betrieblichen Zusammenhängen und Wechselwirkungen vertraut zu machen, hat Frau NAME stets sehr rege und nutzvoll Gebrauch gemacht.

3510104d Herr NAME zeichnete sich bei allen Ausbildungsinhalten durch eine jederzeit sehr hohe Lernbereitschaft aus.

3510105e Frau NAME identifizierte sich vollkommen mit dem Zielberuf, interessierte sich in höchstem Maße für alle Ausbildungsinhalte und war stets sehr gut motiviert.

3510106f Herr NAME war ein lernbegieriger und aufmerksamer Auszubildender mit jederzeit sehr hohem Pflichtbewusstsein.

3510107g Frau NAME folgte der praktischen und theoretischen Ausbildung hinsichtlich aller Gebiete jederzeit mit sehr großem und regem Interesse.

3510108h Mit enormem Fleiß und sehr großer Beständigkeit hat sich Herr NAME jederzeit um seine Ausbildung gekümmert.

3510109i Wir haben Herrn NAME als einen sehr aktiven jungen Menschen kennen und schätzen gelernt, der in allen Abteilungen sehr erfolgreich an der Erlernung der Tätigkeiten und an der Erreichung der Ausbildungsziele gearbeitet hat.

3510110* Frau NAME war eine jederzeit äußerst engagierte Auszubildende, die sich durch kluges Nachfragen in den Einsatzstationen jeweils schnell einen sehr guten Überblick verschafft hat.

3510200 Ausbildungsbereitschaft bei guter Beurteilung

3510201a Herr NAME hat von Anfang an seine Berufsausbildung mit starkem Engagement und großem Interesse betrieben.

3510202b Frau NAME hat sich stets gut für die Erreichung der Ausbildungsziele eingesetzt.

3510203c Von den gebotenen Möglichkeiten, sich mit allen Arbeiten und betrieblichen Zusammenhängen vertraut zu machen, hat Frau NAME stets rege und nutzvoll Gebrauch gemacht.

3510204d Herr NAME identifizierte sich mit dem Zielberuf und zeichnete sich durch eine jederzeit hohe Lernbereitschaft aus.

3510205e Frau NAME interessierte sich in hohem Maße für alle Ausbildungsinhalte und war stets gut motiviert.

3510206f Herr NAME war ein lernfreudiger und aufmerksamer Auszubildender mit jederzeit hohem Pflichtbewusstsein.

3510207g Frau NAME folgte der praktischen und theoretischen Ausbildung jederzeit mit großem Interesse.

3510208h Mit enormem Fleiß und großer Beständigkeit hat sich Herr NAME um seine Ausbildung gekümmert.

3510209i Herr NAME ist ein aktiver junger Mensch, der in den Abteilungen erfolgreich an der Erlernung der Tätigkeiten und an der Erreichung der Ausbildungsziele arbeitet.

3510300 Ausbildungsbereitschaft bei befriedigender Beurteilung

3510301a Frau NAME hat ihre Berufsausbildung mit Engagement betrieben.

3510302b Herr NAME hat sich gut für die Erreichung der Ausbildungsziele eingesetzt.

3510303c Von den gebotenen Möglichkeiten, sich mit allen Arbeiten und betrieblichen Zusammenhängen vertraut zu machen, hat Frau NAME rege Gebrauch gemacht.

3510304d	Herr NAME zeigte eine hohe Lernbereitschaft.
3510305e	Frau NAME interessierte sich in hohem Maße für die Ausbildungsinhalte und war gut motiviert.
3510306f	Herr NAME war ein Auszubildender mit voll befriedigendem Pflichtbewusstsein.
3510307g	Frau NAME folgte der praktischen und theoretischen Ausbildung mit großem Interesse.
3510308h	Mit Fleiß und Beständigkeit hat sich Herr NAME um seine Ausbildung gekümmert.
3510400	**Ausbildungsbereitschaft bei ausreichender Beurteilung**
3510401a	Frau NAME hat ihre Berufsausbildung durchaus mit Engagement betrieben.
3510402b	Herr NAME hat sich für die Ausbildungsziele eingesetzt.
3510403c	Von den gebotenen Möglichkeiten, sich mit den Arbeiten vertraut zu machen, hat Frau NAME Gebrauch gemacht.
3510404d	Herr NAME war bereit, etwas zu lernen.
3510405e	Frau NAME interessierte sich für die Ausbildungsinhalte und war durchaus motiviert.
3510406f	Herr NAME war ein Auszubildender mit zufriedenstellendem Pflichtbewusstsein.
3510407g	Sie folgte den Unterweisungen mit Interesse.
3510408h	Er hat sich um seine Ausbildung gekümmert.
3510500	**Ausbildungsbereitschaft bei mangelhafter Beurteilung**
3510501a	Frau NAME wusste, dass eine Berufsausbildung Engagement erfordert.
3510502b	Er hat sich in der Regel für die Erreichung der Ausbildungsziele eingesetzt.
3510503c	Frau NAME hat von der gebotenen Möglichkeit, sich mit den Arbeiten vertraut zu machen, überwiegend Gebrauch gemacht.
3510504d	Herr NAME war insgesamt bereit, etwas zu lernen.
3510505e	Frau NAME konnte motiviert werden, sich für die Ausbildungsinhalte zu interessieren.
3510506f	Zusammenfassend können wir bescheinigen, dass Herr NAME ein Auszubildender mit zufriedenstellendem Pflichtbewusstsein war.
3510507g	Frau NAME folgte den Unterweisungen in der Regel mit Interesse.
3510508h	Um seine Ausbildung hat sich Herr NAME immer wieder gekümmert.

3510509* Auf uns machte Frau NAME insgesamt einen interessierten und lernwilligen Eindruck.

3510510* Die Ausbildung hat Herr NAME mit der ihm eigenen Einstellung absolviert.

3520000 Ausbildungsbefähigung von Auszubildenden

3520100 Ausbildungsbefähigung bei sehr guter Beurteilung

3520101a Er hatte schon unseren Auswahltest hervorragend bestanden. Seine Ausbildungsbefähigung war stets sehr gut.

3520102b Bei allen Ausbildungsinhalten zeigte sie eine ausgezeichnete Auffassungsgabe und stellte sich flexibel auf neue Anforderungen ein.

3520103c Er war den Beanspruchungen und Belastungen, welche die praktische Tätigkeit in diesem Berufsfeld mit sich bringt, jederzeit sehr gut gewachsen.

3520104d Schon als Auszubildende bewies sie sehr gute verkäuferische Fähigkeiten.

3520105e Er war ein Auszubildender mit sehr gutem Zahlenverständnis und einem stets sicheren Sprachverständnis.

3520106f Sie begreift und lernt sehr schnell.

3520200 Ausbildungsbefähigung bei guter Beurteilung

3520201a Er hatte schon unseren Auswahltest gut bestanden. Seine Ausbildungsbefähigung war stets gut.

3520202b Sie zeigte bei allen Ausbildungsinhalten eine gute Auffassungsgabe.

3520203c Er war den Beanspruchungen und Belastungen, welche die praktische Tätigkeit in diesem Berufsfeld mit sich bringt, jederzeit gut gewachsen.

3520204d Schon als Auszubildende bewies Frau NAME gute verkäuferische Fähigkeiten.

3520205e Er war ein Auszubildender mit gutem Zahlenverständnis und einem sicheren Sprachverständnis.

3520206f Sie begreift und lernt schnell.

3520300 Ausbildungsbefähigung bei befriedigender Beurteilung

3520301a Seine Ausbildungsbefähigung war gut.

3520302b Sie zeigte eine gute Auffassungsgabe.

3520303c Er war den Beanspruchungen und Belastungen, welche die praktische Tätigkeit in diesem Berufsfeld mit sich bringt, gut gewachsen.

3520400 Ausbildungsbefähigung bei ausreichender Beurteilung

3520401a Seine Ausbildungsbefähigung war zufriedenstellend.

3520402b Sie zeigte eine befriedigende Auffassungsgabe.

3520403c Den Beanspruchungen und Belastungen, welche die praktische Tätigkeit in diesem Berufsfeld mit sich bringt, war er gewachsen.

3520500 Ausbildungsbefähigung bei mangelhafter Beurteilung

3520501a Seine Ausbildungsbefähigung war fast immer zufriedenstellend.

3520502b Im Großen und Ganzen zeigte Frau NAME eine zufriedenstellende Auffassungsgabe.

3520503c Den Beanspruchungen und Belastungen, welche die praktische Tätigkeit in diesem Berufsfeld mit sich bringt, war er im Allgemeinen gewachsen.

3530000 Fertigkeiten und Kenntnisse von Auszubildenden

3530100 Fertigkeiten und Kenntnisse bei sehr guter Beurteilung

3530101a Mit sehr gutem Erfolg hat er sich alle Fertigkeiten und Kenntnisse eines BERUFSBEZEICHNUNG angeeignet. Auch an den abendlichen Weiterbildungsveranstaltungen in unserem Hause hat er sehr oft mit großem Interesse teilgenommen.

3530102b Alle Fertigkeiten und Kenntnisse des Berufsbildes beherrscht sie sehr gut. Hervorzuheben ist ihre Fähigkeit zum selbstständigen Lernen.

3530103c Alle Fertigkeiten und Kenntnisse einer AUSBILDUNGSBERUF beherrscht sie perfekt. In unseren freiwilligen Abendkursen hat sie ihre vorher schon sehr guten Englischkenntnisse vertieft und ihr Vokabular um kommerzielle/technische Begriffe erweitert.

3530104d Alle Fertigkeiten und Kenntnisse einer AUSBILDUNGSBERUF beherrscht sie perfekt. Hervorzuheben sind ihre sehr guten IT-Anwenderkenntnisse hinsichtlich des Office-Pakets sowie der Programme AUFZÄHLUNG.

3530105e Alle Fertigkeiten und Kenntnisse des Berufsbildes hat er sich mit sehr gutem Erfolg angeeignet.

3530200 Fertigkeiten und Kenntnisse bei guter Beurteilung

3530201a Mit gutem Erfolg hat er sich alle Fertigkeiten und Kenntnisse eines BERUFSBEZEICHNUNG angeeignet. Auch an den abendlichen Weiterbildungsveranstaltungen in unserem Hause hat er oft mit großem Interesse teilgenommen.

3530202b Alle Fertigkeiten und Kenntnisse des Berufsbildes beherrscht sie gut. Hervorzuheben ist ihre Fähigkeit zum selbstständigen Lernen.

3530203c Alle Fertigkeiten und Kenntnisse einer AUSBILDUNGSBERUF beherrscht sie sicher. In unseren freiwilligen Abendkursen hat sie ihre vorher schon guten Englischkenntnisse vertieft und ihr Vokabular um kommerzielle / technische Begriffe erweitert.

3530204d Alle Fertigkeiten und Kenntnisse einer AUSBILDUNGSBERUF beherrscht sie sicher. Hervorzuheben sind ihre guten IT-Anwenderkenntnisse hinsichtlich des Office-Pakets sowie der Programme AUFZÄHLUNG.

3530205e Alle Fertigkeiten und Kenntnisse des Berufsbildes hat er sich mit gutem Erfolg angeeignet.

3530300 Fertigkeiten und Kenntnisse bei befriedigender Beurteilung

3530301a Mit Erfolg hat er sich alle wesentlichen Fertigkeiten und Kenntnisse eines BERUFSBEZEICHNUNG angeeignet.

3530302b Die Fertigkeiten und Kenntnisse des Berufsbildes beherrscht sie gut.

3530303e Alle Fertigkeiten und Kenntnisse des Berufsbildes hat er sich mit befriedigendem Erfolg angeeignet.

3530400 Fertigkeiten und Kenntnisse bei ausreichender Beurteilung

3530401a Die wesentlichen Fertigkeiten und Kenntnisse eines BERUFSBEZEICHNUNG hat er erlernt.

3530402b Die Fertigkeiten und Kenntnisse des Berufsbildes beherrscht sie.

3530403* Wenn er weiterhin an sich arbeitet, kann er eine vielseitig einsetzbare Fachkraft mit guten Kenntnissen und Fertigkeiten werden.

3530404* Die Kenntnisse des Berufsbildes BEZEICHNUNG hat sie sich ohne größere Wissenslücken angeeignet.

3530405e Die Fertigkeiten und Kenntnisse des Berufsbildes hat er sich mit ausreichendem Erfolg angeeignet.

3530500 Fertigkeiten und Kenntnisse bei mangelhafter Beurteilung

3530501a Einige Fertigkeiten und Kenntnisse eines BERUFSBEZEICHNUNG konnten ihm beigebracht werden.

3530502b Die Fertigkeiten und Kenntnisse des Berufsbildes sind ihr bekannt.

3530503* Wir sind stets bestrebt, unseren Auszubildenden die praktischen Kenntnisse und Fertigkeiten des Berufsbildes nahezubringen.

3530504e Die Fertigkeiten und Kenntnisse des Berufsbildes konnten ihm weitgehend nahegebracht werden.

3540000 Lern- und Arbeitsweise von Auszubildenden

3540100 Lern- und Arbeitsweise bei sehr guter Beurteilung

3540101a Seine Lern- und Arbeitsweise war stets sehr gut. Er hörte aufmerksam zu und arbeitete sich schnell in neue Aufgaben ein.

3540102b Die Berichtshefte hat sie stets sehr sorgfältig geführt.

3540103c In den Ausbildungsstationen integrierte er sich aktiv in die Teams und die Arbeitsprozesse. Von allen Ausbildungsabteilungen wurde er wegen seiner zuverlässigen und gründlichen Lern- und Arbeitsweise und seiner entlastenden Mitarbeit sehr geschätzt.

3540104d Alle Arbeiten erledigte Frau NAME stets sehr sauber.

3540105e Dem innerbetrieblichen Unterricht ist Frau NAME stets mit großer Aufmerksamkeit gefolgt.

3540106f Am Berufsschulunterricht hat Frau NAME absolut regelmäßig teilgenommen.

3540107g Praktische Arbeiten verrichtete Herr NAME stets in sehr guter Qualität, sorgfältig und zügig.

3540108h Alle ihr übertragenen praktischen Arbeiten hat sie im jeweiligen Einsatzbereich mit wachsender Selbstständigkeit stets sehr gut erledigt.

3540200 Lernweise und Arbeitsweise bei guter Beurteilung

3540201a Seine Lern- und Arbeitsweise war stets gut. Er hörte aufmerksam zu und arbeitete sich schnell in neue Aufgaben ein.

3540202b Die Berichtshefte hat sie sehr sorgfältig geführt.

3540203c In den Ausbildungsstationen integrierte er sich aktiv in die Teams und die Arbeitsprozesse. Von allen Ausbildungsabteilungen wurde er wegen seiner zuverlässigen Lern- und Arbeitsweise und seiner entlastenden Mitarbeit geschätzt.

3540204d Frau NAME erledigte alle Arbeiten stets sauber.

3540205e Dem innerbetrieblichen Unterricht ist Frau NAME mit großer Aufmerksamkeit gefolgt.

3540206f Am Berufsschulunterricht hat Frau NAME regelmäßig teilgenommen.

3540207g Praktische Arbeiten verrichtete Herr NAME stets in guter Qualität, sorgfältig und zügig.

3540208h Alle ihr übertragenen praktischen Arbeiten hat sie im jeweiligen Einsatzbereich mit wachsender Selbstständigkeit stets gut erledigt.

3540300	**Lern- und Arbeitsweise bei befriedigender Beurteilung**
3540301a	Seine Lern- und Arbeitsweise war gut.
3540302b	Die Berichtshefte hat sie sorgfältig geführt.
3540303c	In den Ausbildungsstationen integrierte er sich in die Teams und die Arbeitsprozesse. Von den Ausbildungsabteilungen wurde er wegen seiner Mitarbeit geschätzt.
3540304d	Alle Arbeiten erledigte Frau NAME sauber.
3540305e	Dem innerbetrieblichen Unterricht ist Frau NAME mit Aufmerksamkeit gefolgt.
3540306g	Praktische Arbeiten verrichtete Herr NAME zügig
3540307h	Die ihr übertragenen praktischen Arbeiten hat sie im jeweiligen Einsatzbereich mit einer dem Ausbildungsstand entsprechenden Selbstständigkeit erledigt.
3540308*	Im Laufe der Ausbildung erlernte Frau NAME das selbstständige Arbeiten.
3540400	**Lern- und Arbeitsweise bei ausreichender Beurteilung**
3540401a	Seine Lern- und Arbeitsweise war zufriedenstellend.
3540402b	Die Berichtshefte hat sie geführt.
3540403c	Die Ausbildungsabteilungen waren mit der Lern- und Arbeitsweise von Herrn NAME zufrieden.
3540404d	Arbeiten führte Frau NAME zufriedenstellend sauber aus.
3540405e	Dem innerbetrieblichen Unterricht ist Frau NAME mit ausreichendem Interesse gefolgt.
3540406g	Praktische Arbeiten verrichtete Herr NAME zufriedenstellend.
3540500	**Lern- und Arbeitsweise bei mangelhafter Beurteilung**
3540501a	Seine Lern- und Arbeitsweise war fast immer zufriedenstellend.
3540502b	Die Berichtshefte hat sie im Allgemeinen sorgfältig geführt.
3540503c	Die Ausbildungsabteilungen waren mit der Lern- und Arbeitsweise von Herrn NAME insgesamt zufrieden.
3540504d	Frau NAME führte Arbeiten in der Regel sauber aus.
3540505e	Dem innerbetrieblichen Unterricht ist Frau NAME meist mit Interesse gefolgt.
3540506*	Die Erklärungen der Ausbilder und Mitarbeiter hat er mit Interesse angehört.

3550000 Arbeitserfolg bei Auszubildenden

3550100 Arbeitserfolg bei sehr guter Beurteilung

3550101a Die ihm im Rahmen der Ausbildung übertragenen Aufgaben erledigte er quantitativ und qualitativ stets sehr gut.

3550102b Die Arbeitsergebnisse waren, auch bei gesteigerten Anforderungen, stets von sehr guter Qualität.

3550103c Arbeitsmenge und Arbeitstempo lagen bei praktischen Arbeiten stets sehr weit über den Erwartungen an Auszubildende.

3550200 Arbeitserfolg bei guter Beurteilung

3550201a Die ihm im Rahmen der Ausbildung übertragenen Aufgaben erledigte er quantitativ und qualitativ stets gut.

3550202b Die Arbeitsergebnisse waren, auch bei gesteigerten Anforderungen, stets von guter Qualität.

3550203c Arbeitsmenge und Arbeitstempo lagen bei praktischen Arbeiten stets über den Erwartungen an Auszubildende.

3550300 Arbeitserfolg bei befriedigender Beurteilung

3550301a Die ihm im Rahmen der Ausbildung übertragenen Aufgaben erledigte er quantitativ und qualitativ gut.

3550302b Die Arbeitsergebnisse waren von guter Qualität.

3550303c Arbeitsmenge und Arbeitstempo lagen bei praktischen Arbeiten über den Erwartungen an Auszubildende.

3550400 Arbeitserfolg bei ausreichender Beurteilung

3550401a Die ihm im Rahmen der Ausbildung übertragenen Aufgaben erledigte er quantitativ und qualitativ zufriedenstellend.

3550402b Die Arbeitsergebnisse entsprachen der erforderlichen Qualität.

3550403c Arbeitsmenge und Arbeitstempo entsprachen unserer Erwartung.

3550500 Arbeitserfolg bei mangelhafter Beurteilung

3550501a Die ihm im Rahmen der Ausbildung übertragenen Aufgaben erledigte er quantitativ und qualitativ im Großen und Ganzen zufriedenstellend.

3550502b Die Arbeitsergebnisse entsprachen oft der erforderlichen Qualität.

3550503c Arbeitsmenge und Arbeitstempo entsprachen im Allgemeinen unserer Erwartung.

3550504* Bei allen Arbeiten hat er sich stets bemüht, so gut wie möglich zu arbeiten.

3560100 Herausragende Erfolge von Auszubildenden bei sehr guter oder guter Gesamtbeurteilung

3560101 Schon während der Ausbildungszeit hat er durch seinen Einsatz und durch seine Leistung auf sich aufmerksam gemacht. Er erledigte in den Abteilungen auch schwierige Aufgaben.

3560102 Eine herausragende Eignung zeigte er überall dort, wo es auf absolute Präzision und Genauigkeit ankommt.

3560103 In der Endphase seiner Ausbildung vertrat er während der Urlaubszeit vollkommen selbstständig die Funktion des BEZEICHNUNG. Dies ist für einen Auszubildenden eine hervorragende Leistung.

3560104 In der Endphase seiner Ausbildung war Herr NAME in der Lage, zahlreiche schwierige Verwaltungs-Arbeiten selbstständig und völlig einwandfrei zu erledigen.

3560105 Im Jahr ZAHL erreichte er beim Berufswettbewerb für BERUFSBILD einen hervorragenden Platz.

3560106 Schon in seiner Ausbildungszeit hat er sich fachliche Fähigkeiten angeeignet, die deutlich über das Ausbildungsziel hinausgehen. Zum Ende der Ausbildung konnte er als vollwertiger Mitarbeiter eingesetzt werden.

3560107 Frau NAME hat ihre Ausbildungszeit optimal genutzt. Sie hat sich ein über das Ausbildungsziel hinausgehendes, sehr gutes berufliches Wissen angeeignet. Besonders hervorzuheben ist, dass sie abteilungsübergreifende Zusammenhänge und Wechselwirkungen selbstständig erkannte.

3560108 Sehr gut wurden seine Leistungen von den Abteilungen AUFZÄHLUNG bewertet.

3560109 Bei Teamarbeiten im Rahmen unserer Trainings für Auszubildende war sie oft die informelle Führerin der Gruppe. Dabei verstand sie es, das Team zu steuern und alle Mitglieder in die Teamarbeit einzubinden. Es zeigte sich, dass sie andere motivieren und führen kann.

3560110 Im Rahmen unserer Projekttage für Auszubildende wurde er von den Auszubildenden zum Projektleiter gewählt. Das Projekt BEZEICHNUNG leitete er erfolgreich und termingerecht. Er verstand es, alle Teammitglieder zu motivieren und ein produktives und kooperatives Arbeitsklima zu erzeugen. Das Projektergebnis präsentierten sein Team und er in gut aufbereiteter und überzeugender Weise.

3560111 Sie engagierte sich sehr in unserer Juniorfirma und gehörte hier der Geschäftsleitung an.

3560112 Bei unserer Beteiligung an der Ausbildungsmesse in ORT hat sie maßgeblich dazu beigetragen, den Messestand zu gestalten. Auf der Messe hat sie Interessenten fachkundig über die Ausbildungsmöglichkeiten in unserem Unternehmen informiert.

3560113 Im dritten Ausbildungsjahr hat er selbstständig mit Besuchergruppen Betriebsführungen mit großer Sachkunde durchgeführt.

3580000 Zusammenfassende Leistungsbeurteilung von Auszubildenden

3580100 Zusammenfassende Leistungsbeurteilung bei sehr guter Beurteilung

3580101a Frau NAME hat stets zu unserer größten / höchsten / absoluten Zufriedenheit gelernt und gearbeitet. Sie übertraf in jeder Hinsicht in hohem Maße unsere Erwartungen und Anforderungen.

3580102b Alle erlernten Fertigkeiten und Kenntnisse wandte Herr NAME mit sehr großem Erfolg an. Daher waren wir stets außerordentlich zufrieden.

3580103c Nach übereinstimmender Beurteilung in allen Einsatzabteilungen war Frau NAME eine sehr gute Auszubildende. Während der gesamten Ausbildungszeit hat sie unsere Erwartungen in jeder Hinsicht und in bester Weise erfüllt.

3580104d Die Lern- und Arbeitsleistungen von Herrn NAME waren stets sehr gut.

3580105e Ihre Arbeiten und Zielvereinbarungen hat Frau NAME stets zur vollsten Zufriedenheit der Betreuer in den Abteilungen erfüllt.

3580106f Alle Aufgaben erledigte Frau NAME äußerst sorgfältig, gewissenhaft und rasch und somit stets zu unserer vollsten Zufriedenheit.

3580107g Die Anwendung der in der Ausbildungszeit erworbenen Fertigkeiten und Kenntnisse können wir als sehr gut bezeichnen. Daher waren wir stets außerordentlich zufrieden.

3580200 Zusammenfassende Leistungsbeurteilung bei guter Beurteilung

3580201a Frau NAME hat stets zu unserer vollen Zufriedenheit gelernt und gearbeitet. Sie übertraf deutlich unsere Erwartungen.

3580202b Alle erlernten Fertigkeiten und Kenntnisse wandte Herr NAME mit großem Erfolg an. Daher waren wir stets voll zufrieden.

3580203c Während der gesamten Ausbildungszeit hat Frau NAME unsere Erwartungen in jeder Hinsicht und in guter Weise erfüllt.

3580204d Die Lern- und Arbeitsleistungen von Herrn NAME waren stets gut.

3580205e Ihre Arbeiten und Zielvereinbarungen hat Frau NAME stets zur vollen Zufriedenheit der Betreuer in den Abteilungen erfüllt.

3580206f Alle Aufgaben erledigte Frau NAME sehr sorgfältig, gewissenhaft und rasch und somit stets zu unserer vollen Zufriedenheit.

3580207g Die Anwendung der in der Ausbildungszeit erworbenen Fertigkeiten und Kenntnisse können wir als gut bezeichnen. Daher waren wir stets voll zufrieden.

3580208h	Die Leistungen von Herrn NAME waren immer sehr gut bis gut. *(Note 1–2)*
3580300	**Zusammenfassende Leistungsbeurteilung bei befriedigender Beurteilung**
3580301a	Frau NAME hat zu unserer vollen Zufriedenheit gelernt und gearbeitet.
3580302b	Die erlernten Fertigkeiten und Kenntnisse wandte Herr NAME mit Erfolg an. Daher waren wir voll zufrieden.
3580303c	Während der Ausbildungszeit hat Frau NAME unsere Erwartungen in jeder Hinsicht erfüllt.
3580304d	Die Lern- und Arbeitsleistung von Herrn NAME war gut.
3580305e	Ihre Aufgaben und Zielvereinbarungen hat Frau NAME zur vollen Zufriedenheit der Betreuer in den Abteilungen erfüllt.
3580306f	Die ihr gestellten Aufgaben erledigte Frau NAME sorgfältig / rasch und somit zu unserer vollen Zufriedenheit. *(Alternativ)*
3580307g	Die Anwendung der in der Ausbildungszeit erworbenen praktischen Fertigkeiten und Kenntnisse können wir als befriedigend bezeichnen. Daher waren wir voll zufrieden.
3580308h	Die Leistungen von Herrn NAME waren immer gut bis befriedigend. *(Note 2–3)*
3580400	**Zusammenfassende Leistungsbeurteilung bei ausreichender Beurteilung**
3580401a	Frau NAME hat zu unserer Zufriedenheit gelernt und gearbeitet.
3580402b	Die erlernten Fertigkeiten und Kenntnisse wandte Herr NAME an. Wir waren daher mit ihm zufrieden.
3580403c	Während der Ausbildungszeit hat Frau NAME unsere Erwartungen erfüllt.
3580404d	Die Lern- und Arbeitsmühe von Herrn NAME war zufriedenstellend.
3580405e	Ihre Arbeiten nahm Frau NAME zur Zufriedenheit der Betreuer in den Abteilungen wahr.
3580500	**Zusammenfassende Leistungsbeurteilung bei mangelhafter Beurteilung**
3580501a	Frau NAME hat insgesamt zu unserer Zufriedenheit gelernt und gearbeitet.
3580502b	Einige Fertigkeiten und Kenntnisse wandte Herr NAME an. Wir sind daher insgesamt zufrieden.
3580503c	Während der Ausbildungszeit hat Frau NAME unseren Erwartungen größtenteils genügt.

3580504d Die Lern- und Arbeitsmühe von Herrn NAME war durchaus zufriedenstellend.

3580505e Ihre Arbeiten nahm Frau NAME insgesamt zur Zufriedenheit der Betreuer in den Abteilungen wahr.

3600000 Leistungsbeurteilung von Praktikanten und Volontären

Bitte wählen Sie unter Beachtung der Notenstufen je einen Baustein aus den nachfolgenden Gruppen 3610 Lern- und Arbeitsbereitschaft, 3620 Lern- und Arbeitsbefähigung, 3630 Wissen, 3640 Lern- und Arbeitsweise, 3650 Lern- und Arbeitserfolg, 3660 Herausragende Erfolge (nur bei sehr guter oder guter Gesamtbeurteilung) und 3680 Zusammenfassende Leistungsbeurteilung.

3610000 Lern- und Arbeitsbereitschaft von Praktikanten und Volontären

3610100 Lern- und Arbeitsbereitschaft bei sehr guter Beurteilung

3610101a Herr NAME zeigte als Praktikant stets ungewöhnlich viel Initiative, großen Fleiß und Leistungswillen.

3610102b Frau NAME zeichnete sich stets durch eine sehr gute Lern- und Arbeitsmotivation aus.

3610103c Frau NAME hat von der ihr gebotenen Möglichkeit, sich mit allen Arbeiten in den Einsatzabteilungen und den betrieblichen Zusammenhängen und Wechselwirkungen vertraut zu machen, stets sehr intensiv Gebrauch gemacht.

3610104d Frau NAME interessierte sich in höchstem Maße für alle praktischen Lernmöglichkeiten und war stets sehr gut motiviert.

3610105e Herr NAME hat bei uns mit außergewöhnlich großem Engagement mitgearbeitet.

3610106* Er hat sich mit viel Initiative und sehr beachtlichem Engagement in die für ihn neue Materie eingearbeitet.

3610200 Lern- und Arbeitsbereitschaft bei guter Beurteilung

3610201a Herr NAME zeigte als Praktikant stets viel Initiative, Fleiß und Leistungswillen.

3610202b Frau NAME zeichnete sich stets durch eine gute Lern- und Arbeitsmotivation aus.

3610203c Frau NAME hat von der ihr gebotenen Möglichkeit, sich mit allen Arbeiten in den Einsatzabteilungen und den betrieblichen Zusammenhängen und Wechselwirkungen vertraut zu machen, stets intensiv Gebrauch gemacht.

3610204d Frau NAME interessierte sich in hohem Maße für alle praktischen Lernmöglichkeiten und war stets gut motiviert.

3610205e Herr NAME hat bei uns mit großem Engagement mitgearbeitet.

3610300 Lern- und Arbeitsbereitschaft bei befriedigender Beurteilung

3610301a Herr NAME zeigte als Praktikant stets Initiative, Fleiß und Eifer.

3610302b Frau NAME zeigte eine gute Lern- und Arbeitsmotivation.

3610303c Frau NAME hat von der ihr gebotenen Möglichkeit, sich mit allen Arbeiten in der Abteilung BEZEICHNUNG und in der Abteilung BEZEICHNUNG und den betrieblichen Zusammenhängen vertraut zu machen, intensiv Gebrauch gemacht.

3610304d Frau NAME interessierte sich für die praktischen Lernmöglichkeiten und war gut motiviert.

3610305e Herr NAME hat bei uns engagiert mitgearbeitet.

3610400 Lern- und Arbeitsbereitschaft bei ausreichender Beurteilung

3610401a Herr NAME zeigte als Praktikant / Volontär Fleiß und Eifer.

3610402b Frau NAME zeigte eine zufriedenstellende Lern- und Arbeitsmotivation.

3610403c Frau NAME hat von der ihr gebotenen Möglichkeit, sich mit den Arbeiten in den Einsatzabteilungen und den betrieblichen Zusammenhängen und Wechselwirkungen vertraut zu machen, Gebrauch gemacht.

3610404d Frau NAME interessierte sich für die praktischen Lernmöglichkeiten und war durchaus motiviert.

3610500 Lern- und Arbeitsbereitschaft bei mangelhafter Beurteilung

3610501a Herr NAME zeigte als Praktikant meist Fleiß und Eifer.

3610502b Frau NAME zeigte insgesamt eine zufriedenstellende Lern- und Arbeitsmotivation.

3610503c Frau NAME hatte Gelegenheit, sich mit den Arbeiten in den Einsatzabteilungen vertraut zu machen.

3610504d Frau NAME hat uns den Eindruck vermittelt, sich für die Lernmöglichkeiten zu interessieren.

3620000	**Lern- und Arbeitsbefähigung von Praktikanten und Volontären**
3620100	**Lern- und Arbeitsbefähigung bei sehr guter Beurteilung**
3620101a	In den verschiedenen Einsatzabteilungen fand sie sich stets sehr gut zurecht.
3620102b	Seine Lern- und Arbeitsbefähigung war stets sehr gut.
3620103c	Sie verfügt über eine ausgezeichnete Auffassungsgabe. Sie kam auch mit allen schwierigen Aufgaben sehr gut zurecht.
3620104d	Sie ist hochbegabt.
3620105e	Sie bewies bei allen Aufgaben ein sehr gutes Analyse- und Urteilsvermögen.
3620106*	Er war ein aufmerksamer, kreativer und sehr flexibler Praktikant.
3620200	**Lern- und Arbeitsbefähigung bei guter Beurteilung**
3620201a	Sie fand sich in den verschiedenen Einsatzabteilungen stets gut zurecht.
3620202b	Seine Lern- und Arbeitsbefähigung war stets gut.
3620203c	Sie verfügt über eine gute Auffassungsgabe. Sie kam auch mit schwierigen Aufgaben jedes Mal gut zurecht.
3620204d	Sie ist sehr begabt.
3620205e	Sie bewies bei allen Aufgaben ein gutes Analyse- und Urteilsvermögen.
3620300	**Lern- und Arbeitsbefähigung bei befriedigender Beurteilung**
3620301a	In den verschiedenen Einsatzabteilungen fand sie sich gut zurecht.
3620302b	Seine Lern- und Arbeitsbefähigung war gut.
3620303c	Sie verfügt über eine gute Auffassungsgabe. Sie kam mit den übertragenen Aufgaben gut zurecht.
3620304d	Sie ist begabt.
3620305e	Sie bewies ein gutes Analyse- und Urteilsvermögen.
3620400	**Lern- und Arbeitsbefähigung bei ausreichender Beurteilung**
3620401a	In den verschiedenen Einsatzabteilungen fand sie sich zurecht.
3620402b	Seine Lern- und Arbeitsbefähigung war zufriedenstellend.
3620403c	Sie hat sich ein Bild von der betrieblichen Praxis gemacht und kam mit den übertragenen Aufgaben zurecht.

3620500	**Lern- und Arbeitsbefähigung bei mangelhafter Beurteilung**
3620501a	In den verschiedenen Einsatzabteilungen fand sie sich im Großen und Ganzen zurecht.
3620502b	Seine Lern- und Arbeitsbefähigung war fast immer zufriedenstellend.
3620503c	Wir können sagen, dass sie mit den übertragenen Aufgaben durchaus zurechtkam.
3630000	**Wissen von Praktikanten und Volontären**
3630100	**Wissen bei sehr guter Beurteilung**
3630101a	Seine sehr guten theoretischen Kenntnisse hat Herr NAME während des Praktikums hervorragend praktisch umgesetzt. Besonders hervorzuheben ist seine Fähigkeit, sich selbstständig neues Wissen anzueignen.
3630102b	Aufgrund seines Studiums und des Praktikums verfügt Herr NAME nun über sehr gute Kenntnisse im Bereich BEZEICHNUNG.
3630103c	Dank seiner sehr guten Auffassungsgabe und seines enormen Einsatzes hat er sich in kürzester Zeit sehr gute praktische Kenntnisse angeeignet.
3630104d	Wegen seiner sehr guten Vorkenntnisse und seines großen Engagements ließen wir Herrn NAME an einer ZAHL-wöchigen Spezialausbildung im Bereich BEZEICHNUNG teilnehmen.
3630105e	Erwähnenswert sind im Bereich der Informatik seine sehr guten und aktuellen Kenntnisse hinsichtlich der GEBIETE / PROGRAMME.
3630106f	Die BEZEICHNUNG Sprache beherrscht sie in Wort und Schrift sehr gut. So hat sie BEISPIEL.
3630207g	Ihr sehr gutes Vorwissen hat sie durch das Praktikum erheblich erweitert und vertieft.
3630200	**Wissen bei guter Beurteilung**
3630201a	Seine sehr guten theoretischen Kenntnisse hat Herr NAME gut praktisch umgesetzt.
3630202b	Aufgrund seines Studiums und des Praktikums verfügt Herr NAME nun über gute Kenntnisse im Bereich BEZEICHNUNG.
3630203c	Dank ihrer guten Auffassungsgabe und ihres Einsatzes hat sie sich in kurzer Zeit gute praktische Kenntnisse angeeignet.
3630204d	Wegen seiner guten Vorkenntnisse und seines Engagements ließen wir Herrn NAME an einer ZAHL-wöchigen Spezialausbildung im Bereich BEZEICHNUNG teilnehmen.
3630205e	Erwähnenswert sind im Bereich der Informatik seine sehr guten und aktuellen Kenntnisse hinsichtlich der GEBIETE / PROGRAMME.

3630206f Die BEZEICHNUNG Sprache beherrscht sie in Wort und Schrift gut. So hat sie BEISPIEL.

3630207g Ihr gutes Vorwissen hat sie durch das Praktikum erheblich erweitert und vertieft.

3630300 Wissen bei befriedigender Beurteilung

3630301a Seine guten theoretischen Kenntnisse hat Herr NAME praktisch umgesetzt.

3630302b Aufgrund seines Studiums und des Praktikums verfügt Herr NAME nun über Kenntnisse im Bereich BEZEICHNUNG.

3630303c Dank seiner Auffassungsgabe und seines Fleißes hat er sich voll zufriedenstellende praktische Kenntnisse angeeignet.

3630400 Wissen bei ausreichender Beurteilung

3630401a Herr NAME hat seine theoretischen Kenntnisse praktisch erprobt.

3630402b Aufgrund des Praktikums verfügt Herr NAME nunmehr über Grundkenntnisse im Bereich BEZEICHNUNG.

3630403c Er hat sich zufriedenstellende praktische Kenntnisse angeeignet.

3630404e Herr NAME wurde mit den fachlichen Anforderungen, welche die Praxis an INGENIEURE stellt, vertraut gemacht.

3630405g Ihr Vorwissen hat sie durch das Praktikum erweitert.

3630500 Wissen bei mangelhafter Beurteilung

3630501a Mit Nachdruck war Herr NAME bestrebt, seine theoretischen Kenntnisse praktisch umzusetzen.

3630502b Während des Praktikums hatte Herr NAME Gelegenheit, sich Einsteigerkenntnisse im Bereich BEZEICHNUNG anzueignen.

3630503c Ihm war daran gelegen, seine Studienkenntnisse durch praktische Kenntnisse zu ergänzen.

3630504e Mit den fachlichen Anforderungen, welche die Praxis an INGENIEURE stellt, wurde Herr NAME konfrontiert.

3630505g Ihr Vorwissen konnte sie durch das Praktikum erweitern.

3640000 Lern- und Arbeitsweise von Praktikanten und Volontären

3640100 Lern- und Arbeitsweise bei sehr guter Beurteilung

3640101a Seine Lern- und Arbeitsweise war stets sehr gut. Wir lernten ihn als zuverlässigen Praktikanten schätzen, der aufmerksam zuhörte und sich schnell und flexibel in neue Aufgaben einarbeitete.

3640102b Aktiv integrierte er sich in die Teams und Arbeitsprozesse. Er wurde von den Einsatzabteilungen wegen seiner zuverlässigen Lern- und Arbeitsweise und seiner entlastenden Mitarbeit sehr geschätzt.

3640103c Die ihm übertragenen Aufgaben bearbeitete er stets planvoll und systematisch. Er war ein äußerst gewissenhaft und selbstständig arbeitender Praktikant.

3640104d Die ihr übertragenen Aufgaben erledigte sie stets mit äußerster Sorgfalt und größter Genauigkeit.

3640105e Wir lernten Herrn NAME als einen sehr gewissenhaften, zuverlässigen und sorgfältigen Praktikanten kennen und schätzen.

3640106* Dabei beherrschte sie die BEZEICHNUNG so sicher, dass es ihr auch ausgezeichnet gelang, sich in komplizierte BEZEICHNUNG Fragen einzuarbeiten.

3640200 Lern- und Arbeitsweise bei guter Beurteilung

3640201a Seine Lern- und Arbeitsweise war stets gut. Er hörte aufmerksam zu und arbeitete sich flexibel in neue Aufgaben ein.

3640202b Aktiv integrierte er sich in die Teams und Arbeitsprozesse. Er wurde von den Einsatzabteilungen wegen seiner zuverlässigen Lern- und Arbeitsweise und seiner entlastenden Mitarbeit geschätzt.

3640203c Die ihm übertragenen Aufgaben bearbeitete er planvoll und systematisch. Er war ein entsprechend seinem Ausbildungsstand gewissenhaft und selbstständig arbeitender Praktikant.

3640204d Die ihm übertragenen Aufgaben erledigte er stets mit Sorgfalt und Genauigkeit.

3640205e Wir lernten Herrn NAME als einen gewissenhaften, zuverlässigen und sorgfältigen Praktikanten kennen.

3640300 Lern- und Arbeitsweise bei befriedigender Beurteilung

3640301a Seine Lern- und Arbeitsweise war gut.

3640302b In den Ausbildungsabteilungen war er wegen seiner zuverlässigen Lern- und Arbeitsweise und seiner Mitarbeit anerkannt.

3640303c Die ihm übertragenen Aufgaben bearbeitete er systematisch. Er war ein entsprechend seinem Ausbildungsstand selbstständig arbeitender Praktikant.

3640304d Die ihm übertragenen Aufgaben erledigte er mit Sorgfalt und Genauigkeit.

3640400 **Lern- und Arbeitsweise bei ausreichender Beurteilung**

3640401a Seine Lern- und Arbeitsweise war zufriedenstellend.

3640402b Die Einsatzabteilungen waren mit seiner Lern- und Arbeitsweise zufrieden.

3640403c An die Aufgaben, die wir ihm übertrugen, ging er durchaus systematisch heran.

3640404f Den Erklärungen und Erläuterungen der betreuenden Mitarbeiter ist sie mit Interesse gefolgt.

3640500 **Lern- und Arbeitsweise bei mangelhafter Beurteilung**

3640501a Seine Lern- und Arbeitsweise war insgesamt zufriedenstellend.

3640502b Die Einsatzabteilungen waren mit seiner Lern- und Arbeitsweise insgesamt zufrieden.

3640503c Bei den Aufgaben, die wir ihm übertrugen, suchte er systematisch nach Lösungen.

3640504f Den Erklärungen und Erläuterungen der betreuenden Mitarbeiter ist sie meist mit Interesse gefolgt.

3650000 **Lern- und Arbeitserfolg von Praktikanten und Volontären**

3650100 **Lern- und Arbeitserfolg bei sehr guter Beurteilung**

3650101a Die gebotenen Möglichkeiten hat Frau NAME in jeder Hinsicht in hervorragender Weise für ihre praktische Ausbildung genutzt. Sie hat die mit dem Praktikum verbundenen Lernziele absolut erreicht.

3650102b Die Lernziele des Praktikums / Volontariats hat er sehr gut erreicht.

3650103c Mit seiner Arbeit waren wir in qualitativer und quantitativer Hinsicht jederzeit außerordentlich zufrieden. Er löste auch schwierige Aufgaben, die wir ihm zur selbstständigen Erledigung übertrugen, sehr gut. Texte formuliert er in einem klaren und flüssigen Stil.

3650200 **Lern- und Arbeitserfolg bei guter Beurteilung**

3650201a Die gebotenen Möglichkeiten hat Frau NAME in jeder Hinsicht in beachtlicher Weise für ihre praktische Ausbildung genutzt. Sie hat die mit dem Praktikum verbundenen Lernziele voll erreicht.

3650202b Die Lernziele seines Praktikums / Volontariats hat er gut erreicht.

3650203c Mit seiner Arbeit waren wir in qualitativer und quantitativer Hinsicht stets voll zufrieden. Er löste auch schwierige Aufgaben, die wir ihm zur selbstständigen Erledigung übertrugen, gut. Texte formuliert er klar und gut lesbar.

3650300	**Lern- und Arbeitserfolg bei befriedigender Beurteilung**
3650301a	Die gebotenen Möglichkeiten hat Frau NAME in jeder Hinsicht für ihre praktische Ausbildung genutzt.
3650302b	Herr NAME hat die mit seinem Praktikums / Volontariats verbundenen Lernziele voll zufriedenstellend erreicht.
3650303c	Mit seiner Arbeit waren wir in qualitativer und quantitativer Hinsicht voll zufrieden.
3650400	**Lern- und Arbeitserfolg bei ausreichender Beurteilung**
3650401a	Die gebotenen Möglichkeiten hat Frau NAME für ihre praktische Ausbildung zufriedenstellend genutzt.
3650402b	Die Lernziele seines Praktikums / Volontariats hat er zufriedenstellend erreicht.
3650403c	Mit seiner Arbeit waren wir in qualitativer und quantitativer Hinsicht zufrieden.
3650500	**Lern- und Arbeitserfolg bei mangelhafter Beurteilung**
3650501a	Frau NAME hatte Gelegenheit, die angebotenen Möglichkeiten zu nutzen.
3650502b	Die Lernziele seines Praktikums / Volontariats hat er mit Fleiß und Mühe angestrebt.
3650503c	Mit seiner Arbeit waren wir in qualitativer und quantitativer Hinsicht insgesamt zufrieden.
3660100	**Herausragende Erfolge von Praktikanten und Volontären bei sehr guter oder guter Gesamtbeurteilung**
3660101	In der Abteilung BEZEICHNUNG vertrat Herr NAME während der Urlaubszeit selbstständig die Funktion des BEZEICHNUNG.
3660102	Während seines Praxissemesters entwickelte Herr NAME ein leistungsstarkes und benutzerfreundliches EDV-Programm für BEZEICHNUNG, das vollkommen fehlerfrei läuft.
3660103	Während ihres Praktikums erarbeitete Frau NAME eine Lösung für das Problem des BEZEICHNUNG, die wir erfolgreich einführten / die wir einführen werden. Außerdem hat sie unser BEZEICHNUNG überarbeitet und aktualisiert.
3660104	All dies befähigte sie in weit überdurchschnittlichem Maße, schnell und sorgfältig eigenständige Beiträge zur Problemlösung zu erbringen.

3660105 Auf der Grundlage des derzeitigen Standes ihres Wissens halten wir Frau NAME für eine Tätigkeit im Bereich BEZEICHNUNG hervorragend geeignet, da sie die nötige Fachkompetenz mit dem Blick für das praktisch Erreichbare vereint und hohe Einsatzfreude besitzt.

3660106 Seine Vorschläge im Rahmen unseres ganztägigen Brainstormings zum Thema BEZEICHNUNG zeigten ganzheitliches Denken und waren kreativ und zugleich pragmatisch.

3660107 Nach unserer Einschätzung besitzt sie das Format und das Potenzial, mittelfristig anspruchsvolle Management- und Führungsaufgaben zu übernehmen.

3660108 Herr NAME hat an unserem internen Förder-Assessment-Center für Führungsnachwuchskräfte teilgenommen und dabei ein hohes Managementpotenzial gezeigt.

3660109 Im Rahmen seines Praktikums koordinierte er als Assistent der Geschäftsleitung das Projekt BEZEICHNUNG. Durch seinen Elan und seine Zielstrebigkeit fand er rasch die Anerkennung der Projektmitglieder aus allen beteiligten Abteilungen. Das Projekt wurde unter seiner sachlichen und motivierenden Führung termin- und budgetgerecht und mit großem Erfolg abgeschlossen.

3660110 Aufgrund ihrer sehr guten Leistungen werden wir Frau NAME im Anschluss an das Praktikum studiumsbegleitend in Teilzeit als Arbeitnehmerin in unserer Abteilung BEZEICHNUNG beschäftigen.

3660111 Dank seiner ausgezeichneten Motivation und seines überdurchschnittlichen Fachwissens war er einer unserer besten Praktikanten.

3660112 Besonders zu würdigen sind ihr großes Engagement und ihre entlastende Mitarbeit.

3680000 Zusammenfassende Leistungsbeurteilung von Praktikanten und Volontären

3680100 Zusammenfassende Leistungsbeurteilung bei sehr guter Beurteilung

3680101a Die ihr übertragenen Arbeiten erledigte Frau NAME stets zu unserer größten / höchsten / absoluten Zufriedenheit. Ihre Leistungen übertrafen weit unsere Erwartungen und Anforderungen.

3680102b Seine Leistungen waren stets sehr gut.

3680103c Die Leistungen und Zielerreichungen von Herrn NAME haben in jeder Hinsicht und in allerbester Weise unseren Erwartungen an Praktikanten / Volontären entsprochen.

3680104d Seine Leistungen haben jederzeit und in jeder Hinsicht unsere höchste Anerkennung gefunden.

3680200 **Zusammenfassende Leistungsbeurteilung bei guter Beurteilung**

3680201a Die ihr übertragenen Arbeiten erledigte Frau NAME stets zu unserer vollen Zufriedenheit. Ihre Leistungen übertrafen unsere Erwartungen und Anforderungen.

3680202b Seine Leistungen waren stets gut.

3680203c Die Leistungen und Zielerreichungen von Herrn NAME haben in jeder Hinsicht und in bester Weise unseren Erwartungen an Praktikanten / Volontären entsprochen.

3680204d Seine Leistungen haben jederzeit unsere volle Anerkennung gefunden.

3680205e Die Leistungen von Frau NAME waren immer sehr gut bis gut. *(Note 1–2)*

3680300 **Zusammenfassende Leistungsbeurteilung bei befriedigender Beurteilung**

3680301a Die ihr übertragenen Arbeiten erledigte Frau NAME zu unserer vollen Zufriedenheit.

3680302b Seine Leistung war gut.

3680303c Die Leistungen von Herrn NAME haben in jeder Hinsicht unseren Erwartungen an Praktikanten / Volontären entsprochen.

3680304e Die Leistungen von Frau NAME waren immer gut bis befriedigend. *(Note 2–3)*

3680400 **Zusammenfassende Leistungsbeurteilung bei ausreichender Beurteilung**

3680401a Die Arbeiten, die wir ihr übertrugen, tat Frau NAME zu unserer Zufriedenheit.

3680402b Seine Arbeit war zufriedenstellend.

3680403c Die Leistungen von Herrn NAME haben unseren Erwartungen an Praktikanten / Volontäre entsprochen.

3680500 **Zusammenfassende Leistungsbeurteilung bei mangelhafter Beurteilung**

3680501a Die Arbeiten, die wir ihr übertrugen, tat Frau NAME insgesamt zu unserer Zufriedenheit.

3680502b Seine Arbeit war insgesamt zufriedenstellend.

3680503c Seine Arbeit hat unseren Erwartungen an Praktikanten / Volontären größtenteils und weitgehend genügt.

3680504* Er hat sich stets nach Kräften angestrengt, um die Leistungen zu erbringen, die wir von einem BETRIEBSWIRT erwarten.

3680505* Sein Fleiß und sein stetes Streben nach einer guten Leistung haben unsere Zustimmung gefunden.

3680506* Seine nicht unbeachtlichen Arbeitsergebnisse sprechen insgesamt zweifellos dafür, dass auch andere Arbeitgeber mit seiner Arbeit zufrieden sein werden.

4000000 Sozialverhalten

4200000 Sozialverhalten von gewerblichen Arbeitnehmern

Bitte wählen Sie unter Beachtung der Notenstufen je einen Baustein aus den Gruppen 4210 Sozialverhalten gegenüber Internen (Vorgesetzte und Mitarbeiter), ggf. 4220 Sozialverhalten gegenüber Externen (Kunden und andere) und 4230 Sonstiges Verhalten.

4210000 Sozialverhalten von gewerblichen Arbeitnehmern gegenüber Internen

4210100 Sozialverhalten gegenüber Internen bei sehr guter Beurteilung

4210101a Das Verhalten von Frau NAME gegenüber Vorgesetzten und Kollegen war stets vorbildlich.

4210102b Das Verhalten von Frau NAME zu Vorgesetzten und Kollegen war jederzeit sehr gut.

4210103c Sein kollegiales und ausgleichendes Wesen sicherte ihm stets ein sehr gutes Verhältnis zu Vorgesetzten und Mitarbeitern.

4210104d Das Verhalten von Herrn NAME gegenüber dem Meister/Polier/Steiger/Baustellenleiter/Vorarbeiter und den Kollegen war stets vorbildlich.

4210105e Das Verhalten von Herrn NAME gegenüber Vorgesetzten und Kollegen war immer lobenswert/vorbildlich/mustergültig. Wegen seines Fachwissens und seiner Hilfsbereitschaft übertrugen wir ihm regelmäßig die Einarbeitung neuer Mitarbeiter.

4210106f Von Vorgesetzten und Kollegen wurde Frau NAME als fleißige und freundliche Mitarbeiterin allzeit sehr geschätzt.

4210107g Das Verhalten von Herrn NAME gegenüber Vorgesetzten und Kollegen war jederzeit vorbildlich. Als HAUSHANDWERKER war er in allen Abteilungen unseres Hauses wegen seines Einsatzes und seiner freundlichen Hilfsbereitschaft stets sehr beliebt.

4210108* Aufgrund seines freundlichen und ausgeglichenen Wesens und seiner kollegialen Haltung war Herr NAME bei Vorgesetzten und Mitarbeitern anerkannt und sehr geschätzt.

4210200	**Sozialverhalten gegenüber Internen bei guter Beurteilung**
4210201a	Das Verhalten von Frau NAME gegenüber Vorgesetzten und Kollegen war immer einwandfrei.
4210202b	Das Verhalten von Frau NAME gegenüber Vorgesetzten und Kollegen war jederzeit gut.
4210203c	Sein kollegiales und ausgleichendes Wesen sicherte ihm stets ein gutes Verhältnis zu Vorgesetzten und Mitarbeitern.
4210204d	Das Verhalten von Herrn NAME gegenüber dem Meister / Polier / Steiger / Baustellenleiter / Vorarbeiter und den Kollegen war stets gut.
4210205e	Das Verhalten von Herrn NAME gegenüber Vorgesetzten und Kollegen war lobenswert. Wegen seines Fachwissens und seiner Hilfsbereitschaft übertrugen wir ihm wiederholt die Einarbeitung neuer Mitarbeiter.
4210206f	Von Vorgesetzten und Kollegen wurde Frau NAME als fleißige und freundliche Mitarbeiterin geschätzt.
4210207g	Das Verhalten von Herrn NAME gegenüber Vorgesetzten und Kollegen war einwandfrei. Als HAUSHANDWERKER war er in allen Abteilungen unseres Hauses wegen seines Einsatzes und seiner freundlichen Hilfsbereitschaft sehr beliebt.
4210300	**Sozialverhalten gegenüber Internen bei befriedigender Beurteilung**
	Einige der folgenden Textbausteine drücken nur eine befriedigende Beurteilung aus, weil in ihnen der Vorgesetzte erst an zweiter Stelle genannt wird (Reihenfolge-Technik). Einige der folgenden Textbausteine drücken nur eine befriedigende oder in der nächsten Gruppe ausreichende Beurteilung aus, weil in ihnen, wenn auch verneint, Negativbegriffe wie z. B. Beanstandung, Tadel oder Klage auftreten (Negations-Technik).
4210301a	Das Verhalten von Frau NAME gegenüber den Vorgesetzten und Kollegen war einwandfrei.
4210302b	Das Verhalten von Frau NAME gegenüber Kollegen und Vorgesetzten war gut.
4210303c	Sein kollegiales Wesen sicherte ihm ein gutes Verhältnis zu Vorgesetzten und Mitarbeitern.
4210304d	Das Verhalten von Herrn NAME gegenüber den Kollegen und dem Meister / Polier / Steiger / Baustellenleiter / Vorarbeiter war gut.
4210305h	Herr NAME fügte sich gut in die betriebliche Gemeinschaft ein; sein Verhalten gegenüber Arbeitskameraden und Vorgesetzten war einwandfrei.

4210400 **Sozialverhalten gegenüber Internen bei ausreichender Beurteilung**

Einige der folgenden Textbausteine drücken nur eine ausreichende Beurteilung aus, weil entweder der Vorgesetzte oder die Kollegen nicht erwähnt sind (Leerstellen-Technik).

4210401a Das Verhalten von Frau NAME gegenüber den Vorgesetzten war einwandfrei. *(Alternativ)*

4210402b Das Verhalten von Frau NAME zu Kollegen und auch Vorgesetzten war zufriedenstellend.

4210403c Sein Wesen sicherte ihm ein zufriedenstellendes Verhältnis zu den Mitarbeitern / Vorgesetzten. *(Alternativ)*

4210404h Wir bestätigen Frau NAME gerne, dass wir mit ihrem Verhalten innerhalb der betrieblichen Gemeinschaft zufrieden waren. Ihre Führung gegenüber den Vorgesetzten / den Arbeitskameraden gab uns zu Beanstandungen keinen Anlass. *(Alternativ)*

4210405i Sein Verhalten gegenüber Kollegen und Vorgesetzten war spannungsfrei.

4210406j Sein Verhalten gegenüber Vorgesetzten und Kollegen gab zu keinen Klagen Anlass.

4210407k Die Zusammenarbeit mit Herrn NAME verlief reibungslos und ungetrübt.

4210408l Mit seinem Meister / seinen Kollegen ist er ausgekommen. *(Alternativ)*

4210409* Er war ein gegenüber Vorgesetzten und Mitarbeitern zurückhaltender und korrekter Mitarbeiter, der gern allein arbeitete. *(Einzelgänger; Außenseiter)*

4210410* Das Verhalten von Herrn NAME war ohne Tadel und Beanstandungen. Er war bei den Mitarbeitern beliebt.

4210411* Das Verhalten von Frau NAME gegenüber den Kollegen war einwandfrei

4210500 **Sozialverhalten gegenüber Internen bei mangelhafter Beurteilung**

Eine mangelhafte Beurteilung kann hier auch durch eine fehlende Aussage zum Sozialverhalten ausgedrückt werden (Leerstellen-Technik).

4210501a Das Verhalten von Frau NAME gegenüber Vorgesetzten und Mitarbeitern war zumeist einwandfrei.

4210502b Das Verhalten von Frau NAME zu Vorgesetzten und Kollegen war durchaus zufriedenstellend.

4210503c Sein Wesen sicherte ihm in der Regel ein zufriedenstellendes Verhältnis zu den Mitarbeitern / Vorgesetzten. *(Alternativ)*

4210504h Die Führung im Dienst gab kaum zu Beanstandungen Anlass.

4210505i Sein Verhalten gegen Kollegen und Vorgesetzten war überwiegend spannungsfrei.

4210506j Sein Betragen gegen Vorgesetzten und Kollegen gab selten zu Klagen Anlass.

4210507k Die Zusammenarbeit mit dem Mitarbeiter verlief zumeist reibungslos und ungetrübt.

4210508l Er ist mit seinem Meister / seinen Kollegen im Großen und Ganzen ausgekommen. *(Alternativ)*

4210509* Er galt im Kollegenkreis als angenehmer Mitarbeiter. Vorgesetzten trat er offen und frei entgegen.

4210510* Das Verhalten gegenüber Vorgesetzten war nicht zu tadeln. Mit seinen Kollegen hat er sich aktiv / tatkräftig / schlagfertig auseinandergesetzt. *(Handgreiflichkeiten)*

4210511* Die Zusammenarbeit mit ihm verlief meist in wünschenswert reibungsloser Weise.

4210512* Sie verstand es, bei der Zusammenarbeit mit den Kollegen ihre Interessen wahrzunehmen.

4220000 Sozialverhalten von gewerblichen Arbeitnehmern gegenüber Externen

Auf eine Beurteilung des Verhaltens gegenüber Externen wird in vielen Zeugnissen verzichtet. Man kann daher aus einer fehlenden Beurteilung (Leerstelle) nicht auf Mängel im Verhalten zu Externen schließen.

4220100 Sozialverhalten gegenüber Externen bei sehr guter Beurteilung

4220101a Auch sein Verhalten gegenüber den Kunden und anderen Geschäftspartnern war stets sehr gut.

4220102b Als KUNDENDIENST-TECHNIKER ist er mit unseren Kunden aufgrund seiner sachlichen und freundlichen Art und seiner absolut serviceorientierten Haltung stets sehr gut zurechtgekommen.

4220103c Von Besuchern und Anrufern wurde sie wegen ihres Engagements und ihrer Zuvorkommenheit stets sehr geschätzt und oft gelobt.

4220104d Auch mit den im Service-Falle häufig schwierigen Kunden ist er stets sehr gut zurechtgekommen.

4220105e Er hat Freude am Umgang mit Kunden. Aufgrund seiner freundlichen und unkomplizierten Art war er bei ihnen stets sehr beliebt und geschätzt.

4220200 Sozialverhalten gegenüber Externen bei guter Beurteilung

4220201a Auch sein Verhalten gegenüber den Kunden und anderen Geschäftspartnern war stets gut.

4220202b Als KUNDENDIENST-TECHNIKER ist er mit unseren Kunden aufgrund seiner sachlichen und freundlichen Art und seiner serviceorientierten Haltung stets gut zurechtgekommen.

4220203c Von Besuchern und Anrufern wurde sie wegen ihres Engagements und ihrer Zuvorkommenheit sehr geschätzt.

4220204d Auch mit den im Service-Falle häufig schwierigen Kunden ist er stets gut zurechtgekommen.

4220205e Aufgrund seiner freundlichen und unkomplizierten Art war er bei unseren Kunden sehr beliebt und geschätzt.

4220300 Sozialverhalten gegenüber Externen bei befriedigender Beurteilung

4220301a Auch sein Verhalten gegenüber den Kunden und anderen Geschäftspartnern war gut.

4220302b Als KUNDENDIENST-TECHNIKER ist er mit unseren Kunden gut zurechtgekommen.

4220303c Von Besuchern und Anrufern wurde sie wegen ihrer Zuvorkommenheit geschätzt.

4220304d Auch mit den im Service-Falle häufig schwierigen Kunden ist er gut zurechtgekommen.

4220305e Aufgrund seiner freundlichen und unkomplizierten Art war er bei unseren Kunden beliebt und geschätzt.

4220400 Sozialverhalten gegenüber Externen bei ausreichender Beurteilung

4220401a Auch sein Verhalten gegenüber den Kunden und anderen Geschäftspartnern war zufriedenstellend.

4220402b Als KUNDENDIENST-TECHNIKER ist er mit unseren Kunden zurechtgekommen.

4220403c Besucher und Anrufer haben sich zufrieden über sie geäußert.

4220404e Auch mit unseren Kunden kam er zurecht.

4220500 Sozialverhalten gegenüber Externen bei mangelhafter Beurteilung

4220501a Auch sein Verhalten gegenüber den Kunden und anderen Geschäftspartnern war meist in Ordnung.

4220502b Als KUNDENDIENST-TECHNIKER ist er unseren Kunden offen entgegengetreten und mit ihnen in seiner Art zurechtgekommen.

4220503c Wir können ihr nur bestätigen, dass sich Besucher und Anrufer immer wieder zufrieden über sie geäußert haben.

4220504d Als KUNDENDIENST-TECHNIKER war er stets um ein gutes Verhältnis zu unseren Kunden bemüht.

4220505e Auch mit unseren Kunden kam er regelmäßig zurecht.

4230000 Sozialverhalten – Sonstiges Verhalten bei gewerblichen Arbeitnehmern

Auf eine Beurteilung des sonstigen Verhaltens wird in vielen Zeugnissen verzichtet. Man kann daher aus einer fehlenden Beurteilung (Leerstelle) nicht auf Mängel im sonstigen Verhalten schließen.

4230100 Sonstiges Verhalten bei sehr guter Beurteilung

4230101a In die wechselnden Arbeitsteams fügte er sich stets sehr gut ein. Seine Hilfsbereitschaft trug maßgeblich zur erfolgreichen Erledigung gemeinsamer Arbeiten bei.

4230102b Er ist ein teamorientierter Mitarbeiter. Die Betriebsordnung hat er stets sehr gut eingehalten.

4230103c Mit ihren Umgangsformen waren wir stets außerordentlich zufrieden.

4230104d Sie trug stets absolut korrekte Dienstkleidung.

4230105e Seine Kollegen hat er in schwierigen Fällen jederzeit mit seinem sehr guten Fachwissen unterstützt.

4230106f Frau NAME war eine ausgeglichene und teamorientierte Mitarbeiterin, die auch mit schwierigen Kollegen stets sehr gut zurechtgekommen ist.

4230107g Herr NAME war ein aufgeschlossener und teamorientierter Mitarbeiter, der stets sehr aktiv und erfolgreich unsere Anstrengungen zur Eingliederung unserer ausländischen Mitarbeiter unterstützte.

4230108h Erwähnenswert ist auch sein pädagogisches Geschick. Unsere Auszubildenden haben stets sehr gern mit ihm zusammengearbeitet.

4230109i Unseren Auszubildenden ist sie mit Rat und Tat stets sehr gut zur Seite gestanden.

4230110j Ihre freundliche und positive Grundhaltung wirkte in der Arbeitsgruppe beispielgebend und hat sehr zu unserem guten Betriebsklima beigetragen.

4230111* Er nahm freiwillig an einem Arbeitssicherheitskurs im Betrieb teil. Bei einem Betriebsunfall konnte er daher wertvolle Erste Hilfe leisten.

4230112*	Wegen seiner Tätigkeit als SERVICE-TECHNIKER erwähnen wir, dass er stets ehrlich und absolut zuverlässig war.
4230113*	Er hat die mit seiner Aufgabe verbundene Inkassofunktion absolut zuverlässig und stets ehrlich wahrgenommen.
4230114*	Er war jederzeit ein absolut vertrauenswürdiger Mitarbeiter.
4230200	**Sonstiges Verhalten bei guter Beurteilung**
4230201a	In die wechselnden Arbeitsteams fügte er sich stets gut ein. Seine Hilfsbereitschaft trug zur erfolgreichen Erledigung gemeinsamer Arbeiten bei.
4230202b	Er ist ein teamorientierter Mitarbeiter. Die Betriebsordnung hat er stets gut eingehalten.
4230203c	Mit ihren Umgangsformen waren wir stets voll zufrieden.
4230204d	Sie trug stets korrekte Dienstkleidung.
4230205e	Seine Kollegen hat er in schwierigen Fällen mit seinem sehr guten Fachwissen unterstützt.
4230206f	Frau NAME war eine ausgeglichene und teamorientierte Mitarbeiterin, die auch mit schwierigen Kollegen stets gut zurechtgekommen ist.
4230207g	Herr NAME war ein aufgeschlossener und teamorientierter Mitarbeiter, der aktiv unsere Anstrengungen zur Eingliederung unserer ausländischen Mitarbeiter unterstützte.
4230208h	Erwähnenswert ist auch sein pädagogisches Geschick. Unsere Auszubildenden haben stets gern mit ihm zusammengearbeitet.
4230209i	Unseren Auszubildenden ist sie mit Rat und Tat stets gut zur Seite gestanden.
4230210j	Ihre freundliche und positive Grundhaltung wirkte in der Arbeitsgruppe beispielgebend und hat zu unserem guten Betriebsklima beigetragen.
4230300	**Sonstiges Verhalten bei befriedigender Beurteilung**
4230301a	In die wechselnden Arbeitsteams fügte er sich gut ein. Seine Hilfsbereitschaft trug zur Erledigung gemeinsamer Arbeiten bei.
4230302b	Er hat die Betriebsordnung gut eingehalten.
4230303c	Mit ihren Umgangsformen waren wir voll zufrieden.
4230304d	Sie trug korrekte Dienstkleidung.
4230305e	Seine Kollegen hat er mit seinem guten Fachwissen unterstützt.
4230306f	Herr NAME war ein Mitarbeiter, der auch mit schwierigen Kollegen gut zurechtgekommen ist.

4230400	**Sonstiges Verhalten bei ausreichender Beurteilung**
4230401a	In die wechselnden Arbeitsteams fügte er sich zufriedenstellend ein.
4230402b	Er hat die Betriebsordnung eingehalten und ist nicht negativ aufgefallen.
4230403c	Mit ihren Umgangsformen waren wir zufrieden.
4230404k	Er war ein unauffälliger und problemloser Mitarbeiter.
4230405*	Als kommunikationsfreudige Mitarbeiterin nutzte sie jede Gelegenheit, Informationen auszutauschen.
4230406*	Er war ein diskutierfreudiger Mitarbeiter.
4230500	**Sonstiges Verhalten bei mangelhafter Beurteilung**
4230501a	In die wechselnden Arbeitsteams fügte er sich in der Regel zufriedenstellend ein.
4230502b	Er war stets um die Einhaltung der Betriebsordnung bemüht.
4230503c	Mit ihren Umgangsformen waren wir im Großen und Ganzen zufrieden.
4230504g	Sie hat sich stets um ein gutes Verhältnis zu unseren ausländischen Mitarbeitern bemüht.
4230505k	Er war ein wenig auffälliger Mitarbeiter, mit dem es selten Probleme gab, da er stets bestrebt war, zu einer guten Zusammenarbeit beizutragen.
4230506*	Ihre Auffassung wusste sie intensiv zu vertreten.
4230507*	Er war stets willens und bestrebt, beim Schichtwechsel seine Arbeitskollegen pünktlich abzulösen.
4230508*	Er hielt sich selbst und seine Kollegen zur Pünktlichkeit an, sodass wir in der Regel rechtzeitig zu den Baustellen fahren konnten.
4230509*	Ihrer Anzeigepflicht im Falle unvorhergesehener Fehlzeiten ist sie insgesamt rechtzeitig nachgekommen.
4230510*	Er ging als verträglicher Mitarbeiter Auseinandersetzungen möglichst aus dem Wege.
4230511*	Er war stets mit Geschick bestrebt, seinen Ruf als vertrauenswürdiger und ehrlicher Mitarbeiter zu erhalten und Beanstandungen anlässlich von Inventuren zu vermeiden.
4230512*	Das Verhalten gab zu Beanstandungen Anlass.
4230513*	Er hat in seinem sowie auch im Interesse der Firma gearbeitet. *(Andeutung von Unregelmäßigkeiten)*
4230514*	Sie war eine eigenwillige und bewegliche Mitarbeiterin. *(Andeutung von Unregelmäßigkeiten)*

4230515* Auch bei seinen Fahrten mit dem Firmenfahrzeug zeigte er sich an einem zuverlässigen und korrekten Verhalten interessiert.

4230516* Sie war bestrebt, ihre Treuepflichten und das in sie gesetzte Vertrauen zu erfüllen.

4230517* Auch bezüglich der Entgeltfortzahlung war er bestrebt, sich immer korrekt zu verhalten.

4300000 Sozialverhalten von Tarifangestellten

Bitte wählen Sie unter Beachtung der Notenstufen je einen Baustein aus den Gruppen 4310 Sozialverhalten gegenüber Internen (Vorgesetzte und Mitarbeiter), ggf. 4320 Sozialverhalten gegenüber Externen (Kunden und andere) und 4330 Sonstiges Verhalten.

4310000 Sozialverhalten von Tarifangestellten gegenüber Internen

4310100 Sozialverhalten gegenüber Internen bei sehr guter Beurteilung

4310101a Das Verhalten von Herrn NAME zu Vorgesetzten und Kollegen war stets vorbildlich. Er war ein geachteter und gern gesehener Mitarbeiter und trug in jeder Hinsicht zu einer sehr guten und effizienten Teamarbeit bei.

4310102b Das Verhalten von Herrn NAME gegenüber Vorgesetzten und Mitarbeitern war stets vorbildlich. Er trug als teamorientierter und hilfsbereiter Mitarbeiter in starkem Maße zu einem harmonischen Betriebsklima bei.

4310103c Die Zusammenarbeit von Frau NAME mit Vorgesetzten und Kollegen war allzeit sehr gut. Wegen ihres teamorientierten und ausgeglichenen Verhaltens war sie allgemein anerkannt und geschätzt.

4310104d Mit den Vorgesetzten und den Kollegen ist er stets sehr gut zurechtgekommen. Wegen seines Fachwissens und seiner Hilfsbereitschaft übertrugen wir Herrn NAME mehrmals die Einarbeitung neuer Mitarbeiter.

4310105e Wegen seiner sachlichen und zuvorkommenden Art war Herr NAME bei seinen Vorgesetzten und Kollegen stets sehr geschätzt und beliebt.

4310106f Herr NAME war ein verantwortungsbewusster, zuverlässiger und allseits respektierter Mitarbeiter, der zu Vorgesetzten und Kollegen stets ein sehr gutes Verhältnis hatte.

4310107g Aufgrund ihrer kooperativen Haltung war Frau NAME stets bei Vorgesetzten und Kollegen sehr anerkannt und beliebt.

4310108h Sein ausgleichendes, aber bestimmtes Wesen sicherte Herrn NAME stets ein sehr gutes Verhältnis zu Vorgesetzten und Mitarbeitern.

4310109i Frau NAME war eine fachlich und persönlich allseits geschätzte Mitarbeiterin, die sich sehr gut in die Gruppe einfügte. Ihr Verhalten gegenüber Vorgesetzten und Kollegen war jederzeit vorbildlich.

4310110j Herr NAME war eine bei Vorgesetzten und Kollegen angesehene Persönlichkeit mit stets vorbildlichem Verhalten. Auch unsere Filialen haben seine Kooperationsbereitschaft stets sehr geschätzt.

4310111k Ihr Verhalten gegenüber Vorgesetzten und Kollegen war stets vorbildlich, kooperativ und konstruktiv. Die bereichsübergreifende Zusammenarbeit hat Frau NAME sehr positiv mitgeprägt.

4310112* Wegen seiner stets verbindlichen, kooperativen und hilfsbereiten Art war Herr NAME seinen Vorgesetzten eine äußerst wertvolle Stütze und den Kollegen ein jederzeit geschätzter Partner.

4310113* Durch sein aktives und kooperatives Wesen war Herr NAME bei Vorgesetzten und Kollegen jederzeit gleichermaßen geschätzt und sehr beliebt. Hervorzuheben sind seine Teamkompetenz, seine Hilfsbereitschaft und sein wohltuendes kollegiales Verhalten.

4310114* Aufgrund ihrer sachlichen Zusammenarbeit und ihres kollegialen und aufgeschlossenen Verhaltens war Frau NAME stets bei Vorgesetzten und Mitarbeitern gleichermaßen sehr geschätzt und anerkannt.

4310200 Sozialverhalten gegenüber Internen bei guter Beurteilung

4310201a Das Verhalten von Herrn NAME zu Vorgesetzten und Kollegen war immer einwandfrei. Er trug zu einer guten und effizienten Teamarbeit bei.

4310202b Das Verhalten von Herrn NAME gegenüber Vorgesetzten und Kollegen war immer einwandfrei. Er trug als teamorientierter und hilfsbereiter Mitarbeiter wesentlich zu einem harmonischen Abteilungsklima bei.

4310203c Die Zusammenarbeit von Frau NAME mit Vorgesetzten und Kollegen war allzeit gut. Wegen ihrer teamorientierten Haltung war sie anerkannt und geschätzt.

4310204d Mit den Vorgesetzten und den Kollegen ist er stets gut zurechtgekommen. Wegen seines Fachwissens und seiner Hilfsbereitschaft übertrugen wir Herrn NAME mehrmals die Einarbeitung neuer Mitarbeiter.

4310205e Wegen seiner sachlichen und zuvorkommenden Art war Herr NAME bei seinen Vorgesetzten und Kollegen sehr geschätzt und beliebt.

4310206f Herr NAME war ein verantwortungsbewusster, zuverlässiger und allseits respektierter Mitarbeiter, der zu Vorgesetzten und Kollegen stets ein gutes Verhältnis hatte.

4310207g Aufgrund ihrer kooperativen Haltung war Frau NAME stets bei Vorgesetzten und Kollegen anerkannt und beliebt.

4310208h Sein ausgleichendes, aber bestimmtes Wesen sicherte Herrn NAME stets ein gutes Verhältnis zu Vorgesetzten und Mitarbeitern.

4310209i Frau NAME war eine fachlich und persönlich geschätzte Mitarbeiterin, die sich gut in die Gruppe einfügte. Ihr Verhalten gegenüber Vorgesetzten und Kollegen war stets einwandfrei.

4310210j Herr NAME war ein bei Vorgesetzten und Kollegen angesehener Mitarbeiter mit einwandfreiem Verhalten. Auch unsere Filialen haben seine Kooperationsbereitschaft stets geschätzt.

4310211k Ihr Verhalten gegenüber Vorgesetzten und Kollegen war einwandfrei, kooperativ und konstruktiv. Die bereichsübergreifende Kooperation wurde von Frau NAME in positiver Weise mitgeprägt.

4310300 Sozialverhalten gegenüber Internen bei befriedigender Beurteilung

Einige der folgenden Textbausteine drücken nur eine befriedigende Beurteilung aus, weil in ihnen der Vorgesetzte erst an zweiter Stelle genannt wird (Reihenfolge-Technik). Einige der folgenden Textbausteine drücken nur eine befriedigende und in der nächsten Gruppe ausreichende Beurteilung aus, weil in ihnen, wenn auch verneint, Negativbegriffe wie z. B. Beanstandung, Tadel oder Klage auftreten (Negations-Technik).

4310301a Das Verhalten von Herrn NAME zu Vorgesetzten und Kollegen war gut.

4310302b Das Verhalten von Herrn NAME gegenüber Vorgesetzten und Kollegen war einwandfrei.

4310303c Die Zusammenarbeit mit Vorgesetzten und Kollegen war gut.

4310304d Mit den Kollegen und den Vorgesetzten ist Herr NAME gut zurechtgekommen.

4310305e Wegen seiner zuvorkommenden Art war Herr NAME bei seinen Vorgesetzten und Kollegen beliebt.

4310306f Herr NAME war ein verantwortungsbewusster und zuverlässiger Mitarbeiter, der zu Vorgesetzten und Kollegen ein gutes Verhältnis hatte.

4310307g Aufgrund ihrer kooperativen Haltung war Frau NAME bei Vorgesetzten und Kollegen anerkannt und beliebt.

4310308h Sein ausgleichendes Wesen sicherte Herrn NAME ein gutes Verhältnis zu den Mitarbeitern und Vorgesetzten.

4310309l Seine Führung war tadellos. Herr NAME verhielt sich stets korrekt und fügte sich gut in die Arbeitsgemeinschaft ein.

4310310m Seine Führung gegenüber Kollegen und Vorgesetzten war verbindlich und korrekt.

4310311* Herr NAME war ein angenehmer und anpassungsfähiger Mitarbeiter, der sich im Kollegenkreis und bei seinen Vorgesetzten allgemeiner Beliebtheit erfreute.

4310400 Sozialverhalten gegenüber Internen bei ausreichender Beurteilung

Einige der folgenden Textbausteine drücken nur eine ausreichende Beurteilung aus, weil entweder der Vorgesetzte oder die Kollegen nicht erwähnt sind (Leerstellen-Technik).

4310401a Das Verhalten von Herrn NAME zu den Kollegen / Vorgesetzten war zufriedenstellend. *(Alternativ)*

4310402b Das Verhalten von Herrn NAME zu den Kollegen / Vorgesetzten war einwandfrei. *(Alternativ)*

4310403c Die Zusammenarbeit von Frau NAME mit Kollegen und Vorgesetzten war befriedigend.

4310404d Er vertritt konsequent seine Auffassungen. Mit den Kollegen und den Vorgesetzten ist er zurechtgekommen.

4310405l Seine Führung war ohne Tadel. Gegenüber den Kollegen / Vorgesetzten verhielt sich Herr NAME korrekt. *(Alternativ)*

4310406m Seine Führung gegenüber Vorgesetzten / Kollegen war höflich und korrekt. *(Alternativ)*

4310407n Die Zusammenarbeit mit Herrn NAME verlief stets reibungslos und ungetrübt.

4310408o Sein Verhalten gegenüber Kollegen und Vorgesetzten war problemlos und akzeptabel.

4310409* Er verstand sich mit seinen Kollegen, die an ihm besonders sein unermüdliches Bestreben schätzten, sie mit seinem Wissen zu unterstützen. *(Lässt „Besserwisser" vermuten)*

4310410* Er vermied Spannungen, und zu seinem Vorgesetzten hatte er ein gutes Verhältnis.

4310411* Sein Verhalten gegenüber Kollegen und Vorgesetzten muss als einwandfrei bezeichnet werden. *(Geforderte Aussage)*

4310500 Sozialverhalten gegenüber Internen bei mangelhafter Beurteilung

Eine mangelhafte Beurteilung kann auch durch eine fehlende Aussage zum Sozialverhalten ausgedrückt werden (Leerstellen-Technik).

4310501a Das Verhalten von Herrn NAME gegenüber Kollegen und Vorgesetzten war insgesamt zufriedenstellend und problemorientiert.

4310502b Das Verhalten von Herrn NAME war größtenteils und im Wesentlichen einwandfrei.

4310503c Die Zusammenarbeit mit Kollegen und Vorgesetzten war insgesamt zufriedenstellend. In ausgesprochenen Notsituationen war sie ohne Vorbehalt bereit, andere Mitarbeiter mit Rat und auch Tat zu unterstützen.

4310504d Insgesamt gesehen, ist Herr NAME mit seinem Vorgesetzten/seinen Kollegen ausgekommen. *(Alternativ)*

4310505l Seine Führung gab uns zu Tadel und Beanstandungen selten Anlass.

4310506m Das Verhalten gegenüber dem Vorgesetzten war durchaus korrekt. Er war stets bemüht, den Mitarbeitern auf kollegialer Basis entgegenzutreten.

4310507n Die Zusammenarbeit mit dem Mitarbeiter verlief ungetrübt und insgesamt frei von Beanstandungen und Konflikten.

4310508* Gegenüber den Mitarbeitern gab er sich kollegial; das Verhalten gegenüber Vorgesetzten war insgesamt nicht zu beanstanden.

4310509* Herrn NAME war stets an einem guten Verhältnis zu Kollegen und Vorgesetzten gelegen.

4310510* Es erübrigt sich zu betonen, dass sein Betragen gegenüber den Vorgesetzten und Kollegen unbelastet war.

4310511* Den Vorgesetzten trat er offen und frei entgegen. Auch seine Kollegen sehen ihn als eigenständigen Charakter. *(Schwierige Person)*

4320000 Sozialverhalten von Tarifangestellten gegenüber Externen

Auf eine Beurteilung des Verhaltens gegenüber Externen wird in vielen Zeugnissen verzichtet. Man kann daher aus einer fehlenden Beurteilung (Leerstelle) nicht auf Mängel im Verhalten zu Externen schließen.

4320100 Sozialverhalten gegenüber Externen bei sehr guter Beurteilung

4320101a Auch sein Verhalten gegenüber unseren Kunden und anderen Geschäftspartnern war stets vorbildlich.

4320102b Besonders hervorzuheben ist auch seine jederzeit sehr gute Zusammenarbeit mit den Anwendern, auf deren Anliegen er flexibel und serviceorientiert einging.

4320103c Sie war eine äußerst gewandte Mitarbeiterin. Unsere Gäste/Kunden hat sie stets sehr zuvorkommend und fachgerecht bedient. Aufgrund ihrer Flexibilität stellte sie sich schnell auf Menschen unterschiedlichster Prägung ein.

4320104d Durch sein akkurates und positives Erscheinungsbild sowie seine sympathische Ausstrahlung hat er stets zu einer überzeugenden Präsentation unseres Hauses gegenüber unseren Gästen / Kunden beigetragen.

4320105e Im Umgang mit anspruchsvollen und schwierigen Privatkunden bewies er jederzeit Gewandtheit, Sensibilität und hervorragendes diplomatisches Geschick. Er besitzt die bei unseren erklärungsbedürftigen Produkten wichtige Gabe, sich bei Beratungen in das Denken seiner Gesprächspartner hineinversetzen und ihnen auch schwierige Sachverhalte verständlich und anschaulich vermitteln zu können.

4320106f Unseren Geschäftspartnern und Kunden gegenüber trat er stets höflich, zugleich sicher und gewandt auf. Das Unternehmen wurde von ihm vorbildlich repräsentiert.

4320107g Auch im Publikumsverkehr zeigte er stets großes psychologisches Geschick.

4320108h In unseren Beziehungen zu Behörden erwies er sich stets als umsichtiger Gesprächs- und Verhandlungspartner.

4320109i Bei unserer anspruchsvollen Kundschaft war sie wegen ihrer fachkundigen Beratung und wegen ihres zuvorkommenden und gewinnenden Wesens anerkannt und sehr geschätzt.

4320110j Auch im Umgang mit unseren PATIENTEN bewies sie stets sehr großes Taktgefühl.

4320111* Wegen ihres sehr sicheren und gewandten Auftretens und ihrer guten Umgangsformen war sie für den Einsatz im schwierigen Publikumsverkehr bestens geeignet. Reklamationen und Einwände behandelte sie konstruktiv und souverän. Auch in Stresssituationen reagierte sie stets sachgerecht und freundlich.

Bausteine bei sozialer und pädagogischer Arbeit

Klienten = Kinder und Jugendliche, Eltern und Bezugspersonen, ältere Menschen, Menschen in Notlagen, Flüchtlinge

4320112k Auf die Bedürfnisse der Kinder ging sie in alters- und situationsgerechter Weise ein und schaffte ermutigende und fordernde Bedingungen. Im Umgang mit ihnen zeigte sie eine liebevolle und fröhliche und zugleich konsequente Art. Besonders hervorzuheben ist ihr intensives Engagement beim Singen und Musizieren mit den Kindern.

4320113l Die Zusammenarbeit mit den Eltern und Bezugspersonen gestaltete sie dank ihrer fachlichen Kompetenz und ihrer offenen und freundlichen Art sehr positiv. In intensiven Gesprächen ermittelte sie behutsam die Anliegen und Probleme der Kinder und der Eltern und bot beratende Unterstützung an. Auch in sehr schwierigen Einzelfällen fand sie zielgerichtet tragbare und nachhaltige Lösungen.

4320114m Dank seiner interkulturellen Aufgeschlossenheit und seines Einfühlungsvermögens ging er sehr engagiert und differenziert auf die (jugendlichen) Flüchtlinge und ihre Bedürfnisse und Möglichkeiten ein. Trotz der sprachlichen Barrieren baute er rasch ein tragfähiges Vertrauensverhältnis zu ihnen auf. Problematische Krisensituationen löste er angemessen und souverän.

4320115n Durch seine Kontaktstärke und seine verbindliche Art gelang es ihm stets, zu allen Heimbewohnern und ihren Angehörigen sehr gute Beziehungen aufzubauen. Er sorgte für eine entspannte Wohnatmosphäre. Das individuelle Eingehen auf die Bewohner war ihm sehr wichtig. Hier hat er stets professionelle Hilfe durch eine auf die Klienten zentrierte Gesprächsführung geleistet und somit die psychischen Befindlichkeiten der Bewohner berücksichtigt. Krisensituationen in der Hausgemeinschaft löste er umsichtig, beherrscht und routiniert.

4320116o Sie erfasste schnell und zuverlässig die psychosozialen Schwierigkeiten der Klientinnen. Durch ihre aktive Zugehensweise, ihr Einfühlungsvermögen sowie ihre ausdauernde Beharrlichkeit und kontinuierliche Motivationsarbeit fand sie auch Kontakt zu hoch introvertierten und verschlossenen Klientinnen in äußerst problematischen Lebenslagen. Durch beständiges Kontakthalten und ihre helfende Ermutigung versetzte sie die Betreuten in die Lage, Vertrauen aufzubauen, Hilfe zuzulassen und Herausforderungen anzugehen.

4320117p Sie wurde von unseren Kooperationspartnern und Verhandlungspartnern in der öffentlichen Verwaltung sowie von den Mitarbeitern in weiteren Einrichtungen der Sozialarbeit stets sehr geschätzt.

4320118* Er unterhielt zu den Rehabilitationseinrichtungen und Pflegeheimen für Suchtkranke jederzeit sehr gute Beziehungen, sodass er auch für schwierige Patienten geeignete Unterbringungsmöglichkeiten und günstige Lebensbedingungen fand.

4320119* Dank ihres Einfühlungsvermögens und ihrer Freundlichkeit baute sie in der Einzelfallhilfe rasch belastbare Beziehungen zu den KLIENTEN auf, ohne dabei die nötige professionelle Distanz zu verlieren. Sie begegnete ihnen respektvoll und vorurteilsfrei. Den Hilfeprozess gestaltete sie flexibel entsprechend den Bedürfnissen der KLIENTEN. Außerdem übernahm sie sehr oft die Betreuung von besonders schwierigen Fällen. Auch zu diesen Personen fand sie einen sehr guten Zugang, ohne ihre wertschätzende und positive Einstellung zu ihnen zu verlieren. Schwierige Situationen erfasste sie rasch und realisierte unverzüglich und flexibel tragfähige Lösungen.

4320120* Es gelang ihm stets, zu den KLIENTEN vertrauensvolle Beziehungen aufzubauen und zugleich die nötige professionelle Distanz zu wahren. Den Hilfeprozess gestaltete er flexibel und kreativ. Im Alltag war er den Betreuten ein verlässlicher Ansprechpartner, der ihnen jederzeit Orientierung und Unterstützung gab. Auch in der Durchführung von Gruppenaktivitäten, zum Beispiel in der Freizeit, zeigte er großes Engagement und Umsicht. Dank seiner guten Kenntnisse des regionalen Hilfesystems erschloss er für die KLIENTEN immer wieder neue Ressourcen und Hilfsquellen.

4320200 Sozialverhalten gegenüber Externen bei guter Beurteilung

4320201a Auch sein Verhalten gegenüber unseren Kunden und anderen Geschäftspartnern war stets einwandfrei.

4320202b Hervorzuheben ist auch seine jederzeit gute Zusammenarbeit mit den Anwendern, auf deren Anliegen er flexibel und serviceorientiert einging.

4320203c Sie war eine gewandte Mitarbeiterin. Unsere Gäste / Kunden hat sie stets zuvorkommend und fachgerecht bedient.

4320204d Durch sein akkurates und positives Erscheinungsbild sowie seine sympathische Art hat er stets zu einer guten Präsentation unseres Hauses gegenüber unseren Gäste / Kunden beigetragen.

4320205e Im Umgang mit anspruchsvollen und schwierigen Privatkunden bewies er jederzeit diplomatisches Geschick. Er besitzt die bei unseren erklärungsbedürftigen Produkten wichtige Fähigkeit, auch schwierige Sachverhalte verständlich darlegen zu können.

4320206f Unseren Geschäftspartnern und Kunden gegenüber trat er stets zuvorkommend auf. Das Unternehmen wurde von ihm stets gut repräsentiert.

4320207g Auch im Publikumsverkehr zeigte sie großes psychologisches Geschick.

4320208h In unseren Beziehungen zu Behörden erwies er sich als umsichtiger Gesprächs- und Verhandlungspartner.

4320209i Bei unserer anspruchsvollen Kundschaft war sie wegen ihrer fachkundigen Beratung und wegen ihres zuvorkommenden Wesens anerkannt und geschätzt.

4320210j Auch im Umgang mit unseren PATIENTEN bewies sie sehr großes Taktgefühl.

Bausteine bei sozialer und pädagogischer Arbeit

Klienten = Kinder und Jugendliche, Eltern und Bezugspersonen, ältere Menschen, Menschen in Notlagen, Flüchtlinge

4320211k Auf die Bedürfnisse der Kinder ging sie in situationsgerechter Weise ein und schaffte fördernde und fordernde Bedingungen. Im Umgang mit ihnen zeigte sie eine liebevolle und zugleich konsequente Art. Besonders hervorzuheben ist ihr Engagement beim Singen und Musikzieren mit den Kindern.

4320212l Die Zusammenarbeit mit den Eltern und Bezugspersonen gestaltete sie dank ihrer fachlichen Kompetenz und ihrer offenen und freundlichen Art positiv. In Gesprächen ermittelte sie die Anliegen und Probleme der Kinder und der Eltern und bot beratende Unterstützung an. Auch in schwierigen Einzelfällen fand sie tragfähige Lösungen.

4320213m Dank seiner interkulturellen Aufgeschlossenheit und seines Einfühlungsvermögens ging er engagiert auf die (jugendlichen) Flüchtlinge und ihre Bedürfnisse ein. Trotz der sprachlichen Barrieren baute er ein tragfähiges Vertrauensverhältnis zu ihnen auf. Problematische Krisensituationen löste er angemessen.

4320214n Durch seine Kontaktstärke und seine verbindliche Art gelang es ihm stets, zu allen Heimbewohnern und ihren Angehörigen gute Beziehungen aufzubauen. Er sorgte für eine entspannte Wohnatmosphäre. Das individuelle Eingehen auf die Bewohner war ihm sehr wichtig. Hier hat er stets professionelle Hilfe durch eine auf die Klienten zentrierte Gesprächsführung geleistet und somit die psychischen Befindlichkeiten der Bewohner berücksichtigt. Krisensituationen in der Hausgemeinschaft löste er routiniert.

4320215o Sie erfasste schnell die psychosozialen Schwierigkeiten der Klientinnen. Durch ihr Einfühlungsvermögen sowie ihre ausdauernde Beharrlichkeit und kontinuierliche Motivationsarbeit fand sie auch Kontakt zu hoch introvertierten Klientinnen in problematischen Lebenslagen. Durch beständiges Kontakthalten und ihr helfende Ermunterung versetzte sie die Betreuten in die Lage, Vertrauen aufzubauen und Hilfe zuzulassen.

4320216p Sie wurde von unseren Kooperationspartnern und Verhandlungspartnern in der öffentlichen Verwaltung sowie von den Mitarbeitern in weiteren Einrichtungen der Sozialarbeit sehr geschätzt.

4320300	**Sozialverhalten gegenüber Externen bei befriedigender Beurteilung**
4320301a	Auch sein Verhalten gegenüber unseren Kunden und anderen Geschäftspartnern war einwandfrei.
4320302b	Mit den Anwendern hat er gut zusammengearbeitet.
4320303c	Unsere Gäste / Kunden hat sie freundlich und fachgerecht bedient.
4320304d	Durch sein korrektes Erscheinungsbild hat er zu einer guten Präsentation unseres Hauses gegenüber unseren Gästen / Kunden beigetragen.
4320305e	Im Umgang mit anspruchsvollen und schwierigen Privatkunden bewies sie Geschick.
4320306f	Unseren Geschäftspartnern und Kunden gegenüber trat er zuvorkommend auf.
4320307g	Auch im Publikumsverkehr zeigte er psychologisches Geschick.
	Bausteine bei sozialer und pädagogischer Arbeit
	Klienten = Kinder und Jugendliche, Eltern und Bezugspersonen, ältere Menschen, Menschen in Notlagen, Flüchtlinge
4320308k	Auf die Bedürfnisse der Kinder ging sie ein und schaffte fördernde und fordernde Bedingungen. Im Umgang mit ihnen zeigte sie eine liebevolle, aber auch eine konsequente Art.
4320309l	Die Zusammenarbeit mit den Eltern und Bezugspersonen gestaltete sie dank ihrer freundlichen Art positiv. In Gesprächen ermittelte sie die Anliegen und Probleme der Kinder und der Eltern und bot beratende Unterstützung an.
4320310m	Mit Einfühlungsvermögen reagierte er auf die Bedürfnisse der (jugendlichen) Flüchtlinge. Trotz der sprachlichen Barrieren baute er ein Vertrauensverhältnis zu ihnen auf. In Krisensituationen handelte er angemessen.
4320311n	Es gelang ihm, zu den Heimbewohnern und ihren Angehörigen Beziehungen aufzubauen. Er sorgte für eine entspannte Wohnatmosphäre. Das individuelle Eingehen auf die Bewohner war ihm wichtig. Ihre psychischen Befindlichkeiten hat er berücksichtigt. In Krisensituationen der Hausgemeinschaft reagierte er routiniert.
4320312o	Sie erfasste schnell die psychosozialen Schwierigkeiten der Klientinnen. Durch ihr Einfühlungsvermögen sowie ihre Beharrlichkeit und Motivationsarbeit fand sie auch Kontakt zu hoch introvertierten Klientinnen. Durch beständiges Kontakthalten versetzte sie die Betreuten in die Lage, Hilfe zuzulassen.

4320313p Sie arbeitete mit unseren Partnern in der öffentlichen Verwaltung sowie mit den Mitarbeitern in weiteren Einrichtungen der Sozialarbeit sachlich zusammen.

4320400 Sozialverhalten gegenüber Externen bei ausreichender Beurteilung

4320401a Auch sein Verhalten gegenüber unseren Kunden und anderen Geschäftspartnern war nicht zu beanstanden.

4320402b Mit den Anwendern hat er zu unserer Zufriedenheit zusammengearbeitet.

4320403c Unsere Gäste / Kunden hat sie mit der nötigen Freundlichkeit bedient.

4320404d Durch sein Erscheinungsbild hat er zur Wirkung unseres Hauses gegenüber unseren Gästen / Kunden beigetragen.

Bausteine bei sozialer und pädagogischer Arbeit

Klienten = Kinder und Jugendliche, Eltern und Bezugspersonen, ältere Menschen, Menschen in Notlagen, Flüchtlinge

4320405k Sie sah die Bedürfnisse der Kinder und schaffte fordernde Bedingungen. Im Umgang mit ihnen zeigte sie eine konsequente Art.

4320406l Die Zusammenarbeit mit den Eltern und Bezugspersonen gestaltete sie positiv. Sie bot oft Unterstützung an.

4320407m Er reagierte auf die Bedürfnisse der (jugendlichen) Flüchtlinge. Trotz der sprachlichen Barrieren gelang ihm die Zusammenarbeit. In Krisensituationen suchte er angemessene Lösungen.

4320408n Es gelang ihm, zu den Heimbewohnern Beziehungen aufzubauen. In Krisensituationen in der Hausgemeinschaft versuchte er zu helfen.

4320409o Sie erfasste die Schwierigkeiten der Klientinnen und fand auch Kontakt zu introvertierten Klientinnen.

4320500 Sozialverhalten gegenüber Externen bei mangelhafter Beurteilung

4320501a Er bemühte sich stets um ein höfliches Verhalten gegenüber unseren Kunden und anderen Geschäftspartnern.

4320502b Er war stets an einer guten und reibungslosen Zusammenarbeit mit den Anwendern interessiert.

4320503c Gegenüber unseren Gästen / Kunden hat sie sich stets um Freundlichkeit bemüht.

4320504d Er war stets bestrebt, durch sein Erscheinungsbild zur Präsentation unseres Hauses gegenüber unseren Gästen / Kunden positiv beizutragen.

4320505* Zu unseren Kunden strebte er stets ein gutes Verhältnis an. Ihre Wünsche nahm er jederzeit zur Kenntnis.

4320506* Unseren Geschäftspartnern und Kunden gegenüber war sie stets um Höflichkeit bemüht.

4320507* Er erfreute sich als AUSSENDIENSTMITARBEITER bei den Kunden allgemeiner Akzeptanz und war dort schnell beliebt.

4330000 Sozialverhalten – Sonstiges Verhalten von Tarifangestellten

Auf eine Beurteilung des sonstigen Verhaltens wird in vielen Zeugnissen verzichtet. Man kann daher aus einer fehlenden Beurteilung (Leerstelle) nicht auf Mängel im sonstigen Verhalten schließen.

4330100 Sonstiges Verhalten bei sehr guter Beurteilung

4330101a Mit den Mitarbeitern aller Hierarchieebenen ist er jederzeit sehr gut zurechtgekommen. Er ist ein überzeugter Teamworker und fügte sich stets vorbildlich in die wechselnden Projektteams ein.

4330102b Ihre Kooperationspartner informierte Frau NAME im Rahmen des Arbeitsflusses stets sachlich richtig und frühzeitig.

4330103c Mit ihren exzellenten Umgangsformen waren wir stets außerordentlich zufrieden.

4330104d Persönliche Belange stelle Frau NAME im Firmeninteresse jederzeit bereitwillig zurück.

4330105e Hervorzuheben ist sein stets bestimmtes und zugleich kompromissbereites Verhalten bei auftretenden Sachproblemen.

4330106f Erwähnenswert ist auch sein pädagogisches Geschick. Unsere Auszubildenden haben stets sehr gerne von ihm gelernt.

4330107* Wegen seiner Tätigkeit als KASSIERER erwähnen wir, dass er stets absolut zuverlässig und ehrlich war.

4330108* Sie bearbeitete als VORSTANDSSEKTRETÄRIN laufend vertrauliche Vorgänge und Personalangelegenheiten sowie Betriebs- und Geschäftsgeheimnisse mit absoluter Diskretion. Wir konnten uns auf sie jederzeit absolut verlassen.

4330109* Alle Personalangelegenheiten bearbeitete sie absolut vertraulich. Alle Datenschutzbestimmungen hielt sie jederzeit strikt ein.

4330110* Sie war eine absolut vertrauenswürdige und loyale Mitarbeiterin und überzeugte im persönlichen und telefonischen Umgang mit Personen aller Ebenen.

4330111* In hohem Maße verfügte er über das für diese Tätigkeit erforderliche Takt- und Feingefühl.

4330112* In innovativen Projekten vertrat er als teamorientierter Mitarbeiter sachlich und mit Überzeugungsvermögen seine Position, respektierte aber auch die Beiträge anderer. Er hörte gut zu, beteiligte sich aktiv am Meinungsbildungsprozess im Team und vertrat intensiv die gemeinsame Lösung.

4330113* Er war jederzeit ein absolut vertrauenswürdiger Mitarbeiter.

4330200 Sonstiges Verhalten bei guter Beurteilung

4330201a Mit den Mitarbeitern aller Hierarchieebenen ist er jederzeit gut zurechtgekommen. Er fügte sich stets einwandfrei in die wechselnden Projektteams ein.

4330202b Ihre Kooperationspartner informierte sie im Rahmen des Arbeitsflusses sachlich richtig und rechtzeitig.

4330203c Mit ihren guten Umgangsformen waren wir stets voll zufrieden.

4330204d Persönliche Belange stellte sie im Firmeninteresse bereitwillig zurück.

4330205e Hervorzuheben ist sein bestimmtes und zugleich kompromissbereites Verhalten bei auftretenden Sachproblemen.

4330206f Erwähnenswert ist auch sein pädagogisches Geschick. Unsere Auszubildenden haben stets gern von ihm gelernt.

4330207* Aufgrund ihres höflichen, aber bestimmten / konsequenten Verhaltens war sie anerkannt und respektiert.

4330300 Sonstiges Verhalten bei befriedigender Beurteilung

4330301a Mit den Mitarbeitern aller Hierarchieebenen ist er gut zurechtgekommen. Er fügte sich einwandfrei in die wechselnden Projektteams ein.

4330302b Ihre Kooperationspartner informierte sie im Rahmen des Arbeitsflusses sachlich richtig.

4330303c Mit ihren Umgangsformen waren wir voll zufrieden.

4330304d Persönliche Belange stellte sie im Firmeninteresse zurück.

4330305e Hervorzuheben ist sein kompromissbereites Verhalten bei auftretenden Sachproblemen.

4330400 Sonstiges Verhalten bei ausreichender Beurteilung

4330401a In die wechselnden Projektteams fügte er sich zu unserer Zufriedenheit ein.

4330402b Informationen gab sie auf Anfrage weiter.

4330403c Mit ihren Umgangsformen waren wir zufrieden.

4330404* Er entwickelte den für Projektarbeit notwendigen Teamgeist, was für seine Tätigkeit als PROGRAMMIERER sehr wichtig war.

4330405* Als kommunikationsfreudige Mitarbeiterin war sie eine gesuchte Gesprächspartnerin.

4330406* Er war ein meinungs- und diskutierfreudiger Mitarbeiter. Kooperation und Teamarbeit sind ihm nicht fremd.

4330407* Sie übte Kritik, akzeptierte sie aber auch.

4330408* Seine eigenen Stärken und Schwächen kann er realistisch einschätzen.

4330409d Persönliche Belange stellte sie im Firmeninteresse manchmal zurück.

4330500 Sonstiges Verhalten bei mangelhafter Beurteilung

4330501a In die wechselnden Projektteams fügte er sich insgesamt zu unserer Zufriedenheit ein.

4330502b Ihre Kooperationspartner informierte sie in der Regel richtig und rechtzeitig.

4330503c Mit ihren Umgangsformen waren wir im Großen und Ganzen zufrieden.

4330504* Er war ein wenig auffälliger Mitarbeiter, mit dem es selten Probleme gab.

4330505* Stets war er intensiv bestrebt, bei der Dienstübergabe die Kollegen pünktlich abzulösen.

4330506* Alle seine Hauptleistungspflichten hat er erfüllt. Er war stets willens, getroffene Vereinbarungen und Zusagen einzuhalten. *(Mängel bei Nebenpflichten)*

4330507* Sie war eine Mitarbeiterin mit Prinzipien und festgefügten Ansichten, die sie intensiv vertrat. *(Unflexibel; rechthaberisch)*

4330508* Sein Verhalten war angemessen. Er war grundsätzlich ein verträglicher Mitarbeiter. *(Schwieriger Mitarbeiter)*

4330509* Es erübrigt sich zu sagen, dass er die Verschwiegenheit, die seine Aufgaben erfordern, gewahrt hat.

4330510* Diese Vertrauensstellung erforderte Verschwiegenheit / Diskretion.

4330511* In seiner Funktion als BEZEICHNUNG war Loyalität eine unverzichtbare Anforderung.

4330512* Er war jederzeit ein kritischer Mitarbeiter, der an das Unternehmen und seine Kollegen hohe Ansprüche stellte. *(Nörgler)*

4330513* Die Grundsätze ordnungsmäßiger Buchführung waren ihm bekannt. *(Hat sie nicht befolgt)*

4330514* Er war gegenüber seinem Vorgesetzten / seinen Kollegen ehrlich. *(Alternativ)*

4330515* Bis zum DATUM hatten wir ihr die Führung der Kasse anvertraut.

4330516* Er war stets bestrebt, das in ihn gesetzte Vertrauen zu rechtfertigen und seine Treuepflichten aus dem Arbeitsverhältnis zu erfüllen.

4330517* Diese Vertrauensposition erforderte absolute Zuverlässigkeit und Vertrauenswürdigkeit.

4330518* Er verstand es geschickt, seine Interessen mit denen des Unternehmens zu verbinden. So hat auch er von unseren Geschäftsbeziehungen profitiert. *(Andeutung von Konkurrenztätigkeit, bzw. Unregelmäßigkeiten)*

4330519* Auch bei allen mit seiner Tätigkeit verbundenen Abrechnungsaufgaben war er grundsätzlich an korrekten Angaben entsprechend unserer Spesenordnung interessiert.

4330520* Auch bei seinen Verkaufstouren / Fahrten mit dem Firmenwagen zeigte er sich an einem zuverlässigen und korrekten Verhalten interessiert.

4330521* Es war ihr Anliegen, sich auch bezüglich der vertraglichen Nebenpflichten stets korrekt zu verhalten.

4330522* Er ist willens, seine eigenen Stärken und Schwächen realistisch einzuschätzen.

4400000 Sozialverhalten von außertariflichen und leitenden Angestellten

Bitte wählen Sie unter Beachtung der Notenstufen je einen Baustein aus den Gruppen 4410 Sozialverhalten gegenüber Internen (Vorgesetzte und Mitarbeiter), ggf. 4420 Sozialverhalten gegenüber Externen (Kunden und andere) und 4430 Sonstiges Verhalten.

4410000 Sozialverhalten von außertariflichen und leitenden Angestellten gegenüber Internen

4410100 Sozialverhalten gegenüber Internen bei sehr guter Beurteilung

4410101a Durch seine charakterliche Integrität und sein aktives und kooperatives Wesen war Herr NAME stets beim Vorstand, im Management und bei den Mitarbeitern gleichermaßen sehr anerkannt und beliebt. Er trug in hohem Maße zu einem effizienten und harmonischen Betriebsklima bei.

4410102b Wegen seines Kooperationsvermögens, seiner Vertrauenswürdigkeit und seiner konzilianten, aber bestimmten Verhaltensweise war Herr NAME bei Vorgesetzten, Kollegen und Mitarbeitern gleichermaßen anerkannt und sehr geschätzt. Auch in unseren Zweigwerken wurde er stets gern gesehen.

4410103c Das Verhalten von Frau NAME gegenüber Vorgesetzten, Kollegen und Mitarbeitern war stets vorbildlich.

4410104d Ihre Kooperation mit Vorgesetzten, Kollegen und Mitarbeitern war stets sehr gut. Frau NAME lebte den in unserem Hause gewünschten Partnerschafts- und Netzwerkgedanken aktiv vor.

4410105e Durch seine hohe fachliche Leistung und durch seine überzeugende Persönlichkeit erwarb Herr NAME sich die Anerkennung und Wertschätzung seiner Vorgesetzten und Kollegen und seines Mitarbeiterstabes.

4410106f Bei der Geschäftsführung, beim Management und bei den Mitarbeitern war Herr NAME wegen seines ressortübergreifenden Denkens, seiner Objektivität und seiner sympathischen Ausstrahlung stets sehr anerkannt, geschätzt und beliebt.

4410107g Sein ausgeglichenes, aber bestimmtes Wesen sicherte Herrn NAME stets ein sehr gutes und harmonisches Verhältnis zu Vorgesetzten, Kollegen und Mitarbeitern.

4410108h Ihr Verhalten zu Vorgesetzten, Kollegen und Mitarbeitern war stets vorbildlich. Hervorzuheben sind bei Frau NAME Teamorientiertheit und ihr ausgezeichnetes Gespür für den Umgang mit Mitarbeiterinnen und Mitarbeitern aller Ebenen.

4410109i Sein Verhältnis zur Geschäftsleitung, seine Einbindung im Managementkollegium und sein offener Umgang mit den Mitarbeitern waren stets vorbildlich. Die bereichsübergreifende Kooperation wurde von Herrn NAME in sehr positiver Weise mitgeprägt.

4410110* Sein Verhalten war jederzeit mustergültig. Im Umgang mit Vorgesetzten, Gleichgestellten und Mitarbeitern machten Herrn NAME seine Kontaktfreudigkeit, sein sicheres, unaufdringliches Verhalten und seine Zuverlässigkeit in der Einhaltung gegebener Zusagen zu einem gesuchten Kooperations- und Gesprächspartner.

4410111* Durch ihre fachliche und menschlich überzeugende Persönlichkeit erwarb Frau NAME sich die Anerkennung der Geschäftsleitung, der Managementkollegen und der Mitarbeiter. Für alle Mitglieder des Vorstandes / der Geschäftsführung war sie stets, auch über Fragen ihres Fachgebietes hinaus, eine gesuchte und respektierte Gesprächspartnerin.

4410112* Sein Verhältnis zur Geschäftsleitung, zu den Führungskräften und Mitarbeitern und Mitarbeiterinnen war jederzeit vorbildlich. Herr NAME besitzt als Personalleiter die erforderliche Menschenkenntnis und Sensibilität für den Umgang mit Gesprächs- und Verhandlungspartnern unterschiedlicher Mentalität und verschiedener hierarchischer Ebenen. Als fachlich und menschlich kompetente und stabile Persönlichkeit hat er die in der Personalarbeit zwangsläufig zutage tretenden Probleme und Interessengegensätze mit Argumentations- und Überzeugungskraft und mit diplomatischem Geschick gelöst. So verstand er es, soziale Verantwortung mit erfolgreicher Personalarbeit zu verbinden.

4410113* Ihr Verhalten gegenüber den Gesellschaftern, wichtigen Stakeholdern und innerhalb des Vorstandes/der Geschäftsführung sowie zu allen Führungskräften und Mitarbeitern war jederzeit vorbildlich.

4410200 Sozialverhalten gegenüber Internen bei guter Beurteilung

4410201a Durch ihre Integrität und ihr aktives und kooperatives Wesen war Frau NAME beim Vorstand, im Management und bei den Mitarbeitern gleichermaßen sehr anerkannt und beliebt. Sie trug wesentlich zu einem effizienten und harmonischen Betriebsklima bei.

4410202b Wegen seiner Vertrauenswürdigkeit und seiner verbindlichen, aber bestimmten Verhaltensweise war Herr NAME bei Vorgesetzten, Kollegen und Mitarbeitern gleichermaßen anerkannt und geschätzt. Auch in unseren Zweigwerken wurde er gern gesehen.

4410203c Das Verhalten von Frau NAME gegenüber Vorgesetzten, Kollegen und Mitarbeitern war immer einwandfrei.

4410204d Ihre Kooperation mit Vorgesetzten, Kollegen und Mitarbeitern war stets gut. Frau NAME lebte den in unserem Haus gewünschten Partnerschafts- und Netzwerkgedanken vor.

4410205e Durch seine hohe fachliche Leistung und durch seine Persönlichkeit erwarb Herr NAME sich die Anerkennung und Wertschätzung seiner Vorgesetzten und Kollegen und seines Mitarbeiterstabes.

4410206f Bei der Geschäftsführung, beim Management und bei den Mitarbeitern war Herr NAME wegen seiner Objektivität und seiner sympathischen Art sehr anerkannt, geschätzt und beliebt.

4410207g Sein ausgeglichenes, aber bestimmtes Wesen sicherte Herrn NAME stets ein gutes Verhältnis zu Vorgesetzten, Kollegen und Mitarbeitern.

4410208h Ihr Verhalten zu Vorgesetzten, Kollegen, Mitarbeiterinnen und Mitarbeitern war einwandfrei. Frau NAME war teamorientiert und hatte ein gutes Gespür für den Umgang mit den Mitarbeiterinnen und Mitarbeitern aller Ebenen.

4410209i Sein Verhältnis zur Geschäftsleitung, seine Einbindung im Managementkollegium und sein Zugang zu den Mitarbeitern waren einwandfrei. Die bereichsübergreifende Kooperation wurde von Herrn NAME in positiver Weise mitgeprägt.

4410300 Sozialverhalten gegenüber Internen bei befriedigender Beurteilung

Einige der folgenden Textbausteine drücken nur eine befriedigende Beurteilung aus, weil in ihnen der Vorgesetzte erst an zweiter Stelle genannt wird (Reihenfolge-Technik). Einige der folgenden Textbausteine drücken nur eine befriedigende und in der nächsten Gruppe ausreichende Beurteilung aus, weil in ihnen, wenn auch verneint, Negativbegriffe wie z.B. Beanstandung, Tadel oder Klage auftreten (Negations-Technik).

4410301a Durch ihr kooperatives Wesen war Frau NAME beim Vorstand, im Management und bei den Mitarbeiterinnen und Mitarbeitern gleichermaßen anerkannt und beliebt.

4410302b Wegen seiner Vertrauenswürdigkeit und seiner verbindlichen, aber bestimmten Verhaltensweise war Herr NAME bei Mitarbeitern, Kollegen und Vorgesetzten gleichermaßen anerkannt und geschätzt.

4410303c Das Verhalten von Frau NAME gegenüber Vorgesetzten, Kollegen und Mitarbeitern war einwandfrei.

4410304d Ihre Kooperation mit Vorgesetzten, Kollegen und Mitarbeitern war gut.

4410305e Durch ihre fachliche Leistung und durch ihre Art erwarb Frau NAME sich die Anerkennung ihrer Kollegen und Vorgesetzten und ihres Mitarbeiterstabs.

4410306f Bei den Mitarbeitern, beim Management und bei der Geschäftsführung war Herr NAME geschätzt und beliebt.

4410307g Sein ausgeglichenes, aber bestimmtes Wesen sicherte Herrn NAME ein gutes Verhältnis zu Mitarbeitern, Kollegen und Vorgesetzten.

4410308h Sein Verhalten zu Mitarbeitern, Kollegen und Vorgesetzten war voll zufriedenstellend.

4410400 Sozialverhalten gegenüber Internen bei ausreichender Beurteilung

Einige der folgenden Textbausteine drücken nur eine ausreichende Beurteilung aus, weil entweder der Vorgesetzte oder die Kollegen nicht erwähnt sind (Leerstellen-Technik).

4410401a Aufgrund seines kooperativen Wesens war Herr NAME allseits anerkannt.

4410402b Wegen seiner verbindlichen Verhaltensweise war Herr NAME bei den Mitarbeitern anerkannt und geschätzt.

4410403c Das Verhalten von Frau NAME gegenüber Vorgesetzten, Kollegen und Mitarbeitern war zufriedenstellend.

4410404d Ihre Kooperation mit Mitarbeitern, Kollegen und Vorgesetzten war zufriedenstellend.

4410405e Das Verhalten von Herrn NAME war korrekt.

4410406* Herr NAME vertritt konsequent seine Auffassungen. Wegen seines unbestrittenen Kooperationsvermögens war er anerkannt.

4410500 Sozialverhalten gegenüber Internen bei mangelhafter Beurteilung

Eine mangelhafte Beurteilung kann hier auch durch eine fehlende Aussage zum Sozialverhalten ausgedrückt werden (Leerstellen-Technik).

4410501a Durch seine kooperationsgeneigte Art war Herr NAME bei den Mitarbeitern und auch im Management anerkannt.

4410502b Seine verbindliche Verhaltensweise wird allseits anerkannt und geschätzt.

4410503c Das Verhalten von Frau NAME gegenüber Vorgesetzten, Kollegen und Mitarbeitern war insgesamt einwandfrei.

4410504d Die Kooperation mit Mitarbeitern, Kollegen und Vorgesetzten war problemorientiert insgesamt zufriedenstellend.

4410505e Gegenüber den Mitarbeitern / Vorgesetzten verhielt Herr NAME sich korrekt. *(Alternativ)*

4410506* Herr NAME war eine eigenständige Persönlichkeit und trat den Vorgesetzten jederzeit unbeschwert und offen entgegen. *(Schwieriger Mitarbeiter)*

4420000 Sozialverhalten von außertariflichen und leitenden Angestellten gegenüber Externen

Auf eine Beurteilung des Verhaltens gegenüber Externen wird in vielen Zeugnissen verzichtet. Man kann daher aus einer fehlenden Beurteilung (Leerstelle) nicht auf Mängel im Verhalten zu Externen schließen.

4420100 Sozialverhalten gegenüber Externen bei sehr guter Beurteilung

4420101a Auch sein Auftreten gegenüber unseren Kunden und anderen Geschäftspartnern war stets vorbildlich.

4420102b Sein ausgeprägtes Kontaktvermögen und seine Geradlinigkeit führten zu einer jederzeit positiven und sehr erfolgreichen Zusammenarbeit mit unseren Kunden. Besonders hervorzuheben sind seine Extraversion und seine Akquisitionsstärke.

4420103c Bei unserer Kundschaft, insbesondere auch bei unseren Key-Accounts und Referenzkunden, genoss sie stets sehr hohes Ansehen. In Verhandlungen verband sie erfolgreich Flexibilität mit Stehvermögen und Überzeugungsfähigkeit.

4420104d Auch seine Kooperation mit einer Unternehmensberatung bei unserem Projekt BEZEICHNUNG war stets vorbildlich und sehr produktiv.

4420105e Seine Art, mit Gesprächs- und Verhandlungspartnern umzugehen, war vor allem geprägt durch Sachlichkeit, Höflichkeit und gegenseitigem Respekt. Daher war er auch bei unseren Geschäftsfreunden stets sehr anerkannt, geschätzt und beliebt.

4420106f Auch von unseren Geschäftsfreunden wurde Frau NAME stets sehr geschätzt. Sie besaß die ausgeprägte Gabe, bei ihren Verhandlungspartnern rasch eine tragfähige Vertrauensbasis zu schaffen, was in unserer Branche beim Abschluss von BEZEICHNUNG-Geschäften erfolgsentscheidend ist.

4420107g Gegenüber unseren Geschäfts- und Verbundpartnern trat er stets sehr sicher und gewandt und mit sehr gutem Verhandlungsgeschick auf. Er hat maßgeblich dazu beigetragen, die Kundenzufriedenheit und die Kundenbindung zu erhöhen.

4420108h In der Öffentlichkeit, bei unseren Mitgliedern und bei den Kunden genoss Frau NAME stets höchstes Ansehen. *(Bei Genossenschaften und Verbänden)*

4420109i Auch sein Auftreten bei ARCHITEKTEN und anderen wichtigen Meinungsbildnern war stets vorbildlich.

4420110j Auch seine Kooperation mit Planungs- und Ingenieurbüros / Architektenbüros war stets vorbildlich.

4420111k In unseren Verbindungen zu Behörden erwies er sich stets als umsichtiger Gesprächs- und Verhandlungspartner.

4420112l Seine vernünftigen und konstruktiven Lösungsvorschläge zu Problemstellungen, sein sachlicher Verhandlungsstil und seine absolute Vertrauenswürdigkeit machten ihn innerhalb und außerhalb unseres Hauses zu einem in jeder Hinsicht sehr geschätzten Kooperations- und Verhandlungspartner / Verhandlungs- und Vertragspartner.

4420113m Durch seine positive Ausstrahlung und sein souveränes Auftreten war er bei unseren externen Gesprächs- und Verhandlungspartnern stets sehr anerkannt und geschätzt.

4420114n Im Rahmen ihrer Funktion nahm Frau NAME unsere Interessen in verschiedenen Gremien wie z. B. AUFZÄHLUNG wahr. Sie hat dort das Unternehmen durch ihr seriöses Auftreten, ihre fachliche Autorität und ihre absolute Verhandlungssicherheit jederzeit sehr überzeugend nach außen vertreten.

4420115o Als SYSTEMANALYTIKER stellte er zu den Mitarbeitern der Anwender stets eine sehr gute Arbeitsbeziehung her. Er hat die besondere Gabe, neue Arbeitsabläufe und EDV-Programme den Anwendern sehr gut erklären zu können.

4420116p Von unseren Kunden und Lieferanten wurde sie als fachlich sehr kompetente und persönlich gewinnende Geschäftspartnerin, die stets mit Geschick die Interessen der Beteiligten zum Nutzen aller in Übereinstimmung brachte, jederzeit sehr geschätzt.

4420117q Auf die individuellen Wünsche unserer vermögenden und anspruchsvollen Privatkunden (des obersten Segments) hat er sich jeweils optimal eingestellt. Sie schätzten seine hohe fachliche Kompetenz, seine überzeugende Beratung und seine aktive Betreuung.

4420118* Ihr gewinnendes Auftreten und ihre sachlich-konstruktive Gesprächs- und Verhandlungsführung halfen ihr, zum Nutzen des Unternehmens viele wichtige Referenzkunden zu gewinnen und zu halten. Auf Messen, bei Präsentationen und bei anderen öffentlichen Anlässen überzeugte sie durch ihre hohe fachliche Kompetenz, ihre Glaubwürdigkeit und ihre geschliffene Rede.

4420119* Besonders hervorzuheben ist sein überzeugendes und gewinnendes Auftreten bei Topkunden und Großkunden. Er wurde hier auch von ausländischen Kunden sowie in internationalen Projekten als fachlich und persönlich kompetenter Kooperations- und Verhandlungspartner stets sehr geschätzt.

4420120* Besonders zu würdigen ist, dass er von unseren Stammkunden wie von potenziellen Kunden, auch bei Gesprächen auf höchster Entscheiderebene in Großunternehmen, als fachlich und persönlich absolut kompetenter Verhandlungs- und Geschäftspartner stets sehr geschätzt wurde.

4420121* Ihr Verhalten gegenüber Vertragspartnern, insbesondere zu Lieferanten, war stets von fairer geschäftlicher Kooperation getragen, wobei unsere Interessen selbstverständlich im Vordergrund standen und zuverlässig und erfolgreich gewahrt wurden.

4420122* Auch in verschiedenen, auf unseren Wunsch übernommenen geschäftlich relevanten Ehrenämtern hat er unsere Interessen (sehr) gut vertreten.

4420123* Sowohl bei seinen Begleitbesuchen zur Unterstützung unserer Außendienstmitarbeiter als auch in den Verhandlungen und Jahresgesprächen mit unseren Großkunden überzeugte er als fachlich kompetenter Problemlöser und als absolut zuverlässiger und fairer Geschäftspartner.

4420124* Unsere Firmenkunden lobten immer wieder ihre umfassende fachliche Qualifikation und ihre Vertrauenswürdigkeit. Sie schätzten ihren Einsatz und ihre durchdachten praxisgerechten und maßgeschneiderten Empfehlungen bei Fragen der Existenzgründung, der Beteiligung, des Außenhandels und der Sanierung.

4420125* Er verstand es, unsere Kooperationspartner fachlich und persönlich kompetent zu betreuen und mit ihnen den Marktauftritt zukunftsorientiert weiterzuentwickeln.

4420126* Sie hat unser Unternehmen in ihrer Funktion und fallweise in Vertretung der Geschäftsführung / des Bereichsleiters jederzeit professionell und souverän / seriös nach außen vertreten.

4420200 Sozialverhalten gegenüber Externen bei guter Beurteilung

4420201a Auch sein Auftreten gegenüber unseren Kunden und anderen Geschäftspartnern war stets einwandfrei.

4420202b Sein gutes Kontaktvermögen und seine Geradlinigkeit führten zu einer positiven und sehr erfolgreichen Zusammenarbeit mit unseren Kunden. Hervorzuheben ist seine Extraversion und seine Akquisitionsstärke.

4420203c Bei unserer Kundschaft genoss sie sehr hohes Ansehen. In Verhandlungen verband sie erfolgreich Flexibilität und Stehvermögen.

4420204d Auch ihre Kooperation mit einer Unternehmensberatung bei unserem Projekt BEZEICHNUNG war stets gut und produktiv.

4420205e Seine Art, mit Gesprächs- und Verhandlungspartnern umzugehen, war vor allem geprägt durch Sachlichkeit und Höflichkeit. Daher war er auch bei unseren Geschäftsfreunden sehr anerkannt, geschätzt und beliebt.

4420206f Auch von unseren Geschäftsfreunden wurde Frau NAME sehr geschätzt. Sie besaß die Gabe, bei ihren Verhandlungspartnern rasch eine Vertrauensbasis zu schaffen, was in unserer Branche sehr wichtig ist.

4420207g Gegenüber unseren Geschäfts- und Verbundpartnern trat er stets sicher und gewandt und mit gutem Verhandlungsgeschick auf.

4420208h In der Öffentlichkeit, bei unseren Mitgliedern und bei den Kunden genoss Frau NAME hohes Ansehen. *(Bei Genossenschaften und Verbänden)*

4420209i Auch sein Auftreten bei ARCHITEKTEN und anderen wichtigen Meinungsbildnern war stets gut.

4420210j Auch seine Kooperation mit Planungs- und Ingenieurbüros / Architektenbüros war stets gut.

4420211k In unseren Verbindungen zu Behörden erwies er sich als umsichtiger und gewandter Gesprächs- und Verhandlungspartner.

4420212l Seine konstruktiven Lösungsvorschläge zu Problemstellungen, sein sachlicher Verhandlungsstil und seine Vertrauenswürdigkeit machten ihn innerhalb und außerhalb unseres Hauses zu einem anerkannten Kooperations- und Verhandlungspartner / Verhandlungs- und Vertragspartner.

4420213m Durch seine Ausstrahlung und sein sicheres Auftreten war er bei unseren externen Gesprächs- und Verhandlungspartnern stets anerkannt und geschätzt.

4420214n Im Rahmen ihrer Funktion nahm Frau NAME unsere Interessen in verschiedenen Gremien wie z. B. AUFZÄHLUNG wahr. Sie hat dort das Unternehmen durch ihr seriöses Auftreten, ihre fachliche Kompetenz und ihre Verhandlungssicherheit überzeugend nach außen vertreten.

4420215o Als SYSTEMANALYTIKER stellte er zu den Mitarbeitern der Anwender stets eine gute Arbeitsbeziehung her. Er hat die Gabe, neue organisatorische Strukturen, Arbeitsabläufe und IT-Programme den Anwendern gut erklären zu können.

4420216p Von unseren Kunden und Lieferanten wurde sie als kompetente und persönlich gewinnende Geschäftspartnerin, die stets die Interessen der Beteiligten zum Nutzen aller in Übereinstimmung brachte, geschätzt.

4420217q Auf die individuellen Wünsche unserer vermögenden und anspruchsvollen Privatkunden hat er sich jeweils gut eingestellt. Sie schätzten seine fachliche Kompetenz und seine überzeugende Beratung.

4420300 Sozialverhalten gegenüber Externen bei befriedigender Beurteilung

4420301a Auch sein Auftreten gegenüber unseren Kunden und anderen Geschäftspartnern war einwandfrei.

4420302b Sein Kontaktvermögen und seine Geradlinigkeit führten zu einer positiven und erfolgreichen Zusammenarbeit mit unseren Kunden.

4420303c Bei unserer Kundschaft genoss sie wegen ihrer konzilianten Verhandlungsführung Ansehen.

4420304d Auch ihre Kooperation mit einer Unternehmensberatung bei unserem Projekt BEZEICHNUNG war gut.

4420305e Seine Art, mit Gesprächs- und Verhandlungspartnern umzugehen, war geprägt durch Sachlichkeit und Höflichkeit. Daher war er auch bei unseren Geschäftsfreunden geschätzt und beliebt.

4420306f Auch von unseren Geschäftsfreunden wurde Frau NAME geschätzt.

4420307g Gegenüber unseren Geschäfts- und Verbundpartnern trat er sicher und gewandt und mit Verhandlungsgeschick auf.

4420308h In der Öffentlichkeit, bei unseren Mitgliedern und bei den Kunden genoss Frau NAME Ansehen. *(Bei Genossenschaften und Verbänden)*

4420309i	Auch sein Auftreten bei ARCHITEKTEN und anderen wichtigen Meinungsbildnern war gut.
4420310j	Auch seine Kooperation mit Planungs- und Ingenieurbüros / Architektenbüros war gut.
4420400	**Sozialverhalten gegenüber Externen bei ausreichender Beurteilung**
4420401a	Auch sein Auftreten gegenüber unseren Kunden und anderen Geschäftspartnern war nicht zu beanstanden.
4420402b	Sein Kontaktvermögen gewährleistete eine stete Zusammenarbeit mit unseren Kunden.
4420403c	Von unserer Kundschaft wurde sie durchaus als Ansprechpartnerin anerkannt.
4420404d	Auch ihre Kooperation mit einer Unternehmensberatung bei unserem Projekt BEZEICHNUNG war zufriedenstellend.
4420500	**Sozialverhalten gegenüber Externen bei mangelhafter Beurteilung**
4420501a	Auch sein Auftreten gegenüber unseren Kunden und anderen Geschäftspartnern war kaum zu beanstanden.
4420502b	Er verfügte auch über das notwendige Kontaktvermögen als Ansprechpartner für unsere Kunden.
4420503c	Sie bemühte sich stets sehr um die Anerkennung unserer Kundschaft.
4420504d	Auch ihre Kooperation mit einer Unternehmensberatung bei unserem Projekt BEZEICHNUNG war insgesamt zufriedenstellend.
4420505*	Es war stets sein Anliegen, durch sein Erscheinungsbild zur Präsentation unseres Hauses nach außen wirkungsvoll beizutragen.
4420506*	Wir bestätigen ihr gern, dass sie von unserer Kundschaft als Gesprächspartnerin akzeptiert wurde.
4420507*	Besonders aufgrund seines höflichen Auftretens war er bei unseren Kunden schnell beliebt.
4420508*	In ihren Verhandlungen mit unseren Kunden vertrat sie die Interessen der Firma, was sich in entsprechenden Geschäftsabschlüssen niederschlug.
4420509*	Auch bei unseren Kunden war er sehr schnell beliebt. Er erfreute sich dort wegen seines angenehmen Verhandlungsstils großer Akzeptanz.
4420510*	Gerade für ein Dienstleistungsunternehmen ist die Pflege der Kundenbeziehungen existenziell wichtig. Sie bahnte deshalb zahlreiche Kontakte an und versuchte, diese in unserem Interesse zu nutzen und zu vertiefen.

4430000 Sozialverhalten – Sonstiges Verhalten von außertariflichen und leitenden Angestellten

Auf eine Beurteilung des sonstigen Verhaltens wird in vielen Zeugnissen verzichtet. Man kann daher aus einer fehlenden Beurteilung (Leerstelle) nicht auf Mängel im sonstigen Verhalten schließen.

4430100 Sonstiges Verhalten bei sehr guter Beurteilung

4430101a Besonders hervorzuheben sind seine absolute Integrität und sein hoch ausgeprägtes Überzeugungs- und Durchsetzungsvermögen.

4430102b Die Interessen der Firma hatten für Frau NAME jederzeit höchste Priorität.

4430103c Besonders hervorzuheben ist sein stets bestimmtes und zugleich rationales und kompromissbereites Verhalten bei der Lösung aller auftretenden Sachprobleme.

4430104d Herr NAME ist je nach der Art der Aufträge vielseitig einsetzbar. Er kann Projektaufträge sehr gut eigenständig lösen. Er wirkte aber auch stets sehr produktiv und kooperativ in den wechselnden Projektgruppen mit.

4430105e In den Gesprächen und Verhandlungen mit dem Betriebsrat bewies er Durchsetzungsvermögen und Flexibilität, sodass stets tragfähige Kompromisse im Firmeninteresse erreicht wurden.

4430106f Als PERSONALLEITERIN zeigte sie stets großes Geschick im täglichen Umgang mit den Betriebsangehörigen aller Abteilungen.

4430107g Hervorzuheben ist seine hochentwickelte Kunst, adressaten- und situationsgerecht zu argumentieren. Sein konstruktiver und überzeugender Stil machte ihn zu einem geschätzten Gesprächs- und Verhandlungsführer, dessen Kompromissvorschläge in Personal- und Sachfragen stets allseits große Beachtung und Zustimmung fanden.

4430108h Als Projektleiter stellte er zu allen beteiligten Abteilungen sehr gute Kontakte her. Auftretende Prioritätsfragen zwischen der Projektarbeit und den Routinetätigkeiten meisterte er dank seines Moderationsvermögens stets mit viel Geschick und Fairness zur allseitigen vollkommenen Zufriedenheit.

4430109i Besonders positiv zu würdigen sind seine große Aufgeschlossenheit und seine sehr gute Eignung für interdisziplinäre / multiprofessionelle Teamarbeit. Bei Projekt- und Teamsitzungen wirkte er als Moderator und Teammotivator. Er beherrscht sicher moderne Moderations- und Präsentationstechniken wie Meta-Plan und Mind-Mapping und schafft es so, alle Teilnehmer zu Beiträgen zu aktivieren und in die Diskussion einzubinden.

4430110j Besonders positiv zu würdigen sind seine große Aufgeschlossenheit und seine sehr gute Eignung für die Mitwirkung in internationalen und multiprofessionellen Projektteams.

4430111k Für alle Mitglieder der Geschäftsführung war er stets, auch über Probleme seines Fachgebietes hinaus, ein gefragter und anerkannter Gesprächspartner und Berater.

4430112l Herr NAME besaß persönliches Format, die Fähigkeit zur Veränderung, fachliche und persönliche Durchsetzungsstärke sowie eine teamfähige, stabile Persönlichkeit.

4430113m Er verband Verbindlichkeit in der Form mit Rationalität und Entschiedenheit in der Sache. Die Zusammenarbeit mit Herrn NAME war stets in jeder Hinsicht von wechselseitigem Vertrauen und bestem Einvernehmen getragen.

4430114n Frau NAME hat mit der Geschäftsleitung stets absolut vertrauensvoll zusammengearbeitet. Hervorzuheben ist ihr wertkonservatives, geradliniges Auftreten.

4430115o Herr NAME war ein sehr anregender Partner und Berater, der seine eigene Auffassung überzeugend begründen konnte, der aber auch bereit war, vorgegebene Rahmenbedingungen und Optionen zu akzeptieren und durch Eigeninitiative optimal zu nutzen.

4430116* Wegen seiner Tätigkeit als LEITER DER MATERIALWIRTSCHAFT erwähnen wir, dass er stets absolut zuverlässig und ehrlich war.

4430117* Als integre und seriöse Persönlichkeit genoss er in jeder Hinsicht das Vertrauen der Geschäftsleitung.

4430118* Sie war in jeder Hinsicht absolut loyal und genoss stets das absolute Vertrauen der Geschäftsleitung. Ihre Spezialaufträge, zu deren Lösung sie Zugang zu allen streng vertraulichen strategischen Planungen und geschäftspolitischen Daten hatte, erledigte sie jederzeit mit höchster Diskretion.

4430119* Im Sinne des Netzwerkgedankens praktizierte er eine abteilungs- und projektübergreifende Kommunikation. Besonders hervorzuheben ist sein Vermögen, bei unternehmenspolitischen Entscheidungen den überzeugenden Konsens zu suchen und zu finden.

4430120* Entschlusskraft und Durchsetzungsvermögen, verbunden mit diplomatischem Geschick, Kollegialität und Integrationsvermögen sowie absolute Loyalität und Vertrauenswürdigkeit gehören zu seinen charakterlichen Eigenschaften.

4430121* Durch die von ihm eingeführten und geleiteten regelmäßigen Abteilungsleiter-Besprechungen wurden der wechselseitige Informationsfluss und die Effizienz in der Zusammenarbeit der Abteilungen zum Nutzen des Unternehmens sehr wesentlich gesteigert.

4430122* Er besaß wegen seiner Loyalität und Integrität jederzeit das absolute Vertrauen der Aktionäre / der Anteilseigner / der Gesellschafter / der Hauptversammlung / der Geschäftsführung / des Vorstandes / der Muttergesellschaft. *(Alternativ oder ausgewählt kumulativ)*

4430123p Sein Informations- und Kommunikationsverhalten war immer zeitgerecht und offen und für alle Teammitglieder motivierend. Dies wirkte sich regelmäßig sehr positiv auf die Gruppenleistung aus.

4430124q In Vergleichen vor Gericht und in außergerichtlichen Verhandlungen erzielte er dank seiner konstruktiven und flexiblen Verhandlungskunst und seines Durchsetzungs- und Überzeugungsvermögens jederzeit sehr gute Ergebnisse für unsere Mandanten. Auf diese Weise erwarb er sich allgemein große Anerkennung und trug zur Erweiterung des Mandantenbestandes bei.

4430125* Durch ihre Sachkompetenz und durch ihre Argumentations- und Überzeugungskraft gewann sie rasch Zustimmung für ihre Vorschläge. Dabei berücksichtigte sie im Interesse sachlicher Kompromisse auch die Ideen und Belange anderer Beteiligter. Durch ihre allseits geachtete Glaubwürdigkeit hat sie oftmals Sachkonflikte konstruktiv gelöst.

4430126* Er war sehr gut im Unternehmen und im Konzern vernetzt und hat die bereichsübergreifende Zusammenarbeit entscheidend gefördert.

4430127* Frau NAME zeigte eine weltoffene Haltung und besitzt interkulturelle Kompetenz. Im Umgang mit internationalen Geschäftspartnern setzte sie die englische Sprache verhandlungssicher ein.

4430200 Sonstiges Verhalten bei guter Beurteilung

4430201a Hervorzuheben sind seine Integrität und sein ausgeprägtes Überzeugungs- und Durchsetzungsvermögen.

4430202b Die Interessen der Firma hatten für Frau NAME jederzeit hohe Priorität.

4430203c Hervorzuheben ist sein bestimmtes und zugleich kompromissbereites Verhalten bei der Lösung aller auftretenden Sachprobleme.

4430204d Herr NAME ist je nach der Art der Aufträge vielseitig einsetzbar. Er kann Projektaufträge gut eigenständig lösen. Er wirkte aber auch sehr produktiv und kooperativ in den wechselnden Projektgruppen mit.

4430205e In den Gesprächen und Verhandlungen mit dem Betriebsrat bewies er Durchsetzungsvermögen und Flexibilität, sodass tragfähige Kompromisse im Firmeninteresse erreicht wurden.

4430206f Als PERSONALLEITERIN zeigte sie großes Geschick im täglichen Umgang mit den Betriebsangehörigen aller Abteilungen.

4430207g Sein überzeugender und argumentativer Stil machte ihn zu einem geschätzten Gesprächs- und Verhandlungspartner, dessen Kompromissvorschläge in Personal- und Sachfragen stets Beachtung und Zustimmung fanden.

4430208h Als Projektleiter stellte er zu allen beteiligten Abteilungen gute Kontakte her. Auftretende Prioritätskonflikte zwischen der Projektarbeit und den Routinetätigkeiten meisterte er stets zur allseitigen vollen Zufriedenheit.

4430209i Positiv hervorzuheben sind seine Aufgeschlossenheit und seine gute Eignung für interdisziplinäre / multiprofessionelle Teamarbeit.

4430210j Positiv hervorzuheben sind seine Aufgeschlossenheit und seine gute Eignung für die Mitwirkung in internationalen multiprofessionellen Projektteams.

4430211k Für alle Mitglieder der Geschäftsführung war er stets ein anerkannter Gesprächspartner.

4430212l Herr NAME besaß Format, die Fähigkeit zur Veränderung, Durchsetzungskraft sowie eine teamfähige Persönlichkeit.

4430213m Die Zusammenarbeit mit Herrn NAME war stets in jeder Hinsicht von Vertrauen und gutem Einvernehmen getragen.

4430214n Mit der Geschäftsleitung hat Frau NAME vertrauensvoll zusammengearbeitet.

4430215o Herr NAME war ein sehr anregender Partner, der seine eigene Auffassung gut vertreten konnte, der aber auch bereit war, vorgegebene Rahmenbedingungen und Optionen zu akzeptieren und durch Eigeninitiative gut zu nutzen.

4430216p Sein Informations- und Kommunikationsverhalten war immer offen und für alle Teammitglieder motivierend. Dies wirkte sich regelmäßig positiv auf die Gruppenleistung aus.

4430217q In Vergleichen vor Gericht und in außergerichtlichen Verhandlungen erzielte er dank seiner konstruktiven und flexiblen Verhandlungsweise und seines Durchsetzungs- und Überzeugungsvermögens jederzeit gute Ergebnisse für unsere Mandanten. Auf diese Weise erwarb er sich große Anerkennung und trug zur Erweiterung des Mandantenbestandes bei.

4430300 Sonstiges Verhalten bei befriedigender Beurteilung

4430301a Erwähnenswert ist sein Überzeugungs- und Durchsetzungsvermögen.

4430302b Die Interessen der Firma hatten für Frau NAME hohe Priorität.

4430303c Erwähnenswert ist sein unbedingt kompromissbereites Verhalten bei der Lösung aller Sachprobleme.

4430304d Herr NAME ist je nach der Art der Aufträge vielseitig einsetzbar. Er kann Projektaufträge eigenständig lösen. Er wirkte aber auch produktiv und kooperativ in den wechselnden Projektgruppen mit.

4430305e In der Verhandlung mit dem Betriebsrat über THEMA bewies er Durchsetzungsvermögen und Flexibilität, sodass ein tragfähiger Kompromiss erreicht wurde.

4430306f Als PERSONALLEITERIN bewies sie Geschick im Umgang mit den Betriebsangehörigen aus den verschiedenen Abteilungen.

4430307p Sein Kommunikationsverhalten war immer offen. Dies wirkte sich positiv auf die Gruppenleistung aus.

4430308q In Vergleichen vor Gericht und in außergerichtlichen Verhandlungen erreichte er dank seines Verhandlungsgeschicks gute Ergebnisse für unsere Mandanten.

4430400 Sonstiges Verhalten bei ausreichender Beurteilung

4430401a Erwähnenswert ist auch seine Durchsetzungsbereitschaft.

4430402b Den Interessen der Firma räumte sie, falls wirklich notwendig, Priorität ein.

4430403c Bei der Lösung aller auftretenden Sachprobleme war er kompromissbereit.

4430404d In verschiedene Projektgruppen fügte er sich zu unserer Zufriedenheit ein.

4430405e In der Verhandlung mit dem Betriebsrat über THEMA erreichte er einen Kompromiss.

4430406* Seine Loyalität war nicht zu kritisieren.

4430407* Erwähnenswert ist sein zurückhaltendes und bescheidenes Auftreten.

4430408p Sein Kommunikationsverhalten trug zur Gruppenleistung bei.

4430409q In Vergleichen vor Gericht und in außergerichtlichen Verhandlungen erreichte er akzeptable Ergebnisse für unsere Mandanten.

4430500 Sonstiges Verhalten bei mangelhafter Beurteilung

4430501a Erwähnenswert ist, dass diese Position Überzeugungs- und Durchsetzungsvermögen erforderte.

4430502b Frau NAME erkannte an, dass die Interessen der Firma Priorität verdienen.

4430503c Bei der Lösung aller Sachprobleme neigte Herr NAME zu schnellen Kompromissen.

4430504d In die verschiedenen Projektgruppen fügte er sich insgesamt zu unserer Zufriedenheit ein.

4430505e In den Gesprächen und Verhandlungen mit dem Betriebsrat war er stets an tragfähigen Kompromissen interessiert.

4430506* Diese Vertrauensposition erforderte absolute Loyalität gegenüber dem Vorstand / der Geschäftsführung / dem Unternehmen / dem Inhaber.

4430507* Wir waren bis zur Beendigung des Arbeitsverhältnisses stets von seiner Ehrlichkeit / Zuverlässigkeit / Vertrauenswürdigkeit / Integrität überzeugt.

4430508* Es war ihr Anliegen, das seitens der Geschäftsleitung in sie gesetzte Vertrauen zu rechtfertigen.

4430509* Er führte die Aufgaben seiner Vertrauensstellung mit der ihm eigenen Loyalität und Zuverlässigkeit durch.

4430510* Am KRUMMES DATUM wurde die Verantwortung für BEZEICHNUNG einer anderen Person übertragen.

4430511* Die Grundsätze und die Handlungsweise eines ordentlichen Kaufmanns waren ihm stets bekannt. *(Hat sie nicht eingehalten)*

4430512* Er war ein sehr anspruchsvoller und kritischer Manager. Seine Sichtweise in geschäftspolitischen Fragen vertrat er eloquent und mit großem Nachdruck. *(Nörgler)*

4430513* Sie verstand es, ihre Interessen mit denen des Unternehmens in Einklang zu bringen. Auch sie hat von unseren Geschäftsbeziehungen profitiert.

4500000 Sozialverhalten von Auszubildenden

Bitte wählen Sie unter Beachtung der Notenstufen je einen Baustein aus den Gruppen 4510 Sozialverhalten gegenüber Internen (Vorgesetzte, Ausbilder, Mitarbeiter, Mitauszubildende), ggf. 4520 Sozialverhalten gegenüber Externen (Kunden und andere) und 4530 Sonstiges Verhalten.

4510000 Sozialverhalten von Auszubildenden gegenüber Internen

4510100 Sozialverhalten gegenüber Internen bei sehr guter Beurteilung

4510101a Das Verhalten von Herrn NAME gegenüber Vorgesetzten, Ausbildungsverantwortlichen, Mitarbeitern und Mit-Auszubildenden war stets vorbildlich.

4510102b Die Zusammenarbeit von Frau NAME mit Vorgesetzten und Mitarbeitern sowie mit Ausbildern und Mit-Auszubildenden war stets sehr gut.

4510103c Frau NAME verhielt sich gegenüber Vorgesetzten, Ausbildern und Mitarbeitern aller Abteilungen stets sehr entgegenkommend und freundlich und gegenüber ihren Mit-Auszubildenden jederzeit kameradschaftlich und hilfsbereit.

4510104d Wegen seines freundlichen Wesens und seiner Aufgeschlossenheit war Herr NAME bei seinen Vorgesetzten, Ausbildern und Mitarbeitern sowie bei den anderen Auszubildenden stets sehr anerkannt und beliebt.

4510105e Frau NAME wurde allseits wegen ihrer Zuverlässigkeit, ihrer Teamorientierung und ihres freundlichen Wesens stets sehr gelobt. Von den Auszubildenden wurde sie wegen ihrer kameradschaftlichen Art sehr geschätzt.

4510106f Das Verhalten von Frau NAME gegenüber Vorgesetzten, Ausbildern, Mitarbeitern und Mit-Auszubildenden war stets mustergültig.

4510200 Sozialverhalten gegenüber Internen bei guter Beurteilung

4510201a Das Verhalten von Herrn NAME gegenüber Vorgesetzten, Ausbildungsverantwortlichen, Mitarbeitern und Mit-Auszubildenden war stets einwandfrei.

4510202b Die Zusammenarbeit von Frau NAME mit Vorgesetzten und Mitarbeitern sowie mit Ausbildern und Mit-Auszubildenden war stets gut.

4510203c Frau NAME verhielt sich gegenüber Vorgesetzten, Ausbildern und Mitarbeitern aller Abteilungen sehr entgegenkommend und freundlich und gegenüber ihren Mit-Auszubildenden kameradschaftlich und hilfsbereit.

4510204d Wegen seines freundlichen Wesens und seiner Aufgeschlossenheit war Herr NAME bei Vorgesetzten, Ausbildern und Mitarbeitern sowie bei den anderen Auszubildenden anerkannt und beliebt.

4510205e Frau NAME wurde allseits wegen ihrer Zuverlässigkeit, ihrer Teamorientierung und ihres freundlichen Wesens sehr gelobt. Von den Auszubildenden wurde sie wegen ihrer kameradschaftlichen Art sehr geschätzt.

4510206f Das Verhalten von Frau NAME gegenüber Vorgesetzten, Ausbildern, Mitarbeitern und Mit-Auszubildenden war mustergültig.

4510300 Sozialverhalten gegenüber Internen bei befriedigender Beurteilung

4510301a Das Verhalten von Herrn NAME gegenüber Mit-Auszubildenden, Mitarbeitern, Ausbildungsverantwortlichen und Vorgesetzten war einwandfrei. *(Reihenfolge-Technik)*

4510302b Die Zusammenarbeit von Frau NAME mit Vorgesetzten und Mitarbeitern sowie mit Ausbildern und Mit-Auszubildenden war gut.

4510303c Frau NAME verhielt sich gegenüber Vorgesetzten, Ausbildern und Mitarbeitern aller Abteilungen freundlich und gegenüber ihren Mit-Auszubildenden kameradschaftlich.

4510304d Wegen seines freundlichen Wesens und seiner Aufgeschlossenheit war Herr NAME bei seinen Vorgesetzten, Ausbildern und Mitarbeitern sowie bei den anderen Auszubildenden beliebt.

4510305e Frau NAME wurde wegen ihrer Zuverlässigkeit und ihres freundlichen Wesens gelobt. Von den Auszubildenden wurde sie wegen ihrer kameradschaftlichen Art geschätzt.

4510400 Sozialverhalten gegenüber Internen bei ausreichender Beurteilung

4510401a Das Verhalten von Herrn NAME gegenüber den Mit-Auszubildenden / Mitarbeitern / Ausbildungsverantwortlichen / Vorgesetzten war einwandfrei. *(Alternativ)*

4510402b Die Zusammenarbeit von Frau NAME mit Vorgesetzten und Mitarbeitern sowie mit Ausbildern und Mit-Auszubildenden war zufriedenstellend und problemlos.

4510403h Frau NAME fügte sich in unsere Firma ein und war allenthalben gelitten.

4510404* Ihr Verhalten gegenüber Mit-Auszubildenden, Mitarbeitern, Ausbildern und Vorgesetzten war stets ohne Beanstandungen und ohne Tadel.

4510500 Sozialverhalten gegenüber Internen bei mangelhafter Beurteilung

4510501a Das Verhalten von Herrn NAME gegenüber Mit-Auszubildenden, Mitarbeitern, Ausbildungsverantwortlichen und Vorgesetzten war insgesamt einwandfrei.

4510502b Die Zusammenarbeit von Frau NAME mit Vorgesetzten und Mitarbeitern sowie mit Ausbildern und Mit-Auszubildenden war größtenteils und ganz weitgehend zufriedenstellend.

4510503h Das Verhalten von Frau NAME war insgesamt ohne Tadel. Sie fügte sich in die betriebliche Gemeinschaft ein und war gelitten.

4510504* Wir können zusammenfassend sagen, dass das Betragen von Frau NAME gegenüber Mit-Auszubildenden, Mitarbeitern, Auszubildenden und Vorgesetzten ohne Beanstandungen und ohne Tadel war.

4520000 Sozialverhalten von Auszubildenden gegenüber Externen

Auf eine Beurteilung des Verhaltens gegenüber Externen wird in vielen Zeugnissen verzichtet. Man kann daher aus einer fehlenden Beurteilung (Leerstelle) nicht auf Mängel im Verhalten zu Externen schließen.

4520100 Sozialverhalten gegenüber Externen bei sehr guter Beurteilung

4520101a Auch ihr Verhalten gegenüber unseren Kunden und anderen Geschäftspartnern war stets vorbildlich.

4520102b	Unsere Kunden bediente sie stets sehr zuvorkommend und freundlich.
4520103c	Auch im Publikumsverkehr kam er stets sehr gut zurecht.
4520104d	Durch sein akkurates und positives Erscheinungsbild trug er stets zu einer überzeugenden Präsentation unseres Hauses bei.
4520200	**Sozialverhalten gegenüber Externen bei guter Beurteilung**
4520201a	Auch ihr Verhalten gegenüber unseren Kunden und anderen Geschäftspartnern war stets einwandfrei.
4520202b	Unsere Kunden bediente sie sehr zuvorkommend und freundlich.
4520203c	Auch im Publikumsverkehr kam er stets gut zurecht.
4520204d	Durch sein akkurates und positives Erscheinungsbild trug er stets zu einer guten Präsentation unseres Hauses bei.
4520300	**Sozialverhalten gegenüber Externen bei befriedigender Beurteilung**
4520301a	Auch ihr Verhalten gegenüber unseren Kunden und anderen Geschäftspartnern war einwandfrei.
4520302b	Unsere Kunden behandelte sie freundlich.
4520303c	Auch im Publikumsverkehr kam er gut zurecht.
4520304d	Durch sein korrektes Erscheinungsbild trug er zu einer guten Präsentation unseres Hauses bei.
4520400	**Sozialverhalten gegenüber Externen bei ausreichender Beurteilung**
4520401a	Auch ihr Verhalten gegenüber unseren Kunden und anderen Geschäftspartnern war zufriedenstellend.
4520402b	Unsere Kunden behandelte sie angemessen.
4520403c	Auch im Publikumsverkehr kam er zu unserer Zufriedenheit zurecht.
4520404d	Durch sein Erscheinungsbild hat er zur Präsentation unseres Hauses gegenüber den Gästen beigetragen.
4520500	**Sozialverhalten gegenüber Externen bei mangelhafter Beurteilung**
4520501a	Auch ihr Verhalten gegenüber unseren Kunden und anderen Geschäftspartnern war insgesamt zufriedenstellend.
4520502b	Unsere Kunden behandelte sie in der Regel angemessen.
4520503c	Auch im Publikumsverkehr kam er im Großen und Ganzen zu unserer Zufriedenheit zurecht.
4520504d	Er war stets bestrebt, durch sein Erscheinungsbild zur Präsentation unseres Hauses beizutragen.

4530000 Sozialverhalten von Auszubildenden – Sonstiges Verhalten

4530100 Sonstiges Verhalten bei sehr guter Beurteilung

Auf eine Beurteilung des sonstigen Verhaltens wird in vielen Zeugnissen verzichtet. Man kann daher aus einer fehlenden Beurteilung (Leerstelle) nicht auf Mängel im sonstigen Verhalten schließen.

4530101a Als höflicher Auszubildender fügte er sich stets sehr gut in die wechselnden Abteilungen und Arbeitsgruppen ein.

4530102b Sie verhielt sich jederzeit sehr hilfsbereit, kameradschaftlich und rücksichtsvoll.

4530103c Mit seinen guten Umgangsformen waren wir jederzeit außerordentlich zufrieden.

4530104d Er war ein verantwortungsbewusster Auszubildender, der in unserer Lehrwerkstatt mit den ihm anvertrauten Maschinen, Werkzeugen und Materialien stets sehr sorgfältig umging und seinen Ausbildungsplatz jederzeit in vorbildlicher Ordnung hielt.

4530105e Seine Mit-Auszubildenden hat er vielfach in schwierigen Fragen mit seinem sehr guten Wissen unterstützt.

4530106f Frau NAME war eine ausgeglichene Auszubildende, die auch mit schwierigen Mitarbeitern und Mit-Auszubildenden stets sehr gut zurechtgekommen ist.

4530107g Aufgrund seiner guten Umgangsformen und seiner gewinnenden, freundschaftlichen Art wurde er von unseren Mitarbeitern jederzeit gerne in deren Aufgabengebiete eingeführt. Sie haben ihn auch gern mit schwierigen und interessanten Problemen ihrer Aufgabengebiete bekannt gemacht.

4530108h Als aufgeschlossene Auszubildende hat sie stets sehr aktiv unsere Anstrengung zur Eingliederung unserer ausländischen Auszubildenden unterstützt.

4530109i Besonders hervorzuheben ist, dass sie im Rahmen unserer Lernpartnerschaften ihre Mit-Auszubildenden unterstützt hat und so deren Ausbildungserfolg sicherte.

4530110j Frau NAME war stets in jeder Hinsicht absolut vertrauenswürdig und ehrlich.

4530111* Lobend heben wir hervor, dass sie einen behinderten Auszubildenden in vielfältiger Weise unterstützt hat und dadurch maßgeblich zu dessen Berufsausbildung beitrug.

4530112* Besonders hervorzuheben ist sein großes Engagement bei der Organisation des jährlichen Sportfestes unserer Auszubildenden.

4530113* Sie ist eine engagierte und aufgeschlossene junge Frau, die den Ausbildungsleiter bei auftretenden Ausbildungsfragen wiederholt sehr gut unterstützt hat.

4530200 Sonstiges Verhalten bei guter Beurteilung

4530201a Als höflicher Auszubildender fügte er sich stets gut in die wechselnden Abteilungen und Arbeitsgruppen ein.

4530202b Sie verhielt sich sehr hilfsbereit und kameradschaftlich.

4530203c Mit seinen guten Umgangsformen waren wir stets voll zufrieden.

4530204d Er war ein verantwortungsbewusster Auszubildender, der in unserer Lehrwerkstatt mit den ihm anvertrauten Maschinen, Werkzeugen und Materialien sehr sorgfältig umging und seinen Ausbildungsplatz jederzeit in guter Ordnung hielt.

4530205e Jederzeit war sie bereit, ihre Mit-Auszubildenden in schwierigen Fragen mit ihrem sehr guten Wissen zu unterstützen.

4530206f Herr NAME war ein ausgeglichener Auszubildender, der auch mit schwierigen Mitarbeitern und Mit-Auszubildenden stets gut zurechtkam.

4530207g Aufgrund seiner guten Umgangsformen und seiner gewinnenden, freundschaftlichen Art wurde er von unseren Mitarbeitern gerne in deren Aufgabengebiete eingeführt.

4530208h Als aufgeschlossene Auszubildende hat sie aktiv unsere Anstrengung zur Eingliederung unserer ausländischen Auszubildenden unterstützt.

4530209i Hervorzuheben ist, dass sie im Rahmen unserer Lernpartnerschaften ihre Mit-Auszubildenden unterstützt hat.

4530300 Sonstiges Verhalten bei befriedigender Beurteilung

4530301a Als Auszubildender fügte er sich gut in die wechselnden Arbeitsgruppen ein.

4530302b Sie verhielt sich hilfsbereit und kameradschaftlich.

4530303c Mit seinen Umgangsformen waren wir voll zufrieden.

4530304d Er war ein Auszubildender, der in unserer Lehrwerkstatt mit den ihm anvertrauten Maschinen, Werkzeugen und Materialien sorgfältig umging.

4530305e Sie war bereit, ihre Mit-Auszubildenden in schwierigen Fragen mit ihrem sehr guten Wissen zu unterstützen.

4530306f Herr NAME war ein ausgeglichener Auszubildender, der auch mit schwierigen Mitarbeitern und Mit-Auszubildenden gut zurechtkam.

4530400 **Sonstiges Verhalten bei ausreichender Beurteilung**

4530401a Als Auszubildender fügte er sich zufriedenstellend in die wechselnden Arbeitsgruppen ein.

4530402b Sie war, wenn notwendig, hilfsbereit.

4530403c Mit seinen Umgangsformen waren wir zufrieden.

4530500 **Sonstiges Verhalten bei mangelhafter Beurteilung**

4530501a Als Auszubildender fügte er sich meist zufriedenstellend in die wechselnden Arbeitsgruppen ein.

4530502b Sie war um ein hilfsbereites Verhalten bemüht.

4530503c Mit seinen Umgangsformen waren wir insgesamt zufrieden.

4530504j Wir erwarten von unseren Auszubildenden jederzeit absolute Vertrauenswürdigkeit und Ehrlichkeit.

4600000 **Sozialverhalten von Praktikanten und Volontären**

Bitte wählen Sie unter Beachtung der Notenstufen je einen Baustein aus den Gruppen 4610 Sozialverhalten gegenüber Internen (Vorgesetzte und Mitarbeiter), ggf. 4620 Sozialverhalten gegenüber Externen (Kunden und andere) und 4630 Sonstiges Verhalten.

4610000 **Sozialverhalten von Praktikanten und Volontären gegenüber Internen**

4610100 **Sozialverhalten gegenüber Internen bei sehr guter Beurteilung**

4610101a Das Verhalten von Frau NAME gegenüber Vorgesetzten und Mitarbeitern war jederzeit vorbildlich. Mit ihrem Betreuer hat sie sehr gut zusammengearbeitet.

4610102b Das Verhalten von Herrn NAME gegenüber Vorgesetzten und Mitarbeitern war jederzeit mustergültig.

4610103c Wegen ihrer sachlichen und zuvorkommenden Art wurde Frau NAME von Vorgesetzten und Mitarbeitern jederzeit sehr geschätzt.

4610200 **Sozialverhalten gegenüber Internen bei guter Beurteilung**

4610201a Das Verhalten von Frau NAME gegenüber Vorgesetzten und Mitarbeitern war stets einwandfrei. Mit ihrem Betreuer hat sie gut zusammengearbeitet

4610202b Das Verhalten von Herrn NAME gegenüber Vorgesetzten und Mitarbeitern war stets gut.

4610203c Wegen ihrer sachlichen und zuvorkommenden Art wurde Frau NAME von Vorgesetzten und Mitarbeitern sehr geschätzt.

4610300 Sozialverhalten gegenüber Internen bei befriedigender Beurteilung

4610301a Das Verhalten von Frau NAME gegenüber Vorgesetzten und Mitarbeitern war einwandfrei.

4610302b Das Verhalten von Herrn NAME gegenüber Vorgesetzten und Mitarbeitern war voll zufriedenstellend.

4610303c Wegen ihrer sachlichen und zuvorkommenden Art war Frau NAME bei Vorgesetzten und Mitarbeitern beliebt.

4610400 Sozialverhalten gegenüber Internen bei ausreichender Beurteilung

4610401a Das Verhalten von Frau NAME gegenüber den Vorgesetzten war einwandfrei.

4610402b Das Verhalten von Herrn NAME gegenüber Mitarbeitern und Vorgesetzten war zufriedenstellend.

4610500 Sozialverhalten gegenüber Internen bei mangelhafter Beurteilung

4610501a Gegenüber Vorgesetzten und Mitarbeitern war Frau NAME stets um ein einwandfreies Verhalten bemüht.

4610502b Das Verhalten von Herrn NAME gegenüber Mitarbeitern und Vorgesetzten war insgesamt zufriedenstellend.

4610503* Das Verhalten von Frau NAME gegenüber Vorgesetzten und Mitarbeitern war insgesamt korrekt.

4620000 Sozialverhalten von Praktikanten und Volontären gegenüber Externen

Auf eine Beurteilung des Verhaltens gegenüber Externen wird in vielen Zeugnissen verzichtet. Man kann daher aus einer fehlenden Beurteilung (Leerstelle) nicht auf Mängel im Verhalten zu Externen schließen.

4620100 Sozialverhalten gegenüber Externen bei sehr guter Beurteilung

4620101a Auch das Verhalten gegenüber unseren Kunden und anderen Geschäftspartnern war stets vorbildlich.

4620102b Aufgrund seines fundierten Spezialwissens im Bereich BEZEICHNUNG und seines überzeugenden Auftretens ließen wir Herrn NAME einen Teil unserer Lösungskonzeption beim Kunden präsentieren, was er absolut sicher und mit sehr großem Erfolg realisierte.

4620103* Besonders heben wir hervor, dass es uns durch seine Vermittlung gelungen ist, zum TRANSFERZENTRUM seiner Fachhochschule für uns wertvolle Beziehungen aufzunehmen.

4620104c Auch unsere Kunden lobten sein umfassendes Fachwissen und sein kompetentes und zuvorkommendes Auftreten.

4620200 Sozialverhalten gegenüber Externen bei guter Beurteilung

4620201a Auch das Verhalten gegenüber unseren Kunden und anderen Geschäftspartnern war stets einwandfrei.

4620202b Aufgrund seines fundierten Spezialwissens im Bereich BEZEICHNUNG und seines überzeugenden Auftretens ließen wir Herrn NAME einen Teil unserer Lösungskonzeption beim Kunden präsentieren, was er sicher und mit gutem Erfolg realisierte.

4620203c Auch unsere Kunden lobten sein Fachwissen und sein kompetentes Auftreten.

4620300 Sozialverhalten gegenüber Externen bei befriedigender Beurteilung

4620301a Auch das Verhalten gegenüber unseren Kunden und anderen Geschäftspartnern war einwandfrei.

4620400 Sozialverhalten gegenüber Externen bei ausreichender Beurteilung

4620401a Auch das Verhalten gegenüber unseren Kunden und anderen Geschäftspartnern war zufriedenstellend.

4620500 Sozialverhalten gegenüber Externen bei mangelhafter Beurteilung

4620501a Auch das Verhalten gegenüber unseren Kunden und anderen Geschäftspartnern war meist einwandfrei.

4630000 Sozialverhalten von Praktikanten und Volontären – Sonstiges Verhalten

Auf eine Beurteilung des sonstigen Verhaltens wird in vielen Zeugnissen verzichtet. Man kann daher aus einer fehlenden Beurteilung (Leerstelle) nicht auf Mängel im sonstigen Verhalten schließen.

4630100 Sonstiges Verhalten bei sehr guter Beurteilung

4630101a Er besitzt ein sehr gutes Kontaktvermögen, ist jederzeit zur Kooperation bereit und kann daher sehr gut im Team arbeiten.

4630102b Besonders heben wir hervor, dass sie von sich aus unsere Auszubildenden mit ihrem sehr guten Wissen unterstützt hat.

4630103c Bei der Präsentation und bei der Einführung der von ihm entwickelten Lösung bewies er trotz seines Praktikantenstatus ein sehr beachtliches Überzeugungs- und Durchsetzungsvermögen, das in jeder Hinsicht unsere absolute Anerkennung fand.

4630104* Aufgrund ihrer absoluten Vertrauenswürdigkeit konnten wir sie während ihres Praktikums an der strategischen Unternehmensplanung mitarbeiten und an den damit verbundenen vertraulichen Sitzungen teilnehmen lassen.

4630105* Aufgrund seiner Kreativität und seiner absoluten Vertrauenswürdigkeit konnten wir ihn in unserer Entwicklungsabteilung auch an vertraulichen Neuentwicklungen mitarbeiten lassen.

4630200 Sonstiges Verhalten bei guter Beurteilung

4630201a Er besitzt ein gutes Kontaktvermögen, ist zur Kooperation bereit und kann daher gut im Team arbeiten.

4630202b Wir heben hervor, dass sie unsere Auszubildenden mit ihrem sehr guten Wissen unterstützt hat.

4630203c Bei der Präsentation und bei der Einführung der von ihm entwickelten Lösung bewies er trotz seines Praktikantenstatus ein beachtliches Überzeugungs- und Durchsetzungsvermögen, das unsere volle Anerkennung fand.

4630300 Sonstiges Verhalten bei befriedigender Beurteilung

4630301a Er besitzt ein gutes Kontaktvermögen, ist zur Kooperation bereit und kann daher im Team arbeiten.

4630400 Sonstiges Verhalten bei ausreichender Beurteilung

4630401a Er kann auch im Team arbeiten.

4630500 Sonstiges Verhalten bei mangelhafter Beurteilung

4630501a Er war stets bestrebt, gut mit den Teammitgliedern zurechtzukommen.

5000000 Beendigungsformel

5100000 Beendigungsformel für alle Arbeitnehmergruppen

Bitte wählen Sie einen Baustein aus einer der nachfolgenden Gruppen: 5110 Arbeitnehmerseitige Kündigung oder 5120 Aufhebungsvertrag / Vergleich oder 5130 Arbeitgeberseitige Kündigung oder 5140 Vertragsablauf bei befristeten Arbeitsverhältnissen oder 5150 Ausstellungsgrund für Zwischenzeugnis.

5110000 Arbeitnehmerseitige Kündigung für alle Arbeitnehmergruppen

Bitte wählen Sie einen Baustein aus einer der nachfolgenden drei Gruppen: 5111 Kündigung mit Begründung oder 5112 Kündigung ohne Begründung oder 5113 Kündigung mit Vertragsbruch durch Nichteinhaltung der Kündigungsfrist.

5111000 Arbeitnehmerseitige Kündigung mit Begründung

Begründungen der Beendigung sind nur mit Einverständnis des Arbeitnehmers zulässig.

Verschiedene Begründungen

5111001 Frau NAME verlässt uns auf eigenen Wunsch zum VERTRAGSENDE, um sich beruflich zu verändern. *(Leerformelhafte Begründung)*

5111002 Frau NAME verlässt uns am heutigen Tage auf eigenen Wunsch, weil sie ihren Wohnsitz nach ORT / REGION verlegt.

5111003 Frau NAME verlässt uns zum VERTRAGSENDE auf eigenen Wunsch. Wir haben volles Verständnis dafür, dass sie zu einem wesentlich näher zu ihrem Wohnort gelegenen Arbeitgeber wechselt.

5111004 Frau NAME verlässt unsere Firma auf eigenen Wunsch zum VERTRAGSENDE, um ihre Berufserfahrung zu erweitern. *(Problematisch bei älteren Mitarbeitern)*

5111005 Frau NAME scheidet bei uns wegen ihrer Eheschließung auf eigenen Wunsch zum VERTRAGSENDE aus.

5111006 Frau NAME hat das Beschäftigungsverhältnis auf eigenen Wunsch zum VERTRAGSENDE gelöst, um sich nach der Geburt ihres Kindes künftig ganz der Familie widmen zu können.

5111007 Frau NAME beendet das Arbeitsverhältnis mit Ablauf der Arbeitsfreistellung zur Betreuung eines Kindes zum VERTRAGSENDE auf eigenen Wunsch, um sich weiterhin ganz ihrer Familie zu widmen.

5111008 Frau NAME verlässt uns auf eigenen Wunsch zum VERTRAGSENDE, um in einem anderen / größeren Unternehmen eine weiterführende Aufgabe zu übernehmen.

5111009 Herr NAME hat den Ruf, in einem anderen Unternehmen eine Geschäftsleitungsfunktion zu übernehmen, angenommen. Er verlässt uns daher auf eigenen Wunsch zum VERTRAGSENDE.

5111010 Im Jahre ZAHL kam es zu einem deutlichen Umsatzrückgang. Dieser Trend setzte sich im laufenden Jahr fort. Herr NAME scheidet aus diesem rein objektiven Grund (auf Bitten der Geschäftsleitung) am VERTRAGSENDE auf eigenen Wunsch aus unseren Diensten aus.

5111011 Unsere wirtschaftliche Lage erfordert durchgreifende Restrukturierungs- und Sanierungsmaßnahmen. Frau NAME scheidet aus diesen rein objektiven Gründen (auf Bitten der Geschäftsleitung) am VERTRAGSENDE auf eigenen Wunsch aus.

Zusätzliche Begründungen für ungewöhnliche Beendigungstermine

5111012 Herr NAME verlässt uns auf eigenen Wunsch, um BEGRÜNDUNG. Er hatte das Arbeitsverhältnis fristgerecht zum DATUM gekündigt. Wir haben jedoch (aufgrund des sehr guten wechselseitigen Verhältnisses) seinem Wunsch entsprochen und das Arbeitsverhältnis vorzeitig zum VERTRAGSENDE enden lassen.

5111013 Herr NAME verlässt uns auf eigenen Wunsch, um BEGRÜNDUNG. Er hatte das Arbeitsverhältnis fristgerecht zum DATUM gekündigt. Wegen des guten wechselseitigen Verhältnisses waren wir trotz der Überbrückungsprobleme für uns aber bereit, das Arbeitsverhältnis auf Wunsch und im Interesse von Herrn NAME vorzeitig zum VERTRAGSENDE enden zu lassen.

5111014 Herr NAME verlässt uns zum VERTRAGSENDE auf eigenen Wunsch, um BEGRÜNDUNG. Er hatte das Arbeitsverhältnis fristgerecht zur Monatsmitte / zum Monatsende / zum Quartalsende gekündigt. Da sein neuer Arbeitgeber ihn bat, möglichst frühzeitig zu wechseln, waren wir trotz der Überbrückungsschwierigkeiten für uns wegen des sehr guten wechselseitigen Verhältnisses im Interesse von Herrn NAME mit einem vorzeitigen Wechsel einverstanden.

Wechsel innerhalb eines Unternehmens oder eines Konzerns

5111015 Herr NAME verlässt uns auf eigenen Wunsch zum VERTRAGSENDE, da er aufgrund eines Angebots der Unternehmensleitung in einem anderen eigenständigen Betrieb des Unternehmens eine größere Aufgabe übernimmt. *(In diesem Falle könnte auch ein Zwischenzeugnis ausgestellt werden)*

5111016 Frau NAME scheidet zum VERTRAGSENDE auf eigenen Wunsch aus, um in Anschluss in einem anderen Unternehmen des Konzerns / der Unternehmensgruppe die Position der BEZEICHNUNG zu übernehmen.

5111017 Herr NAME verlässt uns zum VERTRAGSENDE auf eigenen Wunsch, da er aufgrund eines Angebotes des Zentralvorstandes in einem anderen Unternehmen des Konzerns eine größere Aufgabe übernimmt.

5111018 Herr NAME scheidet bei uns zum VERTRAGSENDE auf eigenen Wunsch aus, um im Anschluss bei unserer Tochtergesellschaft FIRMA in LAND neue Aufgaben zu übernehmen.

Folgende gut gemeinten Begründungen können im Nachhinein negativ wirken, wenn die angesprochenen Pläne nicht erfolgreich realisiert werden.

5111019 Herr NAME verlässt uns zum VERTRAGSENDE auf eigenen Wunsch, um eine BEZEICHNUNG-Schule zu besuchen.

5111020 Herr NAME verlässt uns auf eigenen Wunsch zum VERTRAGSENDE, um ein Studium an der Fachhochschule BEZEICHNUNG zu beginnen.

5111021 Frau NAME verlässt uns auf eigenen Wunsch zum VERTRAGSENDE, um an der Universität BEZEICHNUNG STUDIENFACH zu studieren.

5111022 Frau NAME verlässt uns auf eigenen Wunsch zum VERTRAGSENDE, um im Ausland ihre SPRACHE Sprachkenntnisse zu vervollkommnen.

5111023 Herr NAME hat zum VERTRAGSENDE das bestehende Arbeitsverhältnis auf eigenen Wunsch gekündigt, um sich selbstständig zu machen.

5111024 Herr NAME verlässt uns auf eigenen Wunsch zum VERTRAGSENDE, um eine außergewöhnliche Karrierechance wahrzunehmen.

Folgende Formeln wirken meist negativ.

5111025 Herr NAME verlässt uns auf eigenen Wunsch zum VERTRAGSENDE, um sich finanziell zu verbessern.

5111026 Frau NAME verlässt uns auf eigenen Wunsch zum VERTRAGSENDE, um ihren fachlichen Horizont zu erweitern und um beruflich weiterzukommen.

5111027 Herr NAME verlässt uns auf eigenen Wunsch zum VERTRAGSENDE, da sich ihm bei uns keine Aufstiegschancen bieten.

5111028 Herr NAME verlässt uns zum VERTRAGSENDE auf eigenen Wunsch, um in einem anderen Unternehmen eine seinen Fähigkeiten entsprechende Aufgabe zu finden.

5111029 Frau NAME verlässt unser Unternehmen zum VERTRAGSENDE auf eigenen Wunsch, um in Zukunft in anderen Bereichen beruflichen Erfolg zu suchen.

5112000 Arbeitnehmerseitige Kündigung ohne Begründung

5112001 Herr NAME scheidet auf eigenen Wunsch zum VERTRAGSENDE aus unseren Diensten.

5112002 Frau NAME verlässt unsere Firma auf eigenen Wunsch zum VERTRAGSENDE.

5112003 Frau NAME kündigte das Arbeitsverhältnis zum VERTRAGSENDE. *(Auf eigenen Wunsch?)*

5112004 Wir bedauern, dass Herr NAME uns auf eigenen Wunsch zum VERTRAGSENDE verlassen muss. *(Nahegelegte Eigenkündigung)*

5112005 Herr NAME trennt sich zum VERTRAGSENDE von uns aus eigenem Entschluss. *(Nahegelegte Eigenkündigung)*

5112006 Das Arbeitsverhältnis wurde auf Wunsch von Frau NAME zum VERTRAGSENDE gelöst. *(Nahegelegte Eigenkündigung)*

5112007 Wir wünschen Herr NAME, der aus eigenem Entschluss bei uns ausscheidet, alles Gute. *(Als Schlussabsatz negativ)*

5112008 Herr NAME hat sich entschlossen, unser Haus mit dem heutigen Tage zu verlassen. *(Erwünschte Kündigung)*

5113000 Arbeitnehmerseitige Kündigung mit Vertragsbruch durch Nichteinhaltung der Kündigungsfrist

5113001 Herr NAME beendete das Arbeitsverhältnis aus eigenem Entschluss am VERTRAGSENDE. *(Krummes Datum)*

5113002 Frau NAME verließ uns vorzeitig am VERTRAGSENDE, um ihren Berufsweg sofort in einem anderen Unternehmen fortzusetzen. *(Krummes Datum)*

5113003 Herr NAME schied zum VERTRAGSENDE auf eigenen Wunsch aus, um sofort eine neue Stelle antreten zu können. *(Krummes Datum)*

5113004 Frau NAME verließ uns kurz entschlossen auf eigenen Wunsch am VERTRAGSENDE. *(Krummes Datum)*

5113005 Herr NAME wechselte am VERTRAGSENDE im eigenen Interesse und auf eigenen Wunsch kurzfristig in ein anderes Unternehmen.

5120000 Beendigung durch Aufhebungsvertrag oder Vergleich für alle Arbeitnehmergruppen

Es kommen bei einer einvernehmlichen Beendigung des Arbeitsverhältnisses auch Bausteine aus den Gruppen 5111 und 5112 in Frage, da mit der Unterschrift des Arbeitnehmers sein Wunsch zur Vertragsauflösung zum Ausdruck kommt.

5120001 Das Arbeitsverhältnis mit Herrn NAME endet am VERTRAGSENDE im gegenseitigen Einvernehmen.

5120002 Das Arbeitsverhältnis mit Frau NAME endete am VERTRAGSENDE im beiderseitigen besten Einvernehmen.

5120003 Das Arbeitsverhältnis endete auf Wunsch von Herrn NAME am VERTRAGSENDE im beiderseitigen besten Einvernehmen.

5120004 Das Arbeitsverhältnis mit Frau NAME endet zum VERTRAGSENDE einvernehmlich per Aufhebungsvertrag.

5120005 Das Ausscheiden von Frau NAME zum VERTRAGSENDE erfolgte im beiderseitigen Einverständnis.

5120006 Das Anstellungsverhältnis wird auf Wunsch von Herrn NAME zum VERTRAGSENDE im besten und freundschaftlichen Einvernehmen mit uns beendet.

5120007 Das Arbeitsverhältnis endet im Rahmen einer Betriebsänderung im besten Einvernehmen per Aufhebungsvertrag. Wir erklären ausdrücklich, dass Herr NAME für die gegenwärtige schwierige Lage unseres Unternehmens keine Mitverantwortung trägt.

5120008 Das Dienstverhältnis als GmbH-Geschäftsführer mit Herrn NAME endet zum VERTRAGSENDE anlässlich eines Eigentümerwechsels im besten sachlichen Einvernehmen.

5120009 Die Muttergesellschaft FIRMA in ORT hat aufgrund der Preisentwicklung und aus produktpolitischen Gründen sowie aus übergeordneten strategischen Erwägungen entschieden, die Produktion, den Vertrieb und die Wartung von PRODUKT einzustellen. Aus diesen rein objektiven Gründen wird die stets angenehme Zusammenarbeit mit Herrn NAME zum VERTRAGSENDE im besten und freundschaftlichen Einvernehmen beendet.

5120010 Unsere Trennung von Frau NAME erfolgte zum VERTRAGSENDE im gegenseitigen Einvernehmen. *(Unsere Trennung = auf Initiative des Arbeitgebers)*

5120011 Das Arbeitsverhältnis mit Frau NAME endete durch einvernehmliche Trennung am VERTRAGSENDE. *(Trennung = auf Initiative des Arbeitgebers)*

5120012 Wir kamen mit Herrn NAME überein, das Arbeitsverhältnis zum VERTRAGSENDE zu beenden. *(Kann Probleme andeuten)*

5120013 Das Arbeitsverhältnis mit Herrn NAME wird nach vorangegangener ordentlicher und fristgerechter arbeitnehmerseitiger Kündigung in bestem Einvernehmen zum VERTRAGSENDE beendet. Wir haben aufgrund der immer angenehmen Zusammenarbeit seinem Wunsch entsprochen, schon früher seine neuen Aufgaben übernehmen zu können.

5120014 Das Arbeitsverhältnis mit Frau NAME endete zum VERTRAGSENDE per Aufhebungsvertrag.

5130000 Arbeitgeberseitige Kündigung für alle Arbeitnehmergruppen

Bitte wählen Sie einen Baustein aus einer der nachfolgenden drei Gruppen: 5131 Betriebsbedingte Kündigung oder 5132 Andere Formeln oder 5133 Fristlose Kündigung.

5131000 Betriebsbedingte arbeitgeberseitige Kündigung

5131001 Das Ausscheiden von Herrn NAME erfolgt zum VERTRAGSENDE betriebsbedingt unter Einhaltung der Sozialauswahl.

5131002 Nach der Umstrukturierung unseres EINKAUFS-Bereichs können wir Frau NAME keinen neuen Arbeitsplatz in unserem Unternehmen mehr anbieten und müssen daher leider das Arbeitsverhältnis mit ihr zum VERTRAGSENDE betriebsbedingt beenden.

5131003 Leider endet das Arbeitsverhältnis mit Herrn NAME betriebsbedingt zum VERTRAGSENDE. Bedauerlicherweise können wir ihm auch keine Weiterbeschäftigung in einem anderen Betrieb unseres Unternehmens anbieten.

5131004 Leider endet das Arbeitsverhältnis mit Herrn NAME aufgrund einer Redimensionierung / Einschränkung des Betriebs unter Beachtung der Sozialauswahl zum VERTRAGSENDE. Bedauerlicherweise können wir ihm auch keine Weiterbeschäftigung auf einer anderen Stelle anbieten. Wir würden es begrüßen, wenn er sich bei erneutem Personalbedarf wieder bei uns bewerben würde.

5131005 Leider muss das Arbeitsverhältnis mit Frau NAME aus konjunkturellen Gründen zum VERTRAGSENDE fristgemäß betriebsbedingt gekündigt werden.

5131006 Leider endet das Arbeitsverhältnis mit dieser guten Mitarbeiterin zum VERTRAGSENDE, da der Betrieb nach ORT verlegt wird und Frau NAME aus familiären Gründen ihren Wohnsitz nicht verlegen kann.

5131007 Leider müssen wir das Arbeitsverhältnis mit Herrn NAME zum VERTRAGSENDE wegen eines anzeigepflichtigen Personalabbaues *(§ 17 KSchG)* betriebsbedingt aus Gründen der Sozialauswahl beenden.

5131008 Leider endet das Arbeitsverhältnis mit Herrn NAME wegen einer grundlegenden Änderung der Betriebsorganisation betriebsbedingt zum VERTRAGSENDE. Bedauerlicherweise können wir ihm auch keine Weiterbeschäftigung an anderer Stelle anbieten.

5131009 Wegen BEGRÜNDUNG sind wir mit Herrn NAME übereingekommen, das Arbeitsverhältnis betriebsbedingt zum VERTRAGSENDE aufzulösen, da wir ihm zurzeit leider keine andere seiner Ausbildung und seinem beruflichen Können entsprechende Position in unserem Unternehmen bieten können. Wir erklären ausdrücklich, dass Herr NAME keine Mitverantwortung für unsere gegenwärtige schwierige Lage trägt.

5131010 Das Arbeitsverhältnis endet zum Saisonende zum VERTRAGSENDE durch betriebsbedingte Kündigung.

5131011 Leider endet das Arbeitsverhältnis mit Frau NAME zum VERTRAGSENDE, da unser Unternehmen ökonomische Schwierigkeiten hat.

5131012 Leider endet das Arbeitsverhältnis mit Herrn NAME aufgrund unserer Insolvenz betriebsbedingt zum VERTRAGSENDE.

5132000 Andere Formeln für eine arbeitgeberseitige Kündigung

5132001 Die Trennung von Frau NAME erfolgt zum VERTRAGSENDE.

5132002 Das Arbeitsverhältnis mit Herrn NAME endet am VERTRAGSENDE.

5132003 Die Beendigung des Arbeitsverhältnisses mit Frau NAME erfolgt zum VERTRAGSENDE.

5132004 Die Vertragsauflösung erfolgte zum VERTRAGSENDE.

5132005 Frau NAME verlässt uns zum VERTRAGSENDE, um in einem anderen Unternehmen eine anspruchsvollere Aufgabe zu finden.

5132006 Das Arbeitsverhältnis endet fristgerecht zum VERTRAGSENDE innerhalb der Probezeit / mit Ablauf der Probezeit. Wir bedauern, dass es nicht zu einer Festanstellung von Herrn NAME gekommen ist.

5132007 Aufgrund des Wunsches, den beruflichen Horizont zu erweitern, scheidet Herr NAME zum VERTRAGSENDE aus unserem Unternehmen aus. *(Andeutung von mangelhafter Eignung)*

5132008 Herr NAME verlässt uns zum VERTRAGSENDE, um seine Berufserfahrung zu erweitern. *(Andeutung von mangelhafter Eignung)*

5132009 Zu unserem Bedauern musste der Arbeitsvertrag mit Frau NAME mit Ablauf der Freistellung zum VERTRAGSENDE aufgelöst werden.

5132010 Leider endet das Arbeitsverhältnis mit Herrn NAME zum VERTRAGSENDE aus persönlichen Gründen. *(Bei personenbedingter Kündigung)*

5132011 Wir hatten Frau NAME sehr geschätzt. Umso mehr bedauern wir, dass wir das Arbeitsverhältnis zum VERTRAGSENDE beenden müssen. *(Andeutung von Unregelmäßigkeiten)*

5132012 Das Arbeitsverhältnis mit Herrn NAME, der bei uns eine Vertrauensstellung innehatte, wurde zum VERTRAGSENDE beendet. *(Andeutung von Unregelmäßigkeiten)*

5132013 Auf Wunsch von Frau NAME haben wir das Arbeitsverhältnis zum VERTRAGSENDE beendet. *(Vom Arbeitnehmer erbetene Kündigung)*

5132014 Leider müssen wir die Stelle neu besetzen. Frau NAME verlässt uns daher zum VERTRAGSENDE.

5132015 Da die geplante Ausweitung unseres Geschäftes im BEZEICHNUNG-Markt nicht realisiert wurde, hat die Geschäftsführung die Leitung des BEZEICHNUNG-Bereiches wieder direkt übernommen. Daher endet das Anstellungsverhältnis von Herrn NAME mit dem heutigen Tage.

5133000 Fristlose arbeitgeberseitige Kündigung

Die folgenden Bausteine deuten in Verbindung mit einem sog. krummen VERTRAGSENDE eine fristlose Kündigung an.

5133001 Das Arbeitsverhältnis mit Frau NAME endet mit dem heutigen Tage. *(Bei krummem Datum)*

5133002 Wir trennen uns von Herrn NAME am VERTRAGSENDE. *(Krummes Datum)*

5133003 Das Arbeitsverhältnis mit Frau NAME endete sofort/ungeplant/kurzfristig/vorzeitig/einseitig/außerordentlich am VERTRAGSENDE. *(Krummes Datum)*

5133004 Das Arbeitsverhältnis mit Herrn NAME endet zum VERTRAGSENDE aus besonderen Gründen/aus gegebenem Anlass mit Zustimmung des Betriebsrates.

5133005 Bedauerlicherweise sehen wir uns gezwungen, das Arbeitsverhältnis mit Frau NAME zum VERTRAGSENDE aufzulösen. *(Krummes Datum)*

5133006 Wir hatten Frau NAME sehr geschätzt. Umso mehr bedauern wir, dass das Arbeitsverhältnis zum VERTRAGSENDE enden muss. *(Krummes Datum, Andeutung von Unregelmäßigkeiten)*

5133007 Der Arbeitsvertrag mit Herrn NAME, der bei uns eine Vertrauensstellung innehatte, wurde zum VERTRAGSENDE beendet. *(Krummes Datum, Andeutung von Unregelmäßigkeiten)*

5133008 Frau NAME hat das Unternehmen am zum VERTRAGSENDE verlassen. *(Krummes Datum)*

5140000 Beendigung durch Vertragsablauf bei befristetem Arbeitsverhältnis für alle Arbeitnehmergruppen

5140001 Das befristete Arbeitsverhältnis mit Frau NAME endet am VERTRAGSENDE mit Ablauf der vereinbarten Zeit.

5140002 Das Arbeitsverhältnis endet durch Zeitablauf am VERTRAGSENDE. Zu unserem großen Bedauern können wir Herrn NAME zurzeit aus objektiven/haushaltsrechtlichen/hochschulrechtlichen Gründen keine Dauerbeschäftigung bieten.

5140003 Das Arbeitsverhältnis endet mit dem heutigen Tage durch Ablauf der vereinbarten Frist. Wir bedauern, dass wir Frau NAME zurzeit betriebsbedingt kein unbefristetes Arbeitsverhältnis anbieten können.

5140004 Das zweckbefristete Arbeitsverhältnis mit Herrn NAME endet zum VERTRAGSENDE, da sich der Überbrückungsanlass erledigt hat.

5140005 Wir lassen die Beschäftigung mit Ablauf der vereinbarten Vertragsdauer enden. *(Kann Kritik andeuten)*

5140006 Wir setzen dieses befristete Probearbeitsverhältnis nicht über die vereinbarte Dauer hinaus fort. *(Kann Kritik andeuten)*

5140007 Das befristete Arbeitsverhältnis endet auf Wunsch von Herrn NAME mit Ablauf der vereinbarten Zeit am VERTRAGSENDE. Wir hätten das Arbeitsverhältnis gerne unbefristet fortgesetzt.

5140008 Das Arbeitsverhältnis endet zum Saisonende am VERTRAGSENDE durch Ablauf der vereinbarten Frist.

5140009 Die befristete Bestellung von Herrn NAME wurde nicht erneuert, da in einigen Grundsatzfragen unterschiedliche Auffassungen bestehen. Er verlässt uns zum VERTRAGSENDE.

5140010 Das befristete Arbeitsverhältnis mit Frau NAME endete mit Ablauf der vereinbarten Dauer am VERTRAGSGENDE. Wir bedauern, zurzeit kein unbefristetes Arbeitsverhältnis anbieten zu können.

5140011 Das befristete Arbeitsverhältnis mit Frau NAME endet mit Ablauf der Projektarbeit am VERTRAGSENDE.

5150000 Grund für Zwischenzeugnis für alle Arbeitnehmergruppen

Bitte wählen Sie einen Baustein aus einer der folgenden Gruppen 5151 bis 5159.

5151000 Feststehendes Ende des Arbeitsverhältnisses

5151001 Herr NAME erbat dieses vorläufige Zeugnis, da er das Arbeitsverhältnis auf eigenen Wunsch zum VERTRAGSENDE beendet.

5151002 Frau NAME erhält (unaufgefordert) dieses vorläufige Zeugnis, da das Arbeitsverhältnis am VERTRAGSENDE in gegenseitigem/bestem Einvernehmen beendet wird.

5151003 Herr NAME erhält dieses Zwischenzeugnis, da das Arbeitsverhältnis zum VERTRAGSENDE wegen der Schließung/Verlegung des Werkes/der Filiale/der Abteilung BEZEICHNUNG enden wird.

5151004 Frau NAME erhält (unaufgefordert) dieses vorläufige Zeugnis, da das befristete Arbeitsverhältnis zum VERTRAGSENDE enden wird. *(Gegen Ende längerer befristeter Arbeitsverhältnisse)*

5152000 Mögliches Ende des Arbeitsverhältnisses

5152001 Frau NAME erbat dieses Zwischenzeugnis anlässlich des absehbaren Endes unseres (staatlich geförderten) Großprojektes BEZEICHNUNG. Das Arbeitsverhältnis ist ungekündigt.

5152002 Herr NAME erbat dieses Zwischenzeugnis, da in unserem Unternehmen seit längerer Zeit Kurzarbeit geleistet wird.

5152003 Die bekannte wirtschaftliche Lage unseres Unternehmens macht einschneidende Restrukturierungsmaßnahmen erforderlich. Es ist möglich / geplant / entschieden, dass die BEZEICHNUNG-Aktivitäten in absehbarer Zeit beendet werden. Wegen dieser Unsicherheit der künftigen Entwicklung haben wir Frau NAME eine berufliche Neuorientierung nahelegen müssen. Dieses Zeugnis soll ihr dabei helfen, eine neue gleichwertige Aufgabe zu finden.

5152004 Grundlegende Rationalisierungs- und Dezentralisierungsmaßnahmen führen dazu, dass es künftig den Zentralbereich BEZEICHNUNG nicht mehr geben wird. Da wir Herrn NAME zum gegenwärtigen Zeitpunkt keine gleichwertige Aufgabe in unserem Unternehmen bieten können, erhält er auf eigenen Wunsch dieses Zwischenzeugnis, um sich auch außerhalb unseres Unternehmens bewerben zu können.

5152005 Dieses Zwischenzeugnis wird anlässlich der Aufnahme von Sozialplanverhandlungen erstellt. Das Arbeitsverhältnis ist ungekündigt.

5152006 Frau NAME erhält (unaufgefordert) dieses Zwischenzeugnis anlässlich der Eröffnung des Vergleichsverfahrens / Insolvenzverfahrens.

5152007 Herr NAME bat um die Ausstellung eines Zwischenzeugnisses, da er sich auf eigenen Wunsch beruflich verändern möchte.

5153000 Versetzung und andere Änderungen des Arbeitsverhältnisses

5153001 Herr NAME erhält wunschgemäß dieses Zwischenzeugnis anlässlich des Abschlusses seiner Trainee-Ausbildung. Das Arbeitsverhältnis ist ungekündigt.

5153002 Frau NAME wird ab DATUM in die BEZEICHNUNG-Abteilung versetzt. Sie erhält (unaufgefordert) dieses Zwischenzeugnis anlässlich der Übernahme dieser neuen Aufgabe.

5153003 Frau NAME übernimmt zum DATUM aufgrund ihrer erfolgreichen Bewerbung auf eine interne Stellenausschreibung die Aufgabe BEZEICHNUNG. Dieses Zeugnis wird ihr anlässlich der Beendigung der bisherigen Aufgabe (unaufgefordert) ausgestellt.

5153004 Mit Wirkung vom DATUM übernimmt Frau NAME in unserem Hause die Position einer BEZEICHNUNG. Das Zeugnis wird anlässlich dieser Beförderung (unaufgefordert) ausgestellt.

5153005 Dieses Zeugnis erhält Herr NAME anlässlich seiner Bestellung zum Geschäftsführer / Vorstandsmitglied.

5153006 Da sich das Arbeitsgebiet aufgrund einer Neuverteilung der Aufgaben innerhalb der Abteilung wesentlich geändert hat, bat Frau NAME um dieses Zwischenzeugnis.

5153007 Frau NAME wechselt zum DATUM auf eigenen Wunsch zu unserer Geschäftsstelle BEZEICHNUNG und bat um dieses Zwischenzeugnis.

5153008 Dieses Zwischenzeugnis erhält Herr NAME anlässlich der Übernahme / Übertragung eines anderen Verkaufsgebietes.

5153009 Dieses Zwischenzeugnis wird Frau NAME anlässlich der Neustrukturierung der Verantwortungsbereiche der Geschäftsleitung (unaufgefordert) ausgestellt.

5153010 Dieses Zwischenzeugnis erhält Herr NAME aufgrund der Umstrukturierung unseres Unternehmens zu einer Divisionalorganisation.

5153011 Dieses Zwischenzeugnis erhält Frau NAME (unaufgefordert) anlässlich ihrer Delegierung in das Großprojekt BEZEICHNUNG.

5153012 Herr NAME erhält dieses Zwischenzeugnis (unaufgefordert) anlässlich der Beendigung seiner Tätigkeit in der Arbeitsgemeinschaft BEZEICHNUNG.

5153013 Frau NAME erhält dieses Zwischenzeugnis (unaufgefordert) anlässlich der Entsendung in unser Zweigwerk im AUSLAND.

5153014 Er erhält dieses Zwischenzeugnis zum Abschluss der Traineeausbildung. Er ist ab MONAT / JAHR in unserer Abteilung BEZEICHNUNG tätig.

5153015 Dieses Zwischenzeugnis wird anlässlich eines Abteilungswechsels erstellt.

5154000 Wechsel des Vorgesetzten

5154001 Frau NAME bat um dieses Zwischenzeugnis, da ihr langjähriger Vorgesetzter aus unserer Firma ausscheidet.

5154002 Dieses Zwischenzeugnis wird Herrn NAME anlässlich der Versetzung des Vorgesetzten (unaufgefordert) ausgestellt.

5154003 Frau NAME bat um dieses Zwischenzeugnis, da ein Wechsel des Vorgesetzten stattfinden wird.

5154004 Dieses Zwischenzeugnis wird Herrn NAME anlässlich der Pensionierung des Vorgesetzten (unaufgefordert) ausgestellt.

5154005 Herr NAME erbat dieses Zwischenzeugnis anlässlich eines Revirements in der Geschäftsleitung.

5154006 Dieses Zwischenzeugnis wird anlässlich eines Vorgesetztenwechsels erstellt.

5155000 Eigentümerwechsel und Rechtsformänderung

(Insbesondere bei Leitenden Angestellten und bei Organmitgliedern)

5155001 Dieses Zwischenzeugnis erhält Frau NAME anlässlich des Übergangs des Betriebes / Betriebsteiles im Sinne von §613a BGB auf einen anderen Inhaber.

5155002 Dieses Zeugnis wird Herrn NAME anlässlich eines grundlegenden Gesellschafterwechsels erteilt.

5155003 Frau NAME erhält dieses Zeugnis anlässlich der Änderung unserer Rechtsform von BEZEICHNUNG in BEZEICHNUNG.

5155004 Dieses Zwischenzeugnis wird anlässlich eines Betriebsübergangs erstellt.

5156000 Unterbrechung des Arbeitsverhältnisses

5156001 Dieses Zwischenzeugnis wird Frau NAME anlässlich des Beginns der Elternzeit (unaufgefordert) ausgestellt.

5156002 Herr NAME erhält dieses Zwischenzeugnis (unaufgefordert) anlässlich einer längeren Delegation ins Ausland / in eine überbetriebliche Arbeitsgemeinschaft / in ein Gemeinschaftsunternehmen.

5156003 Dieses Zwischenzeugnis wird anlässlich der beginnenden Elternzeit erstellt.

5157000 Vorlage bei externen Institutionen

5157001 Dieses Zwischenzeugnis dient zur Vorlage bei INSTITUTION.

5157002 Herr NAME bat um dieses Zwischenzeugnis, um eine MEISTERAUSBILDUNG beginnen zu können.

5158000 Übernahme von (politischen) Mandaten

Der Ausstellungsgrund darf nur mit Zustimmung des Arbeitnehmers angegeben werden.

5158001 Er erhält dieses Zwischenzeugnis anlässlich der Übernahme eines Stadtratsmandats / Kreistagsmandats / Landtagsmandats.

5158002 Sie erhält dieses Zwischenzeugnis anlässlich ihrer Wahl in den Betriebsrat / Personalrat / Sprecherausschuss / Aufsichtsrat.

5158003 Dieses Zwischenzeugnis wird anlässlich seiner Wahl zum Schwerbehindertenvertreter erteilt.

5158004 Frau NAME erhält dieses Zwischenzeugnis anlässlich ihrer Freistellung für die Betriebsratsarbeit / Personalratsarbeit.

5159000 **Weitere Gründe**

5159001 Frau NAME erbat das Zwischenzeugnis, weil sie sich für eine weitere Teilzeitbeschäftigung bewerben möchte.

5159002 Herr NAME erhält dieses Zwischenzeugnis, da er sich beruflich verändern / verbessern möchte. Das Arbeitsverhältnis ist ungekündigt.

5159003 Dieses Zwischenzeugnis wird in Erfüllung des tarifvertraglichen Anspruches auf Verlangen von Herrn NAME erstellt.

5159004 Dieses Zwischenzeugnis erhält Herr NAME gemäß § NUMMER des Manteltarifvertrages / Rahmentarifvertrages.

5159005 Frau NAME erbat ein Zwischenzeugnis, da GRUND. Wir haben diesen Wunsch gern erfüllt.

5159006 Herr NAME bat die Geschäftsführung / den Vorstand / Aufsichtsrat / Beirat, seinen mehrjährigen / langjährigen Werdegang in unserem Unternehmen in einem Zwischenzeugnis darzustellen. Wir erfüllen diesen Wunsch gerne.

5159007 Dieses Zwischenzeugnis wurde auf Verlangen von Herrn NAME formuliert. *(Durch den Arbeitnehmer beeinflusste Formulierung)*

5159008 Dieses Zwischenzeugnis wurde auf ausdrücklichen Wunsch von Frau NAME erstellt. *(Andeutung von Auseinandersetzungen)*

5159009 Dieses Zwischenzeugnis wurde auf Wunsch von Herrn NAME erstellt, da er sich intern / innerhalb der Unternehmensgruppe bewerben möchte.

5159010 Herr NAME bat angesichts seiner nunmehr ZAHL-jährigen Tätigkeit in ZAHL Positionen um ein Zwischenzeugnis, um seinen Werdegang in unserem Unternehmen zu dokumentieren.

5500000 **Beendigungsformel für Auszubildende**

1. Bitte wählen Sie bei Ausbildungsabschluss unter Beachtung der Notenstufen zunächst einen Baustein aus der Gruppe 5541 Information zum Prüfungsergebnis. Bitte wählen Sie sodann einen Baustein aus einer der nachfolgenden Gruppen: 5542 Ausbildungsende mit Übernahme oder 5543 Ausbildungsende ohne Übernahme.
2. Bitte wählen Sie bei Ausbildungsabbruch im Laufe der vereinbarten Ausbildungszeit einen Baustein aus der Gruppe 5544.
3. Bitte wählen Sie im Falle eines Zwischenzeugnisses einen Baustein aus der Gruppe 5550 Ausstellungsgrund für Zwischenzeugnis.

5540000 **Beendigungsformel für Auszubildende bei Vertragsablauf**

5541000 **Information zum Prüfungsergebnis**

5541100 **Sehr gutes Prüfungsergebnis**

5541101a Herr NAME hat seine Ausbildung am VERTRAGSENDE mit sehr gutem Prüfungsergebnis abgeschlossen.

5541102b Frau NAME hat am VERTRAGSENDE die Abschlussprüfung (vorzeitig) vor der Industrie- und Handelskammer BEZEICHNUNG mit der Gesamtnote Sehr gut abgeschlossen. Sie ist die Beste ihres Ausbildungsjahrganges in unserem Hause.

5541103c Herr NAME hat am VERTRAGSENDE seine Abschlussprüfung (vorzeitig) mit der Note Sehr gut bestanden. Er wurde hierfür mit einem Preis ausgezeichnet.

5541104d Herr NAME hat seine Ausbildung am VERTRAGSENDE mit sehr gutem Ergebnis abgeschlossen. Er ist der Beste seines Ausbildungsjahrganges in unserem Hause.

5541105e Frau NAME legte am DATUM vor der Handwerkskammer BEZEICHNUNG die Abschlussprüfung (vorzeitig) mit der Note Sehr gut ab.

5541106f Wir beglückwünschen Frau NAME zu ihrem (vorzeitigen) Ausbildungsabschluss mit der Note Sehr gut.

5541107g Frau NAME hat ihr Studium an der Dualen Hochschule / Berufsakademie am DATUM mit sehr gutem Erfolg abgeschlossen.

5541200 **Gutes Prüfungsergebnis**

5541201a Herr NAME hat seine Ausbildung am VERTRAGSENDE mit gutem Prüfungsergebnis abgeschlossen.

5541202b Frau NAME hat am VERTRAGSENDE die Abschlussprüfung (vorzeitig) vor der Industrie- und Handelskammer BEZEICHNUNG mit der Gesamtnote Gut abgeschlossen.

5541203c Herr NAME hat am VERTRAGSENDE seine Abschlussprüfung mit der Note Gut bestanden.

5541204d Herr NAME hat seine Ausbildung (vorzeitig) am VERTRAGSENDE mit gutem Ergebnis abgeschlossen.

5541205e Frau NAME legte am VERTRAGSENDE vor der Handwerkskammer BEZEICHNUNG die Abschlussprüfung (vorzeitig) mit der Note Gut ab.

5541206f Wir beglückwünschen Frau NAME zu ihrem (vorzeitigen) Ausbildungsabschluss mit der Note Gut.

5541207g Frau NAME hat ihr Studium an der Dualen Hochschule / Berufsakademie am DATUM mit gutem Erfolg abgeschlossen.

5541300 Befriedigendes Prüfungsergebnis

5541301a Herr NAME hat seine Ausbildung am VERTRAGSENDE mit befriedigendem Prüfungsergebnis abgeschlossen.

5541302b Frau NAME hat am VERTRAGSENDE die Abschlussprüfung (vorzeitig) vor der Industrie- und Handelskammer BEZEICHNUNG mit der Gesamtnote Befriedigend abgeschlossen.

5541303c Herr NAME hat seine Abschlussprüfung am VERTRAGSENDE mit der Note Befriedigend bestanden.

5541304d Herr NAME hat seine Ausbildung am VERTRAGSENDE (vorzeitig) mit befriedigendem Ergebnis abgeschlossen.

5541305e Frau NAME legte am VERTRAGSENDE vor der Handwerkskammer BEZEICHNUNG die Abschlussprüfung (vorzeitig) mit der Note Befriedigend ab.

5541306g Frau NAME hat ihr Studium an der Dualen Hochschule / Berufsakademie am DATUM mit Erfolg abgeschlossen.

5541400 Ausreichendes Prüfungsergebnis

5541401a Herr NAME hat seine Ausbildung am VERTRAGSENDE zu unserer Zufriedenheit mit Erfolg abgeschlossen.

5541402b Frau NAME hat am VERTRAGSENDE die Abschlussprüfung (vorzeitig) vor der Industrie- und Handelskammer BEZEICHNUNG mit der Gesamtnote Ausreichend abgeschlossen.

5541403c Herr NAME hat seine Abschlussprüfung am VERTRAGSENDE bestanden.

5541404d Herr NAME hat seine Ausbildung am VERTRAGSENDE (vorzeitig) mit einem ausreichendem Ergebnis abgeschlossen.

5541405e Frau NAME legte am VERTRAGSENDE vor der Handwerkskammer BEZEICHNUNG die Abschlussprüfung (vorzeitig) mit der Note Ausreichend ab.

5541406g Frau NAME hat ihr Studium an der Dualen Hochschule / Berufsakademie am DATUM abgeschlossen.

5541500 Mangelhaftes Prüfungsergebnis

Ein endgültiges Nichtbestehen der Abschlussprüfung kann auch durch eine fehlende Aussage zur Prüfungsleistung ausgedrückt werden (Leerstelle).

5541501a Herr NAME hat versucht, seine Ausbildung mit Erfolg abzuschließen.

5541502* Frau NAME nahm an der Abschlussprüfung teil.

5541503* Das Ausbildungsverhältnis mit Herrn NAME endet am VERTRAGSENDE mit Ablauf der vereinbarten Zeit.

5541504g Das Studium an der Dualen Hochschule / Berufsakademie endete am DATUM.

5542000 Ausbildungsende mit Übernahme

5542001 Sie wird nach dem Ende der Ausbildung in das Angestelltenverhältnis übernommen, wobei sie ihrem Wunsch entsprechend zunächst in der BEZEICHNUNG-Abteilung eingesetzt wird.

5542002 Nach Beendigung seiner Ausbildungszeit haben wir ihn gern in unsere BEZEICHNUNG-Abteilung übernommen.

5542003 Mit Wirkung von DATUM haben wir sie als BERUFSBEZEICHNUNG in ein festes / befristetes Arbeitsverhältnis übernommen.

5542004 Auf Wunsch der Abteilung und auf seinen Wunsch hin übernehmen wir ihn nach Ende der Ausbildung als BERUFSBEZEICHNUNG in die Abteilung BEZEICHNUNG.

5542005 Er setzt als BERUFSBEZEICHNUNG seine berufliche Weiterentwicklung in unserer Abteilung BEZEICHNUNG fort, was wir sehr begrüßen.

5542006 Mehrere Abteilungen wollten sie nach dem Ende der Ausbildung übernehmen. Ab DATUM wird sie in unserer Abteilung BEZEICHNUNG als BERUFSBEZEICHNUNG arbeiten. Wir freuen uns auf die weitere Zusammenarbeit und hoffen, dass sie unserem Unternehmen noch lange erhalten bleibt.

5542007 Nach Beendigung der Ausbildung übernehmen wir sie aus betrieblichen Gründen / Budgetgründen / haushaltsrechtlichen Gründen zunächst im Rahmen eines befristeten Arbeitsverhältnisses in unsere Abteilung BEZEICHNUNG.

5542008 Zum DATUM wird er in ein festes Arbeitsverhältnis übernommen. *(Kann bei fehlendem Ausbildungsabschluss gewählt werden.)*

5542009 Sie wird nach Abschluss des Studiums in ein Arbeitsverhältnis übernommen und in der Abteilung BEZEICHNUNG eingesetzt.

5543000 Ausbildungsende ohne Übernahme

Falls ein Auszubildender wegen Leistungsmängeln nicht übernommen wird, kann auf eine Aussage zur Übernahme auch verzichtet werden (= Leerstelle).

5543001 Sie verlässt uns mit Abschluss des dualen Studiums. Da wir über Bedarf ausgebildet haben, können wir dieses Mal leider unsere Auszubildenden nicht in ein Arbeitsverhältnis übernehmen.

5543002 Er verlässt uns mit Abschluss der Ausbildung. Da wir über Bedarf ausgebildet haben, können wir dieses Mal (leider) nicht alle Auszubildenden in ein Arbeitsverhältnis übernehmen.

5543003 Sie verlässt uns mit Abschluss der Ausbildung, da wir sie aus wirtschaftlichen Gründen / Budgetgründen / wegen Rationalisierungsmaßnahmen / betriebsbedingt / wegen knapper Haushaltsmittel nicht in ein Arbeitsverhältnis übernehmen können.

5543004 Er verlässt uns mit dem Ende der Ausbildung auf eigenen Wunsch. Wir hätten ihn gerne als Mitarbeiter übernommen.

5543005 Sie verlässt unser Unternehmen nach Beendigung ihrer Berufsausbildung (auf eigenen Wunsch), um die Hochschulreife zu erlangen / zu studieren.

5543006 Sie verlässt uns mit Abschluss des Studiums zum VERTRAGSENDE auf eigenen Wunsch.

5544000 Ausbildungsabbruch oder Kündigung

5544001 Er verlässt uns auf eigenen Wunsch, um eine andere Ausbildung aufzunehmen.

5544002 Das Ausbildungsverhältnis endete auf Wunsch von Frau NAME am VERTRAGSENDE.

5544003 Frau NAME verlässt unser Unternehmen am VERTRAGSENDE auf eigenen Wunsch.

5544004 Herr NAME hat erkannt, dass seine Begabungsschwerpunkte auf einem anderen Gebiet liegen, und es ist daher sein Wunsch, eine neue Ausbildung zu beginnen.

5544005 Herr NAME verlässt uns auf eigenen Wunsch, um die begonnene Ausbildung in einem anderen Unternehmen fortzusetzen. *(Kein endgültiger Abbruch)*

5544006 Sie verlässt uns zum VERTRAGSENDE, da sie die Ausbildung nicht fortsetzen will.

5544007 Das Ausbildungsverhältnis endet am VERTRAGSENDE während der Probezeit.

5544008 Das Ausbildungsverhältnis endet mit Ablauf der Probezeit am VERTRAGSENDE.

5544009 Das Ausbildungsverhältnis endete kurzfristig am VERTRAGSENDE. *(Krummes Datum, fristlose Kündigung durch den Ausbildenden)*

5544010 Das Ausbildungsverhältnis endete gemäß §15 Abs. 2 Ziffer 1 Berufsbildungsgesetz. *(= Fristlose Kündigung durch den Ausbildenden)*

5544011 Leider endet die Ausbildung in unserem Unternehmen aufgrund unserer Insolvenz betriebsbedingt zum VERTRAGSENDE. Die Ausbildung wird in einem anderen Unternehmen fortgesetzt.

5550000 Grund für Zwischenzeugnis

5550001 Dieses Zwischenzeugnis erhält Herr NAME auf eigenen Wunsch.

5550002 Dieses Zwischenzeugnis erhält Frau NAME zur Vorlage bei INSTITUTION.

5550003 Dieses Zwischenzeugnis erhält Herr NAME, um für die Zeit nach dem Ende der Ausbildung ein Arbeitsverhältnis finden zu können. Da wir über Bedarf ausgebildet haben, können wir dieses Mal unsere Auszubildenden nicht in ein Arbeitsverhältnis übernehmen.

5550004 Dieses Zwischenzeugnis erhält Frau NAME, um für die Zeit nach dem Ende der Ausbildung ein Arbeitsverhältnis finden zu können. Da wir in der Vergangenheit über Bedarf ausgebildet haben, können wir dieses Mal nicht alle unsere Auszubildenden in ein Arbeitsverhältnis übernehmen.

5550005 Wir stellen allen Auszubildenden Zwischenzeugnisse aus, da zurzeit eine Übernahme nach dem Ende der Ausbildung noch nicht zugesagt werden kann.

5550006 Herr NAME bat um dieses Zwischenzeugnis, weil er nach dem Ende der Ausbildung seine Kenntnisse durch neuartige Erfahrungen in einem anderen Unternehmen ausbauen möchte.

5550007 Frau NAME erhält (unaufgefordert) dieses Zwischenzeugnis anlässlich ihrer Wahl zur Jugend- und Auszubildendenvertreterin. *(Angabe des Grundes nur mit Zustimmung der Auszubildenden)*

5600000 Beendigungsformeln für Praktikanten und Volontäre

5640000 Beendigungsformeln bei Ende des Praktikums / Volontariats

5640001 Frau NAME verlässt uns nach Beendigung des Praktikums vertragsgemäß zum VERTRAGSENDE.

5640002 Herr NAME verlässt uns nach Ablauf der vereinbarten Praktikumszeit zum VERTRAGSENDE, um sein Studium an der Hochschule fortzusetzen.

5640003 Frau NAME beendet ihr Volontariat in unserem Hause am VERTRAGSENDE mit Ablauf der vereinbarten Zeit.

5650000 Grund für Zwischenzeugnis

5650001 Dieses Zwischenzeugnis wird auf Wunsch von Herrn NAME erstellt.

6000000 **Dankes-Bedauern-Formel**

Es besteht kein Anspruch des Arbeitsnehmers auf Dank und Bedauern. Ausreichende Dankes-Bedauern-Formeln sollten nur in Ausnahmefällen verwendet werden. Kritik muss dann auch schon in der Beurteilung enthalten sein.

6100000 **Dankes-Bedauern-Formel für alle Arbeitnehmergruppen**

6110000 **Dankes-Bedauernsformel im Endzeugnis für alle Arbeitnehmergruppen**

6110100 **Sehr gute Dankes-Bedauernsformel im Endzeugnis**

6110101a Wir bedauern wirklich sehr, eine so exzellente und profilierte Fach- und Führungskraft zu verlieren. Für die stets vorbildliche Leitung unseres Bereiches BEZEICHNUNG sind wir ihm zu großem Dank verpflichtet. Er hat einen entscheidenden substanziellen Beitrag zur Entwicklung des Unternehmens und des Goodwill geleistet. Wir stehen für ihn daher gern als Referenzgeber zur Verfügung.

6110102b Wir danken ihm für die stets sehr gute, produktive und anregende Zusammenarbeit und bedauern sehr, ihn zu verlieren. Zugleich haben wir Verständnis dafür, dass er die ihm gebotene (einmalige) Chance nutzt.

6110103c Wir danken ihr für ihre stets sehr hohen Leistungen und bedauern den Verlust dieser hochqualifizierten Facharbeiterin.

6110104d Wir danken ihm für sein stets unermüdliches und erfolgreiches Wirken und bedauern seinen Unternehmenswechsel sehr. Wir sind überzeugt, dass er auch in seinem neuen Verantwortungsbereich außerordentliche Erfolge erzielen wird. Wir stehen für ihn daher gern als Referenzgeber zur Verfügung.

6110105e Wir danken ihr für ihre stets sehr guten Leistungen und bedauern ihr Ausscheiden sehr.

6110106f Wir bedauern ihr Ausscheiden wirklich sehr und danken dieser erstklassigen und bewährten Mitarbeiterin für ihr stets weit überdurchschnittliches Engagement. Wir können sie fachlich und persönlich bestens empfehlen.

6110107g Wir danken dieser stets sehr guten Fachkraft und bedauern ihr Ausscheiden. Wir würden es begrüßen, wenn er sich bei erneutem Personalbedarf wieder bei uns bewerben würde. *(Bei betriebsbedingter Kündigung)*

6110108h Für die langjährige Verbundenheit mit unserem Unternehmen und die fruchtbare und wertvolle Zusammenarbeit sind wir ihm zu Dank verpflichtet. Wir bedauern es sehr, diesen ausgezeichneten Mitarbeiter zu verlieren.

6110109i Wir danken ihr für die stets produktive und äußerst erfolgreiche Zusammenarbeit und bedauern ihr Ausscheiden sehr.

6110110j Wir verlieren mit dem Weggang von Herrn NAME einen stets sehr tüchtigen Leistungsträger, was wir außerordentlich bedauern.

6110111k Wir bedauern es außerordentlich, dass sie uns verlässt, und danken ihr für die stets sehr gute und konstruktive Mitarbeit in unserem Hause.

6110112l Wir danken ihm für seine stets sehr guten Leistungen und die äußerst angenehme und anregende Zusammenarbeit. Wir bedauern aufrichtig, ihn zu verlieren.

6110113m Wir sagen ihm Dank für ZAHL Jahre engagierter und treuer Arbeit in unserem Unternehmen, zu dessen Erfolg er durch sein Wirken maßgeblich beigetragen hat. *(Pensionierung)*

6110114n Wir sagen diesem äußerst tüchtigen Experten Dank für ZAHL Jahre engagierter und treuer Mitarbeit. Er hat auf seinem Arbeitsplatz maßgeblich zum Erfolg der Abteilung beigetragen. *(Pensionierung)*

6110115o Wir bekräftigen unsere sehr gute Beurteilung, indem wir ihr für ihre Leistungen danken und ihr Ausscheiden außerordentlich bedauern. Wir werden diese wertvolle Mitarbeiterin sehr vermissen.

6110116p Wir danken ihr für ihre wertvollen Dienste und bedauern, diese tüchtige und angenehme Mitarbeiterin zu verlieren. Es wird sehr schwer sein, eine gleichwertige Nachfolgerin zu finden.

6110117q Wir danken ihr für die stets sehr hohen Leistungen und bedauern ihr Ausscheiden sehr. Zugleich haben wir aber volles Verständnis für ihre weitergehenden Ausbildungspläne. Wir würden es begrüßen, wenn sie sich nach der Weiterbildung erneut bei uns bewerben würde.

6110118r Wir danken ihm für seine außergewöhnlichen Leistungen und die stets konstruktive und angenehme Zusammenarbeit. Wir bedauern sehr, einen Mitarbeiter mit so vielseitigen Potenzialen und eine so fähige Führungskraft zu verlieren.

6110119s Wir danken Herrn NAME für seine konstruktive Arbeit und seine herausragenden Erfolge und bedauern sein Ausscheiden sehr, da wir mit ihm eine unternehmerisch handelnde Führungspersönlichkeit verlieren.

6110120* Es ist uns ein besonderes Anliegen, ihm für sein äußerst wertvolles Wirken an verantwortlicher Stelle und das stets angenehme Arbeits- und Vertrauensverhältnis zu danken. Wir bedauern es wirklich außerordentlich, ihn zu verlieren.

6110121* Seinen Weggang bedauern wir sehr. Wir verlieren mit ihm einen tüchtigen und nur schwer ersetzbaren Mitarbeiter.

6110122* Wir bedauern sein Ausscheiden sehr und danken für die überaus konstruktive Arbeit. Aufgrund seiner Verdienste können wir ihn bestens empfehlen. Ein künftiger Wiedereintritt würde in der Geschäftsleitung allseits befürwortet.

6110123* Wir danken ihr für die stets sehr hohen Leistungen und bedauern ihr Ausscheiden sehr. Wir haben Verständnis für ihre Entscheidung, da wir ihr zurzeit kein Vollzeit-Arbeitsverhältnis, sondern leider nur ein Teilzeit-Arbeitsverhältnis bieten können.

6110124* Wir verlieren mit ihm einen aufgeschlossenen und förderungswürdigen jungen Mitarbeiter mit guten beruflichen Perspektiven. Wir bedauern seinen Weggang, haben jedoch Verständnis für seinen Wunsch.

6110125* Wir sind ihm wegen seines engagierten Wirkens für das Unternehmen zu großem Dank verpflichtet. Sein Ausscheiden bedauern wir sehr, weil wir mit ihm eine Persönlichkeit mit hoher Fach- und Führungskompetenz verlieren. Wir haben aber Verständnis für seine Entscheidung, eine Leitungsposition mit noch größerer Verantwortung zu übernehmen, die wir ihm leider zurzeit nicht bieten können.

6110126* Wir danken ihr für die hervorragende Zusammenarbeit. Wir verlieren mit ihr eine erfahrene Spezialistin, verstehen aber, dass sie im Rahmen ihrer beruflichen Entwicklung ihr Tätigkeitsspektrum vergrößern will.

6110127* Wir bedauern sein Ausscheiden außerordentlich und danken ihm für seine wertvolle Mitarbeit. Herr NAME hat sich um unser Unternehmen bleibende Verdienste erworben.

6110128* Wir bedauern außerordentlich, aus den genannten rein objektiven betriebsbedingten Gründen die effiziente und angenehme Zusammenarbeit nicht fortsetzen zu können. Wir sind Herrn NAME für sein engagiertes Wirken zu großem Dank verpflichtet. Er hat mit der Aufbauarbeit und mit seiner langjährigen Geschäftsführung maßgeblich zum Ansehen unseres Unternehmensverbundes beigetragen. Sein herausragender Erfolg prädestiniert ihn zur Übernahme noch anspruchsvollerer Herausforderungen.

6110129t Wir bedauern sehr, dass das Arbeitsverhältnis aus diesen rein sachlichen Gründen betriebsbedingt endet und danken Frau NAME für ihre stets sehr guten Leistungen und die persönlich angenehme und anregende Zusammenarbeit.

6110200 **Gute Dankes-Bedauernsformel im Endzeugnis**

6110201a Wir bedauern, eine so gute Fach- und Führungskraft zu verlieren. Für die stets gute Leitung unseres Bereiches BEZEICHNUNG sind wir ihm zu großem Dank verpflichtet. Er hat einen großen Beitrag zur Unternehmensentwicklung geleistet.

6110202b Wir danken ihm für die stets gute und produktive Zusammenarbeit und bedauern sehr, ihn zu verlieren. Zugleich haben wir Verständnis dafür, dass er die ihm gebotene (einmalige) Chance nutzt.

6110203c Wir danken ihr für ihre hohen Leistungen und bedauern den Verlust dieser guten Mitarbeiterin.

6110204d Wir danken ihm für sein unermüdliches und erfolgreiches Wirken und bedauern seinen Unternehmenswechsel sehr. Wir sind überzeugt, dass er auch in seinem neuen Verantwortungsbereich bedeutende Erfolge erzielen wird.

6110205e Wir danken ihm für seine stets guten Leistungen und bedauern sein Ausscheiden sehr.

6110206f Wir bedauern ihr Ausscheiden und danken dieser guten und bewährten Mitarbeiterin für das überdurchschnittliche Engagement. Wir können sie fachlich und persönlich empfehlen.

6110207g Wir danken dieser stets guten Fachkraft und bedauern ihr Ausscheiden. Bei einer Besserung der Unternehmenslage werden wir sie gern wieder beschäftigen. *(Bei betriebsbedingter Kündigung)*

6110208h Wir danken für die langjährige wertvolle Zusammenarbeit und bedauern es, diesen guten Mitarbeiter zu verlieren.

6110209i Wir danken ihr für die stets gute und erfolgreiche Zusammenarbeit und bedauern ihr Ausscheiden sehr.

6110210j Wir verlieren mit dem Weggang von Herrn NAME einen stets tüchtigen Mitarbeiter, was wir sehr bedauern.

6110211k Wir bedauern es sehr, dass sie uns verlässt, und danken ihr für die stets gute Mitarbeit in unserem Hause.

6110212l Wir danken ihm für seine stets guten Leistungen und die angenehme Zusammenarbeit. Wir bedauern wirklich, ihn zu verlieren.

6110213m Wir sagen ihm Dank für ZAHL Jahre engagierter und treuer Arbeit in unserem Unternehmen, zu dessen Erfolg er wesentlich beigetragen hat. *(Pensionierung)*

6110214n Wir sagen diesem tüchtigen Experten Dank für ZAHL Jahre engagierter und treuer Mitarbeit. Er hat auf seinem Arbeitsplatz wesentlich zum Erfolg der Abteilung beigetragen. *(Pensionierung)*

6110215o Wir bekräftigen unsere gute Beurteilung, indem wir ihr für ihre Leistungen danken und ihr Ausscheiden sehr bedauern.

6110216p Wir danken ihr für ihre hohen Leistungen und bedauern, diese tüchtige und angenehme Mitarbeiterin zu verlieren. Es wird schwer sein, eine gleichwertige Nachfolgerin zu finden.

6110217q Wir danken ihr für ihre stets hohen Leistungen und bedauern ihr Ausscheiden sehr. Zugleich haben wir aber Verständnis für ihre weitergehenden Ausbildungspläne. Wir würden es begrüßen, wenn sie sich nach ihrer Weiterbildung erneut bei uns bewerben würde.

6110218r Wir danken ihm für seine guten Leistungen und die stets angenehme Zusammenarbeit. Wir bedauern, einen Mitarbeiter mit solchen Potenzialen und eine so fähige Führungskraft zu verlieren.

6110219s Wir danken Herrn NAME für seine guten Leistungen und seine großen Erfolge und bedauern sein Ausscheiden, da wir mit ihm eine unternehmerisch handelnde Führungskraft verlieren.

6110220t Wir bedauern sehr, dass das Arbeitsverhältnis aus diesen rein sachlichen Gründen betriebsbedingt endet und danken Frau NAME für ihre stets guten Leistungen und die persönlich angenehme und anregende Zusammenarbeit.

6110300 Befriedigende Dankes-Bedauern-Formel im Endzeugnis

6110301a Sie war eine gute Fach- und Führungskraft. Für die Leitung unseres Bereiches BEZEICHNUNG danken wir.

6110302b Wir danken ihm für die Zusammenarbeit. Zugleich haben wir Verständnis dafür, dass er die ihm gebotene Chance nutzt.

6110303c Wir danken ihr für ihre Leistung.

6110304d Wir danken ihm für sein Wirken. Wir sind überzeugt, dass er auch in seinem neuen Verantwortungsbereich Erfolge erzielen wird.

6110305f Wir danken dieser bewährten Fachkraft für das stete Engagement.

6110306h Wir danken für die langjährige Zusammenarbeit.

6110307j Mit dem Weggang von Herrn NAME verlässt uns ein tüchtiger Mitarbeiter, was wir bedauern.

6110308k Wir bedauern es, dass Herr NAME uns verlässt, und danken für seine Mitarbeit.

6110309l Wir danken ihm für seine Leistungen und die angenehme Zusammenarbeit. Wir bedauern, dass er uns verlässt.

6110400 Ausreichende Dankes-Bedauern-Formel im Endzeugnis

In folgenden Bausteinen wird den Mitarbeitern zwar schwach oder mit Ironie gedankt. Das Ausscheiden wird nicht bedauert. Will man einem Mitarbeiter nicht danken und bedauert man sein Ausscheiden nicht, so kann auf diese Zeugniskomponente auch verzichtet werden.

6110401a Für die Leitung unseres Bereiches BEZEICHNUNG bedanken wir uns.

6110402b Wir bedanken uns für die Zusammenarbeit.

6110403* Wir bedanken uns für die Zugehörigkeit zu unserem Hause.

6110404* Wir waren mit ihm zufrieden und danken.

6110405* Wir haben keine Bedenken, uns bei ihm zu bedanken.

6110406* Wir danken (ihr).

6110407t Wir waren zufrieden und danken.

6150000 Dankes-Bedauern-Formel im Zwischenzeugnis für alle Arbeitnehmergruppen

6150100 Sehr gute Dankes-Bedauern-Formel im Zwischenzeugnis

6150101a Wir danken ihm für seine stets sehr guten Leistungen (und freuen uns auf eine weiterhin fruchtbare, angenehme und vertrauensvolle Zusammenarbeit).

6150102b Wir bedauern den beabsichtigten Fortgang außerordentlich. Für die stets sehr gute Zusammenarbeit danken wir.

6150103* Dem Wunsch nach einem Zwischenzeugnis sind wir gern nachgekommen. Wir danken für sein großes Engagement und wünschen uns auch zukünftig die Fortsetzung der konstruktiven, angenehmen und vertrauensvollen Zusammenarbeit.

6150200 Gute Dankes-Bedauern-Formel im Zwischenzeugnis

6150201a Wir danken ihm für seine stets guten Leistungen und freuen uns auf eine weiterhin angenehme und vertrauensvolle Zusammenarbeit.

6150202b Wir bedauern den beabsichtigten Fortgang. Für die stets guten Leistungen danken wir.

6150203* Dem Wunsch nach einem Zwischenzeugnis sind wir gern nachgekommen. Wir danken für sein Engagement und wünschen uns auch zukünftig die Fortsetzung der konstruktiven, angenehmen und vertrauensvollen Zusammenarbeit.

6150300 Befriedigende Dankes-Bedauern-Formel im Zwischenzeugnis

6150301a Wir danken ihm für seine gute Leistung.

6150302b Für die gute Zusammenarbeit danken wir.

6150400 Ausreichende Dankes-Bedauern-Formel im Zwischenzeugnis

6150401a Wir bedanken uns für seine Mitarbeit.

6150402* Wir bedanken uns für die Zusammenarbeit.

6500000 Dankes-Bedauern-Formel für Auszubildende

6510000 Dankes-Bedauern-Formel bei Ausbildungsende

Bedauern kommt in einem Ausbildungszeugnis nur dann in Frage, wenn der Auszubildende das Unternehmen verlässt.

6510100 Sehr gute Dankes-Bedauern-Formel bei Ausbildungsende

6510101a Wir danken ihr für die sehr gute und angenehme Zusammenarbeit während der Ausbildungszeit.

6510102b Wir bedauern es sehr, diese tüchtige junge Kraft zu verlieren. Zugleich haben wir aber Verständnis dafür, dass Herr NAME durch die Tätigkeit in einem anderen Unternehmen seine berufliche Bildung erweitern möchte. Für die Entlastung, die seine Mitarbeit mit fortschreitendem Berufswissen brachte, möchten wir ihm ausdrücklich danken.

6510103c Wir bedauern es sehr, sie zu verlieren. Wir haben aber Verständnis dafür, dass sie ihre langfristigen beruflichen Möglichkeiten durch ein Studium ausbauen möchte. Gegen Ende der Ausbildung arbeitete sie wie eine vollwertige Kraft, wofür wir ihr ausdrücklich danken.

6510104d Wir bedauern es sehr, mit Herrn NAME unseren besten Auszubildenden zu verlieren. Wir haben aber Verständnis dafür, dass ein junger Mann nach dem Ende der Ausbildung auch andere Unternehmen kennen lernen will. Für seine entlastende Mitarbeit und für seine Unterstützung der anderen Auszubildenden danken wir ihm ausdrücklich.

6510105e Wir bedauern den Fortgang von Frau NAME außerordentlich. Für ihre entlastende Mitarbeit danken wir sehr.

6510106f Wir danken ihm für sein Engagement und bedauern außerordentlich, ihn mit Abschluss der Ausbildung zu verlieren.

6510200 Gute Dankes-Bedauern-Formel bei Ausbildungsende

6510201a Wir danken ihr für die gute und angenehme Zusammenarbeit während der Ausbildungszeit.

6510202b Wir bedauern es, diese tüchtige junge Kraft zu verlieren. Zugleich haben wir aber Verständnis dafür, dass Herr NAME durch die Tätigkeit in einem anderen Unternehmen seine berufliche Bildung fortsetzen möchte. Für seine Arbeit danken wir ihm sehr.

6510203c Wir bedauern es, Frau NAME zu verlieren. Wir haben aber Verständnis dafür, dass sie ihre langfristigen beruflichen Möglichkeiten durch ein Studium ausbauen möchte.

6510204d Wir bedauern es, mit Herrn NAME einen unserer besten Auszubildenden zu verlieren. Wir haben aber Verständnis dafür, dass ein junger Mann nach dem Ende der Ausbildung auch andere Unternehmen kennen lernen will.

6510205e Wir bedauern den Fortgang von Frau NAME sehr. Für ihre Mitarbeit danken wir ihr.

6510206f Wir danken ihm für sein Engagement und bedauern, ihn mit Abschluss der Ausbildung zu verlieren.

6510300 Befriedigende Dankes-Bedauern-Formel bei Ausbildungsende

6510301a Wir danken ihr für die angenehme Zusammenarbeit während der Ausbildungszeit.

6510302b Wir bedauern den Fortgang dieser jungen Kraft. Zugleich haben wir aber Verständnis dafür, dass Herr NAME in einem anderen Unternehmen seine berufliche Bildung ergänzen und fortsetzen möchte.

6510303c Wir bedauern den Fortgang von Frau NAME. Wir haben aber Verständnis dafür, dass sie ein Studium aufnehmen möchte.

6510304d Wir bedauern es, mit Herrn NAME einen ausgelernten Auszubildenden zu verlieren. Wir haben aber Verständnis dafür, dass ein junger Mann nach dem Ende der Ausbildung auch andere Unternehmen kennen lernen will.

6510305e Wir bedauern den Fortgang von Frau NAME und danken ihr.

6510306f Wir danken ihm für sein Engagement.

6510400 Ausreichende Dankes-Bedauern-Formel bei Ausbildungsende

6510401a Wir bedanken uns für die Zusammenarbeit während der Ausbildungszeit.

6510402* Wir waren zufrieden und bedanken uns.

6550000 Dankes-Bedauern-Formel im Zwischenzeugnis für Auszubildende

6550100 Sehr gute Dankes-Bedauern-Formel im Zwischenzeugnis

6550101a Wir danken ihr für die sehr gute und angenehme Zusammenarbeit während der bisherigen Ausbildungszeit.

6550102b Wir bedauern den bevorstehenden Fortgang von Frau NAME außerordentlich. Für ihre bisherige entlastende Mitarbeit danken wir ihr schon heute sehr.

6550103c Wir bedauern es außerordentlich, dass betriebsbedingt in diesem Jahr keine Übernahme in ein Arbeitsverhältnis möglich ist.

6550200 Gute Dankes-Bedauern-Formel im Zwischenzeugnis

6550201a Wir danken ihr für die gute und angenehme Zusammenarbeit während der bisherigen Ausbildungszeit.

6550202b Wir bedauern den bevorstehenden Fortgang von Frau NAME sehr. Für ihre Mitarbeit danken wir ihr schon heute.

6550203c Wir bedauern es sehr, dass betriebsbedingt in diesem Jahr keine Übernahme in ein Arbeitsverhältnis möglich ist.

6550300 Befriedigende Dankes-Bedauern-Formel im Zwischenzeugnis

6550301a Wir danken ihr für die angenehme Zusammenarbeit während der bisherigen Ausbildungszeit.

6550302b Wir bedauern den bevorstehenden Fortgang von Frau NAME und danken ihr.

6550303c Wir bedauern es, dass betriebsbedingt in diesem Jahr keine Übernahme in ein Arbeitsverhältnis möglich ist.

6550400 Ausreichende Dankes-Bedauern-Formel im Zwischenzeugnis

6550401a Wir bedanken uns für die Zusammenarbeit während der bisherigen Ausbildungszeit.

6550402b Wir waren zufrieden und bedanken uns anlässlich des bevorstehenden Fortganges.

6600000 Dankes-Bedauern-Formel für Praktikanten und Volontäre

6600100 Sehr gute Dankes-Bedauern-Formel

6600101a Wir danken ihm für seine stets sehr guten Leistungen.

6600102b Für die stets sehr gute Zusammenarbeit danken wir. Herr NAME ist uns für weitere Praktika herzlich willkommen.

6600103c Wir danken ihr für ihr stets großes Engagement und die praktische Anwendung ihrer sehr guten Kenntnisse im Bereich BEZEICHNUNG. So haben auch wir von diesem Praktikum profitiert.

6600104* Für sein Engagement und seine überzeugenden Leistungen danken wir ihm sehr. Er gab durch seine Arbeit die beste Empfehlung, auch künftig wieder Praktikanten der Fachhochschule/Universität BEZEICHNUNG zu beschäftigen.

6600105* Wir danken ihr für die angenehme Zusammenarbeit. Wir haben sie aufgrund ihrer sehr guten Leistungen in unserer Nachbetreuungsprogramm/Förderprogramm für Praktikanten aufgenommen.

6600200 Gute Dankes-Bedauern-Formel

6600201a Wir danken ihm für seine stets guten Leistungen.

6600202b Für die stets gute Zusammenarbeit danken wir.

6600203c Wir danken ihr für ihr großes Engagement und die praktische Anwendung ihrer guten Kenntnisse im Bereich BEZEICHNUNG. So konnten auch wir von diesem Praktikum profitieren.

6600300 Befriedigende Dankes-Bedauern-Formel

6600301a Wir danken ihm für seine gute Leistung.

6600302b Für die gute Zusammenarbeit danken wir.

6600303c Wir danken ihr für ihr Engagement und die Anwendung ihrer Kenntnisse im Bereich BEZEICHNUNG.

6600400 Ausreichende Dankes-Bedauern-Formel

6600401a Wir bedanken uns bei ihm für seine Mitarbeit.

6600402b Für die Zusammenarbeit bedanken wir uns.

7000000 Zukunftswünsche

Es besteht kein Anspruch des Arbeitnehmers auf Zukunftswünsche. Ausreichende Zukunftswünsche sollten nur in Ausnahmefällen verwendet werden. Kritik muss dann auch schon in der Beurteilung enthalten sein.

7100000 Zukunftswünsche für alle Arbeitnehmergruppen

7100100 Sehr gute Zukunftswünsche

7100101a Für seinen weiteren Berufs- und Lebensweg wünschen wir diesem engagierten, tüchtigen, vorwärtsstrebenden Mitarbeiter alles Gute und weiterhin viel Erfolg.

7100102b Auf ihrem weiteren Berufs- und Lebensweg wünschen wir ihr alles Gute und weiterhin viel Erfolg.

7100103c Für die weitere Karriere in unserem Hause wünschen wir ihr alles Gute und weiterhin viel Erfolg. *(Zwischenzeugnis)*

7100104d Herrn NAME und seiner Ehefrau wünschen wir im wohlverdienten Ruhestand alles Gute, beste Gesundheit und einen erfüllten, langen Lebensabend. *(Pensionierung)*

7100105e Wir wünschen Frau NAME, dass sie die Zeit im wohlverdienten Ruhestand bei bester Gesundheit aktiv und mit viel Freude genießen kann. *(Pensionierung)*

7100106f Diesem allseits anerkannten Mitarbeiter wünschen wir auf seinem weiteren Berufs- und Lebensweg alles Gute und weiterhin viel Erfolg.

7100107g Dieser vorbildlichen Mitarbeiterin wünschen wir beruflich und persönlich alles Gute und weiterhin viel Erfolg.

7100108h Für die Zukunft wünschen wir Herrn NAME, einem unserer besten Facharbeiter / Meister, beruflich und persönlich alles Gute und weiterhin viel Erfolg.

7100109i Für den weiteren Berufs- und Lebensweg wünschen wir dieser exzellenten Fach- und Führungskraft in jeder Hinsicht alles Gute und weiterhin viel Fortune.

7100110j Für die Zukunft wünschen wir Herrn NAME, der sich in unserem Hause außerordentliche und bleibende Verdienste erworben hat, in jeder Hinsicht alles Gute und weiterhin unternehmerischen Erfolg.

7100111k Für ihre weitere Arbeit zum Nutzen unseres Unternehmens / unserer Unternehmensgruppe wünschen wir ihr alles Gute und weiterhin viel Erfolg. *(Bei internem Wechsel)*

7100112* Herrn NAME, der entscheidend zu unserer heutigen führenden Stellung beigetragen hat, wünschen wir beruflich weiterhin den Erfolg des Tüchtigen und für seine persönliche Zukunft in jeder Hinsicht alles Gute.

7100113* Auf seinem weiteren Berufs- und Lebensweg wünschen wir ihm alles Gute und weiterhin den Erfolg des Tüchtigen.

7100114* Die Mitglieder des Aufsichtsrats / Gesellschafter wünschen Herrn NAME, der richtungsweisend und entscheidend die positive Entwicklung des Unternehmens gestaltet hat, alles Gute und weiterhin unternehmerische Fortune.

7100115l Für die Zukunft wünschen wir ihm beruflich und persönlich alles Gute und weiterhin viel Erfolg.

7100200 Gute Zukunftswünsche

Viele Aussteller verbinden mit den Zukunftswünschen keine Erfolgswünsche. Daher sind auch Wunschformeln ohne Erfolgshinweis als gut zu werten.

7100201a Für seinen weiteren Berufs- und Lebensweg wünschen wir diesem engagierten und tüchtigen Mitarbeiter alles Gute und weiterhin Erfolg.

7100202b Auf ihrem weiteren Berufs- und Lebensweg wünschen wir Frau NAME alles Gute und weiterhin Erfolg.

7100203c Für den weiteren Weg in unserem Hause wünschen wir ihr alles Gute und weiterhin Erfolg. *(Zwischenzeugnis)*

7100204d Herrn NAME und seiner Ehefrau wünschen wir im Ruhestand alles Gute, beste Gesundheit und einen erfüllten, langen Lebensabend. *(Pensionierung)*

7100205e Wir wünschen Frau NAME, dass sie die Zeit im Ruhestand bei bester Gesundheit aktiv und mit Freude genießen kann. *(Pensionierung)*

7100206f Diesem allseits anerkannten Mitarbeiter wünschen wir auf seinem weiteren Berufs- und Lebensweg alles Gute und weiterhin Erfolg.

7100207g Dieser tüchtigen Mitarbeiterin wünschen wir beruflich und persönlich alles Gute und weiterhin Erfolg.

7100208h Für die Zukunft wünschen wir Herrn NAME, der zu unseren sehr guten Facharbeitern / Meistern gehörte, beruflich und persönlich alles Gute und weiterhin Erfolg.

7100209i Für den weiteren Berufs- und Lebensweg wünschen wir dieser guten Fach- und Führungskraft alles Gute und weiterhin Erfolg.

7100210j Für die Zukunft wünschen wir Herrn NAME, der sich in unserem Hause große Verdienste erworben hat, alles Gute und weiterhin Erfolg.

7100211k Für ihre weitere Arbeit zum Nutzen unseres Unternehmens/ unserer Unternehmensgruppe wünschen wir ihr alles Gute und weiterhin Erfolg. *(Bei internem Wechsel)*

7100212l Für die Zukunft wünschen wir ihm beruflich und persönlich alles Gute und weiterhin Erfolg.

7100300 Befriedigende Zukunftswünsche

7100301a Für seinen weiteren Berufs- und Lebensweg wünschen wir ihm alles Gute.

7100302b Für ihre weitere Arbeit wünschen wir Frau NAME alles Gute.

7100303c Für ihre weitere Tätigkeit bei uns wünschen wir ihr alles Gute. *(Zwischenzeugnis)*

7100304d Herrn NAME und seiner Ehefrau wünschen wir im Ruhestand alles Gute. *(Pensionierung)*

7100305e Wir wünschen ihr, dass sie die Zeit im Ruhestand genießen kann. *(Pensionierung)*

7100306l Für die Zukunft wünschen wir ihm beruflich und persönlich alles Gute.

7100400 Ausreichende Zukunftswünsche

7100401a Für die Zukunft wünschen wir alles Gute.

7100402b Wir wünschen Frau NAME alles Gute.

7100403* Diesem korrekten und pünktlichen Mitarbeiter wünschen wir für die Zukunft alles Gute.

7100404* Wir wünschen alles Gute und wieder viel Erfolg.

7500000 Zukunftswünsche für Auszubildende

7500100 Sehr gute Zukunftswünsche

7500101a Dieser vielversprechenden jungen Kraft wünschen wir für die berufliche Entwicklung weiterhin viel Erfolg und persönlich alles Gute.

7500102b Auf ihrem Berufs- und Lebensweg wünschen wir Frau NAME alles Gute und weiterhin viel Erfolg.

7500103c Für ihre berufliche Zukunft und für ihr persönliches Wohlergehen wünschen wir Frau NAME alles Gute und weiterhin viel Erfolg.

7500104d Auf seinem weiteren Berufs- und Lebensweg wünschen wir ihm alles Gute und weiterhin viel Erfolg. Wir sind davon überzeugt, dass dieser engagierte, vorwärtsstrebende junge Mann seinen beruflichen Weg erfolgreich gehen wird.

7500105e Für die bevorstehende Abschlussprüfung, welche sie sicherlich sehr erfolgreich bestehen wird, wünschen wir ihr alles Gute. *(Bei Zwischenzeugnis)*

7500200 Gute Zukunftswünsche

Auch Wunschformeln ohne Erfolgshinweis sind als gut zu werten.

7500201a Dieser vielversprechenden jungen Kraft wünschen wir für die berufliche Entwicklung weiterhin Erfolg und persönlich alles Gute.

7500202b Auf ihrem Berufs- und Lebensweg wünschen wir Frau NAME alles Gute und weiterhin Erfolg.

7500203c Für ihre berufliche Zukunft und für ihr persönliches Wohlergehen wünschen wir Frau NAME alles Gute (und weiterhin Erfolg).

7500204d Für seine neue/weitere Ausbildung und seine spätere Berufstätigkeit wünschen wir ihm alles Gute und viel Erfolg. *(Bei Wechsel des Ausbildungsberufes oder des Ausbildungsbetriebes)*

7500205e Für die bevorstehende Abschlussprüfung, welche sie sicherlich erfolgreich bestehen wird, wünschen wir ihr alles Gute. *(Bei Zwischenzeugnis)*

7500300 Befriedigende Zukunftswünsche

7500301a Dieser jungen Kraft wünschen wir weiterhin alles Gute.

7500302b Wir wünschen Frau NAME für ihre weitere Entwicklung alles Gute.

7500303c Für ihre berufliche Entwicklung wünschen wir alles Gute.

7500304d Für seine neue/weitere Ausbildung wünschen wir ihm alles Gute. *(Bei Wechsel des Ausbildungsberufes oder des Ausbildungsbetriebes)*

7500305e Für die bevorstehende Abschlussprüfung, welche sie sicherlich bestehen wird, wünschen wir ihr alles Gute. *(Bei Zwischenzeugnis)*

7500400 Ausreichende Zukunftswünsche

7500401a Wir wünschen alles Gute.

7500402b Wir wünschen Frau NAME alles Gute.

7600000 Zukunftswünsche für Praktikanten und Volontäre

7600100 Sehr gute Zukunftswünsche

7600101a Für sein Studium und seinen weiteren Berufs- und Lebensweg wünschen wir Herrn NAME alles Gute und weiterhin viel Erfolg. (Wir würden ihm nach Abschluss des Studiums, falls möglich, gern eine Aufgabe in unserem Hause übertragen.)

7600102b Frau NAME wünschen wir für ihr Studium weiterhin viel Erfolg und in persönlicher Hinsicht alles Gute. Wir würden es begrüßen, wenn sie sich nach Abschluss des Studiums bei uns bewerben würde.

7600103c Für den weiteren Berufs- und Lebensweg wünschen wir Herrn NAME alles Gute und weiterhin viel Erfolg. (Wir würden es begrüßen, wenn er auch sein nächstes Praktikum bei uns machen könnte.)

7600104* Beruflich und persönlich wünschen wir Frau NAME alles Gute und weiterhin viel Erfolg. (Wir sind gern bereit, ihr zu gegebener Zeit ein Thema für ihre Abschlussarbeit/Bachelorarbeit/Masterarbeit anzubieten.)

7600200	**Gute Zukunftswünsche**
	Auch Wunschformeln ohne Erfolgshinweis sind als gut zu werten.
7600201a	Für sein Studium und seinen weiteren Berufs- und Lebensweg wünschen wir Herrn NAME alles Gute (und viel Erfolg).
7600202b	Frau NAME wünschen wir für ihr Studium weiterhin Erfolg und in persönlicher Hinsicht alles Gute.
7600203c	Für den weiteren Berufs- und Lebensweg wünschen wir Herrn NAME alles Gute (und weiterhin Erfolg).
7600204d	Beruflich und persönlich wünschen wir Frau NAME alle Gute und weiterhin Erfolg.
7600300	**Befriedigende Zukunftswünsche**
7600301a	Für die Zukunft wünschen wir ihm weiterhin alles Gute.
7600302b	Für die Zukunft wünschen wir ihm alles Gute.
7600400	**Ausreichende Zukunftswünsche**
7600401a	Wir wünschen ihm alles Gute.
7600402*	Wir wünschen alles Gute.

Literatur

AAMODT, M. (2006): Validity of Recommendations and References. In: Technical Affairs. February 2006, S. 4–6

AAMODT, M.G., NAGY, M.S., THOMPSON, N. (1998): Employment References: Who are we Talking About? Paper presented at the annual meeting of the International Personnel Management Association Assessment Council. Chicago

AAMODT, M.G., BRYAN, D.A., WHITCOMB, A.J. (1993): Predicting Performance with Letters of Recommendation. In: Public Personnel Management. Vol. 22. No. 1, S. 81–90

ADAM, R.F. (2005): Praxisprobleme des Zeugnisrechts. In: Monatsschrift für Deutsches Recht. Heft 10/2005, S. 553–558

ARCHUT, S. (2014): Das qualifizierte Arbeitszeugnis. Zwischen Wohlwollen, Beurteilungsspielraum und neuem Bewertungsansatz. Hamburg

ASZMONS, M., LACKSCHEWITZ, M. (2016): Fallstricke beim Umgang mit erkrankten Arbeitnehmern. In: Neue Juristische Wochenschrift. Heft 29. S. 2070–2076

BACKER, A. (2004): Arbeitszeugnisse. Entschlüsseln und mitgestalten. 3. Aufl. Planegg

BADER, P., JÖRCHEL, G. (2013): Vereinheitlichung der arbeitsgerichtlichen Streitwerte. In: NZA Neue Zeitschrift für Arbeitsrecht. 30. Jg. Heft 15. S. 809–815

BÄHRLE, R.J. (1998): Angabe des Beendigungsgrundes im Arbeitszeugnis. In: Betrieb und Wirtschaft. 52. Jg. Heft 21, S. 839–840

BALLAM, D.A. (2002): Employment references – Speak no evil, hear no evil: A proposal for Meaningful Reform. In: American Business Law Journal. Vol. 39. No. 3. S. 445–466

BĄK, P. (2017): Euphemismus als Charakteristikum von Textsorten und Diskursen am Beispiel von Arbeitszeugnissen. In: Garavelli, E., Lenk, E.H. (Hrsg.): Verhüllender Sprachgebrauch. Berlin. S. 39–60

BASISWISSEN kita: Beurteilungen & Zeugnisse. Sonderheft der Zeitschrift „kindergarten heute – Zeitschrift für Erziehung“. Autor: Kurt Weber. 2. Aufl. Freiburg 2004 (enthält spezielle Textbausteine für die Arbeit in Kindergärten)

BAUER, D. (1996): Gestaltung von Arbeitszeugnissen. Unv. Diplomarbeit an der Fakultät Wirtschaftswissenschaften der Technischen Universität Dresden

BAUNSCHEIDT, K.-U. (1989): Freie Meinungsäußerung des Arbeitgebers? In: Der Arbeitgeber. Nr. 2/41. S. 67–69

BECKER-SCHAFFNER, R. (2004): Rechtsfragen zum Arbeitszeugnis. In: Zeitschrift für die Anwaltspraxis (ZAP). Nr. 9/2004, S. 487–502

BEDEN, M., JANßEN, V. (2002): Arbeitszeugnisse. München

BENECKE, M., HERGENRÖDER, C.S. (2009): Berufsbildungsgesetz. Kommentar. München

BERKOWSKY, W. (2008): Der arbeitsrechtliche Zeugnisanspruch in der Insolvenz. In: Neue Zeitschrift für das Recht der Insolvenz und Sanierung. Heft 4/2008, S. 224–225

BERNOLD, H. (1983): Die Zeugnispflicht des Arbeitgebers. Diss. Zürich

BIRK, U. (1985): Auskünfte über Arbeitnehmer. München

BISCHOFF, H. (1973): Die Haftung gegenüber Dritten für Auskünfte, Zeugnisse und Gutachten. Diss. Tübingen

BLATTNER, J. (2017): Vergleich, der die Verpflichtung zur Erteilung eines Zeugnisses mit der Note „gut" vorsieht, ist nicht vollstreckbar. In: Der Betrieb. 70. Jg. Heft 17, S. 974

BLISS, W. (2001): Legal, Effective References. Alexandria, Virginia

BLOMMAERT, L., VAN TUBERGEN, F. & COENDERS, M. (2012): Implicit and explicit interethnic attitudes and ethnic discrimination in hiring. In: *Social Science Research*. Vol. 41. No. 1. S. 61–73

BLUM, P. (1998): Arbeitszeugnisse – Mehr Schein als Sein? Eine personalökonomische Analyse zum Wahrheitsgehalt von Arbeitszeugnissen und erste empirische Befunde. Unv. Diplomarbeit am Seminar für Personalwirtschaftslehre der Universität zu Köln (Kurzfassung; Basis: Antworten aus 74 Unternehmen)

BODINE, P. (2010): Perfect Phrases for Letters of Recommendation. New York u.a. McGraw Hill

BOEMKE, B. (Hrsg.) (2003): Gewerbeordnung. Kommentar zu §§ 105–110. (Bearbeiter § 109 GewO: Stefan Müller). Heidelberg

BOLDT, G. (1987): Zeugnis und Auskunft im Arbeitsrecht. In: Neue Wirtschafts-Briefe. (Fach 26. S. 2065–2070). Nr. 16, S. 1135–1140

BOTSFORD MORGAN, W., ELDER, K.B. & KING, E.B. (2013): The emergence and reduction of bias in letters of recommendation. In: *Journal of Applied Social Psychology*. Vol. 43. S. 2297–2306

BRAUN, S. (2002): Checkliste Arbeitszeugnis. In: Zeitschrift für Tarifrecht. Heft 3. S. 106–110

BRAUN, S. (2001): Zeugnissprache. In: Recht im Amt (RiA). Heft 3, S. 105–114

BREGY, S. (2005): Kündigung wegen häufiger Krankheit. Nr. 108 der Reihe DISKUSSIONSPAPIERE des Forschungsinstituts für Arbeit und Arbeitsrecht an der Universität St. Gallen. (www.faa.unisg.ch/publikationen/diskussionspapiere/dp108.pdf)

BRILL, W. (1981): Angabe der Betriebsratstätigkeit im Zeugnis? In: Betriebs-Berater. 36. Jg. Heft 10, S. 616–619

BROWN, V.R., VAUGHN, E.D. (2011): The Writing on the (Facebook) Wall: The Use of Social Networking Sites in Hiring Decisions. In: Journal of Business Psychology. Vol. 26. S. 219–225

BÜHLER, J.-M., LEFÉBURE, J. (2003): De l'élaboration à la remise du certificat de travail. Zürich

BURKARD-PÖTTER, J. (2013): Das Arbeitszeugnis. In: NJW-Spezial. Heft 2/2013, S. 50–51

CERWINKA, G., KNELL, A., SCHRANZ, G. (2009): Dienstzeugnisse. Rechtsfragen und Textbausteine in Österreich. 2. Aufl. Wien

CHRISTMANN, C.M. (1996): Arbeitszeugnisse. Rechtsgrundlagen, Muster, Argumentationshilfen. Köln

CLASS, E., BISCHOFBERGER, S. (1994): Das Arbeitszeugnis und seine Geheimcodes. 3.Aufl. Zürich

COELIUS, C. (2008): Arbeitszeugnisse im Klartext. Hamburg

COLARELLI, S.M., HECHANOVA-ALAMPAY, R. & CANALI, K.G. (2002): Letters of recommendation: An evolutionary psychological perspective. In: *Human Relations.* Vol. 55. No. 3. S. 315–344

DACHRODT, H.-G., ENGELBERT, V. (2013). Zeugnisse richtig formulieren. Wiesbaden

DAHL, H. (2014): Geheimcodes in Arbeitszeugnissen. In: juris Praxisreport 8/2014 Anm. 5

DAHLINGER, I. (1995): Die Personalvorauswahl bei Stellenbesetzungsprozessen in mittelständischen Unternehmen. Unv. Diplomarbeit an der Hochschule Offenburg

DEROUS, E. & RYAN, A.M. (2012): Documenting the Adverse Impact of Résumé Screening: Degree of ethnic identification matters. In: International Journal of Selection and Assessment. Vol. 20. S. 464–472

DIETZ, K. (1995): Arbeitszeugnisse ausstellen und beurteilen. 9. Aufl. Planegg/München

DIPBOYE, R.L. (1989): Threats to the incremental validity of interviewer judgments. In: Eder, R.W. & Ferris, G.R. (eds.): The employment interview. Theory, Research, and Practice. Newbury Park, London, New Delhi. Sage Publications, S. 45–60

DITTRICH, H. (2003): Arbeitszeugnisse schreiben und verstehen. 12. Aufl. München

DONNER, A. (2015): Formulierung eines Schlusszeugnisses, Anmerkung zu LAG Köln vom 29.10.2014, 3 Sa 459/14. In: jurisPR-ArbR 13/2015 Anm. 5

DÜWELL, F.J., DAHL, H. (2011): Die Leistungs- und Verhaltensbeurteilung im Arbeitszeugnis. In: Neue Zeitschrift für Arbeitsrecht. 28. Jg. Heft 17. S. 958–962

ECKERT, M. (2010): Zeugnisse. In: Straub, D. (Hrsg.): Arbeits-Handbuch Personal. Berlin. S. 1459–1485

ECKERT, M. (2000): Arbeitszeugnisse schreiben und verstehen. München

ECKLEBE, M. (2015): Das Arbeitszeugnis – Viel Lärm um Nichts oder ein Relikt aus vergangenen Tagen? In: Der Betrieb, 68. Jg. Heft 16, S. 923–928

EISBRECHER, Chr. (1994): Haftung bei Zeugniserteilung und Auskünften unter Arbeitgebern über Arbeitnehmer. Frankfurt/M. u. a.

EMS, G. (2005): Rechtssicher Arbeitszeugnisse erstellen und interpretieren. Bonn

ENZLER, A. (2012): Der arbeitsrechtliche Zeugnisanspruch. Diss. Univ. Zürich. Zürich

ERFURTER KOMMENTAR zum Arbeitsrecht (2018). 18. Aufl. Hrsgg. von R. Müller-Glöge, U. Preis, I. Schmidt, BGB §630. Rn. 1–2 und GewO §109. Rn. 1–89. Bearbeitet von Müller-Glöge. Beck-online. (zit.: ErfK2018 / Müller-Glöge)

FAESCH, L. (1984): Das Arbeitszeugnis im schweizerischen Arbeitsvertragsrecht OR Art. 330a. Diss. Basel

FAULER, S. (2008): Konzeption eines Beurteilungssystems für Auszubildende unter besonderer Berücksichtigung der Pflicht des Ausbildenden zur Ausstellung eines Zeugnisses gem. §16 BBiG. Bachelorarbeit. Norderstedt

FAULHABER, R. (2008): Praktikanten und Volontäre zwischen Ausbildungs- und Arbeitsrecht. Diss. Heidelberg. Lohmar, Köln

FEHR, T. (2006): Big Five: die fünf grundlegenden Dimensionen der Persönlichkeit und ihre 30 Facetten. In: Simon, W. (Hg.) (2006): Persönlichkeitsmodelle und Persönlichkeitstests. 15 Persönlichkeitsmodelle für Personalauswahl, Persönlichkeitsentwicklung, Training und Coaching. Offenbach. S. 113–135

FEMPPEL, K. (2000): Das Personalwesen in der deutschen Wirtschaft. Eine empirische Untersuchung. München und Mering

FERGUSON, M. (2012): The Letter of Recommendation as Strange Work. In: Publications of the Modern Language Association of America. Vol. 127. Nr. 4. S. 954–963

FINKIN, M.W. (1999): Employee References: A Very Small Study in Comparative Law. In: Hübner, U., Ebke, W.F. (Hrsg.): Festschrift für Bernhard Großfeld zum 65. Geburtstag. Heidelberg, S. 265–276

FISCHER, U. (2005): „Zu unserer vollen Zufriedenheit". Die Aushändigung der Arbeitspapiere durch den Arbeitgeber bei Beendigung des Arbeitsverhältnisses. In: Arbeitsrecht im Betrieb. Heft 7 / 2005, S. 425–429

FISCHER, U. (2004): Das Arbeitszeugnis: Zankapfel, Gefälligkeitspapier oder Transferhilfe? Versuch einer Standortbestimmung. In: Fachanwalt Arbeitsrecht. Jg. 20 04, Heft 1. S. 7–9

FITTING, K., ENGELS, G., SCHMIDT, I., TREBINGER, Y. LINSENMAIER, W. (2018): Betriebsverfassungsgesetz. Handkommentar. 29. Aufl. München

FREY, B., WÖRL, G. (2009): Arbeitszeugnisse. München

FRIEDRICH, H. (1998): Zeugnisse im Beruf. Niedernhausen

FUHLROTT, M., FABRITIUS, B. (2001): Streitpunkt Arbeitszeugnis. In: Arbeit und Arbeitsrecht. Heft 11 / 2011. S. 650–653

FURNHAM, A. (2007): Personality and Intelligence at Work. Exploring and Explaining Individual Differences at Work. London, New York, Hove / East Sussex

GÄNTGEN, H.J. (2016a): §109 GewO. In: Henssler, M., Willemsen, H.J., KALB, H.-J. (Hrsg.): Arbeitsrecht. Kommentar. 7. Aufl. Köln, S. 2123–2143

GÄNTGEN, H.J. (2016b): Die Leistungsbeurteilung im Arbeitszeugnis. In: Recht der Arbeit. S. 147–149

GAUL, D. (1986): Das Arbeitsrecht im Betrieb. Band 2. 8.Aufl. Heidelberg, S. 218–224 (L III) und S. 487–488 (O VII)

GEISER, T., MÜLLER, R. (2007): Das schweizerische Arbeitsrecht und der Wirtschaftsstandort Schweiz. In: Rechtliche Rahmenbedingungen des Wirtschaftsstandortes Schweiz. Festschrift 25 Jahre juristische Abschlüsse an der Universität St. Gallen (HSG). S. 335–351 (www.advocat.ch/files/Arbeitsrecht und Wirtschaftsstandort Schweiz.pdf)

GEIßLER, M. (1988): Der Anspruch auf Erteilung eines Arbeitszeugnisses in der Vollstreckungspraxis des Gerichtsvollziehers. In: Deutsche Gerichtsvollzieherzeitung. 103. Jg. Nr. 2. S. 17–22

GEYER, F. (2002): Das qualifizierte Arbeitszeugnis bei nur kurzfristiger Beschäftigung oder der schmale Grat zwischen Haft- und Wahrheitspflicht. In: Fachanwalt für Arbeitsrecht. Heft 11. S. 334–336

GOLA, P., WRONKA, G. (2008): Handbuch zum Arbeitnehmerdatenschutz. 4. überarb. u. erw. Aufl. Frechen

GÖLDNER, S. (1991): Die Problematik der Zeugniserteilung im Arbeitsrecht. In: Zeitschrift für Arbeitsrecht. 22. Jg. Heft 2, S. 225–256

GÖLDNER, S. (1989): Grundlagen des Zeugnisrechts. Unter besonderer Berücksichtigung des Wahrheitsgebots, der Leistungsbeurteilung und der prozessualen Durchsetzung. Ammersbeck bei Hamburg

GRAU, S., WATZKA, K. (2016): Arbeitszeugnisse in Deutschland. Kritische Analyse zur Erstellung und Nutzung in der Personalauswahl. (Masterarbeit). Hochschule Jena

GRAVENHORST, W. (2007): Anfechtung des Arbeitsvertrages wegen Bewerbung mit gefälschtem Ausbildungszeugnis. In: juris Praxis-Report Arbeitsrecht 20/2007, Anmerkung 5

GREENBURG, A.G., DOYLE, J. & McCLURE, D.K. (1994): Letters of Recommendation for Surgical Residencies: What They Say and What They Mean. In: *Journal of Surgical Research*. Vol. 56. No. 2. S. 192–198

GREINER, S. (2016): Die Praktikantenregelung in § 22 MiLoG. In: NZA Neue Zeitschrift für Arbeitsrecht. 33. Jg. Heft 10. S. 594–599

GROENEWALD, H. (1979): Zum Problem der Bewerberauslese für Positionen im Personal-Management. In: Zeitschrift für betriebswirtschaftliche Forschung – Kontaktstudium. 31. Jg., S. 79–90

GROTE, C.L., ROBINER, W.N. & HAUT, A. (2001): Disclosure of Negative Information in Letters of Recommendation: Writers' Intentions and Readers' Experiences. In: *Professional Psychology: Research and Practice*. Vol. 22. S. 655–661

GROTMANN-HÖFLING, G. (2003): Wohlwollende Wahrheit. Zeugnisse vor dem Arbeitsgericht. In: Arbeit und Recht. Vol. 51. Heft 6, S. 210–213

GÜNTHER, C.A. (2000): Defizite bei qualifizierten Werturteilen. In: Arbeit und Arbeitsrecht. Jg. 2000, Heft 6, S. 272–275

HAAG, O., AMANN, S. (2003): Das qualifizierte Arbeitszeugnis. Ein Überblick. In: Arbeitsrecht im Betrieb. 24. Jg. Heft 9, S. 536–542

HAAS, H., MÜLLER, W. (1997): Dienstzeugnisse. In öffentlichen Verwaltungen und Betrieben. Mit 99 Zeugnismustern. 3., überarb Aufl. Stuttgart, München, Berlin

HARSHMAN, E. & CHACHERE, D.R. (2000): Employee References: Between the Legal Devil and the Ethical Deep Blue Sea. In: *Journal of Business Ethics*. Vol. 23. S. 29–39

HASSEL, M. (2014). Arbeitszeugnisse für Apothekenmitarbeiter. 2. Aufl. Eschborn

HAUPT, A. (1996): Das Arbeitszeugnis in der betrieblichen Praxis. In: Betrieb und Wirtschaft. 50. Jg. Heft 16, S. 593–600

HAUPT, A., WELSLAU, D. (1992): Ausgewählte Probleme des Zeugnisrechts. In: Personalwirtschaft. 19. Jg. Heft 1, S. 37–45

HAUPT, A., WELSLAU, D. (1993): Neuerungen im Zeugnisrecht. In: Personalwirtschaft 20. Jg. Heft 8, S. 49–56

HAUPT, A., WELSLAU, D. (1997): Klagegrund „Zeugnis". In: Fachanwalt Arbeitsrecht. Heft 2/1997, S. 37–38

HÄUSERMANN, P. (1999): Arbeitszeugnisse – wahr, klar und fair. Zürich

HECKER, B. (1997): Die mißbräuchliche Verwendung von Ausweispapieren und sonstigen ausweisgleichen Urkunden nach § 281 StGB. In: Goltdammer's Archiv für Strafrecht. Jg. 1997, S. 525–539

HENSING, A. (1988): Dienstzeugnisse der Bundeswehr. Interpretationshilfen, Hinweise und Ratschläge. In: Personal. 40. Jg. Heft 2, S. 50–52

HERBERGER, M. (2017): Angaben zum Beendigungszeitpunkt im Arbeitszeugnis bei Prozessbeschäftigung. In: Der Betrieb. 70. Jg. Heft 23. S. 1334

HERBERGER, M. (2016): Arbeitszeugnisse im Zeitalter des PCs – tempora mutantur. In: Juris – Die Monatszeitschrift. Heft 3/2016, S. 111–113

HERBERT, M.H., OBERRATH, J.-D. (2010): Beherrschung und Verwendung der deutschen Sprache bei Durchführung und Beendigung des Arbeitsverhältnisses. In: Der Betrieb. 63. Jg. Heft 7. S. 391–395

HERTZFELD, H. (2002): Unterschriftsbefugnis beim Arbeitszeugnis. Kurzkommentar. In: Entscheidungen zum Wirtschaftsrecht (EWiR). 15/2002, S. 681–682

HOECHST, O. (1986): Rezension von „Schleßmann, Das Arbeitszeugnis, 6.Aufl." In: Arbeit und Recht. Heft 5, S. 152–154

HÖFERS, P., HINRICHS, S. (2009): Personalbeurteilung einerseits – Zeugniserstellung andererseits. In: Arbeitsrecht im Betrieb. 30. Jg. Heft 12. S. 703–706

HÖFERS-RICHTER, P. (1997): Arbeitszeugnisse schreiben. Niedernhausen

HÖSER, J. (2012): Rechtsprechungsübersicht zu Arbeitszeugnissen – insbesondere zur Bindungswirkung. In: NZA-RR 2012, S. 281–289

HOFFMANN, H.-J. (1966): Die Zeugnisberichtigung. Diss. Köln

HOHMEISTER, F. (1998): Zeugnisanspruch für freie Mitarbeiter. In: Neue Zeitschrift für Arbeitsrecht, 15. Jg. Heft 11, S. 571–575

HORCHER, M. (2016): § 15 FAO Selbststudium Prozessuale Fragen zum Zeugnisanspruch. In: Arbeits-Rechtsberater (ArbRB). Heft 10. S. 317–320

HUBER, G., MÜLLER, W. (2016): Das Arbeitszeugnis in Recht und Praxis. 16. Aufl. Freiburg

HUESMANN, M. (2008): Arbeitszeugnisse aus personalpolitischer Perspektive. Gestaltung, Einsatz und Wahrnehmungen. (Dissertation). Wiesbaden

HUNOLD, W. (2001): Die Rechtsprechung zum Zeugnisrecht. In: NZA-Rechtsprechungs-Report. 6. Jg. Heft 3, S. 113–121

HUNOLD, W. (1993): Aktuelle Rechtsprobleme der Personalauswahl. In: Der Betrieb. 46. Jg., Heft 4, S. 224–229

HUNOLD, W. (1988): Musterarbeitsverträge und Zeugnisse für die betriebliche Praxis. Loseblattsammlung. Band 3. Teil 12: Musterzeugnisse. Kissing

JAFFE, S. (2002): Painlessly Write the Painful Truth. In: The Scientist. Vol. 16. No. 4. S. 44–45

JAHN, S. (2005): Arbeitszeugnisse. Ist das Arbeitszeugnis die Visitenkarte für den Arbeitnehmer? Unv. Diplomarbeit Fachhochschule Stralsund

JANSSEN, S. (1996): Die Zeugnispflicht des Arbeitgebers. Diss. Zürich. Schriften zum Schweizer Arbeitsrecht. Bern

JESGARZEWSKI, T. (2015): Arbeitszeugnis – Darlegungslast für Schlussnote. In: Betriebs-Berater. 70. Jg. S. 1216

JOHLKE, H.M., SCHRÖDER, J.-S. (2004): Zeugniserteilungspflicht im Insolvenzverfahren. Kurzkommentar. In: Entscheidungen zum Wirtschaftsrecht (EWiR). 17/2004. S. 863–864

JUDGE, T.A. & HIGGINS, C.A. (1998): Affective Disposition and the Letter of Reference. In: Organizational Behavior and Human Decision Processes. Vol. 75. No 3. . S. 207–221

JÜCHSER, A (2012): Auswirkungen des Betriebsübergangs auf den Zeugnisanspruch des Arbeitnehmers nach § 109 GewO. In: Neue Zeitschrift für Arbeitsrecht. 29. Jg. Heft 5. S. 244–246

KAAS, L., MANGER, C. (2010): Ethic Discrimination in Germany's Labour Market: A Field Experiment. Forschungsinstitut Zukunft der Arbeit. IZA-Studie DB No. 4741

KADOR, F.J. (1997): Arbeitszeugnisse richtig lesen – richtig formulieren. 5., überarb. Aufl. Bergisch-Gladbach

KAEHLER, B. (2005): Rechtsprobleme betrieblicher Personalauswahl. Frankfurt am Main

KÄLIN, O. (2007): Haftung des Arbeitgebers gegenüber Dritten für unwahre Arbeitszeugnisse. In: Schweizerische Juristenzeitung. 103. Jg. Nr. 5, S. 113–117

KANDAOUROFF, K.I., ROSE, F.-J. (2008): Personalgespräch: Darf der Arbeitnehmer dritte Personen mitbringen? In: Der Betrieb. 61. Jg. Heft 22. S. 1210–1215

KAUFFMANN, S. (2004): Inhaltsanalyse von Bankarbeitszeugnissen. Unv. Diplomarbeit an der Hochschule Offenburg

KAUFMANN, P., JORNS, C. (2002): Zwischen Wahrheitspflicht und Wohlwollen: Die Verletzung der Zeugnispflicht des Arbeitgebers infolge Ausstellung eines zu günstigen Arbeitszeugnisses. In: Anwaltsrevue. Praxismagazin des Schweizerischen Anwaltsverbandes. Heft 6-7/2002, S. 37–42

KAUFMANN-JIRSA, S. (mit Dudenredaktion) (2013). Das richtige Arbeitszeugnis. 2. Aufl. Berlin u. a.

KEILICH, J.A. (2004): Die Auswirkungen der Grundrechte/Menschenrechte für das Arbeitsrecht in Deutschland und England. Frankfurt am Main u. a.

KEMPE, H.-J. (1999): Zeugnisse. Menschenwert per Katalog. Rechtsprechungsübersicht. In: Arbeit und Arbeitsrecht. Heft 12/1999, S. 532–539

KESSLER, N. (2015): Inhaltsanalyse von Originalzeugnissen aus dem Öffentlichen Dienst. Unv. Bachelorarbeit an der Hochschule für öffentliche Verwaltung Kehl

KIENBAUM Personalberatung GmbH (Hrsg.) (1997): Zeugnisse für Geschäftsführer, Vorstände und leitende Angestellte. Erläuterungen und Zeugnisbeispiele. Arbeitstexte Nr. 3. Gummersbach

KILIAN, C. (2015). Das Arbeitszeugnis. 2. Aufl. München

KING, E.B., MADERA, J.M., HEBL, M.R., KNIGHT, J.L., MENDOZA, S.A., (2006): What's in a Name? A Multiracial Investigation of the Role of Occupational Stereotypes in Selection Decisions. In: *Journal of Applied Social Psychology*. Vol. 36. No. 5. S. 1145–1159

KNOBBE, T., LEIS, M., UMNUß, K. (2003): Arbeitszeugnisse erstellen und bewerten. Planegg bei München

KNOBBE, T., LEIS, M., UMNUß, K. (2011): Arbeitszeugnisse. Textbausteine und Tätigkeitsbeschreibungen. Freiburg u. a.

KNOLL, L., DOTZEL, J. (1996): Personalauswahl in deutschen Unternehmen. Eine empirische Untersuchung. In: Personal 48. Jg., Heft 7, S. 348–353

KNOUSE, S.B. (1983): The letter of recommendation: Specifity and favorability of information. In: Personnel Psychology. Vol. 36, S. 331–341

KNOUSE, S.B. (1988): The Letter of Recommendation: Writer Familiarity with the Recommendee. In: Management Communication Quarterly. Vol. 2. S. 46–62

KNOUSE, S.B. (1989): Impression management and the letter of recommendation. In: Giacalone, R.A., Rosenfeld, P.: Impression management in the organization. Hillsdale, New Jersey, S. 283–296

KOCH-RUST, V., KOLB, P., ROSENTRETER, G. (2015): Mindestlohn auch für dual Studierende? In: NZA Neue Zeitschrift für Arbeitsrecht. 32. Jg. Heft 7. S. 402–406

KOLBE, S. (2015): Zeugnisberichtigung und Beweislast. In: NZA Neue Zeitschrift für Arbeitsrecht, 32. Jg. Heft 10, S. 582–587

KÖLSCH, R. (1985): Die Haftung des Arbeitgebers bei nicht ordnungsgemäßer Zeugniserteilung. In: Neue Zeitschrift für Arbeits- und Sozialrecht. 2. Jg., Heft 12, S. 382–385

KORINTH, M.H. (2004): Prozessuale Stolpersteine auf dem Weg zum Arbeitszeugnis. In: Der Arbeits-Rechts-Berater (ArbRB). Heft 10, S. 321–324

KRUMMEL, L.G. (1983): Zeugnis und Auskunft im Arbeitsrecht. Diss. Bielefeld

KRYGER, B.R., SHIKIAR, R. (1978): Sexual Discrimination in the Use of Letters of Recommendation: A Case of Reverse Discrimination. In: Journal of Applied Psychology. Vol. 63. No. 3. S. 309–314

KÜCHLE, E., BOPP, P. (1997): Zeugnismuster für die betriebliche Praxis. 12.Aufl. Stuttgart u. a.

KUNCEL, N.R., KOCHEVAR, R.J., ONES, D.S. (2014): A Meta-Analysis of Letters of Recommendation in College and Graduate Admissions: Reason for

Hope. In: International Journal of Selection and Assessment. Vol. 22. No. 1. S. 101–107

KURR, J. (2003): Bewerbung – Bewerbungsgespräch – Arbeitsvertrag. Heidelberg

KURSAWE, S. (2010): Der Anspruch auf ein englischsprachiges Zeugnis. In: ArbRAktuell 2010. S. 643–646 = ArbRAktuell 2010, 312520

LAKIES, T. (2004): AGB-Kontrolle: Ausschlussfristen vor dem Aus? In: Neue Zeitschrift für Arbeitsrecht. 21. Jg. Heft 11. S. 569–576

LANGER, K.A. (1993): Gesetzliche und vereinbarte Ausschlußfristen im Arbeitsrecht. München

LARKIN, G.L., MARCO, C.A. (2001): Ethics Seminars: Beyond Authorship Requirements – Ethical Considerations in Writing Letters of Recommendation. In: Academic Emergency Medicine. Vol. 8. No. 1. S. 70–73

LASKAWY, H., LOMB, P. (2014): Arbeitswelt 2.0: Formulierungen, Zeichen in Arbeitszeugnissen, Teil 1 und 2. In: Arbeitsrecht aktiv. Heft 5, S. 82–84 und Heft 6, S. 101–103

LEINEMANN, W., TAUBERT, T. (2008): Berufsbildungsgesetz. Kommentar. 2. Aufl. München

LEPKE, A. (2018): Kündigung bei Krankheit. 16. neu bearb. und erw. Aufl. Berlin

LIEDTKE, W. (1988): Der Anspruch auf ein qualifiziertes Arbeitszeugnis. In: Neue Zeitschrift für Arbeits- und Sozialrecht. 5. Jg. Heft 8, S. 270–272

LIEGERT, F. (1975): Das „Arbeitszeugnis" in der Praxis. Ein Leitfaden mit Formulierungshilfen und Zeugnisbeispielen. München

LITTLE, B.L., SIPES, D. (2000): Betwixt and Between: The Dilemma of Employee References. In: Employee Responsibilities and Rights Journal. Vol. 12. No. 1. S. 1–8

LINCK, R. (2017): § 147 Zeugnis und Auskunft. Rn. 1–49. In: Schaub, G. (Begründer): Arbeitsrechts-Handbuch. 17. Aufl. München

LIST, K.-H (2014). Arbeitszeugnisse für Gesundheits- und Pflegeberufe. Regensburg

LIST, K.-H. (2002): Arbeitszeugnisse für Bankberufe. Regensburg, Berlin

LÖW, S. (2008): Neues vom Arbeitszeugnis. In: NZA-Rechtsprechungs-Report. 13. Jg. S. 561–564

LÖW, S. (2005): Aktuelle Rechtsfragen zum Arbeitszeugnis. In: Neue Juristische Wochenschrift. 58. Jg. Heft 50, S. 3605–3609

LOEWENHEIM, U. (1980): Schadenshaftung unter Arbeitgebern wegen unrichtiger Arbeitszeugnisse. In: Juristenzeitung, S. 469–473

LOHER, B.T., HAZER, J.T., TSAI, A., TILTON, K., JAMES, J. (1997): Letters of reference: A process approach. In: Journal of Business and Psychology. Vol. 11. No. 3, S. 339–355

LUCAS, M. (2001): Arbeitszeugnisse richtig deuten. 19. Aufl. Düsseldorf

MADERA, J.M., HEBL, M.R., DIAL, H., MARTIN, R., VALIAN, V. (2018): Raising Doubt in Letters of Recommendation for Academia: Gender Differences and Their Impact. In: Journal of Business and Psychology. Published online: 26. April 2018. https://doi.org/10.1007/s10869-018-9541-1

MADERA, J.M., HEBL, M.R., MARTIN, R.C. (2009): Gender and Letters of Recommendation for Academia: Agentic and Communal Differences. In: Journal of Applied Psychology. Vol. 94. No. 6. S. 1591–1599

MARECK, G. (2014): Arbeitswelt 2.0: Formulierungen, Zeichen in Arbeitszeugnissen, Teil 3, In: Arbeitsrecht aktiv, Heft 8/2014, S. 140–143

MAURITZ, A. (2005): Arbeitszeugnisse formulieren und beurteilen. 3. Aufl. München

MAURITZ, A., WISCHNATH, H.-M. (2011): Arbeitszeugnisse. In: Arbeitsrecht im Betrieb. 32. Jg. Heft 4, S. 222–229

MEISLOCH, K. (2017): Die Funktionalität von Arbeitszeugnis- und Referenzsystem im deutschsprachigen und angloamerikanischen Rechtsraum. Eine rechtvergleichend-ökonomische Gesetzesfolgenabschätzung. Baden-Baden. Nomos

MESSMER, F. (2012): Zeugniserstellung für Führungskräfte. Zürich

MODEREGGER, C. (2006): Zeugnisse – Sein oder Schein? In: Der Arbeits-Rechts-Berater (ArbRB). Heft 8/2006, S. 240–243

MOHRBUTTER, H. (1968): Zeugnisanspruch des GmbH-Geschäftsführers? Urteilsanmerkungen zum Urteil des OLG Oldenburg. In: Betriebs-Berater. 22. Jg. S. 1354–1355

MÖLLER, P.-A. (1990): Bedeutungen von Einstufungen in qualifizierten Arbeitszeugnissen. Möglichkeitsbedingungen zur Identität sprachlicher Zeichen als Problem einer pragmalinguistischen Untersuchung von normierten Texten. Eine empirische Untersuchung. Frankfurt a.M.

MUELLERN von, E. (2016): Die Vollstreckung arbeitsgerichtlicher Entscheidungen (Teil 2). In: ArbRAktuell. S. 264–266

MÜHLHAUSEN, P. (2006): Die Erwähnung von Ausfallzeiten im Arbeitszeugnis. In: NZA-Rechtsprechungs-Report. 11. Jg. Heft 7. S. 337–341

MÜLLER, B. (1999): Arbeitszeugnisse für Rechtsanwaltsfachangestellte und Referendare. Neuwied, Kriftel

MÜLLER, R., THALMANN, P. (2016). Streitpunkt Arbeitszeugnis. Rechtliche Grundlagen, Zeugnisinhalt und -analyse, Muster und Checklisten. 2., akt. und erw. Aufl. Basel (Schweizer Recht)

MÜLLER, S. (2011): Die Personalakte in der Arbeitsrechtspraxis. In: Der Betrieb. 64. Jg. Heft 46. S. 2604–2608

MYORS, B., LIEVENS, F. et al. (2008): International Perspectives on the Legal Environment for Selection. In: *Industrial and Organizational Psychology: Perspectives on Science and Practice.* Vol. 1. S. 206–246 (erfasst 22 Länder aus allen Erdteilen)

NATZEL, I. (2011): Berufsvorbereitung – praktische Erfahrungen, rechtliche Rahmenbedingungen. In: Betriebs-Berater. 66. Jg. Heft 25. S. 1589–1593

NATZEL, I. (2008): Duale Studiengänge – arbeitsrechtliches Neuland? In: Neue Zeitschrift für Arbeitsrecht. 25. Jg. Heft 10. S. 567–571

NICKLIN, J.M. & ROCH, S.G. (2009): Letters of Recommendation: Controversy and consensus from expert perspectives. In: International Journal of Selection and Assessment. Vol. 17. No. 1. S. 76–91

NICKLIN, J.M., ROCH, S.G. (2008): Biases Influencing Recommendation Letter Contents: Physical Attractiveness and Gender. In: Journal of Applied Social Psychology. Vo. 38. No. 12. S. 3053–3074

OSTERMAIER, C. (2009): Das Arbeitszeugnis in der Zwangsvollstreckung. In: Fachanwalt Arbeitsrecht. Heft 10 / 2009, S. 297–299

PARRY, G. (1999): A Legal Examination of Two Cases Involving Employment References. In: Educational Management & Administration. Vol. 27. No. 4. S. 357–364

PERES, S.H., GARCIA, J.R. (1962): Validity and dimensions of descriptive adjectives used in reference letters for engineering applicants. In: Personnel Psychology. Vol. 15. S. 279–286

PMS Personalmanagement Service GmbH, Berlin (Dr. Holger Münch): Notenvergabe in qualifizierten Arbeitszeugnissen. PMS-Personalstudie 01 / 2010, (http: / /www.arbeitszeugnis.de / images / studie_noten.pdf, letzter Zugriff am 18.2.2019)

PFEFFERLE, T.M. (2001): Keine Umstellung der Wortreihenfolge „Kollegen – Vorgesetzte“ in „Vorgesetzte – Kollegen“ im Arbeitszeugnis. In: Arbeitsrecht im Betrieb. 22. Jg. Heft 10, S. 615–618

PLITT, D., BRAND, V. (2018): Anforderungen an Arbeitszeugnisse im digitalen Zeitalter – Zulässigkeit tabellarischer Arbeitszeugnisse und Veränderung der Formerfordernisse im Wandel der Zeit? In: Der Betrieb. 71. Jg. Heft 33. S. 1986–1990

POLEDNA, T. (2003): Arbeitszeugnis und Referenzauskünfte des Arbeitgebers im öffentlichen Dienst. In: ZBL Schweizerisches Zentralblatt für Staats- und Verwaltungsrecht. Jg. 2003, S. 169–179

POPP, G.J. (2016): Das formal korrekte Arbeitszeugnis. In: Der Betrieb. 69. Jg. Heft 18. S. 1075–1078

POPP, G.J. (2000): Das „geknickte Zeugnis“ – eine personalpolitische Randnotiz. In: Personal. 52. Jg. Heft 10. S. 555

POPP, G.J. (1998): Die Formalien des Arbeitszeugnisses. In: Personal. 50. Jg. Heft 11, S. 581–582

POPP, J. (1997): Die Bekanntgabe des Austrittsgrunds im Arbeitszeugnis. In: Neue Zeitschrift für Arbeitsrecht, 14. Jg. Heft 11, S. 588–590

PORTMANN, W., HOLENSTEIN, A. (2015): Aktuelle Rechtsprobleme bei Arbeitszeugnissen. Eine kritische Betrachtung ausgewählter neuerer Urteile. In: Wyler, R., Maier, A., Marchand, S. (Hrsg.): Regards croises sur le droit de travail. Liber Amicorum pour Gabriel Aubert. Zürich, S. 249–270 (Schweizer Recht)

PRECHT, K. (1998): A Cross-Cultural Comparison of Letters of Recommendation. In: English for Special Purposes. Vol. 17. No. 3. S. 241–265

PREIBISCH, A. (1982): Das Arbeitszeugnis im kommunikativen Handlungsumfeld eines Arbeitsplatzwechsels. Eine empirische Untersuchung. Hgg. vom Forschungsschwerpunkt Massenmedien und Kommunikation an der Universität – Gesamthochschule Siegen. Siegen

PREIS, U., BENDER, W. (2005): Recht und Zwang zur Lüge – Zwischen List, Tücke und Wohlwollen im Arbeitsleben. In: NZA Neue Zeitschrift für Arbeitsrecht. 22. Jg. Heft 23, S. 1321–1328

PRESCH, G. (1985): verdeckte beurteilungen in qualifizierten arbeitszeugnissen: beschreibung, erklärung, änderungsvorschläge. In: Januschek, F. (Hg.): Politische Sprachwissenschaft. Opladen, S. 307–360

PRESCH, G. (1984): Verschlüsselte Formulierungen in Arbeitszeugnissen. Beschreibung und Erklärung von verdeckten Urteilen. In: Krenn, H. u.a. (Hg.): Sprache und Gesellschaft. Tübingen, S. 176–189

PRESCH, G. (1980a): arbeitszeugnisse: entstehung, wandel und funktion von verschlüsselten formulierungen. In: Zeitschrift für Semiotik, S. 233–251

PRESCH, G. (1980b): Über schwierigkeiten zu bestimmen, was als fehler gelten soll. In: Cherubim, D. (Hg.): Fehlerlinguistik zum Problem der sprachlichen Abweichung. Tübingen, S. 224–252

PRESCH, G., ELLERBROCK, J., MICHALLIK, H. (1985): Die beurteilung von personen in arbeitszeugnissen. In: Praxis Deutsch, 12. Jg., S. 42–47

PRESCH, G., ELLERBROCK, J. (1978): Arbeitszeugnisse als Teil alltäglicher Sprachpraxis. In: Kreuzer, H., Bonfig, W. (Hg.): Entwicklungen der siebziger Jahre. Gerabronn, S. 264–286

PRESCH, G., GLOY, K. (1977): Exklusive Kommunikation: Verschlüsselte Formulierungen in Arbeitszeugnissen. In: Presch, G., Gloy, K. (Hg.): Sprachnormen II. Stuttgart, S. 168–181

PROLLIUS, G. (2002): Aufbau und Gestaltung von Zeugnissen. 3. Aufl. Renningen

PÜTTJER, Ch., SCHNIERDA, U. (2010): Arbeitszeugnisse formulieren und entschlüsseln. Frankfurt am Main

RANGE, L.M., MENYHERT, A., WALSH, M.L., HARDIN, K.N., ELLIS, J.B. & CRADDICK, R. (1991): Letters of Recommendation: Perspectives, Recommendations, and Ethics. In: Professional Psychology: Research and Practice. Vol. 22. No. 5. S. 389–392

RALSTON, S.M. & THAMELING, C.A. (1988): Effect of vividness of language on information value of reference letters and job applicants' recommendations. In: Psychological Reports. Vol. 62. No. 3. S. 867–870

REICH, N. (1999): Ausstellung eines Arbeitszeugnisses und Diskriminierungsverbot. In: Europäische Zeitschrift für Wirtschaftsrecht. Heft 2, S. 43–45

REILLY, R.R., CHAO, G.T. (1982): Validity and fairness of some alternative selection procedures. In: Personnel Psychology. 35. Jg., S. 1–62

RIEGER, S., PHILIPP, N. (2004): Zur Zeugniserteilungspflicht des Insolvenzverwalters. In: Neue Zeitschrift für das Recht der Insolvenz und Sanierung (NZI). Heft 4. S. 190–194

RIEMER, F. (2015): Arbeitszeugnisrecht im Kontext der Personalentwicklung. Hamburg

RING, G. (2001a): Rechtliche Anforderungen an das Arbeitszeugnis und Konsequenzen seiner Unrichtigkeit. In: Betrieb und Wirtschaft. 55. Jg. Heft 5, S. 208–216

RING, G. (2001b): Auskunftsrechte und -pflichten des Arbeitgebers versus Selbstbestimmungsrecht des Arbeitnehmers. In: Recht und Wirtschaft. 55. Jg. Heft 11, S. 475–478

ROB, W. (1994): Zeugnisse im Arbeitnehmerbereich aus arbeitsrechtlicher Sicht. In: Die Personalvertretung. 37. Jg. Heft 10. S. 444–451

ROOTH, D.-O. (2010): Automatic associations and discrimination in hiring: Real world evidence. In: *Labour Economics*. Vol. 17. No. 3. S. 523–534

ROßBRUCH, R. (2004): Arbeitszeugnisse für Pflegeberufe. 2 Teile. In: Pflege-Recht (PflR). Heft 5, S. 195–213 und Heft 6, S. 242–252

ROßBRUCH, R., FROWEIN, M. (1997): Arbeitszeugnisse für Pflegeberufe. Neuwied, Berlin

ROTH, S. (2006): Das Arbeitszeugnis in der Praxis. Berlin

ROTH, S. (2002): Das Arbeitszeugnis – Einzelfragen. In: Fachanwalt Arbeitsrecht. Heft 1. S. 9–11

ROTH, S. (2001): Das Arbeitszeugnis – Zankapfel und Eiertanz. In: Fachanwalt Arbeitsrecht. Heft 10, S. 299–302

RUNGGALDIER, U. (1992): Arbeitszeugnis. In: Gaugler, E., Weber, W. (Hrsg.): Handwörterbuch des Personalwesens. 2. Aufl. Stuttgart, Sp. 471–481

RUNGGALDIER, U., EICHINGER, J. (1989): Arbeitszeugnis. Wien

SABEL, H. (1998): Arbeitszeugnisse richtig schreiben und bewerten. Die gebräuchlichsten Formulierungen und ihre Bedeutung. 3.Aufl. Würzburg

SCHADE, F. (2013): Der Student im Pflichtpraktikum – ein rechtloses Wesen? In: Neue Juristische Wochenschrift 2013, S. 1039–1043

SCHADE, F. (2012): Praktikum: Aktuelle Rechtslage 2012. In: Neue Zeitschrift für Arbeitsrecht. 29. Jg. Heft 12. S. 654–658

SCHLEßMANN, H. (2006): Historisches zum Arbeitszeugnis. In: Neue Zeitschrift für Arbeitsrecht. 23. Jg. Heft 24, S. 1392–1394

SCHLEßMANN, H. (2018): Das Arbeitszeugnis. 22. Aufl. Heidelberg

SCHMID, K. (1988): Zur Interpretation von Zeugnisinhalten. In: Der Betrieb. 41. Jg. Heft 44, S. 2253–2255

SCHMID, K. (1986): Aussagen über Führungsleistungen in Arbeitszeugnissen und ihre rechtliche Problematik. In: Der Betrieb. 39. Jg. Heft 25, S. 1334–1337

SCHMID, K. (1983): Rechtsprobleme bei der Einholung von Auskünften über Bewerber. In: Der Betrieb. 36. Jg. Heft 14, S. 769–775

SCHMID, K. (1982): Leistungsbeurteilungen in Arbeitszeugnissen und ihre rechtliche Problematik. In: Der Betrieb. 35. Jg. Heft 21, S. 1111–1114

SCHMIDT, K. (1991): Zum Zeugnisanspruch des Arbeitnehmers im Konkurs einer Handelsgesellschaft. In: Der Betrieb. 44. Jg. Heft 37, S. 1930–1933

SCHMIDT, T.R. (2002): Arbeitszeugnisse schreiben und deuten. München

SCHMITT-ROLFES, G. (2015): Arbeitszeugnis: Wahrheit geht vor Wohlwollen. In: Arbeit und Arbeitsrecht. Heft 2. S. 71

SCHULD, C. (2010): Arbeitszeugnisse nach verhaltensbedingter Kündigung oder Verdachtskündigung. In: Mittag, R. (Hrsg.): Aspekte der Beendigung von Arbeitsverhältnissen. Baden-Baden. S. 137–150

SCHULTE, A. (2016): Das Arbeitszeugnis – Erwähnung von Ausfallzeiten. In: PuR Personal und Recht. Heft 07-08/16, S. 153–154

SCHULZ, G.-R. (2006): Der arbeitsrechtliche Zeugnisanspruch. Unter besonderer Berücksichtigung der Grundsätze von Wahrheit und Wohlwollen sowie der Beweislast. Diss. Bielefeld. Hamburg

SCHULZ, G.-R., JARVERS, S., GERAUER, A. (2015): Alles über Arbeitszeugnisse. 9., überarb. und erw. Aufl. München

SCHUSTEREIT, S., WELSCHER, J. (2012): Arbeitszeugnisse für den öffentlichen Dienst. 2. Aufl. Freiburg, München (eBook)

SCHWARB, Th.M. (1991): Das Arbeitszeugnis als Instrument der Personalpraxis. Studie Nr. 21 des Wirtschaftswissenschaftlichen Zentrums der Universität Basel. Neuauflage

SCHWERES, M. (1986): Zwischen Wahrheit und Wohlwollen. Zum Eiertanz kodierter Zeugniserteilung. In: Betriebs-Berater. 41. Jg. Heft 23, S. 1572–1573

SCHWIRTZEK, T. (2005): Zeugnisse „stets einwandfrei“. In: Arbeit und Arbeitsrecht. Heft 12/2005. S. 714–717

SENDE, C. (2016): Arbeitszeugnisse aus eignungsdiagnostischer Perspektive. Diss. Universität Erlangen-Nürnberg

SENDE, C., GALAIS, N., DAHL, H. (2011): Zwischen Wahrheit und Wohlwollen. In: Personalwirtschaft. 38. Jg. Heft 7. S. 35–37 (Auswertung von 802 Zeugnissen)

SENDE, C., MOSER, K. (2017): Zankapfel Arbeitszeugnis: Warum wir mehr Empirie in die juristische und mediale Debatte einbringen sollten. in: Psychologische Rundschau. 68. Jg. Heft 2, S. 1–4

STATISTISCHES BUNDESAMT (2005): Fachserie 1. Reihe 4.1.2. Bevölkerung und Erwerbstätigkeit. Tabelle 21

STILLER, J.U. (2005): Der Zeugnisanspruch in der Insolvenz des Arbeitgebers. In: NZA Neue Zeitschrift für Arbeitsrecht. 22. Jg. Heft 6. S. 330–336

STOFFELS, M. (1994): Der Vertragsbruch des Arbeitnehmers. Heidelberg

STREITWERTEKOMMISSION der Arbeitsgerichtsbarkeit (2014): Aktueller Streitwertekatalog für die Arbeitsgerichtsbarkeit. In: NZA Neue Zeitschrift für Arbeitsrecht. 31. Jg. Heft 14. S. 745–748

STOPPKOTTE, E.-M. (2000): Form des Arbeitszeugnisses, Unterschrift. In: Arbeitsrecht im Betrieb. 21. Jg. Heft 8. S. 518–520

STÜCK, V. (2008): Gemeinsam zum Ziel. (Verbundausbildung und Ausbildungspartnerschaften). In: Personal. 60. Jg. Heft 7/8. S. 74–76

STÜCK, V. (2006): Das Arbeitszeugnis. In: Monatsschrift für deutsches Recht. Heft 14/2006, S. 791–799

TESCHKE-BÄHRLE, U. (2004): Arbeitszeugnis. Frankfurt am Main

TOMMASI, G.W., WILLIAMS, K.B., NORDSTROM, C.R. (1998): Letters of Recommendation: What Information captures HR Professionals’ Attention? In: Journal of Business and Psychology. Vol. 13. No. 1, S. 5–18

THORNTON, R.J. (2003): The Lexicon of Intentionally Ambiguous Recommendations. 2nd ed. Naperville/Illinois

TRIX, F., PSENKA, C. (2003): Exploring the color of glass: Letters of recommendation for female and male medical faculty. In: Discourse and Society. Vol. 14. No. 2. S. 191–220

TSCHUMI, M. (2003): Arbeitshandbuch für die Zeugniserstellung. Speziell für Schweizer Betriebe entwickelt. Zürich

TUCKER, D.H., ROWE, P.M. (1979): Relationship between expectancy, causal attributions, and final hiring decisions in the employment interview. In: Journal of Applied Psychology. Vol. 64 No. 1, S. 27–34

VERDE, M. (2010): Haftung für Arbeitszeugnis, Empfehlungsschreiben, Referenzauskunft und Referenzschreiben. In: recht, Heft 5/2010, S. 144–161 (Schweizer Recht)

VER.DI Bildung + Beratung gGmbH, ver.di-innotec gGmbH (Hrsg.) (Autorin: P. Höfers) (2005): Arbeitszeugnisse. Basisinformation. 2. Aufl. Frankfurt

VIELMEIER, S. (2014): Der Qualitätsrahmen für Praktika der Europäischen Kommission. Europäische Ansätze zur Steigerung der Qualität und von grenzüberschreitenden Praktika. In: Betriebs-Berater, 69. Jg. Heft 41, S. 2485–2489

VENROOY, G.J. van (1984): Das Dienstzeugnis. Ein dogmatischer Diskurs zum Dienstvertragsrecht. Baden-Baden

VOGEL, H.-W. (1994): Geheim-Code Arbeitszeugnis. Berlin u. a.

WANK. R. (2004): Arbeitszeugnis. In: Gaugler, E., Oechsler, W.A., Weber, W. (Hrsg.): Handwörterbuch des Personalwesens. 3., überarb. u. erg. Aufl. Stuttgart. Sp. 454–461

WANZKE, C. (2008): Das Arbeitszeugnis. München

WATSON, C. (1987): Sex-Linked Differences in Letters of Recommendation. In: Women and Language. Vol. 10. No. 2. S. 26–28

WATZKA, K. (2013): Arbeitszeugnisse – ein sinnfreies Ritual? In: FAZ Frankfurter Allgemeine Zeitung vom 21.01.2013. Nr. 17. S. 18

WENDELING-SCHRÖDER, U. (1999): Zeugnisänderung bei Transsexualität. In: Arbeitsrecht im Betrieb. 20. Jg. Heft 8, S. 478–479

WENDELING-SCHRÖDER, U. (1998): Aktuelle Rechtsfragen zum Zeugnis und zur Auskunftserteilung. In: Arbeitsrecht im Betrieb. 19. Jg. Heft 10, S. 570–575

WESSEL, K. (2017): Arbeitszeugnis. In: Tschöpe, U. (Hrsg.): Arbeitsrecht Handbuch. 10. Aufl. Köln. S. 1694–1717

WEUSTER, A. (2009): Unveröffentlichte Befragung von insgesamt 99 Personalberatern im Jahre 2009. Forschungsprojekt der Hochschule Offenburg

WEUSTER, A. (2012a): Personalauswahl I. Internationale Forschungsergebnisse zu Anforderungsprofil, Bewerbersuche, Vorauswahl, Vorstellungsgespräch und Referenzen. 3. Aufl. Wiesbaden

WEUSTER, A. (2012b): Personalauswahl II. Internationale Forschungsergebnisse zum Verhalten und zu Merkmalen von Interviewern und Bewerbern. 3. Aufl. Wiesbaden

WEUSTER, A. (2007): Allgemeines Gleichbehandlungsgesetz und Zeugnisausstellung. In: Personalführung. 40. Jg. Heft 5, S. 52–58

WEUSTER, A. (2003a): Die Aufgabenbeschreibung in Zeugnissen. In: Personal. 55. Jg. Heft 3. S. 53–55

WEUSTER, A. (2003b): Mitarbeiterführung in Arbeitszeugnissen. in: Personalführung 36. Jg. Heft 1, S. 68–70

WEUSTER, A. (2003c): Beurteilungsfehler bei der Zeugniserstellung und der Zeugnisanalyse. in: Personal. 55. Jg. Heft 9. S. 20–22

WEUSTER, A. (1995): Arbeitsgerichtliche Zeugnisprozesse. In: Arbeitsrecht im Betrieb. 16. Jg. Heft 11, S. 701–705

WEUSTER, A. (1994): Personalauswahl und Personalbeurteilung mit Arbeitszeugnissen. Göttingen

WEUSTER, A. (1992a): Zeugnisgestaltung und Zeugnissprache zwischen Informationsfunktion und Werbefunktion. In: Betriebs-Berater. 47. Jg. Heft 1, S. 58–66

WEUSTER, A. (1992b): Arbeits- und Ausbildungszeugnisse. In: Arbeitsrecht im Betrieb. 13. Jg. Heft 6, S. 328–341

WEUSTER, A. (1991/92): Leser-Aktion zur Zeugnisanalyse in der Zeitschrift Personalwirtschaft: „Testen Sie Ihre Kenntnisse in der Zeugnistechnik und -sprache" In: Personalwirtschaft 18. Jg. (1991) Heft 10, S. 38 sowie „Dienstzeugnis: Wie hätten Sie geurteilt?" In: Personalwirtschaft. 18. Jg. (1991) Heft 11, S. 32–34 sowie „Auswertung der Leser-Kommentare zum Dienstzeugnis" In: Personalwirtschaft. 19. Jg. (1992) Heft 1. S. 22–27

WEUSTER, A. (1991a): Das Arbeitszeugnis als Instrument der Personalauswahl. In: Schuler, H., Funke, U. (Hg.): Eignungsdiagnostik in Forschung und Praxis. Stuttgart, S. 177–181

WEUSTER, A. (1991b): Formulierung und Analyse von Ausbildungszeugnissen. In: Wirtschaft und Berufserziehung. Zeitschrift für Berufsbildung. 43. Jg. Heft 3, S. 70–77

WEUSTER, A. (1991c): Informative und einwandfreie Ausbildungszeugnisse. In: Personal. 43. Jg. Heft 6, S. 204–208

WEUSTER, A. (1990): Arbeitszeugnisse – eine Aufgabe für Betriebsräte. In: Arbeitsrecht im Betrieb. 11. Jg. Heft 4, S. 154–156

WEUSTER, A. (1989): Mehr Glasnost in der Zeugnissprache. In: Personalwirtschaft. 16. Jg. Heft 12, S. 47–52

WEUSTER, A. (1988): Führungsleistung und Sozialverhalten in Arbeitszeugnissen. In: Personalwirtschaft. 15. Jg. Heft 2, S. 92–95

WEUSTER, A. (1985): Das Arbeitszeugnis. Formulierung und Analyse. In: Personalwirtschaft. 12. Jg. Heft 12, S. 485–489

WEUSTER, A., WEBER, J.-A. (2015): Arbeitsrechtliche Praxis, § 109 GewO, Nr. 5 AP H. 8/2015 Bl. 1347–1354

WIENS, A.N., JACKSON, R.H., MANAUGH, T.S., MATARAZZO, J.D. (1969): Communication length as an index of communicator attitude: A replication. In: Journal of Applied Psychology. Vol. 53. No. 4. S. 264–266

WILCKEN, S. (2006): Beratungsrelevante Sonderprobleme beim Arbeitszeugnis. In: Die Information über Steuer und Wirtschaft. Heft 3/2006, s. 113–117

WITT, C. (1996): Die Erwähnung des Betriebsratsamts und der Freistellung im Arbeitszeugnis. In: Betriebs-Berater. 51. Jg. Heft 42, S. 2194–2197

WÖHR, M. (2002): Bewerberverhalten im Personalmarketing. Die nachhaltige Erschließung externer Mitarbeiterpotentiale beim kaufmännischen Fach- und Führungsnachwuchs. Leinfelden-Echterdingen

WRIGHT, S.M., ZIEGELSTEIN, R.C. (2004): Writing More Informative Letters of Reference. In: Journal of General Internal Medicine. Vol. 19. Part 2. S. 588–593

WYPIJEWSKI, W. (1986): 99 Zeugnisse. München

ZACKER, Chr. (1996): Arbeitszeugnisse richtig lesen und verstehen. München

ZIEMANN, W. (2013): 105. Zeugnis/Ausbildungszeugnis. In: Tschöpe, U., Ziemann, W., Altenburg, S.: Streitwert und Kosten im Arbeitsrecht. Teil 1. S. 204–217

Sachregister

Das Sachregister bezieht sich insbesondere auf Teil I (Formulierung und Analyse von Zeugnissen). Fett gedruckte Zahlen verweisen auf den Schwerpunkt des Stichwortes.